E. Specker

Ernst Specker
Selecta

Edited by
Gerhard Jäger
Hans Läuchli
Bruno Scarpellini
Volker Strassen

1990

Springer Basel AG

Library of Congress Cataloging in Publication Data

Specker, Ernst, 1920–
[Selections, English & German]
Selecta / Ernst Specker: edited by Gerhard Jäger . . . [et. al.].
English and German.
Includes bibliographical references.
1. Mathematics. I. Jäger, Gerhard, Dr. II. Title.
QA3.S67713 1990
510--dc20 89-18499

CIP-Titelaufnahme der Deutschen Bibliothek

Specker, Ernst:
Selecta / Ernst Specker. Ed. by Gerhard Jäger . . . Basel ;
Boston ; Berlin : Birkhäuser, 1990
ISBN 978-3-0348-9966-6 ISBN 978-3-0348-9259-9 (eBook)
DOI: 10.1007/978-3-0348-9259-9
NE: Specker, Ernst: [Sammlung]

Originally published by Birkhäuser Verlag Basel in 1990
Softcover reprint of the hardcover 1st edition 1990

Frontispiece: H. P. Jaeger, Luzern

Contents

Preface

Ernst Specker has made decisive contributions towards shaping directions in topology, algebra, mathematical logic, combinatorics and algorithmic over the last 40 years. We have derived great pleasure from marking his seventieth birthday by editing the majority of his scientific publications, and thus making his work available in a unified form to the mathematical community. In order to convey an idea of the richness of his personality, we have also included one of his sermons.

Of course, the publication of these Selecta can pay tribute only to the writings of Ernst Specker. It cannot adequately express his originality and wisdom as a person nor the fascination he exercises over his students, colleagues and friends. We can do no better than to quote from Hao Wang in the 'Festschrift' *Logic and Algorithmic*[1]:

> Specker was ill for an extended period before completing his formal education. He had the leisure to think over many things. This experience may have helped cultivating his superiority as a person. In terms of traditional Chinese categories, I would say there is a taoist trait in him in the sense of being more detached, less competitive, and more understanding. I believe he has a better sense of what is important in life and arranges his life better than most logicians.

We are grateful to Birkhäuser Verlag for the production of this Selecta volume. Our special thanks go to Jonas Meon for sharing with us his intimate knowledge of his friend Ernst Specker.

Gerhard Jäger, Hans Läuchli,
Bruno Scarpellini, Volker Strassen

---

[1]) Logic and Algorithmic: An International Symposium held in honour of Ernst Specker, Zürich, February 5–11, 1980, L'Enseignement Mathématique, Genève, 1982.

The Story of a Friend

JONAS MEON

Ernst Specker was born in Zurich on February 11, 1920 as the second child of Margreth née Branger and Karl Specker. A third son was born to his parents 32 months later. The visit to the clinic on that occasion is Ernst's earliest recollection.

His great-grandfathers were citizens of four different Swiss cantons. The ancestor from Thurgovia was a carpenter, the ancestor from Zurich a schoolteacher, the ancestor from the canton of Grisons was a farmer and the ancestor from the canton of Appenzell drove pack-horses over mountain passes, importing wine from Italy. His grandfathers followed their fathers in becoming a carpenter and a farmer. Ernst's father studied law and worked in the civil service.

I first met Ernstli (as he was then called) in kindergarten. Two incidents stand out in my memory. On Tuesday morning after the Easter vacation we kindergarten children had a discussion on the true nature of the Easter bunny: Is it real or is it just a story told to children? After having listened for a while Ernstli broke in: "I saw the Easter bunny running out of the yard." There was a moment of silence, then the teacher asked: "Did you tell your parents?" "Of course I did." "And did your parents believe you?" "No, they did not, they told me not to make up stories on Easter morning."

The second incident I remember from kindergarten shows that Ernstli had learned his lesson. One morning, on my way to school, I came across a hedgehog. When I proudly told my comrades about it, Ernstli refused to believe me. "There are no hedgehogs", he stated. In the afternoon, after school, he asked me to come with him to his home; there, in the children's room, he pointed to a picture hanging on the wall, representing a hare dressed up in clothes and a ridiculously humanized hedgehog. "What is this?", I asked Ernstli. "This is a picture out of my book of fairy tales, from the story of the hare and the hedgehog. Do you really think you can tell me that you saw a hedgehog?"

Now I finally understood Ernstli's disbelief. As I did not know the story, we asked his mother to read it to us: "Disse Geschicht is lögenhaft to vertellen, Jungens, aver wahr is se doch . . . " (This is a cock and bull story, but nevertheless true.) [GRI]

After kindergarten, in elementary school, we were pupils of the same class for four more years. Ernstli was a lively boy, who liked to climb trees and swim in the lake. His favourite subjects in school were gymnastics and arithmetic. His performance in calli- and orthography, however, was considered insufficient. Coupled to his stubborness, this led to the first break in his scholastic career. Towards the end of the fourth year, our teacher announced that he had made arrangements for the binding of our essay books. There were three types we could choose from, the least expensive amounting to Fr. 0.50. We all made our choice, all except Ernstli who refused to spend money in an enterprise that was definitely not to his honour. A heated discussion with the teacher followed, and finally Ernstli was seized by the collar and vigorously shaken. He immediately went home and convinced his parents that he had been badly wronged. A medical certificate was obtained and sent to the schoolboard. The certificate stated that Ernst's health required extensive daily walks and that this was best achieved by sending him to a distant school. The request was granted and Ernst was allowed to attend the school attached to the Zurich teachers college for women. Later, Ernst told me that this was the school he liked best. After he had left the old school we lost contact.

In 1934, I learned that Ernst had contracted tuberculosis and had been sent to Davos, first to stay in a sanatorium and then in the house of his maternal grandmother. My mother suggested that I should write to him, but somehow that letter never got written.

We met again by chance in 1935 at a play given at the Schauspielhaus for the students of secondary schools. Ernst had changed quite a bit, he was handicapped in walking but did not seem to pay much attention to it. When I tried to ask him about the past years, he avoided my questions and started to discuss the play. It turned out that we both had literary interests, and on that basis we resumed the habit of visiting at each other's home. Ernst kept a sketchbook where he copied his favourite poems and also what he considered his own best work. I asked him recently whether he still had this booklet. He lent it to me, indicating which poems I was allowed to copy. The following distich dated 1934 is among them:

Zappelnde Fische in Netzen, die einer gemütlich im See zieht,
Dass sie das Leben gesehn. Freue dich, grausamer Tod!

(Floundering fish in a net, hauled leisurely through the waters of the lake,
making sure they have seen life. Rejoice, cruel Death!)

In view of the main interests of his later years, I also asked whether he had tried to do mathematics at that time. "Of course I did", he told me, "but getting into mathematics is much more difficult than getting into poetry. For instance, when I first learned about the formula for the number of diagonals in a polygon, I was quite excited about it and wanted to find a formula of my own. But as you can guess, nothing came out of it."

In the fall of 1936, Ernst had to return to Davos and was confined to bed for three more years. Again he stayed with his grandmother. Whereas the first time in Davos he had been taken care of by a young teacher, he was now nursed by the old maid of his grandmother and his lessons were given by teachers of the "Fridericianum", a private German school. His parents allowed him to make more or less his own choice of subjects; he had lessons in mathematics, physics, chemistry and foreign languages. He once told me: "If I had not been an avowed atheist, I probably would also have asked for Hebrew lessons." His English teacher was an old lady, who not only taught him grammar and literature, but also English manners. "No browns after six", was one of her rules; Ernst was certainly willing to wear shoes of any colour. The only close contact he had in these years was with his grandmother. She told him stories she had heard from her own mother, stories going as far back as the Napoleonic age. When the Rhine states put up their auxiliary armies for the Russian campaign in 1812, her maternal grandfather had fled from Wurttemberg to the canton of Grisons. Only much later did Ernst learn that her paternal grandfather was also a remarkable person; today, Abraham Alder's fine brass work is sought after by museums and connoisseurs [APP]. His grandmother not only told him of his parents and grandparents but also of her children, especially of those who had died. One of them, a lovely girl by the name of Betti, had succumbed to tuberculosis at the age of 15.

Though his health still was precarious and he could only go on crutches, Ernst was allowed to return to Zurich in the spring of 1940. In order to prepare for the university entrance exam, he enrolled in the private school of Professor Tschulok. Due to the political situation, there were, besides Tschulok himself, a number of brilliant teachers at his school, among them the teacher of mathematics, Dr. A. Axer. He had classified the problems likely to come up at the exam, and for each type he had devised a standard way of solution. All students but the best were expected to follow his method. Only much later did Ernst realize that he had refused to take notice of an early contribution to Artificial Intelligence.

After having passed the examination in the fall of 1940, Ernst had to decide on his career. His father wanted him to study law, but Ernst felt that there was one quality needed in that profession that he utterly lacked:

the ability to accept coolly to be put into the wrong while being convinced of being in the right. Ernst decided to study mathematics at the ETH. Although they had some misgivings, his parents consented. There was, in fact, a kind of tacit agreement between Ernst and his parents: On the one hand, he was allowed to do as he pleased and was not to be criticized; on the other hand, he was to act responsibly, in particular with regard to his health. The main lectures of the first term were "Algèbre linéaire" given by M. Plancherel and "Differential- und Integralrechnung" by W. Saxer. Linear Algebra was a course addressed to mathematicians and physicists; the course in analysis, however, was a course also for engineers, and in order to make up for what it lacked in rigor, there was an additional colloquium given at that time by B. Eckmann. Ernst and I once tried to remember what had impressed us most in our first year at the university. Ernst mentioned the following: The existence of a function with the empty domain of definition; the method of Laplace by which the integral

$$\int_{-\infty}^{\infty} e^{-x^2}\, dx$$

is evaluated to $\sqrt{\pi}$; the introduction of the notion of a vector space: "Soit donné un ensemble d'éléments, appelés vecteurs . . . " Ernst was attracted to linear algebra from then on; the topic of the first thesis written under his supervision was the problem of characterizing the numbers which are eigenvalues of symmetric rational matrices.

In the spring vacation of 1941, Ernst studied the book "Grundzüge der theoretischen Logik" by Hilbert and Ackermann; here he first came across the name of Paul Bernays. In the second term, Professor Kollros lectured on projective geometry. A trace of Ernst's interest in it may be found in his paper [13], where the notion of duality is the starting point. Ernst also attended a lecture on set theory by Paul Finsler at the University of Zurich; had it not been for the provocative questions of a more advanced student, one would not have guessed that Finsler had a system of set theory of his own.

Ernst spent the summer 1941 in Davos. Starting from simple arithmetic identities as $2^3 + 1 = 3^2$ or $5 \cdot 6 \cdot 7 = 14 \cdot 15$ he attempted to prove uniqueness theorems for corresponding equations of various types of generality. He either duplicated known results or failed.

From 1942 on, he attended courses given by Gonseth, Hopf and Bernays, the men he considers to be his teachers. Gonseth was already at that time more a philosopher than a mathematician, consistently emphasizing first principles. For instance, the disjunction $A \vee B$ was introduced in the course on mathematical logic as "*A* is here or *B* is here". In Ernst's diary, from where this information is taken, the following comment was added: "At first, this seems rather childish; but if one tries to analyze what it really means, it gets very difficult. In my opinion, the trouble is with Professor Gonseth's pedagogical ideas."

It would not have occurred to anybody to criticize Hopf. Attending one of his courses for the first time was like entering a room full of impressionists after having looked at paintings done in the traditional 19th century style. Ernst tried to follow Hopf's example not only in what one should know but also in what one should not know. So, when it appeared that Hopf was not (or for pedagogical reasons pretended not to be) familiar with the formula for the roots of quadratic equations, Ernst devised a method to "unlearn" that formula.

Bernays again was very different, in his style of teaching, the attitude of the students and his position at the ETH. The first course Ernst had with him was on the problem of foundations "Das mathematische Grundlagenproblem", a lecture also attended by Hopf. It may well be that Ernst's admiration for Bernays initially was influenced by Hopf's. In order to obtain the degree of "diplomierter Mathematiker" a student at the ETH has to submit a paper written under the supervision of a professor within a period of four months. Ernst's thesis was on "Fundamental groups and second homotopy groups of closed three-dimensional manifolds", a subject very close to Hopf's interest at that time. There is reason to believe that both teacher and student enjoyed working together.

In the years from 1945 to 1948 Ernst was an assistant at the ETH, first of Professor Saxer, then of Hopf and Plancherel. He continued to work in topology; in conformity with the *Zeitgeist*, what he had done in terms of homology groups with infinite carrier was transformed into the language of cohomology. The result and some additional material was submitted in 1948 as a dissertation [1].

In addition to his work in topology, Ernst was more and more interested in problems of the type studied in Bernays' seminar on Axiomatics and Logistics (as it was called then). During one term, the topic was recursive analysis as developed by R. Goodstein; the paper [2] was inspired by this work.

Bernays' seminar was not only attended by students and assistants of the ETH but also by foreign visitors, among them William Craig and Roman Sikorski; the paper [3] was a result of these contacts. Another seminar which greatly influenced Ernst's later work was the seminar of Gonseth and Pauli on the foundations of quantum theory. It was essentially based on von Neumann's book, but there were also talks on the Birkhoff–von Neumann paper and the work of Destouches. Armand Borel and Res Jost were among the participants; the discussions between mathematicians and physicists tended to be rather heated and it was not always easy for the speaker to finish his talk. The basic theorem of the paper [15, 25 in English translation] was proved shortly afterwards, but published much later. When I once asked Ernst why he had postponed publication for so many years, he told me of certain results William Craig had already proved in Zurich and only published much later. And he added: Some people like to be told to publish.

From 1948 to 1950, Ernst worked on a post-doctoral fellowship. During the first year he underwent a surgical operation which had become possible because of medical progress. "It was like coming back from some nether world", was how he later described the effect on his physical and mental well-being, adding "Fortunately I had had friends in the upper world, notably Hans Peter Jaeger and Adrian Kirchhoff." The second year he spent at the Institute for Advanced Study in Princeton, New Jersey.

At the end of his fellowship, he had to submit a report; he mentioned the papers [4] and [5], the lectures of Church, Siegel, and Steenrod and the seminar of Dean Montgomery. At the back of his copy of the report he added at some later time the following: "Conversation with Gödel; I told him of my results in recursive analysis; his comment: I can readily believe it. When I went on telling of my work on trees, Gödel pulled out a desk drawer and handed me a manuscript where he had proved the same result." When Ernst showed me his copy, I told him what Jacobi had said to Gauss in a similar situation: "You have published weaker results, Herr Geheimrat." From the mathematical point of view, Princeton was perhaps not quite what Ernst had hoped for; but in every other respect it certainly was a success. Ernst liked to tell me about his year in Princeton, about his friends Raoul Bott and Raouf Doss and the many people he had met, from American diplomats to Welsh bards, from journalists coming to the Institute to report on Einstein's world formula to members of the Educational Testing Service specializing in punctuation. "What Rome was to Goethe, Princeton was to me", he said.

In the fall of 1950, Ernst returned to Zurich; he had been asked to give the course in Linear Algebra, substituting for Hopf. A year later he submitted his "Habilitationsschrift" (inaugural dissertation), published with some delay as [8] and [9]. As "Privatdozent" he had the privilege to lecture on subjects of his own choice; but he knew that it was wise not to interfere with what professors might consider their domain. In 1953, a course in game theory was safe, as nobody had ever given such a course. In addition to lectures at the ETH, he gave courses at the universities of Geneva and Neuchâtel. His applications for a permanent position at the universities of Neuchâtel and Fribourg were not successful; Ernst attributed his failure to extra-mathematical reasons.

In Zurich the Bernays seminar (which later was to be the Bernays–Specker and then the Läuchli–Specker seminar) was very active during all these years. Hao Wang lectured in it on Quine's system "New Foundations"; at that time, it was not known whether it is consistent to assume that there exists a largest integer. In trying to construct such a model, Ernst was led to a purely number theoretic problem; the solution of this problem implied that every integer has a successor and that therefore no such model does exist. It soon turned out that the method allows one to prove a stronger theorem [6]. Unfortunately—and in Ernst's eyes unjustly—this result somewhat discredited the system. Ernst returned to "New Foundations" some years later. In discussions with colleagues he had noted that his way of thinking differed from theirs; he realized that in fact he reasoned rather in a system of type theory with a principle of ambiguity. The equivalence of the two systems is stated in [13] and proved in [17]. Ernst never lost interest in "New Foundations" and enjoyed attending meetings devoted to it, notably in Belgium. To commemorate its 50th anniversary, Maurice Boffa and Ernst organized a meeting at the Mathematical Institute in Oberwolfach; the presence and the talk of the founding father Quine made it a very special event.

Ernst was appointed professor at the ETH in 1955. His main duty now was to teach calculus to a class of about 200 students from such diverse fields as architecture, chemistry, and agriculture. The task was not easy and it took Ernst some time to realize that presenting proofs to such a group asks for trouble, and presenting indirect proofs asks for disaster.

Mathematically, Ernst then got involved in the partition calculus of Erdös and Rado. When Paul Erdös brought up one of their many problems during one of his stopovers in Zurich, Ernst heedlessly remarked: "That cannot be difficult." Erdös immediately challenged him, offering a prize. Ernst soon realized that the problem was more difficult than he had imagined. He finally solved it, but only by an unconventional method; I best tell the story in his own words: "While visiting with an aunt, I noticed a little magazine entitled 'St. Anthony's Messenger'. When I wondered what it was about, I learned that people thanked St. Anthony in it for his help in finding lost objects, getting jobs, passing examinations, and also sent in money. I decided to double the prize of Erdös and also to appeal to St. Anthony. And it really worked [10]." When I asked Ernst whether he had made use of this method on other occasions, he replied: "I tried, but without success. And I even know why: the first time I just sent in money, but I did not send a note of thanks to 'St. Anthony's Messenger'. Everybody likes to be given credit."

In 1958, on J. Barkly Rosser's initiative, Ernst spent a term at Cornell University, Ithaca, New York. Rosser was, at that time, interested in many-valued logic. Ernst felt that part of what Rosser's students tried to do was impossible, and he later suggested the topic to Bruno Scarpellini. Scarpellini solved the problem and published the paper [SCA], though not as a thesis, since he had obtained his degree in the meantime.

In the summer of 1958, Ernst did joint work with Robert MacDowell on a contract [15].

In 1961, he returned to Cornell for another year. His lecture at the mathematical colloquium on his publication [14] met with Simon Kochen's interest. For several years, Ernst and Simon collaborated on the logic of quantum theory and the problem of hidden variables, both in Ithaca and in Zurich. For Ernst, this work was in a category of its own and so was his collaboration with Simon Kochen. Even to-day, when he is asked to lecture on their results [19, 20, 21] he makes sure that he is not supposed to discuss alternative approaches, adding: "Don't ask an orthodox to expose heterodox views!"

During these years Ernst also visited the Near East. In the spring of 1961, he was invited to Cairo University by Raouf Doss, a friend from his days in Princeton; he lectured on game and recursion theory. In 1964, in Jerusalem, Louis Hodes introduced him to complexity theory, a field which immediately fascinated him [23]. Since these visits Ernst has considered himself a specialist in the problems of that region.

From 1963 to 1967, he took an active interest in the theoretical aspects of teaching and of learning. He held joint seminars with H. Fischer on experimental psychology and H. Biäsch on test psychology. He familiarized himself with programmed instruction and conducted seminars where such programs were prepared. The programs, however, interested him only as long as the process of creation lasted. A survivor of all these undertakings is the new type of entrance exam in mathematics introduced by Hans Biäsch and Ernst at the ETH. In addition to traditional problems, a series of test questions are now asked, e.g.: "The number of edges of a polygon with 252 diagonals is equal to . . ." (answers to be given in decimal notation). The final grade is computed from the two partial grades by giving double weight to the higher.

Ernst later liked to think that his interest in psychology had somewhat been motivated by the changing attitude of the young generation. Within a short period, students had moved from one end of the political spectrum to the other. Not surprisingly, this abrupt change led to some tension. However, the reaction of the authorities to the demonstrations and manifestations of the young people (university and highschool students, apprentices) was a surprise and a shock—at least to those who signed the "Zurich Manifesto" in 1968. (It is inserted in the Sketchbook 1966–1971 of Max Frisch [FRI].) The manifesto did not achieve its immediate objective, but it was nevertheless effective: the signatories came into contact with each other. I had not seen Ernst for about 25 years, we met again at a conference where officials and professors discussed the situation of foreign students. Another consequence of these events was Ernst's involvement in the "Studentengemeinde". The council of the Reformed Church of Zurich had conceded to the students the right to nominate some members of the board of their congregation. Ernst seemed a good choice to them. When a group came to ask him, Ernst refused, telling them that he was not a member of their church. They insisted and pressed him to agree. The situation brought a verse from the Gospel to his mind: "Whosoever shall compel thee to go a mile, go with him twain." Quoting it, Ernst caught himself in his own net. He served on the board more than two terms, later summing up his experience as follows: "We were very nice to each other; but also in the church standard rules apply in important cases. Exempli gratia: 'He who pays the piper calls the tune'." He added: "I have never been paid for a sermon, just offered a book or some bottles of wine."

In 1968, Volker Strassen was appointed professor at the University of Zurich, and an active personal as well as scientific contact soon developed between Ernst and him. Already in Princeton, Ernst had been interested in the work of the computing group around von Neumann. Back in Zurich, in the early fifties, he and Heinz Rutishauser (both Privatdozents at that time) had planned a joint seminar on the theoretical aspects of computing. Unfortunately, the director of the institute to which Rutishauser was attached was of the opinion that logic could no longer contribute to computing; the seminar, therefore, did not materialize. Some years later, Ernst was taught the programming language Algol by one of his students. He never forgot the disappointment he felt when his first program was returned as erroneous. Errors at that time were much more serious; programs had to be handed in on punched cards and it took quite a while to get the result. Ernst soon gave up programming in that language, encouraging however students to do so. What he did instead was of rather doubtful value: He wrote programs for pocket computers, often trying to do the almost impossible by making clever use of special features. The programs published in [30] are free from this defect; the method by which time is traded for space may even claim some interest.

From 1973 to 1988, Ernst and Volker Strassen had a joint seminar on algorithmic problems, meeting alternatively at the ETH and the University of Zurich. A resulting volume was published in the Lecture Notes on Computer Science; the introduction [26] was discussed word for word between them and they certainly share whatever praise or blame it merits. There is, however, one exception. The word "gewenn", a German substitute for "iff" and meaning "genau dann, wenn" is attributed to Ernst by Volker Strassen [PER]. Though an imitation, it is (according to Ernst) a much better word than the original, because the qualification of "wenn" is achieved by the prefix "ge" which expresses precisely the notion of completeness.

The logic seminar with Hans Läuchli continued parallel to the algorithmic seminar; it even outlasted Ernst's official retirement. Not that Ernst just held seminars. He took turns with Hans Läuchli lecturing on logic, model theory and set theory; in addition, he gave courses on such subjects as combinatorics and complexity theory and taught linear algebra to first year students, and a course on topological spaces to second year students. In preparing exercises for this last course, he checked the literature on the number of topological spaces on finite sets. To his astonishment, he found conflicting answers [40]. In discussions with Christian Blatter, a method was devised to determine which of these answers was wrong. The method was extended to a general theory of counting functions [33, 35].

Two years before his retirement in 1987, Ernst was given a personal computer as a birthday present. It was a wonderful toy for him, almost a "friend in need". After a while, however, he came to realize that he had, in his long association with pocket computers, acquired some bad linguistic habits; he tried to overcome them and to communicate with the system in the structural form it deserved. Somehow he failed and fell back to addressing it just as if he were addressing a highly literate friend in basic English. Ernst was understood, but he felt uncomfortable. So when he heard of a new type of programming—logic programming—he decided to study it. He looked up a short program in a textbook on Prolog and asked Gerhard Jäger to explain it to him. What the program did, Ernst had done more than fifty years earlier in Davos: move discs from one tower to another. And just as his grandmother had admired him then, he now admired Prolog. When he was later asked by the editor of a scientific journal in Zurich to contribute an article of general interest, his theme was a variation of the Towers of Hanoi [42].

Ernst likes mathematics and he likes to teach. So not surprisingly (although by no means a logical consequence) he liked to teach mathematics. "Teaching mathematics to good students is like telling fairy tales to children. A world of its own is unveiled. Those who enter it can explore it further and even add to it; the faculty used is 'active imagination' or 'imaginative consciousness'. As a consequence, there can be no distinction between 'identify' and 'develop', between 'exploration' and 'creation'." By a strange coincidence, I later learned that these words of Ernst's are inspired by a text describing the "alam al-mithral"—the world where images are real—of Islamic mysticism [RHE].

Ernst was not particularly interested in administrative work; but he also had his share. Already as a student he was on a committee which tried to modernize the mathematical curriculum at the ETH. The experience taught him that professors, though not less competent in such matters than students, are most unwilling to harm each other "unnecessarily". As a professor, of course, he served on many more committees. He was rather outspoken, having internalized the maxim of canon law his father had taught him: "Qui tacet, consentire videtur" ("Silence gives consent"). On the whole, his interventions were not very successful. Fortunately, there are exceptions. For instance Ernst feels that he has contributed to the democratization of German postwar society—at least as far as the German Logic Society is concerned, on whose committee he served for two terms. Ernst always enjoyed his contacts with colleagues in Germany; he regularly attended meetings in Oberwolfach and for some time helped to organize them. In fact, there is reason to believe that Ernst quite generally prefers contact with foreigners to contact with compatriots. When asked about it, he replied: "You know, it also depends on me how foreign a foreigner is; a Swiss, however, is always a Swiss."

In one respect, however, Ernst is firmly grounded in the Swiss tradition, namely in his attitude to family life. Accordingly, he never told me much about his wife and his children. So I asked Suzanne, his wife, to tell me about their children and herself. We had not been in closer contact before and so, quite naturally, I was also interested to hear what she had to say about Ernst himself.

Suzanne and Ernst were married in 1956. In 1957 their daughter Dorothee was born, two years later their son Adrian and in 1962 their youngest child Margaret. Quite early on, in the disguise of games, mathematics and logic found their way into the nursery. Experiencing his own children visibly influenced Ernst's way of teaching. The children's plastic toy dogs were used in the course on linear algebra to demonstrate properties of permutations. Ernst likes to construct wooden toys and one of them was in demand in three different places, linking the ETH, and Specker's home and the school where Suzanne teaches mentally retarded children. Thus, even though Suzanne and Ernst work in seemingly opposite fields, they have often found common ground when it was a question of observing small positive changes during a learning process.

I know, of course, that Ernst likes to juggle. Suzanne described what it means to him in Pestalozzi's terms: In mathematics it is "head, heart, hand", in juggling the order is reversed "hand, heart, head". "Wasn't it rather difficult for your children to live in a family with two pedagogues?" Suzanne replied: "Ernst never wanted to be a pedagogue of his own children. But he certainly was a teacher. For instance, during our meals (vegetarian by the way) a reference library has to be at hand. The children once remarked—perhaps even complained—that at every meal at least one book had to be consulted."

I was allowed to have a look at the library in the living room. Besides standard reference books there were etymological dictionaries, a German dictionary in reversed alphabetical order, a Latin concordance dated MDVI. When I asked where Ernst got all these books from, Suzanne did not say much; somehow I guessed that she had given them to Ernst.

At the end of the interview I asked Suzanne to recount anecdotes of their children, illustrating perhaps after whom they each take. "When Dorothee was about four, after a discussion with her father, she came to me and complained 'De vatti hät gsäit, iich sig e chliises besserwüsserli und däbii bin i doch e groosses' (Daddy called me a *little* know-all-about-it, but actually I'm a *big* one.)."

And Adrian? "As a boy scout, Adrian went to a camp in England. After his return we inquired about the quality of the food they had been given. 'Oh, it was somewhere in between what we get when Mami cooks and when Daddy cooks!'."

And Margaret? "When Margaret was in first grade, we visited the German sea coast. On the second day, Margaret played with other children, trying to speak not Swiss dialect but German; in the evening she suddenly said: 'Swiss children have to learn German but German children don't have to learn Swiss; isn't that unfair?'."

And Ernst himself? There must also be an anecdote from his later years. "On Ernst's 66th birthday, I sent a bouquet of flowers to the ETH, to be put on his desk. The secretary unwrapped it in his office, throwing the paper into the waste paper basket. Ernst, as he later told me, came to the office and started to prepare his lecture. Discarding a sheet into the basket, he noticed the flower wrapping and concluded that there were flowers in the room. Then he saw them on his desk, a lovely bouquet of jonquils."

References

[APP] *Appenzeller Volkskunst*, Text Erika Gysling-Billeter, Fotos Roland Reiter, Silva-Verlag, Zürich, 1977.

[FRI] Max Frisch, *Sketchbook 1966–1971*, translated by Geoffrey Skelton, Harcourt Brace Jovanovich, New York, 1974.

[GRI] *Kinder- und Hausmärchen gesammelt durch die Brüder Grimm*, Deutscher Klassiker Verlag, Frankfurt am Main, 1985.

[PER] *Perspectives in Mathematics*, ed. W. Jäger, J. Moser, R. Remmert, Birkhäuser Verlag, Basel–Boston–Stuttgart, 1984.

[RHE] Howard Rheingold, *They Have a Word for It*, Jeremy P. Tarcher, Inc., Los Angeles, 1988.

[SCA] Bruno Scarpellini, *Die Nichtaxiomatisierbarkeit des unendlichwertigen Prädikatenkalküls von Łukasiewicz*, J. Symbolic Logic *27*, 1962.

Bibliography of the Publications of E. Specker

*[1] 1949a. *Die erste Cohomologiegruppe von Überlagerungen und Homotopieeigenschaften dreidimensionaler Mannigfaltigkeiten.* Commentarii Mathematici Helvetici, vol. 23, pp. 303–333. Doctoral thesis in Mathematics, ETH Zürich, June 1948.

*[2] 1949b. *Nicht konstruktiv beweisbare Sätze der Analysis.* Journal of Symbolic Logic, vol. 14, pp. 145–158.

*[3] 1949c. *Sur un problème de Sikorski.* Colloquium Mathematicum, vol. 2, pp. 9–12.

*[4] 1950a. *Endenverbände von Räumen und Gruppen.* Mathematische Annalen, vol. 122, pp. 167–174.

*[5] 1950b. *Additive Gruppen von Folgen ganzer Zahlen.* Portugaliae Mathematica, vol. 9, pp. 131–140.

*[6] 1953. *The axiom of choice in Quine's new foundations for mathematical logic.* Proceedings of the National Academy of Sciences, USA, vol. 39, pp. 972–975.

*[7] 1954a. *Die Antinomien der Mengenlehre.* Dialectica, vol. 8, pp. 234–244. Inaugural Lecture at the ETH Zürich.

*[8] 1954b. *Verallgemeinerte Kontinuumshypothese und Auswahlaxiom.* Archiv der Mathematik, vol. 5, pp. 332–337.

*[9] 1957a. *Zur Axiomatik der Mengenlehre (Fundierungs- und Auswahlaxiom).* Zeitschrift für mathematische Logik und Grundlagen der Mathematik, vol. 3, pp. 173–210. This and 1954b make up the 1951 inaugural dissertation, ETH Zürich.

*[10] 1957b. *Teilmengen von Mengen mit Relationen.* Commentarii Mathematici Helvetici, vol. 31, pp. 302–314.

*[11] 1957c. *Eine Verschärfung des Unvollständigkeitssatzes der Zahlentheorie.* Bulletin de l'Académie Polonaise des Sciences, cl. III, vol. 5, pp. 1041–1045.

*[12] 1957d. *Der Satz vom Maximum in der rekursiven Analysis.* In: Constructivity in Mathematics; Proceedings of the colloquium held at Amsterdam, 1957 (edited by A. Heyting), North-Holland Publishing Company, Amsterdam, 1959 (Studies in Logic and the Foundations of Mathematics), pp. 254–265.

*[13] 1958. *Dualität.* Dialectica, vol. 12, pp. 451–465.

The papers marked * are included in these *Selecta.*

*[14] 1960. *Die Logik nicht gleichzeitig entscheidbarer Aussagen*. Dialectica, vol. 14, pp. 239–246.

*[15] 1961a. (With R. MacDowell.) *Modelle der Arithmetik*. In: Infinitistic Methods; Proceedings of the Symposium on Foundations of Mathematics, Pergamon Press, London, 1961, pp. 257–263.

*[16] 1961b. (With P. Erdös). *On a theorem in the theory of relations and a solution of a problem of Knaster*. Colloquium Mathematicum, vol. 8, pp. 19–21.

*[17] 1962. *Typical ambiguity*. In: Logic, Methodology and Philosophy of Science; Proceedings of the 1960 International Congress (edited by E. Nagel, P. Suppes and A. Tarski), Stanford University Press, Standford, 1962, pp. 116–124.

*[18] 1964. (With Haim Gaifman). *Isomorphism types of trees*. Proceedings of the American Mathematical Society, vol. 15, pp. 1–7.

*[19] 1965a. (With Simon Kochen). *Logical structures arising in quantum theory*. In: The Theory of Models; Proceedings of the 1963 International Symposium at Berkeley (edited by J. W. Addison, L. Henking, A. Tarski), North-Holland Publishing Company, Amsterdam, 1965 (Studies in Logic and the Foundations of Mathematics), pp. 177–189.

*[20] 1965b. (With Simon Kochen). *The calculus of partial propositional functions*. In: Logic, Methodology and Philosophy of Science; Proceedings of the 1964 International Congress (edited by Y. Bar-Hillel), North-Holland Publishing Company, Amsterdam, 1965 (Studies in Logic and the Foundations of Mathematics), pp. 45–57.

*[21] 1967a. (With Simon Kochen). *The problem of hidden variables in quantum mechanics*. Journal of Mathematics and Mechanics, vol. 17, pp. 59–88.

*[22] 1967b. *The fundamental theorem of algebra in recursive analysis*. In: Constructive Aspects of the Fundamental Theorem of Algebra; Proceedings of the Symposium Zürich-Rüschlikon, John Wiley & Sons Ltd., Chichester, 1967, pp. 321–329.

*[23] 1968. (With L. Hodes). *Length of formulas and elimination of quantifiers I*. In: Contributions to Mathematical Logic; Proceedings of the Logic Colloquium, Hannover 1966 (edited by H. A. Schmidt, K. Schütte, H.-J. Thiele), North-Holland Publishing Company, Amsterdam, 1968 (Studies in Logic and Foundations of Mathematics), pp. 175–188.

[24] 1969. *Ramsey's theorem does not hold in recursive set theory*. In: Logic Colloquium '69; Proceedings of the Summer School and Colloquium in Mathematical Logic, Manchester, August 1969 (edited by R. O. Gandy, C. M. E. Yates), North-Holland Publishing Company, Amsterdam, 1971 (Studies in Logic and the Foundations of Mathematics), pp. 439–442.

[25] 1975. *Logic of propositions not simultaneously decidable*. In: The logico-algebraic approach to quantum mechanics, vol. I (edited by C. A. Hooker), D. Reidel Publishing Company, Dordrecht, 1975 (The University of Western Ontario Series in Philosophy of Science), pp. 135–140.

[26] 1976a. (With Volker Strassen). *Einleitung, Komplexität von Entscheidungsproblemen*. In: Komplexität von Entscheidungsproblemen (edited by E. Specker, V. Strassen), Springer-Verlag, Heidelberg, 1976 (Lecture Notes in Computer Science), pp. 1–10.

[27] 1976b. *Ein polynomialer Algorithmus zur Bestimmung unabhängiger Repräsentantensysteme*, ibid., pp. 72–85.

[28] 1976c. (With G. Wick). *Längen und Formeln*, ibid., pp. 182–217.

*[29] 1978a. *Die Entwicklung der axiomatischen Mengenlehre*. Jahresbericht der Deutschen Mathematiker-Vereinigung, vol. 81, pp. 13–21.

*[30] 1978b. *Algorithmische Kombinatorik mit Kleinrechnern*. Elemente der Mathematik, vol. 33, pp. 25–35.

*[31] 1979a. (With K. Lieberherr). *Complexity of partial satisfaction*. Journal of the Association for Computing Machinery, vol. 28, No. 2, pp. 411–421.

[32] 1979b. *Paul Bernays*. In: Logic Collogquium '78; Proceedings of the Colloquium held in Mons, August 1978 (edited by M. Boffa, D. van Dalen, K. McAloon), North-Holland Publishing Company, Amsterdam, 1979 (Studies in Logic and the Foundations of Mathematics), pp. 381–389.

[33] 1981. (Avec Chr. Blatter). *Le nombre de structures finies d'une théorie à caractère fini*. In: Sciences Mathématiques, Groupes de Contact, Fonds National de la Recherche Scientifique, Bruxelles, 1981, pp. 41–44.

[34] 1984a. (With M. Fürer and W. Schnyder). *Normal forms for trivalent graphs and graphs of bounded valence*. In: Proceedings of the 15th annual ACM Symposium of Computing, 1983, pp. 161–170.

[35] 1984b. (With Chr. Blatter). *Recurrence relations for the number of labeled structures on a finite set.* In: Logic and Machines: Decision Problems and Complexity; Proceedings of the Symposium "Rekursive Kombinatorik" held from May 23–28, 1983 at the Institut für Mathematische Logic und Grundlagenforschung der Universität Müster/Westfalen (edited by E. Börger, G. Hasenjäger, D. Rödding), Springer-Verlag, Heidelberg, 1984 (Lecture Notes in Computer Science), pp. 43–61.

*[36] 1985. *Wie in einem Spiegel.* Reformatio 34, pp. 219–222.

[37] 1987a. (With H. Kull). *Direct construction of mutually orthogonal Latin Squares.* In: Computation Theory and Logic (edited by E. Börger), Springer-Verlag, Heidelberg, 1987 (Lecture Notes in Computer Science), pp. 224–236.

[38] 1987b. (With M. Fürer). *Learning from history can help.* To appear in: Archive for Mathematical Logic. (Abstract in: Journal of Symbolic Logic, vol. 53, No. 4).

[39] 1987c. (With J. Meon). *Ein Antwortbrief.* Reformatio 36, pp. 319–320.

*[40] 1988a. *Application of logic and combinatorics to enumeration problems.* In: Trends in Theoretical Computer Science (edited by E. Börger), Computer Science Press, Rockville, Maryland, 1988, pp. 141–169.

*[41] 1988b. *Postmoderne Mathematik: Abschied vom Paradies?* Dialectica 42, pp. 163–169.

*[42] 1989. *Die Logik oder die Kunst des Programmierens.* Vierteljahresschrift der Naturforschenden Gesellschaft, Zürich, 134/2, pp. 134–150.

List of Ph.D. theses written under the supervision of E. Specker

1. Krakowski, Fred, *Eigenwerte und Minimalpolynome symmetrischer Matrizen in kommutativen Körpern*, 1958
2. Läuchli, Hans, *Auswahlaxiom in der Algebra*, 1962
3. Coray, Giovanni, *Validité dans les algèbres de Boole partielles*, 1970
4. Deuber, Walter, *Partitionen und lineare Gleichungssysteme*, 1972
5. Christen, Claude-André, *Spektren und Klassen elementarer Funktionen*, 1974
6. Oswald, Urs, *Fragmente von "New Foundations" und Typentheorie*, 1976
7. Barro, François Marc, *Verallgemeinerungen des Herbrand'schen Satzes und Anwendungen im Gebiet der Entscheidbarkeit von Formelklassen*, 1977
8. Fürer, Martin, *Nicht-elementare untere Schranken in der Automaten-Theorie*, 1978
9. Giorgetta, Donato, *Unendliche Permutationsgruppen unter zwei modelltheoretischen Gesichtspunkten*, 1978
10. Schönsleben, Paul, *Ganzzahlige Polymatroid-Intersektions-Algorithmen*, 1980
11. Ragaz, Matthias Emil, *Arithmetische Klassifikation von Formelmengen der unendlichwertigen Logik*, 1981
12. Wietlisbach, Markus Niklaus, *Zur Komplexität von Entscheidungsalgorithmen, die auf dem Herbrand'schen Satz und regulärer Resolution beruhen*, 1981
13. Schnyder, Walter Albert, *Algorithmen für Normalformen von Graphen*, 1983
14. Clavadetscher-Seeberger, Erna, *Eine partielle Prädikatenlogik*, 1983
15. Clivio, Andrea Giovanni, *Einige Entscheidungsprobleme kombinatorischer und algebraischer Natur*, 1987

SELECTA

Die erste Cohomologiegruppe von Überlagerungen und Homotopieeigenschaften dreidimensionaler Mannigfaltigkeiten

VON DER

EIDGENÖSSISCHEN TECHNISCHEN HOCHSCHULE IN ZÜRICH

ZUR ERLANGUNG DER WÜRDE EINES DOKTORS DER MATHEMATIK

GENEHMIGTE

PROMOTIONSARBEIT

VORGELEGT VON

ERNST SPECKER

VON ZÜRICH UND AU-FISCHINGEN

Referent: Herr Prof. Dr. H. HOPF

Korreferent: Herr Priv.-Doz. Prof. Dr. B. ECKMANN

1949

ART. INSTITUT ORELL FÜSSLI A.-G.

ZÜRICH

Einleitung

Die erste Cohomologiegruppe B^1 eines endlichen (zusammenhängenden) Komplexes K ist durch die Fundamentalgruppe $\mathfrak{G}$ von K bestimmt: Wird der Cohomologietheorie die abelsche Gruppe J als Koeffizientenbereich zugrunde gelegt, so ist B^1 isomorph der Gruppe der homomorphen Abbildungen von $\mathfrak{G}$ in J; die natürliche Isomorphie dieser beiden Gruppen hat die folgende Bedeutung: Der Charakter, der einer Cohomologieklasse zugeordnet ist, hat auf einem Gruppenelement $g \in \mathfrak{G}$ den Wert, den die Cohomologieklasse auf der g entsprechenden ganzzahligen Homologieklasse hat (B. Eckmann [1], S. 267).

Dieser Satz wird folgendermaßen verallgemeinert: Der endliche Komplex K mit der Fundamentalgruppe $\mathfrak{G}$ werde vom Komplex $\boldsymbol{K}$ überlagert, und zwar gehöre die Überlagerung zur Untergruppe $\mathfrak{H}$ von $\mathfrak{G}$. Dann ist die erste Cohomologiegruppe B^1 von $\boldsymbol{K}$ — berechnet unter Zugrundelegung endlicher Ketten mit Koeffizienten aus der abelschen Gruppe J — durch die Inklusion von $\mathfrak{H}$ in $\mathfrak{G}$ bestimmt. Wir werden auch hier eine Gruppe $B(\mathfrak{G}, \mathfrak{H})$ definieren (und zwar in Abhängigkeit von J und $\mathfrak{H} \subset \mathfrak{G}$) und zeigen, daß B^1 dieser Gruppe isomorph ist.

Die Decktransformationengruppe $\mathfrak{D}$ einer Überlagerung $\boldsymbol{K}$ des Komplexes K kann in natürlicher Weise aufgefaßt werden als Automorphismengruppe der ersten Cohomologiegruppe B^1 von $\boldsymbol{K}$. (Zum Begriff der Decktransformationengruppe einer beliebigen Überlagerung vergleiche man H. Seifert und W. Threlfall [17], S. 198.) Wir werden demnach auch die Gruppe $B(\mathfrak{G}, \mathfrak{H})$ als Gruppe mit der Automorphismengruppe $\mathfrak{D}$ erklären und die Operatorisomorphie von B^1 und $B(\mathfrak{G}, \mathfrak{H})$ beweisen. Diese Ergebnisse sind im wesentlichen in zwei inzwischen erschienenen Arbeiten von B. Eckmann [2] und [3] enthalten; es werden in diesen Arbeiten auch höherdimensionale Cohomologiegruppen betrachtet.

Wird die Überlagerung $\boldsymbol{K}$ des endlichen Komplexes K ihrerseits von einem Komplex K überlagert, so gibt die Projektionsabbildung von K auf $\boldsymbol{K}$ Anlaß zu einem Homomorphismus der ersten Cohomologiegruppe von K in diejenige von $\boldsymbol{K}$; diesen Homomorphismus werden wir algebraisch beschreiben, und zwar in Abhängigkeit von der Fundamentalgruppe von K und den Untergruppen, die zu den Überlagerungen gehören. Sind $\boldsymbol{K}$ und K endliche Komplexe, so steht dieser Homomorphismus in enger Beziehung zum gruppentheoretischen Begriff der Verlagerung (H. Zassenhaus [21], S. 131).

Wir betrachten nun wieder eine einzige Überlagerung $\boldsymbol{K}$ des endlichen Komplexes K, die zur Untergruppe $\mathfrak{H}$ der Fundamentalgruppe $\mathfrak{G}$ von K gehört. Die Elemente von $B(\mathfrak{G}, \mathfrak{H})$ sind Klassen von Funktionen auf $\mathfrak{G}$ mit Werten in J, und sie sind durch die damit in natürlicher Weise gegebene Addition verknüpft; auf $\mathfrak{H}$ haben alle Funktionen einer Klasse denselben Wert. Bezeichnet $E(\mathfrak{G}, \mathfrak{H})$ die Untergruppe derjenigen Klassen, deren Elemente auf den Elementen von $\mathfrak{H}$ den Wert 0 haben, so darf die Faktorgruppe $B(\mathfrak{G}, \mathfrak{H})/E(\mathfrak{G}, \mathfrak{H})$ als Gruppe von Funktionen auf $\mathfrak{H}$ mit Werten in J aufgefaßt werden. In diesem Sinne ist $B(\mathfrak{G}, \mathfrak{H})/E(\mathfrak{G}, \mathfrak{H})$ eine Gruppe von homomorphen Abbildungen von $\mathfrak{H}$ in J — und zwar ist sie identisch mit der durch die erste Cohomologiegruppe B^1 von $\boldsymbol{K}$ induzierten Charakterengruppe der (als Fundamentalgruppe von $\boldsymbol{K}$ aufgefaßten) Gruppe $\mathfrak{H}$; beim natürlichen Isomorphismus von $B(\mathfrak{G}, \mathfrak{H})$ auf $\boldsymbol{B}^1$ wird nämlich $E(\mathfrak{G}, \mathfrak{H})$ auf die Gruppe $\boldsymbol{E}^1$ derjenigen eindimensionalen Cohomologieklassen abgebildet, die auf allen Zyklen den Wert 0 haben. Durch die Inklusion $\mathfrak{H} \subset \mathfrak{G}$ sind daher neben B^1 auch die Gruppen $\boldsymbol{E}^1$ und $B^1/\boldsymbol{E}^1$ bestimmt.

Wir werden die Untergruppe $\boldsymbol{E}^1$ der ersten Cohomologiegruppe bei beliebigen Komplexen näher untersuchen; in Komplexen, deren erste Homologiegruppe die Nullgruppe ist, ist $\boldsymbol{E}^1$ gleich der ersten Cohomologiegruppe; in endlichen Komplexen ist $\boldsymbol{E}^1$ die Nullgruppe. (Im folgenden sei der Homologie- und Cohomologietheorie die additive Gruppe der ganzen Zahlen als Koeffizientenbereich zugrunde gelegt.) Bei unendlichen Komplexen steht $\boldsymbol{E}^1$ in enger Beziehung zur Endentheorie, wie sie von H. Freudenthal in [7] entwickelt worden ist: Der Rang der Gruppe $\boldsymbol{E}^1$ und die Anzahl der Enden eines Komplexes bestimmen sich gegenseitig. Im Zusammenhang mit dem Beweis dieses Satzes werden wir zeigen, daß die erste Cohomologiegruppe eines beliebigen Komplexes eine freie abelsche Gruppe ist.

Gehört die Überlagerung $\boldsymbol{K}$ des endlichen Komplexes K mit der Fundamentalgruppe $\mathfrak{G}$ zur Untergruppe $\mathfrak{H}$ von $\mathfrak{G}$, so ist die Gruppe $\boldsymbol{E}^1$

von K und damit auch die Endenzahl von K durch $\mathfrak{H} \subset \mathfrak{G}$ bestimmt; das ist die Verallgemeinerung eines Satzes der Arbeit [10] von H. Hopf, der besagt, daß die Endenzahl einer regulären Überlagerung eines endlichen Komplexes durch die Decktransformationengruppe bestimmt ist. Wie in der Arbeit [10] weiter gezeigt wird, ist die Endenzahl einer solchen Überlagerung gleich 0, 1, 2 oder unendlich; wir werden daraus schließen: Der Rang der ersten Cohomologiegruppe einer regulären unendlichblättrigen Überlagerung eines endlichen Komplexes ist gleich 0, 1 oder unendlich; für nicht-reguläre unendlichblättrige Überlagerungen braucht der entsprechende Satz nicht zu gelten.

In einem zweiten Teil wenden wir diese Ergebnisse an auf die Untersuchung von dreidimensionalen endlichen (berandeten oder unberandeten) orientierbaren Mannigfaltigkeiten. (Die Beschränkung auf orientierbare Mannigfaltigkeiten ist in den meisten Fällen nicht nötig und wird nur der Einfachheit halber durchgeführt.) Eine solche Anwendung ist bei unberandeten Mannigfaltigkeiten durch die Dualität nahegelegt. Auf Grund der bekannten Isomorphie der zweiten Homotopiegruppe eines Komplexes und der zweiten Homologiegruppe seiner universellen Überlagerung können wir zum Beispiel beweisen, daß die zweite Homotopiegruppe einer dreidimensionalen geschlossenen Mannigfaltigkeit durch ihre Fundamentalgruppe bestimmt ist. H. Hopf hat diesen Satz in [9] ohne Beweis ausgesprochen.

Etwas weniger naheliegende Anwendungen erhalten wir, wenn wir berandete dreidimensionale Mannigfaltigkeiten betrachten. Auch hier ist nämlich noch ein Rest der Dualität vorhanden, der in gewissen Fällen gestattet, über die zweite Homologiegruppe der universellen Überlagerung etwas auszusagen. So gelingt es, eine solche Klasse $\mathfrak{K}$ von Gruppen anzugeben, daß jede dreidimensionale endliche (berandete) Mannigfaltigkeit, unter deren Randflächen sich keine Kugel befindet und deren Fundamentalgruppe zu $\mathfrak{K}$ gehört, asphärisch ist. Unter weiteren Einschränkungen sind schärfere Aussagen möglich: Die zweite Homotopiegruppe einer endlichen dreidimensionalen Mannigfaltigkeit, deren nicht leerer Rand aus Ringflächen besteht, ist durch die Fundamentalgruppe der Mannigfaltigkeit bestimmt. Besonders interessante Mannigfaltigkeiten dieser Art sind die Außenräume von Verschlingungen in der dreidimensionalen Sphäre.

Nach einem Satz von W. Hurewicz [12] sind die Homologiegruppen eines asphärischen Komplexes durch seine Fundamentalgruppe bestimmt. Folgt daher einerseits aus der Struktur einer Gruppe $\mathfrak{G}$, daß eine dreidimensionale endliche Mannigfaltigkeit mit der Fundamentalgruppe $\mathfrak{G}$

asphärisch ist, wenn sich unter ihren Randflächen keine Kugel befindet; können anderseits die Homologiegruppen eines asphärischen Komplexes mit der Fundamentalgruppe $\mathfrak{G}$ nicht Homologiegruppen einer solchen Mannigfaltigkeit sein, so dürfen wir schließen, daß $\mathfrak{G}$ nicht Fundamentalgruppe einer dreidimensionalen endlichen Mannigfaltigkeit ist. Als Anwendung zählen wir die abelschen Gruppen auf, die als Fundamentalgruppen solcher (berandeter oder unberandeter) Mannigfaltigkeiten auftreten; daraus ergeben sich dann weiter notwendige Bedingungen für die Einbettbarkeit zweidimensionaler Komplexe in beliebige dreidimensionale Mannigfaltigkeiten.

Herrn Professor H. Hopf danke ich für Anregung und Ermunterung.

I. Die erste Cohomologiegruppe von Überlagerungen

1. Vorbereitende Bemerkungen

1.1. K sei ein beliebiger Komplex (simplizialer Komplex oder Zellen komplex). Der Homologietheorie von K legen wir ganzzahlige endliche Ketten zugrunde. $\mathfrak{L}^n$, $\mathfrak{Z}^n$, $\mathfrak{H}^n$, $\mathfrak{B}^n = \mathfrak{Z}^n/\mathfrak{H}^n$ bezeichnen die Gruppen der n-dimensionalen Ketten, Zyklen, Ränder, Homologieklassen. Die Elemente von $\mathfrak{L}^n$ bezeichnen wir mit kleinen lateinischen Buchstaben mit hochgestelltem Dimensionsindex: c^n. Die Elemente der Faktorgruppe $\mathfrak{L}^n/\mathfrak{H}^n$ werden mit kleinen fetten Buchstaben bezeichnet: $\mathbf{c}^n$.

1.2. J sei eine abelsche Gruppe. Der Cohomologietheorie von K legen wir endliche Ketten mit Koeffizienten aus J zugrunde. L^n, Z^n, H^n, $B^n = Z^n/H^n$ bezeichnen die Gruppen der n-dimensionalen Ketten, Cozyklen, Coränder, Cohomologieklassen. Die Ketten aus L^n bezeichnen wir mit großen lateinischen Buchstaben: C^n.

Da die additive Gruppe der ganzen Zahlen und die Gruppe J bezüglich J ein Gruppenpaar bilden, ist der Kroneckersche Index eines Elementes von L^n auf einem Element von $\mathfrak{L}^n$ definierbar. Er ist ein Element von J; wir schreiben ihn als Produkt. Jede Kette aus Z^n hat auf den Elementen von $\mathfrak{H}^n$ den Wert 0; es wird daher in natürlicher Weise ein Produkt der Elemente von Z^n mit den Elementen von $\mathfrak{L}^n/\mathfrak{H}^n$ induziert.

1.3. Die n-dimensionalen Cozyklen, die auf allen Zyklen den Wert 0 haben, bilden eine Untergruppe A^n von Z^n, die H^n enthält; wir setzen $A^n/H^n = E^n$. Die Gruppe A^1 läßt sich auch folgendermaßen beschreiben:

C^1 gehört genau dann zu A^1, wenn es eine solche 0-dimensionale, eventuell unendliche Kette C^0 mit Koeffizienten aus J gibt, daß der Corand von C^0 die Kette C^1 ist.

1.4. Ist der Komplex K gegeben als Komplex mit einer Automorphismengruppe $\mathfrak{G}$, so werden die in der Homologie- und Cohomologietheorie auftretenden Gruppen stets aufgefaßt als Gruppen, die $\mathfrak{G}$ als Operatorgruppe besitzen. Dies wird insbesondere dann der Fall sein, wenn K gegeben ist als Überlagerungskomplex eines Komplexes K'; die Gruppe $\mathfrak{G}$ ist dann die Decktransformationengruppe von K.

1.5. Zu den im folgenden benützten Sätzen aus der Überlagerungstheorie vergleiche man Seifert-Threlfall [17], 8. Kapitel. Wir erinnern nur kurz an folgendes:

Es sei $\boldsymbol{K}$ Überlagerungskomplex des zusammenhängenden Komplexes K. Im folgenden bedeute „Weg" stets „Kantenweg". Ist w ein Weg in K mit dem Anfangspunkt O, $\boldsymbol{O}$ ein O überlagernder Punkt von $\boldsymbol{K}$, dann gibt es genau einen Weg $\boldsymbol{w}$ mit dem Anfangspunkt $\boldsymbol{O}$, der w überlagert. Jedem Weg $\boldsymbol{w}$ von $\boldsymbol{K}$ ist auf natürliche Weise ein Element $c^1(\boldsymbol{w})$ der Kettengruppe $\mathfrak{L}^1$ von $\boldsymbol{K}$ zugeordnet. Es seien v und w homotope Wege von K mit dem Anfangspunkt O, $\boldsymbol{v}$ und $\boldsymbol{w}$ die entsprechenden Überlagerungswege mit dem Anfangspunkt $\boldsymbol{O}$; dann sind die Ketten $c^1(\boldsymbol{v})$ und $c^1(\boldsymbol{w})$ homolog (d. h. ihre Differenz liegt in $\mathfrak{H}^1(\boldsymbol{K})$); es haben also insbesondere $\boldsymbol{v}$ und $\boldsymbol{w}$ denselben Endpunkt.

Es sei nun in K ein Eckpunkt O, in $\boldsymbol{K}$ ein O überlagernder Eckpunkt $\boldsymbol{O}$ ausgezeichnet; zu Wegen mit dem Anfangspunkt O betrachten wir Überlagerungswege mit dem Anfangspunkt $\boldsymbol{O}$. Der Eckpunkt O sei der Pol der Fundamentalgruppe $\mathfrak{G}$ von K. Repräsentieren v und w ein Element $a \in \mathfrak{G}$, so sind $c^1(\boldsymbol{v})$ und $c^1(\boldsymbol{w})$ homolog; wir können daher einem Element $a \in \mathfrak{G}$ in natürlicher Weise ein Element $\mathbf{c}^1(a)$ der Gruppe $\mathfrak{L}^1/\mathfrak{H}^1$ von $\boldsymbol{K}$ zuordnen. Die Elemente h von $\mathfrak{G}$, die die Eigenschaft haben, daß $\mathbf{c}^1(h)$ ein Homologiezyklus ist, bilden eine Untergruppe $\mathfrak{H}$ von $\mathfrak{G}$. Sind a und b zwei Elemente von $\mathfrak{G}$, so haben $\mathbf{c}^1(a)$ und $\mathbf{c}^1(b)$ genau dann denselben Rand, wenn a und b in derselben rechtsseitigen Restklasse von $\mathfrak{H}$ nach $\mathfrak{G}$ liegen. Die Menge der rechtsseitigen Restklassen von $\mathfrak{G}$ nach $\mathfrak{H}$ bezeichnen wir im folgenden mit $\mathfrak{G}/\mathfrak{H}$ und verstehen unter einer „Restklasse" stets eine „rechtsseitige Restklasse". Alle Wege, die Repräsentanten von Elementen einer Restklasse X von $\mathfrak{G}/\mathfrak{H}$ überlagern, besitzen denselben Endpunkt. Wir bezeichnen ihn mit $\boldsymbol{O}(X)$; $\boldsymbol{O}(X)$ überlagert O. Verschiedenen Restklassen werden dadurch verschiedene Eckpunkte zugeordnet. Für Elemente $h \in \mathfrak{H}$ und $a \in \mathfrak{G}$ ist $\mathbf{c}^1(h\,a) = \mathbf{c}^1(h) + \mathbf{c}^1(a)$, denn ein h repräsentierender Weg wird von einem geschlossenen Weg überlagert.

1.6. Nur endlich viele der Wege $\boldsymbol{w}_i$ von $\boldsymbol{K}$, die einen Weg w von K überlagern, haben mit einem vorgegebenen endlichen Teilkomplex von $\boldsymbol{K}$ einen nicht leeren Durchschnitt.

Beweis: Es genügt zu zeigen, daß ein Eckpunkt $\boldsymbol{P}$ von $\boldsymbol{K}$ nur Eckpunkt von endlich vielen der Wege $\boldsymbol{w}_i$ ist. Die Eckpunkte von w seien in ihrer Reihenfolge $P_1, \ldots, P_n$. Ist P_k Projektion von $\boldsymbol{P}$, so gibt es genau einen Weg $\boldsymbol{w}_{ik}$, dessen k-ter Eckpunkt $\boldsymbol{P}$ ist.

2. Satz I.

2.1. $\boldsymbol{K}$ sei Überlagerungskomplex des endlichen und zusammenhängenden Komplexes K; in K sei ein Eckpunkt O, in $\boldsymbol{K}$ ein O überlagernder Eckpunkt ausgezeichnet. Nach Auszeichnung dieser Eckpunkte gehört zur Überlagerung eindeutig eine gewisse Untergruppe $\mathfrak{H}$ der Fundamentalgruppe $\mathfrak{G}$ von K. Der Satz I besagt in einer vorläufigen Formulierung, daß die Gruppen $B^1(\boldsymbol{K})$ und $E^1(\boldsymbol{K})$ durch $\mathfrak{G}$ und ihre Untergruppe $\mathfrak{H}$ bestimmt sind (und zwar als Gruppen mit der Decktransformationengruppe als Operatorgruppe).

2.2. Es sei Z^1 die Gruppe der Cozyklen von $\boldsymbol{K}$. Wir bilden Z^1 homomorph ab in eine Gruppe von Funktionen auf $\mathfrak{G}$ mit Werten in J. Nach 1.5 gehört zu jedem Element $a \in \mathfrak{G}$ eindeutig ein Element $\mathbf{c}^1(a)$ der Gruppe $\mathfrak{L}^1/\mathfrak{H}^1$ von $\boldsymbol{K}$.

Dem Cozyklus $C^1 \in Z^1$ ordnen wir die Funktion $f(a) = C^1 \cdot \mathbf{c}^1(a)$ auf $\mathfrak{G}$ zu. Wird die Addition von Funktionen auf $\mathfrak{G}$ mit Werten in J wie üblich erklärt, so ist diese Zuordnung ein Homomorphismus $\mathfrak{h}$ von Z^1 auf eine Gruppe von Funktionen auf $\mathfrak{G}$. Es soll nun untersucht werden, welche Funktionen beim Homomorphismus $\mathfrak{h}$ Bild eines Cozyklus sind.

2.21. Es sei $f(x)$ eine Funktion auf $\mathfrak{G}$ mit Werten in J, die beim Homomorphismus $\mathfrak{h}$ Bild eines Cozyklus C^1 ist. Dann ist für $h \in \mathfrak{H}$ und $a \in \mathfrak{G}$

$$f(ha) = f(h) + f(a) \ .$$

Beweis: $$f(ha) = C^1 \cdot \mathbf{c}^1(ha) = C^1 \cdot [\mathbf{c}^1(h) + \mathbf{c}^1(a)]$$
$$= C^1 \cdot \mathbf{c}^1(h) + C^1 \cdot \mathbf{c}^1(a) = f(h) + f(a) \ .$$

2.22. Nach 2.21 ist die Funktion $F(x) = f(xa) - f(x)$ (a festes Element von $\mathfrak{G}$) konstant auf den Restklassen von $\mathfrak{G}$ nach $\mathfrak{H}$, wenn $f(x)$ Bild eines Cozyklus ist. Es ist daher $F(x)$ in natürlicher Weise eine Funktion auf den Restklassen von $\mathfrak{G}/\mathfrak{H}$ zugeordnet; wir bezeichnen diese

Funktion mit $F(X)$. Wir zeigen nun, daß es nur endlich viele Restklassen gibt, auf denen $F(X)$ einen von O verschiedenen Wert hat. Diesen Sachverhalt werden wir auch folgendermaßen ausdrücken: Es ist $F(X) = 0$ für fast alle $X \in \mathfrak{G}/\mathfrak{H}$. Dieselbe Sprechweise verwenden wir auch in anderem Zusammenhang.

Beweis: Es sei w ein das Element a der Fundamentalgruppe repräsentierender Weg: $\boldsymbol{w}(X)$ sei der w überlagernde Weg mit dem Anfangspunkt $\boldsymbol{O}(X)$ und $c^1(X)$ die zum Wege $\boldsymbol{w}(X)$ gehörende Kette. Für $C^1 \in Z^1$ ist dann: $C^1 \cdot [\mathbf{c}^1(x\,a) - \mathbf{c}^1(x)] = C^1 \cdot c^1(X)$, $x \in X$. Nach 1.6 ist $|C^1|$ fremd zu fast allen Wegen $\boldsymbol{w}(X)$, d. h. $F(X) = C^1 \cdot c^1(X) = 0$ für fast alle $X \in \mathfrak{G}/\mathfrak{H}$.

2.3. Es sei $\Phi(\mathfrak{G}, \mathfrak{H})$ die Gruppe der Funktionen $f(x)$ auf $\mathfrak{G}$ mit Werten in J, die die beiden folgenden Bedingungen erfüllen:

1) Für $h \in \mathfrak{H}$ und $a \in \mathfrak{G}$ ist $f(h\,a) = f(h) + f(a)$.

Bei festem a ist daher die Funktion $f(x\,a) - f(x)$ konstant auf den Restklassen von $\mathfrak{G}/\mathfrak{H}$ und es kann die Funktion $f(X\,a) - f(X)$ auf $\mathfrak{G}/\mathfrak{H}$ betrachtet werden.

2) $f(X\,a) - f(X) = 0$ für fast alle $X \in \mathfrak{G}/\mathfrak{H}$.

In 2.2 wurde gezeigt, daß der Homomorphismus $\mathfrak{h}$ die Gruppe Z^1 in $\Phi(\mathfrak{G}, \mathfrak{H})$ abbildet; wir zeigen nun, daß $\mathfrak{h}$ eine Abbildung von Z^1 auf $\Phi(\mathfrak{G}, \mathfrak{H})$ ist.

Den Beweis zerlegen wir in die folgenden Nummern:

2.31. In K werde jeder Eckpunkt P durch einen Weg $v(P)$ mit O verbunden; $v(O)$ sei der Nullweg. Ist $\boldsymbol{P}$ ein Eckpunkt von $\boldsymbol{K}$, so sei $v(\boldsymbol{P})$ der Weg in $\boldsymbol{K}$ mit dem Anfangspunkt $\boldsymbol{P}$, der $v(P)$ überlagert; der Endpunkt von $v(\boldsymbol{P})$ ist ein Eckpunkt $\boldsymbol{O}(X)$. Wir ordnen jedem Eckpunkt $\boldsymbol{P}$ diejenige Restklasse $X(\boldsymbol{P})$ zu, daß $\boldsymbol{O}(X(\boldsymbol{P}))$ der Endpunkt von $v(\boldsymbol{P})$ ist. Es sei $\boldsymbol{w}$ ein Weg von $\boldsymbol{K}$ mit dem Anfangspunkt $\boldsymbol{P}$ und dem Endpunkt $\boldsymbol{Q}$; wir setzen $X(\boldsymbol{w}) = X(\boldsymbol{P})$. Die Projektion des Weges $v^{-1}(\boldsymbol{P})\,\boldsymbol{w}\,v(\boldsymbol{Q})$ ist ein geschlossener Weg in K mit dem Anfangspunkt 0; es gehört also zu ihm ein gewisses Element $a = a(\boldsymbol{w})$ der Fundamentalgruppe von K. Man sieht leicht, daß die Funktionen $X(\boldsymbol{w})$ und $a(\boldsymbol{w})$ die folgenden Eigenschaften besitzen:

a) Besitzen $\boldsymbol{v}$ und $\boldsymbol{w}$ dieselbe Projektion, so ist $a(\boldsymbol{v}) = a(\boldsymbol{w})$.

b) Besitzen $\boldsymbol{v}$ und $\boldsymbol{w}$ verschiedene Anfangspunkte mit derselben Projektion, so ist $X(\boldsymbol{v}) \neq X(\boldsymbol{w})$.

c) Ist $\boldsymbol{w}$ homotop 0 (also insbesondere geschlossen), so ist $a(\boldsymbol{w})$ gleich dem Einselement von $\mathfrak{G}$: $a(\boldsymbol{w}) = e$.

d) Sind v und w zwei Wege, die miteinander multipliziert werden können (d. h. ist der Endpunkt von v gleich dem Anfangspunkt von w), so ist

$$X(v\,w) = X(v)\ ,\quad X(v)\,a(v) = X(w)\ ,\quad a(v\,w) = a(v)\,a(w)\ .$$

2.32. Es sei nun $f(x)$ ein Element von $\Phi(\mathfrak{G}, \mathfrak{H})$. Wir ordnen $f(x)$ die folgende Funktion auf den Wegen von K mit Werten in J zu:

$$C^1(w) = f\big(X(w)\,a(w)\big) - f\big(X(w)\big)\ .$$

Wir leiten nun einige Eigenschaften der Funktion $C^1(w)$ her:

a) Ist der Weg w homotop 0, so ist $C^1(w) = 0$.

Beweis: Wenn w homotop 0 ist, so ist $a(w) = e$.

b) Sind v und w zwei Wege, die miteinander multipliziert werden können, so ist $C^1(v\,w) = C^1(v) + C^1(w)$.

Beweis:

$$\begin{aligned} C^1(v\,w) &= f\big(X(v\,w)\,a(v\,w)\big) - f\big(X(v\,w)\big) \\ &= f\big(X(v)\,a(v)\big) - f\big(X(v)\big) + f\big(X(v)\,a(v)\,a(w)\big) - f\big(X(v)\,a(v)\big) \\ &= C^1(v) + f\big(X(w)\,a(w)\big) - f\big(X(w)\big) \\ &= C^1(v) + C^1(w)\ . \end{aligned}$$

c) Aus a) und c) folgt unmittelbar: $C^1(w^{-1}) = -\,C^1(w)$.

d) Sind w_i Wege mit derselben Projektion aber verschiedenen Anfangspunkten, so ist $C^1(w_i) = 0$ für fast alle w_i.

Beweis: $a(w_i) = a$, $X(w_i) = X_i$; für $i \neq j$ ist $X_i \neq X_j$.

$C^1(w_i) = f(X_i\,a) - f(X_i)$, und diese Differenz ist 0 für fast alle i.

2.33. Es werde nun der Funktion $C^1(w)$ folgendermaßen eine Funktion C^1 auf den Kanten von K mit Werten in J zugeordnet: Der Wert von C^1 auf der Kante x^1 sei gleich $C^1(w)$, wobei w der Weg ist, der die Kante x^1 einmal in der gegebenen Orientierung durchläuft. Nach 2.32 c) ist C^1 eine ungerade Funktion der Kanten, es kann daher C^1 aufgefaßt werden als Kette. Die Kette C^1 ist endlich: Nach 2.32 d) besitzt C^1 nur auf endlich vielen Kanten mit derselben Projektion einen von 0 verschiedenen Wert, und da der Komplex K endlich ist, folgt daraus die Behauptung. Aus 2.32 b) folgt: Gehört zum Wege w die Kette c^1, so ist $C^1 \cdot c^1 = C^1(w)$.

Die Kette C^1 ist ein Cozyklus.

Beweis: Zu einer zweidimensionalen Zelle x^2 gibt es einen Weg $\boldsymbol{w}$ mit folgenden Eigenschaften: $\boldsymbol{w}$ ist homotop 0, und die Kette, die zu $\boldsymbol{w}$ gehört ist der Rand ∂x^2 von x^2. Nach 2.32 a) hat C^1 auf ∂x^2 den Wert 0; es hat daher der Corand δC^1 von C^1 auf der Zelle x^2 den Wert 0: C^1 ist Cozyklus.

2.34. Wir zeigen, daß der in 2.2 definierte Homomorphismus $\mathfrak{h}$ den Cozyklus C^1 auf die Funktion $f(x)$ abbildet, von der wir ausgegangen sind. Es sei $a \in \mathfrak{G}$; $\boldsymbol{w}$ sei ein Weg von $\boldsymbol{K}$ mit dem Anfangspunkt $\boldsymbol{O}$, dessen Projektion zu a gehört. Ist c^1 die dem Wege $\boldsymbol{w}$ entsprechende Kette, so ist der Wert von $\mathfrak{h}\, C^1$ auf a gleich $C^1 \cdot c^1$. Aus $a(\boldsymbol{w}) = a$ und $X(\boldsymbol{w}) = \mathfrak{H}$ folgt:

$$C^1 \cdot c^1 = C^1(\boldsymbol{w}) = f(\mathfrak{H}\, a) - f(\mathfrak{H}) = f(a) \ .$$

Damit ist gezeigt, daß $\mathfrak{h}$ die Gruppe Z^1 der Cozyklen von $\boldsymbol{K}$ auf die Gruppe $\Phi(\mathfrak{G}, \mathfrak{H})$ abbildet.

2.4. $\Phi_1(\mathfrak{G}, \mathfrak{H})$ sei die Untergruppe derjenigen Funktionen von $\Phi(\mathfrak{G}, \mathfrak{H})$, die auf den Elementen von $\mathfrak{H}$ den Wert 0 haben. Das Urbild von $\Phi_1(\mathfrak{G}, \mathfrak{H})$ beim Homomorphismus $\mathfrak{h}$ ist die Gruppe $A^1(\boldsymbol{K})$ (Definition in 1.3).

Beweis: 2.41. Es sei $C^1 \in A^1$. Ist $h \in \mathfrak{H}$, so ist $\mathbf{c}^1(h)$ ein Homologiezyklus. Es ist daher $C^1 \cdot \mathbf{c}^1(h) = 0$, d. h. das Bild von C^1 beim Homomorphismus $\mathfrak{h}$ gehört zu $\Phi_1(\mathfrak{G}, \mathfrak{H})$.

2.42. Es sei $\mathfrak{h}\, C^1 = f(x) \in \Phi_1(\mathfrak{G}, \mathfrak{H})$. Zu jedem Zyklus c^1 in $\boldsymbol{K}$ existiert ein $h \in \mathfrak{H}$, so daß c^1 in $\mathbf{c}^1(h)$ liegt

$$C^1 \cdot c^1 = C^1 \cdot \mathbf{c}^1(h) = f(h) = 0 \ , \quad \text{d. h.} \quad C^1 \in A^1 \ .$$

2.5. Für $f(x) \in \Phi_1(\mathfrak{G}, \mathfrak{H})$ ist $(h \in \mathfrak{H})\, f(h\, a) = f(h) + f(a) = f(a)$, d. h. $f(x)$ ist auf Restklassen von $\mathfrak{G}$ nach $\mathfrak{H}$ konstant; es gehört daher zu $f(x)$ eine Funktion $f(X)$ definiert auf den Restklassen $X \in \mathfrak{G}/\mathfrak{H}$. Es sei $\Phi_2(\mathfrak{G}, \mathfrak{H})$ die Untergruppe derjenigen $f(x)$ von $\Phi_1(\mathfrak{G}, \mathfrak{H})$, zu denen es ein solches $\mathfrak{c} \in J$ gibt, daß $f(X) = \mathfrak{c}$ für fast alle $X \in \mathfrak{G}/\mathfrak{H}$.

Das Urbild von $\Phi_2(\mathfrak{G}, \mathfrak{H})$ beim Homomorphismus $\mathfrak{h}$ ist die Gruppe der Coränder $H^1(\boldsymbol{K})$.

Beweis: 2.51. Es sei C^1 Corand: $C^1 = \delta C^0$. Nach 2.4 gehört $f(x) = \mathfrak{h}\, C^1$ zu $\Phi_1(\mathfrak{G}, \mathfrak{H})$. Liegt a in der Restklasse A, so ist

$$f(a) = f(A) = C^1 \cdot \mathbf{c}^1(a) = \delta C^0 \cdot \mathbf{c}^1(a) = C^0 \cdot \partial \mathbf{c}^1(a) = C^0 \cdot \boldsymbol{O}(A) - C^0 \cdot \boldsymbol{O} \ ,$$

und da C^0 endlich ist, ist $f(A) = - C^0 \cdot \boldsymbol{O}$ für fast alle Restklassen A.

2.52. Es gehöre anderseits das Bild von C^1 beim Homomorphismus $\mathfrak{h}$ zu $\Phi_2(\mathfrak{G}, \mathfrak{H})$. Zu jedem Eckpunkt $\boldsymbol{P}$ werde eine Kette $d^1(\boldsymbol{P})$ so bestimmt, daß $\partial d^1(\boldsymbol{P}) = \boldsymbol{P} - \boldsymbol{O}$. Wir definieren eine nulldimensionale Kette $\boldsymbol{F}^0$ (mit Koeffizienten aus J) durch $\boldsymbol{F}^0 \cdot \boldsymbol{P} = C^1 \cdot d^1(\boldsymbol{P})$. $\boldsymbol{F}^0$ ist unabhängig von der speziellen Wahl von $d^1(\boldsymbol{P})$, denn nach 2.4 hat C^1 auf allen Zyklen den Wert 0. Man sieht leicht, daß $\delta \boldsymbol{F}^0 = C^1$. Die Kette $\boldsymbol{F}^0$ braucht nicht endlich zu sein; wir zeigen aber, daß $\boldsymbol{F}^0$ auf fast allen Eckpunkten denselben Wert $\mathfrak{c} \in J$ hat.

Nach Definition von $\mathfrak{h}\, C^1 = f(x)$ ist

$$f(X) = C^1 \cdot d^1(\boldsymbol{O}(X)) = \boldsymbol{F}^0 \cdot \boldsymbol{O}(X) ,$$

und da $f(x) \in \Phi_2(\mathfrak{G}, \mathfrak{H})$, so ist $\boldsymbol{F}^0 \cdot \boldsymbol{O}(X) = \mathfrak{c}$ für fast alle Restklassen $X \in \mathfrak{G}/\mathfrak{H}$. Es seien $\boldsymbol{P}_i$ die Eckpunkte von $\boldsymbol{K}$, die einen Eckpunkt P von K überlagern; es sei w ein Weg von O nach P, $\boldsymbol{w}_i$ seien die Überlagerungswege von $\boldsymbol{O}_{j_i}$ nach $\boldsymbol{P}_i$ und c_i^1 die zu $\boldsymbol{w}_i$ gehörigen Ketten. Es ist $\boldsymbol{F}^0 \cdot \boldsymbol{P}_i - \boldsymbol{F}^0 \cdot \boldsymbol{O}_{j_i} = C^1 \cdot c_i^1$; nach 1.6 sind fast alle $\boldsymbol{w}_i$ fremd zu $| C^1 |$, es ist daher $C^1 \cdot c_i^1 = 0$ für fast alle i. $\boldsymbol{F}^0$ hat auf fast allen Eckpunkten $\boldsymbol{P}_i$ den Wert $\mathfrak{c}$, und da K endlich ist überhaupt auf fast allen Eckpunkten $\boldsymbol{P}$. Es sei E^0 die Kette, die auf allen Eckpunkten den Wert $\mathfrak{c}$ hat; die Kette $(\boldsymbol{F}^0 - E^0)$ ist endlich, und es ist $\delta(\boldsymbol{F}^0 - E^0) = \delta \boldsymbol{F}^0 = C^1$, d. h. C^1 ist Corand.

Wir haben damit gezeigt: Der Homomorphismus $\mathfrak{h}$ bildet Z^1 auf $\Phi(\mathfrak{G}, \mathfrak{H})$ ab; die Urbilder der Gruppen $\Phi_1(\mathfrak{G}, \mathfrak{H})$ und $\Phi_2(\mathfrak{G}, \mathfrak{H})$ bei dieser Abbildung sind die Gruppen A^1 und H^1. $\mathfrak{h}$ induziert daher einen Isomorphismus $\mathfrak{i}$ der Cohomologiegruppe $B^1 = Z^1/H^1$ von $\boldsymbol{K}$ auf die Gruppe $\Phi(\mathfrak{G}, \mathfrak{H})/\Phi_2(\mathfrak{G}, \mathfrak{H}) = B(\mathfrak{G}, \mathfrak{H})$, der die Untergruppe $E^1 = A^1/H^1$ von B^1 auf die Gruppe $\Phi_1(\mathfrak{G}, \mathfrak{H})/\Phi_2(\mathfrak{G}, \mathfrak{H}) = E(\mathfrak{G}, \mathfrak{H})$ abbildet.

2.6. Wir fassen zusammen:

Definition. Es sei: $\mathfrak{G}$ eine (multiplikativ geschriebene) Gruppe, $\mathfrak{H}$ eine Untergruppe von $\mathfrak{G}$; J eine abelsche (additiv geschriebene) Gruppe; $\Phi(\mathfrak{G}, \mathfrak{H})$ die Gruppe der Funktionen $f(x)$ auf $\mathfrak{G}$ mit Werten in J, die die folgenden beiden Eigenschaften haben:

1) Für $h \in \mathfrak{H}$ und $a \in \mathfrak{G}$ ist $f(h\,a) = f(h) + f(a)$,

2) für festes $a \in \mathfrak{G}$ ist $f(x\,a) = f(x)$ für alle $x \in \mathfrak{G}$ mit Ausnahme der x aus höchstens endlich vielen (rechtsseitigen) Restklassen von $\mathfrak{G}$ nach $\mathfrak{H}$;

$\Phi_1(\mathfrak{G}, \mathfrak{H})$ die Gruppe derjenigen Funktionen aus $\Phi(\mathfrak{G}, \mathfrak{H})$, die auf den Elementen von $\mathfrak{H}$ den Wert 0 haben; $\Phi_2(\mathfrak{G}, \mathfrak{H})$ die Gruppe derjenigen Funktionen aus $\Phi_1(\mathfrak{G}, \mathfrak{H})$, die auf allen Elementen — mit Ausnahme derjenigen aus endlich vielen (rechtsseitigen) Restklassen von $\mathfrak{G}$ nach $\mathfrak{H}$ — einen konstanten Wert haben.

Satz I. *K sei ein endlicher zusammenhängender Komplex mit der Fundamentalgruppe $\mathfrak{G}$; $\boldsymbol{K}$ sei eine Überlagerung von K, die zur Untergruppe $\mathfrak{H}$ von $\mathfrak{G}$ gehört. Dann gibt es einen Isomorphismus der ersten Cohomologiegruppe B^1 von $\boldsymbol{K}$ (berechnet unter Zugrundelegung endlicher Ketten und des Koeffizientenbereiches J) auf die Gruppe $\Phi(\mathfrak{G}, \mathfrak{H})/\Phi_2(\mathfrak{G}, \mathfrak{H}) = B(\mathfrak{G}, \mathfrak{H})$, der die Gruppe E^1 der eindimensionalen Cohomologieklassen, die auf allen Zyklen den Wert 0 haben, auf die Gruppe $\Phi_1(\mathfrak{G}, \mathfrak{H})/\Phi_2(\mathfrak{G}, \mathfrak{H}) = E(\mathfrak{G}, \mathfrak{H})$ abbildet.*

2.7. Gehört die Überlagerung $\boldsymbol{K}$ von K zur Untergruppe $\mathfrak{H}$ von $\mathfrak{G}$, so ist die Decktransformationengruppe von $\boldsymbol{K}$ (d. h. die Gruppe derjenigen Automorphismen von $\boldsymbol{K}$, die mit der Projektion von $\boldsymbol{K}$ auf K vertauschbar sind) isomorph zur Faktorgruppe $\mathfrak{N}/\mathfrak{H}$ des Normalisators $\mathfrak{N}$ von $\mathfrak{H}$ in $\mathfrak{G}$ nach $\mathfrak{H}$ (Seifert-Threlfall [17], S. 198). Die Decktransformationengruppe gibt Anlaß zu Automorphismengruppen der in der Homologie- und Cohomologietheorie von $\boldsymbol{K}$ auftretenden Gruppen. Alle jene Gruppen identifizieren wir.

2.8. Es soll nun die Faktorgruppe $\mathfrak{N}/\mathfrak{H}$ als Automorphismengruppe von $B(\mathfrak{G}, \mathfrak{H})$ erklärt werden; dazu erklären wir zunächst $\mathfrak{N}$ als Automorphismengruppe von $\Phi(\mathfrak{G}, \mathfrak{H})$.

Ist $a \in \mathfrak{N}$ und $f(x) \in \Phi(\mathfrak{G}, \mathfrak{H})$, so sei

$$a\, f(x) = f(a^{-1}\, x\, a)\ .$$

Man zeigt leicht, daß mit $f(x)$ auch $a\, f(x)$ zu $\Phi(\mathfrak{G}, \mathfrak{H})$ gehört; die Elemente von $\mathfrak{N}$ sind damit als Automorphismen von $\Phi(\mathfrak{G}, \mathfrak{H})$ erklärt, und zwar bilden sie die Gruppen $\Phi_i(\mathfrak{G}, \mathfrak{H})$ $(i = 1, 2)$ auf sich ab.

Die Elemente von $\mathfrak{H}$ bilden $f(x) \in \Phi(\mathfrak{G}, \mathfrak{H})$ in eine modulo $\Phi_2(\mathfrak{G}, \mathfrak{H})$ kongruente Funktion ab.

Beweis: Es ist zu zeigen, daß für $h \in \mathfrak{H}$

$$f(x) - h\, f(x) \in \Phi_2(\mathfrak{G}, \mathfrak{H})\ .$$

1) Sei $k \in \mathfrak{H}$; dann ist

$$f(k) - h\, f(k) = f(k) - f(h^{-1}\, k\, h) = f(k) + f(h) - f(k) - f(h) = 0\ .$$

2) $f(X) - h\, f(X) = f(X) - f(h^{-1}\, X\, h) = f(X) - f(X\, h)$

und diese Differenz ist gleich 0 für fast alle $X \in \mathfrak{G}/\mathfrak{H}$.

Es ist demnach die Gruppe $\mathfrak{N}/\mathfrak{H}$ in natürlicher Weise als Automorphismengruppe von $\Phi(\mathfrak{G}, \mathfrak{H})/\Phi_2(\mathfrak{G}, \mathfrak{H}) = B(\mathfrak{G}, \mathfrak{H})$ erklärbar; die Automorphismen von $\mathfrak{N}/\mathfrak{H}$ bilden die Untergruppe E^1 auf sich ab.

Satz I′. *K sei ein endlicher zusammenhängender Komplex mit der Fundamentalgruppe $\mathfrak{G}$; $\boldsymbol{K}$ sei eine Überlagerung von K, die zur Untergruppe $\mathfrak{H}$ von $\mathfrak{G}$ gehört. Dann existiert ein Operatorisomorphismus der Gruppe $B^1(\boldsymbol{K})$ auf die Gruppe $B(\mathfrak{G}, \mathfrak{H})$, der $E^1(\boldsymbol{K})$ auf $E(\mathfrak{G}, \mathfrak{H})$ abbildet. Dabei ist die Faktorgruppe $\mathfrak{N}/\mathfrak{H}$ des Normalisators $\mathfrak{N}$ von $\mathfrak{H}$ in $\mathfrak{G}$ nach $\mathfrak{H}$ die gemeinsame Operatorgruppe.*

Dem Beweis schicken wir einen Hilfssatz voraus: Es sei $f(x) \in \Phi(\mathfrak{G}, \mathfrak{H})$, $n \in \mathfrak{N}$ (Normalisator von $\mathfrak{H}$ in $\mathfrak{G}$); dann ist $n\, f(x) - \big(f(n^{-1} x) - f(n^{-1})\big) \in \Phi_2(\mathfrak{G}, \mathfrak{H})$.

Beweis: 1) Es sei $h \in \mathfrak{H}$; dann ist auch $n^{-1} h\, n \in \mathfrak{H}$.

$$\begin{aligned} f(n^{-1} h) - f(n^{-1}) &= f(n^{-1} h\, n\, n^{-1}) - f(n^{-1}) \\ &= f(n^{-1} h\, n) + f(n^{-1}) - f(n^{-1}) = n\, f(h)\,. \end{aligned}$$

2) Es ist $f(X n) - f(X) = 0$ für fast alle $X \in \mathfrak{G}/\mathfrak{H}$; mit Y durchläuft $n^{-1} Y$ die Restklassen von $\mathfrak{G}/\mathfrak{H}$, und es ist daher $f(n^{-1} Y n) - f(n^{-1} Y) = 0$ für fast alle $Y \in \mathfrak{G}/\mathfrak{H}$.

$$f(n^{-1} Y n) - \big(f(n^{-1} Y) - f(n^{-1})\big) = f(n^{-1}) = \mathfrak{c} \quad \text{für fast alle } Y \in \mathfrak{G}/\mathfrak{H}.$$

Beweis von Satz I′: Wir zeigen, daß der durch den in 2.2 definierten Homomorphismus induzierte Isomorphismus von $B^1(\boldsymbol{K})$ auf $B(\mathfrak{G}, \mathfrak{H})$ operatortreu ist. Es sei $C^1 \in Z^1$, $\mathfrak{h}\, C^1 = f(x)$, $n \in \mathfrak{N}$; die Restklasse von n in $\mathfrak{N}/\mathfrak{H}$ bezeichnen wir mit (n). (n) fassen wir auf als Automorphismus von Z^1, $\mathfrak{L}^1/\mathfrak{H}^1$ usw. Es sei $\mathfrak{h}(n)\, C^1 = g(x)$; dann ist

$$g(a) = (n)\, C^1 \cdot \mathbf{c}^1(a) = C^1 \cdot (n)^{-1}\, \mathbf{c}^1(a)\,.$$

Aus der Definition von $\mathbf{c}^1(a)$ folgt unmittelbar:

$$(n)^{-1}\, \mathbf{c}^1(a) = \mathbf{c}^1(n^{-1} a) - \mathbf{c}^1(n^{-1})$$

und es ist daher $g(a) = f(n^{-1} a) - f(n^{-1})$; nach dem Hilfssatz sind $g(x)$ und $n\, f(x)$ modulo $\Phi_2(\mathfrak{G}, \mathfrak{H})$ kongruent, d. h. der durch $\mathfrak{h}$ induzierte Isomorphismus von B^1 auf $B(\mathfrak{G}, \mathfrak{H})$ ist operatortreu.

3. Projektion. Satz II.

3.1. Der Komplex $\boldsymbol{K}$ überlagere den Komplex K. Die Projektionsabbildung von $\boldsymbol{K}$ auf K ist mit der Rand- und Coranbildung in K und $\boldsymbol{K}$

vertauschbar; sie induziert daher Homomorphismen der in der Homologie- und Cohomologietheorie auftretenden Gruppen von $\boldsymbol{K}$ in die entsprechenden Gruppen von K. Alle diese Homomorphismen bezeichnen wir mit U.

3.2. $\boldsymbol{K}^2$ überlagere $\boldsymbol{K}^1$, $\boldsymbol{K}^1$ überlagere den endlichen zusammenhängenden Komplex K. Es soll in diesem Abschnitt der Homomorphismus von $B^1(\boldsymbol{K}^2)$ in $B^1(\boldsymbol{K}^1)$ auf Grund der Fundamentalgruppe $\mathfrak{G}$ von K und der Untergruppen von $\mathfrak{G}$, die zu den beiden Überlagerungen gehören, beschrieben werden.

O sei der Pol der Fundamentalgruppe $\mathfrak{G}$ von K; $\boldsymbol{O}^1$ sei ein Eckpunkt von $\boldsymbol{K}^1$, der O überlagert, $\boldsymbol{O}^2$ sei ein Eckpunkt von $\boldsymbol{K}^2$, der $\boldsymbol{O}^1$ und damit auch O überlagert. Es seien $\mathfrak{H}_i$ $(i = 1, 2)$ die Untergruppen von $\mathfrak{G}$, die zu den Überlagerungen $\boldsymbol{K}^i$ und den ausgezeichneten Eckpunkten $\boldsymbol{O}^i$ gehören. Da $\boldsymbol{O}^2$ den Eckpunkt $\boldsymbol{O}^1$ überlagert, ist $\mathfrak{H}_2$ Untergruppe von $\mathfrak{H}_1$. Durch die Wahl von $\boldsymbol{O}^i$ ist der im letzten Abschnitt konstruierte Isomorphismus $\mathfrak{i}_i$ von $B^1(\boldsymbol{K}^i)$ auf $B(\mathfrak{G}, \mathfrak{H}_i)$ eindeutig bestimmt. Wir beschreiben den Homomorphismus U von $B^1(\boldsymbol{K}^2)$ in $B^1(\boldsymbol{K}^1)$, indem wir den Homomorphismus $V = \mathfrak{i}_1 U \mathfrak{i}_2^{-1}$ von $B(\mathfrak{G}, \mathfrak{H}_2)$ in $B(\mathfrak{G}, \mathfrak{H}_1)$ beschreiben.

3.3. Es sei C^1 eine endliche Kette (mit Koeffizienten aus J) in $\boldsymbol{K}^2$, UC^1 ihre Projektion in $\boldsymbol{K}^1$; c^1 sei eine (endliche oder unendliche) ganzzahlige Kette in $\boldsymbol{K}^1$, $U^{-1} c^1$ ihr vollständiges Urbild in $\boldsymbol{K}^2$. Dann ist $UC^1 \cdot c^1 = C^1 \cdot U^{-1} c^1$.

3.4. Zum Cozyklus C^1 in $\boldsymbol{K}^2$ gehöre die Funktion $f(x)$ aus $\Phi(\mathfrak{G}, \mathfrak{H}_2)$, zu seiner Projektion in $\boldsymbol{K}^1$ die Funktion $F(x)$ aus $\Phi(\mathfrak{G}, \mathfrak{H}_1)$. Wir zeigen, wie die Funktion $F(x)$ aus $f(x)$ berechnet werden kann. Um den Wert der Funktion $F(x)$ auf einem Element $a \in \mathfrak{G}$ zu berechnen, haben wir in K einen a repräsentierenden Weg w zu wählen, diesen Weg in den ihn überlagernden Weg $\boldsymbol{w}$ mit dem Anfangspunkt $\boldsymbol{O}^1$ in $\boldsymbol{K}^1$ durchzudrücken und das dem Weg $\boldsymbol{w}$ entsprechende Element c^1 von $\mathfrak{L}^1(\boldsymbol{K}^1)$ zu bestimmen; dann ist $F(a) = UC^1 \cdot c^1$.

Wir betrachten nun die im allgemeinen unendliche Kette $U^{-1} c^1$ von $\boldsymbol{K}^2$. Sind $\boldsymbol{w}_i^2$ die Wege von $\boldsymbol{K}^2$, die den Weg $\boldsymbol{w}$ überlagern, und gehören zu den Wegen $\boldsymbol{w}_i^2$ die Ketten c_i^1, so ist $U^{-1} c^1 = \sum_i c_i^1$. Die Wege $\boldsymbol{w}_i^2$ lassen sich auch folgendermaßen charakterisieren: Sie überlagern den Weg w und beginnen in einem Eckpunkt $\boldsymbol{O}^2(X)$ von $\boldsymbol{K}^2$, wobei X eine Restklasse aus $\mathfrak{H}_1/\mathfrak{H}_2$ ist (dabei bezeichnet $\mathfrak{H}_1/\mathfrak{H}_2$ die Menge der Restklassen von $\mathfrak{G}$ nach $\mathfrak{H}_2$, die in $\mathfrak{H}_1$ liegen).

Es sei $\mathbf{c}^1(x)$ die zur Überlagerung $\boldsymbol{K}^2$ von K gehörende Funktion auf $\mathfrak{G}$ mit Werten in $\mathfrak{L}^1/\mathfrak{H}^1$. Für festes $a \in \mathfrak{G}$ ist $\mathbf{c}^1(x\,a) - \mathbf{c}^1(x)$ konstant auf Restklassen von $\mathfrak{G}$ nach $\mathfrak{H}_2$; es ist daher $\mathbf{c}^1(X\,a) - \mathbf{c}^1(X)$ $(X \in \mathfrak{G}/\mathfrak{H}_2)$ in natürlicher Weise erklärbar. Aus der zweiten Charakterisierung der Wege $\boldsymbol{w}_i^2$ folgt leicht: Beginnt der Weg $\boldsymbol{w}_i^2$ im Eckpunkt $\boldsymbol{O}^2(X)$, so gehört c_i^1 zur Restklasse $\mathbf{c}^1(X\,a) - \mathbf{c}^1(X)$. Es ist daher

$$UC^1 \cdot c^1 = C^1 \cdot U^{-1} c^1 = C^1 \cdot \sum_i c_i^1 = C^1 \cdot \sum \left[\mathbf{c}^1(X\,a) - \mathbf{c}^1(X)\right]$$

(die letzte Summe ist zu erstrecken über die Restklassen $X \in \mathfrak{H}_1/\mathfrak{H}_2$).

Weiter gilt:

$$C^1 \cdot \sum_{X \in \mathfrak{H}_1/\mathfrak{H}_2} \left[\mathbf{c}^1(Xa) - \mathbf{c}^1(X)\right] = \sum_{X \in \mathfrak{H}_1/\mathfrak{H}_2} C^1 \cdot \left[\mathbf{c}^1(Xa) - \mathbf{c}^1(X)\right]$$
$$= \sum_{X \in \mathfrak{H}_1/\mathfrak{H}_2} \left[f(Xa) - f(X)\right];$$

wir haben daher gezeigt: Gehört zum Cozyklus C^1 in $\boldsymbol{K}^2$ die Funktion $f(x)$ aus $\Phi(\mathfrak{G}, \mathfrak{H}_2)$, so gehört zu UC^1 in $\boldsymbol{K}^1$ die Funktion $F(x)$ aus $\Phi(\mathfrak{G}, \mathfrak{H}_1)$, die folgendermaßen definiert ist:

$$F(a) = \sum_{X \in \mathfrak{H}_1/\mathfrak{H}_2} \left[f(Xa) - f(X)\right].$$

3.5. Wir fassen das Ergebnis in einer Definition und einem Satz zusammen. Die nicht bewiesenen Behauptungen ergeben sich für Gruppen $\mathfrak{G}$, die als Fundamentalgruppen eines endlichen Komplexes auftreten, unmittelbar aus der geometrischen Interpretation; die entsprechenden Beweise können aber auch leicht für beliebige Gruppen algebraisch geführt werden.

Definition: $\mathfrak{G}$ sei eine Gruppe, $\mathfrak{H}_i$ $(i = 1, 2)$ seien Untergruppen von $\mathfrak{G}$, $\mathfrak{H}_2$ Untergruppe von $\mathfrak{H}_1$. V sei der folgendermaßen definierte Homomorphismus von $\Phi(\mathfrak{G}, \mathfrak{H}_2)$ in $\Phi(\mathfrak{G}, \mathfrak{H}_1)$:

$$Vf(x)\,|_{x=a} = \sum_{X \in \mathfrak{H}_1/\mathfrak{H}_2} \left[f(Xa) - f(X)\right].$$

(Die Summe, die über alle Restklassen X von $\mathfrak{G}$ nach $\mathfrak{H}_2$ in $\mathfrak{H}_1$ zu erstrecken ist, ist endlich.)

V bildet die Gruppe $\Phi_2(\mathfrak{G}, \mathfrak{H}_2)$ in $\Phi_2(\mathfrak{G}, \mathfrak{H}_1)$ ab und induziert daher einen — auch mit V bezeichneten — Homomorphismus von $B(\mathfrak{G}, \mathfrak{H}_2)$ in $B(\mathfrak{G}, \mathfrak{H}_1)$.

Satz II. *Der endliche zusammenhängende Komplex K werde von den Komplexen $\boldsymbol{K}^1$ und $\boldsymbol{K}^2$ überlagert; $\boldsymbol{K}^2$ überlagere $\boldsymbol{K}^1$. Die zu den Überlagerungen gehörenden Untergruppen $\mathfrak{H}_i$ $(i = 1, 2)$ der Fundamentalgruppe $\mathfrak{G}$ von K seien so gewählt, daß $\mathfrak{H}_2$ Untergruppe von $\mathfrak{H}_1$ ist. U bezeichne den natürlichen Homomorphismus der ersten Cohomologiegruppe $B^1(\boldsymbol{K}^2)$ von $\boldsymbol{K}^2$ in die erste Cohomologiegruppe $B^1(\boldsymbol{K}^1)$ von $\boldsymbol{K}^1$. Dann gibt es solche Isomorphismen $\mathfrak{i}_i$ von $B^1(\boldsymbol{K}^i)$ auf $B(\mathfrak{G}, \mathfrak{H}_i)$ $(i = 1, 2)$, daß $\mathfrak{i}_1 U = V \mathfrak{i}_2$.*

3.6. Ist K ein endlicher zusammenhängender Komplex mit der Fundamentalgruppe $\mathfrak{G}$, so ist nach Satz I $B^1(K) = \Phi(\mathfrak{G}, \mathfrak{G})/\Phi_2(\mathfrak{G}, \mathfrak{G})$. $\Phi(\mathfrak{G}, \mathfrak{G})$ ist die Gruppe der homomorphen Abbildungen von $\mathfrak{G}$ in J; $\Phi_2(\mathfrak{G}, \mathfrak{G})$ ist die Nullgruppe. Die Gruppe $B^1(K)$ ist daher isomorph der Gruppe der homomorphen Abbildungen von $\mathfrak{G}$ in J (B. Eckmann [1], S. 267).

Es sei $\boldsymbol{K}$ eine endliche Überlagerung von K, die zur Untergruppe $\mathfrak{H}$ von $\mathfrak{G}$ gehört; da $\mathfrak{H}$ Fundamentalgruppe von $\boldsymbol{K}$ ist, so ist $B^1(\boldsymbol{K})$ isomorph der Gruppe der homomorphen Abbildungen von $\mathfrak{H}$ in J. Der natürliche Homomorphismus von $B^1(\boldsymbol{K})$ in $B^1(K)$ läßt sich folgendermaßen beschreiben:

Es sei $v(x)$ die Verlagerung von $\mathfrak{G}$ in $\mathfrak{H}$ (vgl. H. Zassenhaus [21], S. 131); $v(x)$ ist eine homomorphe Abbildung von $\mathfrak{G}$ in die abelsch gemachte Gruppe $\overline{\mathfrak{H}}$ von $\mathfrak{H}$. Die Cohomologieklasse ζ^1 induziere auf $\overline{\mathfrak{H}}$ den Charakter $f(x)$; dann induziert die Projektion $U\,\zeta^1$ von ζ^1 in K auf $\mathfrak{G}$ den Charakter $f\big(v(x)\big)$.

Der Beweis folgt leicht aus Satz II.

4. Die erste Cohomologiegruppe eines Komplexes

Satz III. *Die erste Cohomologiegruppe eines Komplexes, berechnet unter Zugrundelegung ganzzahliger endlicher Ketten, ist eine freie abelsche Gruppe.*

Der Inhalt dieses Abschnittes besteht im wesentlichen im Beweis dieses Satzes. Wir dürfen uns dabei ohne Einschränkung der Allgemeinheit auf zusammenhängende Komplexe beschränken.

4.1. K sei ein zusammenhängender Komplex; der Cohomologietheorie werde ein beliebiger Koeffizientenbereich J (und endliche Ketten) zugrunde gelegt. Wir wollen die Untergruppe E^1 der ersten Cohomologiegruppe B^1 von K (Definition in 1.3) auf eine neue Art charakterisieren.

Es sei Ψ die Gruppe der nulldimensionalen (endlichen oder unendlichen) Ketten C^0 mit Koeffizienten aus J, deren Corand endlich ist. Es sei Ω die Untergruppe derjenigen Elemente von Ψ, die nur auf endlich vielen Eckpunkten einen Wert haben, der nicht gleich einer gewissen Konstanten ist. Dann ist die Gruppe E^1 isomorph der Faktorgruppe Ψ/Ω, und zwar läßt sich ein Isomorphismus von Ψ/Ω auf E^1 folgendermaßen definieren: Es bezeichne δ die Corandbildung, h den natürlichen Homomorphismus der Gruppe der Cozyklen $Z^1(K)$ auf $B^1(K)$; dann bildet $h\delta$ die Gruppe Ψ homomorph auf E^1 ab, und der Kern dieses Homomorphismus ist Ω.

Der Beweis bietet keine Schwierigkeiten.

4.2. Es sei C^0 eine Kette aus Ψ. Durch C^0 wird die Menge der Eckpunkte von K in Klassen solcher zerlegt, auf denen C^0 einen konstanten Wert hat. Man sieht leicht, daß die Anzahl dieser Klassen endlich ist.

Bemerkung: Eine Kette, die auf den Eckpunkten einer dieser Klassen einen konstanten Wert, auf allen andern Eckpunkten den Wert 0 hat, gehört zu Ψ; daraus folgt, daß jede Cohomologieklasse von E^1 rein (von erster Art) ist.

4.3. Im folgenden sei der Koeffizientenbereich die additive Gruppe der ganzen Zahlen. Wir zeigen vorerst, daß die Gruppe E^1 eine freie abelsche Gruppe ist. Wir stützen uns dabei auf den folgenden bekannten Hilfssatz (vgl. Pontrjagin [15], S. 168; der Satz ist dort etwas anders formuliert):

Dafür, daß eine abelsche abzählbare Gruppe eine freie abelsche Gruppe ist, sind die beiden folgenden Bedingungen hinreichend:

1) sie enthält kein Element endlicher Ordnung;

2) jede ihrer Untergruppen endlichen Ranges besitzt endlich viele Erzeugende.

Bemerkung: Eine abelsche nicht-abzählbare Gruppe braucht nicht frei zu sein, auch wenn sie die Bedingungen 1) und 2) erfüllt.

Die Gruppe E^1 ist abzählbar. Wir zeigen, daß Ψ/Ω die Bedingungen 1) und 2) erfüllt.

ad 1) Es sei $C^0 \in \Psi$, $n\,C^0 \in \Omega$ (n ganze Zahl); es hat $n\,C^0$ auf fast allen Eckpunkten denselben Wert. Dann hat auch C^0 selbst auf fast allen Eckpunkten denselben Wert, d. h. $C^0 \in \Omega$. Ψ/Ω enthält demnach kein Element endlicher Ordnung.

ad 2) Es sei T eine Untergruppe endlichen Ranges von Ψ/Ω. T enthält solche linear unabhängige Elemente $\sigma_1, \sigma_2, \ldots, \sigma_p$, daß für jedes $\sigma \in T$ die Elemente $\sigma, \sigma_1, \ldots, \sigma_p$ linear abhängig sind.

C_i^0 $(i = 1, \ldots, p)$ seien Repräsentanten von σ_i in Ψ. Jedes C_i^0 gibt gemäß 4.2 Anlaß zu einer Klasseneinteilung $\{\mathfrak{M}_i^k\}$ $(k = 1, \ldots, q_i)$ der Eckpunktmenge. $\{\mathfrak{N}^k\}$ $(k = 1, \ldots, n)$ sei die Superposition dieser Klasseneinteilungen, d. h. die folgendermaßen definierte Klasseneinteilung: Zwei Eckpunkte gehören genau dann zur selben Klasse $\mathfrak{N}^j$, wenn sie in jeder Klasseneinteilung $\{\mathfrak{M}_i^k\}$ zur selben Klasse gehören.

Es gibt – wie leicht zu sehen – in $\mathfrak{N}^j$ nur endlich viele Eckpunkte, die mit einem Eckpunkt, der nicht zu $\mathfrak{N}^j$ gehört, durch eine Kante verbunden sind. Ist daher F_i^0 die charakteristische Funktion von $\mathfrak{N}^i$ (F_i^0 hat auf den Eckpunkten von $\mathfrak{N}^i$ den Wert 1, sonst den Wert 0), so gehört F_i^0 zu Ψ. Es seien τ_i die Restklassen von Ψ/Ω, zu denen die Ketten F_i^0 gehören. Wir zeigen, daß T eine Untergruppe der von den τ_i erzeugten Gruppe ist.

Zu $\sigma \in T$ gibt es Zahlen t, t_i, so daß

$$t\,\sigma = \sum_i t_i\,\sigma_i\,, \qquad t \neq 0\,.$$

Es sei C^0 ein Repräsentant von σ in Ψ; dann gibt es eine endliche Kette E^0 und eine Kette D^0, die auf fast allen Eckpunkten denselben Wert hat, so daß

$$t\,C^0 = \sum t_i\,C_i^0 + E^0 + D^0\,.$$

Es sei $\mathfrak{E}$ die Menge der Eckpunkte, auf denen E^0 einen von 0 verschiedenen Wert hat; $\mathfrak{E}$ ist endlich. Die Ketten C_i^0 haben auf den Eckpunkten von $\mathfrak{N}^j$ einen konstanten Wert; es hat daher $t\,C^0$ auf den Eckpunkten von $\mathfrak{N}^j \frown \mathfrak{E}$ einen konstanten Wert, und dasselbe gilt auch für C^0 selbst. C^0 habe in den Eckpunkten von $\mathfrak{N}^i \frown \mathfrak{E}$ den Wert s_i; falls $\mathfrak{N}^i \frown \mathfrak{E}$ leer ist, sei s_i beliebig.

Die Ketten C^0 und $\Sigma\, s_i\, F_i^0$ unterscheiden sich höchstens in Werten auf den Eckpunkten von $\mathfrak{E}$; die entsprechenden Elemente und $\Sigma\, s_i\,\tau_i$ von Ψ/Ω sind daher gleich. Die Gruppe T besitzt als Untergruppe einer abelschen Gruppe mit endlich vielen Erzeugenden selbst endlich viele Erzeugende. Damit ist gezeigt, daß die Gruppe E^1 eine freie abelsche Gruppe ist.

4.4. Wir zeigen nun, daß die Gruppe B^1/E^1 eine freie abelsche Gruppe ist. Diese Gruppe ist abelsch und abzählbar; wir werden wieder den Hilfssatz aus 4.3 verwenden.

$\mathfrak{B}^1(K)$ sei die erste Homologiegruppe von K (berechnet unter Zugrundelegung ganzzahliger endlicher Ketten); jedes Element von B^1 gibt Anlaß zu einem Charakter von $\mathfrak{B}^1$ (d. h. einer Abbildung von $\mathfrak{B}^1$

in die additive Gruppe der ganzen Zahlen). Und zwar geben genau die Elemente von E^1 Anlaß zum Nullcharakter. Die Gruppe B^1/E^1 ist daher isomorph einer Untergruppe X der Charaktergruppe von $\mathfrak{B}^1$. Als Gruppe von Charakteren besitzt X kein Element endlicher Ordnung. Sei weiter U eine Untergruppe endlichen Ranges von X. Es gibt in U solche Elemente f_i $(i = 1, \ldots, m)$, daß es zu jedem Element $f \in U$ Zahlen t, t_i $(i = 1, \ldots, m)$ gibt, so daß

$$t f = \Sigma t_i f_i , \qquad t \neq 0 .$$

Der Kern des Homomorphismus f_i von $\mathfrak{B}^1$ in die Gruppe der ganzen Zahlen sei $\mathfrak{B}_i$; die Faktorgruppe $\mathfrak{B}^1/\mathfrak{B}_i$ ist zyklisch. Daraus folgt leicht, daß die Faktorgruppe von $\mathfrak{B}^1$ nach dem Durchschnitt $\Lambda\mathfrak{B}_i$ der Gruppen $\mathfrak{B}_i$ endlich viele Erzeugende besitzt. Jeder Charakter der Form $\Sigma t_i f_i$ besitzt auf den Elementen von $\Lambda\mathfrak{B}_i$ den Wert 0; dasselbe gilt von allen Charakteren aus U. U ist daher isomorph einer Untergruppe der Charakterengruppe von $\mathfrak{B}^1/\Lambda\mathfrak{B}_i$ und besitzt folglich nach bekannten Sätzen endlich viele Erzeugende.

4.5. Aus der Tatsache, daß B^1/E^1 und E^1 freie abelsche Gruppen sind, folgt unmittelbar, daß auch B^1 selbst eine freie abelsche Gruppe ist.

5. Die Gruppen B^1 und E^1 und die Enden eines Komplexes

Zur Endentheorie vergleiche man H. Freudenthal [7] und H. Hopf [10]. Die Kenntnis dieser Arbeiten ist für das Verständnis des folgenden nicht unbedingt nötig; denn der grundlegende Satz, den wir diesen Arbeiten in 5.1 entnehmen, kann auch als Definition der Sprechweise „der zusammenhängende Komplex K hat n (unendlich viele) Enden" aufgefaßt werden.

5.1. Ist K' Teilkomplex des Komplexes K, so verstehen wir unter $K - K'$ den folgendermaßen definierten Teilkomplex von K: Ein Simplex von K gehört genau dann zu $K - K'$, wenn es (echte oder unechte) Seite eines Simplexes ist, das nicht zu K' gehört.

Satz (*Definition*): K sei ein zusammenhängender Komplex. K hat mindestens n Enden, wenn es einen solchen endlichen Teilkomplex K' von K gibt, daß $K - K'$ mindestens n unendliche Komponenten besitzt. K hat n Enden, wenn er mindestens n und nicht mindestens $n + 1$ Enden hat; K hat unendlich viele Enden, wenn für alle n gilt, daß K mindestens n Enden hat.

Es folgt unmittelbar: Ein unendlicher zusammenhängender Komplex hat entweder eine bestimmt endliche Anzahl $\geqslant 1$ oder unendlich viele Enden; ein endlicher Komplex hat 0 Enden.

5.2. **Satz IV.** *Der Rang der Untergruppe E^1 der ersten Cohomologiegruppe eines unendlichen zusammenhängenden Komplexes (berechnet unter Zugrundelegung endlicher ganzzahliger Ketten) ist gleich der um 1 verminderten Anzahl der Enden des Komplexes, d. h. $n-1$, wenn der Komplex n Enden hat, unendlich, wenn er unendlich viele Enden hat.*

Bemerkung: Die Gruppe E^1 eines endlichen Komplexes ist die Nullgruppe. Ist die erste Homologiegruppe eines Komplexes die Nullgruppe, so ist die erste Cohomologiegruppe B^1 gleich E^1; es ist also in diesem Falle B^1 durch die Endenzahl bestimmt.

Beweis von Satz IV. Es genügt zu zeigen: Besitzt der Komplex K mindestens n Enden, so ist der Rang von E^1 mindestens gleich $n-1$; ist der Rang von E^1 mindestens gleich m, so hat K mindestens $m+1$ Enden.

Wir benützen beim Beweis die in 4.1 ausgesprochene Isomorphie $E^1 \cong \Psi/\Omega$.

K habe mindestens n Enden, d. h. es gebe einen solchen endlichen Teilkomplex K' von K, daß $K-K'$ mindestens n unendliche Komponenten K_i $(i=1,\ldots,n)$ besitzt. Es sei C_i^0 die charakteristische Funktion der Menge der Eckpunkte von K_i, d. h. C_i^0 habe auf den Eckpunkten von K_i den Wert 1 und auf allen andern Eckpunkten den Wert 0. Der Corand von C_i^0 ist endlich, denn er ist eine Kette aus K'; die Ketten C_i^0 gehören daher zu Ψ. Die Elemente C_i^0 $(i=1,\ldots,n-1)$ sind modulo Ω linear unabhängig. Die Kette $\sum_{i=1}^{n-1} t_i C_i^0$, $t_j \neq 0$, gehört nämlich nicht zu Ω, da sie auf den Eckpunkten von K_j den Wert t_j und auf den Eckpunkten von K_n den Wert 0 hat. Die Gruppe Ψ/Ω hat somit mindestens den Rang $n-1$.

Die Gruppe Ψ/Ω von K habe mindestens den Rang m. Es seien C_i^0 $(i=1,\ldots,m)$ m Elemente von Ψ, die modulo Ω linear unabhängig sind. K' sei der Vereinigungskomplex der Komplexe $|\delta C_i^0|$; K' ist endlich. Die Ketten C_i^0 haben auf den Eckpunkten einer Komponente von $K-K'$ einen konstanten Wert; sind nämlich P und Q zwei solche Eckpunkte, so gibt es eine ganzzahlige endliche Kette c^1 mit den folgenden Eigenschaften: $|c^1|$ ist fremd zu K' und $\partial c^1 = P - Q$, und es ist daher

$$C_i^0 \cdot P - C_i^0 \cdot Q = C_i^0 \cdot \partial c^1 = \delta C_i^0 = 0 .$$

Es seien D_i^0 $(i = 1, \ldots, p)$ die charakteristischen Funktionen der Eckpunktmengen der unendlichen Komponenten von $K - K'$; die den Ketten D_i^0 $(i = 1, \ldots, p-1)$ entsprechenden Restklassen von Ψ/Ω erzeugen eine Untergruppe, die die Untergruppe umfaßt, welche von den Restklassen der C_i^0 $(i = 1, \ldots, m)$ erzeugt wird; es ist daher $p - 1 \geqslant m$, d. h. K hat mindestens $m + 1$ Enden. Damit ist der Beweis von Satz VI beendet.

5.3. Korollar: K sei ein endlicher zusammenhängender Komplex mit der Fundamentalgruppe $\mathfrak{G}$; $\boldsymbol{K}$ sei eine Überlagerung von K, die zur Untergruppe $\mathfrak{H}$ von $\mathfrak{G}$ gehört. Dann ist die Anzahl der Enden von $\boldsymbol{K}$ durch die Gruppe $\mathfrak{G}$ und ihre Untergruppe $\mathfrak{H}$ bestimmt.

Beweis: Nach Satz I (in 2.6) ist die Gruppe $E^1(\boldsymbol{K})$ durch $\mathfrak{G} \supset \mathfrak{H}$ bestimmt, und $E^1(\boldsymbol{K})$ bestimmt die Endenzahl von $\boldsymbol{K}$.

Bemerkungen: 1. In der Endentheorie wird einem zusammenhängenden Komplex K ein gewisser topologischer Raum $\mathfrak{E}$, der Endenraum, zugeordnet. Zwischen der Gruppe E^1 und dem Endenraum von K besteht der folgende Zusammenhang: Die Gruppe E^1 (berechnet unter Zugrundelegung eines beliebigen Koeffizientenbereiches J) ist isomorph der Faktorgruppe der stetigen Funktionen auf $\mathfrak{E}$ mit Werten in J nach der Untergruppe der konstanten Funktionen. Diese Faktorgruppe kann als die reduzierte nullte Cohomologiegruppe von $\mathfrak{E}$ aufgefaßt werden.

Der am Anfang dieser Nummer ausgesprochene Satz läßt sich folgendermaßen verschärfen: Es sei K ein endlicher zusammenhängender Komplex mit der Fundamentalgruppe $\mathfrak{G}$, $\boldsymbol{K}$ eine Überlagerung von K, die zur Untergruppe $\mathfrak{H}$ von $\mathfrak{G}$ gehört; dann ist der Endenraum von $\boldsymbol{K}$ durch $\mathfrak{G} \supset \mathfrak{H}$ bestimmt.

2. Dieser letzte Satz ist bekannt, wenn $\boldsymbol{K}$ reguläre Überlagerung von K ist; und zwar ist $\mathfrak{E}$ dann sogar durch die Faktorgruppe $\mathfrak{G}/\mathfrak{H}$ bestimmt. Es kann daher in natürlicher Weise die Endenzahl einer Gruppe definiert werden, die als Decktransformationengruppe der regulären Überlagerung eines endlichen zusammenhängenden Komplexes auftritt (H. Hopf [10], S. 96). Aus Satz IV folgt, daß die Gruppe E^1 einer regulären Überlagerung durch die Decktransformationengruppe bestimmt ist; unabhängig vom Endenbegriff folgt dies aus der leicht zu beweisenden Isomorphie:

$$\Phi_1(\mathfrak{G}, \mathfrak{H})/\Phi_2(\mathfrak{G}, \mathfrak{H}) \simeq \Phi_1(\mathfrak{G}/\mathfrak{H}, \mathfrak{J})/\Phi_2(\mathfrak{G}/\mathfrak{H}, \mathfrak{J}) .$$

($\mathfrak{H}$ ist Normalteiler von $\mathfrak{G}$, $\mathfrak{J}$ die Gruppe, die nur aus dem Einheitselement besteht.)

3. Nach H. Hopf [10], S. 93 besitzt jede reguläre Überlagerung eines endlichen zusammenhängenden Komplexes (und damit jede Gruppe, für die die Endenzahl definiert ist) 0, 1, 2 oder unendlich viele Enden.

5.4. **Satz V.** *Die unter Zugrundelegung ganzzahliger Ketten berechnete erste Cohomologiegruppe B^1 und die Untergruppe E^1 von B^1 der regulären unendlichblättrigen Überlagerungen eines endlichen zusammenhängenden Komplexes sind freie abelsche Gruppen vom Range* 0, 1 *oder unendlich.*

Beweis. Die Gruppen B^1 und E^1 sind nach Satz III freie abelsche Gruppen. Aus dem in Bemerkung 3 zitierten Satz von H. Hopf und aus Satz IV folgt die Behauptung für die Gruppe E^1. Daß auch B^1 nur einen der angegebenen Ränge haben kann, zeigen wir, indem wir beweisen, daß die Gruppe B^1/E^1 den Rang 0 oder unendlich hat. Nach 4.4 ist die Gruppe B^1/E^1 isomorph einer Gruppe X von Charakteren der ersten Homologiegruppe $\mathfrak{B}^1$ der Überlagerung $\boldsymbol{K}$. Es seien C_i^1 $(i = 1, \ldots, n)$ Cozyklen, f_i die ihnen entsprechenden Homomorphismen von $\mathfrak{B}^1$ in die additive Gruppe der ganzen Zahlen; f_1 bilde $\mathfrak{B}^1$ nicht auf die Nullgruppe ab. Nach 4.4 gibt es eine solche Untergruppe $\mathfrak{B}_0^1$ von $\mathfrak{B}^1$, daß $\mathfrak{B}^1/\mathfrak{B}_0^1$ endlich viele Erzeugende besitzt und daß jeder Homomorphismus $\Sigma\, t_i f_i$ die Elemente von $\mathfrak{B}_0^1$ auf 0 abbildet. Es seien ζ_i $(i = 1, \ldots, m)$ Homologiezyklen, die ein Erzeugendensystem von $\mathfrak{B}^1/\mathfrak{B}_0^1$ repräsentieren; c_i^1 seien Zyklen, die die ζ_i repräsentieren. Es gibt eine solche Decktransformation a von $\boldsymbol{K}$, daß $|aC^1|$ fremd ist zu allen Teilkomplexen $|c_i^1|$. Zu aC^1 gehört ein Homomorphismus g von $\mathfrak{B}^1$ in die Gruppe der ganzen Zahlen, der nicht alle Elemente auf 0 abbildet; wohl aber hat g auf den Homologiezyklen ζ_i den Wert 0. Es kann daher g nicht alle Elemente von $\mathfrak{B}_0^1$ auf 0 abbilden; g liegt nicht in der von den f_i erzeugten Untergruppe. Damit ist gezeigt: B^1/E^1 hat entweder den Rang 0 oder den Rang unendlich.

Bemerkung: Satz V läßt sich folgendermaßen verschärfen: Die Gruppen B^1 und E^1 der regulären unendlichblättrigen Überlagerungen eines (endlichen oder unendlichen) zusammenhängenden Komplexes sind freie abelsche Gruppen vom Range 0, 1 oder unendlich.

II. Anwendungen auf Mannigfaltigkeiten

6. Die zweite Homotopiegruppe von dreidimensionalen geschlossenen Mannigfaltigkeiten

6.1. M^n sei eine orientierbare unberandete n-dimensionale Mannigfaltigkeit; M^n kann endlich oder unendlich sein. Der Homologie- und Cohomologietheorie von M^n legen wir endliche ganzzahlige Ketten zugrunde. Den durch die Dualität induzierten Isomorphismus der k-ten Cohomologiegruppe B^k auf die $(n - k)$-te Homologiegruppe $\mathfrak{B}^{n-k}$ bezeichnen wir mit Δ. Der Isomorphismus Δ ist vertauschbar mit den durch einen Automorphismus von M^n induzierten Isomorphismen der Homologie- und Cohomologiegruppen. Ist $\mathbf{M}^n$ eine Überlagerung von M^n, so ist Δ vertauschbar mit den durch die Projektionsabbildung induzierten Homomorphismen der Homologie- und Cohomologiegruppen.

Aus Satz III in 4.1 folgt daher:

Die $(n - 1)$-te Homologiegruppe (berechnet unter Zugrundelegung endlicher ganzzahliger Ketten) einer orientierbaren unberandeten n-dimensionalen Mannigfaltigkeit ist eine freie abelsche Gruppe.

Aus Satz II in 3.5 folgt:

$\mathbf{M}^n$ sei die universelle Überlagerung der orientierbaren geschlossenen n-dimensionalen Mannigfaltigkeit M^n mit der Fundamentalgruppe $\mathfrak{G}$. Dann sind die $(n - 1)$-ten Homologiegruppen von $\mathbf{M}^n$ und M^n sowie der durch die Projektion von $\mathbf{M}^n$ auf M^n induzierte Homomorphismus der $(n - 1)$-ten Homologiegruppe von $\mathbf{M}^n$ in die $(n - 1)$-te Homologiegruppe von M^n durch $\mathfrak{G}$ bestimmt; insbesondere sind also auch das Bild und der Kern dieses Homomorphismus (als Untergruppen der entsprechenden Gruppen) durch $\mathfrak{G}$ bestimmt.

(Dabei ist die Homologiegruppe von $\mathbf{M}^n$ aufzufassen als Gruppe, die die Deckentransformationengruppe als Automorphismengruppe besitzt.)

Aus Satz IV in 5.2 und Satz V in 5.4 folgt:

Ist $\mathbf{M}^n$ reguläre unendlichblättrige Überlagerung einer geschlossenen orientierbaren n-dimensionalen Mannigfaltigkeit, so ist die $(n - 1)$-te Homologiegruppe von $\mathbf{M}^n$ (berechnet unter Zugrundelegung endlicher ganzzahliger Ketten) eine freie abelsche Gruppe vom Range 0, 1 oder unendlich; ist $\mathbf{M}^n$ universelle Überlagerung, so ist dieser Rang gleich der um eins verminderten Anzahl der Enden der Fundamentalgruppe der Grundmannigfaltigkeit.

6.2. Es sei K ein zusammenhängender Komplex. Der Homologietheorie von K und seiner Überlagerungen legen wir endliche ganzzahlige Ketten zugrunde. Unter den Homotopiegruppen von K verstehen wir die Homotopiegruppen des zu K gehörenden Polyeders $\overline{K}$. Nach S. Eilenberg [5] kann die Fundamentalgruppe $\mathfrak{G}$ von K aufgefaßt werden als Automorphismengruppe der Homotopiegruppen Π^n von K. Es existiert ein natürlicher Homomorphismus h der n-ten Homotopiegruppe $\mathfrak{B}^n$ in die n-te Homologiegruppe Π^n von K; den Kern von h bezeichnen wir mit Γ^n, das Bild von Π^n bei h mit $\mathfrak{S}^n$. $\boldsymbol{K}$ sei die universelle Überlagerung von K; die Fundamentalgruppe $\mathfrak{G}$ von K kann aufgefaßt werden als Decktransformationengruppe von $\boldsymbol{K}$ und daher auch als Automorphismengruppe der Homologiegruppen $\mathfrak{B}^n(\boldsymbol{K})$ von $\boldsymbol{K}$. Den durch die Projektionsabbildung induzierten Homomorphismus von $\mathfrak{B}^n(\boldsymbol{K})$ in $\mathfrak{B}^n(K)$ bezeichnen wir mit P. Sind die Homotopiegruppen Π^m von K für $2 \leqslant m \leqslant N - 1$ Nullgruppen, so existiert ein solcher Operatorisomorphismus i der N-ten Homotopiegruppe $\Pi^N(K)$ auf die N-te Homologiegruppe $\mathfrak{B}^N(\boldsymbol{K})$, daß $P i = h$.

6.3. Aus den Sätzen von 6.1 und 6.2 ergibt sich nun unmittelbar:

Satz VI. *Die zweite Homotopiegruppe einer geschlossenen dreidimensionalen Mannigfaltigkeit* M^3 *ist eine freie abelsche Gruppe vom Range* 0, 1 *oder unendlich; der Rang ist* 0, *wenn die Fundamentalgruppe* $\mathfrak{G}$ *von* M^3 *endlich ist oder ein Ende hat, er ist* 1 *oder unendlich, je nachdem* $\mathfrak{G}$ *zwei oder unendlich viele Enden hat.*

Dieser Satz ist von H. Hopf in [9] ohne Beweis ausgesprochen worden; die Aufgabe, ihn zu beweisen, bildete den Anstoß für die vorliegende Arbeit.

Weiter folgt aus 6.1 und 6.2:

Die Mannigfaltigkeit M^3 ist genau dann asphärisch (d. h. es ist genau dann Π^m Nullgruppe für $m \geqslant 2$), wenn ihre Fundamentalgruppe ein Ende hat.

Die zweite Homotopiegruppe einer orientierbaren M^3 ist als Gruppe mit dem Operatorbereich $\mathfrak{G}$ durch $\mathfrak{G}$ bestimmt; auch der natürliche Homomorphismus der zweiten Homotopiegruppe in die zweite Homologiegruppe ist durch $\mathfrak{G}$ bestimmt, insbesondere also auch die Untergruppe Γ^2 der Homotopiegruppe Π^2; die Untergruppe $\mathfrak{S}^2$ der Homologiegruppe $\mathfrak{B}^2$ und die Faktorgruppe $\mathfrak{B}^2 / \mathfrak{S}^2$.

Die nähere Beschreibung dieser Abhängigkeiten ist Satz II in 3.5 zu entnehmen.

7. Die zweite Homotopiegruppe einer dreidimensionalen berandeten Mannigfaltigkeit

7.1. In diesem Abschnitt betrachten wir dreidimensionale orientierbare Mannigfaltigkeiten; M^3 bezeichne stets eine solche Mannigfaltigkeit. Unter einer „berandeten Mannigfaltigkeit" verstehen wir eine Mannigfaltigkeit mit nicht-leerem Rand. Der Homologie- und Cohomologietheorie werden ganzzahlige endliche Ketten zugrunde gelegt.

Der folgende Dualitätssatz darf als bekannt gelten:

Die zweite Homologiegruppe einer Mannigfaltigkeit M^3 ohne endliche Randflächen ist isomorph derjenigen Untergruppe der ersten Cohomologiegruppe von M^3, deren Elemente Cozyklen enthalten, die auf den Kanten der Randflächen den Wert 0 haben.

Ferner werden wir uns wiederholt auf den folgenden Satz von H. Kneser [14] zu stützen haben: Auf einer endlichen und von der Kugel verschiedenen Randfläche einer M^3 gibt es einen solchen eindimensionalen Zyklus z^1, daß $n z^1$ (n ganz) nur für $n = 0$ in M^3 berandet. Insbesondere ist die Fundamentalgruppe einer M^3, die eine endliche und von der Kugel verschiedene Randfläche besitzt, unendlich.

7.2. **Satz VII.** *Dafür, daß eine dreidimensionale orientierbare berandete endliche Mannigfaltigkeit asphärisch ist, ist hinreichend, daß sie keine Kugeln als Randflächen besitzt und ihre Fundamentalgruppe ein oder zwei Enden hat.*

Bemerkung: Eine endliche Mannigfaltigkeit M^3 mit Kugeln als Randflächen ist offenbar genau dann asphärisch, wenn sie nur eine Randfläche besitzt und einfach zusammenhängend ist.

Beweis von Satz VII: Die universelle Überlagerung $\tilde{M}^3$ der Mannigfaltigkeit M^3 besitzt keine Kugeln als Randflächen; M^3 besitzt nämlich nach Voraussetzung keine Kugeln und, da M^3 orientierbar ist, auch keine projektiven Ebenen als Randflächen. Nach dem Satz von Kneser besitzt $\tilde{M}^3$ daher überhaupt keine endlichen Randflächen. Wenn wir gezeigt haben, daß ein eindimensionaler Cozyklus von $\tilde{M}^3$, der auf den Kanten der Randflächen den Wert 0 hat, Corand ist, so folgt aus dem Dualitätssatz, daß die zweite Homologiegruppe von $\tilde{M}^3$ die Nullgruppe ist. Da die höherdimensionalen Homologiegruppen trivialerweise Nullgruppen sind, so folgt dann (nach dem in 6.2 erwähnten Satz), daß M^3 asphärisch ist. Um zu zeigen, daß jeder eindimensionale Cozyklus von $\tilde{M}^3$, der auf den Kanten der Randflächen den Wert 0 hat, Corand ist, unterscheiden wir zwei Fälle:

1. Die Fundamentalgruppe $\mathfrak{G}$ von M^3 habe ein Ende. Da ein eindimensionaler Cozyklus von $\boldsymbol{M}^3$ auf allen Zyklen den Wert 0 hat, ist die erste Cohomologiegruppe B^1 von $\boldsymbol{M}^3$ gleich ihrer Untergruppe E^1, nach Satz IV in 5.2 also die Nullgruppe.

2. Die Fundamentalgruppe $\mathfrak{G}$ von M^3 habe zwei Enden. Nach H. Hopf [10], S. 97, besitzt $\mathfrak{G}$ eine unendlich zyklische Untergruppe von endlichem Index; daraus folgt, daß jede unendlich zyklische Untergruppe von $\mathfrak{G}$ endlichen Index in $\mathfrak{G}$ hat. Wir wählen den Pol der Fundamentalgruppe $\mathfrak{G}$ auf einer Randfläche; nach dem Satz von Kneser gibt es einen solchen geschlossenen Weg w auf dieser Randfläche, daß das w entsprechende Element a der Fundamentalgruppe eine unendlich zyklische Untergruppe erzeugt. Es sei nun C^1 ein Cozyklus der universellen Überlagerung $\boldsymbol{M}^3$ von M^3, der auf den Kanten der Randflächen den Wert 0 hat. Wir bestimmen gemäß 2.2 die Funktion $f(x)$ aus $\Phi(\mathfrak{G}, \mathfrak{J})$, die zum Cozyklus C^1 gehört. (Dabei bezeichnet $\mathfrak{J}$ die Gruppe, die aus dem Einselement von $\mathfrak{G}$ besteht.) Aus der C^1 auferlegten Bedingung und der Konstruktion von a folgt, daß $f(a^n) = 0$ für alle n. Die Elemente von $\mathfrak{G}$ lassen sich darstellen in der Form $a^n a_i$ $(i = 1, \ldots, m;\ a_i \in \mathfrak{G})$. Es ist (bei festem $b \in \mathfrak{G}$) $f(x b) = f(x)$ für fast alle $x \in \mathfrak{G}$; daher ist $f(a^n a_i) = f(a^n) = 0$ für fast alle n, d. h. (da es nur endlich viele Elemente a_i gibt) $f(x) = 0$ für fast alle $x \in \mathfrak{G}$: $f(x)$ ist Element von $\Phi_2(\mathfrak{G}, \mathfrak{J})$ und C^1 nach 2.52 Corand.

7.3. **Satz VIII.** *Die zweite Homotopiegruppe einer dreidimensionalen orientierbaren endlichen Mannigfaltigkeit, deren nicht leerer Rand aus Ringflächen (d. h. geschlossenen orientierbaren Flächen vom Geschlecht* 1*) besteht, ist die Nullgruppe oder die freie abelsche Gruppe vom Rang unendlich, je nachdem die Fundamentalgruppe der Mannigfaltigkeit endlich (d. h. ein oder zwei) oder unendlich viele Enden hat.*

Beweis: Hat die Fundamentalgruppe der Mannigfaltigkeit ein oder zwei Enden, so ist die zweite Homotopiegruppe nach Satz VII die Nullgruppe. Wir haben daher nur noch Mannigfaltigkeiten zu betrachten, deren Fundamentalgruppen unendlich viele Enden haben. $\boldsymbol{M}^3$ sei die universelle Überlagerung der Mannigfaltigkeit M^3; die zweite Homotopiegruppe von M^3 ist isomorph der zweiten Homologiegruppe von $\boldsymbol{M}^3$. Nach dem Dualitätssatz ist die zweite Homologiegruppe von $\boldsymbol{M}^3$ isomorph einer gewissen Untergruppe der ersten Cohomologiegruppe von $\boldsymbol{M}^3$; sie ist daher als Untergruppe einer freien abelschen Gruppe (Satz III in 4.1) eine freie abelsche Gruppe. Wir haben zu zeigen, daß ihr Rang unendlich ist. Die Mannigfaltigkeit $\boldsymbol{M}^3$ wird von Zylindern und Ebenen berandet; denn nach dem Satz von Kneser kann eine Ringfläche nicht Randfläche einer einfach zusammenhängenden Mannigfaltigkeit sein. Wir unterscheiden nun zwei Fälle:

1. Unter den Randflächen von $\boldsymbol{M}^3$ gibt es nur endlich viele Zylinder. Es sei K^2 der Komplex der Randflächen von $\boldsymbol{M}^3$. Wir betrachten den natürlichen Homomorphismus der ersten Cohomologiegruppe $B^1(\boldsymbol{M}^3)$ in die erste Cohomologiegruppe $B^1(K^2)$ (vgl. Hurewicz-Wallman [13], S. 115). Der Kern $B^1_0(\boldsymbol{M}^3)$ dieses Homomorphismus besteht aus denjenigen Cohomologieklassen, die Cozyklen enthalten, die auf allen Kanten von K^2 den Wert 0 haben. Nach dem Dualitätssatz ist daher die zweite Homologiegruppe von $\boldsymbol{M}^3$ isomorph $B^1_0(\boldsymbol{M}^3)$, und wir haben nur noch zu zeigen, daß der Rang von $B^1_0(\boldsymbol{M}^3)$ unendlich ist. Der Rang von $B^1(\boldsymbol{M}^3)$ ist nach Satz IV in 5.2 unendlich; der Rang der Faktorgruppe $B^1(\boldsymbol{M}^3)/B^1_0(\boldsymbol{M}^3)$ ist endlich, denn diese Gruppe ist isomorph einer Untergruppe von $B^1(K^2)$, deren Rang endlich ist (nämlich gleich der Anzahl der Komponenten von K^2, die einem Zylinder homöomorph sind). Daraus folgt unmittelbar, daß der Rang von $B^1_0(\boldsymbol{M}^3)$ unendlich ist.

2. Unter den Randflächen von $\boldsymbol{M}^3$ gibt es unendlich viele Zylinder. Wir werden hier die Voraussetzung über die Fundamentalgruppe von M^3 nicht benützen, sondern im Anschluß an J. H. C. Whitehead [20], S. 163, allgemeiner zeigen: Wird die universelle Überlagerung $\boldsymbol{M}^3$ einer endlichen Mannigfaltigkeit von n Zylindern und (mindestens) einer weiteren Fläche berandet, so ist der Rang der zweiten Homologiegruppe von $\boldsymbol{M}^3$ mindestens gleich n. Wir wählen ein zweidimensionales Simplex X^2_0 auf einer (von den n Zylindern verschiedenen) Randfläche und zweidimensionale Simplexe X^2_i auf den Zylindern $\mathfrak{Z}_i$ $(i = 1,\ldots,n)$; x^0_k sei der Eckpunkt der dualen Zellteilung im Corand X^3_k von X^2_k $(k = 0,\ldots,n)$. Wir bestimmen solche eindimensionale Ketten c^1_i $(i = 1,\ldots,n)$ der dualen Zellteilung, daß $\partial c^1_i = x^0_i - x^0_0$; $|c^1_i|$ ist fremd zu den Randflächen. C^1_i sei ein eindimensionaler Zyklus von $\mathfrak{Z}_i$, dessen Homologieklasse die erste Homologiegruppe von $\mathfrak{Z}_i$ erzeugt; D^2_i sei eine solche zweidimensionale Kette, daß $\partial D^2_i = C^1_i$ $(i = 1,\ldots,n)$. Es gibt Decktransformationen a_i und b_i von $\boldsymbol{M}^3$ mit den folgenden Eigenschaften: a_i und b_i bilden $\mathfrak{Z}_i$ auf sich ab; $|a_i D^2_i|$ und $|b_i D^2_i|$ sind fremd zu $|c^1_j|$ und $|X^2_k|$; es gibt eine solche zweidimensionale Kette B^2_i von $\mathfrak{Z}_i$, daß $\partial B^2_i = a_i C^1_i - b_i C^1_i$ und X^2_i in B^2_i mit dem Koeffizienten ± 1 auftritt $(i, j = 1,\ldots,n;$ $k = 0,\ldots,n)$. Die Kette $a_i D^2_i - b_i D^2_i - B^2_i = Z^2_i$ ist ein zweidimensionaler Zyklus, in dem X^2_i mit dem Koeffizienten ± 1 und X^2_k $(k \neq i)$

mit dem Koeffizienten 0 auftritt; $|Z_i^2|$ ist fremd zu $|c_j^1|$. Wir zeigen, daß die Homologieklassen der n Zyklen Z_i^2 linear unabhängig sind. Es sei $\Sigma t_j Z_j^2 = \partial C^3$; X_0^3 tritt in C^3 mit dem Koeffizienten 0, X_i^3 mit dem Koeffizienten $\pm t_i$ auf $(i = 1, \ldots, n)$. Wir berechnen die Schnittzahl der (dualen) Kette c_i^1 mit $\Sigma t_j Z_j^2$:

$$0 = c_i^1 \cdot \Sigma t_j Z_j^2 = c_i^1 \cdot \partial C^3 = \partial c_i^1 \cdot C^3 = (x_i^0 - x_0^0) \cdot C^3 = \pm t_i ,$$

d. h. die Homologieklassen der Z_i^2 sind linear unabhängig. Damit ist Satz VIII bewiesen.

Bemerkungen: 1. Spezielle Mannigfaltigkeiten des betrachteten Typus sind die Außenräume von Verschlingungen in der dreidimensionalen Sphäre S^3; insbesondere ist daher in Satz VIII enthalten:

Die Vermutung „Der Außenraum eines Knotens in S^3 ist asphärisch" — (vgl. S. Eilenberg [4], J. H. C. Whitehead [20]) — ist äquivalent der algebraischen Vermutung „Alle Knotengruppen haben ein oder zwei Enden".

Als Anwendung beweisen wir: Der Außenraum eines Torusknotens ist asphärisch.

Das Zentrum der Fundamentalgruppe des Außenraums enthält nämlich ein Element unendlicher Ordnung (Seifert-Threlfall [17], S. 179/180). Eine solche Gruppe besitzt nach H. Hopf [10], S. 97, und H. Freudenthal [8], S. 31, ein oder zwei Enden; der Außenraum ist daher asphärisch.

2. Der erste Teil von Satz VIII läßt sich folgendermaßen verschärfen: Die zweite Homotopiegruppe einer endlichen Mannigfaltigkeit M^3 ist eine freie abelsche Gruppe; ihr Rang ist 0 oder unendlich außer in den beiden folgenden Fällen: Erstens: Die Mannigfaltigkeit ist geschlossen und ihre Fundamentalgruppe hat zwei Enden; dann ist der Rang eins. Zweitens: Die Mannigfaltigkeit wird nur von Kugeln berandet und ihre Fundamentalgruppe ist endlich; in diesem Fall läßt sich der Rang leicht aus der Anzahl der Randflächen und der Ordnung der Fundamentalgruppe berechnen.

8. Die Fundamentalgruppen dreidimensionaler Mannigfaltigkeiten

8.1. Auf Grund der Ergebnisse des letzten Abschnittes sollen Bedingungen angegeben werden, denen eine Gruppe genügt, die als Fundamentalgruppe einer dreidimensionalen endlichen orientierbaren (i. a. berandeten) Mannigfaltigkeit auftritt. Zu jeder Mannigfaltigkeit M^3 gibt es eine Mannigfaltigkeit M_3^0, die dieselbe Fundamentalgruppe wie M^3

und keine Kugeln als Randflächen besitzt; eine solche Mannigfaltigkeit M_0^3 erhält man, indem man an die Kugelrandflächen von M^3 Vollkugeln ansetzt. Wir dürfen daher in der Herleitung der Resultate annehmen, daß die Mannigfaltigkeiten M^3 von keinen Kugeln berandet werden, und die Sätze trotzdem für allgemeine Mannigfaltigkeiten aussprechen. Der Homologietheorie werden ganzzahlige endliche Ketten zugrunde gelegt.

8.2. Die Gruppe $\mathfrak{G}$ mit einem oder zwei Enden sei Fundamentalgruppe einer M^3; falls $\mathfrak{G}$ zwei Enden hat, sei M^3 eine berandete Mannigfaltigkeit. Dann ist nach Satz VI in 6.3 und Satz VII in 7.2 M^3 asphärisch. Nach P. Smith [19] besitzt die Fundamentalgruppe eines asphärischen Raumes kein Element endlicher Ordnung. Nach W. Hurewicz [12], S. 215—224, sind die Homologiegruppen eines asphärischen Raumes durch dessen Fundamentalgruppe bestimmt; wir bezeichnen die Gruppe, die als n-te Homologiegruppe eines asphärischen Raumes mit der Fundamentalgruppe $\mathfrak{G}$ auftritt, mit $\mathfrak{G}^n(\mathfrak{G})$. Ist $\mathfrak{G}$ Fundamentalgruppe einer asphärischen berandeten M^3, so ist $\mathfrak{G}^n(\mathfrak{G})$ die Nullgruppe für $n \geqslant 3$. Ist $\mathfrak{G}$ Fundamentalgruppe einer geschlossenen asphärischen M^3, so ist $\mathfrak{G}^n(\mathfrak{G})$ die Nullgruppe für $n \geqslant 4$; ferner ist in diesem Fall auf Grund des Dualitätssatzes die Faktorgruppe $\mathfrak{G}_0^1(\mathfrak{G})$ der Gruppe $\mathfrak{G}^1(\mathfrak{G})$ nach der Untergruppe der Elemente endlicher Ordnung von $\mathfrak{G}^1(\mathfrak{G})$ isomorph der Gruppe $\mathfrak{G}^2(\mathfrak{G})$. Wir fassen zusammen:

Die Gruppe $\mathfrak{G}$ habe ein oder zwei Enden und sei Fundamentalgruppe einer dreidimensionalen orientierbaren endlichen Mannigfaltigkeit M^3; falls $\mathfrak{G}$ zwei Enden hat, werde M^3 nicht nur von Kugeln berandet; dann erfüllt $\mathfrak{G}$ die folgenden Bedingungen: $\mathfrak{G}$ besitzt kein Element endlicher Ordnung; die Gruppen $\mathfrak{G}^n(\mathfrak{G})$ sind Nullgruppen für $n \geqslant 4$. Wird die Mannigfaltigkeit M^3 nicht nur von Kugeln berandet, so ist $\mathfrak{G}^3(\mathfrak{G})$ die Nullgruppe; wird sie nur von Kugeln berandet, so ist $\mathfrak{G}_0^1(\mathfrak{G})$ isomorph $\mathfrak{G}^2(\mathfrak{G})$.

8.3. Als Anwendung soll untersucht werden, welche abelschen Gruppen $\mathfrak{G}$ als Fundamentalgruppen von Mannigfaltigkeiten M^3 auftreten können. Als Fundamentalgruppe besitzt $\mathfrak{G}$ endlich viele Erzeugende; nach H. Hopf [10], S. 97 und 99, besitzt eine unendliche abelsche Gruppe mit endlich vielen Erzeugenden ein oder zwei Enden, und zwar zwei Enden genau dann, wenn sie den Rang eins hat. Ist $\mathfrak{G}$ die freie abelsche Gruppe vom Range n, so ist $\mathfrak{G}^n(\mathfrak{G})$ unendlich zyklisch und $\mathfrak{G}^{n+1}(\mathfrak{G})$ die Nullgruppe (W. Hurewicz [12], S. 222). Wie in 7.1 bemerkt wurde, ist die Fundamentalgruppe einer M^3, die nicht nur von Kugeln berandet wird, unendlich. Wir erhalten somit:

Satz IX. *Ist $\mathfrak{G}$ abelsche Fundamentalgruppe einer berandeten dreidimensionalen orientierbaren endlichen Mannigfaltigkeit, die nicht nur von Kugeln berandet wird, so ist $\mathfrak{G}$ die freie abelsche Gruppe vom Range eins oder zwei.*

Diese beiden Gruppen treten auch wirklich auf als Fundamentalgruppen von Mannigfaltigkeiten der verlangten Art. Die freie abelsche Gruppe vom Range eins ist Fundamentalgruppe des Volltorus; die freie abelsche Gruppe vom Range zwei ist Fundamentalgruppe des topologischen Produktes von Torus und Strecke.

Bei abelschen Fundamentalgruppen von dreidimensionalen orientierbaren endlichen Mannigfaltigkeiten, die nur von Kugeln berandet werden, können wir schließen: Ist der Rang von $\mathfrak{G} \geqslant 2$, so ist $\mathfrak{G}$ die freie abelsche Gruppe vom Range drei (P. A. Smith hat in [18] gezeigt, daß der Rang einer abelschen Gruppe, die als Fundamentalgruppe einer geschlossenen dreidimensionalen Mannigfaltigkeit auftritt, nicht größer als drei ist; unser Beweis kann als Ausgestaltung desjenigen von P. A. Smith aufgefaßt werden.) K. Reidemeister hat in [16] (mit anderen Methoden) die abelschen Gruppen aufgezählt, die als Fundamentalgruppen von geschlossenen orientierbaren dreidimensionalen Mannigfaltigkeiten auftreten: es sind dies die zyklischen Gruppen und die freie abelsche Gruppe vom Range drei. Zusammen mit Satz IX ergibt dies:

Satz IX′. *Ist $\mathfrak{G}$ abelsche Fundamentalgruppe einer dreidimensionalen orientierbaren endlichen Mannigfaltigkeit, so ist $\mathfrak{G}$ zyklisch oder die freie abelsche Gruppe vom Range zwei oder drei.*

8.4. Aus Satz IX folgt leicht der folgende Satz von R. H. Fox ([6], S. 46):

Das Polyeder P sei in die dreidimensionale Sphäre eingebettet und habe eine abelsche Fundamentalgruppe $\mathfrak{G}$; dann ist $\mathfrak{G}$ die freie abelsche Gruppe vom Range 0, 1 oder 2.

Beweis: Eine geeignet gewählte abgeschlossene Umgebung von P ist eine Mannigfaltigkeit M^3 mit derselben Fundamentalgruppe wie P; wird M^3 nur von Kugeln berandet, so ist ihre Fundamentalgruppe die Nullgruppe, wie leicht aus dem Satz über die Fundamentalgruppe eines zusammengesetzten Komplexes geschlossen werden kann (Seifert-Threlfall [17], S. 179).

Aus Satz IX′ folgt: Das Polyeder P sei in eine dreidimensionale orientierbare Mannigfaltigkeit eingebettet und habe eine abelsche Fundamentalgruppe $\mathfrak{G}$; dann ist $\mathfrak{G}$ zyklisch oder die freie abelsche Gruppe vom Range zwei oder drei.

Bemerkung: Für die Gültigkeit des letzten Satzes genügt es, wenn P im Kleinen eineindeutig in die Mannigfaltigkeit eingebettet ist.

8.5. Ohne Beweis geben wir noch zwei weitere Sätze über die Fundamentalgruppen von Mannigfaltigkeiten M^3 an:

1. Ist die Gruppe $\mathfrak{G}$ mit zwei Enden Fundamentalgruppe einer dreidimensionalen orientierbaren endlichen Mannigfaltigkeit, so ist $\mathfrak{G}$ unendlich zyklisch oder das freie Produkt von zwei zyklischen Gruppen der Ordnung zwei. Die unendlich zyklische Gruppe ist Fundamentalgruppe des topologischen Produktes von Kreis und Kugel, das freie Produkt von zwei Gruppen der Ordnung zwei Fundamentalgruppe der topologischen Summe (Seifert-Threlfall [17], S. 218) zweier dreidimensionaler projektiver Räume.

2. Ist die Gruppe $\mathfrak{G}$ mit unendlich vielen Enden Fundamentalgruppe einer dreidimensionalen endlichen Mannigfaltigkeit, so besteht das Zentrum von $\mathfrak{G}$ nur aus dem Einselement.

Der Beweis von (1) kann rein gruppentheoretisch geführt werden, wenn man bedenkt, daß nach Satz IX′ jede abelsche Untergruppe endlichen Indexes von $\mathfrak{G}$ unendlich zyklisch ist. (2) kann mit den Methoden bewiesen werden, die P. A. Smith in [19] entwickelt hat.

(Eingegangen den 5. Januar 1949.)

LITERATURVERZEICHNIS

[1] *B. Eckmann*, Der Cohomologie-Ring einer beliebigen Gruppe, Comm. Math. Helv. 18, 232—282 (1946).

[2] *B. Eckmann*, On complexes over a ring and restricted cohomology groups, Proc. Nat. Ac. Sci. 33, 275—281 (1947).

[3] *B. Eckmann*, On infinite complexes with automorphisms, Proc. Nat. Sci. 33 372—376 (1947).

[4] *S. Eilenberg*, Sur les courbes sans nœuds, Fund. Math. 28, 233—242 (1936).

[5] *S. Eilenberg*, On the relation between the fundamental group of a space and the higher homotopy groups, Fund. Math. 32, 167—175 (1939).

[6] *R. H. Fox*, On the imbedding of polyhedra in 3-space Ann. Math. 49. 462 bis 470 (1948).

[7] *H. Freudenthal*, Über die Enden topologischer Räume und Gruppen, Math. Zeitschr. 33, 692—713 (1931).

[8] *H. Freudenthal*, Über die Enden diskreter Räume und Gruppen, Comm. Math. Helv. 17, 1—38 (1945).

[9] *H. Hopf*, Räume, die Transformationsgruppen mit kompakten Fundamentalbereichen gestatten, Verhandlungen der Schweizer. Naturforschenden Gesellschaft (1942), 79.

[10] *H. Hopf*, Enden offener Räume und unendliche diskontinuierliche Gruppen, Comm. Math. Helv. 16, 81—100 (1944).

[11] *H. Hopf*, Über die Bettischen Gruppen, die zu einer beliebigen Gruppe gehören, Comm. Math. Helv. 17, 39—79 (1945).

[12] *W. Hurewicz*, Beiträge zur Topologie der Deformationen (IV), Proc. Akad. Amsterdam 39, 215—224 (1936).

[13] *W. Hurewicz* and *H. Wallman*, Dimension theory (Princeton 1941).

[14] *H. Kneser*, Eine Bemerkung über dreidimensionale Mannigfaltigkeiten, Nachr. Ges. Wiss. Göttingen (1925), 128—130.

[15] *L. Pontrjagin*, Topological groups (Princeton 1939).

[16] *K. Reidemeister*, Kommutative Fundamentalgruppen, Monatshefte Math. Ph. 43, 20—28 (1936).

[17] *H. Seifert* und *W. Threlfall*, Lehrbuch der Topologie (Leipzig-Berlin 1934).

[18] *P. A. Smith*, Manifolds with abelian fundamental group, Ann. Math. 37, 526—533 (1936).

[19] *P. A. Smith*, Transformations of finite period, Ann. Math. 39, 127—164 (1938).

[20] *J. H. C. Whitehead*, On the asphericity of regions in a 3-sphere, Fund. Math. 32, 149—166 (1939).

[21] *H. Zassenhaus*, Lehrbuch der Gruppentheorie, Bd. I (Leipzig-Berlin 1937).

Lebenslauf

Ich wurde am 11. Februar 1920 als Sohn des Karl Kaspar Specker, Dr. iur., und dessen Ehefrau Margaretha, geb. Branger, in Zürich geboren. Hier besuchte ich auch die Volksschule und die erste Klasse der Oberrealschule. Im Jahre 1940 bereitete ich mich im Maturitätsinstitut Prof. Dr. Tschulok auf die eidgenössische Maturität vor; ich bestand sie im Herbst des gleichen Jahres in Basel. Darauf trat ich in die Abteilung IX der E. T. H. ein und erhielt im Frühjahr 1945 das Diplom als Mathematiker. Vom Frühling 1945 bis im Herbst 1946 war ich Assistent von Herrn Prof. Saxer; seither bin ich Assistent am Mathematischen Seminar der E. T. H.

Die Anregung zu der vorliegenden Arbeit verdanke ich Herrn Prof. Hopf.

ZÜRICH, Juli 1948.

NICHT KONSTRUKTIV BEWEISBARE SÄTZE DER ANALYSIS

ERNST SPECKER

Nach allgemeiner Ueberzeugung können gewisse Sätze der Analysis nicht konstruktiv bewiesen werden. Man denke etwa an den folgenden Satz: Eine monotone und beschränkte Folge $a(n)$ von rationalen Zahlen konvergiert, d.h. es gibt eine solche ganzzahlige Funktion $k(m)$, daß

$$|a(n) - a(n^*)| < \frac{1}{2^m} \qquad \text{für } n, n^* \geqq k(m).$$

Unter einem konstruktiven Beweis dieses Satzes hätte man etwa die Angabe eines Verfahrens zu verstehen, das gestattet, die Funktion $k(m)$ auf Grund der Folge $a(n)$ rekursiv zu definieren. Wenn ein solcher Beweis vorläge, wäre insbesondere gezeigt, daß es zu einer rekursiv definierten Folge $a(n)$ mit den verlangten Eigenschaften stets eine rekursiv definierbare Konvergenzfunktion $k(m)$ gibt.

Es soll nun im folgenden von einigen grundlegenden Sätzen der reellen Analysis gezeigt werden, daß sie nicht konstruktiv bewiesen werden können—konstruktiv in dem Sinn, der eben angedeutet wurde. Wir stützen uns dabei auf die Begriffe der rekursiven und der berechenbaren Funktion; rekursive und berechenbare Funktionen sind zahlentheoretische Funktionen. Unter einer rekursiven Funktion möge vorläufig eine primitiv rekursive Funktion verstanden werden (vgl. etwa D. Hilbert und P. Bernays [3], S.286); berechenbar meint berechenbar im Sinne von A. Church [1], S. C. Kleene [4], A. M. Turing [6]. Der Begriff der "konstruktiv definierten Funktion" wird durch die Bestimmung als "rekursive Funktion" eher eng, durch die Bestimmung als "berechenbare Funktion" eher weit gefaßt.

Definition I. Eine Folge rationaler Zahlen $\Phi(n)$ heißt rekursiv (berechenbar), wenn es solche rekursiven (berechenbaren) Funktionen $\phi(n)$, $\psi(n)$ und $\chi(n)$ gibt, daß $\chi(n) \geqq 1$ und

$$\Phi(n) = \frac{\phi(n) - \psi(n)}{\chi(n)}.$$

Definition II. Eine Folge $\Phi(n)$ von rationalen Zahlen heißt rekursiv (berechenbar) konvergent, wenn es eine solche rekursive (berechenbare) Funktion $\nu(m)$ gibt, daß

$$|\Phi(n) - \Phi(n^*)| < \frac{1}{2^m} \qquad \text{für } n, n^* \geqq \nu(m)$$

Wir werden zeigen (Satz I): Es gibt eine rekursive, monotone und beschränkte Folge rationaler Zahlen, die nicht berechenbar konvergiert. Bei unserer Auffassungsweise ist darin enthalten, daß der zu Beginn erwähnte Satz nicht konstruktiv bewiesen werden kann.

Received December 14, 1948.

Definition III. Eine reelle Zahl r heißt eine rekursive (berechenbare) reelle Zahl, wenn es eine solche rekursive (berechenbare) und rekursiv (berechenbar) konvergente Folge $\Phi(n)$ rationaler Zahlen gibt, daß $\lim_{n\to\infty} \Phi(n) = r$. Die Menge der rekursiven reellen Zahlen bezeichnen wir mit $\Re_1$.

Definition IV. Eine reelle Zahl r heißt in einen rekursiven Dezimalbruch entwickelbar, wenn es eine solche rekursive Funktion $\phi(n)$ gibt, daß für $n \geqq 1$ $0 \leqq \phi(n) \leqq 9$ und

$$r = \pm\phi(0) + \sum_{k=1}^{\infty} \frac{\phi(k)}{10^k}.$$

Die Menge der Zahlen, die sich in einen rekursiven Dezimalbruch entwickeln lassen, bezeichnen wir mit $\Re_2$.

Definition V. Eine reelle Zahl r definiert einen rekursiven Schnitt, wenn die Aussagen

$$\frac{m}{n'} < r, \qquad \frac{-m}{n'} < r$$

(m, $n \geqq 0$ und ganz, n' Nachfolger von n) rekursiven Aussagen $\mathfrak{A}(m, n)$ und $\mathfrak{B}(m, n)$ äquivalent sind.

Die Menge der Zahlen, die einen rekursiven Schnitt definieren, bezeichnen wir mit $\Re_3$. Zu $\Re_3$ gehören zum Beispiel die reellen algebraischen Zahlen; aber auch die Zahl e (Basis der natürlichen Logarithmen) definiert einen rekursiven Schnitt.

Man überzeugt sich leicht, daß $\Re_1 \supset \Re_2 \supset \Re_3$; und zwar sind die auftretenden Inklusionen echt, d.h.:

Nicht jede rekursive reelle Zahl läßt sich in einen rekursiven Dezimalbruch entwickeln.

Nicht jede Zahl, die sich in einen rekursiven Dezimalbruch entwickeln läßt, definiert einen rekursiven Schnitt.

Wir werden nämlich zeigen, daß es eine solche reelle Zahl r gibt, daß wohl r, nicht aber $3r$ sich in einen rekursiven Dezimalbruch entwickeln läßt (Satz II). Die Zahl $3r$ ist dann eine rekursive reelle Zahl, die sich nicht in einen rekursiven Dezimalbruch entwickeln läßt; die Zahl r selbst definiert keinen rekursiven Schnitt: andernfalls nämlich definierte auch $3r$ einen rekursiven Schnitt und wäre daher in einen rekursiven Dezimalbruch entwickelbar.

Satz II besagt, daß $\Re_2$ nicht abgeschlossen ist gegenüber Multiplikation mit einer natürlichen Zahl; für $\Re_1$ und $\Re_3$ ist dies der Fall. Dagegen ist $\Re_3$ nicht abgeschlossen gegenüber Addition: Es gibt zwei solche reellen Zahlen s und t, daß wohl s und t, nicht aber $s + t$ einen rekursiven Schnitt definieren. Es ist nämlich jede rekursive reelle Zahl Summe zweier Zahlen, die einen rekursiven Schnitt definieren (Satz III).

Mit Hilfe des in Definition III eingeführten Begriffes der berechenbaren reellen Zahl läßt sich Satz I folgendermaßen verschärfen (Satz IV): Es gibt eine solche rekursive, monotone und beschränkte Folge $\Phi(n)$ von rationalen Zahlen, daß $\lim_{n\to\infty} \Phi(n)$ keine berechenbare reelle Zahl ist.

DEFINITION VI. Eine Folge $I(n)$ von ineinandergeschachtelten Intervallen heißt rekursiv, wenn die Folge $\Phi(n)$ der linken und die Folge $\Psi(n)$ der rechten Endpunkte von $I(n)$ rekursive Folgen rationaler Zahlen sind.

Wir werden zeigen (Satz V): Es gibt eine solche rekursive Folge ineinandergeschachtelter Intervalle, daß keine rekursive reelle Zahl in allen Intervallen der Folge enthalten ist.

Um das Verhältnis der Sätze IV und V zu erläutern, beweisen wir: Zu einer rekursiven Intervallschachtelung $I(n)$ gibt es eine berechenbare reelle Zahl, die in allen Intervallen $I(n)$ enthalten ist. Wenn nämlich die Längen der Intervalle nicht gegen 0 konvergieren, gibt es eine rationale Zahl, die in allen Intervallen enthalten ist; andernfalls ist (wenn $\Phi(n)$ den linken, $\Psi(n)$ den rechten Endpunkt von $I(n)$ bezeichnet):

$$\bar{\mu}_x\left[\Psi(x) - \Phi(x) < \frac{1}{2^m}\right] = b(m)$$

eine berechenbare Funktion (vgl. Ende der Einleitung), und es ist

$$|\Phi(n) - \Phi(n^*)| < \frac{1}{2^m} \qquad \text{für } n, n^* \geqq b(m),$$

d.h. $\lim_{n\to\infty} \Phi(n)$ ist eine berechenbare reelle Zahl. (Die—nicht konstruktive—Anwendung des Satzes vom ausgeschlossenen Dritten läßt sich bei diesem Beweis nicht vermeiden.) Damit ist (unter Benutzung von Satz V) auch gezeigt, daß nicht jede berechenbare reelle Zahl eine rekursive reelle Zahl ist. Ferner kann geschlossen werden, daß der Satz von der Konvergenz einer monotonen und beschränkten Folge auch dann nicht konstruktiv bewiesen werden kann, wenn der Durchschnittsatz von Cantor gefordert wird.

DEFINITION VII. Eine Folge von Funktionen $P(x, n)$ $(n = 0, 1, \ldots)$ des rationalen positiven Argumentes x heißt rekursiv, wenn es solche rekursiven Funktionen $\rho(p, q, n)$, $\sigma(p, q, n)$ und $\tau(p, q, n)$ gibt, daß $\tau(p, q, n) \geqq 1$ und

$$P\left(\frac{p}{q}, n\right) = \frac{\rho(p, q, n) - \sigma(p, q, n)}{\tau(p, q, n)}.$$

DEFINITION VIII. Eine stetige reelle Funktion $f(x)$ (definiert für reelles $x \geqq 0$) heißt eine rekursive reelle Funktion, wenn es eine solche rekursive Folge $P(x, n)$ von Funktionen des positiven rationalen Argumentes x und solche rekursiven Funktionen $\mu(n)$ und $\nu(n)$ gibt, daß

$$|P(x, n) - P(y, n)| < \frac{1}{2^k} \text{ für } |x - y| < \frac{1}{2^{\mu(k)}},$$

$$|P(x, n) - P(x, n^*)| < \frac{1}{2^k} \text{ für } n, n^* \geqq \nu(k) \quad \text{und}$$

$$\lim_{n\to\infty} P(x, n) = f(x) \text{ für rationales } x \geqq 0.$$

Eine rekursive reelle Funktion nimmt in einer rekursiven reellen Zahl einen rekursiven reellen Wert an. Dagegen werden wir als leicht Anwendung von

Satz V zeigen: Es gibt eine rekursive reelle Funktion, die in einer rationalen Zahl a den Wert -1, in einer rationalen Zahl b den Wert $+1$ und in keiner rekursiven reellen Zahl den Wert 0 annimmt (Satz VI).

Die Beweise der Sätze beruhen auf den folgenden Hilfssätzen über rekursive und berechenbare Funktionen:

HILFSSATZ I. Es gibt ein solches rekursives Prädikat $\mathfrak{A}(m, n)$, daß $\mu_x\mathfrak{A}(m, x)$ keine berechenbare Funktion ist.

HILFSSATZ II. Es gibt eine solche zweiwertige rekursive Funktion $\gamma(n)$ und ein solches rekursives Prädikat $\mathfrak{A}(n)$, daß

$$\gamma[\bar{\mu}_x(\mathfrak{A}(x) \mathbin{\&} x \geqq n)]$$

definiert ist (d.h. daß gilt $(x)(Ey)\,[\mathfrak{A}(y) \mathbin{\&} y \geqq x]$) und keine rekursive Funktion ist.

HILFSSATZ III. Es gibt ein solches rekursives Prädikat $\mathfrak{A}(m, n)$, daß $(Ex)\mathfrak{A}(m, x)$ kein berechenbares Prädikat ist.

Hilfssatz III ist von S. C. Kleene [4] bewiesen worden; Hilfssatz I folgt unmittelbar aus Hilfssatz III, denn $(Ex)\mathfrak{A}(m, x)$ ist äquivalent $\mathfrak{A}(m, \mu_x\mathfrak{A}(m, x))$. Hilfssatz II werden wir im folgenden beweisen.

Es ist für die Gültigkeit unserer Sätze nicht wesentlich, daß unter einer "rekursiven Funktion" eine "primitiv rekursive Funktion" verstanden wird; sondern es genügt, den Bereich der rekursiven Funktionen so abzugrenzen, daß er abgeschlossen ist gegenüber primitiven Rekursionen und daß Hilfssatz II gilt.

In Verbindung mit einer Arbeit von R. L. Goodstein [2] können unsere Sätze auch noch etwas anders interpretiert werden, als es zu Beginn dieser Einleitung geschehen ist; sie können nämlich als Nachweis dafür aufgefaßt werden, daß gewisse Sätze der klassischen Analysis in der "finiten" Analysis von R. L. Goodstein nicht mehr gelten. Es ist denn auch diese Arbeit angeregt worden durch die Untersuchungen von R. L. Goodstein.

In den Bezeichnungen schließen wir uns an D. Hilbert und P. Bernays [3] an. Insbesondere sei:

n' der Nachfolger von n;

$\alpha(0) = 0, \alpha(n') = 1$;

$\beta(0) = 1, \beta(n') = 0$;

$$a \dot{-} b = \begin{cases} a - b, \text{ falls } a \geqq b \\ 0 \text{ sonst} \end{cases}$$

Ist $\mathfrak{A}(m, n)$ ein Prädikat, so sei $\mu_x\mathfrak{A}(x, n) = b(n)$ die folgendermaßen definierte Funktion: gibt es kein x, für welches $\mathfrak{A}(x, n)$ gilt, ist $b(n) = 0$, andernfalls ist $b(n)$ das kleinste x, für welches $\mathfrak{A}(x, n)$ gilt; gilt $(Ex)\mathfrak{A}(x, n)$, so schreiben wir statt $\mu_x\mathfrak{A}(x, n)$ auch $\bar{\mu}_x\mathfrak{A}(x, n)$; ist $\mathfrak{A}(m, n)$ rekursiv, so ist diese letzte Funktion berechenbar.

Herrn Prof. P. Bernays, der eine erste Fassung dieser Arbeit gelesen hat, danke ich für wertvolle Ratschläge.

LITERATUR

[1] Alonzo Church, *An unsolvable problem of elementary number theory*, **American journal of mathematics**, Bd. 58 (1936), S. 345–363.

[2] R. L. Goodstein, *Function theory in an axiom-free equation calculus*, **Proceedings of the London Mathematical Society**, Bd. 48 (1945), S. 401–434.

[3] D. Hilbert und P. Bernays, **Grundlagen der Mathematik**, I. Band (Berlin 1934).

[4] S. C. Kleene, *General recursive functions of natural numbers*, **Mathematische Annalen**, Bd. 112 (1936), S. 727–742.

[5] Rózsa Péter, *Konstruktion nichtrekursiver Funktionen*, **Mathematische Annalen**, Bd. 111 (1935), S. 42–60.

[6] A. M. Turing, *On computable numbers*, **Proceedings of the London Mathematical Society**, Bd. 42 (1937), S. 230–265.

HILFSSATZ II. Es gibt ein solches rekursives Prädikat $\mathfrak{A}(n)$ und eine solche zweiwertige rekursive Funktion $\gamma(n)$, daß

$$\gamma[\bar{\mu}_x(\mathfrak{A}(x) \mathbin{\&} x \geqq n)]$$

definiert und nicht rekursiv ist.

Beweis. Nach R. Péter [5] gibt es eine solche Abzählung (mit Wiederholung) der rekursiven Funktionen, daß die Funktion $d(n)$, die den Wert der rekursiven Funktion mit der Nummer n an der Stelle n angibt, durch eine zweifache Rekursion definiert werden kann und daß zu m und $3^m \cdot 7 \cdot 11^n$ (bei beliebigem n) dieselbe Funktion gehört. $d(n)$ ist in der Form

$$d(n) = \phi[\bar{\mu}_x \mathfrak{B}(n, x)]$$

darstellbar, wobei $\phi(n)$ eine rekursive Funktion und $\mathfrak{B}(m, n)$ ein rekursives Prädikat ist (S. C. Kleene [4], 736). Die Prädikate

$$(Ex)[n = 3^m \cdot 7 \cdot 11^x] \text{ und}$$

$$(Ex)[x \leqq n \mathbin{\&} \mathfrak{B}(m, x)]$$

sind rekursiv; $\eta(m, n)$ und $\theta(m, n)$ seien solche rekursive Funktionen, daß

$$(Ex)[n = 3^m \cdot 7 \cdot 11^x] \sim [\eta(m, n) = 0] \text{ und}$$

$$(Ex)[x \leqq n \mathbin{\&} \mathfrak{B}(m, x)] \sim [\theta(m, n) = 0].$$

Wir definieren nun Funktionen $\rho(n)$, $\sigma(n)$ und $\tau(n)$ folgendermaßen:

$$\rho(0) = \sigma(0) = \tau(0) = 0;$$

ist $\rho(n) = 0$, so sei

$$\rho(n') = \beta[\eta(\sigma(n), n')]$$

$$\sigma(n') = \sigma(n) + \beta[\eta(\sigma(n), n')]$$

$$\tau(n') = n';$$

ist $\rho(n) = 1$, so sei

$$\rho(n') = \alpha[\theta(\tau(n), n')]$$
$$\sigma(n') = \sigma(n)$$
$$\tau(n') = \tau(n).$$

Die Funktionen $\rho(n)$, $\sigma(n)$ und $\tau(n)$ sind rekursiv. Die Funktion $\rho(n)$ nimmt immer wieder die Werte 0 und 1 an; die Funktion $\sigma(n)$ nimmt alle nicht-negativen ganzen Zahlen als Werte an. Die rekursive Aussage $\rho(n) = 0$ bezeichnen wir mit $\mathfrak{A}(n)$; ferner sei

$$\psi(n) = \phi\{\mu_x[x \leqq n \,\&\, \mathfrak{B}(\tau(n), x)]\}, \qquad \gamma(n) = \beta[\psi(n)].$$

Der Hilfssatz ist bewiesen, wenn wir zeigen, daß die Funktion

$$g(n) = \gamma[\bar{\mu}_x(\mathfrak{A}(x) \,\&\, x \geqq n)]$$

in der benutzten Abzählung der rekursiven Funktionen nicht die Nummer $\mathfrak{m}$ trägt. Um das nachzuweisen bestimmen wir $\mathfrak{n}$ so, daß

$$\sigma(\mathfrak{n}) = \mathfrak{m} \text{ und } \sigma(\mathfrak{n}') = \mathfrak{m}'.$$

Es ist dann

$$\rho(\mathfrak{n}) = 0, \qquad \rho(\mathfrak{n}') = 1, \ \tau(\mathfrak{n}') = \mathfrak{n}' \text{ und } \eta(\mathfrak{m}, \mathfrak{n}') = 0;$$

aus der letzten Gleichung folgt, daß die Funktionen mit den Nummern $\mathfrak{m}$ und $\mathfrak{n}'$ identisch sind. Wenn wir zeigen, daß $g(\mathfrak{n}') \neq d(\mathfrak{n}')$, ist daher bewiesen, daß $g(n)$ nicht die rekursive Funktion mit der Nummer $\mathfrak{m}$ ist. Es sei

$$\rho(\mathfrak{n}' + \mathfrak{k}) = 1 \text{ für } 0 \leqq \mathfrak{k} < \mathfrak{p} \text{ und}$$
$$\rho(\mathfrak{n}' + \mathfrak{p}) = 0;$$

dann ist

$$\bar{\mu}_x(\mathfrak{A}(x) \,\&\, x \geqq \mathfrak{n}') = \mathfrak{n}' + \mathfrak{p},$$
$$\tau(\mathfrak{n}' + \mathfrak{k}) = \mathfrak{n}' \text{ für } 0 \leqq \mathfrak{k} \leqq \mathfrak{p},$$
$$\psi(\mathfrak{n}' + \mathfrak{p}) = \phi\{\mu_x[x \leqq \mathfrak{n}' + \mathfrak{p} \,\&\, \mathfrak{B}(\tau(\mathfrak{n}' + \mathfrak{p}), x)]\}$$
$$= \phi\{\mu_x[x \leqq \mathfrak{n}' + \mathfrak{p} \,\&\, \mathfrak{B}(\mathfrak{n}', x)]\}.$$

Nun ist

$$\rho(\mathfrak{n} + \mathfrak{p}) = 1, \qquad \rho(\mathfrak{n}' + \mathfrak{p}) = 0 \text{ und daher}$$
$$\theta(\tau(\mathfrak{n} + \mathfrak{p}), \mathfrak{n}' + \mathfrak{p}) = \theta(\mathfrak{n}', \mathfrak{n}' + \mathfrak{p}) = 0, \text{ d.h.}$$
$$(Ex)[x \leqq \mathfrak{n}' + \mathfrak{p} \,\&\, \mathfrak{B}(\mathfrak{n}', x)]; \text{ folglich ist}$$
$$\psi(\mathfrak{n}' + \mathfrak{p}) = \phi[\bar{\mu}_x \mathfrak{B}(\mathfrak{n}', x)] = d(\mathfrak{n}').$$

Fassen wir zusammen, so erhalten wir

$$g(\mathfrak{n}') = \beta\{\psi[\bar{\mu}_x(\mathfrak{A}(x) \,\&\, x \geqq \mathfrak{n}')]\}$$
$$= \beta[\psi(\mathfrak{n}' + \mathfrak{p})] = \beta[d(\mathfrak{n}')] \neq d(\mathfrak{n}').$$

SATZ I. Es gibt eine rekursive, montone und beschränkte Folge $\Phi(n)$ rationaler Zahlen, die nicht berechenbar konvergiert.

Beweis. $\mathfrak{A}(m, n)$ sei ein rekursives Prädikat, $\rho(m, n)$ eine solche rekursive Funktion, daß $\mathfrak{A}(m, n) \sim [\rho(m, n) = 0]$. Wir setzen

$$\psi(m, n) = \alpha \left\{ \sum_{x=0}^{n} \beta[\rho(m, x)] \right\};$$

$\psi(m, n)$ ist rekursiv, und zwar ist

$$\psi(m, n) = \begin{cases} 0, \text{ wenn } \overline{\mathfrak{A}}(m, x) \text{ für alle } x \leqq n \\ 1 \text{ sonst.} \end{cases}$$

Die Folge $\Phi(n)$ sei nun folgendermaßen definiert:

$$\Phi(n) = \sum_{k=0}^{n} \frac{\psi(k, n)}{2^k}.$$

Die Folge $\Phi(n)$ ist offenbar rekursiv und beschränkt; aus $\psi(m, n) \leqq \psi(m, n')$ folgt, daß sie monoton wachsend ist. Wir zeigen nun, daß aus der Existenz einer berechenbaren Konvergenzfunktion für $\Phi(n)$ folgt, daß die Funktion $\mu_x[\mathfrak{A}(m, x)]$ berechenbar ist; auf Grund von Hilfssatz I wird damit Satz I bewiesen sein.

Es sei also $b(m)$ eine solche berechenbare Funktion, daß

$$| \Phi(n) - \Phi(n^*) | < \frac{1}{2^m} \text{ für } n, n^* \geqq b(m).$$

(Dabei dürfen wir annehmen, daß $b(m) \geqq m$ ist.)

Für $n \geqq b(m)$ ist daher

$$\frac{1}{2^m} > \sum_{k=0}^{n} \frac{\psi(k, n)}{2^k} - \sum_{k=0}^{b(m)} \frac{\psi(k, b(m))}{2^k} \geqq \sum_{k=0}^{b(m)} \frac{\psi(k, n) - \psi(k, b(m))}{2^k}.$$

In der letzten Summe ist kein Summand negativ; $\psi(k, n) - \psi(k, b(m))$ ist für $n \geqq b(m)$ entweder 0 oder 1. Daraus folgt

$$\psi(m, n) = \psi(m, b(m)) \text{ für } n \geqq b(m).$$

Auf Grund der Definition von $\psi(m, n)$ ist daher

$$\mu_x[\mathfrak{A}(m, x)] = \mu_x[x \leqq b(m) \,\&\, \mathfrak{A}(m, x)];$$

mit $b(m)$ ist demnach auch $\mu_x \mathfrak{A}(m, x)$ berechenbar.

SATZ II. Es gibt eine solche reelle Zahl r, daß wohl r, nicht aber $3r$ sich in einen rekursiven Dezimalbruch entwickeln läßt.

Beweis. $\mathfrak{A}(m)$ sei ein solches rekursives Prädikat, daß es zu jedem $\mathfrak{n}$ ein solches $\mathfrak{m}$ gibt, daß $\mathfrak{m} \geqq \mathfrak{n} \,\&\, \mathfrak{A}(\mathfrak{m})$ erfüllt ist. $\gamma(n)$ sei eine rekursive Funktion, die nur die Werte 1 und 5 annimmt. Die Funktion

$$\gamma\{\bar{\mu}_x[\mathfrak{A}(x) \,\&\, x \geqq n]\} = q(n)$$

ist berechenbar. $\rho(n)$ sei eine solche rekursive Funktion, daß $\mathfrak{A}(n) \sim [\rho(n) = 0]$. Es sei

$$\phi(n) = \alpha[\rho(n)] \cdot 3 + \beta[\rho(n)] \cdot \gamma(n).$$

$\phi(n)$ ist rekursiv und nimmt nur die Werte 1, 3 und 5 an. Es ist $[\phi(n) \neq 3] \sim \mathfrak{A}(n)$ und daher

$$\begin{aligned} \phi\{\bar{\mu}_x[\phi(x) \neq 3 \,\&\, x \geqq n]\} &= \phi\{\bar{\mu}_x[\mathfrak{A}(x) \,\&\, x \geqq n]\} \\ &= \gamma\{\bar{\mu}_x[\mathfrak{A}(x) \,\&\, x \geqq n]\} = q(n). \end{aligned}$$

Die Zahl r

$$r = \sum_{k=0}^{\infty} \frac{\phi(k)}{10^k}$$

läßt sich in einen rekursiven Dezimalbruch entwickeln. Es sei

$$3r = \sum_{k=0}^{\infty} \frac{\psi(k)}{10^{k-1}} \qquad (0 \leqq \psi(n') \leqq 9).$$

$\chi(n)$ sei der Rest (zwischen 0 und 9) von n bei der Division durch 10;

$$\delta(n) = \frac{n \dot{-} \chi(n)}{10}.$$

$\chi(n)$ und $\delta(n)$ sind rekursive Funktionen. Es ist

$$\psi(n') = \chi\{3 \cdot \phi(n) + \delta[3 \cdot \phi(\bar{\mu}_x[\phi(x) \neq 3 \,\&\, x \geqq n'])]\}$$

und daher

$$\psi(n') = \chi\{3 \cdot \phi(n) + \delta[3 \cdot q(n')]\}.$$

Für

$\phi(n)$	$q(n')$	$\psi(n')$
= 1	und = 1	ist = 3
= 3	= 1	= 9
= 5	= 1	= 5
= 1	= 5	= 4
= 3	= 5	= 0
= 5	= 5	= 6.

Definieren wir daher

$$\eta(n) = \begin{cases} 1 \text{ für } n \equiv 1 \bmod 2 \\ 5 \text{ für } n \equiv 0 \bmod 2 \end{cases},$$

so ist

$$q(n') = \eta[\psi(n')].$$

Mit $\psi(n)$ ist auch $q(n)$ rekursiv; da nach Hilfssatz II $q(n)$ nicht rekursiv zu sein braucht, ist Satz II bewiesen.

Satz III. Jede rekursive reelle Zahl ist Summe zweier Zahlen, die einen rekursiven Schnitt definieren.

Beweis. Es genügt, den Beweis für Zahlen zu führen, die größer als 1 sind. Zu jeder rekursiven reellen Zahl $r > 1$ gibt es, wie man sich leicht überlegt, eine solche rekursive Funktion $\psi(n)$, daß $1 \leqq \psi(n') \leqq 3$ und

$$r = \sum_{k=0}^{\infty} \frac{\psi(k)}{2^k}.$$

Nun sei

$$\zeta(n) = \mu_x[x \leqq n \,\&\, n < (x')^2];$$

$\zeta(n)$ ist rekursiv (und zwar ist—bei Verwendung der Gaußschen Klammern—$\zeta(n) = [\sqrt{n}]$). Weiter sei

$$\pi(n) = \begin{cases} 0 \text{ für } n \equiv 0 \bmod 2 \\ 1 \text{ für } n \equiv 1 \bmod 2 \end{cases} \quad \text{und}$$

$$\theta(n) = \pi(\zeta(n)), \qquad \tau(n) = \beta(\theta(n)).$$

Die Funktionen $\theta(n)$ und $\tau(n)$ sind rekursiv. Wir setzen

$$s = \sum_{k=0}^{\infty} \frac{\theta(k)\psi(k)}{2^k}, \qquad t = \sum_{k=0}^{\infty} \frac{\tau(k)\psi(k)}{2^k};$$

aus $\theta(n) + \tau(n) = 1$ folgt, daß $s + t = r$.

Die Aussagen $m/n' < s$ und $m/n' < t$ sind rekursiven Aussagen äquivalent; wir beweisen es für die zweite der beiden Aussagen. Es ist $\tau(4n^2 + 4n + k) = 0$ für $1 \leqq k \leqq 4n + 3$ und daher

$$t = \sum_{k=0}^{4n^2+4n} \frac{\tau(k)\psi(k)}{2^k} + \sum_{k=4n^2+8n+4}^{\infty} \frac{\tau(k)\psi(k)}{2^k};$$

setzen wir

$$\omega(n) = n' \cdot 2^{4n^2+4n} \cdot \sum_{k=0}^{4n^2+4n} \frac{\tau(k)\psi(k)}{2^k}$$

$$R(n) = n' \cdot 2^{4n^2+4n} \cdot \sum_{k=4n^2+8n+4}^{\infty} \frac{\tau(k)\psi(k)}{2^k},$$

so ist die Aussage $m/n' < s$ äquivalent der Aussage

$$m \cdot 2^{4n^2+4n} < \omega(n) + R(n).$$

$\omega(n)$ ist rekursiv; ferner ist $0 < R(n) < 1$. Die Aussage $m/n' < s$ ist daher äquivalent der rekursiven Aussage

$$m \cdot 2^{4n^2+4n} \leqq \omega(n).$$

Die Beweise der Sätze IV und V beruhen auf dem folgenden:

Hilfssatz. $\tau(k, n)$ und $\kappa(n)$ seien rekursive Funktionen mit den folgenden Eigenschaften: $\tau(k, n) = 0$ oder 5, $\tau(k, n') \geqq \tau(k, n)$; $\kappa(n') \geqq \kappa(n)$; es gibt eine solche (beliebige) Funktion $\mathfrak{w}(m)$, daß $\kappa(n) \geqq m$ für $n \geqq \mathfrak{w}(m)$. Wir setzen

$$\Phi(n) = \sum_{k=0}^{\kappa(n)} \frac{\tau(k, n)}{6^k}$$

$\Phi(n)$ ist eine rekursive, monotone und beschränkte Folge rationaler Zahlen. Gibt es eine Folge $R(n) = p(n)/q(n)$ ($p(n)$ und $q(n)$ ganz, $p(n) \geqq 0$, $q(n) \geqq 1$) und eine Funktion $\mathfrak{r}(m)$ derart, daß

$$| R(n) - R(n^*) | < \frac{1}{6^n} \text{ für } n^* \geqq n \text{ und}$$

$$| \Phi(n) - R(n) | < \frac{1}{6^k} \text{ für } n \geqq \mathfrak{r}(k),$$

so ist $\mathrm{Max}_x\, \tau(m, x)$ rekursiv definierbar, wenn $p(n)$ und $q(n)$ als Ausgangsfunktionen zugelassen werden.

Wir werden annehmen dürfen, daß $\mathfrak{w}(m') \geqq \mathfrak{w}(m) \geqq m$ und $\mathfrak{r}(m') \geqq \mathfrak{r}(m)$.

Beweis. Die Funktion $a(m)$ sei folgendermaßen definiert:

$$a(0) = 5 \cdot \alpha[p(0) \dot{-} 3q(0)]$$

$$a(m') = 5 \cdot \alpha\left[p(m')6^{m'} \dot{-} q(m') \cdot \left(\sum_{k=0}^{m} a(k)6^{m'-k} + 3\right)\right].$$

Wir zeigen:

$$a(m) = \mathrm{Max}_x\, \tau(m, x); \text{ genauer:}$$

$$a(m) = \tau(m, n) \text{ für } n \geqq \mathrm{Max}[\mathfrak{w}(m), \mathfrak{r}(m)].$$

Beweis mit Induktion nach m:

$$| R(0) - R(n) | < 1$$

$$| \Phi(n) - R(n) | < 1 \qquad \text{für } n \geqq \mathfrak{r}(0)$$

$$\tau(0, n) \leqq \Phi(n) < \tau(0, n) + 1; \text{ für } n \geqq \mathfrak{r}(0) \text{ daher}$$

$$\tau(0, n) - 2 < R(0) < \tau(0, n) + 3 \qquad \text{oder auch}$$

$$\tau(0, n) - 5 < R(0) - 3 < \tau(0, n).$$

Ist $\tau(0, n) = 5$, so ist $R(0) - 3 > 0$ und daher $5 \cdot \alpha[p(0) \dot{-} 3q(0)] = a(0) = 5$; ist $\tau(0, n) = 0$, so ist $R(0) - 3 < 0$ und daher $5\alpha[p(0) \dot{-} 3q(0)] = a(0) = 0$; in jedem Fall also $\tau(0, n) = a(0)$.

Es sei $n \geqq \mathfrak{w}(m')$ und $n \geqq \mathfrak{r}(m')$; dann ist nach Induktionsvoraussetzung

$$\tau(k, n) = a(k) \text{ für } k \leqq m;$$

ferner gilt:

$$| R(m') - R(n) | < \frac{1}{6^{m'}} \qquad (\text{da } n \geqq m'),$$

$$| \Phi(n) - R(n) | < \frac{1}{6^{m'}} \qquad \text{und}$$

$$\kappa(n) \geqq m';$$

es ist daher:

$$\sum_{k=0}^{m'} \frac{\tau(k, n)}{6^k} \leqq \sum_{k=0}^{\kappa(n)} \frac{\tau(k, n)}{6^k} = \Phi(n) < \sum_{k=0}^{m'} \frac{\tau(k, n)}{6^k} + \frac{1}{6^{m'}}$$

$$\sum_{k=0}^{m'} \frac{\tau(k, n)}{6^k} - \frac{2}{6^{m'}} < R(m') < \sum_{k=0}^{m'} \frac{\tau(k, n)}{6^k} + \frac{3}{6^{m'}}$$

$$\frac{\tau(m', n) - 5}{6^{m'}} < R(m') - \sum_{k=0}^{m} \frac{a(k)}{6^k} - \frac{3}{6^m} < \frac{\tau(m', n)}{6^{m'}};$$

wie im Falle $n = 0$ folgt daraus

$$\tau(m', n) = 5 \cdot \alpha \left[p(m')6^{m'} \dot{-} q(m') \cdot \left(\sum_{k=0}^{m} a(k)6^{m'-k} + 3 \right) \right] = a(m').$$

Satz IV. Es gibt eine solche rekursive, monotone und beschränkte Folge $\Phi(n)$ von rationalen Zahlen, daß $\lim_{n\to\infty} \Phi(n)$ keine berechenbare reelle Zahl ist.

Beweis. $\mathfrak{A}(m, n)$ sei ein rekursives Prädikat;

$$\tau(m, n) = \begin{cases} 0, \text{ wenn } \mathfrak{A}(m, x) \text{ für alle } x \leqq n \\ 5 \text{ sonst} \end{cases}$$

$\tau(m, n)$ ist rekursiv, $\tau(m, n') \geqq \tau(m, n)$ (vgl. Beweis von Satz I). Die Folge

$$\Phi(n) = \sum_{k=0}^{n} \frac{\tau(k, n)}{6^k}$$

ist rekursiv, monoton und beschränkt. Ist $\lim_{n\to\infty} \Phi(n)$ eine berechenbare reelle Zahl, so gibt es offenbar solche berechenbare Funktionen $p(n)$ und $q(n)$ ($q(n) \geqq 1$), daß die Folge

$$R(n) = \frac{p(n)}{q(n)}$$

die Voraussetzungen des Hilfssatzes erfüllt:

$$\lim R(n) = \lim \Phi(n)$$

$$| R(n) - R(n^*) | < \frac{1}{6^n} \qquad \text{für } n^* \geqq n;$$

die Funktion $\operatorname{Max} \tau(m, x)$ ist daher berechenbar. Mit $\operatorname{Max} \tau(m, x)$ ist auch das Prädikat $\operatorname{Max} \tau(m, x) = 5$ berechenbar; dieses Prädikat ist äquivalent mit $(Ex)\mathfrak{A}(m, x)$. Damit ist gezeigt: $\lim \Phi(n)$ ist höchstens dann eine berechenbare reelle Zahl, wenn $(Ex)\mathfrak{A}(m, x)$ berechenbar ist; da dies nicht für alle $\mathfrak{A}(m, n)$ erfüllt ist (Hilfssatz III), ist Satz IV bewiesen.

Satz V. Es gibt eine solche rekursive Folge ineinandergeschachtelter Intervalle, daß keine rekursive reelle Zahl in allen Intervallen der Folge enthalten ist.

Beweis. $\sigma(n)$ sei eine rekursive Funktion, $\sigma(n) = 0$ oder 5, $\sigma(0) = 0$. $\mathfrak{B}(m,$

$n)$ sei ein solches rekursives Prädikat, daß es zu jedem $\mathfrak{m}$ ein $\mathfrak{n}$ gibt, sodaß $\mathfrak{B}(\mathfrak{m}, \mathfrak{n})$; $\mathfrak{B}(0, 0)$ sei erfüllt. Wir setzen

$$\tau(m, n) = \sigma\{\mu_x[x \leqq n \,\&\, \mathfrak{B}(m, x)]\};$$

$\tau(m, n)$ ist rekursiv und $\tau(m, n') \geqq \tau(m, n)$.

$$\kappa(n) = \mathrm{Max}_{x \leqq n}\{(y)(Ez)[(y \leqq x) \to (z \leqq n \,\&\, \mathfrak{B}(y, z))]\}$$

ist rekursiv, $\kappa(n') \geqq \kappa(n)$, $\kappa(n) \leqq n$; für $k \leqq \kappa(n)$ ist $\tau(k, n') = \tau(k, n)$. Aus $(y)(Ez)\mathfrak{B}(y, z)$ folgt, daß es eine solche Funktion $\mathfrak{w}(m)$ gibt, daß $\kappa(n) \geqq m$ für $n \geqq \mathfrak{w}(m)$. Die Folge

$$\Phi(n) = \sum_{k=0}^{\kappa(n)} \frac{\tau(k, n)}{6^k}$$

ist rekursiv, monoton wachsend und beschränkt; ferner sei

$$\Psi(n) = \Phi(n) + \frac{2}{6^{\kappa(n)}}.$$

Die Folge $\Psi(n)$ ist monoton abnehmend: $\Psi(n') \leqq \Psi(n)$; ist $\kappa(n') = \kappa(n)$, so folgt dies unmittelbar aus

$$\tau(k, n') = \tau(k, n) \text{ für } k \leqq \kappa(n);$$

ist $\kappa(n') \geqq \kappa(n) + 1$, so ist

$$\Psi(n) - \Psi(n') = \Phi(n) + \frac{2}{6^{\kappa(n)}} - \Phi(n') - \frac{2}{6^{\kappa(n')}}$$

$$\geqq - \sum_{\kappa(n)+1}^{\kappa(n')} \frac{\tau(k, n')}{6^k} - \frac{2}{6^{\kappa(n)}} - \frac{2}{6^{\kappa(n)+1}}$$

$$\geqq - \frac{1}{6^{\kappa(n)}} + \frac{2}{6^{\kappa(n)}} - \frac{2}{6^{\kappa(n)+1}} > 0.$$

Die Intervalle I_n mit den Endpunkten $\Phi(n)$ und $\Psi(n)$ bilden eine rekursive Folge von ineinandergeschachtelten Intervallen. Die Längen der Intervalle I_n streben gegen 0; es liegt daher genau eine reelle Zahl in allen Intervallen I_n, und diese Zahl ist gleich lim $\Phi(n)$. Ist eine rekursive reelle Zahl in allen Intervallen enthalten, so gibt es rekursive Funktionen $\pi(n)$ und $\rho(n)$ ($\rho(n) \geqq 1$) und eine (beliebige) Funktion $\mathfrak{r}(m)$ derart, daß mit

$$R(n) = \frac{\pi(n)}{\rho(n)} \quad \text{gilt:}$$

$$|R(n) - R(n^*)| < \frac{1}{6^n} \quad \text{für } n^* \geqq n$$

$$|\Phi(n) - R(n)| < \frac{1}{6^k} \quad \text{für } n \geqq \mathfrak{r}(k).$$

Nach dem Hilfssatz ist dann die Funktion

$$\mathrm{Max}_x\, \tau(m, x) = \sigma[\bar{\mu}_x \mathfrak{B}(m, x)]$$

rekursiv; da dies nach Hilfssatz II für geeignet gewählte $\sigma(n)$ und $\mathfrak{B}(m, n)$ nicht der Fall ist, ist der Satz bewiesen.

Satz VI. Es gibt eine rekursive reelle Funktion, die in einer rationalen Zahl a den Wert -1, in einer rationalen Zahl b den Wert $+1$ und in keiner rekursiven reellen Zahl den Wert 0 annimmt.

Beweis. Wir gehen aus von einer Intervallschachtelung $[\Phi(n), \Psi(n)]$, wie sie beim Beweis von Satz V konstruiert worden ist, und setzen:

$$X(n) = \Phi(n) + 2 - \frac{2}{6^n},$$

$$\Omega(n) = \Psi(n) + 2 + \frac{2}{6^n}.$$

Es ist, wie leicht nachzurechnen,

$$X(n') - X(n) > \frac{1}{6^n},$$

$$\Omega(n) - \Omega(n') > \frac{1}{6^n},$$

$$\Omega(n) - X(n) > \frac{2}{6^n}.$$

Nur dann ist in allen Intervallen $[X(n), \Omega(n)]$ eine rekursive reelle Zahl enthalten, wenn in allen Intervallen $[\Phi(n), \Psi(n)]$ eine rekursive reelle Zahl enthalten ist. Auf Grund des Beweises von Satz V genügt es daher zu zeigen: Es gibt eine rekursive reelle Funktion, die in $X(0)$ den Wert -1, in $\Omega(0)$ den Wert $+1$ annimmt und deren Wert in allen Zahlen außerhalb des Intervalles $[X(n), \Omega(n)]$ dem absoluten Betrage nach größer als $1/6^n$ ist.

Die Funktion $P(x, n)$ des rationalen (nicht negativen) Argumentes x sei für festes $n \geqq 0$ folgendermaßen definiert:

$$P(X(m), n) = -\frac{1}{6^m} \qquad (0 \leqq m \leqq n)$$

$$P(\Omega(m), n) = +\frac{1}{6^m} \qquad (0 \leqq m \leqq n);$$

in den Intervallen $[X(m), X(m')]$, $[X(n), \Omega(n)]$ und $[\Omega(m'), \Omega(m)]$ $(0 \leqq m' \leqq n)$ sei $P(x, n)$ linear;

$$P(x, n) = 1 \text{ für } x \geqq \Omega(0).$$

Damit ist $P(x, n)$ für alle rationalen $x \geqq X(0) = 0$ definiert; die Funktionenfolge $P(x, n)$ $(n = 0, 1, \cdots)$ ist rekursiv, d.h. es gibt solche rekursiven Funktionen $\rho(p, q, n)$, $\sigma(p, q, n)$ und $\tau(p, q, n)$, daß $\tau(p, q, n) \geqq 1$ und

$$P\left(\frac{p}{q}, n\right) = \frac{\rho(p, q, n) - \sigma(p, q, n)}{\tau(p, q, n)}.$$

Es ist ($m' \leqq n$):

$$\frac{\mathrm{P}(\mathrm{X}(m'), n) - \mathrm{P}(\mathrm{X}(m), n)}{\mathrm{X}(m') - \mathrm{X}(m)} < \frac{-1/6^{m'} + 1/6^{m}}{1/6^{m}} < 1;$$

ebenso folgt:

$$\frac{\mathrm{P}(\Omega(n), n) - \mathrm{P}(\mathrm{X}(n), n)}{\Omega(n) - \mathrm{X}(n)} < 1$$

$$\frac{\mathrm{P}(\Omega(m), n) - \mathrm{P}(\Omega(m'), n)}{\Omega(m) - \Omega(m')} < 1.$$

Da $\mathrm{P}(x, n)$ in den betrachteten Intervallen linear ist, gilt

$$| \mathrm{P}(x, n) - \mathrm{P}(y, n) | < | x - y |.$$

Aus der Definition von $\mathrm{P}(x, n)$ folgt unmittelbar: Für $n \geqq k$ ist

$$| \mathrm{P}(x, n) | < \frac{1}{6^k}$$

genau für $\mathrm{X}(k) < x < \Omega(k)$.

Es ist

$$| \mathrm{P}(x, n) - \mathrm{P}(x, n^*) | < \frac{2}{6^k} \qquad \text{für } n, n^* \geqq k;$$

denn ist $\mathrm{X}(k) < x < \Omega(k)$, so ist

$$| \mathrm{P}(x, n)| < \frac{1}{6^k} \quad \text{und} \quad | \mathrm{P}(x, n^*) | < \frac{1}{6^k};$$

ist $x \leqq \mathrm{X}(k)$ oder $x \geqq \Omega(k)$, so ist

$$\mathrm{P}(x, n) = \mathrm{P}(x, n^*) = \mathrm{P}(x, k).$$

Nun gibt es offenbar eine solche stetige reelle Funktion $f(x)$ (definiert für reelles $x \geqq 0$), daß für rationales $x \geqq 0$

$$f(x) = \lim_{n \to \infty} \mathrm{P}(x, n).$$

$f(x)$ ist eine reelle rekursive Funktion; sie nimmt an der Stelle $\mathrm{X}(0)$ den Wert -1, an der Stelle $\Omega(0)$ den Wert $+1$ an; für $x \notin [\mathrm{X}(k), \Omega(k)]$ ist

$$| f(x) | > \frac{1}{6^k}.$$

Die Funktion $f(x)$ hat daher alle gewünschten Eigenschaften.

EIDG. TECHN. HOCHSCHULE, ZÜRICH

SUR UN PROBLÈME DE SIKORSKI

PAR

E. SPECKER (ZURICH)

Dans une conférence tenue à Zurich, Sikorski a posé le problème suivant. Soient: ω_μ un nombre initial régulier[1]) et, pour chaque $\alpha<\omega_\mu$, D_α un ensemble de suites de type α formées de 0 et de 1, les D_α jouissant des propriétés suivantes:

(1) D_1 n'est pas vide,

(2) Si $\alpha<\beta<\omega_\mu$, toute suite de D_β est un prolongement[2]) d'une suite de D_α,

(3) Si $\alpha<\beta<\omega_\mu$, toute suite de D_α admet un prolongement dans D_β,

(4) $\overline{\overline{D}}_\alpha<\aleph_\mu \quad (\alpha<\omega_\mu)$.

Sous ces hypothèses, *existe-t-il une suite de type ω_μ qui soit pour tout $\alpha<\omega_\mu$ prolongement d'une suite de D_α?*

Sikorski a déjà posé le même problème[3]) pour des ensembles jouissant des propriétés (1), (2), (3), et Helson a montré[4]) que la réponse est négative pour $\omega_\mu=\omega_{\nu+1}$. En m'inspirant de sa méthode, j'ai réussi à prouver que la réponse au problème embrassant la propiété (4) est *négative pour* $\omega_\mu=\omega_1$. Nous avons ensuite remarqué, Sikorski et moi, que *sous l'hypothèse* $2^{\aleph_\alpha}=\aleph_{\alpha+1}$ *il en est de même pour* $\omega_{\nu+1}$, *quand* ω_ν *est un nombre initial régulier*; cette communication est consacrée à démontrer cela par la construction d'un exemple.

Considérons des suites formées non pas de 0 et de 1, mais — ce qui revient au même d'après Helson[4]) — d'éléments appartenant à un ensemble E_ν de puissance $\aleph_\nu$. Admettons de plus que l'ensemble E_ν est ordonné. Toutes les suites considérées

---

[1]) F. Hausdorff, *Mengenlehre*. 3-me édition, Berlin 1935, p. 73.

[2]) Une suite $\mathfrak{b}=\{b_\xi\}_{\xi<\beta}$ est dite *prolongement* de la suite $\mathfrak{a}=\{a_\xi\}_{\xi<\alpha}$, si $a_\xi=b_\xi$ pour $\xi<\alpha$, ce que nous noterons $\mathfrak{a}\subset\mathfrak{b}$.

[3]) voir R. Sikorski, Colloquium Mathematicum 1 (1948), p. 35, P19.

[4]) Henry Helson, *On a problem of Sikorski*, ce fascicule, p. 7-8.

seront entendues proprement croissantes, même sans mention expresse. Soit $\mathfrak{a}=\{a_\xi\}$ une telle suite; nous écrirons:

$$|\mathfrak{a}|<a, \quad \text{si} \quad a_\xi<a,$$

$$|\mathfrak{a}|\lessdot a, \text{ s'il existe un } a' \text{ tel que } a_\xi<a'<a.$$

Admettons que E_ν satisfait aux deux conditions suivantes:

(a) Si $\mathfrak{a}$ est une suite de type $\alpha<\omega_\nu$ et $|\mathfrak{a}|<a$, on a $|\mathfrak{a}|\lessdot a$.

(b) Si $\mathfrak{a}$ est une suite de type $\alpha<\omega_\nu$, il existe un a tel que $|\mathfrak{a}|<a$.

La condition (b) simplifiera l'exposé, mais elle n'est pas essentielle. Un ensemble E_ν ordonné satisfaisant à (a) et (b) existe certainement, si ω_ν est un nombre initial régulier [5]).

Enfin, admettons que l'ensemble des suites (d'éléments de E_ν) de type $\alpha<\omega_{\nu+1}$ est bien ordonné et que toute ω_ν-limite $\lambda<\omega_{\nu+1}$ est représentée de façon déterminée comme telle:

$$\lambda=\lim_{\xi<\omega_\nu}\lambda_\xi(\lambda).$$

Nous définissons les ensembles D_α par récurrence:

I. D_1 est l'ensemble de toutes les suites de type 1.

II. On a $\mathfrak{a}\epsilon D_\alpha$ pour $\alpha=\beta+1$ et, pour $\alpha=\lim\limits_{\xi<\omega_\sigma<\omega_\nu}\alpha_\xi$, si et seulement si $\mathfrak{a}$ est pour tout $\xi<\alpha$ prolongement d'une suite de D_ξ.

III. On a $\mathfrak{a}\epsilon D_\alpha$ pour $\alpha=\lim\limits_{\xi<\omega_\nu}\lambda_\xi(\alpha)$, si et seulement si les deux conditions suivantes sont satisfaites:

1⁰ pour tout $\xi<\alpha$, $\mathfrak{a}$ est prolongement d'une suite de D_ξ,

2⁰ il existe un $\xi_0<\omega_\nu$ et un $a\epsilon E_\nu$ tels que si $\xi_0\leqslant\varkappa<\omega_\nu$, la suite $\mathfrak{a}_\varkappa$ est le premier des éléments de $D_{\lambda_\varkappa}(\alpha)$ pour lequel on a $\mathfrak{a}_\chi\subset\mathfrak{a}_\varkappa$ $(0\leqslant\chi<\varkappa)$ et $|\mathfrak{a}_\varkappa|\lessdot a$; ici $\mathfrak{a}_\sigma$ désigne la suite de $D_{\lambda_\sigma}(\alpha)$ dont $\mathfrak{a}$ est un prolongement.

Aucune suite de type $\omega_{\nu+1}$ n'est prolongement d'une suite de D_ξ pour tous les $\xi<\omega_{\nu+1}$; en effet, l'ensemble des éléments d'une suite proprement croissante de type $\omega_{\nu+1}$ est de puissance $\aleph_{\nu+1}$, tandis que $\overline{\overline{E}}_\nu=\aleph_\nu$.

---

[5]) Les corps W_ν de R. Sikorski (*On an ordered algebraic field,* Comptes rendus de la Société des Sciences et des Lettres de Varsovie, Classe III, 41 (1948), à paraître) en fournissent un exemple.

La démonstration sera achevée dès qu'on aura montré que les ensembles D_α jouissent des propriétés (1), (2), (3) et (4). Les propriétés (1) et (2) sont évidentes. Pour établir (3), nous allons démontrer par induction suivant β la proposition plus forte:

(*) *Soient* $a < \beta$, $\mathfrak{a} \in D_\alpha$ *et* $|\mathfrak{a}| \prec a$; *alors il existe un* $\mathfrak{b} \in D_\beta$ *tel que* $\mathfrak{a} \subset \mathfrak{b}$ *et* $|\mathfrak{b}| \prec a$.

Cette proposition est vraie pour $\beta = 1$ et — comme on le voit facilement — pour $\beta + 1$, si elle est vraie pour β. Soit donc $\beta = \lim_{\xi < \omega_\sigma} \beta_\xi$ pour $\omega_\sigma \leqslant \omega_\nu$ et $\beta_\xi = \lambda_\xi(\beta)$ pour $\omega_\sigma = \omega_\nu$. Soit $\xi_0 < \omega_\sigma$ et $a < \beta_{\xi_0}$. D'après l'hypothèse d'induction, il existe un $\mathfrak{i} \in D_{\beta_{\xi_0}}$ tel que $\mathfrak{a} \subset \mathfrak{i}$ et $|\mathfrak{i}| \prec a$; soit a' un élément pour lequel $|\mathfrak{i}| \prec a' < a$. Si $\mathfrak{i}_\varphi \in D_{\beta_\varphi}$ et $\eta < \varphi$, désignons par $\mathfrak{i}_\varphi^\eta$ la suite de D_{β_η} dont $\mathfrak{i}_\varphi$ est un prolongement. Nous allons montrer par induction suivant φ que

($\ast\ast$) *Pour* $\xi_0 \leqslant \varphi < \omega_\sigma$, *il y a un et un seul* $\mathfrak{i}_\varphi$ *satisfaisant aux conditions suivantes:* $\mathfrak{i} \subset \mathfrak{i}_\varphi$, $|\mathfrak{i}_\varphi| \prec a'$ *et, pour* $\xi_0 \leqslant \zeta < \eta < \varphi$, $\mathfrak{i}_\varphi^\eta$ *est la première suite de* D_{β_η} *telle que* $\mathfrak{i}_\eta^\zeta \subset \mathfrak{i}_\varphi^\eta$ *et* $|\mathfrak{i}_\varphi^\eta| \prec a'$.

La proposition ($\ast\ast$) est vraie pour $\varphi = \xi_0$ et — comme on le voit facilement — pour $\varphi + 1$, si elle est vraie pour φ. Soit donc $\varphi = \lim_{\varkappa < \omega_\varrho} \varphi_\varkappa$ où $\omega_\varrho < \omega_\sigma \leqslant \omega_\nu$; l'unicité de $\mathfrak{i}_{\varphi_\iota}$ entraîne $\mathfrak{i}_{\varphi_\iota} \subset \mathfrak{i}_{\varphi_\varkappa}$ pour $\iota < \varkappa$ et, par conséquent, l'existence d'une suite $\mathfrak{i}_\varphi$ de type β_φ telle que $\mathfrak{i}_{\varphi_\varkappa} \subset \mathfrak{i}_\varphi$. On a $\mathfrak{i}_\varphi \in D_{\beta_\varphi}$ et $|\mathfrak{i}_\varphi| \prec a'$; l'unicité de $\mathfrak{i}_\varphi$ résulte de l'égalité $\mathfrak{i}_\varphi^\eta = \mathfrak{i}_\eta$ pour $\eta < \varphi$.

Il est ainsi établi qu'il existe des suites $\mathfrak{i}_\varphi$, donc aussi une suite $\mathfrak{b}$ de type β, telle que $\mathfrak{i}_\varphi \subset \mathfrak{b}$ et $|\mathfrak{b}| < a' < a$. On voit aisément que $\mathfrak{b} \in D_\beta$.

Montrons enfin que la condition (4) est vérifiée:

$$\overline{\overline{D}}_1 = \overline{\overline{E}}_\nu = \aleph_\nu \qquad \text{et} \qquad \overline{\overline{D}}_{\alpha+1} = \overline{\overline{D}}_\alpha.$$

Soit d'abord $\alpha = \lim_{\xi < \omega_\nu} \lambda_\xi$; $\mathfrak{a} \in D_\alpha$ est univoquement déterminé par les ξ_0, $\mathfrak{a}_{\xi_0} \in D_{\lambda_{\xi_0}}$ et $a \in E_\nu$ intervenant dans III, 2°; on a par conséquent $\overline{\overline{D}}_\alpha = \aleph_\nu \cdot \aleph_\nu \cdot \aleph_\nu = \aleph_\nu$, ce qui prouve la validité de (4) dans le cas $\omega_\nu = \omega_1$.

Soit maintenant $\mathfrak{a} = \lim\limits_{\xi < \omega_\sigma < \omega_\nu} \mathfrak{a}_\xi$; $\mathfrak{a} \epsilon D_\alpha$ est univoquement determiné par les suites $\mathfrak{a}_\xi \epsilon D_\xi$ dont $\mathfrak{a}$ est un prolongement, d'où $\overline{\overline{D}}_\alpha \leqslant \aleph_\nu^{\aleph_\sigma}$ $(\aleph_\sigma < \aleph_\nu)$. Si $\aleph_\nu = \aleph_{\tau+1}$, on a $\aleph_{\tau+1}^{\aleph_\sigma} = 2^{\aleph_\tau \cdot \aleph_\sigma} = 2^{\aleph_\tau} = \aleph_{\tau+1}$; pour les nombres inaccesibles, l'égalité $\aleph_\nu^{\aleph_\sigma} = \aleph_\nu$ $(\aleph_\sigma < \aleph_\nu)$ se déduit d'un théorème de Tarski[6]), et peut même être établie sans l'hypothèse $2^{\aleph_\alpha} = \aleph_{\alpha+1}$, lorsque ω_ν est inaccessible au sens étroit[7]).

---

[6]) A. Tarski, *Quelques théorèmes sur les alephs*, Fundamenta Mathematicae 7 (1925), p. 1-14, théorème 7 (p. 7).

[7]) A. Tarski, *Über unerreichbare Kardinalzahlen*, Fundamenta Mathematicae 25 (1935), p. 68-89.

Endenverbände von Räumen und Gruppen.

Von

ERNST SPECKER in Zürich.

H. FREUDENTHAL hat in der Arbeit [3] offene Räume durch „Enden" (dort „Endpunkte" genannt) kompaktifiziert. Später hat H. HOPF gezeigt, daß der Endenraum eines offenen Raumes, in dem eine „stark diskontinuierliche" Gruppe von topologischen Selbstabbildungen mit kompaktem Fundamentalbereich wirkt, durch die algebraische Struktur dieser Gruppe bestimmt ist und daß für die Struktur des Endenraumes nur drei Möglichkeiten bestehen; da jede Gruppe mit endlich vielen Erzeugenden als stark diskontinuierliche Transformationsgruppe auftritt, kann auch der Gruppe selbst in natürlicher Weise ein Endenraum zugeordnet werden [5]. H. FREUDENTHAL hat in der Arbeit [4] an diese Untersuchungen angeknüpft und insbesondere eine direkte Endentheorie von Gruppen mit endlich vielen Erzeugenden entwickelt; es wird dabei zwar in den Definitionen auf ein bestimmtes Erzeugendensystem Bezug genommen, die Auszeichnung dieses Systemes dann aber als unwesentlich erkannt.

In der vorliegenden Arbeit sollen einige dieser Ergebnisse in neuer Form dargestellt und einige anschließende neue Fragen behandelt werden. Es wird dazu sowohl topologischen Räumen als auch Gruppen ein gewisser BOOLEscher Verband — der Endenverband — zugeordnet. Der Endenraum tritt dann auf als Raum der Primideale dieses Verbandes (im Sinne von M. H. STONE [7]); umgekehrt ist auch der Endenverband durch den Endenraum bestimmt. (Die Auffassung der Enden als Primideale ist unausgesprochen schon in der Arbeit [4] von H. FREUDENTHAL enthalten.) Wir werden den folgenden Betrachtungen stets den Begriff des Endenverbandes zugrunde legen (die nachträgliche Übersetzung der Ergebnisse in die Sprache des Endenraumes bietet keine Schwierigkeiten); die Endentheorie erhält dadurch — soweit sie sich so entwickeln läßt — einen elementareren Charakter. Darauf, daß der gegebene Raum sich durch seine Enden in naheliegender Weise kompaktifizieren läßt, wird nicht eingegangen [1]).

Der Endenverband eines topologischen Raumes ist definiert als Faktorverband des Verbandes seiner Teilmengen mit kompakter Begrenzung nach dem dualen Ideal der kompakten Teilmengen (dabei heiße eine Teilmenge kompakt, wenn jede unendliche Teilmenge ihrer abgeschlossenen Hülle einen Häufungspunkt besitzt).

Zur Definition des Endenverbandes einer Gruppe ist im Verband ihrer Teilmengen ein (gewisse Bedingungen erfüllendes) duales Ideal I^* auszuzeichnen — die Klasse der Teilmengen, die als „beschränkt" zu gelten haben. Ist die betrachtete Gruppe topologisch, so wird als dieses duale Ideal die Klasse der kompakten Teilmengen gewählt. Bei diskreten Gruppen wird I^* die Klasse der Teilmengen sein, deren Mächtigkeit kleiner ist als eine gewisse

[1]) Die Fragen, die sich auf die Kompaktifizierung eines Raumes beziehen, wurden zu einem gewissen Abschluß gebracht durch H. FREUDENTHAL: Neuaufbau der Endentheorie, Ann. of Math. 43, 261 (1942).

vorgegebene Kardinalzahl. Auf Grund des gewählten dualen Ideals und der Gruppenstruktur wird dann erklärt, welche Teilmengen als „beschränkt berandet" zu gelten haben; der Endenverband wird definiert als Faktorverband des Verbandes dieser Teilmengen nach dem zugrunde gelegten dualen Ideal. Ist g eine Gruppe mit endlich vielen Erzeugenden, I^* das duale Ideal der endlichen Teilmengen, so ist der Raum der Primideale des Endenverbandes homöomorph dem von H. Hopf und H. Freudenthal betrachteten Endenraum von g; diese Wahl von I^* kann auch als Sonderfall des ersten der betrachteten Fälle aufgefaßt werden: die Gruppe g ist dazu mit der diskreten Topologie zu versehen.

In Satz I geben wir eine hinreichende Bedingung dafür an, daß die Endenverbände eines Raumes r und einer topologischen Transformationsgruppe g von r isomorph sind; der zu Beginn erwähnte Satz von H. Hopf ist darin enthalten. Als Korollar folgt aus Satz I, daß die Endenverbände einer topologischen Gruppe und des ihr zugrunde liegenden Raumes isomorph sind, wenn jede kompakte Teilmenge dieses Raumes in einem kompakten Gebiet enthalten ist (unter Gebiet ist dabei eine offene und zusammenhängende Menge zu verstehen); diese Voraussetzung ist speziell erfüllt, wenn der Raum ein zusammenhängender, lokal zusammenhängender und lokal kompakter Hausdorffscher Raum mit abzählbarer Basis ist.

Die Sätze II und III beschäftigen sich mit den Endenverbänden von Gruppen, die auf Grund des dualen Ideals derjenigen Teilmengen definiert sind, deren Mächtigkeit kleiner ist als eine gewisse Kardinalzahl; diese Verbände enthalten ein, zwei, vier oder unendlich viele Elemente, die entsprechenden Endenräume daher null, eins, zwei oder unendlich viele Punkte (für Gruppen mit endlich vielen Erzeugenden ist dies bekannt: H. Hopf [5], S. 91). Bei abelschen Gruppen können wir erschöpfende Kriterien für das Auftreten dieser Fälle angeben; sie beziehen sich teils auf mächtigkeits-, teils auf gruppentheoretische Eigenschaften. Es ergibt sich z. B.: der Satz, daß der Endenverband einer abelschen Gruppe von der Mächtigkeit des Kontinuums mehr als zwei Elemente enthält, ist äquivalent mit der Kontinuumshypothese $2^{\aleph_0} = \aleph_1$. Daß dieser Endenverband mehr als zwei Elemente enthält, bedeutet: die Gruppe besitzt eine solche Teilmenge a, daß sowohl a als auch ihr Komplement a' die Mächtigkeit des Kontinuums haben, daß aber für jedes Gruppenelement γ die Menge $(a + \gamma) \frown a'$ (Durchschnitt der „um γ verschobenen" Menge a mit a') abzählbar ist. Unter Annahme der Kontinuumshypothese ist die Existenz einer solchen Zerlegung von S. Banach [1] für die Kreisdrehungsgruppe bewiesen worden; W. Sierpiński [6] hat gezeigt, daß sich die additive Gruppe der reellen Zahlen in $2^{\aleph_0}$ solche Teilmengen zerlegen läßt, daß jede invariant ist gegenüber Translation, abgesehen von einer Menge. deren Mächtigkeit kleiner ist als die des Kontinuums.

Beim Beweis dieser Sätze spielen die Gruppen mit endlich vielen Erzeugenden eine Sonderrolle; so versagt unsere Beweismethode für Gruppen mit endlich vielen Erzeugenden, die kein Element unendlicher Ordnung enthalten (die Sätze aber gelten!). Es ist allerdings fraglich, ob es überhaupt solche unendliche Gruppen gibt.

1. Vorbereitende Bemerkungen.

A sei ein Booleseher Verband mit Einselement. (Zu den verbandstheoretischen Begriffen vergleiche man G. Birkhoff [2].) Ein Ideal I von A ist eine Teilmenge von A mit der Eigenschaft, daß mit a und $b \in I$ auch $a \frown b \in I$, mit $a \in I$, $x \in A$ auch $a \cup x \in I$; ein duales Ideal I^* ist eine solche Teilmenge von A, daß mit $a, b \in I^*$, $x \in A$ auch $a \cup b$ und $a \cap x \in I^*$. Die Menge derjenigen Elemente a, deren Komplement a' Elemente eines Ideals (eines dualen Ideals) sind, bilden ein duales Ideal (ein Ideal). Ist I Ideal von A, so ist in natürlicher Weise der Faktorverband A/I definiert; A/I ist homomorphes Bild von A, I ist das Urbild des Einselementes von A/I. Ein Ideal H heißt Hauptideal, wenn es ein solches $a \in A$ gibt, daß $x \in H$ genau dann, wenn $a \cap x = a$. Ein Ideal P heißt Primideal, wenn es verschieden von A ist und wenn $a \cup b$ nur dann Element von P ist, wenn entweder $a \in P$ oder $b \in P$. Ein Ideal I ist genau dann Primideal, wenn es nur in den Idealen A und I enthalten ist und $A \neq I$; jedes Ideal $I \neq A$ ist in einem Primideal enthalten. Ein BOOLEscher Verband von 2^n Elementen besitzt n Primideale; ein unendlicher BOOLEscher Verband besitzt deren unendlich viele. Nach M. H. STONE [7] läßt sich die Menge der Primideale von A folgendermaßen zu einem topologischen Raume machen: Die Menge der Primideale, die in einem Hauptideal enthalten ist, ist Umgebung jedes dieser Primideale. Der so entstehende Raum ist ein bikompakter total unzusammenhängender HAUSDORFFscher Raum; er ist genau dann perfekt, wenn A kein atomares Element enthält. (Ein Element $a \in A$ heißt dabei atomar, wenn es vom Nullelement verschieden ist und $a \cap x = x$ nur für $x = a$ und das Nullelement gilt.) Die Menge der in einem Hauptideal enthaltenen Primideale ist offen und bikompakt, und zu jeder solchen Menge gehört ein entsprechendes Hauptideal.

2. Enden von Räumen.

r sei ein topologischer Raum. Eine Teilmenge k von r heiße kompakt, wenn jede unendliche Teilmenge der abgeschlossenen Hülle von k einen Häufungspunkt besitzt. $A(r)$ sei die Menge der Teilmengen von r, deren Begrenzung kompakt ist; $A(r)$ ist ein BOOLEscher Verband mit Einselement. $I(r)$ sei die Menge der Teilmengen von r, deren Komplement kompakt ist; $I(r)$ ist ein Ideal von $A(r)$. Der Faktorverband $A(r)/I(r)$ heiße der Endenverband von r, die Menge seiner Primideale als topologischer Raum der Endenraum von r (der so definierte Endenraum stimmt mit dem von H. FREUDENTHAL in [3] eingeführten überein).

3. Enden von Gruppen.

g sei eine beliebige Gruppe, $I^*(g)$ ein solches duales Ideal des Verbandes der Teilmengen von g, daß mit $k, l \in I^*$ auch $k^{-1}, k \cdot l \in I^*$ (k^{-1}: Menge der $\varkappa^{-1}$ mit $\varkappa \in k$, $k \cdot l$ Menge der $\varkappa \cdot \lambda$ mit $\varkappa \in k$, $\lambda \in l$). $A(g)$ sei die Menge der Teilmengen a von g mit der Eigenschaft, daß für $k \in I^*(g)$ $(a\,k \cap a') \in I^*(g)$. Wie leicht zu sehen, ist $A(g)$ ein BOOLEscher Verband. $I(g)$ sei das dem dualen Ideal $I^*(g)$ entsprechende Ideal. Der Faktorverband $A(g)/I(g)$ heiße der Endenverband von g bezüglich $I^*(g)$. Auf Grund der Zuordnung $a \to \gamma\, a$ $(\gamma \in g, a \subset g)$ bewirken die Elemente von g Automorphismen von $A(g)/I(g)$; es wird nämlich dabei sowohl $A(g)$ als auch $I(g)$ isomorph auf sich abgebildet.

Wir werden die beiden folgenden Fälle von Wahlen von $I^*(g)$ betrachten:

a) g sei eine topologische Gruppe; dann wählen wir als $I^*(g)$ die Menge der kompakten Teilmengen von g (wobei kompakt in dem in 2) definierten Sinn gemeint ist). $I^*(g)$ ist offenbar ein duales Ideal, das die gestellten Bedingungen erfüllt. $A(g)/I(g)$ heißt der Endenverband der topologischen Gruppe g. Das Korollar zu Satz I (§ 4) besagt, daß der Endenverband einer topologischen Gruppe und derjenige des ihr zugrunde liegenden Raumes isomorph sind, wenn jede kompakte Teilmenge dieses Raumes in einem kompakten Gebiet enthalten ist.

Sonderfall: Die Topologie von g sei die diskrete; $I^* (g)$ ist dann das duale Ideal der endlichen Teilmengen von g. Beispiel: unendlich zyklische Gruppe mit Erzeugender ζ. Die Endenverbände dieser topologischen Gruppe und des ihr zugrunde liegenden Raumes sind nicht isomorph; der erste enthält vier Elemente (deren Klassen durch die ganze Gruppe, die leere Teilmenge, die Teilmengen der Elemente ζ^k, $k \geqq 0$ und ζ^k, $k < 0$ repräsentiert werden), der zweite deren unendlich viele.

b) g sei eine diskrete Gruppe, $\varkappa_\alpha$ eine solche Kardinalzahl, daß $\varkappa_0 \leqq \varkappa_\alpha \leqq \overline{\overline{g}}$ ($\varkappa_0$ Kardinalzahl der abzählbaren Mengen, $\overline{\overline{g}}$ Kardinalzahl von g). $I^* (g)$ sei das duale Ideal der Teilmengen von g, deren Mächtigkeit $< \varkappa_\alpha$ ist; das duale Ideal I^* erfüllt die gestellten Bedingungen. $A (g)/I (g)$ (I sei dabei das I^* entsprechende Ideal) heiße der Endenverband von g bezüglich $\varkappa_\alpha$. Die Teilmengen von $A (g)$ sind folgendermaßen charakterisiert: $a \in A (g)$ genau dann, wenn $\overline{\overline{a\gamma \cap a'}} < \varkappa_\alpha$ für jedes $\gamma \in g$. Ist g abzählbar, so ist $\varkappa_\alpha = \varkappa_0$, und die Endentheorie von g bezüglich $\varkappa_0$ fällt zusammen mit der Endentheorie der topologischen Gruppe, die man erhält, wenn g mit der diskreten Topologie versehen wird.

4. Enden von Räumen und Gruppen.

r sei ein topologischer Raum. Jede kompakte Teilmenge von r sei in einem kompakten Gebiet enthalten; es ist also insbesondere r zusammenhängend, umgekehrt erfüllt z. B. jeder zusammenhängende Hausdorffsche Raum mit abzählbarer Basis, der lokal kompakt und lokal zusammenhängend ist, diese Bedingung. g sei eine topologische Gruppe; es sei ein solcher Homomorphismus von g in die Gruppe der topologischen Selbstabbildungen von r gegeben, daß die folgenden Bedingungen erfüllt sind (dabei bezeichnet γ^* die $\gamma \in g$ zugeordnete Abbildung von r):

I) Es existiert eine solche kompakte Teilmenge s von r, daß die Vereinigung der Mengen $\gamma^* (s)$ der Raum r ist:

$$\bigvee_{\gamma \in g} \gamma^* (s) = r.$$

II) Mit zweien der Grenzwerte $\lim \gamma_i$ ($\gamma_i \in g$), $\lim \pi_i$ ($\pi_i \in r$), $\lim \gamma_i^* (\pi_i)$ existiert auch der dritte.

Wir nennen g eine stark diskontinuierliche Transformationsgruppe von r mit kompaktem Fundamentalbereich; für Gruppen g mit der diskreten Topologie stimmt diese Bezeichnungsweise mit jener von H. Hopf [5] überein. Aus II folgt:

II') Sind $a \subset g$ und $s \subset r$ kompakt, so ist $\bigvee_{\alpha \in a} \alpha^* (s)$ kompakt.

II'') Sind $s \subset r$ und $t \subset r$ kompakt und ist $\alpha^* (s) \cap t \neq \emptyset$ für alle $\alpha \in a$, so ist a kompakt

Die Bedingung II) werden wir nur in der Form ihrer Folgen II') und II'') benützen.

Satz I. *Ist jede kompakte Teilmenge des topologischen Raumes r in einem kompakten Gebiet enthalten und ist die topologische Gruppe g stark diskontinuierliche Transformationsgruppe von r mit kompaktem Fundamentalbereich, so sind die Endenverbände von r und g (kanonisch) isomorph.*

Für Gruppen g mit der diskreten Topologie stammt dieser Satz von H. Hopf [5], S. 96 (vgl. auch H. Freudenthal [4], S. 35).

Korollar. Ist jede kompakte Teilmenge der topologischen Gruppe g in einem kompakten Gebiet enthalten, so sind die Endenverbände der topologischen Gruppe g und des ihr zugrunde liegenden Raumes isomorph.

Dem Beweis schicken wir einige Hilfssätze voran.

Hilfssatz I. Es seien a und b Teilmengen von g, s und t kompakte Teilmengen von r; ist $a \cap b = \emptyset$, $a \in A(g)$ (d. h. $a\,k \cap a'$ kompakt für jede kompakte Teilmenge k von g) und ist $\beta^*(s) \cap \bigvee_a \alpha^*(t) \neq \emptyset$ für jedes $\beta \in b$, so ist b kompakt.

Beweis: Zu jedem $\beta \in b$ existiert ein solches $\alpha_\beta \in a$, daß $\beta^*(s) \cap \alpha_\beta^*(t) \neq \emptyset$, d. h. $(\alpha_\beta^{-1}\beta)^*(s) \cap t \neq \emptyset$. Nach II′ ist daher $c = [\alpha_\beta^{-1}\beta]$ ($[\alpha_\beta^{-1}\beta]$: Menge der $\alpha_\beta^{-1}\beta$ mit $\beta \in b$) kompakt; ferner ist $b \subset a \cdot c$, $b \subset a'$, also $b \subset (a \cdot c \cap a')$; da $a \in A(g)$, ist $(a \cdot c \cap a')$ und damit auch b kompakt.

Hilfssatz II. Sind a, b Elemente von $A(g)$, s kompakte Teilmenge von r, $a \cap b = \emptyset$, so ist $\bigvee_a \alpha^*(s) \cap \bigvee_b \beta^*(s)$ kompakt.

Beweis:

$$\bigvee_a \alpha^*(s) \cap \bigvee_b \beta^*(s) = \bigvee_b \left[\bigvee_a \alpha^*(s) \cap \beta^*(s)\right];$$

c sei die Menge der $\gamma \in g$ mit $\gamma^*(s) \cap \bigvee_a \alpha^*(s) \neq \emptyset$; da $(b \cap c) \cap a = \emptyset$, ist $b \cap c$ nach Hilfssatz I kompakt und daher $\bigvee_a \alpha^*(s) \cap \bigvee_b \beta^*(s) = \bigvee_{\beta \in b \cap c} \left[\bigvee_a \alpha^*(s) \cap \beta^*(s)\right]$ in $\bigvee_{b \cap c} \beta^*(s)$ enthalten und somit kompakt.

Hilfssatz III. $s, t \subset r$, s kompakt, $t \in A(r)$. Die Menge a der $\alpha \in g$ mit $\alpha^*(s) \subset t$ ist ein Element von $A(g)$.

Beweis: k sei eine kompakte Teilmenge von g, v eine solche kompakte und zusammenhängende Teilmenge von r, daß $v \supset s \cup \bigvee_{\varkappa \in k} (\varkappa^{-1})^*(s)$ (ein solches v existiert nach I). $\beta \in (a\,k \cap a')$ bedeutet:

1. Es existiert ein solches $\varkappa \in k$, daß $(\beta\,\varkappa^{-1})^*(s) \subset t$, d. h. $\beta^*(v) \cap t \neq \emptyset$.
2. $\beta^*(s) \not\subset t$, d. h. $\beta^*(v) \cap t' \neq \emptyset$.

Da $\beta^*(v)$ zusammenhängend ist, hat es mit der kompakten Begrenzung von t einen nicht leeren Durchschnitt, und es ist daher nach II″ $a \cdot k \cap a'$ kompakt, d. h. $a \in A(g)$.

Hilfssatz IV. $a \in A(g)$, v sei ein kompaktes Fundamentalgebiet (d. h. v kompaktes Gebiet und $\bigvee_g \gamma^*(v) = r$); dann ist die Begrenzung von $\bigvee_a \alpha^*(v)$ kompakt.

Beweis: b sei die Menge der $\beta \in g$ mit $\beta^*(v) \cap \operatorname{Bgr} \bigvee_a \alpha^*(v) \neq \emptyset$. $\bigvee_b \beta^*(v)$ enthält die Begrenzung von $\bigvee_a \alpha^*(v)$, es ist daher $b \cap a = \emptyset$. Da $\beta^*(v) \cap \bigvee_a \alpha^*(v) \neq \emptyset$, ist nach Hilfssatz I b und nach II′ auch $\bigvee_b \beta^*(v)$ kompakt.

Hilfssatz V. v sei ein kompaktes Fundamentalgebiet, $s \in A(r)$; a sei die Menge der $\alpha \in g$ mit $\alpha^*(v) \subset s$. Dann ist der Durchschnitt von s mit dem Komplement von $\bigvee_a \alpha^*(v)$ kompakt.

Beweis: b sei die Menge der $\beta \in a'$, für welche $\beta^*(v) \cap s \neq \emptyset$. $\bigvee_b \beta^*(v)$ enthält $s \cap [\bigvee_a \alpha^*(v)]'$; denn ist $\pi \in s \cap [\bigvee_a \alpha^*(v)]'$, so existiert ein γ mit $\pi \in \gamma^*(v)$ und es ist $\gamma \in a'$, da $\pi \notin \bigvee_a \alpha^*(v)$. Für $\beta \in b$ ist $\beta^*(v) \cap s \neq \emptyset$ und $\beta^*(v) \cap s' \neq \emptyset$, da $\beta \in a'$. Die zusammenhängende Menge $\beta^*(v)$ hat daher mit der Begrenzung von s einen nicht leeren Durchschnitt, b ist somit nach II' kompakt. Mit b ist auch $\bigvee_b \beta^*(v)$ und $s \cap [\bigvee_a \alpha^*(v)]'$ kompakt.

Beweis von Satz I: v sei ein kompaktes Fundamentalgebiet. Einem Element $a \in A(g)$ ordnen wir $\bigvee_a \alpha^*(v)$ zu; diese Menge gehört nach Hilfssatz IV zu $A(r)$; wir ordnen ihr die entsprechende Restklasse in $A(r)/I(r)$ zu und haben damit eine Abbildung von $A(g)$ in $A(r)/I(r)$ definiert. Diese Abbildung ist ein Homomorphismus:

Bezüglich der Vereinigung ist sogar die Abbildung von $A(g)$ in $A(r)$ ein Homomorphismus. Bezüglich Durchschnitt:

Nach Hilfssatz II ist $\bigvee_{a \cap b'} \gamma^*(v) \cap \bigvee_{a' \cap b} \gamma^*(v)$ kompakt; ferner ist

$$\bigvee_{a \cap b} \gamma^*(v) \cup [\bigvee_{a \cap b'} \gamma^*(v) \cap \bigvee_{a' \cap b} \gamma^*(v)] = \bigvee_{(a \cap b) \cup (a \cap b')} \gamma^*(v) \cap \bigvee_{(a \cap b) \cup (a' \cap b)} \gamma^*(v)$$
$$= \bigvee_a \gamma^*(v) \cap \bigvee_b \gamma^*(v).$$

$A(g)$ wird auf $A(r)/I(r)$ abgebildet: s repräsentiere ein Element von $A(r)/I(r)$; a sei die Menge der $\alpha \in g$ mit $\alpha^*(v) \subset s$. Nach Hilfssatz III gehört a zu $A(g)$ und nach Hilfssatz V sind s und $\bigvee_a \alpha^*(v)$ Elemente derselben Restklasse von $A(r)/I(r)$. Der Kern des Homomorphismus ist $I(g)$; denn mit a ist auch $\bigvee_a \alpha^*(v)$ kompakt und umgekehrt.

Damit ist die Isomorphie von $A(g)/I(g)$ und $A(r)/I(r)$ bewiesen.

Der konstruierte Isomorphismus ist unabhängig vom zugrunde gelegten kompakten Fundamentalgebiet: v und w seien zwei solche Gebiete, es darf $w \supset v$ angenommen werden. Dann lautet die Behauptung: Für $a \in A(g)$ ist $t = \bigvee_a \alpha^*(w) \cap [\bigvee_a \alpha^*(v)]'$ kompakt. Es sei b die Menge der $\beta \in a'$ mit $\beta^*(v) \cap t \neq \emptyset$; es ist $\bigvee_b \beta^*(v) \supset t$ und $\bigvee_a \alpha^*(w) \cap \beta^*(v) \neq \emptyset$ für $\beta \in b$, b daher nach Hilfssatz II kompakt; damit ist auch $\bigvee_b \beta^*(v)$ und t kompakt.

5. Enden diskreter Gruppen.

g sei eine unendliche Gruppe, $\bar{\bar{g}}$ die Mächtigkeit von g, $\aleph_\alpha$ eine Kardinalzahl $\leq \bar{\bar{g}}$, I^* das duale Ideal der Teilmengen von g, deren Mächtigkeit $< \aleph_\alpha$ ist, I das I^* entsprechende Ideal, A/I der zugeordnete Endenverband. Wir zeigen:

Satz II. *Der Endenverband A/I enthält zwei, vier oder unendlich viele Elemente; und zwar vier Elemente dann und nur dann, wenn g einen unendlich zyklischen Normalteiler von endlichem Index enthält (insbesondere also $\bar{\bar{g}} = \aleph_\alpha = \aleph_0$).*

Zusatz. Falls der Verband A/I unendlich ist, enthält er kein atomares Element, außer möglicherweise in folgendem Fall: g ist abzählbar, enthält eine unendliche Untergruppe mit endlich vielen Erzeugenden, besitzt aber selbst nicht deren endlich viele.

Satz III. *Ist g abelsch, so enthält A/I genau dann unendlich viele Elemente, wenn entweder $\bar{\bar{g}} = \varkappa_\alpha > \varkappa_0$ oder $\bar{g} = \varkappa_\alpha = \varkappa_0$ und jede Untergruppe von g mit endlich vielen Erzeugenden endlich ist.*

Zusatz: Der unendliche Endenverband einer abelschen Gruppe enthält kein atomares Element.

Die in diesen Sätzen enthaltenen Aussagen über Gruppen mit endlich vielen Erzeugenden sind bekannt (H. Hopf [5], insbesondere S. 93 und 97).

Aus Satz II und Satz III folgt: Eine abelsche Gruppe von der Mächtigkeit des Kontinuums besitzt genau dann eine solche Teilmenge a, daß weder a noch a', wohl aber $(a + \gamma) \cap a'$ (für jedes $\gamma \in g$) abzählbar ist, wenn $2^{\varkappa_0} = \varkappa_1$. (Vgl. S. Banach [1], S. 15, W. Sierpiński [6], S. 317.)

Zum Beweis der Sätze II und III und ihrer Zusätze unterscheiden wir drei Fälle.

a) $\varkappa_\alpha = \bar{\bar{g}}$; falls $\alpha = 0$, sei jede Untergruppe von g mit endlich vielen Erzeugenden endlich. Dann enthält der Verband A/I kein atomares Element, d. h. zu $a \in A, a \notin I^*$ existieren solche $a_i \in A$, $a_i \notin I^*$ $(i = 1, 2)$, daß $a_1 \cup a_2 = a$, $a_1 \cap a_2 \in I^*$; A/I ist daher unendlich.

Beweis: Die kleinste Untergruppe von g, welche a enthält, ist g. Sei nämlich $a \subset h$, h Untergruppe von g; da $\bar{\bar{a}} = \varkappa_\alpha$ und $\overline{\overline{a\gamma \cap a'}} < \varkappa_\alpha$, existiert zu jedem $\gamma \in g$ ein solches $\alpha \in a$, daß $\alpha\gamma \in a \subset h$, d. h. $\gamma \in \alpha^{-1} h = h$. Die Elemente von a seien wohlgeordnet nach dem Typus ω_α: $\{\alpha_\xi\}_{\xi < \omega_\alpha} \cdot g_\eta$ sei die kleinste Untergruppe von g, welche alle Elemente α_ξ, $\xi < \eta$, enthält; die Vereinigung der Gruppen g_η ist die Gruppe g. Ferner ist $\bar{\bar{g}}_\eta < \varkappa_\alpha$; im Falle $\varkappa_\alpha > \varkappa_0$ hat nämlich die von einer Teilmenge erzeugte Untergruppe dieselbe Mächtigkeit wie die Teilmenge, im Falle $\varkappa_\alpha = \varkappa_0$ haben wir gefordert, daß jede von endlich vielen Elementen erzeugte Untergruppe endlich ist. b sei nun die Menge der Elemente der Form $\alpha_{2\xi} \cdot \gamma_\xi$, $\gamma_\xi \in g_\xi$. Es ist $b \in A$, d. h. $\overline{\overline{b\gamma \cap b'}} < \varkappa_\alpha$ für $\gamma \in g$. Es existiert nämlich ein solches η, daß $\gamma \in g_\eta$; dann ist $b\gamma \cap b' \subset [\alpha_{2\xi}\gamma_\xi\gamma]_{\xi<\eta} \subset g_{2\eta}$. $a_1 = a \cap b$, $a_2 = a \cap b'$ sind Elemente von A; a_1 enthält die Elemente $\alpha_{2\xi}$, a_2 die Elemente $\alpha_{2\xi+1}$, es ist daher $\bar{\bar{a}}_i = \varkappa_\alpha$ und damit $a_i \notin I^*$.

b) Es sei $\varkappa_\alpha < \bar{\bar{g}}$. Dann enthält A/I zwei Elemente oder kein atomares Element; wenn g abelsch ist, enthält A/I zwei Elemente.

Beweis: A/I enthalte mehr als zwei Elemente; dann ist das Einselement von A/I nicht atomar. Es sei also $a \in A$, $\bar{\bar{a}}, \bar{\bar{a}}' \geqq \varkappa_\alpha$; $m_1 \subset a$, $m_2 \subset a'$ seien Mengen der Mächtigkeit $\varkappa_\alpha$, $m = m_1 \cup m_2$. Da $\overline{\overline{a\mu \cap a'}} < \varkappa_\alpha$, ist $\overline{\overline{am \cap a'}} \leqq \varkappa_\alpha$; es existiert daher ein solches $\gamma \in a$, daß $\gamma m \cap a' = \varnothing$, d. h. $\gamma m \subset a$. Wir setzen $a_1 = \gamma a \cap a$, $a_2 = \gamma a \cap a'$; es ist $a_i \in A$, $a_1 \cup a_2 = a$. Da a_i die Menge m_i enthält, ist $\bar{\bar{a}}_i \geqq \varkappa_\alpha$, d. h. $a_i \notin I^*$. Wenn g abelsch ist, so ist $\overline{\overline{\gamma a \cap a'}} = \overline{\overline{a\gamma \cap a'}} < \varkappa_\alpha$, A/I enthält daher genau zwei Elemente.

c) Es bleibt noch der folgende Fall zu behandeln:

$\bar{\bar{g}} = \varkappa_\alpha = \varkappa_0$ und g enthält eine unendliche Untergruppe mit endlich vielen Erzeugenden. Wir beweisen zunächst einen (sich nicht nur auf diesen Fall beziehenden)

Hilfssatz: Der Endenverband A/I einer Gruppe g (berechnet unter Zugrundelegung des dualen Ideals der endlichen Teilmengen) enthalte ein vom Null- und Einselement verschiedenes Element, das invariant ist bei der g

entsprechenden Automorphismengruppe von A/I; dann hat jede unendliche Untergruppe h von g mit endlich vielen Erzeugenden endlichen Index in g.

Beweis: Nach Voraussetzung gibt es ein solches $a \in A$, daß a und a' unendlich und für alle $\gamma \in g$ $\gamma a \cap a'$ endlich ist; wir dürfen annehmen, daß $h_1 = a \cap h$ unendlich ist (andernfalls werden a und a' vertauscht). $\gamma h_1 \cap a'$ ist endlich, zu jedem $\gamma \in g$ existiert daher ein $\eta \in h$ mit $\gamma \eta \in a$. $[\eta_1, \ldots, \eta_n]$ sei eine solche endliche Teilmenge von h, daß jedes Element von h als Produkt von η_i darstellbar ist. Ist $\gamma \in a'$, so gibt es ein solches $\eta \in h$ und ein solches η_i, daß $\gamma \eta \in a'$, $\gamma \eta \eta_i \in a$. Es sei $\bigvee_i (a \eta_i \cap a') = [\gamma_1, \ldots, \gamma_m]$; zu jedem $\gamma \in a'$ existiert dann ein $\eta \in h$ und ein γ_k so, daß $\gamma \eta = \gamma_k$, d. h. $a' \subset \bigvee_i \gamma_i h$, a' ist somit in der Vereinigung endlich vieler Restklassen von g nach h enthalten. Da a' unendlich ist, gibt es ein solches γ_j, daß $a' \cap \gamma_j h$ unendlich ist; h_2 sei eine solche unendliche Teilmenge von h, daß $\gamma_j h_2 \subset a'$. Die endliche Menge $\gamma_j^{-1} a' \cap a$ enthält $h_2 \cap a$; $h_2 \cap a'$ und $h \cap a'$ sind daher unendlich. Derselbe Schluß wie oben zeigt nun, daß auch a in der Vereinigung endlich vieler Restklassen enthalten ist; h hat daher endlichen Index in g.

Ist g^* eine Untergruppe von g von endlichem Index, so sind die Endenverbände von g und von g^* isomorph; ein Isomorphismus wird vermittelt durch den Homomorphismus $a \to k\,(a \cap g^*)$ von $A\,(g)$ auf $A\,(g^*)/I\,(g^*)$ ($a \in A\,(g)$, $k\,(b)$ Klasse von $b \in A\,(g^*)$ in $A\,(g^*)/I\,(g^*)$), dessen Kern $I\,(g)$ ist.

Es ist nun die Gültigkeit der Sätze II und III und ihrer Zusätze für abzählbare Gruppen g ($\overline{\overline{g}} = \aleph_\alpha = \aleph_0$) nachzuweisen, die eine unendliche Untergruppe mit endlich vielen Erzeugenden besitzen. g^* sei die Untergruppe derjenigen Elemente von g, denen der identische Automorphismus von $A\,(g)/I\,(g)$ zugeordnet ist. Wir setzen voraus, daß g abelsch oder der Endenverband von g endlich ist. Dann hat g^* endlichen Index in g, auch g^* enthält daher eine unendliche Untergruppe h^* mit endlich vielen Erzeugenden. Es enthalte nun der Endenverband von g (und damit derjenige von g^*) mehr als zwei Elemente. Dann hat h^* nach dem Hilfssatz endlichen Index in g^*. Enthält die Gruppe h^* eine unendlich zyklische Untergruppe z, so besitzt diese endlichen Index in h^* und damit auch in g: der Endenverband von g enthält vier Elemente, und g besitzt einen unendlich zyklischen Normalteiler (wie leicht zu sehen, enthält jede Gruppe, die eine unendlich zyklische Untergruppe von endlichem Index besitzt, sogar einen solchen Normalteiler). Falls g abelsch ist, enthält h^* ein Element unendlicher Ordnung: Satz III und sein Zusatz ist damit bewiesen. Auch Satz II ist bewiesen, außer für Gruppen mit endlich vielen Erzeugenden, deren sämtliche Elemente endliche Ordnung haben; der Endenverband solcher Gruppen enthält nach H. Freudenthal [4], S. 27 zwei Elemente. Der Zusatz zu Satz II ist bewiesen für alle Gruppen, außer für diejenigen, welche endlich viele Erzeugende besitzen; für solche Gruppen aber gilt er nach H. Hopf [5], S. 91.

Literaturverzeichnis.

[1] Banach, S.: Fund. Math. **19**, 10 (1932). — [2] Birkhoff, G.: Lattice Theory. New York 1948. — [3] Freudenthal, H.: Math. Z. **33**, 692 (1931). — [4] Freudenthal, H.: Comm. math. helvet. **17**, 1 (1944/45). — [5] Hopf, H.: Comm. math. helvet. **16**, 81 (1943/44). — [6] Sierpiński, W.: Comm. math. helvet. **22**, 317 (1949). — [7] Stone, M. H.: Trans. amer. math. Soc. **41**, 375 (1937).

(Eingegangen am 5. November 1949.)

ADDITIVE GRUPPEN VON FOLGEN GANZER ZAHLEN

von ERNST SPECKER (PRINCETON, U. S. A.)

(Recebido em 1950, Abril, 4)

Einleitung. Die Folgen ganzer Zahlen $\{ a_n \}$ (vom Typus ω) bilden auf Grund der Addition $\{ a_n \} + \{ b_n \} = \{ a_n + b_n \}$ eine abelsche Gruppe F. Diese Gruppe F und gewisse ihrer Untergruppen sollen im folgenden untersucht werden. Als erstes werden wir zeigen, dass jede abzählbare Untergruppe von F eine freie abelsche Gruppe ist (Satz I; eine abelsche Gruppe heisst eine freie abelsche Gruppe, wenn sie eine solche Teilmenge B —Basis genannt— besitzt, dass jedes Gruppenelement $\mathfrak{J}$ darstellbar ist in der Form $\mathfrak{J} = \sum_{i=1}^{m} n_i b_i$, n_i ganz, $b_i \in$ B und wenn aus $\sum n_i b_i = 0$, $b_i \in$ B, $b_i \neq b_j$ für $i \neq j$ folgt, dass $n_i = 0$; da alle betrachteten Gruppen abelsch sind, werden wir statt «freie abelsche Gruppe» auch kurz «freie Gruppe» sagen.) Die Gruppe F selbst dagegen ist nicht frei. Wir werden nämlich zeigen, dass F eine nicht freie Untergruppe der Mächtigkeit $\aleph_1$ besitzt (Satz II, der dasselbe auch für gewisse Untergruppen von F aussagt); die F selbst betreffende Behauptung ist darin enthalten, da jede Untergruppe einer freien Gruppe frei ist (vgl. z. B. S. Lefschetz [1], S. 50).

Die Untergruppen, die wir betrachten, sind Gruppen von Folgen beschränkten Wachstums. So ist zum Beispiel jeder reellen Zahl $r > 0$ durch folgende Vorschrift eine Untergruppe F(r) von F zugeordnet: $\{ a_n \} \in$ F(r) genau dann, wenn es eine solche Konstante c gibt, dass $| a_n | < c n^r$. In Satz IV wird enthalten sein, dass die Gruppen F(r) und F(s) für $r \neq s$ nicht isomorph sind. Zur allgemeinen Definition der Gruppen von Folgen beschränkten Wachstums führen wir den Begriff des «Wachstumstypus» ein.

Definition. Ein Wachstumstypus ist eine nicht leere Teilmenge φ der Menge $\varkappa$ der monotonen Folgen $\{p_n\}$ natürlicher Zahlen $(1 \leqq p_n \leqq p_{n+1})$ mit folgenden Eigenschaften:

1) Ist $\{p_n\} \in \varphi$, $\{q_n\} \in \varkappa$ und $q_n \leqq p_n$, so ist $\{q_n\} \in \varphi$.

2) Ist $\{p_n\} \in \varphi$ und $\{q_n\} \in \varphi$, so ist $\{p_n + q_n\} \in \varphi$.

η sei die Menge der beschränkten Folgen von $\varkappa$; η ist ein Wachstumstypus und Teilmenge jedes Wachstumstypus.

Einem Wachstumstypus φ wird nun folgendermassen eine Untergruppe F_φ von F zugeordnet: $\{a_n\} \in F_\varphi$ genau dann, wenn $\{\underset{j \leq n}{\mathrm{Max}}(1, |a_j|)\} \in \varphi$.

$F_\varkappa$ ist die Gruppe F, F_η die Untergruppe der beschränkten Folgen von F. Die Gruppen F_φ haben die Mächtigkeit $\aleph$ (Mächtigkeit des Kontinuums). Die oben betrachteten Gruppen $F(r)$ sind offenbar spezielle Gruppen F_φ. Satz IV besagt nun, dass die verschiedenen Wachstumstypen entsprechenden Untergruppen nicht isomorph sind. Und da es nach Satz V $2^\aleph$ verschiedene Wachstumstypen gibt, besitzt F $2^\aleph$ nicht isomorphe Untergruppen (d. h. «ebensoviele» wie Teilmengen). Satz IV ist eine unmittelbare Folge von Satz IV': Ist die Gruppe F_ψ homomorphes Bild der Gruppe F_φ, so ist der Wachstumstypus φ Teilmenge des Wachstumstypus ψ. Falls $\varphi \subset \psi$, kann sehr wohl F_ψ homomorphes Bild von F_φ sein; allgemein gilt dies aber nicht, zum Beispiel ist $F_\varkappa = F$ für $\varphi \neq \eta$ nicht homomorphes Bild von F_φ. Dies ist dem folgenden Satz III zu entnehmen, auf dem auch der Beweis von Satz IV' wesentlich beruht: Ist der Wachstumstypus φ von η verschieden, so gibt es zu jedem Homomorphismus h von F_φ in die additive Gruppe der ganzen Zahlen solche ganzen Zahlen x_i $(i = 1, \cdots, m)$, dass $h(\{a_j\}) = \sum_{i=1}^{m} x_i a_i$.

Die Voraussetzung des Satzes III, dass der Wachstumstypus φ von η verschieden sei, ist in einem gewissen Sinne wesentlich. Wir werden nämlich zeigen (Satz VI), dass jede Untergruppe von F_η der Mächtigkeit $\aleph_1$ eine freie abelsche Gruppe ist. Der Nachweis, dass jeder Homomorphismus von F_η in die additive Gruppe der ganzen Zahlen «linear» (d. h. von der in Satz III betrachteten Form) ist, widerspräche daher der Kontinuumshypothese $2^{\aleph_0} = \aleph_1$; falls nämlich die Gruppe F_η frei ist, besitzt sie sicher nicht lineare Homomorphismen.

Um den Unterschied der Gruppen F_φ $(\varphi \neq \eta)$ und F_η auch in einer von Betrachtungen über die Kontinuumshypothese unabhängigen Form hervortreten zu lassen, zeigen wir in Satz II: Ist $\varphi \neq \eta$, so besitzt F_φ eine nicht freie Untergruppe der Mächtigkeit $\aleph_1$.

Entsprechend den Gruppen F_φ könnten auch Gruppen von Folgen rationaler oder reeller Zahlen von beschränktem Wachstum betrachtet werden; vom gruppentheoretischen Standpunkt aus bietet diese Untersuchung kein Interesse, da alle diese Gruppen der additiven Gruppe der reellen Zahlen isomorph sind (wie die Konstruktion einer Hamel'schen Basis unmittelbar zeigt).

Die Untersuchung der Gruppe F und ihrer Untergruppen ist angeregt worden durch das Problem, die algebraische Struktur der ersten Cohomologiegruppe eines unendlichen Komplexes zu bestimmen (E. Specker [3], S. 318/19).

Satz I. *Die abzählbaren Untergruppen von F sind freie abelsche Gruppen.*

Beweis. Wir beweisen zunächst das folgende Lemma: Zu jeder Folge $\mathfrak{a} \in F$ gibt es einen solchen Automorphismus α von F, dass $\alpha(\mathfrak{a}) = \{d, 0, 0, \cdots\}$ (d. h. dass nur das erste Glied der Bildfolge von 0 verschieden ist). Zu $\mathfrak{a} = \{a_n\}$ existiert nämlich eine solche natürliche Zahl m, dass der grösste gemeinsame Teiler von $a_1, \cdots, a_m$ alle a_n teilt. Zu jedem a_n existieren daher solche ganzen Zahlen x_j^n $(j=1, \cdots, m)$, dass $a_n = \sum_{j=1}^{m} x_j^n a_j$. Die Abbildung, die einer Folge $\{c_n\}$ die Folge $\{c'_n\}$ definiert durch $c'_n = c_n$ für $n \leqq m$ und $c'_n = c_n - \sum_{j=1}^{m} x_j^n c_j$ für $n > m$ zuordnet, ist offenbar ein Automorphismus β von F; $\beta(\mathfrak{a}) = \{a_1, \cdots, a_m, 0, 0, \cdots\}$. Nach einem bekannten Satz über freie abelsche Gruppen mit endlich vielen Erzeugenden gibt es nun einen solchen Automorphismus γ von F, dass $\gamma\beta(\mathfrak{a}) = \{d, 0, 0, \cdots\}$. Sei nun F^* eine abzählbare Untergruppe von F. Eine abelsche abzählbare Gruppe ist eine freie abelsche Gruppe, wenn sie (1) kein Element endlicher Ordnung enthält und wenn (2) jede Untergruppe endlichen Ranges endlich viele Erzeugende besitzt (vgl. L. Pontrjagin [2], S. 168). F^* erfüllt offenbar die Bedingung (1). Sei U eine Untergruppe endlichen Ranges von F^*; U enthält solche linear unabhängige Folgen $\mathfrak{u}_i (i=1, \cdots, n)$, dass jede Folge $\mathfrak{u} \in U$ zusammen mit den Folgen $\mathfrak{u}_i$ linear abhängig ist. Durch n-fache Anwendung des Lemmas ergibt sich unmittelbar die Existenz eines solchen Automorphimus α von F, dass die Folgen $\alpha(\mathfrak{u}_i) (i=1, \cdots, n)$ nur an den n ersten Stellen von 0 verschiedene Glieder haben; dann haben aber alle Elemente von $\alpha(U)$ diese Eigenschaft und $\alpha(U)$ besitzt als Untergruppe einer Gruppe mit endlich vielen Erzeugenden endlich viele Erzeugende. F^* erfüllt somit auch die Bedingung (2) und ist daher eine freie abelsche Gruppe.

Satz II. *Ist der Wachstumstypus* φ *von* η *verschieden, so besitzt* F_φ *eine nicht freie Untergruppe der Mächtigkeit* $\aleph_1$.

Beweis. Ist G eine freie abelsche Gruppe, G′ eine abzählbare Untergruppe von G, so gibt es eine solche abzählbare, G′ umfassende Untergruppe G* von G, dass die Faktorgruppe G/G* frei ist. Sei nämlich B eine Basis von G, B* die Teilmenge derjenigen Elemente von B, die bei Darstellungen von Elementen von G′ mit einem von 0 verschiedenen Koeffizienten auftreten, G* die kleinste Untergruppe von G, die B* enthält. G* ist abzählbar, da B* abzählbar ist; ferner umfasst G* die Gruppe G′. Die Faktorgruppe G/G* ist frei, denn sie ist isomorph der von B—B* erzeugten Untergruppe von G.

Die Gruppe F_φ enthält die abzählbare Untergruppe F_0 der Folgen, die nur endlich viele von 0 verschiedene Glieder besitzen. Ferner enthält F eine nicht beschränkte Folge $\{c_n\}$ mit der Eigenschaft, dass c_n Teiler von c_{n+1} ist; φ enthält nämlich eine monotone nicht beschränkte Folge $\{p_n\}$ natürlicher Zahlen, die Folge $\{2^{[\log p_n]}\}$ (wobei $[x]$ die grösste ganze Zahl kleinergleich x ist) hat dann die gewünschten Eigenschaften. Mit $\{e_n\}$ ist auch $\{e_n c_n\}$ $(e_n=\pm 1)$ Element von F_φ, F_φ enthält daher eine Menge C der Mächtigkeit $\aleph_1$ von nicht beschränkten Folgen mit der Teilbarkeitseigenschaft. U sei die kleinste Untergruppe mit Division von F_φ, die F_0 und C enthält. (Die Untergruppe G′ der abelschen Gruppe G heisst Untergruppe mit Division, wenn mit $n\mathfrak{J} \in G'$, n ganz und $\neq 0$, auch $\mathfrak{J} \in G'$). Die Gruppe U hat die Mächtigkeit $\aleph_1$. Auf Grund der vorbereitenden Bemerkung genügt es zum Beweis von Satz II, zu zeigen, das für jede abzählbare Untergruppe U* von U, welche F_0 umfasst, die Faktorgruppe U/U* nicht frei ist. Zu jeder solchen Untergruppe gibt es eine Folge $\{c_n\} \in C$, die nicht in U* enthalten ist, beim Homomorphimus h von U auf U/U* daher nicht auf das Nullelement abgebildet wird. Mit $\{c_n\}$ ist auch $\{0, 0, \cdots, 0, c_m, c_{m+1}, \cdots\} = c_m\{d_n\}$ Element von U, wobei, da U Untergruppe mit Division, $\{d_n\} \in U$. Es ist $h(\{c_n\}) = c_m h(\{d_n\})$, d. h. die Gruppe U/U* enthält ein vom Nullelement verschiedenes Element, das durch beliebig grosse Zahlen teilbar ist; daraus folgt, dass U/U* nicht frei ist.

Satz III. *Ist der Wachstumstypus* φ *von* η *verschieden, so gibt es zu jedem Homomorphismus* h *von* F_φ *in die additive Gruppe der ganzen Zahlen solche ganzen Zahlen* x_j $(j=1, \cdots, m)$, *dass* $h(\{a_n^{\cdot}\}) = \sum_{j=1}^{m} x_j a_j$.

Beweis. Es sei $\mathfrak{e}^k=\{d_n^k\}\{d_n^n=1, d_n^k=0$ für $n\neq k)$; $\mathfrak{e}^k$ ist Element von F_φ. Wir zeigen zunächst, dass nur endlich viele der Zahlen $x_k=h(\mathfrak{e}^k)$ verschieden von 0 sind und dann, dass ein Homomorphismus h', für welchen $h'(\mathfrak{e}^k)=0$ für alle k, F_φ auf die Nullgruppe abbildet. Damit wird Satz III bewiesen sein; denn ist $x_k=0$ für $k>m$, so hat der Homomorphismus $h'(\{a_n\})=h(\{a_n\})-\sum_{j=1}^{m} x_j a_j$ die Eigenschaft, dass $h'(\mathfrak{e}^k)=0$ für alle k.

1) Da $\varphi\neq\eta$, existiert eine solche nicht beschränkte Folge $\{c_n\}\in F_\varphi$, dass c_n Teiler von c_{n+1} ist; es ist $c_n\neq 0$. i_k sei nun eine solche Indexfolge, dass

$$\sum_{j=1}^{i_k} |x_j c_j| + i_k < |c_{i_{k+1}}|$$

und entweder $x_{i_k}\neq 0$ oder $x_j=0$ für $j>i_k$. Die Folge $\{e_n\}$ sei folgendermassen definiert: $e_n=1$ oder 0, jenachdem n Element der Indexfolge i_k ist oder nicht.

Es ist

$$\{e_n c_n\}=\sum_{j=1}^{i_{k+1}-1} e_j c_j \mathfrak{e}^j + \{0, \cdots, 0, c_{i_{k+1}}, \cdots\} = \sum_{j=1}^{k} e_{i_j} c_{i_j} \mathfrak{e}^{i_j} + c_{i_{k+1}} \mathfrak{c},$$

wobei $\mathfrak{c}\in F_\varphi$. Es ist daher

$$w=h(\{e_n c_n\})=\sum_{j=1}^{k} e_{i_j} c_{i_j} x_{i_j} + c_{i_{k+1}} h(\mathfrak{c});$$

sei nun $i_{k_0}\geqq w$; dann ist für $k\geqq k_0$

$$\left|w-\sum_{j=1}^{k} e_{i_j} c_{i_j} x_{i_j}\right| < i_k + \sum_{j=1}^{i_k} |c_j x_j| < |c_{i_{k+1}}|$$

und damit

$$w=\sum_{j=1}^{k} e_{i_j} c_{i_j} x_{i_j}.$$

Für $k>k_0$ ist somit $e_{i_k} c_{i_k} x_{i_k}=0$, d. h. $x_{i_k}=0$ und daher auch $x_j=0$ für $j>i_k$.

2) Ein Homomorphismus h', der alle Elemente $\mathfrak{e}^k$ auf 0 abbildet, bildet F_φ auf die Nullgruppe ab. Es sein $\{c_n^i\}$ $(i=1,2)$ solche unbeschränkten Folgen, dass c_n^1 und c_n^2 teilerfremd, c_n^i Teiler von c_{n+1}^i, $\{c_n^1 c_n^2\}$ Element von F_φ. Ist nun $\{a_n\}\in F_\varphi$, so gibt es solche Folgen $\{d_n^i\}$ $(i=1,2)$, dass $c_n^1 d_n^1+c_n^2 d_n^2=a_n$ und $|d_n^1|<|c_n^2|$. Es ist daher $|c_n^1 d_n^1|\leqq|c_n^1 c_n^2|$ und somit die Folge $\{c_n^1 d_n^1\}$ Element von F_φ; dann ist auch $\{c_n^2 d_n^2\}\in F_\varphi$ und es ist $h'(\{a_n\})=h'(\{c_n^1 d_n^1\})+h'(\{c_n^2 d_n^2\})$.

Nun ist $w_i = h'(\{c^i_n d^i_n\}) = h'(\{0, \cdots, 0, c^i_k d^i_k, \cdots\}) = c^i_k h'(c)$, und somit $w_i \equiv 0 \mod c^i_k$; da dies für alle c^i_k gilt und diese unbeschränkt sind, ist $w_i = 0$ d. h. $h'(\{a_n\}) = 0$.

Satz IV. *Sind* φ *und* ψ *verschiedene Wachstumstypen, so sind die ihnen entsprechenden Untergruppen* F_φ *und* F_ψ *nicht isomorph.*

Der Beweis folgt unmittelbar aus

Satz IV'. *Ist* F_ψ *homomorphes Bild von* F_φ, *so ist der Wachstumstypus* φ *im Wachstumstypus* ψ *enthalten.*

BEWEIS. Wir dürfen annehmen, dass der Wachstumstypus φ von η verschieden ist. Dann ist der Homomorphismus von F_φ auf F_ψ darstellbar in der Form

$$h(\{a_n\}) = \left\{\sum_{j=1}^{m_n} x^n_j a_j\right\}.$$

Da c^n Bild ist, gibt es zu jedem n ein solches j, dass $x^n_j \neq 0$ ist; wir dürfen daher $x^n_{m_n} \neq 0$ annehmen. Da ferner jede Folge $\sum_{j=1}^{s} t_j c^j$ (bei beliebigen ganzen t_j) als Bild auftritt, ist mindestens eine der Zahlen $m_1, \cdots, m_s$ grössergleich s. Wir definieren nun rekursiv eine Indexfolge r_k: $r_1 = 1$; r_{k+1} sei die kleinste Zahl u, sodass $m_u > m_{r_k}$; da nach obiger Bemerkung eine der Zahlen $m_1, \cdots, m_{m_{r_k}+1}$ grössergleich $m_{r_k}+1$ ist, existiert ein solches u und es ist $r_{k+1} \leqq m_{r_k}+1$. Wir setzen $i_0 = 0$, $i_k = m_{r_k}$ $(k > 0)$; dann gilt für $k \geqq 0$: $i_k < i_{k+1}$, $r_{k+1} \leqq i_{k+1}$.

Es sei nun die (monotone) Folge $\{p_n\}$ ein Element von φ. Wir definieren rekursiv eine Folge $\{c_n\}$: $c_n = 0$ für $n \neq i_k$; $c_{i_1} = p_{i_1}$; $|c_{i_{k+1}}| = p_{i_{k+1}}$, das Vorzeichen von $c_{i_{k+1}}$ sei so gewählt, dass

$$c_{i_{k+1}} x^{r_{k+1}}_{i_{k+1}} \quad \text{und} \quad \sum_{j=1}^{k} c_{i_j} x^{r_{k+1}}_{i_j}$$

nicht verschiedenes Vorzeichen haben. Es ist $\operatorname{Max}_{j \leq n}(1, |c_j|) \leqq p_n$ und daher $\{c_n\} \in F_\varphi$. Sei $\{d_n\} = h(\{c_n\})$; aus der Definition von $\{c_n\}$ folgt unmittelbar: $|d_{r_k}| \geqq |c_{i_k}| = p_{i_k}$. Zu jedem n existiert ein solches $k(n)$, dass $i_{k(n)} + 1 \leqq n \leqq i_{k(n)+1}$. Es ist

$$\operatorname{Max}_{j \leq n}(1, |d_j|) \geqq \operatorname{Max}_{j \leq i_{k(n)}}(1, |d_j|) \geqq |d_{r_{k(n)+1}}| \geqq p_{i_{k(n)+1}} \geqq p_n;$$

da $\{d_n\} \in F_\psi$, $\{\operatorname{Max}_{j \leq n}(1, |d_j|)\} \in \psi$ und damit auch $\{p_n\} \in \psi$. $\{p_n\} \in \varphi$ war beliebig, $\varphi \subset \psi$ ist somit bewiesen.

Satz V. *Die Menge der Wachstumstypen hat die Mächtigkeit* $2^{\aleph}$ *(Mächtigkeit der Menge der Teilmengen des Kontinuums).*

KOROLLAR. Die Gruppe F besitzt $2^{\aleph}$ nicht isomorphe Untergruppen der Mächtigkeit $\aleph$.

BEWEIS VON SATZ V. Wir definieren zunächst eine Menge E von Folgen $\{e_n\}$ der Zahlen $0, 1$ mit folgenden Eigenschaften:

a) 1 tritt in jeder Folge $\{e_n\} \in$ E unendlich oft auf;

b) Sind $\{e_n\}$ und $\{e'_n\} \in$ E und ist $e_k = e'_k = 1$, so ist $e_j = e'_j$ für $j \leqq k$.

Dazu ordnen wir jeder Folge $\{f_n\}$ der Elemente $0, 1$ folgendermassen eine Folge $\{e_n\}$ zu: $e_n = 1$, wenn es ein solches k gibt, dass $n = 2^k + \sum_{i=1}^{k} f_i 2^{i-1}$, $e_n = 0$ sonst. Zu jedem k gibt es genau ein n mit $2^k \leqq n \leqq 2^{k+1}$ und $e_n = 1$; in $\{e_n\}$ tritt 1 unendlich oft auf, verschiedenen Folgen $\{f_n\}$ sind verschiedene Folgen $\{e_n\}$ zugeordnet. E sei die Menge der Folgen $\{e_n\}$: E hat die Mächtigkeit des Kontinuums.

Die Bedingung *b*) ist erfüllt: Sei $e_k = e'_k = 1$; dann ist $k = 2^j + \sum_{i=1}^{j} f_i 2^{i-1} = 2^{j'} + \sum_{i=1}^{j'} f'_i 2^{i-1}$: es ist $j = j'$ und $f_i = f'_i$ für $i \leqq j$ und daher $e_i = e'_i$ für $i \leqq k$.

Wir definieren nun eine Menge P (der Mächtigkeit $\aleph$) von monotonen Folgen $\{p_n\}$ natürlicher Zahlen $(1 \leqq p_n \leqq p_{n+1})$ mit folgender Eigenschaft: Ist $\{p_n^{(i)}\} \in$ P $(i = 0, 1, \cdots, m)$ und gibt es solche Konstanten c_i $(i = 1, \cdots, m)$, dass $p_n^{(0)} \leqq \sum_{i=1}^{m} c_i p_n^{(i)}$ (für alle n), so ist für ein gewisses i_0 $(1 \leqq i_0 \leqq m)$ $\{p_n^{(0)}\} = \{p_n^{(i_0)}\}$. P sei die Menge der Folgen $\{n^{n+e_n}\}$ (wobei $\{e_n\} \in$ E). P besitzt die Mächtigkeit des Kontinuums und erfüllt die gestellte Bedingung: Ist $n^{n+e_n^{(0)}} \leqq \sum_i c_i n^{n+e_n^{(i)}}$, so ist für geeignetes c

$$n^{e_n^{(0)}} \leqq \sum_i c_i n^{e_n^{(i)}} \leqq c\, n^{\operatorname{Max} e_n^{(i)}}$$

(wobei Max sich auf i bezieht); für $n > c$ ist daher $e_n^{(0)} \leqq \operatorname{Max}_i e_n^{(i)}$. j_n sei nun eine solche unendliche Indexfolge, dass $j_n > c$ und $e_{j_n}^{(0)} = 1$; es existiert zu jedem n ein solches $i(n)$, dass $e_{j_n}^{(0)} = e_{j_n}^{(i(n))} = 1$. i_0 sei so gewählt, dass $i(n) = i_0$ für unendlich viele n: es gibt dann eine solche unendlich Teilfolge k_n von i_n, dass $e_{k_n}^{(0)} = e_{k_n}^{(i_0)} = 1$; aus der Eigenschaft *b*) von E folgt $e_n^{(0)} = e_n^{(i_0)}$.

Wir ordnen nun jeder Teilmenge Q von P folgendermassen einen Wachstumstypus φ zu: $\{p_n\} \in \varphi$, wenn es solche Elemente $\{p_n^{(i)}\} \in Q$ und solche Konstanten c_i $(i=1, \cdots, m)$ gibt, dass $p_n \leqq \sum_{i=1}^{m} c_i p_n^{(i)}$. Q ist Teilmenge des ihr entsprechenden Wachstumstypus; es folgt daher aus der oben bewiesenen Eigenschaft von P, dass verschiedenen Teilmengen verschiedene Wachstumstypen zugeordnet sind: die Menge der Wachstumstypen hat mindestens die Mächtigkeit der Menge der Teilmengen von P; da sie anderseits höchstens diese Mächtigkeit hat, ist Satz V bewiesen.

Satz VI. *Jede Untergruppe der Gruppe der beschränkten Folgen* F_n *von der Mächtigkeit* $\aleph_1$ *ist eine freie abelsche Gruppe.*

Der Beweis beruht auf folgendem

Hilfssatz: Besitzt die abelsche Gruppe G ein solches System $\mathfrak{S}$ von Untergruppen, dass

1) die Nullgruppe Element von $\mathfrak{S}$ ist,
2) jede abzählbare Untergruppe von G in einer abzählbaren Gruppe $H \in \mathfrak{S}$ anthalten ist,
3) jede endliche Teilmenge von G in einer Gruppe $H \in \mathfrak{S}$ mit endlich vielen Erzeugenden enthalten ist,
4) die Vereinigung zweier Gruppen $H_i \in \mathfrak{S}$ eine Untergruppe mit Division ist (d. h. ein Gruppenelement, von dem ein gewisses echtes Vielfaches Summe eines Elementes aus H_1 und eines Elementes aus H_2 ist, selbst als solche Summe darstellbar ist),

dann ist jede Untergruppe von G der Mächtigkeit $\aleph_1$ eine freie abelsche Gruppe.

Beweis. Wir zeigen zunächst: Enthält die Untergruppe U von G die Gruppe $H \in \mathfrak{S}$ und ist die Faktorgruppe U/H abzählbar, so ist sie frei. Es genügt, zu zeigen, dass U/H kein Element endlicher Ordnung enthält und dass jede Untergruppe endlichen Ranges von U/H endlich viele Erzeugende besitzt (L. Pontrjagin [2], S. 168). Da H eine Untergruppe mit Division ist, enthält U/H kein Element endlicher Ordnung. Sei P eine Untergruppe endlichen Ranges von U/H; es gibt in P solche Elemente $\rho_i (i=1, \cdots, m)$, dass es zu jedem $\rho \in P$ solche ganzen Zahlen n_i, n $(n \neq 0)$ gibt, dass $n\rho = \sum n_i \rho_i$. $\mathfrak{A}_i$ $(i=1, \cdots, m)$ seien Vertreter von ρ_i in U, $H' \in \mathfrak{S}$ eine Untergruppe mit endlich vielen Erzeugenden, die die Element $\mathfrak{A}_i$ enthält. P ist Untergruppe von $(H' \cup H)/H$: Sei $\rho \in P$, also (für geeignete n_i, $n \neq 0$) $n\rho = \sum n_i \rho_i$; es ist daher — wenn $\mathfrak{A}$ Vertreter von ρ in G ist — $n\mathfrak{A} = \sum n_i \mathfrak{A}_i + \mathfrak{h}$, wobei $\mathfrak{k} \in \mathrm{H}$. Da somit $n\mathfrak{A}$ Element von $\mathrm{H}' \cup \mathrm{H}$ ist, ist auch $\mathfrak{A} \in (\mathrm{H}' \cup \mathrm{H})$, d. h. $\rho \in (\mathrm{H}' \cup \mathrm{H})/\mathrm{H}$. Diese letzte Gruppe enthält endlich viele Erzeugende, denn sie ist — nach dem ersten Isomorphiesatz — isomorph $\mathrm{H}'/(\mathrm{H}' \cap \mathrm{H})$. Als Untergruppe einer Gruppe mit endlich vielen Erzeugenden besitzt P selbst endlich viele Erzeugende.

Wir zeigen nun, dass eine Untergruppe G' von G der Mächtigkeit $\aleph_1$ eine freie abelsche Gruppe ist. Auf Grund einer Wohlordnung von G' nach dem Typus ω_1 (der kleinsten Zahl der dritten Cantorschen Zahlklasse) lassen sich solche abzählbaren Untergruppen U_ξ, $\xi<\omega_1$, definieren, dass U_ξ Untergruppe von $\mathrm{U}_{\zeta+1}$ ist, dass für eine Limeszahl λ gilt $\bigvee_{\xi<\lambda} \mathrm{U}_\xi = \mathrm{U}_\lambda$ und dass G' die Vereinigung der Gruppen U_ξ ist. Ferner gibt es solche abzählbaren Untergruppen $\mathrm{H}_\xi \in \mathfrak{G}$, dass $\mathrm{U}_\xi \subset \subset \mathrm{H}_\xi \subset \mathrm{H}_{\xi+1}$ und dass für eine Limeszahl λ gilt $\bigvee_{\xi\,\lambda} \mathrm{H}_\xi = \mathrm{H}_\lambda$. Die Gruppe $\bigvee_{\xi<\omega_1} \mathrm{H}_\xi$ ist eine freie abelsche Gruppe. Ist nämlich B_ξ die Menge der Vertreter einer Basis von $\mathrm{H}_{\xi+1}/\mathrm{H}_\xi$ in $\mathrm{H}_{\xi+1}$, so ist die Vereinigung der Mengen B_ξ eine Basis von $\bigvee_{\xi<\omega_1} \mathrm{H}_\xi$. G' ist als Untergruppe einer freien Gruppe selbst eine freie abelsche Gruppe.

Beweis von Satz VI. Das System $\mathfrak{G}$ bestehe aus folgenden Untergruppen der Gruppe F_n: der Nullgruppe und den Untergruppen H mit der Eigenschaft (*): Ist $\{h_n\} \in \mathrm{H}$, c irgend eine ganze Zahl und $h_n = c$ genau für die Indices $n \in Z(c)$, so existiert eine solche Folge $\{c_n\} \in \mathrm{H}$, dass $c_n = 1$ für $n \in Z(c)$ und $c_n = 0$ sonst. Es ist zu zeigen, dass dieses System $\mathfrak{G}$ die vier Bedingungen des Hilfssatzes erfüllt. Die Nullgruppe ist Element von $\mathfrak{G}$. Jede Untergruppe U ist in einer Untergruppe derselben Mächtigkeit aus $\mathfrak{G}$ enthalten: Man sieht dies am einfachsten ein, indem man (ausgehend von $\mathrm{U}_0 = \mathrm{U}$) zu U_i eine Gruppe U_{i+1} derselben Mächtigkeit bildet, die zu jedem Element $\{a_n\} \in \mathrm{U}_i$ die Elemente enthält, die gemäss (*) mit der Folge $\{a_n\}$ in einer Gruppe aus $\mathfrak{G}$ enthalten sein müssen; die Vereinigung der Gruppen U_i ist dann eine U umfassende Gruppe derselben Mächtigkeit, die Element von $\mathfrak{G}$ ist. Zum Beweis, dass Bedingung 3) erfüllt ist, betrachten wir die durch die Folgen $\mathfrak{a}_i$ $(i = 1, \cdots, k)$ induzierte Klasseneinteilung der Indexmenge (zwei Indices n_1 und n_2 gehören genau dann zur selben Klasse, wenn für alle i die Folge $\mathfrak{a}_i$ an den Stellen n_1 und n_2 denselben Wert hat). Die Anzahl der Klassen ist endlich; $\mathfrak{k}_i$ $(i = 1, \cdots, m)$ sei die Folge, die an den Stellen der i-ten Klasse den Wert 1 und sonst den Wert 0 hat. Die von den Folgen $\mathfrak{k}_i$ erzeugte Untergruppe H ist Element von $\mathfrak{G}$ und enthält die

Folgen $\mathfrak{a}_i$. Es bleibt nachzuweisen, dass die Bedingung 4) erfüllt ist, d. h. zu zeigen, dass die Vereinigung zweier Untergruppen H_1, H_2 aus $\mathfrak{G}$ eine Untergruppe mit Division ist. Es sei also $\mathfrak{h}_1+\mathfrak{h}_2=m\mathfrak{a}$, $m\neq 0$, $\mathfrak{h}_i \in H_i \in \mathfrak{G}$. Es gibt solche Elemente $\mathfrak{h}_i'$ und $\mathfrak{h}_i'' \in H_i$ $(i=1,2)$, dass $\mathfrak{h}_i=\mathfrak{h}_i'+\mathfrak{h}_i''$, dass die Glieder von $\mathfrak{h}_i'$ durch m teilbar sind und dass für die Glieder $h_n^{(i)}$ von $\mathfrak{h}_i''$ gilt: $-m/2<h_n^{(1)}\leq m/2$, $-m/2\leq h_n^{(2)}<m/2$; die Glieder von $\mathfrak{h}_1''+\mathfrak{h}_2''$ sind dem absoluten Betrag nach kleiner als m und durch m teilbar: sie sind daher 0 und es ist $\mathfrak{h}_1+\mathfrak{h}_2=\mathfrak{h}_1'+\mathfrak{h}_2'$. Die Glieder dieser beiden Folgen sind durch m teilbar und da offenbar die Gruppen aus $\mathfrak{G}$ Untergruppen mit Division sind, ist $\mathfrak{a}=\mathfrak{h}_1^*+\mathfrak{h}_2^*$, $\mathfrak{h}_i^*\in H_i$.

LITERATURVERZEICHNIS

[1] S. Lefschetz, *Algebraic Topology* (New York, 1942).
[2] L Pontrjagin, *Topological Groups* (Princeton, 1939).
[3] E. Specker, «Die erste Cohomologiegruppe von Ueberlagerungen...», *Comm. Math. Helv.* **23**, 303-333 (1949)

THE AXIOM OF CHOICE IN QUINE'S NEW FOUNDATIONS FOR MATHEMATICAL LOGIC

By Ernst P. Specker

Eidgen. Technische Hochschule, Zurich

Communicated by H. Weyl, July 3, 1953

The object of this note is to disprove the axiom of choice in Quine's "New Foundations."[1] As the axiom of choice is provable for finite sets, we obtain the axiom of infinity as a corollary.[2]

There will be references to Rosser's *Logic for Mathematicians,*[3] although the axiom of infinity is assumed there; but it is readily eliminated for our purposes if one replaces Quine's ordered pair by Kuratowski's.

The proof will be by *reductio ad absurdum.*

1.1 V is the universal set, Λ the null set (R 256).

1.2 $SC(a)$ is the set of subsets of a (R 255).

1.3 $SC(V) = V$ (R 256).

1.4 $USC(a)$ is the set of unit subsets of a, $USC^2(a) = USC(USC(a))$ (R 255).

1.5 Fin is the set of finite sets (R 417).

2.1 Cardinal numbers are construed as saturated sets of equivalent sets (R 371). $Nc(a)$ is the cardinal number of a; so $a \in Nc(a)$.

2.2 NC is the set of cardinal numbers; $\Lambda \notin NC$.

2.3 $Nc(SC(a)) = Nc(SC(b))$ if $Nc(a) = Nc(b)$ (R 369).

2.4 $Nc(USC(a)) = Nc(USC(b))$ if and only if $Nc(a) = Nc(b)$ (R 368)

2.5 $Nc(SC(V)) = Nc(V)$ (1.3).

2.6 $Nc(SC(USC(a))) = Nc(USC(SC(a)))$ (R 368).

2.7 $Nc(SC(USC(V))) = Nc(USC(V))$ (2.6 and 1.3).

2.8 A cardinal number is finite if it is a subset of Fin. FNC is the set of finite cardinal numbers.

2.9 1, 2, 3 are defined as cardinal numbers of sets with one, two, three elements; $1, 2, 3 \in FNC$.

3.1 Definition of the sum of two cardinal numbers m, n: $m + n = Nc(a \cup b)$ if $m = Nc(a)$, $n = Nc(b)$ and $a \cap b = \Lambda$; if there are no such a, b, then $m + n = \Lambda$ (R 373).

3.2 $1 + 1 = 2, 1 + 2 = 3$.

3.3 If n is a finite cardinal number and $n + 1 \neq \Lambda$, then $n + 1$ is a finite cardinal number.

3.4 If m is a finite cardinal number, then there are finite cardinal numbers n, p, q such that either $m = n + n + n$ or $m = p + p + p + 1$ or $m = q + q + q + 2$; either of these three cases excludes the two others

3.5 The cardinal numbers are well-ordered by the relation "there are sets a, b such that $a \epsilon m$, $b \epsilon n$ and $a \subseteq b$" (axiom of choice).

3.6 If $n + 1$ is a finite cardinal number, then $n < n + 1$.

4.1 Definition of 2^m for cardinal numbers m: If $m = Nc(USC(a))$, then $2^m = Nc(SC(a))$ (cf. 2.3, 2.4; R 389); if there is no set a such that $USC(a) \epsilon m$, then $2^m = \Lambda$.

4.2 $2^{Nc(USC)(a))} = Nc(SC(a))$.

4.3 $2^{Nc(USC(V))} = Nc(V)$ (4.2 and 2.5)

4.4 $2^{Nc(USC^2(V))} = Nc(USC(V))$ (4.2 and 2.7).

4.5 $2^m = \Lambda$ if and only if $Nc(USC(V)) < m$.

4.6 If $2^m \neq \Lambda$, then $m < 2^m$ (R 390).

4.7 $Nc(USC(V)) < Nc(V)$ (4.3 and 4.6).

4.8 If $m \leq n$ and $2^n \neq \Lambda$, then $2^m \neq \Lambda$ and $2^m \leq 2^n$.

4.9 "$2^m = n$" is stratified if "m" and "n" have the same type.

5.1 Definition of $T(m)$ for cardinal numbers m: $T(Nc(a)) = Nc(USC(a))$ (cf. 2.4).

5.2 $T(1) = 1$, $T(2) = 2$, $T(Nc(V)) = Nc(USC(V))$, $T(Nc(USC(V))) = Nc(USC^2(V))$.

5.3 If $m, n, m + n$ are cardinal numbers, then $T(m + n) = T(m) + T(n)$.

5.4 If m is a finite cardinal number, then $m \neq T(m) + 1$ and $m \neq T(m) + 2$ (3.4, 5.2, 5.3).

5.5 If m, n are cardinal numbers, then $m \leq n$ if and only if $T(m) \leq T(n)$ (2.4).

5.6 If $m \leq T(n)$, then there is a p such that $m = T(p)$

5.7 If $m \leq Nc(USC(V))$, then there is a p such that $m = T(p)$.

5.8 $2^{T(m)} \neq \Lambda$ (4 5)

5.9 If $2^m \neq \Lambda$, then $T(2^m) = 2^{T(m)}$ (2.6 and 4.2).

6.1 If m is a cardinal number, then $\Phi(m)$ is the set of cardinal numbers $m, 2^m, 2^{2^m}, \ldots$. To formalize this, define $Q(m, n)$ for $m, n \epsilon NC$ and $2^m = n$; $\phi(m) = \text{Clos}(\{m\}, Q)$ (R 245; stratification 4.9).

6.2 If $2^m = \Lambda$, then $\Phi(m) = \{m\}$.

6.3 $\phi(Nc(V)) = \{Nc(V)\}$, $Nc(\phi(Nc(V))) = 1$.

6.4 If $n \epsilon \phi(m)$, then $m \leq n$.

6.5 If $2^m \neq \Lambda$, then $m \notin \phi(2^m)$ (4.6).

6.6 If $2^m \neq \Lambda$, then $\phi(m) = \{m\} \cup \Phi(2^m)$.

Proof: (1) $\phi(m) \subseteq \{m\} \cup \phi(2^m)$: $m \epsilon \{m\} \cup \phi(2^m)$; assume $n \epsilon \{m\} \cup \phi(2^m)$ and $2^n \neq \Lambda$; if $n = m$, then $2^n \epsilon \phi(2^m)$; if $n \epsilon \phi(2^m)$, then $2^n \epsilon \phi(2^m)$

(2) $\phi(2^m) \subseteq \phi(m) - \{m\}$: by 4.6, $2^m \in \phi(m) - \{m\}$; assume $n \in \phi(m) - \{m\}$ and $2^n \neq \Lambda$. So $2^n \in \phi(m)$; by 6.4, $m \leq n$; by 4.6 and 4.8, $m < 2^m \leq 2^n$, so $2^n \in \phi(m) - \{m\}$.

6.7 If $2^m \neq \Lambda$, then $Nc(\phi(m)) = Nc(\phi(2^m)) + 1$ (6.5 and 6.6).

6.8 If $2^m = \Lambda$, then $Nc(\phi(T(m))) = 2$ or 3.

Proof: By the hypothesis and 4.5, $Nc(USC(V)) < m$; so by 5.2, 5.5, $T(m) \geq T(Nc(USC(V))) = Nc(USC^2(V))$. So by 4.8 and 4.4, $2^{T(m)} \geq 2^{Nc(USC^2(V))} = Nc(USC(V))$. If $2^{T(m)} > Nc(USC(V))$, then $\phi(T(m)) = \{T(m), 2^{T(m)}\}$. If $2^{T(m)} = Nc(USC(V))$, then by 4.3 $2^{Nc(USC(V))} = Nc(V)$ and $\phi(T(m)) = \{T(m), Nc(USC(V)), Nc(V)\}$.

7.1 If $\phi(T(m))$ is finite, so is $\phi(m)$.

Proof by induction on $Nc(\phi T(m))$: If $2^m = \Lambda$, then $\phi(m) = \{m\}$. If $2^m \neq \Lambda$, then by 5.8, 5.9, 6.7, $Nc(\phi(T(m))) = Nc(\phi(2^{T(m)})) + 1 = Nc(\phi(T(2^m))) + 1$; so by 3.6, $Nc(\phi(T(2^m))) < Nc(\phi(T(m)))$. If $\phi(2^m)$ is finite, so is $\phi(m)$ by 6.7 and 3.3.

7.2 If $\phi(m)$ is finite, so is $\phi(T(m))$ and $Nc(\phi(T(m))) = T(Nc(\phi(m))) + k$, where $k = 1$ or $k = 2$.

Proof by induction on $Nc(\phi(m))$: (We have achieved stratification by introducing a "T" on the right-hand side.) Assume $Nc(\phi(m)) = 1$; so $\phi(m) = \{m\}$, $2^m = \Lambda$; so by 6.8, $Nc(\phi(T(m))) = 2$ or 3, by 5.2, $2 = T(1) + 1$, $3 = T(1) + 2$. Assume $Nc(\phi(m)) > 1$; so $2^m \neq \Lambda$ and $Nc(\phi(m)) = Nc(\phi(2^m)) + 1$. By 3.6, $Nc(\phi(2^m)) < Nc(\phi(m))$; by 5.2, 5.3, and 6.6, $Nc(\phi(T(m))) = Nc(\phi(2^{T(m)})) + 1 = Nc(\phi(T(2^m))) + 1 = T(Nc(\phi(2^m))) + k + 1 = T(Nc(\phi(2^m)) + 1) + k = T(Nc(\phi(m))) + k$, where $k = 1$ or 2.

7.3 There is a cardinal number m such that $\phi(m)$ is finite and $T(m) = m$.

Proof: Let c be the set of cardinal numbers n such that $\phi(n)$ is finite. By 6.3, c is not the null set. Let m be the smallest cardinal number in c; so $\phi(m)$ is finite. By 7.2, $\phi(T(m))$ is finite, so $m \leq T(m)$. By 5.6, there is a cardinal number p such that $m = T(p)$; $T(p) \leq T(T(p))$ and by 5.5, $p \leq T(p)$. By 7.1, $\phi(p)$ is finite, so $p = T(p)$, $m = T(m)$.

7.4 There is a finite cardinal number n such that $n = T(n) + 1$ or $n = T(n) + 2$.

Proof: Choose m such that $\phi(m)$ is finite and $T(m) = m$ and let $n = Nc(\phi(m))$. By 7.2, $n = Nc(\phi(T(m))) = T(Nc(\phi(m))) + k = T(n) + k$, where $k = 1$ or 2.

7.5 Contradiction: 5.4 and 7.4.[4]

8.1 Generalized continuum hypothesis in "New Foundations": If m, 2^m, n are cardinal numbers, m not finite and $m \leq n \leq 2^m$, then either $m = n$ or $n = 2^m$. The generalized continuum hypothesis does not hold in "NF."[5] The proof is by proving the theorem of Lindenbaum and Tarski in "NF" according to which the axiom of choice is a consequence of the generalized continuum hypothesis.

[1] Quine, W. V., "New Foundations for Mathematical Logic," *Am. Math. Monthly*, **44**, 70–80 (1937).

[2] The axiom of infinity has been proved in a paper submitted to the *Journal of Symbolic Logic;* the constant use of cardinal number in the present note goes back to the referee of that paper.

[3] Rosser, J. B., *Logic for Mathematicians*, McGraw-Hill Book Company, Inc., New York, 1953. References to this book will be of the form "(R 256)," where the number indicates the page.

[4] By a slight modification, we can prove the following theorem (without the axiom of choice): If $m = Nc(a) = Nc(SC(a))$, then there is a cardinal number n such that neither $n \leq T(m)$ nor $T(m) \leq n$. A finite set is therefore not equivalent to its power set; this has been proved in the paper mentioned in reference 2.

[5] This has been proved in the paper mentioned in reference 2 with the axiom of choice.

DIE ANTINOMIEN DER MENGENLEHRE [1]

von E. SPECKER, Zürich

Ein ungarischer Psychologe hat einer Reihe von Versuchspersonen eine logische Antinomie vorgelegt. Er fand dabei zwei deutlich geschiedene Reaktionstypen: ein Teil der Versuchspersonen fühlte sich angeregt, zeigte Freude und Diskussionslust; der andere (und es war dies der grössere Teil) reagierte mit ausgesprochenen Schocksymptomen [2]. Es darf diesem Versuch zweierlei entnommen werden: einmal ein Hinweis darauf, dass sich nicht nur Mathematiker von Antinomien angesprochen fühlen, zum andern die Warnung, niemandem unvorbereitet eine Antinomie vorzulegen. Eine solche Vorbereitung soll im folgenden durch eine Diskussion der Vorstellungen gegeben werden, die der Mengenlehre zugrunde liegen.

Die Mengenlehre ist die mathematische Theorie von Kollektiven. Kollektivbegriffe werden in allen Wissenschaften und auch im alltäglichen Leben gebildet: « Wald », « Gesellschaft », « Herde » sind einige einfache Beispiele. Diese Beispiele zeigen auch, dass die Sprache in manchen Fällen besondere Wörter zur Bezeichnung der Kollektive kennt. Die sprachliche Funktion dieser Sammelnamen ist allerdings nicht immer dieselbe. Vergleichen wir etwa die beiden folgenden Sätze: « Die Herde grast », « Die Herde ist gross ». Der erste Satz ändert seinen Sinn nur unwesentlich, wenn wir das Wort « Herde » durch das Wort « Schafe » ersetzen: « Die Schafe grasen. » Im zweiten Fall aber wird der Sinn ein ganz anderer: « Die Schafe sind gross. » Wir können allerdings auch den zweiten Satz mit Hilfe eines Plurals ausdrücken: « Die Schafe sind zahlreich. » Hier steht der Plural an Stelle eines Sammelnamens: « Die Schafe grasen » meint « Jedes Schaf einer betrachteten Gesamtheit grast »; « Die

[1] Antrittsvorlesung an der Eidgenössischen Technischen Hochschule.

[2] I. HERMANN, « Denkpsychologische Betrachtungen im Gebiet der mathematischen Mengenlehre », *Schweizerische Zeitschrift für Psychologie* 8 (1949), 189-231.

Schafe sind zahlreich » meint aber offenbar nicht, dass jedes einzelne Schaf zahlreich sei. Vergleichen wir noch die drei folgenden Sätze : « Zahlreiche Schafe grasen », « Eine zahlreiche Herde grast », « Zahlreiche Herden grasen ». Die beiden ersten Sätze ergeben einen eindeutigen Sinn. Wie steht es aber mit dem dritten? Ist hier « zahlreiche Herden » die Mehrzahl von « zahlreiche Herde » oder ist, wie im Fall der zahlreichen Schafe, gemeint, dass die Zahl der Herden gross sei?

Solche Doppeldeutigkeiten kommen in der Umgangssprache selten vor, weil die Bildung von Kollektiven im allgemeinen nicht iteriert wird. In der Mathematik dagegen treten ineinander geschachtelte Zusammenfassungen häufig auf, und es wird daher streng unterschieden zwischen einer « Gesamtheit als viele » (einem echten Plural) und einer « Gesamtheit als einem » (einem echten Kollektiv). Eine Gesamtheit aufgefasst als echtes Kollektiv wird « Menge » genannt ; die Objekte, die in ihr zusammengefasst sind, heissen ihre « Elemente ».

Geben wir ein mathematisches Beispiel : Aus den Zahlen 1, 2 bilden wir die Menge (1, 2), aus den Zahlen 1, 3 die Menge (1, 3); diese beiden Mengen fassen wir zu einer Menge $A = ((1, 2), (1, 3))$ zusammen. Die Zahl 1 ist nicht Element von A, wohl aber Element der Elemente (1, 2) und (1, 3) von A.

Der mathematische Mengenbegriff ist aber noch in einer weiteren Hinsicht präzisiert : zwei Mengen gelten genau dann als gleich, wenn sie die gleichen Elemente besitzen. Oder ausführlicher : gleiche Mengen besitzen die gleichen Elemente ; Mengen, die die gleichen Elemente besitzen, sind gleich. Für viele umgangssprachliche Kollektive ist die entsprechende Fragestellung mangels eines hinreichend scharfen Gleichheitsbegriffes überhaupt sinnlos : zu fragen, ob die Herde nach der Geburt eines Lammes noch dieselbe sei, ist nicht sinnvoller als zu fragen, ob ein Schaf nach der Schur dasselbe sei. Aber auch wenn ein scharfer Gleichheitsbegriff vorliegt, kann im allgemeinen aus der Gleichheit des Elementebestandes nicht auf die Gleichheit der Kollektive geschlossen werden. Allerdings ist unsere Stellungnahme schwankend und hängt von den näheren Umständen ab. Definieren wir etwa in einer Gemeinde die Gesamtheit G_1 der im Jahre 1900 geborenen Einwohner und die

Gesamtheit G_2 der zu einem gewissen Zeitpunkt im Gemeindesaal Anwesenden. Auch wenn wir feststellen, dass G_1 und G_2 ihrem Umfange nach übereinstimmen, werden wir sie doch als begrifflich verschieden erklären; erfahren wir dann aber, dass der Jahrgängerverein 1900 sich zum betrachteten Zeitpunkt im Gemeindesaal versammelt, werden wir schon eher geneigt sein, G_1 gleich G_2 zu setzen.

Durch unsere Festsetzung, dass zwei Mengen genau dann gleich sind, wenn sie dieselben Elemente besitzen, überträgt sich eine Unbestimmtheit bezüglich der Gleichheit von den Elementen auf die Mengen: Sinngemässerweise werden wir nur Mengen von Objekten betrachten, für welche ein scharfer Begriff der Gleichheit gegeben ist. Doch wird nicht verlangt, dass es feststellbar sei, ob zwei Objekte gleich seien oder nicht: eine solche Feststellung bezieht sich ja auch gar nicht auf die Objekte selbst, sondern auf die Art und Weise, in der sie gegeben (definiert) sind.

Nach diesen Erläuterungen dürfte der folgende Satz, mit dem Georg Cantor, der Begründer der Mengenlehre, eine seiner Arbeiten eröffnet hat, wohl verständlich sein: Unter einer « Menge » verstehen wir jede Zusammenfassung M von bestimmten wohlunterschiedenen Objekten m unsrer Anschauung oder unseres Denkens (welche die « Elemente » von M genannt werden) zu einem Ganzen [1]. Der Unterschied, der hier möglicherweise zwischen Objekten des Denkens und Objekten der Anschauung gemacht wird, braucht uns nicht zu beschäftigen.

Bezüglich der Anzahl der Objekte, die zu einer Menge zusammengefasst werden, wollen wir keine Voraussetzung machen: diese Anzahl kann endlich oder unendlich sein. Es wird auch der Fall zugelassen, dass die Menge nur aus einem oder auch aus gar keinem Element besteht. Beispiele von unendlichen Mengen sind etwa: Menge der natürlichen Zahlen; Menge der Primzahlen; Menge der reellen Zahlen; Menge der differenzierbaren Funktionen.

Im Rahmen dieser Begriffsbildungen hat nun Cantor eine weitreichende Theorie aufgebaut. Ihr Erfolg war umfassend: sie hat die klassische Analysis gefördert — war es ja auch eine Frage über Fourierreihen, die Cantor zur Mengenlehre geführt hat; sie hat es

[1] G. CANTOR, «Beiträge zur Begründung der transfiniten Mengenlehre», *Mathematische Annalen* 46 (1895), 481.

ermöglicht, die Grundbegriffe der Mathematik schärfer zu fassen, und endlich hat sie der Forschung ein ganz neues Gebiet erschlossen.

Nach dieser kurzen Schilderung der Erfolge der Mengenlehre soll nun gezeigt werden, dass eine unbedachte Anwendung ihrer Prinzipien zu Schwierigkeiten führt. Cantor selbst ist etwa 1895 auf solche gestossen, hat aber nichts darüber veröffentlicht. Im Jahre 1897 erschien dann eine Arbeit von Burali-Forti, in der ein Satz über Ordnungszahlen bewiesen wird, der einem im selben Jahr veröffentlichten Ergebnis von Cantor widerspricht. Dieser Widerspruch wird die Antinomie von Burali-Forti genannt — Burali-Forti selbst scheint sich aber nicht bewusst gewesen zu sein, welch verhängnisvollen Satz er bewies. Einige Jahre später hat dann Russell den Widerspruch auf die denkbar einfachste Form gebracht. Diese Russellsche Antinomie soll nun erläutert werden.

Wir stellen uns dazu zunächst die Frage, ob es Mengen gebe, die sich selbst als Element enthalten. Unter den in der Mathematik üblicherweise betrachteten Mengen kommt keine solche vor; es ist dennoch sehr leicht, die Existenz einer solchen Menge nachzuweisen. Betrachten wir nämlich die Menge M aller Mengen; M ist selbst eine Menge und daher auch Element von M. Es sei nun R die Menge derjenigen Mengen, die sich nicht selbst als Element enthalten: eine Menge m ist somit dann und nur dann Element von R, wenn m nicht Element von m ist. Da dies für alle Mengen m gilt, gilt es insbesondere auch für die Menge R: R ist genau dann Element von R, wenn R nicht Element von R. Oder ausführlicher: falls R Element von R, so ist R nicht Element von R; falls R nicht Element von R, so ist R Element von R. Dies ist ein offenbarer Widerspruch.

Russell hat dieser Antinomie auch eine Form gegeben, in der von Mengen gar nicht die Rede ist. Zur Verdeutlichung möge sie hier genannt sein: Ein Begriff heisse « prädikabel », falls er auf sich selbst zutrifft; der Begriff « abstrakt » zum Beispiel ist abstrakt (wie alle Begriffe) und daher prädikabel. Ein nicht prädikabler Begriff heisse « imprädikabel »: der Begriff « konkret » ist zum Beispiel imprädikabel. Ist nun der Begriff « imprädikabel » prädikabel oder imprädikabel? Ist er imprädikabel, so ist er prädikabel; ist er prädikabel, so trifft er auf sich zu und ist somit imprädikabel.

Doch kehren wir zur Antinomie der Menge R der sich nicht

selbst enthaltenden Mengen zurück : sie ist eine verschärfte Form der Antinomie des « imprädikabel » und fällt mehr in den Rahmen des in der Mathematik üblicherweise Betrachteten.

Es ist für den Mathematiker durchaus nichts Aussergewöhnliches, dass er im Laufe seiner Untersuchungen auf Widersprüche stösst — ja, diese Widersprüche üben eine wichtige Kontrollfunktion aus, weisen sie doch darauf hin, dass ein Fehler begangen worden ist. Gehen wir also unsere Schlussweise noch einmal durch ; sie lässt sich in zwei deutlich unterschiedene Schritte einteilen : 1) Es wird die Existenz einer Menge R mit gewissen Eigenschaften behauptet, 2) es wird gezeigt, dass die Existenz einer solchen Menge einen Widerspruch impliziert. Überprüfen wir zunächst den zweiten Punkt : Aus dem Satz « Für alle Mengen m gilt, dass m genau dann Element von R, wenn m nicht Element von m » haben wir auf den Satz geschlossen « R genau dann Element von R, wenn R nicht Element von R ». Dieser Schluss kann offenbar nur dann angefochten werden, wenn der Begriff « alle » eine von der üblichen abweichende Deutung erhält. Dann haben wir erklärt, dass der Satz « R genau dann Element von R, wenn R nicht Element von R » falsch ist. Dies bedarf wohl keiner näheren Erläuterung ; es kann aus den allereinfachsten logischen Prinzipien bewiesen werden, sogar ohne Benützung des Satzes vom ausgeschlossenen Dritten. Betrachten wir daher den ersten Punkt : die Existenz der Menge R mit den genannten Eigenschaften haben wir aus dem folgenden allgemeinen Prinzip erschlossen : zu jeder Gesamtheit von Objekten gibt es eine Menge, die genau die Objekte dieser Gesamtheit als Elemente enthält. Wie einleuchtend dies auch sein mag, so scheint es doch näher untersucht werden zu müssen.

Bevor wir jedoch dazu übergehen, sollen noch drei Bemerkungen vorangeschickt werden. Auch wenn wir in Betracht ziehen wollten, die Regeln des logischen Schliessens so abzuändern, dass die Antinomie nicht mehr zustande kommt, wären wir doch der Aufgabe nicht enthoben, zu erklären, warum dies gerade in der Mengenlehre nötig ist und nicht auch etwa in der Zahlentheorie.

Zweitens könnte der « Fehler » ausser bei den beiden explizit angegebenen Schlüssen auch bei den allgemeinen Voraussetzungen gesucht werden. Auf diese Frage werden wir zurückkommen ; eine genauere Diskussion des Prinzipes der Mengenbildung soll uns mit dazu dienen, diese Voraussetzungen schärfer zu fassen.

Als drittes soll noch eine leicht abgeänderte Form der Russellschen Antinomie angegeben werden. Die Russellsche Menge kann sich so offensichtlicher Weise weder als Element noch nicht als Element enthalten, dass man versucht sein könnte, die « Auflösung » der Antinomie aus dem Widerspruch selbst entstehen zu lassen. Betrachten wir die Menge Q derjenigen Mengen, die sich zwar nicht selbst als Element enthalten, wohl aber Element einer andern Menge sind. Eine Menge m ist somit genau dann Element von Q, wenn m nicht Element von m und m Element irgendeiner Menge. Die Elemente von Q enthalten sich nicht selbst: Q ist somit nicht Element von Q. Eine Menge, die sich nicht selbst enthält und nicht Element von Q ist, ist Element keiner Menge: Q ist Element keiner Menge. Ein Widerspruch kommt hier nicht zustande. Wohl aber können wir aus der Eigenschaft von Q weiter schliessen, dass es keine Allmenge gibt: eine solche alle Mengen enthaltende Menge müsste ja auch Q als Element enthalten. Anderseits führt aber auch die Annahme der Allmenge für sich allein zu keinem Widerspruch. Wir haben somit gefunden, dass aus der Widerspruchsfreiheit der Annahme der Existenz einer Menge nicht auf die Existenz geschlossen werden darf.

Versuchen wir nun, an Hand eines Beispiels zu erklären, wie es möglich ist, dass es zu einer wohldefinierten Eigenschaft E keine Menge gibt, die genau jene Objekte als Elemente enthält, auf die E zutrifft. Wir denken uns dazu eine Kartothek, auf deren Karten wieder Karten derselben Kartothek aufgeführt sind. Ein Beispiel einer solchen Kartothek wäre etwa das folgende: wir haben drei Karten a, b, c; a führt a und b auf, b die Karten a und c, c die Karte b: $a = (a, b)$, $b = (a, c)$, $c = (b)$. Entsprechend den sich nicht selbst als Element enthaltenden Mengen fragen wir nach den Karten, die sich nicht selbst aufführen. Die Karte a ist die einzige, die sich selbst aufführt; b und c sind somit die sich nicht selbst aufführenden Karten. In der Kartothek gibt es keine Karte, die genau b und c aufführt, doch nichts hindert, eine solche Karte $d = (b, c)$ herzustellen und in die Kartothek zu legen. Sie besteht dann aus den folgenden vier Karten: $a = (a, b)$, $b = (a, c)$, $c = (b)$,

$d = (b, c)$. In dieser Kartothek führen sich die Karten b, c und d nicht selbst auf, und es gibt keine Karte, die genau diese Karten aufführt. Hätten wir vielleicht eine solche erhalten, wenn wir die neue Karte sich selbst hätten aufführen lassen? Legen wir statt d die Karte $e = (b, c, e)$ in die Kartothek, so besteht sie aus den folgenden Karten: $a = (a, b)$, $b = (a, c)$, $c = (b)$, $e = (b, c, e)$. Hier führen b und c sich nicht selbst auf — und wieder gibt es keine Karte, die genau diese beiden aufführt. Und ebenso wie wir gezeigt haben, dass keine Menge genau diejenigen Mengen als Elemente enthalten kann, die sich nicht selbst enthalten, können wir beweisen, dass es in einer Kartothek keine Karte gibt, die genau die sich nicht selbst aufführenden Karten aufführt.

Es gibt somit in jeder Kartothek eine Gesamtheit G von Karten, zu der es keine Karte gibt, die genau jene aus G aufführt. (Für endliche Kartotheken ist dies ziemlich selbstverständlich, doch wollen wir auch unendliche Kartotheken in Betracht ziehen.) Dieser Satz schliesst aber natürlich nicht aus, dass es stets möglich ist, eine genau die Karten aus G aufführende Karte herzustellen und diese in die Kartothek zu legen. Nur müssen wir mit der Möglichkeit rechnen, dass eine Eigenschaft E, die in der alten Kartothek genau auf die Karten aus G zutrifft, in der neuen Kartothek für andere Karten erfüllt ist (und dies auch dann, wenn wir wissen, dass die neue Karte die Eigenschaft E nicht besitzt).

Fragen wir uns nun, welche Voraussetzungen über die Kartothek zu machen sind, damit die Russellsche Antinomie zustande kommt. Nach dem obigen genügen dazu die beiden folgenden Annahmen:

1) Zu jeder Gesamtheit G von Karten einer Kartothek lässt sich eine Karte herstellen, die genau die Karten aus G aufführt.
2) Es gibt eine vollständige Kartothek, das heisst eine Kartothek, die jede Karte enthält, die Karten dieser Kartothek aufführt.

Auf Grund dieser beiden Annahmen kommt der Widerspruch dadurch zustande, dass wir schliessen können, dass jede Gesamtheit von Karten der vollständigen Kartothek durch eine Karte dieser Kartothek aufgeführt wird. Nach 1) gibt es nämlich zu einer Gesamtheit überhaupt eine solche Karte, nach 2) somit auch eine Karte der Kartothek.

Die Übertragung dieser beiden Voraussetzungen in die Sprache der Mengenlehre bietet keine Schwierigkeit: die erste bedeutet, dass die Objekte einer wohldefinierten Gesamtheit zu einer Menge zusammengefasst werden können. Eine solche Zusammenfassung ist als Konstruktion aufzufassen; ein Hinweis auf den konstruktiven Zug ist auch in der üblichen Bezeichnungsweise « Definition durch Abstraktion » deutlich erkennbar. Eine ausführliche Begründung dieser These ist wohl überflüssig: wie etwa durch Betrachtung von Paaren reeller Zahlen und durch geeignete Verknüpfungsvorschriften der Körper der komplexen Zahlen konstruiert werden kann, so wird zu einer Gesamtheit G ein Objekt m gesetzt, zu dem genau die Objekte aus G in der Elementbeziehung stehen.

Die Voraussetzung der Vollständigkeit lässt sich in ihrer mengentheoretischen Form folgendermassen beschreiben: es gibt ein System S von Mengen mit der Eigenschaft, dass jede Menge von Mengen dieses Systems S wieder eine Menge aus S ist. Die nächstliegende Begründung dieser These besteht darin, zu sagen, dass das System aller Mengen offenbar die gewünschte Eigenschaft besitze. Und wenn dagegen eingewendet wird, dass die Mengen ja konstruierte Objekte sind und nie alle Konstruktionen durchgeführt werden können, so kann entgegnet werden, dass durch diese Konstruktionen ja nur die Existenz nachgewiesen werde, dass alles Konstruierbare unabhängig von der Konstruktion, dass es « an-sich » existiere. Setzen wir diese « an-sich »-Auffassung für unendliche Gesamtheiten nicht als selbstverständlich voraus, so charakterisiert sich die obige Überlegung als Versuch, die Vollständigkeit aus der « an-sich »-Auffassung zu begründen.

Für das Zustandekommen der Antinomien sind somit die beiden folgenden Voraussetzungen wesentlich: 1) Zusammenfassbarkeit von Gesamtheiten zu einer Menge, 2) Existenz eines vollständigen Systems; die zweite Annahme haben wir aus der « an-sich »-Auffassung erschlossen (2'). Auf Grund dieser Zergliederung der Voraussetzungen, die zu den Antinomien der Mengenlehre führen, sollen nun einige mögliche Stellungnahmen beschrieben werden. Von Zwischenstufen abgesehen ergeben sich die folgenden Alternativen: Ablehnung von *a)* Zusammenfassbarkeit, *b)* « an-sich »-Auffassung, *c)* des Schlusses von der « an-sich »-Auffassung auf Vollständigkeit.

Betrachten wir zunächst die Ablehnung der « an-sich »-Auffassung für unendliche Gesamtheiten : solche Gesamtheiten dürfen nur als werdend, potentiell, nicht aktual unendlich gedacht werden. Ein solcher Standpunkt liegt dem Intuitionismus von Brower zugrunde, ist aber auch schon vor der Entdeckung der Antinomien von Kronecker vertreten worden. Die Zahlentheorie lässt sich noch mehr oder weniger im klassischen Sinne durchführen, in der Analysis aber werden tiefgreifende Änderungen nötig. Es ist auch versucht worden, trotz Ablehnung der « an-sich »-Auffassung die klassische Mathematik aufrechtzuerhalten : dies war das Ziel der Hilbertschen Beweistheorie. Die klassische Mathematik lässt sich nämlich ohne « an-sich »-Auffassung für unendliche Gesamtheiten darum nicht mehr in der gewohnten Form begründen, weil dann nicht nur die Vollständigkeit dahinfällt, die zu den Antinomien führt, sondern auch jene, die zum Beispiel in der Analysis vorausgesetzt wird. Hilbert suchte nun eine andere Stütze für diese Vollständigkeit, und zwar glaubte er sie im Beweis ihrer Widerspruchsfreiheit zu finden. Dieser Versuch hat insofern mit einer Enttäuschung geendet, als es bis heute nicht gelungen ist, die Widerspruchsfreiheit der Analysis zu beweisen. Es muss übrigens betont werden, dass die Intuitionisten die Begründung ihrer Thesen nicht einfach in den Antinomien suchen, ganz unabhängig davon lehnen sie die « an-sich »-Auffassung für unendliche Gesamtheiten als unklar, nebelhaft ab, erklären auch etwa, gar nicht zu verstehen, was eigentlich gemeint sei.

Eine zweite Möglichkeit, das Zustandekommen der Antinomien zu vermeiden, besteht darin, die These abzulehnen, wonach beliebige Gesamtheiten zu einer Menge zusammengefasst werden können. Es wird dazu etwa folgendermassen argumentiert : wenn wir voraussetzungsgemäss das System aller Mengen betrachten, dann darf beim Versuch, eine Gesamtheit zu einer Menge zusammenzufassen, nicht ausser acht gelassen werden, dass diese Menge auch dem System angehören wird. Führt diese Annahme zu einem Widerspruch (wie etwa bei der Russellschen Menge), so ist gezeigt, dass es keine Menge der verlangten Art gibt. Ein solcher Standpunkt wird von P. Finsler vertreten.

Ein dritter Ansatz geht zurück auf die Axiomatik von Zermelo und die Principia Mathematica von Whitehead und Russell. In unserer Klassifizierung liesse er sich charakterisieren als Versuch, das Prinzip der Mengenbildung und die « an-sich »-Auffassung aufrechtzuerhalten, aber zu bestreiten, dass daraus auf die Vollständigkeit geschlossen werden könne.

Eine genauere Untersuchung des Schlusses aus der « an-sich »-Auffassung auf die Vollständigkeit bietet zunächst darum einige Schwierigkeit, weil dieser Schluss in so unbestimmter Form gegeben wird. Es wird einfach gesagt: wir betrachten das System « aller Mengen », diese Mengen sind da, ganz unabhängig von unseren Konstruktionen; dabei wird hier « Menge » natürlich im Sinne von « mathematischer Menge » verstanden, irgendwelche anderen Gegenstände sollen ausgeschlossen sein. Das System S aller Mengen hat somit den beiden folgenden Bedingungen zu genügen: ein Objekt m soll erstens zu S gehören, wenn es eine Menge von Objekten aus S ist; zweitens aber soll S minimal sein, das heisst es soll nur aus solchen Objekten bestehen, für die dies aus der ersten Forderung folgt. Eine präzisere Fassung dieser Bestimmung von S ist die folgende: ein Objekt gehört genau dann zu S, wenn es zu jeder Gesamtheit gehört, die zum Beispiel die Menge der natürlichen Zahlen enthält und abgeschlossen ist gegenüber der Bildung von Mengen. Bei dieser Formulierung wird besonders deutlich, dass der Begriff « mathematische Menge » hier überhaupt nur definiert ist durch Bezugnahme auf umfassendere Gesamtheiten — insbesondere wird die Existenz einer Gesamtheit, die abgeschlossen ist gegenüber der Bildung von Mengen offenbar der Vorstellung der Gesamtheit « alles Denkbaren » entnommen. Diese Gesamtheit alles Denkbaren ist nun aber so suspekt, dass Schlüsse, in die sie eingeht, wohl ohne weiteres zurückgewiesen werden dürfen.

Der Versuch, aus der « an-sich »-Auffassung unmittelbar auf die Gesamtheit aller Mengen zu schliessen, stellt sich so dar als die Vorwegnahme dessen, was erst geleistet werden muss: die Begründung und Präzisierung des mathematischen Mengenbegriffes.

Eine Begründung in diesem verschärften Sinne wird in der axiomatischen Mengenlehre gegeben durch Angabe der Prozesse, die zur Bildung von Mengen führen. Solche Prozesse sind etwa: Bildung der Menge aller Teilmengen einer Menge; Bildung der

Menge, die aus den Elementen von Elementen einer Menge besteht (Vereinigungsmenge). Vollständigkeit wird dann sinngemässer Weise nur noch hinsichtlich der namhaft gemachten Prozesse verlangt. Doch ist eine solche Aufzählung nicht abschliessend gemeint und nichts hindert, den Bereich der Prozesse zu erweitern, etwa durch Hinzunahme eines Prozesses, der die Menge derjenigen Elemente liefert, die durch die vorigen Prozesse erzeugt werden. Es darf nur nicht in den alten Fehler verfallen werden, Vollständigkeit in der Gesamtheit der Prozesse anzunehmen.

Die geschilderten Stellungnahmen sind nicht die einzigen, die vorgeschlagen worden sind. Aber schon sie zeigen, dass die Verlegenheit, die die Antinomien der Mathematik bereiten, mehr in der Fülle als im Mangel an Lösungsvorschlägen beruht. Dadurch erinnern sie an gewisse Probleme der Philosophie, mit denen sie auch sonst manches gemeinsam haben. Als allgemeinste Lehre aus den Antinomien könnte somit die Einsicht angesprochen werden, dass sich das Mathematische nicht so vollkommen von allem übrigen trennen lässt, wie die Mathematiker es sich gewünscht haben.

Zusammenfassung

Nach einer kurzen Erläuterung des mathematischen Mengenbegriffes wird gezeigt, dass die naive Mengenlehre zu Widersprüchen führt (Russellsche Antinomie). Es werden die Voraussetzungen, die zu den Antinomien führen, analysiert und einige Vorschläge besprochen, die zu ihrer Vermeidung gemacht worden sind.

Résumé

Après de brèves explications sur la notion d'ensembles mathématique, il est démontré que la théorie des ensembles naïve conduit à des contradictions (antinomie de Russell p. ex.). Les conditions qui mènent à ces antinomies y sont analysées et quelques propositions qui ont été faites pour les éviter y sont traitées.

Summary

After a brief explanation of the mathematical notion of set it is shown that the naïve theory of sets is inconsistent (Russel's antinomy e. g.). The hypotheses which lead to these antinomies are analysed and some of the suggestions that have been made to avoid them are discussed.

Verallgemeinerte Kontinuumshypothese und Auswahlaxiom

Herrn Professor A. OSTROWSKI zum 60. Geburtstag gewidmet

Von E. SPECKER in Zürich

LINDENBAUM und TARSKI [1]) haben ohne Beweis zwei Sätze angegeben, die eine Beziehung zwischen verallgemeinerter Kontinuumshypothese und Auswahlaxiom herstellen [2]). Im folgenden wird eine gemeinsame Verschärfung dieser beiden Sätze bewiesen. Der wesentliche Schritt hierzu ist der Beweis des folgenden Satzes (ohne Benützung des Auswahlaxioms): Die Mächtigkeit der Paarmenge $a \times a$ [3]) einer Menge a mit mindestens fünf Elementen ist nicht größer oder gleich der Mächtigkeit der Potenzmenge von a.

Als Axiomensystem sei dasjenige der Axiome I, II, III, V und VI von BERNAYS [1] gewählt (d. h. alle Axiome mit Ausnahme von Auswahl- und Fundierungsaxiom); dieses System ist für unsere Zwecke besonders geeignet, weil es gestattet, Kardinalzahlen als Klassen einzuführen.

1. Kardinalzahlen

1.1. *Definition.* Wir definieren Kardinalzahlen als Äquivalenzklassen der Gleichmächtigkeitsrelation: Eine Klasse C ist genau dann eine Kardinalzahl, wenn sie nicht leer ist und wenn die Menge d dann und nur dann Element von C ist, wenn sie eineindeutig auf jedes Element von C abgebildet werden kann. Jede Menge a ist Element genau einer Kardinalzahl $\mathfrak{m}$ (der Kardinalzahl von a); $\mathfrak{m}$ heißt auch „Mächtigkeit von a". Eine Kardinalzahl ist ein Aleph, wenn sie eine Ordnungszahl enthält (oder gleichbedeutend: wenn ihre Elemente wohlgeordnet werden können). Kardinalzahlen werden mit kleinen gotischen Buchstaben, Alephs mit „Alephs" bezeichnet.

1.2. *Größenbeziehungen zwischen Kardinalzahlen.* Die Kardinalzahl $\mathfrak{m}$ ist kleinergleich der Kardinalzahl $\mathfrak{n}$ ($\mathfrak{m} \leqq \mathfrak{n}$), wenn $\mathfrak{m}$ eine Menge c, $\mathfrak{n}$ eine Menge d enthält, so daß c Teilmenge von d ist. Die Kardinalzahl $\mathfrak{m}$ ist kleiner als die Kardinalzahl $\mathfrak{n}$ ($\mathfrak{m} < \mathfrak{n}$), wenn $\mathfrak{m} \leqq \mathfrak{n}$ und $\mathfrak{m} \neq \mathfrak{n}$. Die Kardinalzahlen sind durch die Relation „$\leqq$" teilweise geordnet.

---

[1]) Siehe [3], Sätze 89 und 90 (S. 314). (Die Ziffern in eckigen Klammern verweisen auf das Literaturverzeichnis am Ende der Arbeit.)

[2]) Die Sätze werden in 1.5 angegeben.

[3]) Die Paarmenge $a \times b$ zweier Mengen a, b ist die Menge der geordneten Paare $\langle c, d \rangle$, $c \in a$ und $d \in b$.

1.3. *Summe, Produkt und Potenz von Kardinalzahlen.* Es seien $\mathfrak{m}$ und $\mathfrak{n}$ Kardinalzahlen.

1.31. Es gibt Mengen a, b mit $a \in \mathfrak{m}$, $b \in \mathfrak{n}$ und $a \cap b = 0$ (0 ist die leere Menge). Die Kardinalzahl der Vereinigungsmenge $a \cup b$ bezeichnen wir mit „$\mathfrak{m} + \mathfrak{n}$" („Summe von $\mathfrak{m}$ und $\mathfrak{n}$"). Die Summe ist unabhängig von der Wahl von a und b.

1.32. Es sei $a \in \mathfrak{m}$, $b \in \mathfrak{n}$. Die Kardinalzahl der Paarmenge $a \times b$ bezeichnen wir mit „$\mathfrak{m}\,\mathfrak{n}$" („Produkt von $\mathfrak{m}$ und $\mathfrak{n}$"), im Falle $\mathfrak{m} = \mathfrak{n}$ auch mit „$\mathfrak{m}^2$". Das Produkt von $\mathfrak{m}$ und $\mathfrak{n}$ ist unabhängig von der Wahl von $a \in \mathfrak{m}$, $b \in \mathfrak{n}$.

1.33. Es sei $a \in \mathfrak{m}$. Die Kardinalzahl der Potenzmenge von a bezeichnen wir mit „$2^{\mathfrak{m}}$". Sie ist unabhängig von der Wahl von $a \in \mathfrak{m}$.

1.34. Diese Verknüpfungen erfüllen die bekannten Gesetze, z. B.

$$\begin{aligned} &\mathfrak{m} + \mathfrak{n} = \mathfrak{n} + \mathfrak{m}\,, \\ &2^{\mathfrak{m}+\mathfrak{n}} = 2^{\mathfrak{m}}\, 2^{\mathfrak{n}}\,, \\ &\mathfrak{m} \leqq \mathfrak{n} \to \mathfrak{m} + \mathfrak{p} \leqq \mathfrak{n} + \mathfrak{p}\,, \\ &\mathfrak{m} < 2^{\mathfrak{m}} \text{ usw.} \end{aligned}$$

1.4. *Die Funktion von* HARTOGS [2]. Zu jeder Kardinalzahl $\mathfrak{m}$ gibt es ein Aleph, das nicht kleinergleich $\mathfrak{m}$ ist; das kleinste solche Aleph bezeichnen wir mit „$\aleph(\mathfrak{m})$". Wir werden die folgenden Eigenschaften von $\aleph(\mathfrak{m})$ benutzen:

1.41. $$\mathfrak{m} < \mathfrak{m} + \aleph(\mathfrak{m})$$

1.42. $$\text{Ist } \mathfrak{m} + \aleph(\mathfrak{m}) = \mathfrak{m}\,\aleph(\mathfrak{m}), \text{ so ist } \mathfrak{m} < \aleph(\mathfrak{m}).$$

1.43. $$2^{\aleph(\mathfrak{m})} \leqq 2^{2^{\mathfrak{m}^2}}.$$

1.41 ergibt sich unmittelbar aus der Definition von $\aleph(\mathfrak{m})$. 1.42 ist ein Lemma von TARSKI [5]. 1.43 ist von LINDENBAUM und TARSKI angegeben worden [3, Satz 80].

Beweis von 1.43: Es sei $a \in \mathfrak{m}$, n die kleinste Ordnungszahl in $\aleph(\mathfrak{m})$. q sei die Teilmenge derjenigen Elemente der Potenzmenge von $a \times a$, die Teilmengen von a wohlordnen. Ist $\mathfrak{q}$ die Kardinalzahl von q, so ist $\mathfrak{q} \leqq 2^{\mathfrak{m}^2}$. Jedem Element von q ist eindeutig eine Ordnungszahl zugeordnet; nach Definition von n sind diese Ordnungszahlen Elemente von n, und jedes Element von n ist Bild eines Elementes aus q. Die eindeutige Abbildung von q auf n induziert eine eineindeutige Abbildung der Potenzmenge von n in die Potenzmenge von q:

$$2^{\aleph(\mathfrak{m})} \leqq 2^{\mathfrak{q}} \leqq 2^{2^{\mathfrak{m}^2}}.$$

1.5. *Die verallgemeinerte Kontinuumshypothese.* LINDENBAUM und TARSKI [3, S. 313] geben die folgende Definition:

Die Kardinalzahl $\mathfrak{m}$ erfüllt die Kontinuumshypothese $H(\mathfrak{m})$, wenn für jede Kardinalzahl $\mathfrak{x}$ mit

$$\mathfrak{m} \leqq \mathfrak{x} \leqq 2^{\mathfrak{m}}$$

entweder $\mathfrak{m} = \mathfrak{x}$ oder $\mathfrak{x} = 2^{\mathfrak{m}}$ gilt.

Bemerkung: $H(\mathfrak{m})$ ist der folgenden normalen Aussagenfunktion äquivalent (d. h. einer Aussage ohne gebundene Klassenvariable): Jede Teilmenge der Potenzmenge eines Elementes $a \in \mathfrak{m}$, die alle Mengen (c), $c \in a$, enthält, ist entweder Element von $\mathfrak{m}$ oder von $2^{\mathfrak{m}}$.

LINDENBAUM und TARSKI haben die beiden folgenden Sätze ausgesprochen [3]: Gelten $H(\mathfrak{m})$, $H(2^{\mathfrak{m}})$ und $H(2^{2^{\mathfrak{m}}})$, so ist $2^{2^{\mathfrak{m}}}$ (und damit auch $2^{\mathfrak{m}}$ und $\mathfrak{m}$) ein Aleph. Gelten $H(\mathfrak{m}^2)$ und $H(2^{\mathfrak{m}^2})$, so ist $2^{\mathfrak{m}^2}$ ein Aleph.

SIERPIŃSKI hat bewiesen [4]: Gelten $H(\mathfrak{m})$, $H(2^{\mathfrak{m}})$ und $H(2^{2^{\mathfrak{m}}})$, so ist $\mathfrak{m}$ ein Aleph.

Nach dem Beweis des in der Einleitung genannten Hilfssatzes werden wir im dritten Abschnitt zeigen: Gelten $H(\mathfrak{m})$, $H(2^{\mathfrak{m}})$, so ist $2^{\mathfrak{m}}$ ein Aleph.

2. Größenbeziehungen zwischen Kardinalzahlen

Der Hauptinhalt dieses Abschnitts ist der Beweis des folgenden Satzes:

Satz: *Für* $\mathfrak{m} \geqq 5$ *ist nicht* $\mathfrak{m}^2 \geqq 2^{\mathfrak{m}}$.

Bemerkungen:

(1) Ein entsprechender Satz gilt für beliebige endliche Exponenten.

(2) Da $\mathfrak{m} \leqq \mathfrak{m}^2$ und $\mathfrak{m} \leqq 2^{\mathfrak{m}}$, enthält der obige Satz den Satz von CANTOR, daß $\mathfrak{m} < 2^{\mathfrak{m}}$.

(3) Im zugrunde gelegten System kann nicht bewiesen werden, daß $\mathfrak{m}^2 < 2^{\mathfrak{m}}$ für $\mathfrak{m} \geqq 5$.

2.1. Es gibt eine Funktion, die unendlichen Ordnungszahlen n eineindeutige Abbildungen von n auf die Paarmenge $n \times n$ zuordnet[4]). Wir geben im folgenden eindeutige Vorschriften an, die Ordnungszahlen gewisse Abbildungen zuordnen; die entsprechenden Beziehungen sind stets normale Aussagenfunktionen, und es existieren daher auch die zugehörigen Klassen.

2.11. Es gibt eine Funktion, die unendlichen Ordnungszahlen n eine eineindeutige Abbildung von n auf die größte Hauptzahl ω^m zuordnet, die nicht größer als n ist.

Beweis: Jede Ordnungszahl n ist darstellbar in der Form

$$n = \sum_{i=0}^{j} \omega^{m_i} \; (m_i \geqq m_{i+1},\ j \text{ endlich}).$$

$\sum_{i=0}^{j} \omega^{m_i}$ ist durch eine eindeutig definierbare Abbildung eineindeutig auf $\sum_{j}^{0} \omega^{m_i} = \omega^{m_0} k$ (k endlich) abbildbar. Durch alphabetische Ordnung ist eine eineindeutige Abbildung der Paarmenge $p \times q$ zweier Ordnungszahlen p, q auf ihr ordinales Produkt pq definiert, und somit auch von pq auf qp. Es ist $k\,\omega^{m_0} = \omega^{m_0}$ $(m_0 > 0)$, und dieses ist die größte Hauptzahl, die nicht größer als n ist.

[4]) Eine Ordnungszahl ist die Menge der kleineren Ordnungszahlen.

2.12. Es gibt eine Funktion, die unendlichen Ordnungszahlen n eine eineindeutige Abbildung von n auf die ordinale Summe $n + n$ zuordnet.

Beweis: Ist $\omega^m \leqq n + n$, so ist auch $\omega^m \leqq n$; mit Hilfe der in 2.11 eingeführten Funktion läßt sich daher eine Funktion der gewünschten Art definieren.

2.13. Es gibt eine Funktion, die unendlichen Ordnungszahlen n eine eineindeutige Abbildung von n auf $n \times n$ zuordnet.

Beweis: Eineindeutige Abbildungen von n auf m, von m auf $m \times m$ induzieren in natürlicher Weise eine eineindeutige Abbildung von n auf $n \times n$. Nach 2.11 genügt es daher, eine Funktion zu definieren, die Ordnungszahlen ω^m eine eineindeutige Abbildung von ω^m auf $\omega^m \times \omega^m$ zuordnet. Eine Abbildung von $\omega^m \times \omega^m$ auf $\omega^m \omega^m = \omega^{m+m}$ ist eindeutig definierbar. Für $m \geqq \omega$ ist nach 2.12 eine Abbildung von $m + m$ auf m definiert, und diese Abbildung induziert auf Grund der Definition der ordinalen Potenz eine eineindeutige Abbildung von ω^{m+m} auf ω^m. Für Ordnungszahlen kleiner als ω^ω läßt sich die gewünschte Funktion leicht definieren auf Grund einer Abzählung von ω^ω.

2.2. Es sei C eine Klasse von mindestens 5 Elementen, F eine eineindeutige Abbildung der Klasse P der Teilmengen von C in die Paarklasse $C \times C$ von C. Dann gibt es eine Funktion K, die jeder n-Sequenz von C ein Element von C zuordnet, das der Sequenz nicht angehört. (Eine n-Sequenz von C ist eine Abbildung der Ordnungszahl n in C; ein Element gehört ihr nicht an, wenn es nicht Element der Bildmenge ist.)

Wir ordnen jeder Sequenz von C eindeutig ein ihr nicht angehörendes Element zu auf Grund

(1) der Abbildung F,

(2) einer 5-Sequenz s_0 von C, die aus lauter verschiedenen Elementen besteht,

(3) einer Wohlordnung der Klasse der endlichen Mengen von endlichen Ordnungszahlen,

(4) einer Funktion G, die unendlichen Ordnungszahlen n eine eineindeutige Abbildung von n auf $n \times n$ zuordnet,

(5) einer Funktion H, die einer n-Sequenz eine m-Sequenz zuordnet, die dieselbe Bildmenge besitzt und eineindeutig ist.

Die auftretenden Fallunterscheidungen und Zuordnungen drücken sich durch normale Aussagenfunktionen aus, und es läßt sich daher die definierte Funktion durch eine Klasse von Paaren darstellen.

(a) Auf Grund von (5) genügt es, die Funktion zu definieren für eineindeutige Sequenzen. Auf solche beschränken wir uns im folgenden.

(b) Die n-Sequenz enthalte weniger als 5 Elemente. Wir ordnen ihr das erste Element der 5-Sequenz s_0 zu, das ihr nicht angehört.

(c) Die n-Sequenz s enthalte mindestens 5, aber nur endlich viele Elemente; es sei c die Bildmenge der Sequenz s.

Die gegebene Abbildung F induziert eine Abbildung der Potenzmenge p von c in $C \times C$. Die Menge p besitzt mehr Elemente als die Menge $c \times c$, es wird somit ein Element von p auf ein Paar abgebildet, das nicht zu $c \times c$ gehört. Auf Grund von (3) und der Zuordnung der Elemente von c zu Ordnungszahlen ist in natürlicher Weise eine Wohlordnung von p definiert; das Bild des ersten Elementes von p, das nicht in $c \times c$ abgebildet wird, sei das Paar $\langle a, b. \rangle$ Es ist dann $a \notin c$ oder $b \notin c$. Das Bild von s bei der zu definierenden Funktion sei nun a, falls $a \notin c$, andernfalls b.

(d) Die n-Sequenz s sei unendlich; c sei die Bildmenge von s, p die Potenzmenge von c.

Die Abbildung F induziert eine eineindeutige Abbildung F_p von p in $C \times C$. Wir definieren eine (nicht notwendigerweise eineindeutige) Abbildung L von $c \times c$ in p: Für Elemente $q \in c \times c$, die bei der Abbildung F_p Bild sind, sei $L(q) = F_p^{-1}(q)$, für die übrigen $q \in c \times c$ sei $L(q)$ die leere Menge. Nach (4) und der durch s gegebenen Zuordnung der Elemente von c zu denjenigen einer Ordnungszahl ist in natürlicher Weise eine eineindeutige Abbildung M von c auf $c \times c$ definiert. Es sei $L' = L\,M$ die Zusammensetzung von L und M: L' bildet c in ihre Potenzmenge p ab. Es sei t die Teilmenge derjenigen Elemente von c, die nicht in ihrem L'-Bild enthalten sind (Diagonalverfahren). Die Menge t ist nicht Bild bei L' und somit auch nicht bei L: Bei der Abbildung F_p wird die Menge t auf ein Paar $\langle a, b \rangle$ abgebildet, das nicht Element von $c \times c$ ist. Als Bild von s bei der zu konstruierenden Funktion definieren wir a, falls $a \notin c$, andernfalls b.

2.3. Es sei C eine Klasse von mindestens 5 Elementen, F eine eineindeutige Abbildung der Klasse P der Teilmengen von C in die Paarklasse $C \times C$ von C. Dann gibt es eine eineindeutige Abbildung der Klasse aller Ordnungszahlen in die Klasse C.

Beweis: Auf Grund der in 2.2 eingeführten Funktion läßt sich eine solche Abbildung unmittelbar durch transfinite Rekursion definieren.

2.4. Es sei c eine Menge von mindestens 5 Elementen, p die Potenzmenge von c. Dann gibt es keine eineindeutige Abbildung von p in $c \times c$.

Beweis: Nach 2.3 enthielte eine solche Menge zu jedem Aleph $\aleph$ eine Teilmenge der Mächtigkeit $\aleph$, was nach 1.4 nicht der Fall ist.

Anders ausgedrückt besagt 2.4: Für $5 \leqq \mathfrak{m}$ ist nicht $2^{\mathfrak{m}} \leqq \mathfrak{m}^2$, insbesondere also $2^{\mathfrak{m}} \neq \mathfrak{m}^2$.

2.51. Für $2 \leqq \mathfrak{m}$ ist $\mathfrak{m} + 1 < 2^{\mathfrak{m}}$.

Beweis: Es ist $\mathfrak{m} + 1 \leqq \mathfrak{m}^2$, $\mathfrak{m} + 1 \leqq 2^{\mathfrak{m}}$; aus $\mathfrak{m} + 1 = 2^{\mathfrak{m}}$ folgte $2^{\mathfrak{m}} \leqq \mathfrak{m}^2$, entgegen 2.4.

2.52. Es sei $\mathfrak{k}$ eine endliche Kardinalzahl. Dann gibt es eine solche endliche Kardinalzahl $\mathfrak{k}_0$, daß für $\mathfrak{k}_0 \leqq \mathfrak{m}$ gilt $\mathfrak{k}\mathfrak{m} < 2^{\mathfrak{m}}$ [3, Satz 63].

Beweis: Für geeignetes endliches $\mathfrak{k}_0$ und $\mathfrak{k}_0 \leqq \mathfrak{m}$ gilt $\mathfrak{k}\mathfrak{m} \leqq \mathfrak{m}^2$, $\mathfrak{k}\mathfrak{m} \leqq 2^{\mathfrak{m}}$. Aus $\mathfrak{k}\mathfrak{m} = 2^{\mathfrak{m}}$ folgte somit $2^{\mathfrak{m}} \leqq \mathfrak{m}^2$, entgegen 2.4.

3. $H(\mathfrak{m})$ und $H(2^{\mathfrak{m}})$ impliziert $2^{\mathfrak{m}} = \aleph(\mathfrak{m})$.

Wir zeigen: Gelten $H(\mathfrak{m})$ und $H(2^{\mathfrak{m}})$, so ist $2^{\mathfrak{m}} = \aleph(\mathfrak{m})$. Wir dürfen annehmen, daß $\mathfrak{m}$ nicht endlich ist.

3.1. Aus $H(\mathfrak{m})$ folgt $\mathfrak{m} + 1 = \mathfrak{m}$.

Beweis: Nach 2.51 ist $\mathfrak{m} \leqq \mathfrak{m} + 1 < 2^{\mathfrak{m}}$.

3.2. Aus $H(\mathfrak{m})$ folgt $2\,\mathfrak{m} = \mathfrak{m}$.

Beweis: Nach 2.52 ist $\mathfrak{m} \leqq 2\,\mathfrak{m} < 2^{\mathfrak{m}}$.

3.3. Aus $H(\mathfrak{m})$ folgt $\mathfrak{m}^2 = \mathfrak{m}$.

Beweis: Es ist $\mathfrak{m} \leqq 2^{\mathfrak{m}}$ und somit $\mathfrak{m}^2 \leqq 2^{\mathfrak{m}}\, 2^{\mathfrak{m}} = 2^{2\mathfrak{m}}$. Nun ist nach 3.2 $2\mathfrak{m} = \mathfrak{m}$ und somit $\mathfrak{m}^2 \leqq 2^{\mathfrak{m}}$. Nach 2.4 ist $\mathfrak{m}^2 \neq 2^{\mathfrak{m}}$ und daher $\mathfrak{m} \leqq \mathfrak{m}^2 < 2^{\mathfrak{m}}$.

3.4. Aus $H(\mathfrak{m})$ und $H(2^{\mathfrak{m}})$ folgt $2^{\mathfrak{m}} = \aleph(\mathfrak{m})$.

Beweis: Es sollen $H(\mathfrak{m})$ und $H(2^{\mathfrak{m}})$ gelten. Nach 3.1, 3.2, 3.3 ist dann $\mathfrak{m} = \mathfrak{m} + 1 = 2\,\mathfrak{m} = \mathfrak{m}^2$. Ferner ist

$$2^{\mathfrak{m}} \leqq 2^{\mathfrak{m}} + \aleph(\mathfrak{m}) < 2^{[2^{\mathfrak{m}} + \aleph(\mathfrak{m})]} = 2^{2^{\mathfrak{m}}}\, 2^{\aleph(\mathfrak{m})}.$$

Nun ist nach 1.43 $2^{\aleph(\mathfrak{m})} \leqq 2^{2^{\mathfrak{m}^2}} = 2^{2^{\mathfrak{m}}}$ und somit wegen $2^{2^{\mathfrak{m}}}\, 2^{2^{\mathfrak{m}}} = 2^{2^{\mathfrak{m}+1}} = 2^{2^{\mathfrak{m}}}$

$$2^{\mathfrak{m}} \leqq 2^{\mathfrak{m}} + \aleph(\mathfrak{m}) < 2^{2^{\mathfrak{m}}}.$$

Aus $H(2^{\mathfrak{m}})$ folgt demnach

$$2^{\mathfrak{m}} = 2^{\mathfrak{m}} + \aleph(\mathfrak{m}), \text{ d. h. } \aleph(\mathfrak{m}) \leqq 2^{\mathfrak{m}}.$$

Nach 1.41 ist $\mathfrak{m} + \aleph(\mathfrak{m}) > \mathfrak{m}$. Allgemein gilt für nicht endliche $\mathfrak{m}, \mathfrak{n}$: $\mathfrak{m} + \mathfrak{n} \leqq \mathfrak{m}\,\mathfrak{n}$, und somit

$$\mathfrak{m} < \mathfrak{m} + \aleph(\mathfrak{m}) \leqq \mathfrak{m}\,\aleph(\mathfrak{m}) \leqq \mathfrak{m}\, 2^{\mathfrak{m}} \leqq 2^{\mathfrak{m}}\, 2^{\mathfrak{m}} = 2^{2\mathfrak{m}} = 2^{\mathfrak{m}}.$$

Aus $H(\mathfrak{m})$ folgt demnach

$$\mathfrak{m} + \aleph(\mathfrak{m}) = \mathfrak{m}\,\aleph(\mathfrak{m}) \; (= 2^{\mathfrak{m}})$$

und nach 1.42

$$\mathfrak{m} < \aleph(\mathfrak{m}) \leqq 2^{\mathfrak{m}}.$$

Eine letzte Anwendung von $H(\mathfrak{m})$ ergibt

$$\aleph(\mathfrak{m}) = 2^{\mathfrak{m}}.$$

Literaturverzeichnis

[1] P. Bernays, A system of axiomatic set theory. J. Symbolic Logic 2, 65—77 (1937) und 6, 1—17 (1941).

[2] F. Hartogs, Über das Problem der Wohlordnung. Math. Ann. **76**, 438—443 (1915).

[3] A. Lindenbaum und A. Tarski, Communications sur les recherches de la théorie des ensembles. Comptes rendus de la Société des Sciences et des Lettres de Varsovie **19**, 299—330 (1926).

[4] W. Sierpiński, L'hypothèse généralisée du continu et l'axiome du choix. Fundamenta Math. **33**, 137—168 (1945).

[5] A. Tarski, Sur quelques théorèmes qui équivalent à l'axiome du choix. Fundamenta Math. **5**, 147—154 (1924).

Eingegangen am 16. 11. 1953

ZUR AXIOMATIK DER MENGENLEHRE
(FUNDIERUNGS- UND AUSWAHLAXIOM)

Von Ernst Specker in Zürich

Einleitung

Die vorliegende Arbeit[1]) beschäftigt sich mit dem Fundierungs- und dem Auswahlaxiom. Als Rahmen der Untersuchung ist dabei das Axiomensystem der Mengenlehre gewählt, das von P. Bernays aufgestellt worden ist (vgl. Literaturverzeichnis, in dem auch die Art des Zitierens angegeben ist).

Im ersten Teil wird gezeigt, daß das Fundierungsaxiom (B II, 6) von den übrigen Axiomen unabhängig ist. Das Modell, das diese Unabhängigkeit nachweist, wird durch folgende Betrachtung nahegelegt. Es sei a eine Menge, t die transitive Hülle von a, d. h. die kleinste Menge, die a umfaßt und mit einer Menge auch ihre Elemente enthält. In t läßt sich in natürlicher Weise eine teilweise Ordnung erklären: $u \leqq v$ genau dann, wenn es Elemente w_i $(i = 1, \ldots, n)$ gibt, mit $u = w_1$, $v = w_n$ und $w_i \in w_{i+1}$ $(i = 1, \ldots, n - 1)$. Umgekehrt können auf Grund von teilweise geordneten Mengen Modelle von Axiomensystemen der Mengenlehre definiert werden.[2]) Bei der Definition dieser Modelle werden die Axiome I—III (B I, 67—69), das Teilklassenaxiom Va (B II, 2) und das Paarklassenaxiom (B IV, 133) vorausgesetzt. Es wird dann gezeigt, daß auch das Modell diese Axiome erfüllt. Erfüllt die Mengenlehre zusätzlich das Unendlichkeitsaxiom VI (B II, 5), so enthält das Modell Mengen a, deren einziges Element im Modellsinn a selbst ist. Die Gültigkeit des Unendlichkeitsaxioms und des Potenzaxioms (B II, 2) im Modell folgt je aus der Gültigkeit des Axioms in der Mengenlehre. Das Summenaxiom (B II, 2) im Modell folgt aus dem Auswahlaxiom in der Mengenlehre; das Auswahlaxiom ist dabei entbehrlich für den Beweis der Existenz der Vereinigungsmenge einer Menge von paarweise fremden Mengen. Das Auswahlaxiom (B II, 1) scheint im Modell nur bei sehr starken Voraussetzungen bewiesen werden zu können; es wird daher ein verschärftes Auswahlaxiom formuliert, dessen Gültigkeit im Modell aus jener in der Mengenlehre folgt.

---

[1]) Sie wurde 1951 der Eidgenössischen Technischen Hochschule in Zürich als Habilitationsschrift eingereicht. Der hier nicht aufgenommene Teil ist unter dem Titel „Verallgemeinerte Kontinuumshypothese und Auswahlaxiom" erschienen im Archiv der Mathematik 5 (1954), 332—337. Herrn P. Bernays danke ich für wertvolle Hinweise und das Interesse, das er dieser Arbeit entgegengebracht hat.

[2]) Diese Beziehung zwischen Mengen und geordneten Systemen spielt in den Arbeiten von P. Finsler zur Grundlegung der Mengenlehre eine wichtige Rolle.

Diese Verschiebungen in der Gültigkeit der Axiome beim Übergang von der zugrunde gelegten Mengenlehre zum Modell erklären sich daraus, daß Mengen des Modells von der Mengenlehre aus gesehen nur bis auf Isomorphie bestimmt sind. Da dies auch an und für sich von Interesse ist, wird gezeigt, wie das Modell zu modifizieren ist, damit es das Fundierungsaxiom erfüllt.

Das von P. BERNAYS in B II, 9 angekündigte Modell zum Beweis der Unabhängigkeit des Fundierungsaxioms scheint sich von dem hier gegebenen wesentlich zu unterscheiden.[1])

Im zweiten Teil der Arbeit wird gezeigt, daß das Auswahlaxiom unabhängig ist vom Axiomensystem, das aus allen Axiomen mit Ausnahme des Auswahl- und des Fundierungsaxioms (d. h. aus den Axiomen I—III, V und VI besteht). Das Modell, das diese Unabhängigkeit beweist, schließt sich eng an die von FRAENKEL und MOSTOWSKI betrachteten Modelle an. Der Unterschied besteht darin, daß die Rolle der Urelemente in diesen Modellen übernommen wird von Mengen, die gleich ihrem einzigen Element sind. Neben der Unabhängigkeit des Auswahlaxioms weisen die Modelle nach, daß die beiden folgenden Sätze ohne Auswahl- und Fundierungsaxiom nicht beweisbar sind: Die Potenzmenge einer Menge ist entweder endlich oder transfinit (d. h. enthält eine abzählbare Teilmenge). Für Mächtigkeiten $\mathfrak{m} \geqq 5$ ist $\mathfrak{m}^2$ kleiner als $2^{\mathfrak{m}}$.[2])

Im dritten Teil werden im Anschluß an die Dissertation von CHURCH gewisse Alternativen zum Auswahlaxiom betrachtet. Die Alternativen von CHURCH beziehen sich auf die Existenz von Funktionen, die ω-Limeszahlen eine gegen sie konvergierende Folge zuordnen. Wir zeigen, daß aus der Widerspruchsfreiheit gewisser dieser Alternativen die Widerspruchsfreiheit der Annahme von unerreichbaren Kardinalzahlen folgt; dazu wird in der Mengenlehre, die eine solche Alternative erfüllt, das Modell von GÖDEL konstruiert und bewiesen, daß in diesem Modell die kleinste Ordnungszahl, die in der zugrunde gelegten Mengenlehre weder 0 noch Nachfolger noch ω-Limes ist, eine unerreichbare Kardinalzahl ist.

Es wird sodann die Alternative betrachtet, daß das Kontinuum die Vereinigung ist von abzählbar vielen abzählbaren Mengen; diese Alternative zieht z. B. nach sich, daß $\aleph_1$ und die Mächtigkeit des Kontinuums nicht vergleichbar sind.

Es scheint eine noch viel stärkere Annahme als die obige mit den Axiomen der Mengenlehre verträglich zu sein, nämlich diejenige, daß die Potenzmenge einer Menge der Mächtigkeit $\mathfrak{m}$ die Vereinigung ist von abzählbar vielen Mengen der Mächtigkeit $\mathfrak{m}$. Wir zeigen, daß aus der Widerspruchsfreiheit dieser Alternative zum

---

[1]) Dieses Modell ist inzwischen veröffentlicht worden: P. BERNAYS, A system of axiomatic set theory — part VII, The Journal of Symbolic Logic **19** (1954), 81—96. Eine ausführlichere Darstellung findet sich in der Arbeit von E. MENDELSON, The independence of a weak axiom of choice, ibidem **21** (1956), 350—366. Der zweite Teil unserer Arbeit überschneidet sich insofern mit der Arbeit von E. MENDELSON, als in beiden gezeigt wird, daß das Auswahlaxiom unabhängig ist von einem Axiomensystem ohne Auswahl- und Fundierungsaxiom.

[2]) Dieser letzte Satz ist in der in Anmerkung 1 zitierten Arbeit ohne Beweis angegeben. Auf gleiche Art kann noch von vielen Folgerungen aus dem Auswahlaxiom nachgewiesen werden, daß sie ohne Auswahl- und Fundierungsaxiom nicht beweisbar sind; ein Beispiel: Jeder Körper besitzt einen algebraisch abgeschlossenen Erweiterungskörper.

Auswahlaxiom die Widerspruchsfreiheit der Annahme folgt, daß ausgehend von abzählbaren Mengen jede Menge durch fortschreitende Bildung der Vereinigung von abzählbar vielen Mengen erhalten werden kann. Etwas genauer läßt sich diese Alternative folgendermaßen ausdrücken: Es sei G_0 die Klasse der abzählbaren Mengen, G_α für eine Ordnungszahl $\alpha > 0$ die Klasse derjenigen Mengen, die Vereinigung sind von abzählbar vielen Mengen aus Klassen G_β mit $\beta < \alpha$; dann ist jede Menge Element einer gewissen Klasse G_α.[1])

I. Ein Modell der Mengenlehre, in dem das Fundierungsaxiom nicht gilt

Es wird in diesem Abschnitt das System bestehend aus den Axiomen I—III, Va (Teilklassenaxiom) und dem Paarklassenaxiom (B IV, 133) zugrunde gelegt.

§ 1. Teilweise geordnete Mengen

1.1 Definition der teilweise geordneten Menge:

Eine Menge a ist eine *teilweise geordnete Menge*, falls

1) a eine nicht leere Menge von Paaren ist,
2) $(x)(y)(\langle x, y\rangle \in a \rightarrow \langle x, x\rangle \in a \;\&\; \langle y, y\rangle \in a)$,
3) $(x)(y)(\langle x, y\rangle \in a \;\&\; \langle y, x\rangle \in a \rightarrow x = y)$,
4) $(x)(y)(z)(\langle x, y\rangle \in a \;\&\; \langle y, z\rangle \in a \rightarrow \langle x, z\rangle \in a)$,
5) $(Ex)(y)(\langle y, y\rangle \in a \equiv y \in x)$.

Die Aussage, daß a eine teilweise geordnete Menge ist, ist eine normale Aussagenfunktion $\mathfrak{T}(a)$.

Die Mengen c, für welche $\langle c, c\rangle \in a$, nennen wir „**Elemente der teilweise geordneten Menge a*"; die *Elemente von a bilden nach 5) eine Menge $\mathfrak{t}(a)$.

1.2 Definition einiger normaler Aussagenfunktionen über teilweise geordnete Mengen:

1.21 *c ist erstes *Element der teilweise geordneten Menge a*:

$$\mathfrak{E}_1(a, c) \equiv \mathfrak{T}(a) \;\&\; (x)(\langle x, x\rangle \in a \rightarrow \langle c, x\rangle \in a).$$

Da eine teilweise geordnete Menge nicht leer ist, gilt:

$$\mathfrak{E}_1(a, c) \rightarrow c \in \mathfrak{t}(a).$$

1.22 *c ist ein zweites *Element der teilweise geordneten Menge a*:

$$\mathfrak{E}_2(a,c) \equiv \langle c,c\rangle \in a \;\&\; (Ex)\,\mathfrak{E}_1(a, x) \;\&\; \overline{\mathfrak{E}_1}(a,c) \;\&\; (x)(\langle x, c\rangle \in a \rightarrow \mathfrak{E}_1(a, x) \vee x = c).$$

1.23 *Die Menge b ist der vom *Element c der teilweise geordneten Menge a erzeugte Abschnitt:*

$$\mathfrak{A}(a, b, c) \equiv \mathfrak{T}(a) \;\&\; \langle c, c\rangle \in a \;\&\; (x)[x \in b \equiv (Ey, z)(x = \langle y, z\rangle \;\&\; x \in a \;\&\; \langle c, y\rangle \in a \;\&\; \langle c, z\rangle \in a)].$$

---

[1]) Wir werden zeigen, daß kein G_α die Klasse aller Mengen ist. Dadurch wird eine Frage von A. Tarski beantwortet (The Journal of Symbolic Logic 18 (1953), 18). Tarski gibt dort an, daß eine Menge der Mächtigkeit $\aleph_1^{\aleph_0}$ nicht zu G_1 gehört, woraus gewisse unserer Resultate unmittelbar folgen.

Ein solcher Abschnitt ist eine teilweise geordnete Menge mit erstem *Element c:

$$\mathfrak{A}(a, b, c) \to \mathfrak{T}(b) \;\&\; \mathfrak{E}_1(b, c).$$

Auf Grund des Teilklassenaxioms gehört zu jedem *Element c der teilweise geordneten Menge a ein solcher Abschnitt:

$$\mathfrak{T}(a) \;\&\; \langle c, c\rangle \in a \to (Ex)\, \mathfrak{A}(a, x, c).$$

Abschnitte und ihre ersten *Elemente bestimmen sich eineindeutig.

Die Menge b ist Abschnitt der teilweise geordneten Menge a:

$$\mathfrak{A}(a, b) \equiv (Ex)\, \mathfrak{A}(a, b, x).$$

Es gilt:

$$\mathfrak{A}(a, b) \to \mathfrak{T}(b), \quad \mathfrak{A}(a, b) \;\&\; \mathfrak{A}(b, c) \to \mathfrak{A}(a, c).$$

1.24 *Die Menge b ist Abschnitt der teilweise geordneten Menge a, der von einem zweiten *Element erzeugt wird:*

$$\mathfrak{Z}(a, b) \equiv (Ex)\, [\mathfrak{E}_2(a, x) \;\&\; \mathfrak{A}(a, b, x)].$$

1.25 *Jedes *Element der teilweise geordneten Menge a ist erstes *Element oder folgt auf ein zweites:*

$$\mathfrak{F}(a) \equiv \mathfrak{T}(a) \;\&\; (x)\, (Ey)\, \{\langle x, x\rangle \in a \to \mathfrak{E}_1(a, x) \vee [\mathfrak{E}_2(a, y) \;\&\; \langle y, x\rangle \in a]\}.$$

Es gilt:

$$\mathfrak{F}(a) \;\&\; \langle c, c\rangle \in a \to \mathfrak{E}_1(a, c) \vee (Ex)\, [\mathfrak{Z}(a, x) \;\&\; \langle c, c\rangle \in x].$$

1.26 *Die teilweise geordnete Menge a ist eine Verzweigungsfigur:*

$$\mathfrak{V}(a) \equiv \mathfrak{T}(a) \;\&\; (x)\, (y)\, (z)\, (\langle x, z\rangle \in a \;\&\; \langle y, z\rangle \in a \to \langle x, y\rangle \in a \vee \langle y, x\rangle \in a).$$

(Die *Elemente, die einem *Element vorangehen, sind geordnet.)

Abschnitte von Verzweigungsfiguren sind Verzweigungsfiguren:

$$\mathfrak{V}(a) \;\&\; \mathfrak{A}(a, b) \to \mathfrak{V}(b).$$

1.27 *Die Menge c ist eine eineindeutige und ordnungstreue Abbildung der teilweise geordneten Menge a auf die teilweise geordnete Menge b: $\mathfrak{J}(a, b, c)$.*

Die Aussage, daß die Menge c eine eineindeutige Abbildung der Menge a auf die Menge b ist, ist eine normale Aussagenfunktion $\mathfrak{Ee}(a, b, c)$; ebenso ist eine normale Aussagenfunktion, daß bei der eineindeutigen Abbildung c von a auf b das Bild von d die Menge e ist: $\mathfrak{B}(a, b, c; d, e)$. Damit läßt sich die obige Aussage folgendermaßen ausdrücken:

$$\begin{aligned}\mathfrak{J}(a, b, c) \equiv{} & \mathfrak{T}(a) \;\&\; \mathfrak{T}(b) \;\&\; \mathfrak{Ee}(a, b, c) \\ & \&\; (x)\, (y)\, (Ez)\, [\mathfrak{B}(a, b, c; \langle x, x\rangle, y) \to y = \langle z, z\rangle] \\ & \&\; (x)\, (y)\, (u)\, (v)\, [\mathfrak{B}(a, b, c; \langle x, x\rangle, \langle u, u\rangle) \\ & \qquad \&\; \mathfrak{B}(a, b, c; \langle y, y\rangle, \langle v, v\rangle) \\ & \qquad \&\; \langle x, y\rangle \in a \\ & \qquad \to \mathfrak{B}(a, b, c; \langle x, y\rangle, \langle u, v\rangle)].\end{aligned}$$

1.28 *Die teilweise geordneten Mengen a und b sind isomorph:*

$$\mathfrak{J}(a, b) \equiv (Ex)\, \mathfrak{J}(a, b, x).$$

Aus Paar- und Teilklassenaxiom folgt, daß $\mathfrak{J}(a, b)$ für teilweise geordnete Mengen eine Äquivalenzrelation ist:

$$\mathfrak{T}(a) \,\&\, \mathfrak{T}(b) \,\&\, \mathfrak{T}(c) \rightarrow \{\mathfrak{J}(a, a) \,\&\, [\mathfrak{J}(a, b) \rightarrow \mathfrak{J}(b, a)] \,\&\, [\mathfrak{J}(a, b) \,\&\, \mathfrak{J}(b, c) \rightarrow \mathfrak{J}(a, c)]\}.$$

1.29 *Die teilweise geordnete Menge a besitzt nur den trivialen Automorphismus:* $\mathfrak{S}(a)$ *(a ist stabil):*

$$\mathfrak{S}(a) \equiv \mathfrak{T}(a) \,\&\, (x)\,(y)\,[\mathfrak{J}(a, a, x) \,\&\, \mathfrak{J}(a, a, y) \rightarrow x = y].$$

Da die Verkettung zweier Relationenmengen durch eine Menge repräsentiert wird, ist der Isomorphismus einer teilweise geordneten Menge auf eine teilweise geordnete Menge eindeutig bestimmt:

$$(x)\,(y)\,[\mathfrak{S}(a) \,\&\, \mathfrak{S}(b) \,\&\, \mathfrak{J}(a, b, x) \,\&\, \mathfrak{J}(a, b, y) \rightarrow x = y].$$

1.3 Von den folgenden Sätzen über teilweise geordnete Mengen beweisen wir nur den letzten; die Beweise der übrigen unterscheiden sich nicht von den naheliegenden Beweisen der entsprechenden mathematischen Sätze.

1.31 *Trifft* $\mathfrak{F}$, $\mathfrak{S}$ *oder* $\mathfrak{V}$ *auf eine teilweise geordnete Menge zu, so auch auf jede isomorphe:*

$$\mathfrak{F}(a) \,\&\, \mathfrak{J}(a, b) \rightarrow \mathfrak{F}(b), \quad \mathfrak{S}(a) \,\&\, \mathfrak{J}(a, b) \rightarrow \mathfrak{S}(b), \quad \mathfrak{V}(a) \,\&\, \mathfrak{J}(a, b) \rightarrow \mathfrak{V}(b).$$

1.32 *Zwei Abschnitte einer Verzweigungsfigur haben entweder einen leeren Durchschnitt oder der eine ist im andern enthalten:*

$$\mathfrak{V}(a) \,\&\, \mathfrak{A}(a, b) \,\&\, \mathfrak{A}(a, c) \rightarrow (b \cap c = O \vee b \subseteqq c \vee c \subseteqq b).$$

1.33 *Abschnitte einer stabilen Verzweigungsfigur sind stabil:*

$$\mathfrak{V}(a) \,\&\, \mathfrak{S}(a) \,\&\, \mathfrak{A}(a, b) \rightarrow \mathfrak{S}(b).$$

1.34 *Zwei isomorphe Abschnitte einer stabilen Verzweigungsfigur, die von zweiten *Elementen erzeugt werden, sind identisch:*

$$\mathfrak{V}(a) \,\&\, \mathfrak{S}(a) \,\&\, \mathfrak{A}(a, b) \,\&\, \mathfrak{A}(a, c) \,\&\, \mathfrak{J}(b, c) \rightarrow b = c.$$

1.35 *Eine Verzweigungsfigur, in der jedes vom ersten verschiedene *Element auf ein zweites folgt, ist genau dann stabil, wenn ihre von zweiten *Elementen erzeugten Abschnitte stabil und isomorphe solche Abschnitte identisch sind:*

$$\mathfrak{V}(a) \,\&\, \mathfrak{F}(a) \rightarrow \{\mathfrak{S}(a) \equiv (x)\,(y)\,\big[(\mathfrak{Z}(a, x) \rightarrow \mathfrak{S}(x)) \\ \&\, (\mathfrak{Z}(a, x) \,\&\, \mathfrak{Z}(a, y) \,\&\, \mathfrak{J}(x, y) \rightarrow x = y)\big]\}.$$

1.36 *Es sei C eine Klasse von teilweise geordneten Mengen, F eine Funktion, die einer jeden Menge* $c \in C$ *eine eineindeutige Abbildung des Feldes* $\mathfrak{f}(c)$ *auf eine Menge q zuordnet. Dann gibt es eine Klasse C* von teilweise geordneten Mengen und eine Abbildung G von C auf C* mit folgenden Eigenschaften:*

(1) *c und G(c) sind isomorph,*

(2) *das Feld von G(c) ist der Wertebereich der Abbildung F(c).*

1.37 *Es gibt eine Funktion, die die Klasse P der geordneten Paare teilweise geordneter Mengen mit erstem *Element so in eine Teilklasse P^* von P abbildet, daß*

(1) *das Bild $\langle a^*, b^* \rangle$ eines Paares $\langle a, b \rangle$ die Eigenschaft hat, daß a^* mit a, b^* mit b isomorph ist,*

(2) *die Vereinigungsklasse der Felder von a^* und b^* durch eine Menge vertreten wird, falls $\langle a^*, b^* \rangle \in P^*$,*

(3) *die Felder $\mathfrak{t}(a^*)$ und $\mathfrak{t}(b^*)$ einen leeren Durchschnitt haben, falls $\langle a^*, b^* \rangle \in P^*$.*

Beweis: Wir geben zunächst eine eindeutige Vorschrift an, die einem Paar $\langle a, b \rangle$ teilweise geordneter Mengen a, b mit ersten *Elementen c, d ein Paar a^*, b^* zuordnet. Nach dem Paarklassenaxiom existiert die Menge $\mathfrak{t}(a) \times \mathfrak{t}(b) \times 2$; dabei sei $2 = (0, (0))$ (Ordnungszahl 2). Es gibt — in natürlicher Weise definierte — Abbildungen von $\mathfrak{t}(a)$ auf $\mathfrak{t}(a) \times (d) \times (0)$ und von $\mathfrak{t}(b)$ auf $(c) \times \mathfrak{t}(b) \times ((0))$. Die Vereinigungsklasse dieser beiden Mengen wird (als Teilklasse von $\mathfrak{t}(a) \times \mathfrak{t}(b) \times 2$) durch eine Menge repräsentiert; der Durchschnitt der beiden Mengen ist leer. Es sind in natürlicher Weise definiert teilweise geordnete Mengen a^*, b^*, die zu a, b isomorph sind und die Felder $\mathfrak{t}(a) \times (d) \times (0)$, $(c) \times \mathfrak{t}(b) \times ((0))$ besitzen. Dem Paar $\langle a, b \rangle$ ordnen wir das Paar $\langle a^*, b^* \rangle$ zu.

Die Beziehung zwischen $\langle a, b \rangle$ und dem so definierten $\langle a^*, b^* \rangle$ ist eine normale Aussagenfunktion; die entsprechende Klasse von Paaren ist eine Funktion.

§ 2. Konstruktion des Modells

2.1 Definition von Menge, Klasse, Gleichheits- und $\in$-Relation des Modells:

2.11 *a ist Menge des Modells:*

$$\mathfrak{M}(a) \equiv \mathfrak{B}(a) \,\&\, \mathfrak{S}(a) \,\&\, \mathfrak{F}(a) \,\&\, (x)\,[\mathfrak{A}(a, x) \rightarrow \mathfrak{F}(x)].$$

$\mathfrak{M}(a)$ ist eine normale Aussagenfunktion, es existiert daher die Klasse M der Mengen des Modells.

2.12 *C ist Klasse des Modells:*

$$\mathfrak{K}(C) \equiv C \subseteq M \,\&\, (x)\,(y)\,[x \in C \,\&\, \mathfrak{J}(x, y) \rightarrow y \in C].$$

(Klassen des Modells sind Teilklassen von M, die bezüglich Isomorphie gesättigt sind.) $\mathfrak{K}(C)$ ist eine normale Aussagenfunktion.

2.13 *Gleichheit von Mengen* des Modells:

$$a \underset{M}{=} b \equiv \mathfrak{J}(a, b).$$

Diese Relation ist eine normale Aussagenfunktion.

2.14 *Gleichheit von Klassen* des Modells:

$$C \underset{M}{=} D \equiv C = D.$$

2.15 *$\in$-Relation zwischen Mengen* des Modells:

$$a \underset{M}{\in} b \equiv (Ex)\,[\mathfrak{J}(a, x) \,\&\, \mathfrak{Z}(b, x)].$$

(a ist isomorph einem Abschnitt von b, der von einem zweiten *Element erzeugt wird.) Diese $\in$-Relation ist eine normale Aussagenfunktion.

2.16 $\in$-*Relation zwischen Menge und Klasse* des Modells:

$$a \underset{M}{\in} C \equiv a \in C .$$

2.17 Vom inhaltlichen Standpunkt aus ist das Modell damit definiert. Formal kann diese Definition beschrieben werden durch Angabe der Vorschrift, wie eine mengentheoretische Aussage (Aussage des Modells) in eine zweite (Aussage der zugrunde gelegten Mengenlehre) zu übersetzen ist. Unsere Übersetzung besteht darin, daß „$=$" zu ersetzen ist durch „$\underset{M}{=}$", „$\in$" durch „$\underset{M}{\in}$", Negation und Konjunktion durch sich selbst, und daß der Bereich der Mengenvariabeln auf Mengen aus M, der Bereich der Klassenvariabeln auf Klassen C, für welche $\mathfrak{K}(C)$ gilt, zu beschränken ist. Die Übersetzung einer identischen Formel ist eine identische Formel. Die Übersetzung der Formeln eines Schlußschemas ergibt ein herleitbares Schema (die Menge M ist — wie wir sehen werden — nicht leer). Die Übersetzung einer normalen Aussagenfunktion ist eine normale Aussagenfunktion.

Die Formel

$$(x)\,(Ey)\,(x \in y)$$

ist zu übersetzen in

$$(x)\,[x \in M \rightarrow (Ey)\,(y \in M \;\&\; x \underset{M}{\in} y)],$$

die Formel

$$(EX)\,(a \in X)$$

in

$$a \in M \rightarrow (EX)\,[\mathfrak{K}(X) \;\&\; a \in X].$$

2.2 *Ist $a \in M$ und b isomorph a, so ist $b \in M$.* Dies folgt aus 1.31 und daraus, daß es zu jedem Abschnitt von b einen isomorphen Abschnitt von a gibt.

2.3 *Abschnitte von Elementen von M gehören selbst zu M.* Dies folgt aus 1.26 und 1.33. Insbesondere gilt auf Grund von $a \in M \;\&\; \mathfrak{J}(a, b) \rightarrow b \in M$ (2.2):

$$a \in M \;\&\; b \underset{M}{\in} a \rightarrow b \in M .$$

2.4 *Das Modell erfüllt die Gleichheitsaxiome* (B I, 67):

(1) $a = a$,

(2) $a = b \rightarrow (a \in c \rightarrow b \in c)$,

(3) $a = b \rightarrow (c \in a \rightarrow c \in b)$,

(4) $a = b \rightarrow (a \in C \rightarrow b \in C)$.

Die Übersetzungen lauten:

(1) $a \in M \rightarrow \mathfrak{J}(a, a)$

(2) $a \in M \;\&\; b \in M \;\&\; c \in M \rightarrow \{\mathfrak{J}(a, b) \rightarrow [(Ex)\,(\mathfrak{J}(a, x) \;\&\; \mathfrak{Z}(c, x)) \rightarrow (Ey)\,(\mathfrak{J}(b, y) \;\&\; \mathfrak{Z}(c, y))]\}$,

(3) $a \in M \;\&\; b \in M \;\&\; c \in M \rightarrow \{\mathfrak{J}(a, b) \rightarrow [(Ex)\,(\mathfrak{J}(c, x) \;\&\; \mathfrak{Z}(a, x)) \rightarrow (Ey)\,(\mathfrak{J}(c, y) \;\&\; \mathfrak{Z}(b, y))]\}$,

(4) $a \in M \;\&\; b \in M \;\&\; C \subseteq M \;\&\; (x)\,(y)\,[x \in C \;\&\; \mathfrak{J}(x, y) \rightarrow y \in C] \rightarrow [\mathfrak{J}(a, b) \rightarrow (a \in C \rightarrow b \in C)]$.

Beweise:

(1) Nach 1.28 gilt $\mathfrak{T}(a) \rightarrow \mathfrak{J}(a, a)$ und nach Definition von $\mathfrak{M}(a)$ gilt weiter $\mathfrak{M}(a) \rightarrow \mathfrak{T}(a)$ (2.11 und 1.26).

(2) Diese Formel folgt daraus, daß $\mathfrak{J}(a, b)$ eine Äquivalenzrelation ist.

(3) Diese Formel folgt daraus, daß $\mathfrak{J}(a, b)$ eine Äquivalenzrelation ist und aus

$$\mathfrak{J}(a, b) \,\&\, \mathfrak{Z}(a, c) \rightarrow (Ex)\,[\mathfrak{J}(c, x) \,\&\, \mathfrak{Z}(b, x)].$$

(4) Diese Formel ist eine Identität.

2.5 *Es sei C eine Klasse des Modells und D eine Teilklasse von C mit folgenden Eigenschaften:*

(1) *Isomorphe Elemente von D sind gleich*

(2) *Die Felder verschiedener Elemente von D haben einen leeren Durchschnitt*

(3) *Die Vereinigungsklasse der Felder von Elementen von D wird durch eine Menge repräsentiert*

(4) *Zu jedem Element von C gibt es ein isomorphes Element in D.*

Dann wird die Klasse C im Modell durch eine Menge c vertreten, d. h., es gibt ein $c \in M$ mit

$$a \in C \equiv a \underset{M}{\in} c.$$

Beweis: (a) Wir zeigen zunächst, daß es zu einer Klasse D, die die Bedingungen (1), (2) und (3) erfüllt, ein solches $d \in M$ gibt, daß $a \in D \equiv \mathfrak{Z}(d, a)$. Es sei v die Vereinigungsmenge der Felder der Elemente von D, q eine Menge, die nicht zu v gehört. Definition einer Klasse P:

$$a \in P \equiv a = \langle q, q\rangle \vee (Ex)\,(a \in x \,\&\, x \in D)$$
$$\vee (Ex)\,(Ey)\,(a = \langle q, x\rangle \,\&\, \langle x, x\rangle \in y \,\&\, y \in D).$$

P ist Teilklasse der Paarmenge $[v \cup (q)] \times [v \cup (q)]$ und wird somit durch eine Menge d repräsentiert. d ist eine Verzweigungsfigur. q ist das erste *Element von d und jedes andere *Element von d folgt auf ein zweites. Die von zweiten *Elementen erzeugten Abschnitte von d sind genau die Elemente von D:

$$\mathfrak{Z}(d, a) \equiv a \in D.$$

Diese Abschnitte sind — als Elemente von M — stabil, zwei verschiedene sind nach (1) nicht isomorph, d ist daher stabil (1.35) und Element von M.

(b) Nach (4) ist $a \in C \equiv (Ex)\,[\mathfrak{J}(a, x) \,\&\, x \in D]$ und somit gilt für das in (a) definierte $d \in M$:

$$a \in C \equiv (Ex)\,[\mathfrak{J}(a, x) \,\&\, \mathfrak{Z}(d, x)] \equiv a \underset{M}{\in} d.$$

2.6 *Es sei C eine Klasse des Modells und D eine Teilklasse von C mit folgenden Eigenschaften:*

(1) *Isomorphe Elemente von D sind gleich*

(2') *Es gibt eine eineindeutige Abbildung von D auf eine Menge d*

(3) *Die Vereinigungsklasse der Felder von Elementen von D wird durch eine Menge repräsentiert*

(4) *Zu jedem Element von C gibt es ein isomorphes Element in D.*

Dann wird die Klasse C durch eine Menge repräsentiert, d. h., es gibt ein $c \in M$ mit

$$a \in C \equiv a \underset{M}{\in} c.$$

Beweis: Wir definieren eine Klasse D^*, die die Bedingungen (1) bis (4) von 2.5 erfüllt. Es sei v die Vereinigungsmenge der Felder von Elementen von D, H die eineindeutige Abbildung von D auf die Menge d. Definition einer Funktion F mit dem Argumentbereich D: Der Wert $F(a)$ für $a \in D$ ist die Funktion mit dem Argumentbereich $\mathfrak{t}(a)$, die $f \in \mathfrak{t}(a)$ das Paar $\langle f, H(a)\rangle$ zuordnet. Der Wertbereich von $F(a)$ ist $\mathfrak{t}(a) \times (H(a))$; $F(a)$ ist für jedes a eine eineindeutige Funktion. Nach 1.36 gibt es eine Klasse D^* und eine eineindeutige Abbildung G von D auf D^* mit folgenden Eigenschaften: (a) a und und $G(a)$ sind isomorph ($a \in D$): Die Klasse D^* ist somit Teilklasse von C und erfüllt die Bedingungen (1) und (4) von 2.5. (b) Das Feld von $G(a)$ ist $\mathfrak{t}(a) \times (H(a))$: Die Felder verschiedener Elemente von D^* haben einen leeren Durchschnitt (Bedingung (2) in 2.5); die Felder von Elementen von D^* sind Teilmengen von $v \times d$, ihre Vereinigungsklasse wird somit durch eine Menge repräsentiert (Bedingung (3) in 2.5). Es ergibt sich nun 2.6, indem der Satz in 2.5 auf C und D^* angewandt wird.

§ 3. Die Axiome I—III, Va und das Paarklassenaxiom im Modell

Wir zeigen in diesem Paragraphen, daß das Modell die Axiome I—III, Va und das Paarklassenaxiom erfüllt, d. h. alle Axiome, die wir vorausgesetzt haben.

3.1 Axiome der Extensionalität (B I, 67):

$$(x)(x \in a \equiv x \in b) \rightarrow a = b,$$
$$(x)(x \in C \equiv x \in D) \rightarrow C = D.$$

3.11 Die Übersetzung des Extensionalitätsaxioms für Mengen lautet:

$$a \in M \,\&\, b \in M \rightarrow \{(x)[x \in M \rightarrow x \underset{M}{\in} a \equiv x \underset{M}{\in} b] \rightarrow \mathfrak{J}(a, b)\}.$$

Da $a \in M \,\&\, b \underset{M}{\in} a \rightarrow b \in M$ (2.3), ist diese Formel äquivalent

$$a \in M \,\&\, b \in M \,\&\, (x)(x \underset{M}{\in} a \rightarrow x \underset{M}{\in} b) \,\&\, (x)(x \underset{M}{\in} b \rightarrow x \underset{M}{\in} a) \rightarrow \mathfrak{J}(a, b).$$

Nun ist

$$\begin{aligned}&(x)(x \underset{M}{\in} a \rightarrow x \underset{M}{\in} b)\\ &\equiv (x)\{(Ey)[\mathfrak{J}(x, y) \,\&\, \mathfrak{Z}(a, y)] \rightarrow (Ez)[\mathfrak{J}(x, z) \,\&\, \mathfrak{Z}(b, z)]\}\\ &\equiv (x)(Ey)[\mathfrak{Z}(a, x) \rightarrow \mathfrak{J}(x, y) \,\&\, \mathfrak{Z}(b, y)]\end{aligned}$$

und das Extensionalitätsaxiom somit äquivalent

$$\begin{aligned}a \in M \,\&\, b \in M \,\&\, (x)(Ey)[\mathfrak{Z}(a, x) \rightarrow \mathfrak{J}(x, y) \,\&\, \mathfrak{Z}(b, y)]\\ \&\, (x)(Ey)[\mathfrak{Z}(b, x) \rightarrow \mathfrak{J}(x, y) \,\&\, \mathfrak{Z}(a, y)] \rightarrow \mathfrak{J}(a, b),\end{aligned}$$

d. h. der Aussage, daß zwei teilweise geordnete Mengen aus M isomorph sind, falls sie isomorphe von zweiten *Elementen erzeugte Abschnitte besitzen. Die Möglichkeit auf Isomorphie zu schließen, beruht auf folgenden Eigenschaften der Elemente von M:

(1) *Teilweise geordnete Mengen aus M besitzen keine verschiedenen isomorphen Abschnitte, die von zweiten *Elementen erzeugt werden* (1.34).

(2) *Jedes *Element einer teilweise geordneten Menge aus M ist entweder erstes *Element oder gehört zu einem Abschnitt, der von einem zweiten *Element erzeugt wird* (1.25).

(3) *Der Isomorphismus zweier isomorpher teilweise geordneter Mengen aus M ist eindeutig bestimmt* (1.29; dies gestattet uns, ohne das Auswahlaxiom auszukommen).

Wir definieren eine Teilklasse der Paarklasse $\mathfrak{t}(a) \times \mathfrak{t}(b)$:

$$\begin{aligned} c \in C \equiv (Ex)\,(Ey)\,\{c = \langle x, y\rangle \;\&\; x \in \mathfrak{t}(a) \;\&\; y \in \mathfrak{t}(b) \\ \&\; [\mathfrak{E}_1(a, x) \;\&\; \mathfrak{E}_1(b, y)] \vee (Eu)\,(Ev)\,(Ew)\,[\langle x, x\rangle \in u \;\&\; \mathfrak{Z}(a, u) \\ \&\; \langle y, y\rangle \in v \;\&\; \mathfrak{Z}(b, v) \;\&\; \mathfrak{J}(u, v, w) \;\&\; \mathfrak{B}(u, v, w;\, \langle x, x\rangle, \langle y, y\rangle)]\}. \end{aligned}$$

Falls a und b Elemente von M sind, die isomorphe von zweiten *Elementen erzeugte Abschnitte besitzen, so folgt aus den obigen Bemerkungen, daß C eine eineindeutige ordnungstreue Funktion ist, d. h. daß

$$(x)\,(y)\,(u)\,(v)\,[\langle x, y\rangle \in C \;\&\; \langle u, v\rangle \in C \rightarrow (\langle x, u\rangle \in a \equiv \langle y, v\rangle \in b)].$$

Definition einer Teilklasse D der Paarklasse $a \times b$:

$$\begin{aligned} d \in D \equiv (Ex)\,(Ey)\,(Ez)\,(Eu)\,(Ev)\,(Ew)\,[d = \langle x, y\rangle \;\&\; x \in a \;\&\; y \in b \\ \&\; x = \langle z, u\rangle \;\&\; y = \langle v, w\rangle \;\&\; \langle z, v\rangle \in C \;\&\; \langle u, w\rangle \in C]. \end{aligned}$$

D wird auf Grund von Teil- und Paarklassenaxiom durch eine Menge d repräsentiert; falls a und b die Voraussetzungen des Extensionalitätsaxioms erfüllen, ist d ein Isomorphismus von a auf b:

$$\mathfrak{J}(a, b, d).$$

Es gilt somit:

$$(Ex)\,\mathfrak{J}(a, b, x)\,[\equiv \mathfrak{J}(a, b) \equiv a \underset{M}{=} b].$$

3.12 Übersetzung des **Extensionalitätsaxioms für Klassen**:

$$\begin{aligned} C \subseteqq M \;\&\; (x)\,(y)\,[x \in C \;\&\; \mathfrak{J}(x, y) \rightarrow y \in C] \\ \&\; D \subseteqq M \;\&\; (x)\,(y)\,[x \in D \;\&\; \mathfrak{J}(x, y) \rightarrow y \in D] \\ \rightarrow \{(x)\,[x \in M \rightarrow x \in C \equiv x \in D] \rightarrow C = D\}. \end{aligned}$$

Es gilt sogar:

$$C \subseteqq M \;\&\; D \subseteqq M \;\&\; (x)\,(x \in M \rightarrow x \in C \equiv x \in D) \rightarrow C = D.$$

3.2 **Axiome der direkten Mengenbildung** (B I, 68):

3.21 **Axiom der leeren Menge.**

O_M sei die Menge, deren einziges Element das Paar $\langle O, O\rangle$ ist:

$$O_M = (\langle O, O\rangle) = (((O))).$$

O_M ist Element von M; die teilweise geordnete Menge O_M besitzt kein zweites *Element und daher

$$(x)\,(x \in M \rightarrow x \notin O_M),$$

d. h. O_M ist die leere Menge im Modellsinn.

3.22 *Zu einer Menge s kann eine Menge c als Element hinzugefügt werden, die nicht schon Element von s ist.*

Die Übersetzung dieses Axioms lautet:

Es seien s, $c \in M$, $c \underset{M}{\notin} s$; dann gibt es ein solches $t \in M$, daß

$$a \underset{M}{\in} t \equiv a \underset{M}{\in} s \vee a \underset{M}{=} c.$$

T sei die folgende Klasse

$$a \in T \equiv a \underset{M}{\in} s \vee a \underset{M}{=} c.$$

Nach 1.37 gibt es in M solche Elemente s', c', daß $s' \underset{M}{=} s$, $c' \underset{M}{=} c$, daß die Vereinigungsklasse von $\mathfrak{f}(s')$ und $\mathfrak{f}(c')$ durch eine Menge repräsentiert wird und daß

$$\mathfrak{f}(s') \cap \mathfrak{f}(c') = O.$$

S sei die folgende Klasse

$$a \in S \equiv \mathfrak{Z}(s', a) \vee a = c'.$$

S ist Teilklasse von T. Verschiedene Elemente von S sind nicht isomorph; die Felder verschiedener Elemente von S haben einen leeren Durchschnitt; die Vereinigungsklasse der Felder von Elementen von S wird als Teilklasse von $\mathfrak{f}(s') \cup \mathfrak{f}(c')$ durch eine Menge repräsentiert; zu jedem Element von T gibt es ein isomorphes Element in S. Nach dem Satz in 2.5 wird somit T durch eine Menge t repräsentiert.

3.23 Das Ergebnis der vorigen Nummer soll in folgendem Sinn verschärft werden: *Es gibt eine Funktion F, die einem geordneten Paar $\langle s, c\rangle$ von Elementen aus M eine solche Menge $t \in M$ zuordnet, daß*

$$a \underset{M}{\in} t \equiv a \underset{M}{\in} s \vee a \underset{M}{=} c.$$

Beweis: Es existiert die Teilklasse von $M \times M$ der Paare $\langle s, c\rangle$ mit $c \underset{M}{\in} s$. Es sei s der Wert von F für ein solches Paar $\langle s, c\rangle$. Für die übrigen Paare werde der Wert entsprechend der Konstruktion von 3.22 definiert: Nach 1.37 gibt es eine Funktion, die Paaren $\langle s, c\rangle$ die Paare $\langle s', c'\rangle$ mit den obigen Eigenschaften zuordnet. Die Menge t ist dann gemäß 2.5 eindeutig definiert, abgesehen vom ersten *Element q von t; als q werde das erste *Element von s' gewählt.

3.24 Korollar: *Es gibt eine Funktion, die einem geordneten Paar $\langle s, c\rangle$ von Elementen aus M eine Menge $t \in M$ zuordnet, die im Modellsinn das geordnete Paar von s und c ist: $t = \langle s, c\rangle_M$.*

Der Beweis ergibt sich unmittelbar aus 3.23 und einer eindeutigen Definition der leeren Menge im Modellsinn.

Das Paar $\langle c, d\rangle_M$ hat folgende Eigenschaften:

(1) *Sind $c, d, c', d' \in M$ und entweder $\mathfrak{f}(c) \cap \mathfrak{f}(c') = O$ oder $\mathfrak{f}(d) \cap \mathfrak{f}(d') = O$, so ist $\mathfrak{f}(\langle c, d\rangle_M) \cap \mathfrak{f}(\langle c', d'\rangle_M) = O$.*

(2) *Zu zwei Mengen a und b gibt es eine Menge e mit folgender Eigenschaft: Ist $\mathfrak{f}(c) \subseteqq a$ und $\mathfrak{f}(d) \subseteqq b$ $(c, d \in M)$, so ist $\mathfrak{f}(\langle c, d\rangle_M) \subseteqq e$.*

3.3 Axiome der Klassenbildung (B I, 69).

Zum Beweis der Axiome der Gruppe III werden wir folgende Eigenschaften des Modells benützen:

Das Modell ist definiert durch Definition von Menge des Modells, Klasse des Modells, Gleichheitsrelation („$\underset{M}{=}$") und $\in$-Relation („$\underset{M}{\in}$") des Modells. Dabei sind die folgenden Bedingungen erfüllt:

(1) *Die Mengen des Modells sind die Mengen einer Klasse M.*

(2) $a \underset{M}{=} b$ und $a \underset{M}{\in} b$ *sind normale Aussagenfunktionen.*

(3) $\underset{M}{=}$*-Relation zwischen Klassen,* $\underset{M}{\in}$*-Relation zwischen Menge und Klasse sind die gewöhnliche Gleichheits- und* $\in$*-Relation.*

(4) *Klassen des Modells sind genau diejenigen Teilklassen von M, die bezüglich der Relation „$\underset{M}{=}$" in M gesättigt sind, d. h., C ist genau dann Klasse des Modells, wenn*

$$C \subseteq M \;\&\; (x)\,(y)\,(x \in C \;\&\; x \underset{M}{=} y \;\&\; y \in M \rightarrow y \in C).$$

Die Aussage „C ist Klasse des Modells" ist somit eine normale Aussagenfunktion.

(5) *Die Relation „$\underset{M}{=}$" erfüllt in M die Axiome der Gleichheitsrelation.*

Die Axiome der Gruppe III sind dem folgenden Axiomenschema äquivalent:

(*) *Ist $\varphi(a)$ eine normale Aussagenfunktion mit der freien Variabeln a, so gibt es eine solche Klasse C, daß*

$$a \in C \equiv \varphi(a).$$

Die Übersetzung von (*) als Aussage über das Modell in eine Aussage der zugrunde gelegten Mengenlehre lautet:

Es sei $\varphi^*(a)$ die aus $\varphi(a)$ entstehende Aussage, wenn „$=$" durch „$\underset{M}{=}$", „$\in$" durch „$\underset{M}{\in}$" ersetzt wird und der Bereich der gebundenen Variabeln sowie der Bereich der freien Mengenvariabeln außer a und der freien Klassenvariabeln auf Mengen und Klassen des Modells beschränkt wird. Die Übersetzung von (*) ist dann die Aussage, daß es eine solche Klasse C des Modells gibt, daß

$$a \in M \rightarrow [a \in C \equiv \varphi^*(a)].$$

Nach (1) bis (4) ist $a \in M \;\&\; \varphi^*(a)$ eine normale Aussagenfunktion. Es gibt somit eine Klasse C mit

$$a \in C \equiv a \in M \;\&\; \varphi^*(a).$$

C ist Teilklasse von M; aus $\varphi^*(a), a \underset{M}{=} b$ und $a \in M$ folgt nach (5) $\varphi^*(b)$ und $b \in M$: C ist somit Klasse des Modells und

$$a \in M \rightarrow [a \in C \equiv \varphi^*(a)].$$

3.4 Teilklassenaxiom (B II, 2).

Es sei b eine teilweise geordnete Menge aus M, C eine Teilklasse von b im Modellsinn. Wir definieren eine Klasse D:

$$a \in D \equiv \mathfrak{Z}(b, a) \;\&\; a \in C.$$

Das Paar C, D erfüllt die Voraussetzungen des Satzes in 2.5, es wird somit C im Modellsinn durch eine Menge repräsentiert.

3.5 Paarklassenaxiom (B IV, 133).

Es seien $a, b \in M$, C die Klasse von Paaren von Elementen aus a und b im Modellsinn, d. h.

$$c \in C \equiv (Ex)\,(Ey)\,(c \underset{M}{=} \langle x, y\rangle_M \;\&\; x \underset{M}{\in} a \;\&\; y \underset{M}{\in} b).$$

Definition einer Klasse D:

$$c \in D = (Ex)\,(Ey)\,[c = \langle x, y\rangle_M \;\&\; \mathfrak{Z}(a, x) \;\&\; \mathfrak{Z}(b, y)].$$

Das Paar C, D erfüllt die Voraussetzungen des Satzes in 2.5: D ist Teilklasse der Klasse C, die Klasse im Modellsinn ist. Es seien $c, c' \in D$, $c = \langle r, s\rangle_M$, $c' = \langle r', s'\rangle_M$; es gelte $\mathfrak{Z}(a, r) \;\&\; \mathfrak{Z}(a, r') \;\&\; \mathfrak{Z}(b, s) \;\&\; \mathfrak{Z}(b, s')$.

ad (1) Ist $c \underset{M}{=} c'$, so ist $r \underset{M}{=} r' \;\&\; s \underset{M}{=} s'$ und daher $r = r' \;\&\; s = s'$, d. h. $c = c'$.

ad (2) Ist $c \neq c'$, so ist $r \neq r'$ oder $s \neq s'$ und daher $\mathfrak{t}(r) \frown \mathfrak{t}(r') = O$ oder $\mathfrak{t}(s) \frown \mathfrak{t}(s') = O$. Die Behauptung folgt nun aus Eigenschaft (1) des Paares in 3.24.

ad (3) Es ist $\mathfrak{t}(r) \subseteq \mathfrak{t}(a)$, $\mathfrak{t}(s) \subseteq \mathfrak{t}(b)$. Die Behauptung folgt aus Eigenschaft (2) in 3.24.

ad (4) Die Behauptung ergibt sich unmittelbar aus der Definition von D.

3.6 Das Modell erfüllt das folgende abgeschwächte Summenaxiom:

Ist b eine Menge von paarweise fremden Mengen, so wird die Vereinigungsklasse C der Elemente von b durch eine Menge repräsentiert.

Definition einer Klasse D:

$$a \in D \equiv (Ex)\,[\mathfrak{Z}(b, x) \;\&\; \mathfrak{Z}(x, a)].$$

Das Paar C, D erfüllt die Voraussetzungen des Satzes in 2.5, woraus die Behauptung folgt.

§ 4. Die restlichen Axiome im Modell

In diesem Paragraphen zeigen wir, daß das Modell das Fundierungsaxiom nicht erfüllt, falls in der zugrunde gelegten Mengenlehre das Unendlichkeitsaxiom gilt. Ferner zeigen wir, daß das Modell alle übrigen Axiome erfüllt, falls dies in der Mengenlehre der Fall ist.

4.1 Wohlgeordnete Mengen.

Eine teilweise geordnete Menge a heißt *wohlgeordnet*, falls jede nicht leere Teilmenge des Feldes $\mathfrak{t}(a)$ von a ein erstes Element besitzt:

$$\mathfrak{W}(a) \equiv \mathfrak{T}(a) \;\&\; (x)\,(Ey)\,(z)\,\{x \subseteq \mathfrak{t}(a) \;\&\; x \neq O \rightarrow [y \in x \;\&\; (z \in x \rightarrow \langle y, z\rangle \in a)]\}.$$

(1) *Eine wohlgeordnete Menge ist eine Verzweigungsfigur:*

$$\mathfrak{W}(a) \rightarrow \mathfrak{V}(a).$$

(2) *Eine wohlgeordnete Menge ist stabil:* $\mathfrak{W}(a) \rightarrow \mathfrak{S}(a)$.

(3) *Jedes *Element einer wohlgeordneten Menge ist erstes oder folgt auf ein zweites.*

(4) *Eine wohlgeordnete Menge enthält höchstens ein zweites *Element.*

(5) *Abschnitte von wohlgeordneten Mengen sind wohlgeordnete Mengen.*

(6) *Zwei wohlgeordnete Mengen, deren Felder endlich sind, sind genau dann isomorph, wenn ihre Felder gleiche Mächtigkeit haben.*

(7) *Sind a und b zwei wohlgeordnete Mengen mit endlichen Feldern, so ist a dann und nur dann einem von einem zweiten *Element in b erzeugten Abschnitt isomorph, wenn das Feld von a genau ein Element weniger enthält als das Feld von b.*

(8) *Ist a eine wohlgeordnete Menge, deren Feld nicht endlich ist, so ist a isomorph dem von ihrem zweiten *Element erzeugten Abschnitt.*

Die üblichen Beweise von (1) bis (5) können ohne weiteres in das zugrunde gelegte System übertragen werden; die Beweise von (6) und (7) ergeben sich, wenn man beachtet, daß nach B II, 11ff. die Theorie der endlichen Mengen im System I, II, III, V a entwickelt werden kann. Wir skizzieren den Beweis von (8): F sei die Funktion, die einem *Element der wohlgeordneten Menge a das ihm unmittelbar nachfolgende zuordnet, falls ein solches existiert, sonst sich selbst. Es sei e das erste *Element von a. Nach dem Iterationstheorem (B II, 11) gibt es eine solche Funktion H mit der Klasse der endlichen Ordnungszahlen als Argumentbereich, daß

$$H(0) = e,$$
$$H(n') = F(H(n)).$$

Da das Feld von a nicht endlich ist, folgt $H(n')$ stets unmittelbar auf $H(n)$. Es sei C der Wertebereich von H, d. h.

$$c \in C \equiv (En)\,[c = H(n)].$$

Wir definieren eine Funktion G mit dem Feld von a als Argumentbereich: $G(c) = F(c)$, falls $c \in C$; $G(c) = c$ andernfalls. Die Funktion, die dem Paar $\langle c, d\rangle \in a$ das Paar $\langle G(c), G(d)\rangle$ zuordnet, ist ein Isomorphismus der teilweise geordneten Menge a auf den vom zweiten *Element von a erzeugten Abschnitt.

4.2 Aus (1) bis (5) folgt, daß jede wohlgeordnete Menge a zu M gehört. Aus (4) folgt, daß ein solches a höchstens ein Element besitzt (im Sinne des Modells). Falls das Feld von a nicht endlich ist, so ist nach (8) $a \underset{M}{\in} a$. Für wohlgeordnete Mengen a mit nicht endlichem Feld ist somit a die Menge, deren einziges Element im Modellsinn die Menge a selbst ist:

$$a \underset{M}{=} (a)_M.$$

Falls in der Mengenlehre das Unendlichkeitsaxiom gilt, erfüllt das Modell das Fundierungsaxiom nicht. Nach dem obigen haben wir nur noch zu zeigen: Es gibt eine nicht endliche wohlgeordnete Menge. Nach B III, 66/67 folgt aus dem Unendlichkeitsaxiom VI, daß es eine eineindeutige Abbildung F der Klasse der endlichen Ordnungszahlen auf eine gewisse Menge c gibt. Definition einer Klasse D:

$$d \in D \equiv (Ex)\,(Ey)\,(Em)\,(En)\,[d = \langle x, y\rangle \;\&\; x = F(m) \;\&\; y = F(n) \;\&\; m \in n].$$

(m, n endliche Ordnungszahlen.)

D ist Teilklasse der Paarklasse $c \times c$ und wird somit durch eine Menge a repräsentiert. a ist eine wohlgeordnete Menge und das Feld von a ist nicht endlich.

4.3 Unendlichkeitsaxiom (B II, 5).

Falls das Unendlichkeitsaxiom in der Mengenlehre gilt, gilt es auch im Modell, und es wird sogar die Klasse der endlichen Ordnungszahlen im Modell durch eine Menge repräsentiert.

Da das Feld einer endlichen Ordnungszahl im Modellsinn endlich ist, folgt aus der Existenz einer Menge, die in eineindeutiger Beziehung zu der Klasse der endlichen Ordnungszahlen steht (vgl. 4.2), unmittelbar die Existenz einer Klasse D mit folgenden Eigenschaften: Zu jeder endlichen Ordnungszahl n im Modellsinn gibt es genau ein Element in D, das mit n isomorph ist; die Felder verschiedener Elemente von D haben einen leeren Durchschnitt und die Vereinigungsklasse dieser Felder wird durch eine Menge repräsentiert. Es wird daher nach 2.5 die Klasse C der endlichen Ordnungszahlen im Modellsinn durch eine Menge repräsentiert.

4.4 Potenzaxiom (B II, 2).

Falls das Potenzaxiom in der Mengenlehre gilt, gilt es auch im Modell.

Es sei $a \in M$, C die Klasse der Teilmengen von a im Modellsinn.

Definition einer Klasse D:

$$c \in D \equiv c \in M \;\&\; (x)\,[\mathfrak{E}_1(c, x) \rightarrow \mathfrak{E}_1(a, x)] \;\&\; (x)\,[\mathfrak{Z}(c, x) \rightarrow \mathfrak{Z}(a, x)].$$

(c hat dasselbe erste *Element wie a; die von zweiten *Elementen in c erzeugten Abschnitte sind auch solche Abschnitte von a.) $c \in D$ ist im Modellsinn Teilmenge von a: D ist Teilklasse von C. Die Felder von Elementen von D sind Teilmengen von $\mathfrak{t}(a)$: ihre Vereinigungsklasse wird durch eine Menge repräsentiert. Es sei p die Menge der zweiten *Elemente von a. Die Funktion, die einem Element von D die Menge seiner zweiten *Elemente zuordnet, ist eine eineindeutige Abbildung von D auf die Klasse der Teilmengen von p. Daraus folgt, daß isomorphe Elemente von D gleich sind und daß (unter Voraussetzung des Potenzaxioms) D in eineindeutiger Beziehung zu einer Menge steht. Aus dem Extensionalitätsaxiom im Modell folgt ferner, daß es zu jedem Element aus C ein isomorphes Element in D gibt: Das Paar C, D erfüllt somit die Voraussetzungen des Satzes in 2.6 und C wird im Modellsinn durch eine Menge repräsentiert.

4.5 Summenaxiom (B II, 2).

Falls die Mengenlehre das Auswahlaxiom erfüllt (B II, 1), gilt im Modell das Summenaxiom.

Es sei $a \in M$, C die Vereinigungsklasse der Elemente von a im Modellsinn.

Definition einer Klasse D':

$$c \in D' \equiv (Ex)\,[\mathfrak{Z}(a, x) \;\&\; \mathfrak{Z}(x, c)].$$

Die Felder verschiedener Elemente von D' haben einen leeren Durchschnitt; ihre Vereinigungsklasse wird durch eine Menge repräsentiert; zu jedem Element von C gibt es mindestens ein isomorphes Element in D'.

Es sei d' die Menge der ersten *Elemente von Elementen von D'; D' steht in eineindeutiger Beziehung F zu d':

$$\langle c, e\rangle \in F \equiv c \in D' \;\&\; \mathfrak{E}_1(c, e).$$

G sei die Klasse der nicht leeren Teilmengen von d', die die folgenden Eigenschaften besitzen: Die den Elementen der Teilmenge entsprechenden Elemente von D' sind isomorph; ist r Element der Teilmenge und $c \in D'$ isomorph dem r entsprechenden Element von D', so ist auch das erste *Element von c Element der Teilmenge. Aus dem Auswahlaxiom folgt die Existenz einer Funktion H, die den Mengen aus G eines ihrer Elemente zuordnet. Es sei d der Wertebereich von H ($d \subseteq d'$) und D die Klasse der Elemente von D', die bei F einem Element von d entsprechen. D ist Teilklasse von D'; zu jedem Element von D' (und damit auch zu jedem Element von C) gibt es ein isomorphes Element in D; verschiedene Elemente von D sind nicht isomorph. Das Paar C, D erfüllt somit die Voraussetzungen des Satzes in 2.5, und die Klasse C wird im Modellsinn durch eine Menge repräsentiert.

Bemerkung: Dem obigen Beweis kann entnommen werden, daß das Modell das Summenaxiom erfüllt, falls in der Mengenlehre Potenzaxiom und multiplikatives Axiom (B II, 4) gelten.

4.6 Ersetzungsaxiom (B II, 3).

Das Ersetzungsaxiom gilt im Modell, falls in der Mengenlehre Ersetzungs-, Summen- und Auswahlaxiom gelten.

Es sei $a \in M$, C eine Klasse des Modells und F eine eineindeutige Abbildung von a auf C (im Modellsinn). Das Ersetzungsaxiom behauptet die Existenz einer Menge $c \in M$ mit

$$d \underset{M}{\in} c \equiv d \in C.$$

Definition einer Klasse G:

$$g \in G \equiv (Ex)\,(Ey)\,[g = \langle x, y\rangle \;\&\; \langle x, y\rangle_M \in F \;\&\; \mathfrak{Z}(a, x)].$$

Die Klasse G besitzt folgende Eigenschaften:

(1) $\langle r, s\rangle \in G \;\&\; \langle r', s\rangle \in G \rightarrow r = r'$.

(2) $\langle r, s\rangle \in G \rightarrow [\langle r, s'\rangle \in G \equiv \mathfrak{Z}(s, s')]$.

(3) $(x)\,(Ey)\,[x \in C \rightarrow \langle y, x\rangle \in G]$.

Es sei e die Menge der zweiten *Elemente von a, H die eineindeutige Beziehung zwischen diesen Elementen und den von ihnen erzeugten Abschnitten:

$$\langle c, d\rangle \in H \equiv \mathfrak{Z}(a, d) \;\&\; \mathfrak{E}_1(d, c).$$

Definition einer Klasse K:

$$k \in K \equiv (Ex)\,(Ey)\,(Ez)\,(k = \langle x, z\rangle \;\&\; \langle x, y\rangle \in H \;\&\; \langle y, z\rangle \in G).$$

Die Klasse K ist Teilklasse von $e \times C$; sie besitzt die obigen drei Eigenschaften (1), (2) und (3). Nach dem Auswahlaxiom besitzt K eine Teilklasse K', die eine Funktion ist und wie K den Argumentbereich e besitzt. Nach (1) ist diese Funktion K' eineindeutig. Es sei D der Wertebereich von K': D ist Teilklasse von C und eineindeutiges Bild der Menge e. Isomorphe Elemente von D sind gleich und zu jedem Element von C gibt es ein isomorphes Element in D. Nach V** (B II, 3; V** folgt aus V a, V b und V c) wird die Vereinigungsklasse der Felder von Elementen von D durch eine Menge repräsentiert: Das Paar C, D erfüllt die Voraussetzungen des Satzes in 2.6 und C wird somit im Modellsinn durch eine Menge repräsentiert.

4.7 **Auswahlaxiom** (B II, 1).

Das Auswahlaxiom IV scheint im Modell nur bewiesen werden zu können, wenn die zugrunde gelegte Mengenlehre sehr stark ist. Wir formulieren daher zunächst ein verschärftes Auswahlaxiom $\mathrm{IV_V}$ und zeigen, daß es im Modell erfüllt ist, falls es in der Mengenlehre gilt.

4.71 Das **verschärfte Auswahlaxiom** $\mathrm{IV_V}$:

Zu einer Klasse A, die eine Äquivalenzrelation ist, gibt es eine Klasse C, die aus jeder Äquivalenzklasse von A genau ein Element enthält (gleichzeitige Auswahl aus „Klassen" von Klassen).

Eine Klasse A ist dabei eine *Äquivalenzrelation*, wenn sie eine Klasse von Paaren mit folgenden Eigenschaften ist:

(1) $\langle a, a\rangle \in A$

(2) $\langle a, b\rangle \in A \rightarrow \langle b, a\rangle \in A$

(3) $\langle a, b\rangle \in A \;\&\; \langle b, c\rangle \in A \rightarrow \langle a, c\rangle \in A$.

Daß C aus jeder Äquivalenzklasse von A genau ein Element enthält bedeutet:

$$(x)\,(Ey)\,(z)\,[\langle x, y\rangle \in A \;\&\; y \in C \;\&\; (x \in C \;\&\; \langle x, z\rangle \in A \;\&\; x \neq z \rightarrow z \notin C)].$$

4.72 *Aus* $\mathrm{IV_V}$ *folgt* IV:

Es sei F eine Klasse von Paaren. Definition einer Klasse A von Paaren:

$$\langle a, b\rangle \in A \equiv a = b \vee [a \in F \;\&\; b \in F \;\&\; (Ex)\,(Ey)\,(Ez)\,(a = \langle x, y\rangle \;\&\; b = \langle x, z\rangle)].$$

Die Klasse A ist eine Äquivalenzrelation. C sei eine Auswahlklasse nach $\mathrm{IV_V}$; die Klasse $C \cap F$ ist dann eine Funktion mit demselben Argumentbereich wie F.

4.73 *Das Auswahlaxiom* $\mathrm{IV_V}$ *folgt aus den Axiomen* I *bis* V *und* VII:
Aus diesen Axiomen folgt nämlich, daß die Klasse aller Mengen wohlgeordnet werden kann. (B VI, 71). Es sei W eine solche wohlordnende Klasse und A eine Äquivalenzrelation. Definition von C:

$$c \in C \equiv (x)\,(\langle x, c\rangle \in W \;\&\; x \neq c \rightarrow \langle x, c\rangle \notin A).$$

Die Klasse C erfüllt die beiden Bedingungen einer Auswahlklasse.

4.74 *Das Auswahlaxiom* $\mathrm{IV_V}$ *gilt im Modell, falls es in der Mengenlehre gilt.*

Es sei A eine Äquivalenzrelation im Modellsinn. Definition einer Klasse A^* von Paaren:

$$\langle a, b\rangle \in A^* \equiv a = b \vee (a \in M \;\&\; b \in M \;\&\; \langle a, b\rangle_M \in A).$$

A^* ist eine Äquivalenzrelation; es sei C^* eine Auswahlklasse zu A^*. Definition einer Klasse C:

$$c \in C \equiv (Ex)\,(x \in C^* \cap M \;\&\; x \underset{M}{=} c).$$

Die Klasse C ist eine Klasse des Modells; sie erfüllt die beiden Bedingungen einer Auswahlklasse.

4.75 Die Gültigkeit des **multiplikativen Axioms** (B II, 4) im Modell kann hergeleitet werden aus dem Auswahlaxiom IV oder aus multiplikativem Axiom und Potenzmengenaxiom oder aus multiplikativem Axiom und Ersetzungsaxiom.

§ 5. Ein modifiziertes Modell

Es soll in diesem Paragraphen gezeigt werden, wie das betrachtete Modell $\mathfrak{M}$ abgeändert werden kann zu einem Modell $\mathfrak{M}^*$, in dem das Fundierungsaxiom gilt.

Wir legen auch hier das System zugrunde, bestehend aus den Axiomen I bis III, Va und Paarklassenaxiom. In diesem System kann die Existenz der Klasse E der endlichen Mengen bewiesen werden (das Paarklassenaxiom ist dabei sogar entbehrlich: B II, 16).

5.1 Teilweise geordnete Mengen mit Kettenbedingung.

Eine teilweise geordnete *Menge a erfüllt die Kettenbedingung*, falls jede Teilmenge des Feldes $\mathfrak{t}(a)$ von a, die in der durch a induzierten Ordnung vollständig geordnet ist, endlich ist:

$$\mathfrak{K}(a) \equiv \mathfrak{T}(a) \;\&\; (x)\,[x \subseteq \mathfrak{t}(a) \;\&\; (y)\,(z)\,\{y \in x \;\&\; z \in x \\ \rightarrow \langle y, z\rangle \in a \vee \langle z, y\rangle \in a\} \rightarrow x \in E].$$

$\mathfrak{K}(a)$ ist eine normale Aussagenfunktion. Die folgenden beiden Eigenschaften ergeben sich unmittelbar aus der Definition:

(1) *Erfüllt a die Kettenbedingung, so auch jede zu a isomorphe Menge:*

$$\mathfrak{K}(a) \;\&\; \mathfrak{J}(a, b) \rightarrow \mathfrak{K}(b).$$

(2) *Folgt jedes vom ersten *Element verschiedene *Element der teilweise geordneten Menge a auf ein zweites, so erfüllt a genau dann die Kettenbedingung, wenn alle von zweiten *Elementen erzeugten Abschnitte sie erfüllen:*

$$\mathfrak{F}(a) \rightarrow \{\mathfrak{K}(a) \equiv (x)\,[\mathfrak{Z}(a, x) \rightarrow \mathfrak{K}(x)]\}.$$

5.2 Definition des Modells $\mathfrak{M}^*$:

5.21 *Mengen des Modells* sind Mengen $a \in M$ mit Kettenbedingung:

$$a \in M^* \equiv a \in M \;\&\; \mathfrak{K}(a).$$

5.22 *Klassen des Modells* sind Teilklassen C von M^*, die bezüglich Isomorphie in M^* gesättigt sind:

$$C \subseteq M^* \;\&\; (x)\,(y)\,[x \in C \;\&\; \mathfrak{J}(x, y) \rightarrow y \in C].$$

(Solche Klassen sind nach 5.1 (1) auch in M gesättigt und daher spezielle Klassen des Modells $\mathfrak{M}$.)

5.23 *Gleichheits-* und $\in$*-Relation sind im Modell* $\mathfrak{M}^*$ gleich definiert wie im Modell $\mathfrak{M}$:

$$a \underset{M^*}{=} b \equiv a \underset{M}{=} b \equiv \mathfrak{J}(a, b),$$

$$C \underset{M^*}{=} D \equiv C \underset{M}{=} D \equiv C = D,$$

$$a \underset{M^*}{\in} b \equiv a \underset{M}{\in} b \equiv (Ex)\,[\mathfrak{J}(a, x) \;\&\; \mathfrak{Z}(b, x)],$$

$$a \underset{M^*}{\in} C \equiv a \underset{M}{\in} C \equiv a \in C.$$

5.3 Auf Grund dieser Definition ergibt sich die Gültigkeit der Axiome in $\mathfrak{M}^*$ aus derjenigen in $\mathfrak{M}$:

5.31 $\mathfrak{M}^*$ *erfüllt die Gleichheitsaxiome.* Dies folgt aus 5.23 und 2.4

5.32 $\mathfrak{M}^*$ *erfüllt die Axiome der Klassenbildung.* Die Voraussetzungen des Satzes in 3.3 sind für $\mathfrak{M}^*$ erfüllt.

5.33 Nach 5.1 (1) gehört eine Menge aus M genau dann zu M^*, wenn ihre Elemente im Sinne des Modells $\mathfrak{M}$ zu M^* gehören:

$$a \in M \rightarrow [a \in M^* \equiv (x)(x \underset{M}{\in} a \rightarrow x \in M^*)].$$

Dies besagt:

(1) Elemente einer Menge aus M^* im Sinne $\mathfrak{M}$ sind auch Elemente im Sinne $\mathfrak{M}^*$.

(2) Vertritt eine Menge $a \in M$ eine Klasse des Modells $\mathfrak{M}^*$ (die nach 5.22 eine Klasse von $\mathfrak{M}$ ist), so gehört a zu M^* und vertritt C auch im Sinne $\mathfrak{M}^*$.

Aus (1) und (2) folgt, daß sich die Gültigkeit der Axiome für $\mathfrak{M}^*$, die sich auf die Vertretung von Klassen durch Mengen beziehen, aus derjenigen für $\mathfrak{M}$ ergibt:

(a) $\mathfrak{M}^*$ *erfüllt die Axiome* I, II, Va *und das Paarklassenaxiom.*

(b) $\mathfrak{M}^*$ *erfüllt das Summenaxiom, falls die Mengenlehre das Auswahlaxiom (oder Potenz- und multiplikatives Axiom) erfüllt.*

(c) $\mathfrak{M}^*$ *erfüllt das Potenzaxiom, falls die Mengenlehre es erfüllt.*

(d) $\mathfrak{M}^*$ *erfüllt das Ersetzungsaxiom, falls die Mengenlehre Ersetzungs-, Summen- und Auswahlaxiom erfüllt.*

5.34 $\mathfrak{M}^*$ *erfüllt das Unendlichkeitsaxiom, falls die Mengenlehre es erfüllt.* Endliche Ordnungszahlen im Sinne $\mathfrak{M}$ sind auch endliche Ordnungszahlen im Sinne $\mathfrak{M}^*$ und umgekehrt. Die Behauptung folgt damit aus 4.3 und 5.33 (2).

Bemerkung: Es sind dieselben Mengen Ordnungszahlen im Sinne $\mathfrak{M}$ und im Sinne $\mathfrak{M}^*$.

5.35 $\mathfrak{M}^*$ *erfüllt das Auswahlaxiom* $\mathrm{IV_V}$, *falls die Mengenlehre es erfüllt.* Der Beweis für $\mathfrak{M}$ in 4.74 überträgt sich ohne Änderung.

$\mathfrak{M}^*$ *erfüllt das multiplikative Axiom, falls* $\mathfrak{M}$ *es erfüllt* (und somit falls die Mengenlehre jenes Axiom und das Potenzaxiom erfüllt). Ist nämlich b eine Auswahlmenge der Menge $a \in M^*$ im Sinne $\mathfrak{M}$, so ist $b \in M^*$ und auch Auswahlmenge im Sinne $\mathfrak{M}^*$.

5.4 *Im Modell* $\mathfrak{M}^*$ gilt das folgende abgeschwächte Fundierungsaxiom (vgl. GÖDEL, Seite 6, Anm. 4): *Es gibt keine Funktion F, die den endlichen Ordnungszahlen Mengen F(n) so zuordnet, daß*

$$F(n') \in F(n).$$

(n' Nachfolger von n.)

Beweis: Es sei F eine solche Funktion im Modell $\mathfrak{M}^*$. F ist Teilklasse der Klasse $N^* \times_M M^*$ (dabei ist N^* die Klasse derjenigen Elemente von M^*, die im Modellsinn endliche Ordnungszahlen sind).

Es gibt eine Funktion Z, die den endlichen Ordnungszahlen im Modellsinn endliche Ordnungszahlen so zuordnet, daß das Bild der Nullen im Modellsinn die Null ist und daß das Bild eines Nachfolgers im Sinne $\mathfrak{M}^*$ der Nachfolger des Bildes ist:

$$Z(0^*) = 0,$$
$$Z(n^{*\prime}) = Z(n^*)'.$$

Die Funktion Z kann z. B. definiert werden als die Klasse der Paare $\langle n^*, n\rangle$ ($n^* \in N^*, n \in N, N$ Klasse der endlichen Ordnungszahlen) mit der Eigenschaft, daß die Anzahl der Elemente von $\mathfrak{t}(n^*)$ gleich 2^n ist.

Definition einer Klasse G von Paaren, deren erstes Element eine endliche Ordnungszahl ist:

$$\langle n, a\rangle \in G \equiv (Ex)\,[x \in N^* \;\&\; n = Z(x) \;\&\; \langle x, a\rangle_M \in F].$$

Die Klasse G hat folgende Eigenschaften:

(1) Zu jedem $n \in N$ gibt es ein $a \in M^*$ mit $\langle n, a\rangle \in G$.

(2) Ist $\langle n, a\rangle \in G$, so ist $\langle n, b\rangle$ genau dann Element von G, wenn a und b isomorph sind.

(3) Ist $\langle n, a\rangle \in G$ und $\langle n', b\rangle \in G$, so ist $b \underset{M^*}{\in} a$.

Es sei C die Klasse der zweiten Elemente der Paare aus G. Wir definieren eine Teilklasse H der Paarklasse $C \times C$:

$$\langle a, b\rangle \in H \equiv (Em)\,(n)\,[\langle m, a\rangle \in G \;\&\; (n \in m \rightarrow \langle n, a\rangle \notin G) \;\&\; \langle m', b\rangle \in G \;\&\; \mathfrak{Z}(a, b)].$$

H ist eine Abbildung von C in sich: Zu $a \in C$ gibt es genau ein solches $m \in N$, daß

$$\langle m, a\rangle \in G \;\&\; (n)\,(n \in m \rightarrow \langle n, a\rangle \notin G).$$

Die Klasse der b mit $\langle m', b\rangle \in G$ ist nicht leer und für ihre Elemente gilt $b \underset{M^*}{\in} a$; da sie mit einer vollen Äquivalenzklasse bezüglich „$\underset{M^*}{=}$" zusammenfällt, enthält sie genau ein Element b, für welches $\mathfrak{Z}(a, b)$ gilt.

Es sei nun $c \in M^*$ eine Menge mit $\langle 0, c\rangle \in G$. Nach dem Iterationstheorem (B II, 11) gibt es eine Funktion K mit dem Argumentbereich N, für welche gilt:

$$K(0) = c,$$
$$K(n') = H\big(K(n)\big).$$

Nach Definition von K gilt somit $\mathfrak{Z}\big(K(n), K(n')\big)$. Die Mengen $K(n)$ sind Abschnitte von c (vollständige Induktion und 1.23). Es gibt eine solche Funktion L mit dem Argumentbereich N, daß $L(n)$ das erste *Element von $K(n)$ ist. Es ist

$$\langle L(n), L(n')\rangle \in K(n) \subseteq c \quad \text{und} \quad L(n) \neq L(n'),$$

woraus mit vollständiger Induktion folgt:

$$m \in n \rightarrow \langle L(m), L(n)\rangle \in c \;\&\; L(m) \neq L(n).$$

Definition einer Klasse D:

$$a \in D \equiv (En)\,[L(n) = a].$$

D wird als Teilklasse von $\mathfrak{t}(c)$ durch eine Menge d repräsentiert; diese Menge ist vollständig geordnet durch c und nicht endlich, d. h. die Menge c erfüllt die Kettenbedingung nicht.

Aus dem abgeschwächten Fundierungsaxiom folgt:

(1) Es gibt keine reflexive Menge, d. h. keine Menge a mit $a \in a$.

(2) Es gibt keine Mengen a, b mit $a \in b$ und $b \in a$.

usw. . . .

5.5 *Falls in der Mengenlehre das Auswahlaxiom* IV* (B III, 86) *erfüllt ist, gilt im Modell das Fundierungsaxiom* VII (B II, 6).

Sei nämlich A eine nicht leere Klasse mit der Eigenschaft, daß es zu jedem $b \in A$ ein $c \in A$ mit $c \underset{M^*}{\in} b$ gibt; aus IV* folgt die Existenz einer solchen Funktion F mit der Klasse der endlichen Ordnungszahlen als Argumentbereich, daß

$$F(n') \underset{M^*}{\in} F(n).$$

(Vgl. B VI, 69). Daraus ergibt sich die Existenz einer Klasse G mit den Eigenschaften, die in 5.4 als widerspruchsvoll nachgewiesen worden sind.

IV* gilt übrigens im Modell, falls es in der Mengenlehre gilt, und die obige Überlegung zeigt, wie das Fundierungsaxiom aus IV* und der in 5.4 gegebenen abgeschwächten Form folgt.

II. Die Unabhängigkeit des Auswahlaxioms in einer Mengenlehre ohne Fundierungsaxiom

Es wird das System der Axiome I bis III und V (V a, b, c, d) zugrunde gelegt. In diesem System ist V* (B II, 3) beweisbar.

§ 1. Das Π-Modell und seine Automorphismen

1.1 Das Π-Modell rel. einer transitiven Menge a.

Es sei a eine transitive Menge. Nach dem Satz über die transfinite Induktion existiert eine Funktion Ψ, die die Klasse der Ordnungszahlen in die Klasse der Mengen abbildet, so daß die folgenden Bedingungen erfüllt sind: (1) $\Psi(0) = a$, (2) $\Psi(n')$ ist die Potenzmenge von $\Psi(n)$, (3) für eine Limeszahl m ist $\Psi(m)$ die Vereinigung der Mengen $\Psi(n)$ mit $n \in m$. Π sei die Vereinigungsklasse der Mengen $\Psi(n)$; eine Menge aus Π nennen wir „*Π-Menge rel. a*".

Wie in B VI, 66ff. ergibt sich:

Die Mengen $\Psi(n)$ und die Klasse Π sind transitiv. Wird ein Modell definiert durch folgende Vorschrift:

(a) Mengen des Modells sind Mengen aus Π,

(b) Klassen des Modells sind Teilklassen von Π,

(c) Gleichheits- und $\in$-Relation des Modells sind Gleichheits- und $\in$-Relation der Mengenlehre,

so erfüllt dieses Modell alle Axiome I bis III, V sowie das zusätzliche Axiom, daß jede Menge Π-Menge rel. a ist (Fundierungsaxiom rel. a). Ferner gelten Auswahl- und Unendlichkeitsaxiom im Modell, falls sie in der Mengenlehre gelten.

1.2 Automorphismen von Π-Modellen.

Eine eineindeutige Abbildung einer Klasse (Menge) auf sich heiße ein *Automorphismus*, falls zwischen den Bildern zweier Elemente der Klasse (Menge) genau dann die $\in$-Relation besteht, wenn sie zwischen den Elementen besteht. (Bei einem Automorphismus ist somit die durch die Zuordnung der Elemente induzierte Abbildung der Mengen gleich der Abbildung der Mengen.)

Die Automorphismen einer Klasse (Menge) bilden bezüglich der natürlichen Zusammensetzung eine Gruppe; die „Elemente" dieser Gruppen können Klassen sein, die nicht durch Mengen repräsentiert werden.

Ist c Teilmenge der Klasse C, so induziert jeder Automorphismus von C, der c auf sich abbildet, einen Automorphismus von c; diese Zuordnung ist ein Homomorphismus.

Es soll dieser Homomorphismus untersucht werden im Falle der Klasse aller Mengen und einer transitiven Menge a. Wir zeigen:

Erfüllt die Mengenlehre das Fundierungsaxiom rel. a, so ist der Homomorphismus, der die Gruppe der Automorphismen von Π (der Klasse aller Mengen), die a festlassen, in die Gruppe der Automorphismen von a abbildet, ein Isomorphismus auf diese Gruppe.

Zum Beweis dieses Satzes ist zu zeigen: Zu einem Automorphismus c von a gibt es genau einen Automorphismus C von Π, der auf den Elementen von a mit c übereinstimmt.

1.21 Es sei c ein Automorphismus der transitiven Menge b; dann gibt es genau einen Automorphismus d der Potenzmenge p von b, der auf den Elementen von b mit c übereinstimmt.

Beweis: Da b transitiv ist, ist es Teilmenge seiner Potenzmenge p.

(1) Eindeutigkeit. Sei d ein Automorphismus mit den verlangten Eigenschaften: Das Bild von $q \in p$ ist die Teilmenge derjenigen Elemente von b, die bei c Bilder von Elementen aus q sind.

(2) Existenz. d sei die Abbildung, die $q \in p$ die Teilmenge der Bilder von Elementen aus q bei der Abbildung c zuordnet. d ist eineindeutig und stimmt auf b mit c überein: es erhält die $\in$-Relation und ist ein Automorphismus.

1.22 Definition einer Klasse H von Paaren: $\langle c, d\rangle \in H$ genau dann, wenn (1) c ein Automorphismus des Feldes $\mathfrak{t}(c)$ von c, (2) d ein Automorphismus von $\mathfrak{t}(d)$, (3) $\mathfrak{t}(c)$ transitiv, (4) $\mathfrak{t}(d)$ die Potenzmenge von $\mathfrak{t}(c)$ ist und (5) d auf $\mathfrak{t}(c)$ mit c übereinstimmt.

Es sei C die Klasse der Automorphismen transitiver Mengen. Nach 1.21 bildet H die Klasse C in sich ab und ist umkehrbar eindeutig.

1.23 Es sei C eine Klasse mit den folgenden Eigenschaften:
(1) $c \in C$ ist ein Automorphismus von $\mathfrak{t}(c)$, (2) für $c, c' \in C$ ist entweder $\mathfrak{t}(c) \subseteqq \mathfrak{t}(c')$ oder $\mathfrak{t}(c') \subseteqq \mathfrak{t}(c)$, (3) $c, c' \in C$ stimmen auf dem gemeinsamen Definitionsbereich überein. Dann ist die Vereinigungsklasse S der Mengen aus C ein Automorphismus von $\mathfrak{t}(S)$. $\mathfrak{t}(S)$ ist die Vereinigungsklasse der Mengen $\mathfrak{t}(c)$, $c \in C$, und S ist der einzige Automorphismus von $\mathfrak{t}(S)$, der für alle $c \in C$ auf $\mathfrak{t}(c)$ mit c übereinstimmt.

Sind die Felder $\mathfrak{t}(c)$, $c \in C$, transitiv, so ist auch $\mathfrak{t}(S)$ transitiv.

1.24 Es sei nun c ein Automorphismus der transitiven Menge a. Nach dem Satz über die transfinite Rekursion und 1.22, 1.23 gibt es eine solche Abbildung Φ der Klasse der Ordnungszahlen, daß (1) $\Phi(0) = c$, $\Phi(n') = H(\Phi(n))$, (3) $\Phi(m)$ für Limeszahlen m die Vereinigungsmenge der $\Phi(n)$ mit $n \in m$ ist.

$\Phi(n)$ ist ein Automorphismus des Feldes von $\Phi(n)$. Mit transfiniter Induktion folgt: Das Feld von $\Phi(n)$ ist $\Psi(n)$. $\Phi(n)$ ist der einzige Automorphismus von $\Psi(n)$, der auf a mit c übereinstimmt. $\Phi(m)$ und $\Phi(n)$ stimmen auf dem gemeinsamen Definitionsbereich überein. Ist somit Φ die Vereinigungsklasse der Mengen $\Phi(n)$, so ist Φ ein Automorphismus von Π und der einzige, der auf a mit c übereinstimmt.

Damit ist gezeigt: Erfüllt die Mengenlehre das Fundierungsaxiom rel. a, so ist der natürliche Homomorphismus der Gruppe der Automorphismen der Allklasse, die a festhalten, in die Gruppe der Automorphismen von a ein Isomorphismus auf diese Gruppe.

Folgerung: Erfüllt die Mengenlehre das Fundierungsaxiom, so besitzt die Allklasse nur den identischen Automorphismus.

1.25 Ist C ein Automorphismus der Klasse D, so sei das Bild einer Teilklasse T von D bei C definiert als Klasse derjenigen Elemente von D, die Bilder von Elementen aus T sind. Vertritt die Menge d die Klasse D, so vertritt auch das Bild von d das Bild von D. Automorphismen der Allklasse sind somit Automorphismen der vollen Struktur.

1.26 Die Mengenlehre erfülle das Fundierungsaxiom rel. a, c sei ein Automorphismus von a, b eine Menge. Die Aussage „b wird bei dem durch c induzierten Automorphismus Φ auf sich abgebildet" ist einer normalen Aussagenfunktion äquivalent. Dasselbe gilt für Klassen; denn eine Klasse B wird durch Φ genau dann auf sich abgebildet, wenn alle Durchschnitte $B \cap \Psi(n)$ durch Φ auf sich abgebildet werden.

1.27 Es sei g eine Gruppe von Automorphismen von a. Einer Menge b (Klasse B) ordnen wir die Untergruppe derjenigen Elemente von g zu, die solche Abbildungen Φ von π induzieren, daß b (B) durch Φ auf sich abgebildet wird. Diese Beziehung zwischen Mengen (Klassen) und Untergruppen von g ist einer normalen Aussagenfunktion äquivalent.

§ 2. Das Modell von Fraenkel

2.1 Definition des Modells.

Es sei a eine transitive Menge; die Mengenlehre erfülle das Fundierungsaxiom rel. a. g sei eine Gruppe von Automorphismen von a, J eine nicht leere Klasse von Untergruppen von g mit folgenden Eigenschaften:

(1) Mit einer Untergruppe gehören auch ihre konjugierten zu J.

(2) Mit einer Untergruppe gehört auch jede umfassendere zu J.

(3) Mit zwei Untergruppen gehört auch ihr Durchschnitt zu J.

Definition des Modells:

(a) *Mengen des Modells* sind Mengen mit der Eigenschaft, daß die ihnen und den Elementen ihrer transitiven Hüllen nach 1.27 zugeordneten Untergruppen zu J gehören.

(b) *Klassen des Modells* sind Klassen mit der Eigenschaft, daß die ihnen und den Elementen ihrer transitiven Hüllen nach 1.27 zugeordneten Untergruppen zu J gehören.

(c) *Gleichheits-* und *$\in$-Relation* des Modells sind Gleichheits- und $\in$-Relation der Mengenlehre.

2.2 Erste Eigenschaften des Modells.

(1) *Die Mengen des Modells bilden eine Klasse F* (vgl. 1.27).

(2) *Die Elemente einer Klasse (Menge) des Modells sind Mengen des Modells: Die Klasse F ist transitiv und Klassen des Modells sind Teilklassen von F.*

(3) *Eine Teilklasse (Teilmenge) von F ist genau dann Klasse (Menge) des Modells, wenn ihr eine Untergruppe aus J zugeordnet ist.*

(4) *Eine Klasse des Modells wird im Modellsinn genau dann durch eine Menge repräsentiert, falls sie in der Mengenlehre durch eine Menge repräsentiert wird.*

(5) *Die Klasse F ist eine Klasse des Modells.*

Beweis: Nach (3) genügt es, nachzuweisen, daß F eine Untergruppe aus J zugeordnet ist. Wir zeigen, daß F die Gruppe g selbst zugeordnet ist, d. h.: Ist $b \in F$, $\gamma \in g$, $\tilde{\gamma}$ der γ entsprechende Automorphismus der Allklasse, so ist $\tilde{\gamma}(b) \in F$. $\tilde{\gamma}(b)$ ist Element von F, falls ihm und den Elementen seiner transitiven Hülle Untergruppen aus J zugeordnet sind. Da F transitiv und $\tilde{\gamma}$ ein Automorphismus ist, genügt es zu zeigen, daß $\tilde{\gamma}(c)$, $c \in F$, eine Untergruppe aus J zugeordnet ist. Die c und $\tilde{\gamma}(c)$ zugeordneten Untergruppen sind konjugiert: die Behauptung folgt nach Bedingung (1) für J.

2.3 Axiome im Modell (Nummern (1) bis (5) beziehen sich auf 2.2).

2.31 **Die Extensionalitätsaxiome** folgen aus (2).

2.32 **Axiome der Mengenkonstruktion.**

(a) Die Menge O ist bei allen Automorphismen invariant und ist die Nullmenge im Modellsinn.

(b) Es sei $c \in F$; es ist $(c) \subseteqq F$ und den Mengen c und (c) ist dieselbe Untergruppe zugeordnet.

(c) Es seien $s, t \in F$; es ist $s \cup t \subseteqq F$. Es sei s die Untergruppe h, t die Untergruppe h' zugeordnet; die Menge $s \cup t$ wird bei Automorphismen, die Elementen von $h \cap h'$ entsprechen, auf sich abgebildet, und nach Bedingung (2) und (3) für J ist somit $s \cup t$ eine Untergruppe aus J zugeordnet. (Die Mengen (c) und $s \cup t$ sind auch im Modellsinn Mengen der gewünschten Art.)

2.33 **Axiome der Klassenbildung.** (Es wird ständig (3) benutzt.)

a (1) Die Existenz der Klasse (c) folgt wie die Existenz der Menge (c) in 2.32 (b).

a (2) Die Klasse $A' \cap F$ (A' Komplement von A) ist Komplement von A im Modellsinn. Automorphismen, die Elementen von g entsprechen und A auf sich abbilden, bilden auch $A' \cap F$ auf sich ab, da nach (5) alle Automorphismen, die Elementen von g entsprechen, F auf sich abbilden.

a (3) Ist A die Untergruppe h, B die Untergruppe h' zugeordnet, so wird $A \cap B$ bei Automorphismen, die Elementen von $h \cap h'$ entsprechen, auf sich abgebildet. Nach Bedingung (2), (3) für J gehört die $A \cap B$ zugeordnete Untergruppe zu J.

b (1)—c (3) Die Klassen, deren Existenz nachzuweisen ist, ergeben sich als Durchschnitt der entsprechenden Klassen in der Mengenlehre mit F. Die Klassen in b (1), b (2) sind bei allen Automorphismen, die Elementen von g entsprechen, invariant.

Die Untergruppen, die den zu bildenden Klassen in b (3)—c (3) zugeordnet sind, sind nicht kleiner als die Untergruppen, die den Klassen zugeordnet sind, von denen ausgegangen wird.

2.34 Axiome der Vertretung von Klassen durch Mengen.

(a) Die Teilklasse einer Menge im Modellsinn ist auch Teilklasse im Sinn der Mengenlehre. Das Teilklassenaxiom im Modell folgt demnach aus (4) und dem Teilklassenaxiom.

(b) Eine eineindeutige Beziehung zwischen einer Klasse C und einer Menge c im Modellsinn ist auch eine eineindeutige Beziehung im Sinn der Mengenlehre. Das Ersetzungsaxiom im Modell folgt aus (4) und dem Ersetzungsaxiom.

(c) Die Summenklasse einer Menge im Modellsinn ist gleich der Summenklasse im Sinn der Mengenlehre.

(d) Eine Teilmenge einer Menge im Modellsinn ist auch eine Teilmenge im Sinn der Mengenlehre. Die Potenzklasse einer Menge im Modellsinn ist somit eine Teilklasse ihrer Potenzklasse im Sinn der Mengenlehre: Die Existenz der Potenzmenge im Modell folgt nach (4) aus Teilklassen- und Potenzaxiom.

2.35 Das Modell erfüllt das Unendlichkeitsaxiom, falls die Mengenlehre es erfüllt. Es ist nämlich jede Π-Menge rel. O invariant bei allen Automorphismen (vgl. Bemerkung in 1.24), und es sind somit alle Ordnungszahlen Mengen (und damit auch Ordnungszahlen) des Modells.

2.4 Das Modell ist bis jetzt nur in seinen allgemeinen Zügen konstruiert. Insbesondere braucht die Menge a, die der Definition des Modells zugrunde liegt, nicht Menge des Modells zu sein. Um dies sicherzustellen, wählen wir a folgendermaßen:

Es sei a eine Menge von Mengen c mit der Eigenschaft, daß c das einzige Element von c ist. Es ist dann a transitiv und jede eineindeutige Abbildung von a auf sich ist ein Automorphismus von a.

Werden nun die Gruppe g und das Ideal J noch so gewählt, daß die einem Element von a zugeordneten Untergruppen (d. h. die Untergruppen von g, die genau diejenigen Elemente enthalten, die ein bestimmtes Element von a festhalten) zu J gehören, dann ist a Menge des Modells.

Nach Abschnitt I (insbesondere I 4.2) ist die Annahme der Existenz solcher Mengen (beliebiger Mächtigkeit) widerspruchsfrei, falls die Mengenlehre widerspruchsfrei ist. Wir dürfen auch annehmen, daß die Menge a abgezählt sei: Eine Abzählung überträgt sich nämlich aus einer Mengenlehre in ihr Π-Modell.

2.5 Das Beispiel von Fraenkel

a sei eine abzählbare Menge von Elementen c mit $c = (c)$, die Mengenlehre erfülle das Fundierungsaxiom rel. a.

g sei die Gruppe derjenigen Permutationen von a, die das Produkt von endlich vielen Transpositionen sind, die das Element mit der Nummer $2k$ (in einer bestimmten Abzählung von a) vertauschen mit dem Element der Nummer $2k + 1$.

J sei die Klasse der Untergruppen von g, die in g endlichen Index besitzen. J erfüllt die Bedingungen (1), (2) und (3) aus 2.1 (der Durchschnitt zweier Untergruppen von endlichem Index hat endlichen Index, g ist abelsch).

Die zu einem Element von a gehörende Untergruppe von g hat den Index zwei, ist somit Element von J: a ist eine Menge des Modells.

Es sei b die Menge derjenigen Teilmengen von a, die Elemente mit den Nummern $2k$ und $2k+1$ enthalten und keine andern:

$$b = \big((c_0, c_1), (c_2, c_3), \ldots\big).$$

Es werden b und seine Elemente bei allen durch Elemente von g induzierten Automorphismen auf sich abgebildet: b ist Menge des Modells.

Die Elemente von b sind nicht leere paarweise fremde Mengen. Es gibt im Modell keine Menge, die aus jedem Element von b genau ein Element enthält (Ungültigkeit des multiplikativen Axioms): Eine Auswahlmenge im Modellsinn wäre auch Auswahlmenge im Sinn der Mengenlehre. Eine solche Auswahlmenge wird nur beim Automorphismus, der dem Einselement von g entspricht, auf sich abgebildet; die Gruppe des Einselementes hat in g unendlichen Index.

2.6 Es sei a eine Menge derselben Art, wie in 2.5; g sei die Gruppe aller Permutationen von a, die nur endlich viele Elemente permutieren. Ist e eine endliche Teilmenge von a, so sei $\mathfrak{h}(e)$ die Untergruppe derjenigen Permutationen aus g, die die Elemente aus e fest lassen. J^* sei die Klasse solcher Untergruppen. Der Durchschnitt zweier Untergruppen aus J^* gehört zu J^*, mit einer Untergruppe gehören auch ihre konjugierten zu J^*. Ist daher J die Klasse aller Untergruppen, die eine Untergruppe aus J^* enthalten, so erfüllt J die Bedingungen (1), (2) und (3). Die Menge a ist Menge des ihr entsprechenden Modells. Wir zeigen, daß sie im Modell die beiden folgenden Eigenschaften besitzt:

(1) *Die Potenzmenge von a ist weder endlich noch transfinit* (d. h. sie besitzt keine abzählbare Teilmenge).

(2) *Die Paarmenge $a \times a$ von a kann nicht eineindeutig in die Potenzmenge von a abgebildet werden.*

Bemerkungen:

(a) Die Potenzmenge der Potenzmenge einer Menge ist entweder endlich oder transfinit.

(b) R. Doss (Journ. Symb. Log. **10** (1945), 13—15) hat gezeigt, daß im Modell von Mostowski (Fund. Math. **32** (1939), 201—252) eine Menge existiert, die weder endlich noch transfinit ist.

2.61 Beweis von (1):

a ist nicht endlich. Es sei H eine eindeutige Abbildung der Menge der endlichen Ordnungszahlen in die Menge der Teilmengen von a.

Es sei h eine Untergruppe aus J^*, die H auf sich abbildet, e eine endliche Teilmenge von a, deren Elemente bei Permutationen aus h festbleiben: Bei einem Automorphismus, der einer Permutation aus h entspricht, wird ein Paar $\langle i, b\rangle \in H$ auf ein Paar $\langle k, d\rangle \in H$ abgebildet. Ordnungszahlen werden bei allen Automorphismen auf sich abgebildet: $\langle i, b\rangle$ wird bei einem Automorphismus der betrachteten Art auf sich abgebildet und dasselbe gilt somit auch für die Teilmenge b von a. Daraus folgt, daß b entweder alle Elemente aus $a - e$ oder kein solches Element enthält. Es gibt nur endlich viele solche Teilmengen von a und H ist daher nicht eindeutig.

2.62 Beweis von (2):

Es sei

$$H = (\langle\langle c, d\rangle, t\rangle, \ldots, \ldots), \quad c, d \in a, t \subseteqq a,$$

eine eindeutige Abbildung der Paarmenge $a \times a$ in die Potenzmenge von a. Die Untergruppe h und die endliche Teilmenge e von a seien wie in 2.61 bestimmt. Es sei H^* die H entsprechende Abbildung der Paarmenge von $a - e = a^*$ in die Potenzmenge von a. H^* wird bei Automorphismen, die der Transposition zweier Elemente von a^* entsprechen, auf sich abgebildet: Die Teilmengen, die Paaren aus $a^* \times a^*$ zugeordnet sind, enthalten dieselben Elemente aus e. Die Abbildung $H^{**} = (\langle\langle c, d\rangle, t \frown a^*\rangle, \ldots, \ldots)$, worin $\langle c, d\rangle$ die Elemente von $a^* \times a^*$ durchläuft, ist somit eineindeutig, falls die Abbildung H es ist.

Die Abbildung, die einer Teilmenge s von a^* ihr Komplement s' in a^* zuordnet, ist eineindeutig. Mit H^{**} ist somit auch H^{***}

$$\langle\langle c, d\rangle, s\rangle \in H^{***} \equiv \langle\langle c, d\rangle, s'\rangle \in H^{**}$$

eineindeutig.

Es sei $\langle\langle c, d\rangle, s\rangle \in H^{**}, p \in s, p \neq c, d$. Die Transposition, die p und q vertauscht, zeigt, daß auch $q \in s$, falls $q \in a^*, q \neq c, d$. Es sei ferner $\langle\langle c^*, d^*\rangle, s^*\rangle \in H^{**}$; nach dem obigen gibt es ein $r \in s$ mit $r \neq c, d, c^*, d^*$. Die Permutation, die c mit c^*, d mit d^* vertauscht, zeigt, daß $r \in s^*$, d. h.:

Enthält die einem Paar $\langle c, d\rangle$ zugeordnete Teilmenge von a^* ein von c und d verschiedenes Element, so enthält sie alle solchen Elemente und dasselbe gilt für jedes Paar.

Da wir von H^{**} zu H^{***} übergehen können, dürfen wir annehmen, daß die einem Paar $\langle c, d\rangle$ bei H^{**} zugeordnete Teilmenge eine Teilmenge von (c, d) ist. Eine solche Abbildung ist nun sicher nicht eineindeutig: Ist $\langle c, d\rangle$ die leere Menge oder die Menge (c, d) zugeordnet, so ist $\langle d, c\rangle$ dieselbe Menge zugeordnet, wie die Transposition zeigt, die c mit d vertauscht. Ist $\langle c, d\rangle$ etwa die Menge (c) zugeordnet, so ist auch $\langle c, d^*\rangle$, $d^* \neq c$, die Menge (c) zugeordnet, wie die Transposition zeigt, die d mit d^* vertauscht.

III. Alternativen zum Auswahlaxiom

Es wird das volle System ohne Auswahlaxiom zugrunde gelegt (Axiome I bis III, V bis VII).

Wir wenden ohne nähere Erklärung die übliche Terminologie der Theorie der Ordnungszahlen an. Insbesondere ist eine α-Folge (α Limeszahl) eine Abbildung von α in die Klasse der Ordnungszahlen, die streng monoton ist; der Limes einer α-Folge ist die Vereinigung ihrer Bildmenge. Eine Ordnungszahl ist α-Limes, falls sie Limes einer α-Folge ist.

§ 1. Die Alternativen von CHURCH

1.1 Die Klasse Ω. Ω sei die folgendermaßen definierte Klasse von Ordnungszahlen: Eine Ordnungszahl gehört genau dann zu Ω, wenn sie und alle ihre Elemente entweder 0 oder Nachfolger oder ω-Limites sind.

Ω ist eine transitive Klasse von Ordnungszahlen und ist somit entweder die Klasse aller Ordnungszahlen oder wird durch eine Ordnungszahl repräsentiert.

1.21 *Jede unendliche Ordnungszahl $\alpha \in \Omega$ ist Vereinigung von abzählbar vielen Mengen, deren Mächtigkeit kleiner ist als die Mächtigkeit von α.*

Beweis: Es sei β die kleinste unendliche Ordnungszahl aus Ω, die keine solche Vereinigung ist. Mit β ist auch jede Ordnungszahl, die eineindeutig auf β abbildbar ist, keine solche Vereinigung: β ist Anfangszahl. Anfangszahlen sind Limeszahlen, β ist somit ω-Limes und die Elemente der entsprechenden ω-Folge haben kleinere Mächtigkeit als β.

1.22 *Ω ist nicht Vereinigung von abzählbar vielen Mengen kleinerer Mächtigkeit.*

Beweis: Es sei $\Omega = \bigcup a_i$, Mächtigkeit von a_i kleiner als Mächtigkeit von Ω. α_i sei die Vereinigung der Ordnungszahlen aus a_i: α_i ist eine Ordnungszahl und Ω ist Vereinigung der α_i. Da Ω nicht ω-Limes ist, so ist für ein gewisses k: $\Omega = \alpha_k$. Da die Mächtigkeit von a_k kleiner ist als diejenige von Ω, ist α_k ein β-Limes mit $\beta \in \Omega$: Nun ist β selbst ω-Limes, woraus folgt, daß $\alpha_k = \Omega$ ebenfalls ω-Limes ist, entgegen der Definition von Ω.

Falls Ω eine Menge ist, so ist es die kleinste Ordnungszahl, die nicht Vereinigung von abzählbar vielen Mengen kleinerer Mächtigkeit ist.

1.3 *Falls Ω eine Menge ist, so ist es eine reguläre Anfangszahl.*

Daß Ω Anfangszahl ist, folgt unmittelbar aus 1.2. Wäre Ω ein α-Limes mit $\alpha \in \Omega$, so wäre es auch ω-Limes.

Es ergeben sich somit die folgenden Alternativen:

(1) *Ω ist die Klasse aller Ordnungszahlen.*

(2) $\Omega = \omega_\Omega$ (reguläre Anfangszahl mit Limeszahlindex).

(3) $\Omega = \omega_{\alpha+1}$ $(\alpha \in \Omega, \alpha = 0, 1, \ldots, \omega, \ldots)$.

Keine dieser Alternativen scheint zu einem Widerspruch zu führen. Mit dem Auswahlaxiom verträglich ist nur $\Omega = \omega_1$.

1.4 Es sei Φ die folgendermaßen definierte Klasse von Ordnungszahlen: $\alpha \in \Phi$ genau dann, wenn es eine Funktion F gibt, die den Limeszahlen $\lambda \in \alpha$ ω-Folgen mit dem Limes λ zuordnet.

Φ ist eine transitive Klasse von Ordnungszahlen. Jede abzählbare Ordnungszahl ist Element von Φ; eine Abzählung einer Ordnungszahl induziert nämlich unmittelbar eine Funktion der gewünschten Art: $\omega_1 \subseteq \Phi$.

Ist F eine Funktion, die Limeszahlen λ aus $\alpha + 1$ ω-Folgen mit dem Limes λ zuordnet, so ist α abzählbar (C, 188). Es ist somit $\omega_1 + 1$ nicht Element von Φ: Φ ist Ordnungszahl und entweder gleich ω_1 oder gleich $\omega_1 + 1$.

Ist $\Phi = \omega_1 + 1$, so ist $\omega_1 = \Omega$. Ist nämlich $\omega_1 \in \Omega$, so gibt es eine Darstellung von ω_1 als ω-Limes und die Funktion, die Limeszahlen aus ω_1 ω-Folgen zuordnet, könnte zu einer Funktion mit dem Argumentbereich $\omega_1 + 1$ erweitert werden (C, 196 Theorem C_1).

Es ergeben sich somit die folgenden Alternativen:

A. $\Phi = \Omega + 1$ $(\Omega = \omega_1)$

B. $\Phi = \Omega$ $(\Omega = \omega_1)$

C. $\Phi = \omega_1 \in \Omega$.

Diese drei Alternativen lassen sich auch folgendermaßen charakterisieren:

A. *Es gibt eine Funktion mit dem Argumentbereich Ω, die Limeszahlen λ ω-Folgen mit dem Limes λ zuordnet.*

B. *Es gibt keine Funktion mit dem Argumentbereich Ω, die Limeszahlen λ ω-Folgen mit dem Limes λ zuordnet. Dagegen gibt es zu jedem $\alpha \in \Omega$ eine Funktion mit dem Argumentbereich α, die Limeszahlen λ ω-Folgen mit dem Limes λ zuordnet.*

C. *Es gibt eine solche Ordnungszahl $\Phi \in \Omega$, daß es keine Funktion mit dem Argumentbereich Φ gibt, die Limeszahlen λ ω-Folgen mit dem Limes λ zuordnet.*

Das sind die Alternativen A, B und C von CHURCH (C, 187).

1.5 Es sei $\psi \in \Omega$. Definition einer Klasse $\Phi(\psi)$: $\alpha \in \Phi(\psi)$ genau dann, wenn es eine Funktion mit dem Argumentbereich α gibt, die Limeszahlen λ β-Folgen, $\beta \in \psi$, zuordnet, deren Limes λ ist. Es ist $\Phi = \Phi(\omega + 1)$.

Wie in 1.4 ergibt sich, daß $\Phi(\psi)$ entweder $\Omega + 1$, Ω, oder Element von Ω ist. In letztem Fall ist $\Phi(\psi)$ eine Anfangszahl (vgl. Schlußweise in C, 205 Beweis von F_1).

Wir erhalten so die folgenden Alternativen:

G_1. *Es gibt ein $\psi \in \Omega$ mit $\Phi(\psi) = \Omega + 1$.*

G_2. *Es gibt kein $\psi \in \Omega$ mit $\Phi(\psi) = \Omega + 1$, aber ein $\psi \in \Omega$ mit $\Phi(\psi) = \Omega$.*

F. *Für alle $\psi \in \Omega$ ist $\Phi(\psi) \in \Omega$.*

Diese Alternativen lassen sich auch folgendermaßen charakterisieren:

G_1. *Es gibt ein $\psi \in \Omega$ und eine Funktion mit dem Argumentbereich Ω, die Limeszahlen λ β-Folgen, $\beta \in \psi$, zuordnet, deren Limes λ ist.*

G_2. *Zu keinem $\psi \in \Omega$ gibt es eine Funktion mit dem Argumentbereich Ω, die Limeszahlen λ β-Folgen, $\beta \in \psi$, zuordnet, deren Limes λ ist. Aber es gibt ein $\psi \in \Omega$ mit folgender Eigenschaft: Zu jedem $\alpha \in \Omega$ gibt es eine Funktion mit dem Argumentbereich α, die Limeszahlen λ β-Folgen, $\beta \in \psi$, zuordnet, deren Limes λ ist.*

F. *Zu jedem $\psi \in \Omega$ gibt es eine Ordnungszahl $\Phi \in \Omega$ mit folgender Eigenschaft: Es gibt keine Funktion mit dem Argumentbereich Φ, die Limeszahlen λ β-Folgen, $\beta \in \psi$, zuordnet, deren Limes λ ist.*

Die Alternativen F und G (Disjunktion von G_1 und G_2) sind von CHURCH betrachtet worden.

1.6 Es bestehen die folgenden Beziehungen zwischen den betrachteten Alternativen:

Aus F folgt C, aus A folgt G_1, aus B folgt G_1 oder G_2 (vgl. unten). Aus G folgt, daß $\Omega = \omega_{\alpha+1}$ (C, 207 Theorem CG_3), d. h. (3); aus F folgt $\Omega = \omega_{\alpha+1}$ (C, 205 Theorem F_1), d. h. (1) oder (2). Im Falle F ist somit Ω entweder die Klasse aller Ordnungszahlen oder reguläre Anfangszahl mit Limeszahlindex: $\Omega = \omega_\Omega$.

Aus der Alternative B folgt G_2.

Beweis: Wir zeigen, daß aus B und G_1 die Alternative A folgt. Es sei $\psi \in \Omega$ und F eine Funktion mit dem Argumentbereich Ω, die Limeszahlen λ β-Folgen, $\beta \in \psi$, mit dem Limes λ zuordnet. (Ein solches Paar ψ, F existiert nach G_1.) Aus B folgt die Existenz einer Funktion H mit dem Argumentbereich ψ, die Limeszahlen β ω-Folgen mit dem Limes β zuordnet. Aus F und H ergibt sich durch Komposition eine Funktion F^* mit dem Argumentbereich Ω, die Limeszahlen λ ω-Folgen mit dem Limes λ zuordnet. F^* ist eine Funktion der Art, wie sie die Alternative A behauptet.

§ 2. Das Modell von Gödel

Wir untersuchen in diesem Paragraphen das Gödelsche Modell in einer Mengenlehre, die eine der betrachteten Alternativen erfüllt.

2.11 Die *Mengen* (*Klassen*) des Modells von Gödel sind spezielle Mengen (Klassen) der Mengenlehre. *Gleichheits-* und *∈-Relation* des Modells sind Gleichheits- und ∈-Relation der Mengenlehre.

2.12 Ordnungszahlen der Mengenlehre sind Ordnungszahlen des Modells und umgekehrt (G, 50 11.42). Nachfolger und Limeszahlen der Mengenlehre sind Nachfolger und Limeszahlen des Modells und umgekehrt (G, 50, 11.45/46).

2.13 Eine α-Folge des Modells ist eine α-Folge der Mengenlehre und besitzt in Modell und Mengenlehre denselben Limes (G, 50, 11.46).

2.21 *Existiert im Modell eine eineindeutige Abbildung der Ordnungszahl α auf die Ordnungszahl β, so existiert sie auch in der Mengenlehre:* Anfangszahlen der Mengenlehre sind Anfangszahlen des Modells.

2.22 *Ist eine Ordnungszahl in der Mengenlehre Limes von Anfangszahlen, so auch im Modell:* Anfangszahlen mit Limeszahlindex in der Mengenlehre sind Anfangszahlen mit Limeszahlindex im Modell.

2.23 *Reguläre Anfangszahlen in der Mengenlehre sind reguläre Anfangszahlen im Modell* (vgl. 2.13).

2.3 *Ist Ω eine Menge, so ist nach* 1.3 *Ω eine reguläre Anfangszahl in der Mengenlehre und damit auch im Modell.*

2.31 *Ist Ω eine Menge und erfüllt die Mengenlehre die Alternative F* (vgl. 1.5), *so ist Ω in der Mengenlehre und damit auch im Modell eine reguläre Anfangszahl mit Limeszahlindex.* Da das Modell die Kontinuumshypothese erfüllt, ist die Ω entsprechende Kardinalzahl im Modell eine unerreichbare Zahl im engeren Sinn (vgl. A. Tarski, Über unerreichbare Kardinalzahlen, Fund. Math. **30** (1938), 68—89).

2.32 *Erfüllt die Mengenlehre die Alternative* B *oder* G_2, *so ist* Ω *im Modell eine reguläre Anfangszahl mit Limeszahlindex.* (Aus B oder G_2 folgt, daß Ω eine Menge ist.)
Beweis: Ist im Modell $\Omega = \omega_{(\alpha+1)}$, so gibt es im Modell eine Funktion F mit dem Argumentbereich Ω, die Limeszahlen λ β-Folgen, $\beta \in \omega_\alpha + 1$ mit dem Limes λ zuordnet (das Modell erfüllt das Auswahlaxiom). Diese Funktion existiert auch in der Mengenlehre und besitzt dieselben Eigenschaften: Die Mengenlehre erfüllt G_1. Sie erfüllt daher weder G_2 (das G_1 ausschließt) noch B, aus dem nach 1.6 G_2 folgt.

Damit ist gezeigt:
Ist das Axiomensystem I—III, V—VII, B oder I—III, V—VII, G_2 widerspruchsfrei, so auch das System bestehend aus I—VII und einem Axiom, das die Existenz von unerreichbaren Kardinalzahlen behauptet.

2.4 *Ist* α *eine reguläre Anfangszahl mit Limeszahlindex, so erfüllt das Modell* $\Psi(\alpha)$ (vgl. B, VI, 71ff.) *alle Axiome* I—VII, *falls die Mengenlehre* I—VI *erfüllt.* Ist nämlich α eine Limeszahl, so erfüllt das Modell $\Psi(\alpha)$ alle Axiome mit eventueller Ausnahme des Ersetzungsaxioms Vb (vgl. B VI, 73). Die Gültigkeit des Ersetzungsaxioms ergibt sich daraus, daß eine Teilklasse von $\Psi(\alpha)$ genau dann Menge im Sinne des Modells ist, wenn ihre Mächtigkeit (im Sinne der Mengenlehre) kleiner ist als diejenige von $\Psi(\alpha)$.

Konstruieren wir somit im GÖDELschen Modell einer Mengenlehre, welche die Alternative B von CHURCH erfüllt, das Modell $\Psi(\Omega)$, so sind alle Mengen dieses Modells im Sinne der Mengenlehre abzählbar.

Bemerkung: Ist α eine reguläre Anfangszahl mit Limeszahlindex, so erfüllt das Modell $\Psi(\alpha)$ das folgende Axiomenschema: Ist φ eine Aussagenfunktion, so gilt $(EC)\,(x)\,[x \in C \equiv \varphi\,(x, X_1, \ldots X_k)]$ (vgl. H. WANG, The non-finitizability of impredicative principles, Proc. Nat. Acad. Sci. **36** (1950), 480 P2). Klassen des Modells sind nämlich Mengen der Mengenlehre, die Übersetzung von φ ist somit eine normale Aussagenfunktion.

§ 3. Das Kontinuum als abzählbare Vereinigung abzählbarer Mengen

Wir haben in 1.4 gesehen, daß die Alternative C von CHURCH nach sich zieht, daß ω_1 Vereinigung abzählbar vieler abzählbarer Mengen ist. In diesem Paragraphen wollen wir die folgende Alternative zum Auswahlaxiom betrachten:

H. *Das Kontinuum (die Menge der Teilmengen von* ω*) ist Vereinigung abzählbar vieler abzählbarer Mengen.*

Nummern von Sätzen, die von H abhängen, werden mit einem Stern versehen.

3.1 Definition von Größenbeziehungen zwischen Kardinalzahlen.

3.11 Definition: Es ist genau dann $\mathfrak{m} \leqq^* \mathfrak{n}$, wenn entweder $\mathfrak{m} = (0)$ oder zu $a \in \mathfrak{m}$, $b \in \mathfrak{n}$ eine eindeutige Abbildung von b auf a existiert (LT, 301; BV, 139).

Es gelten die folgenden Gesetze, die sich alle im Bericht von LINDENBAUM und TARSKI finden:

(1) Ist $\mathfrak{m} \leqq^* \aleph$, so ist $\mathfrak{m} \leqq \aleph$.

(2) $2^{\mathfrak{m}} \not\leqq^* \mathfrak{m}$ (Diagonalverfahren).

(3) $\aleph(\mathfrak{m}) \leqq^* 2^{\mathfrak{m}^2}$ (siehe SPECKER, 1.43).

Insbesondere ist $\aleph_1 \leqq^* 2^{\aleph_0}$, d. h. es gibt eine solche Abbildung von ω_1 in die Menge der nicht leeren Teilmengen des Kontinuums, daß die Bilder verschiedener Elemente fremd sind.

3.12 Definition: Es ist genau dann $\mathfrak{m} \underset{\mathfrak{p}}{<} \mathfrak{n}$, wenn es zu jeder Abbildung F von $p \in \mathfrak{p}$ in die Menge derjenigen Teilmengen von $a \in \mathfrak{n}$, deren Mächtigkeit kleinergleich $\mathfrak{m}$ ist, eine solche Abbildung G von p in a gibt, daß für alle $q \in p$ die Menge $G(q)$ nicht Element von $F(q)$ ist.

Es gelten die folgenden Gesetze:

(1) Ist $\mathfrak{m} \underset{\mathfrak{p}}{<} \mathfrak{n}$ und $\mathfrak{n} \leqq \mathfrak{n}'$, so ist $\mathfrak{m} \underset{\mathfrak{p}}{<} \mathfrak{n}'$.

(2) Ist $\aleph_{\alpha+1} \leqq \mathfrak{n}$, so ist $\aleph_\alpha \underset{\mathfrak{p}}{<} \mathfrak{n}$ für alle $\mathfrak{p}$.

(3) Ist $\aleph_\alpha \underset{2}{<} \mathfrak{n}$, so ist $\aleph_{\alpha+1} \leqq \mathfrak{n}$ (Wohlordnungssatz).

3.2 Hat die Menge der Abbildungen einer Menge b in die Menge a dieselbe Mächtigkeit wie a (d. h. ist bei $a \in \mathfrak{m}$, $b \in \mathfrak{n}$, $\mathfrak{m}^{\mathfrak{n}} = \mathfrak{m}$), so sind die beiden folgenden Aussagen äquivalent:

(1) *Ist F eine Abbildung von b in die Menge derjenigen Teilmengen von a, deren Mächtigkeit kleiner $\aleph$ ist, so ist die Vereinigung der Bilder verschieden von a.*

(2) *Zu einer Abbildung G von b in die Menge derjenigen Teilmengen von a, deren Mächtigkeit kleiner $\aleph$ ist, gibt es eine solche Abbildung H von b in a, daß $H(d)$ für kein $d \in b$ Element von $G(d)$ ist.*
(Satz von König)

Beweis:
Aus (1) folgt (2): Ist v die Vereinigung der Bilder von G, so gibt es nach (1) ein Element in a, das nicht zu v gehört. Die Funktion H, die jedem Element von b dieses Element zuordnet, erfüllt die Bedingung aus (2).
Aus (2) folgt (1): Es sei c die Menge der Abbildungen von b in a. Da a und c nach Voraussetzung dieselbe Mächtigkeit haben, genügt es, zu zeigen: Ist F^* eine Abbildung von b in die Menge der Teilmengen von c, deren Mächtigkeit kleiner $\aleph$ ist, so ist die Vereinigung der Bilder verschieden von c. Es sei G die Funktion, die einem Element $d \in b$ die Menge derjenigen Elemente von a zuordnet, die bei einer Abbildung aus $F^*(d)$ Bild von d sind. Die Mächtigkeit von $G(d)$ ist kleiner als $\aleph$. Nach (2) gibt es eine solche Abbildung H von b in a, daß für alle $d \in b$ die Menge $H(d)$ nicht Element von $G(d)$ ist. Die Funktion H ist Element von c und Element keiner Menge $F^*(d)$, $d \in b$. Wäre nämlich H Element von $F^*(d)$, so wäre das Bild von d bei H Element von $G(d)$.
Korollar: *Ist $\mathfrak{m}^{\aleph_0} = \mathfrak{m}$, so ist $a \in \mathfrak{m}$ genau dann Vereinigung abzählbar vieler abzählbarer Mengen, wenn $\aleph_0 \underset{\aleph_0}{\nless} \mathfrak{m}$.*

3.3 Folgerungen aus H:

3.31* *Es ist* $\aleph_0 \underset{\aleph_0}{\nless} 2^{\aleph_0}$.

Dies folgt aus $(2^{\aleph_0})^{\aleph_0} = 2^{\aleph_0}$ und dem Korollar.

3.32* $\aleph_1$ *und* $2^{\aleph_0}$ *sind unvergleichbar.*

Es ist $2^{\aleph_0}$ nicht kleiner als $\aleph_1$. Aus $\aleph_1 \leqq 2^{\aleph_0}$ folgte $\aleph_0 \underset{\aleph_0}{<} 2^{\aleph_0}$, entgegen 3.31*.

3.33* *ω_1 ist Vereinigung abzählbar vieler abzählbarer Mengen.*
(Alternative C von Church). Nach 3.11 (3) ist $\aleph_1 \leqq^* 2^{\aleph_0}$, d. h. ω_1 ist Bild des Kontinuums. Mit dem Kontinuum ist somit auch ω_1 Vereinigung abzählbar vieler abzählbarer Mengen.
3.34* *Es ist* $\aleph_1 < \aleph_1^{\aleph_0}$. Es ist $\aleph_1 \leqq \aleph_1^{\aleph_0}$. Aus $\aleph_1 = \aleph_1^{\aleph_0}$ folgte auf Grund von 3.33* und dem Korollar $\aleph_0 \underset{\aleph_0}{\nless} \aleph_1$.

3.4 $\mathfrak{a}$ sei die Mächtigkeit der Menge der abzählbaren Teilmengen des Kontinuums. *Es ist* $\mathfrak{a} \geqq 2^{\aleph_0}$.
3.41* *Es ist* $\aleph_1 < \mathfrak{a}$.
Beweis: Aus $\mathfrak{a} \geqq 2^{\aleph_0}$ und 3.32* folgt $\mathfrak{a} \neq \aleph_1$. Auf Grund von H gibt es abzählbare Teilmengen c_i des Kontinuums c mit $c = \bigcup c_i$. Nach 3.11 (3) gibt es nicht leere Teilmengen c_α, $\alpha \in \omega_1$, des Kontinuums mit $c_\alpha \cap c_\beta = O$ für $\alpha \neq \beta$. Zu jedem $\alpha \in \omega_1$ gibt es ein i mit $c_\alpha \cap c_i \neq O$; es sei $i(\alpha)$ das kleinste solche i. Die Mengen $d_\alpha = c_\alpha \cap c_{i(\alpha)}$ sind abzählbar. Es ist $d_\alpha \cap d_\beta = O$ für $\alpha \neq \beta$ und, da die Mengen d_α nicht leer sind, somit $d_\alpha \neq d_\beta$ für $\alpha \neq \beta$. Damit haben wir eine Menge der Mächtigkeit $\aleph_1$ von abzählbaren Teilmengen des Kontinuums definiert.
3.42 *Es ist* $\aleph_0 \underset{\aleph_1}{<} \mathfrak{a}$.
Beweis: Aus H folgt $\aleph_1 < \mathfrak{a}$ und somit $\aleph_0 \underset{\aleph_0}{<} \mathfrak{a}$. Gilt H nicht, so ist $\aleph_0 \underset{\aleph_0}{<} 2^{\aleph_0}$ und somit wegen $2^{\aleph_0} \leqq \mathfrak{a}$ und 3.12 (1) auch $\aleph_0 \underset{\aleph_0}{<} \mathfrak{a}$.
3.43* *Es ist* $\mathfrak{a} < \mathfrak{a}^{\aleph_0}$.
Beweis: Es ist $\mathfrak{a} \leqq \mathfrak{a}^{\aleph_0}$. Aus $\mathfrak{a} = \mathfrak{a}^{\aleph_0}$ und $\aleph_0 \underset{\aleph_0}{<} \mathfrak{a}$ folgte nach dem Korollar, daß die Menge a der abzählbaren Teilmengen des Kontinuums nicht Vereinigung abzählbar vieler abzählbarer Mengen ist. Aus $(2^{\aleph_0})^{\aleph_0} = 2^{\aleph_0}$ folgt aber, daß die Menge a eindeutiges Bild der Menge c ist und sich daher mit c als Vereinigung abzählbar vieler abzählbarer Mengen darstellen läßt.
3.44* *Es ist* $2^{\aleph_0} + \aleph_1 < 2^{\aleph_0} \aleph_1 \leqq \mathfrak{a}$.
Beweis: Es ist $2^{\aleph_0} + \aleph_1 \leqq 2^{\aleph_0} \aleph_1 \leqq \mathfrak{a}^2 = \mathfrak{a}$. Da $2^{\aleph_0}$ und $\aleph_1$ unvergleichbar sind (3.32*), ist nach dem Lemma von Tarski (vgl. Specker, 1.42) $2^{\aleph_0} + \aleph_1 < 2^{\aleph_0} \aleph_1$.
3.45* *Es ist* $2^{2^{\aleph_0}} = \mathfrak{a}^{\aleph_0}$.
Beweis: Aus $\mathfrak{a} \leqq 2^{2^{\aleph_0}}$ folgt $\mathfrak{a}^{\aleph_0} \leqq 2^{2^{\aleph_0}}$. Nach H ist das Kontinuum c eine Vereinigung $c = \bigcup c_i$ (c_i abzählbar). Die Folgen $\{d_i\}$ vom Typus ω mit $d_i \subseteqq c_i$ werden durch die Bildung der Vereinigung ihrer Glieder eineindeutig auf Teilmengen von c abgebildet und es tritt jede Teilmenge von c als eine solche Vereinigung auf: es ist $2^{2^{\aleph_0}} \leqq \mathfrak{a}^{\aleph_0}$.
3.3* *Eine Teilmenge des Kontinuums ist entweder endlich oder transfinit.*

Beweis: Ist d Teilmenge des Kontinuums c, so ist d Vereinigung von abzählbar vielen höchstens abzählbaren Mengen d_i. Ist eine Menge d_i unendlich, so enthält d die abzählbare Teilmenge d_i. Das Kontinuum c ist in natürlicher Weise geordnet. Sind alle d_i endlich, so sei e_i das erste Element aus d_i, das in keiner Menge d_j mit $j < i$ enthalten ist (falls es ein solches gibt). Die Menge e dieser e_i ist genau dann abzählbar, wenn d nicht endlich ist.

§ 4. Der Grad einer Menge (Alternative zum Auswahlaxiom)

In Paragraph 1 wurde auf die Alternative hingewiesen, daß Ω die Klasse aller Ordnungszahlen ist, d. h. daß jede unendliche Ordnungszahl Vereinigung ist von abzählbar vielen Teilmengen kleinerer Mächtigkeit (1.21). Das Axiom, das dies für alle nicht endlichen Mengen fordert, scheint mit den übrigen Axiomen verträglich zu sein.

Die Ordnungszahlen von Ω erfüllen aber eine noch stärkere Bedingung: Bilden wir ausgehend von den abzählbaren Ordnungszahlen ins Transfinite fortschreitend abzählbare Vereinigungen, so erhalten wir alle Ordnungszahlen aus Ω. Dies legt folgende (vorläufige) Definition nahe:

G_0 sei die Klasse der höchstens abzählbaren Mengen; G_α (α von 0 verschiedene Ordnungszahl) sei die Klasse derjenigen Mengen, die nicht Element von G_β mit $\beta \in \alpha$, wohl aber Vereinigung sind von abzählbar vielen Mengen aus Klassen G_β mit $\beta \in \alpha$. Ist $a \in G_\alpha$, so sagen wir, a habe den *Grad* α.

Es ist dann jede Ordnungszahl aus Ω Element einer Klasse G_α und eine Verschärfung der Alternative, daß Ω die Klasse aller Ordnungszahlen ist, besteht in der folgenden Alternative:

J. *Jede Menge besitzt einen Grad.*

4.1 Definition des Grades. Die obige Definition des Grades hat nicht die Form einer zulässigen rekursiven Definition. Es kann dies aber leicht in Ordnung gebracht werden.

G^* sei die folgende Klasse von Paaren, deren zweites Element eine Ordnungszahl ist: $\langle a, \alpha \rangle \in G^*$ genau dann, wenn es eine Abbildung einer Menge t von Teilmengen von a in die Menge $\alpha + 1$ gibt mit folgenden Eigenschaften:

(1) Es werden nur endliche oder abzählbare Mengen auf 0 abgebildet.
(2) Wird $b \in t$ auf $\beta \neq 0$ abgebildet, so ist b die Vereinigung von abzählbar vielen Mengen aus t, die auf Elemente von β abgebildet werden.
(3) Es ist $\alpha \in t$ und a wird auf α abgebildet.

Definition einer Teilklasse G von G^*:

$$\langle a, \alpha \rangle \in G \equiv \langle a, \alpha \rangle \in G^* \;\&\; (x)\,(x \in \alpha \rightarrow \langle a, x \rangle \notin G^*).$$

Definition der Klassen G_α:

$$a \in G_\alpha \equiv \langle a, \alpha \rangle \in G.$$

Ist $a \in G_\alpha$, so sagen wir, a habe den *Grad* α. Die Klasse G ist damit als „Klasse" von Klassen definiert (vgl. B IV, 137).

4.2 Die Gültigkeit der folgenden Sätze ergibt sich unmittelbar aus der Definition der G_α:

4.21 *Für* $\alpha \neq \beta$ *sind* G_α *und* G_β *fremd.*

4.22 *Genau die höchstens abzählbaren Mengen haben den Grad* 0.

4.23 *Ist* $a \subsetneqq b$ *und* $b \in G_\beta$, *so gibt es ein* $\alpha \in \beta + 1$ *mit* $a \in G_\alpha$.

4.24 *Ist* a *Bild der Menge* b *und* $b \in G_\beta$, *so gibt es ein* $\alpha \in \beta + 1$ *mit* $a \in G_\alpha$.

Es haben somit gleichmächtige Mengen denselben Grad, und wir können vom *Grad einer Kardinalzahl* sprechen.

4.25 *Eine Menge des Grades* $\alpha \neq 0$ *ist Vereinigung von abzählbar vielen Mengen kleinerer Mächtigkeit.* Aus der Alternative J folgt somit, daß jede nicht endliche Menge Vereinigung ist von abzählbar vielen Mengen kleinerer Mächtigkeit.

4.26 *Ist a Vereinigung der abzählbar vielen Mengen* a_i *der Grade* $\alpha_i \in \alpha$, *so hat a höchstens den Grad* α (d. h. *a* besitzt einen Grad, und dieser Grad ist nicht größer als α).

4.27 *Der Grad der Vereinigung endlich vieler Mengen mit einem Grad ist gleich dem Maximum dieser Grade.*

4.31 *Falls* α *Grad einer Menge ist, so ist auch jedes Element von* α *Grad einer Menge.*

Beweis: Es sei α die kleinste Ordnungszahl, die Grad einer Menge ist und die ein Element besitzt, das nicht Grad einer Menge ist. Es sei *a* eine Menge vom Grade α; *a* ist Vereinigung von abzählbar vielen Mengen a_i, deren Grade α_i Elemente von α sind. Nach 4.26 gibt es kein Element von α, dessen Elemente sämtliche α_i sind: Jedes Element von α ist somit gleich einem α_i oder Element eines solchen. Aus der Minimaleigenschaft von α folgt, daß jedes Element von α Grad einer Menge ist.

4.32 *Der Grad einer Menge ist Element von* Ω.

Beweis: Es sei Ω Grad der Menge *a*. Es ist *a* Vereinigung von abzählbar vielen Mengen, deren Grade Elemente von Ω sind. Es gibt dann ein Element von Ω, das diese abzählbar vielen Grade als Elemente hat. Der Grad von *a* ist also nach 4.26 Element von Ω. Mit Ω ist nach 4.31 auch keine größere Ordnungszahl Grad einer Menge.

4.4 *Eine Ordnungszahl besitzt genau dann einen Grad, wenn sie Element von* Ω *ist.*

Beweis: (1) Es sei α die kleinste Ordnungszahl in Ω, die keinen Grad besitzt. Nach 4.24 ist α Anfangszahl und somit insbesondere Limeszahl: $\alpha = \lim \alpha_i$. Die Mengen α_i besitzen einen Grad und somit auch ihre Vereinigung α. (2) Um nachzuweisen, daß nur Elemente von Ω einen Grad besitzen, genügt es auf Grund von 4.23 zu zeigen, daß Ω selbst keinen Grad besitzt. Ω ist nach 1.22 nicht Vereinigung von abzählbar vielen Mengen kleinerer Mächtigkeit und besitzt somit auf Grund von 4.25 keinen Grad.

4.5 *Falls die Anfangszahl* ω_α *einen Grad besitzt* (*d. h. falls* $\omega_\alpha \in \Omega$), *ist dieser Grad gleich* α.

Beweis: (1) Der Grad von ω_α sei β; dann ist $\beta + 1$ der Grad von $\omega_{\alpha+1} \in \Omega$. Es gibt nämlich solche Ordnungszahlen γ_i, daß $\omega_{\alpha+1} = \lim \gamma_i$ und $\omega_\alpha \in \gamma_i \in \omega_{\alpha+1}$. Nach 4.24 ist β der Grad der Ordnungszahlen γ_i. $\omega_{\alpha+1}$ hat nach 4.23 und 4.26 den Grad β oder $\beta + 1$. β ist nicht Grad von $\omega_{\alpha+1}$; denn ist $\omega_{\alpha+1}$ Vereinigung von abzählbar vielen Mengen, so hat mindestens eine dieser Mengen die Mächtigkeit $\aleph_\alpha$ und somit den Grad β. (2) Es sei α die kleinste Ordnungszahl mit der Eigenschaft, daß der Grad von ω_α von α verschieden ist. α ist Limeszahl, denn es ist weder gleich 0 noch Nachfolger (auf Grund von (1)): $\alpha = \lim \alpha_i$, $\omega_\alpha = \lim \omega_{\alpha_i}$, $\alpha_i \in \alpha$; nach 4.26 ist der Grad von ω_α höchstens α, nach 4.23 ist er mindestens α, da $\omega_{\alpha_i} \leqq \omega_\alpha$.

Bemerkung: Falls die Mengenlehre die Alternative F von CHURCH erfüllt, ist jedes Element von Ω Grad einer Menge und sogar Grad einer Ordnungszahl (vgl. 1.5).

4.61 Definition der iterierten Potenzen einer Kardinalzahl $\mathfrak{m}$:

$$\mathfrak{P}_0(\mathfrak{m}) = \mathfrak{m}, \quad \mathfrak{P}_{k+1}(\mathfrak{m}) = 2^{\mathfrak{P}_k(\mathfrak{m})}.$$

4.62 *Die Kardinalzahl* $\mathfrak{P}_k(\aleph_\alpha)$ *hat mindestens den Grad* $\alpha + k$.

Beweis: Nach 3.11 (3) und SPECKER 1.43 ist $\aleph_{\alpha+1} \leqq {}^* 2^{\aleph_\alpha}$ und $2^{\aleph_{\alpha+1}} \leqq 2^{2^{\aleph_\alpha}}$, d. h. $\mathfrak{P}_1(\aleph_{\alpha+1}) \leqq \mathfrak{P}_2(\aleph_\alpha)$. Es ist somit $\mathfrak{P}_{k-1}(\aleph_{\alpha+1}) \leqq \mathfrak{P}_k(\aleph_\alpha)$ für $k \geqq 2$; daraus folgt $\mathfrak{P}_1(\aleph_{\alpha+k-1}) \leqq \mathfrak{P}_k(\aleph_\alpha)$. $\aleph_{\alpha+k}$ hat nach 4.5 den Grad $\alpha + k$, falls es überhaupt einen Grad besitzt; nach 4.24 hat $\mathfrak{P}_k(\aleph_\alpha)$ mindestens den Grad $\alpha + k$.

Bemerkung: Die Annahme, daß z. B. sowohl das Kontinuum als auch die Menge der Teilmengen des Kontinuums den Grad 2 haben, scheint zu keinem Widerspruch zu führen.

4.7 Die Alternative K:

K. *Zu jeder Menge a gibt es eine abzählbare Menge q von Teilmengen der Potenzmenge von a mit folgenden Eigenschaften:*

(1) *die Elemente von q haben dieselbe Mächtigkeit wie a,*

(2) *die Vereinigung der Elemente von q ist die Potenzmenge von a.*

Kürzer ausgedrückt besagt K:

Die Potenzmenge einer Menge der Mächtigkeit $\mathfrak{m}$ *ist Vereinigung von abzählbar vielen Mengen der Mächtigkeit* $\mathfrak{m}$.

Es soll durch Konstruktion eines Modells gezeigt werden, daß die Alternative J (die besagt, daß jede Menge einen Grad besitzt) widerspruchsfrei ist, falls K es ist.

4.71 Es sei M die Klasse der Mengen a mit der Eigenschaft, daß a und jedes Element der transitiven Hülle von a einen Grad besitzt.

Mengen des Modells sind Elemente von M, Klassen des Modells sind Teilklassen von M. Gleichheits- und $\in$-Relation des Modells sind Gleichheits- und $\in$-Relation der Mengenlehre.

Jedes Element einer Menge (Klasse) des Modells ist auch Element dieser Menge (Klasse) im Modellsinn: *Das Modell erfüllt die Gleichheitsaxiome.* Ferner ist das Modell vom Typus, der in I 3.3 betrachtet worden ist: *Das Modell erfüllt die Axiome der Klassenbildung.*

4.72 Die leere Menge ist Element von M; mit s und c ist auch $s \cup (c)$ Element von M. Beide Mengen besitzen im Modell die entsprechenden charakteristischen Eigenschaften.

4.73 Nach 4.23 besitzen mit einer Menge auch ihre Teilmengen einen Grad: *Das Modell erfüllt das Teilklassenaxiom.*

4.74 Nach 4.24 besitzt mit einer Menge auch jede gleichmächtige Menge einen Grad: *Das Modell erfüllt das Ersetzungsaxiom.*

4.75 Die Gültigkeit des Summenaxioms folgt aus folgendem Satz: Besitzen eine Menge a und alle ihre Elemente einen Grad, so besitzt auch die Vereinigungsmenge der Elemente von a einen Grad. Beweis mit Induktion nach dem Grad von a: Der Satz gilt für abzählbare Mengen (Grad 0); daraus folgt, daß er für den Grad α gilt, falls er für kleinere Grade gilt.

4.76 Die Ordnungszahl ω ist Element von M und die Ordnungszahl ω im Modellsinn: *Das Modell erfüllt das Unendlichkeitsaxiom.*

Klassen C des Modells sind spezielle Klassen der Mengenlehre. Ist in der Mengenlehre $a \in C$ und $a \cap C = O$, so gilt dasselbe im Modell: Das Modell erfüllt das Fundierungsaxiom.

4.77 *Das Modell erfüllt das Potenzaxiom, falls die Mengenlehre die Alternative* K *erfüllt.* Es genügt zu zeigen, daß die Potenzmenge einer Menge a einen Grad besitzt, falls a einen Grad besitzt. Dies folgt unmittelbar aus K.

4.78 *Das Modell erfüllt die Alternative* K, *falls die Mengenlehre sie erfüllt.* Dies folgt daraus, daß abzählbare Teilmengen von M Elemente von M sind.

4.79 *Das Modell erfüllt die Alternative* J, *falls die Mengenlehre die Alternative* K *erfüllt.*

Beweis: (1) Die Ordnungszahlen aus Ω sind Elemente von M und Ordnungszahlen im Modellsinn; nach 4.32 ist der Grad einer Menge Ordnungszahl des Modells. (2) Eine eineindeutige Abbildung einer Menge $a \in M$ auf eine Menge $b \in M$ ist Element von M und eine eineindeutige Abbildung im Modellsinn. Dies folgt daraus, daß die Paarmenge zweier Elemente aus M zu M gehört und Paarmenge im Modellsinn ist. Es ist also insbesondere eine abzählbare Teilmenge von M eine abzählbare Menge im Modellsinn. (3) Wir beweisen nun mit Induktion nach α: Ist α der Grad von $a \in M$ im Sinne der Mengenlehre, so ist der Grad von a im Modellsinn nicht größer als α (darin ist enthalten, daß die Alternative J im Modell gilt). Nach (2) besitzen Mengen des Grades 0 auch im Modell den Grad 0. Ist $a \in M$ (der Grad von a sei $\alpha \neq 0$) die Vereinigungsmenge einer abzählbaren Menge q, so ist q eine abzählbare Menge im Modellsinn und a ist die Vereinigungsmenge von q im Sinne des Modells. Die Grade der Elemente von q sind Elemente von α: nach 4.26 (angewandt in der Mengenlehre des Modells) ist der Grad von a im Modell höchstens gleich α.

Bemerkung: Es kann leicht gezeigt werden, daß der Grad einer Menge im Modellsinn gleich dem Grad im Sinn der Mengenlehre ist.

4.8 *Falls die Mengenlehre die Alternative* K *erfüllt, fällt das konstruierte Modell zusammen mit dem Modell, das* $\Psi(\Omega)$ *entspricht* (vgl. B VI, 71 ff.). Es genügt $M = \Psi(\Omega)$ zu beweisen, da beide Modelle ausgehend von der Klasse der Mengen des Modells gleich gebildet sind.

4.81 *Es ist* $\Psi(\Omega) \subseteq M$. Wir beweisen $\Psi(\alpha) \in M$ für $\alpha \in \Omega$ mit Induktion nach α. Es ist $0 \in M$; ist $\Psi(\alpha) \in M$, so ist nach 4.77 auch die Potenzmenge $\Psi(\alpha + 1)$ von $\Psi(\alpha)$ Element von M. Ist $\lim \lambda_i = \lambda$ und $\Psi(\lambda_i) \in M$, so ist die Menge der $\Psi(\lambda_i)$ eine Menge aus M, und es ist somit nach 4.75 die Vereinigungsmenge $\Psi(\lambda)$ der $\Psi(\lambda_i)$ Element von M. Aus $\Psi(\alpha) \in M$ folgt $\Psi(\alpha) \subseteq M$ für $\alpha \in \Omega$ und $\Psi(\Omega) \subseteq M$.

4.82 *Es ist* $M \subseteq \Psi(\Omega)$. Es sei C die Klasse der Elemente von M, die nicht zu $\Psi(\Omega)$ gehören. Wir zeigen, daß aus $C \neq O$ ein Widerspruch folgt. Ist $C \neq O$, so gibt es ein $a \in C$ mit $a \cap C = O$ (Fundierungsaxiom). Es ist $a \in M$, $a \notin \Psi(\Omega)$, $a \subseteq \Psi(\Omega)$. Jedem Element $b \in a$ ist ein kleinstes $\beta \in \Omega$ zugeordnet, für welches

$b \in \Psi(\beta)$. Diese Funktion bildet a in Ω ab; die Mächtigkeit des Bildes von a ist kleiner als die Mächtigkeit von Ω, denn das Bild von a besitzt einen Grad, Ω aber nach 4.4 nicht. Da Ω die Klasse aller Ordnungszahlen oder reguläre Anfangszahl ist (vgl. 1.3), wird a abgebildet in ein Element $a + 1 \in \Omega$. Die Elemente von a sind Elemente von $\Psi(\alpha)$: $a \subseteqq \Psi(\alpha)$ und somit $a \in \Psi(\alpha + 1) \subseteqq \Psi(\Omega)$.

4.9 Es ist natürlich, eine Ordnungszahl a als *unerreichbar* zu bezeichnen, falls das entsprechende Ψ-Modell alle Axiome des zugrunde gelegten Systems erfüllt. (Im Falle des Systems I—VII ist diese und die übliche Definition äquivalent; vgl. A. Tarski, Über unerreichbare Kardinalzahlen, Fund. Math. **30** (1938), 68—89). Bei dieser Definition ist die Ordnungszahl Ω in einer Mengenlehre mit der Alternative K unerreichbar. Falls das System widerspruchsfrei ist, ist aber die Menge $\Psi(\Omega)$ keine unerreichbare Menge im Sinne von Tarski. Eine solche Menge erfüllt nämlich die Bedingung, daß jede Teilmenge kleinerer Mächtigkeit auch Element ist; nun ist Ω Teilmenge von $\Psi(\Omega)$ und hat kleinere Mächtigkeit (ansonst $\Psi(\Omega)$ wohlgeordnet werden könnte), $\Omega + 1$ ist aber nicht Element von $\Psi(\Omega)$.

Literaturverzeichnis

B) P. Bernays, A system of axiomatic set theory, Part I, Journ. Symb. Log. **2** (1937), 65—77, Part II, Journ. Symb. Log. **6** (1941), 1—17, Part III, Journ. Symb. Log. **7** (1942), 65—89, Part IV, Journ. Symb. Log. **7** (1942), 133—145, Part V, Journ. Symb. Log. **8** (1943), 89—106, Part VI, Journ. Symb. Log. **13** (1948), 65—79.

(C) A. Church, Alternatives to Zermelo's assumption, Trans. Amer. Math. Soc. **29** (1927), 178—208.

(G) K. Gödel, The consistency of the continuum hypothesis, Princeton 1940.

(LT) A. Lindenbaum et A. Tarski, Communications sur les recherches de la theorie des ensembles, Comptes rendus de la Société des Sciences et des Lettres de Varsovie **19** (1926), 299—330.

R. Doss, Note on two theorems of Mostowski, Journ. Symb. Log. **10** (1945), 13—15.

A. Fraenkel, Über eine abgeschwächte Fassung des Auswahlaxioms, Journ. Symb. Log. **2** (1937), 1—25.

F. Hartogs, Über das Problem der Wohlordnung, Math. Ann. **76** (1915), 438—443.

A. Mostowski, Über die Unabhängigkeit des Wohlordnungssatzes vom Ordnungsprinzip, Fund. Math. **32** (1939), 201—252. Axiom of choice for finite sets, Fund. Math. **33** (1945), 137 bis 168.

W. Sierpiński, L'hypothèse généralisée du continu et l'axiome du choix, Fund. Math. **34** (1947), 1—5.

E. Specker, Verallgemeinerte Kontinuumshypothese und Auswahlaxiom, Archiv der Mathematik **5** (1954), 332—337.

A. Tarski, Sur quelques théorèmes qui équivalent à l'axiome du choix, Fund. Math. **5** (1924), 147—154. Über unerreichbare Kardinalzahlen, Fund. Math. **30** (1938), 68—89. On well-ordered subsets of any set, Fund. Math. **32** (1939), 176—183.

H. Wang, The non-finitizability of impredicative principles, Proc. Nat. Acad. Sci. **36** (1950), 479—484.

(Eingegangen am 25. April 1956)

Teilmengen von Mengen mit Relationen

von Ernst Specker, Zürich

Sind die k-zahligen Teilmengen einer unendlichen Menge S auf endlich viele Klassen $C_1, \ldots, C_n$ verteilt, so gibt es eine unendliche Teilmenge S' von S und eine solche Zahl j $(1 \leq j \leq n)$, daß jede k-zahlige Teilmenge von S' zu der Klasse C_j gehört.

Dieser Satz von Ramsey [4] ist der Hauptsatz derjenigen Art kombinatorischer Mengenlehre, mit der sich die vorliegende Arbeit beschäftigt. Eine systematische Darstellung findet sich in der Arbeit [2] von P. Erdös und R. Rado.

Der allgemeine Fall des Satzes von Ramsey ergibt sich sehr leicht durch Induktion aus seinem Spezialfall $n:2$ (Zerlegung der Menge der k-zahligen Teilmengen in zwei Klassen C_1 und C_2); entsprechende Verallgemeinerungen sind auch bei den folgenden Sätzen möglich.

Im ersten Teil der Arbeit wird (in Beantwortung einer Frage von Herrn Erdös) der folgende Satz 1 bewiesen: *Sind die zweizahligen Teilmengen einer Menge S, die nach dem Typus ω^2 geordnet ist, auf zwei Klassen C_1, C_2 verteilt, so gibt es entweder eine solche n-zahlige Teilmenge S' von S, daß jede zweizahlige Teilmenge von S' zu C_1 gehört, oder es gibt eine solche Teilmenge S'' von S vom Typus ω^2, daß jede zweizahlige Teilmenge von S'' zu C_2 gehört.* (Die Ordnung einer Teilmenge S'' einer geordneten Menge S ist dabei hier und im folgenden stets die durch die Ordnung von S induzierte.)

Im zweiten Teil zeigen wir, daß die naheliegenden Verallgemeinerungen dieses Satzes nicht richtig sind; so kann «zweizahlig» nicht durch «dreizahlig», der Typus ω^2 nicht durch den Typus ω^3 ersetzt werden.

Der Versuch, für weitere Zahlen der zweiten Zahlklasse entsprechende Gegenbeispiele zu konstruieren, führt zu folgender Frage: α, β seien Ordnungszahlen der zweiten Zahlklasse, S sei eine geordnete Menge vom Typus α, T eine geordnete Menge vom Typus β; gibt es dann eine solche Abbildung f von S auf T, daß das Bild jeder Teilmenge von S vom Typus α in T den Typus β besitzt? Wir können diese Frage nur für ganz spezielle Paare α, β beantworten.

Bevor wir den Beweis des Satzes 1 in einzelne Hilfssätze zerlegen, formulieren wir ihn noch etwas anders. Um die Äquivalenz der beiden Fassungen zu erkennen, wählen wir als Menge S vom Typus ω^2 die Menge der Paare $\langle h, i\rangle$ von natürlichen Zahlen, ordnen diese Paare antilexikographisch und definieren S_i als Menge der Paare mit zweitem Glied i; ferner definieren wir auf Grund der Klasseneinteilung C_1, C_2 der zweizahligen Teilmengen von S eine zweistellige symmetrische Relation R gemäß der folgenden Vorschrift: Für $a \neq b$ gelte $R(a, b)$ genau dann, wenn die Menge (a, b) zu C_1 gehört. (Über $R(a,a)$ brauchen wir keine Festsetzung zu treffen.)

Satz 1. *Es seien S_i $(i:1, 2, \ldots)$ abzählbare disjunkte Mengen, S die Vereinigung der Mengen S_i; R sei eine zweistellige symmetrische Relation auf S. Dann gibt es entweder eine solche n-zahlige Teilmenge S' von S, daß zwei verschiedene Elemente von S' stets in der Relation R stehen, oder es gibt eine solche Teilmenge S'' von S, daß der Durchschnitt $S'' \frown S_i$ für unendlich viele Indices i unendlich ist und daß keine zwei verschiedenen Elemente von S'' in der Relation R stehen.*

Wir beweisen den Satz mit Induktion nach «n»; für $n:2$ ist er trivial. Ferner nehmen wir an, daß es keine n-zahlige Teilmenge S' von S gibt, so daß je zwei verschiedene Elemente von S' in der Relation R stehen, und beweisen unter dieser Voraussetzung die Existenz einer Menge S'' mit den verlangten Eigenschaften.

Hilfssatz 1. *P sei eine zweistellige Relation auf der Menge N der natürlichen Zahlen. Dann gibt es eine solche unendliche Teilmenge N' von N, daß P auf N' einer der folgenden Relationen äquivalent ist:* (1.1) $a \leq b$; (1.2) $a<b$; (2.1) $b \leq a$; (2.2) $b<a$; (3.1) $a = b$; (3.2) $a \neq a$ *(Relation nie erfüllt)*; (4.1) $a = a$ *(Relation stets erfüllt)*; (4.2) $a \neq b$.

Bemerkung. Die Numerierung ist so gewählt, daß für $a \neq b$ die Relationen $(h, 1)$ und $(h, 2)$ äquivalent sind. (Zu diesem Hilfssatz vergleiche man R. FRAISSÉ [3].)

Beweis. Wir teilen die zweizahligen Teilmengen von N in vier Klassen C_i $(i: 1, 2, 3, 4)$ ein, je nachdem (1) $a<b, P(a, b)$ und nicht $P(b, a)$ oder $b<a$, $P(b, a)$ und nicht $P(a, b)$; (2) $a<b$, $P(b, a)$ und nicht $P(a, b)$ oder $b<a$, $P(a, b)$ und nicht $P(b, a)$; (3) weder $P(a, b)$ noch $P(b, a)$; (4) sowohl $P(a, b)$ als auch $P(b, a)$. Eine zweizahlige Teilmenge von N gehört zu einer dieser Klassen; nach dem Satz von RAMSEY gibt es somit eine unendliche Teilmenge N'' von N und eine solche Zahl h $(1 \leq h \leq 4)$, daß alle zweizahligen Teilmengen von N'' zu C_h gehören. Ferner gibt es eine solche unendliche Teilmenge N' von N'', daß entweder für alle Elemente a von N' die Relation $P(a, a)$ gilt oder daß für alle Elemente a von N' die Relation $P(a, a)$ nicht gilt; je nach diesen beiden Fällen ist P auf N' äquivalent der Relation $(h, 1)$ oder $(h, 2)$.

Hilfssatz 2. *Es sei P eine zweistellige Relation auf der Menge N der natürlichen Zahlen; dann gibt es entweder n verschiedene Elemente $a_1, \ldots, a_n$ von N,* *derart daß* $P(a_i, a_k)$ *gilt für* $1 \leq i < k \leq n$, *oder es gibt eine solche unendliche Teilmenge* N' *von* N, *daß* $P(a, b)$ *nicht gilt für zwei verschiedene Elemente* a, b *von* N'.

Beweis. N' sei so gewählt, daß P auf N' einer der Relation von Hilfssatz 1 äquivalent ist und daß N' unendlich. Ist P auf N' äquivalent (3.1) oder (3.2), so liegt eine unendliche Menge der gewünschten Art vor; andernfalls wählen wir in N' eine Menge A von n Elementen und zählen A entweder auf- oder absteigend ab, je nachdem die Fälle (1, i) oder (2, i) vorliegen (bei den Fällen (4, i) ist die Abzählung beliebig).

Die folgenden Hilfssätze handeln von Mengen, auf denen ein 0-1-Maß μ definiert ist. Unter einem solchen Maß auf einer Menge T verstehen wir eine Funktion, deren Definitionsbereich die Menge der Teilmengen von T ist und die die folgenden Eigenschaften besitzt: (1) μ nimmt nur die Werte 0 und 1 an, (2) $\mu(T) = 1$, (3) $\mu(A) = 0$ für jede endliche Menge A, (4) $\mu(A \cup B) = \mu(A) + \mu(B)$ für disjunkte Mengen A und B. Auf jeder unendlichen Menge existiert ein solches Maß (vergleiche zum Beispiel [1], S. 185). Beim Beweis wird allerdings – auch für abzählbare Mengen – das Auswahlaxiom benutzt; für unsere Zwecke könnte es vermieden werden, indem man sich überlegte, daß ein Maß ausreicht, das nur für gewisse Teilmengen definiert ist.

Ist μ ein 0-1-Maß auf T, T' eine Teilmenge von T vom Maße 1, so ist die Funktion, die einer Teilmenge A von T' den Wert $\mu(A)$ zuordnet, ein 0-1-Maß auf T'; wir werden dieses Maß auch etwa mit «μ» bezeichnen.

Hilfssatz 3. *M sei eine abgezählte Menge, μ ein 0-1-Maß auf M; M_i (i: 1, 2, ...) seien Teilmengen von M vom Maße 0; jedes Element von M sei nur für endlich viele i in M_i enthalten. Dann gibt es eine unendliche Teilmenge M' von M und eine Indexfolge i_k (k: 1, 2, ...; $i_k < i_{k+1}$), so daß der Durchschnitt von M' und M_{i_k} leer ist für alle k: $M' \cap M_{i_k} = \emptyset$.*

Beweis. Wir definieren rekursiv Teilmengen M'_n von M und Zahlen i_n (n: 1, 2, ...), so daß folgendes gilt: $M'_{n-1} \subseteq M'_n$; M'_n hat $n-1$ Elemente; $M'_n \cap M_{i_k} = \emptyset$ für $1 \leq k \leq n$; $i_{n-1} < i_n$.

a) $M'_1 = \emptyset$; $i_1 = 1$. b) Seien M'_n und i_k ($1 \leq k \leq n$) definiert, so daß die obigen Bedingungen erfüllt sind. Die Mengen M'_n und M_{i_k} ($k \leq n$) haben das Maß 0; dasselbe gilt somit von ihrer Vereinigung, die daher von M verschieden ist. Sei a_n das erste Element (in der gegebenen Abzählung) von M, das weder zu M'_n noch zu einer der Mengen M_{i_k} ($k \leq n$) gehört. Sei $M'_{n+1} = M'_n \cup (a_n)$; M'_n hat n Elemente und der Durchschnitt von M'_{n+1} mit M_{i_k} ($k \leq n$) ist leer. Da die Menge M'_{n+1} endlich ist, so ist der Durchschnitt von M'_{n+1} mit M_i leer für fast alle i (denn nach Voraussetzung ist ein Element von M nur in endlich vielen Mengen M_i enthalten): es sei i_{n+1} die kleinste Zahl j, welche größer ist als i_n und für welche $M'_{n+1} \cap M_j = \emptyset$. Es ist somit $M'_{n+1} \cap M_{i_k} = \emptyset$ für $k \leq n+1$. Sei nun M' die Vereinigung der Mengen M'_n; M' ist unendlich, denn M'_n enthält $n-1$ Elemente. Ferner ist $M' \cap M_{i_k} = \emptyset$ für alle k. Da M' die Vereinigung der M'_n ist, genügt es, zu zeigen, daß $M'_n \cap M_{i_k} = \emptyset$ für alle n. Es ist dies nach Konstruktion der Fall für $k \leq n$; ist $n < k$, so ist M'_n in M'_k enthalten und da $M'_k \cap M_{i_k} = \emptyset$ somit auch $M'_n \cap M_{i_k} = \emptyset$.

Hilfssatz 4. *$T_1, T_2, \ldots, T_n$ seien abzählbare disjunkte Mengen, μ_i ein 0-1-Maß auf T_i $(1 \leq i \leq n)$; T sei die Vereinigung der Mengen T_i $(i: 1, \ldots, n)$ und R sei eine zweistellige Relation auf T. Für $a \in T$ sei $V(a)$ die Menge derjenigen $x \in T$, für welche $R(a,x)$ gilt. A_i^k sei die Menge derjenigen $a \in T_i$, für welche $\mu_k(V(a) \cap T_k) = 1$. Ist $\mu_i(A_i^k) = 1$ für $i < k$, so gibt es Elemente $t_j \in T_j$ $(j: 1, \ldots, n)$, derart daß $R(t_i, t_k)$ gilt für $i < k$.*

Beweis. Induktion nach der Anzahl n; für $n: 1$ ist der Satz trivial. Da nach Voraussetzung die Mengen A_1^k $(2 \leq k)$ das Maß 1 haben, so ist ihr Durchschnitt nicht leer und es gibt somit ein Element $t_1 \in T_1$ mit $t_1 \in A_1^k$ $(2 \leq k)$. Es sei $T_k^* = T_k \cap V(t_1)$. Es gilt $R(t_1, b)$ für $b \in T_k^*$. Da T_k^* das Maß 1 hat, so ist μ_k auch ein 0-1-Maß für T_k^*. Es sei A_i^{*k} die Menge der $a \in T_i^*$, für welche $V(a) \cap T_k^*$ das Maß 1 hat. Da mit $V(a) \cap T_k$ auch $V(a) \cap T_k^*$ das Maß 1 hat, so ist $A_i^{*k} = T_i^* \cap A_i^k$ und daher $\mu_i(A_i^{*k}) = 1$ für $2 \leq i < k$. Nach Induktionsvoraussetzung gibt es Elemente $t_j \in T_j^* \subseteq T_j$ $(j: 2, \ldots, n)$, derart, daß $R(t_i, t_k)$ für $2 \leq i < k$. Da $R(t_1, t_k)$ für $1 < k$, so ist allgemein $R(t_i, t_k)$ für $1 \leq i < k \leq n$.

Hilfssatz 5. *Es seien S_i $(i: 1, 2, \ldots)$ abzählbare disjunkte Mengen, S die Vereinigung der Mengen S_i, R eine zweistellige symmetrische Relation auf R und $V(a)$, $a \in S$, die Menge der $x \in S$ mit $R(a,x)$. μ_i sei ein 0-1-Maß auf S_i und B_i^k sei die Menge der $a \in S_i$, für welche $\mu_k(V(a) \cap S_k) = 1$ $(i, k: 1, 2, \ldots)$. Dann gibt es entweder eine n-zahlige Teilmenge S' von S, derart daß je zwei verschiedene Elemente von S' in der Relation R stehen, oder es gibt eine unendliche Menge N' von natürlichen Zahlen, derart daß $\mu_i(B_i^k) = 0$ für $i, k \in N'$, $i \neq k$.*

Beweis. Wir definieren eine zweistellige Relation P auf der Menge N der natürlichen Zahlen: $P(i,k)$ gilt genau dann, wenn $\mu_i(B_i^k) = 1$. Nach Hilfssatz 2 gibt es entweder n verschiedene Zahlen a_i $(i: 1, \ldots, n)$, derart, daß $P(a_i, a_k)$ gilt für $1 \leq i < k \leq n$, oder es gibt eine unendliche Teilmenge N' von N, derart, daß $P(i,k)$ nicht gilt für $i, k \in N'$, $i \neq k$. In diesem Fall ist somit $\mu_i(B_i^k) \neq 1$, das heißt $\mu_i(B_i^k) = 0$ für $i, k \in N'$, $i \neq k$. Sind anderseits a_i $(i: 1, \ldots, n)$ Zahlen mit $P(a_i, a_k)$ für $i < k$, so setzen wir $S_{a_i} = T_i$. $A_i^k = B_{a_i}^{a_k}$ ist die Menge der $a \in T_i$, für welche $V(a) \cap T_k$ das Maß 1 hat.

Es ist $\mu_{a_i}(A_i^k) = 1$ für $i < k$ und nach Hilfssatz 3 gibt es somit n verschiedene Elemente t_i $(i\colon 1, \ldots, n)$, für welche $R(t_i, t_k)$ gilt für $i < k$; da die Relation R nach Voraussetzung symmetrisch ist, so gilt allgemein $R(t_i, t_k)$ für $i \neq k$.

Hilfssatz 6. *Es seien T_i $(i\colon 1, 2, \ldots)$ abzählbare disjunkte Mengen, T die Vereinigung der T_i, R eine zweistellige symmetrische Relation auf T und $V(a)$, $a \in T$, die Menge der $x \in T$ mit $R(a, x)$. Es gebe keine n-zahlige Teilmenge T' von T, derart, daß je zwei verschiedene Elemente von T' in der Relation R stehen. μ_i sei ein 0-1-Maß auf T_i und A_i^k sei die Menge der $a \in T_i$, für welche $\mu_k(V(a) \frown T_k) = 1$. Ist $\mu_1(A_1^k) = 0$ für alle k mit $2 \leq k$, so erfüllt die Menge der T_i die These des Satzes 1 (das heißt es gibt eine Teilmenge T'' von T, derart, daß der Durchschnitt $T_i \frown T''$ für unendlich viele Indizes i unendlich ist und daß keine zwei Elemente von T'' in der Relation R stehen) oder es gibt eine unendliche Menge N' von natürlichen Zahlen mit $1 \in N'$, für jedes $i \in N'$ eine unendliche Teilmenge T_i^* von T_i und ein Maß μ_i^* auf T_i^*, derart, daß die Mengen A_1^{*k} und A_k^{*1} $(k \in N', k \neq 1)$ leer sind. (Dabei ist A_i^{*k} die Menge der $a \in T_i^*$, für welche $\mu_k^*(V(a) \frown T_k^*) = 1$.)*

Beweis. Sei $a \in T_1$. Ist $a \in A_1^k$ für $k \in N'$, N' unendlich, so ist $T_k' = V(a) \frown T_k$ unendlich für $k \in N'$. Da alle Elemente aus T_k', $k \in N'$, mit a in der Relation R stehen, so gibt es keine $n - 1$ Elemente in der Vereinigung der T_k' $(k \in N'$, $2 \leq k)$, so daß je zwei verschiedene Elemente davon in der Relation R stehen. Nach Induktionsvoraussetzung existiert somit eine Menge T'', derart daß keine zwei verschiedenen Elemente von T'' in der Relation R stehen und daß $T_k' \frown T''$ unendlich ist für unendlich viele Zahlen k aus N'; es ist dann auch $T_k \frown T''$ unendlich für unendlich viele Indizes k.

Wir dürfen somit annehmen, daß jedes Element von T_1 nur für endlich viele k in A_1^k liegt. Nach dem Hilfssatz 3 existiert dann eine unendliche Teilmenge T_1^* von T_1 und eine unendliche Menge N^* von natürlichen Zahlen, derart daß $T_1^* \frown A_1^k = \emptyset$ für $k \in N^*$. Es sei μ_1^* ein 0-1-Maß auf T_1^*, B_k^1 die Menge der $a \in T_k$ mit $\mu_1^*(V(a) \frown T_1^*) = 1$. Sei nun B_k^1 unendlich für $k \in N''$, $N'' \subseteq N^*$, N'' unendlich. Ist B die Vereinigung der B_k^1 $(k \in N''$, $2 \leq k)$, so gibt es in B keine $n - 1$ Elemente, derart, daß je zwei verschiedene davon in der Relation R stehen. Jedes Element von B steht nämlich in der Relation R mit den Elementen einer Teilmenge von T_1^*, die das Maß 1 besitzt; zu endlich vielen Elementen in B gibt es somit ein Element in T_1^*, das mit jedem dieser endlich vielen in der Relation R steht. Nach Induktionsvoraussetzung existiert somit eine Teilmenge B'' von B, derart, daß keine zwei verschiedenen Elemente von B'' in der Relation R stehen und daß $B'' \frown B_k^1$ (und damit auch $B'' \frown T_k$) unendlich ist für unendlich viele Indizes k.

Wir dürfen somit annehmen, daß B_k^1 endlich ist für $k \in N'$, $N' \subseteq N^*$, N' unendlich. Wir setzen $T_k^* = T_k - B_k^1$ $(k \in N', 2 \leq k)$. μ_k ist dann auch ein 0-1-Maß μ_k^* auf T_k^* $(2 \leq k)$. Es gibt kein Element $a \in T_1^*$, für welches $V(a) \frown T_k^*$ das Maß 1 besitzt: A_1^{*k} ist leer für $k \in N'$, $2 \leq k$. Ferner gibt es kein Element $a \in T_k^*$ $(2 \leq k, k \in N')$, derart, daß $V(a) \frown T_1^*$ das Maß 1 besitzt: A_k^{*1} ist leer.

Hilfssatz 7. *Es seien U_i $(i: 1, 2, \ldots)$ abzählbare disjunkte Mengen, U die Vereinigung der U_i, R eine zweistellige symmetrische Relation auf U und $V(a)$, $a \in U$, die Menge der $x \in U$ mit $R(a,x)$. μ_i sei ein 0-1-Maß auf U_i und C_i^k sei die Menge der $a \in U_i$, für welche $\mu_k(V(a) \frown U_k) = 1$. Sind die Mengen C_1^k und C_k^1 leer für $k \neq 1$, so gibt es eine Teilmenge U'' von U, derart daß $U'' \frown U_k$ unendlich für alle k und daß ein Element aus $U'' \frown U_1$ und ein Element aus $U'' \frown U_k$ $(k \neq 1)$ nicht in der Relation R stehen.*

Beweis. Wir definieren rekursiv Elemente a_n von U, derart, daß die folgenden Bedingungen erfüllt sind: Ist $a_m \in U_1$, $a_n \in U_k$, $k \neq 1$, so gilt $R(a_m, a_n)$ nicht; ist $n = 2^{k-1} \cdot u$ (u ungerade), so ist a_n Element von U_k. Die Menge U'' dieser Elemente a_n erfüllt dann ersichtlich die gestellten Bedingungen. a_1 sei das erste Element von U_1 (in einer Abzählung von U_1). Seien $a_1, \ldots, a_{n-1}$ definiert. Ist n ungerade, so haben die Mengen $V(a_i) \frown U_1$ für gerades i das Maß 0, und es gibt somit $b \in U_1$, derart daß $R(a_i, b)$ nicht gilt für $i < n$, i gerade; a_n sei das erste solche b. Ist $n = 2^{k-1} \cdot u$, $2 \leq k$, so ist $V(a_i) \frown U_k$ eine Menge vom Maß 0 für ungerades i: Es gibt somit ein $b \in U_k$, derart, daß $R(a_i, b)$ nicht gilt für i ungerade, $i < n$; a_n sei das erste solche b in der Abzählung von U_k.

Hilfssatz 8. *Es seien S_i $(i; 1, 2, \ldots)$ abzählbare disjunkte Mengen, S die Vereinigung der Mengen S_i und R eine zweistellige symmetrische Relation auf S. Es gebe keine n-zahlige Teilmenge S' von S, derart, daß je zwei verschiedene Elemente von S' in der Relation R stehen. Dann gibt es eine Teilmenge S^* von S und eine unendliche Menge natürlicher Zahlen N^* mit kleinstem Element k_1, derart daß $S^* \frown S_k$ unendlich für $k \in N^*$ und daß ein Element aus $S^* \frown S_{k_1}$ und ein Element aus $S^* \frown S_k$ $(k \in N^*, k \neq k_1)$ nicht in der Relation R stehen.*

Beweis. μ_i sei ein 0-1-Maß auf S_i $(i: 1, 2, \ldots)$; $V(a)$, $a \in S$, sei die Menge der $x \in S$ mit $R(a,x)$ und B_i^k die Menge der $a \in S_i$ mit $\mu_k(V(a) \frown S_k) = 1$. Nach Hilfssatz 5 gibt es somit eine unendliche Menge N' von natürlichen Zahlen, derart, daß $\mu_i(B_i^k) = 0$ für i, $k \in N'$, $i \neq k$. Sei p eine Abzählung von N' und $S_{p(i)} = T_i$, $\mu_{p(i)} = \nu_i$. Die Mengen T_i und die Maße ν_i erfüllen die Voraussetzungen des Hilfssatzes 6: Ist A_i^k die Menge der $a \in T_i$, für welche $\nu_k(V(a) \frown T_k) = 1$, so ist $\nu_1(A_1^k) = 0$ für $2 \leq k$. Es gibt somit entweder eine Teilmenge T'' der Vereinigung T der Mengen T_i, derart, daß keine zwei verschiedenen Elemente von T'' in der Relation R stehen und daß $T'' \frown T_i$ unendlich ist für unendlich viele i; es ist dann auch $T'' \frown S_k$ unendlich für die Elemente k einer unendlichen Menge N^*. Oder es gibt eine unendliche Menge N'', $1 \in N''$, Teilmengen T_i^* von T_i und Maße ν_i^* auf T_i^*, $i \in N''$, so daß A_1^{*k} und A_k^{*1} leer sind für $k \in N''$, $k \neq 1$. (Dabei ist A_i^{*k} die Menge der $a \in T_i^*$, für welche $\nu_k^*(V(a) \frown T_k^*) = 1$.) Sei q eine Abzählung der Zahlen von N'' und $T_{q(i)}^* = U_i$, $\nu_{q(i)}^* = \varrho_i$. Die Mengen U_i und die Maße ϱ_i erfüllen die Voraussetzungen des Hilfssatzes 7, und es gibt somit eine Teilmenge U'' der Vereinigung der U_i, derart, daß $U'' \frown U_k$ unendlich für unendlich viele Indizes k und daß ein Element aus $U'' \frown U_1$ und ein Element aus $U'' \frown U_k$ $(k \neq 1)$ nicht in der Relation R stehen. Ist $S^* = U''$ und N^* die Menge der Zahlen $p(q(i))$ $(i\colon 1, 2, \ldots)$, so sind die Bedingungen erfüllt: N^* ist unendlich und ein Element aus $S^* \frown S_{p(q(1))} = U'' \frown U_1$ und ein Element aus $S^* \frown S_{p(q(k))} = U'' \frown U_k$ $(k \neq 1)$ stehen nicht in der Beziehung R.

Beweis von Satz 1. Es seien S_i abzählbare disjunkte Mengen $(i\colon 1, 2, \ldots)$, S die Vereinigung der S_i und R eine zweistellige symmetrische Relation auf S. Wir definieren rekursiv Teilmengen S_k^* von S und Teilmengen N_k^* der Menge der natürlichen Zahlen, und zwar so, daß die folgenden Bedingungen erfüllt sind: N_k^* ist unendlich, N_{k+1}^* ist eine Teilmenge von N_k^*, die k kleinsten Elemente von N_k^* sind auch Elemente von N_{k+1}^*; $S_k^* \frown S_i$ ist unendlich für $i \in N_k^*$, S_{k+1}^* ist eine Teilmenge von S_k^*, es ist $S_{k+1}^* \frown S_i = S_k^* \frown S_i$ für die k kleinsten Zahlen i aus N_k^*; ist i eine der k kleinsten Zahlen aus N_k^*, so steht ein Element aus $S_k^* \frown S_i$ und ein Element aus $S_k^* \frown S_j$ $(j \in N_k^*, j \neq i)$ nicht in der Relation R. Es sei N_0^* die Menge aller natürlichen Zahlen, S_0^* die Menge S. Es seien die Mengen N_k^* und S_k^* definiert für $k < n$ und es sei p eine monotone Abzählung der Zahlen von N_{n-1}^*, die nicht gleich einer der $n-1$ kleinsten Zahlen von N_{n-1}^* sind. (Die Abzählung p ist monoton, wenn $p(h) < p(i)$ für $h < i$.) Die Mengen $T_i = S_{p(i)} \frown S_{n-1}^*$ erfüllen die Voraussetzungen des Hilfssatzes 8, und es gibt somit eine Teilmenge T^* der Vereinigung der Mengen T_i und eine unendliche Menge M' von natürlichen Zahlen mit kleinstem Element k_1, derart, daß $T^* \frown T_k$ unendlich ist für $k \in M'$ und daß ein Element aus $T^* \frown T_{k_1}$ und ein Element aus $T^* \frown T_k$ $(k \in M', k \neq k_1)$ nicht in der Relation R stehen. Die Menge N_n^* bestehe nun aus den $n-1$ kleinsten Zahlen von N_{n-1}^* und aus denjenigen Zahlen $i \in N_{n-1}^*$, für welche $p^{-1}(i) \in M'$ (dabei ist p^{-1} die Umkehrabbildung der Abzählung p). S_n^* sei die Vereinigung der Menge T^* und der Mengen $S_{n-1}^* \frown S_i$, wobei i eine der $n-1$ kleinsten Zahlen von N_{n-1}^* ist. S_n^* ist eine Teilmenge von S_{n-1}^*; es ist $S_n^* \frown S_i$ unendlich für $i \in N_n^*$ und $S_n^* \frown S_i = S_{n-1}^* \frown S_i$ für die $n-1$ kleinsten Zahlen i aus N_{n-1}^*. Ein Element aus $S_n^* \frown S_i$ und ein Element aus $S_n^* \frown S_j$ stehen nicht in der Relation R, falls

i eine der n kleinsten Zahlen aus N_n^* und $j \in N_n^*$, $j \neq i$. Ist i eine der $n-1$ kleinsten Zahlen, so gilt dies, weil $i \in N_{n-1}^*$; ist i die n-t kleinste Zahl, weil $S_n^* \cap S_i = T^* \cap T_{k_1}$ und ein Element aus $S_n^* \cap S_j$, $j \in N_n^*$, entweder zu einer Menge $T^* \cap T_k$, $k \in M'$, oder zu einer Menge $S_{n-1}^* \cap S_j$ gehört, wobei j eine der $n-1$ kleinsten Zahlen von N_{n-1}^* ist.

Sei nun N^* der Durchschnitt der Mengen N_k^*; N^* ist unendlich, da die k kleinsten Zahlen von N_k^* für alle j zu N_j^* gehören. q sei eine monotone Abzählung der Menge N^*; S^* sei die Vereinigung der Mengen $S_k^* \cap S_{q(k)}$; diese Mengen sind unendlich, da $q(k) \in N_k^*$. Ist $x \in S_j^* \cap S_{q(j)}$, $y \in S_k^* \cap S_{q(k)}$, $j < k$, so gilt $R(x,y)$ nicht, da $q(j)$ die j-te Zahl aus N_j^* und $y \in S_j^* \cap S_{q(k)}$ mit $q(k) \in N_j^*$.

Nach dem Satz von Ramsey enthält $S_k^* \cap S_{q(k)}$ eine unendliche Teilmenge $S'_{q(k)}$, derart, daß zwei verschiedene Elemente aus $S'_{q(k)}$ nicht in der Relation R stehen. Ist somit S' die Vereinigung der Mengen $S'_{q(k)}$, so stehen zwei verschiedene Elemente von S' nicht in der Relation R und es ist $S' \cap S_i$ unendlich für $i \in N^*$.

Die folgenden Sätze zeigen, inwiefern Satz 1 nicht verallgemeinert werden kann.

Satz 2. *Auf einer geordneten Menge S vom Typus ω^2 gibt es eine solche dreistellige symmetrische Relation R, daß jede vierzahlige Teilmenge S' von S drei verschiedene Elemente a_i $(i: 1, 2, 3)$ enthält, für welche $R(a_1, a_2, a_3)$ nicht gilt, und daß jede Teilmenge S'' von S vom Typus ω^2 drei verschiedene Elemente a_i $(i: 1, 2, 3)$ enthält, für welche $R(a_1, a_2, a_3)$ gilt.*

(*Zusatz Januar 1957.*) Nach P. Erdös und R. Rado gilt sogar der folgende

Satz 2'. *Auf einer geordneten Menge S vom Typus ω^2 gibt es eine solche dreistellige symmetrische Relation R, daß jede vierzahlige Teilmenge S' von S drei verschiedene Elemente a_i $(i: 1, 2, 3)$ enthält, für welche $R(a_1, a_2, a_3)$ nicht gilt, und daß jede Teilmenge S'' von S vom Typus $\omega + 1$ drei verschiedene Elemente a_i $(i: 1, 2, 3)$ enthält, für welche $R(a_1, a_2, a_3)$ gilt.*

Beweis. Es sei S die Menge der Paare $\langle h, i \rangle$ natürlicher Zahlen, antilexikographisch geordnet. $R(a_1, a_2, a_3)$ mit $a_k = \langle h_k, i_k \rangle$ $(k: 1, 2, 3)$ gelte genau dann, wenn es eine solche Permutation p der Zahlen $(1, 2, 3)$ gibt, daß $i_{p(1)} = i_{p(2)} < i_{p(3)}$. Diese Relation R besitzt die verlangten Eigenschaften.

(1) Es sei S' eine vierzahlige Teilmenge von S; die Elemente von S' seien so numeriert, daß mit $a_k = \langle h_k, i_k \rangle$ $(k: 1, 2, 3, 4)$ gilt $i_1 \leq i_2 \leq i_3 \leq i_4$. Gilt $R(a_1, a_2, a_3)$ so ist somit $i_1 = i_2 < i_3$; gilt $R(a_2, a_3, a_4)$, so ist $i_2 = i_3 < i_4$: Es gelten somit nicht $R(a_1, a_2, a_3)$ und $R(a_2, a_3, a_4)$.

(2) Es sei S'' eine Teilmenge von S vom Typus $\omega + 1$; $a = \langle h, i \rangle$ sei das Element von S'', dem unendlich viele Elemente von S'' vorangehen. Von den Paaren aus S'' haben höchstens $h - 1$ das zweite Glied i, alle anderen besitzen ein kleineres zweites Glied; es gibt somit in S'' zwei verschiedene Elemente b und c mit demselben zweiten Glied i', $i' < i$. Die Elemente a, b, c stehen in der Relation R.

Satz 3. *Auf einer geordneten Menge S vom Typus ω^3 gibt es eine solche zweistellige symmetrische Relation R, daß jede dreizahlige Teilmenge S' von S zwei verschiedene Elemente a_1, a_2 enthält, für welche $R(a_1, a_2)$ nicht gilt, und daß jede Teilmenge S'' von S vom Typus ω^3 zwei verschiedene Elemente a_1, a_2 enthält, für welche $R(a_1, a_2)$ gilt.*

Beweis. Es sei S die Menge der Tripel $\langle h, i, k \rangle$ natürlicher Zahlen, antilexikographisch geordnet. $R(a_1, a_2)$ mit $a_j = \langle h_j, i_j, k_j \rangle$ $(j: 1, 2)$ gelte genau dann, wenn es eine solche Permutation p der Zahlen $(1, 2)$ gibt, daß $i_{p(1)} \leq k_{p(2)} \leq h_{p(1)} < i_{p(2)}$; falls $R(a_1, a_2)$ gilt, ist somit $i_1 \neq i_2$. Diese Relation R besitzt die verlangten Eigenschaften. (1) Es sei S' eine dreizahlige Teilmenge von S. Sind nicht alle mittleren Glieder der Tripel aus S' verschieden, so gibt es zwei verschiedene Elemente in S', für welche R nicht gilt. Es seien somit die mittleren Glieder verschieden, und die Elemente von S' seien so numeriert, daß mit $a_j = \langle h_j, i_j, k_j \rangle$ $(j: 1, 2, 3)$ gilt $i_1 < i_2 < i_3$. Gilt $R(a_1, a_2)$, so ist $i_1 \leq k_2 \leq h_1 < i_2$; gilt $R(a_1, a_3)$, so ist $i_1 \leq k_3 \leq h_1 < i_3$. Aus $R(a_1, a_2)$ und $R(a_1, a_3)$ folgt somit $k_3 < i_2$; es ist daher nicht $i_2 \leq k_3 \leq h_2 < i_3$, das heißt $R(a_2, a_3)$ gilt nicht. (2) Sei S'' eine Teilmenge von S vom Typus ω^3. Ist S_{ik} die Menge der Tripel von S mit zweitem Glied i und drittem Glied k, so gibt es eine unendliche Menge K von natürlichen Zahlen und zu jedem $k \in K$ eine unendliche Menge I_k von natürlichen Zahlen, derart, daß für $k \in K$, $i \in I_k$ die Menge $S'' \cap S_{ik}$ unendlich ist. Sei k_1 die kleinste Zahl aus K, i_1 die kleinste Zahl aus I_{k_1}; sei k_2 die kleinste Zahl k aus K, für welche $i_1 \leq k$; sei h_1 die kleinste Zahl h für welche $k_2 \leq h$ und $\langle h, i_1, k_1 \rangle \in S'' \cap S_{i_1 k_1}$; sei i_2 die kleinste Zahl i, für welche $h_1 < i$ und $i \in I_{k_2}$; sei h_2 die kleinste Zahl h, für welche $\langle h, i_2, k_2 \rangle \in S''$. Es ist somit $i_1 \leq k_2 \leq h_1 < i_2$, $\langle h_j, i_j, k_j \rangle \in S''$ $(j: 1, 2)$; diese beiden Tripel stehen in der Relation R.

Satz 4. *Auf einer geordneten Menge S vom Typus α (α Zahl der zweiten Zahlklasse) gibt es eine solche zweistellige symmetrische Relation R, daß jede unendliche Teilmenge S' von S zwei verschiedene Elemente a_1, a_2 enthält, für welche $R(a_1, a_2)$ nicht gilt, und daß jede Teilmenge S'' von S vom Typus $\omega + 1$ zwei verschiedene Elemente a_1, a_2 enthält, für welche $R(a_1, a_2)$ gilt.*

Beweis. Die Menge S sei geordnet nach dem Typus α, h sei eine eineindeutige Abbildung von S auf die Menge N der natürlichen Zahlen. $R(a_1, a_2)$ gelte genau dann, wenn entweder $a_1 < a_2$ (in der in S gegebenen Ordnung) und $h(a_2) < h(a_1)$ (in der natürlichen Ordnung von N) oder $a_2 < a_1$ und $h(a_1) < h(a_2)$. Diese Relation R besitzt die verlangten Eigenschaften. (1) Sei S' eine unendliche Teilmenge von S; S' ist als Teilmenge einer wohlgeordneten Menge in natürlicher Weise wohlgeordnet und enthält somit eine Teilmenge S^* vom Typus ω: Sei $a_i \epsilon S'$ $(i\colon 1, 2, \ldots)$ mit $a_i < a_j$ (in der Ordnung von S) für $i < j$. Da es nur endlich viele natürlichen Zahlen gibt, welche kleiner als $h(a_1)$ sind, so gibt es eine solche Zahl j, daß $h(a_1) < h(a_j)$. Da auch $a_1 < a_j$, so gilt $R(a_1, a_j)$ nicht. (2) Sei S'' eine Teilmenge von S vom Typus $\omega + 1$; a_1 sei dasjenige Element von S'', dem unendlich viele Elemente aus S'' vorangehen. Es gibt dann ein Element a_2 in S'', für welches $h(a_1) < h(a_2)$. Da $a_2 < a_1$, so gilt $R(a_1, a_2)$.

Um uns im folgenden kurz ausdrücken zu können, definieren wir eine Aussage $A(m, n, \alpha)$, wobei m, n natürliche Zahlen, α eine Zahl der zweiten Zahlklasse ist. $A(m, n, \alpha)$ ist die folgende Aussage: Zu jeder m-stelligen symmetrischen Relation R auf einer Menge S vom Typus α gibt es entweder eine solche n-zahlige Teilmenge S' von S, daß für je m verschiedene Elemente von S' die Relation R gilt, oder es gibt eine solche Teilmenge S'' von S vom Typus α, daß für je m verschiedene Elemente von S'' die Relation R nicht gilt. Satz 1 besagt, daß $A(2, n, \omega^2)$ gilt für alle natürlichen Zahlen n. Satz 2 besagt, daß $A(3, 4, \omega^2)$ nicht gilt, Satz 3, daß $A(2, 3, \omega^3)$ nicht gilt.

Wir stellen zunächst einige einfache Eigenschaften von «$A(m, n, \alpha)$» zusammen.

(A_1) *$A(m, n, \alpha)$ gilt für $n \leq m$.*

(A_2) *Gilt $A(m, n, \alpha)$, so auch $A(m, n', \alpha)$ für $n' \leq n$.*

(A_3) *Ist $m < n$ und ist α darstellbar als Summe $\alpha = \alpha_1 + \alpha_2$, $\alpha_i < \alpha$ $(i\colon 1, 2)$, so gilt $A(m, n, \alpha)$ nicht.*

Zum Beweise sei die Menge S vom Typus α dargestellt als Vereinigung der disjunkten Mengen S_i $(i\colon 1, 2)$ vom Typus α_i und gelte die Relation R für die Elemente $a_1, \ldots, a_m$ genau dann, wenn es genau eine solche Zahl i gibt $(1 \leq i \leq m)$, daß $a_i \epsilon S_2$. Sei nun S' eine n-zahlige Teilmenge von S; enthält $S' \frown S_2$ höchstens ein Element, so enthält $S' \frown S_1$ mindestens m Elemente und für m Elemente aus $S' \frown S_1$ gilt die Relation R nicht; enthält aber $S' \frown S_2$ mindestens zwei Elemente, so gilt die Relation R nicht für m Elemente, unter denen sich zwei aus $S' \frown S_2$ befinden. Sei nun S'' eine Teilmenge von S; die Relation R gelte nicht für je m verschiedene Elemente von S''. Es ist dann entweder $S'' \frown S_2$ leer oder $S'' \frown S_1$ enthält höchstens $m - 2$ Elemente. Im ersten Fall ist der Typus von S'' höchstens gleich α_1, das heißt kleiner als α; im zweiten Fall ist der Typus von S'' höchstens gleich $(m-2)+\alpha_2$, welche Ordnungszahl nur dann größer als α_2 ist, wenn α_2 selbst endlich ist; in diesem Falle aber ist der Typus von S'' endlich, das heißt kleiner als α, das wir als unendlich vorausgesetzt haben. (Der Fall eines endlichen α ließe sich sehr leicht behandeln.)

(A_4) *Es sei α eine Limeszahl der zweiten Zahlklasse, $A(m,n,\alpha)$ gelte nicht; dann gilt auch nicht $A(m+k, n+k,\alpha)$, wobei k eine natürliche Zahl ist.*

Beweis. Da $A(m,n,\alpha)$ nicht gilt, so gibt es auf einer Menge S vom Typus α eine solche symmetrische m-stellige Relation R, daß jede n-zahlige Teilmenge S' von S ein m-Tupel verschiedener Elemente enthält, für welche R nicht gilt, und daß jede Teilmenge S'' von S vom Typus α ein m-Tupel verschiedener Elemente enthält, für welche R gilt. Auf Grund einer solchen Relation R definieren wir eine $(m+k)$-stellige Relation R^* folgendermaßen: $R^*(a_1, \ldots, a_{m+k})$ gilt genau dann, wenn es eine solche Permutation p der Zahlen $(1, \ldots, m+k)$ gibt, daß $a_{p(i)} < a_{p(j)}$ für $1 \leq i < j \leq m+k$ und daß $R(a_{p(1)}, \ldots, a_{p(m)})$ gilt. Wir zeigen zunächst, daß jede $(n+k)$-zahlige Teilmenge von T' von S ein $(m+k)$-Tupel verschiedener Elemente enthält, für welches R^* nicht gilt: Es seien a_i $(i: 1, \ldots, n+k)$ die Elemente von T' und es sei $a_i < a_j$ für $i < j$. Die Menge $(a_1, \ldots, a_n)$ enthält m verschiedene Elemente b_i $(i: 1, \ldots, m)$, welche nicht in der Relation R stehen; sei ferner $b_i = a_i$ für $i: m+1, \ldots, m+k$; dann gilt $R^*(b_1, \ldots, b_{m+k})$ nicht. Sei nun S'' eine Teilmenge von S vom Typus α; S'' enthält m verschiedene Elemente a_i $(i: 1, \ldots, m)$, für welche $R(a_1, \ldots, a_m)$ gilt; da der Typus von S'' ein Limeszahltypus ist, so gibt es in S'' Elemente a_i $(i: m+1, \ldots, m+k)$ mit $a_m < a_i$ für $m < i \leq m+k$; dann gilt auch $R^*(a_1, \ldots, a_{m+k})$.

(A_5) *$A(m,n,\omega^2)$ gilt nicht für $3 \leq m < n$.* Dies folgt unmittelbar aus Satz 3, (A_3) und (A_4).

(A_6) *Gilt $A(m,n,\alpha)$ und gibt es eine solche Abbildung f einer Menge S vom Typus α auf eine Menge T vom Typus β, daß das Bild einer Teilmenge von S vom Typus α in T den Typus β besitzt, so gilt $A(m,n,\beta)$.*

Beweis. Wir nehmen an, daß $A(m,n,\beta)$ nicht gilt; dann ist $m < n$. Ferner sei f eine solche Abbildung der Menge S vom Typus α auf die Menge T vom Typus β, daß das Bild $T^* = f(S^*)$ den Typus β besitzt, falls S^* eine Teilmenge von S vom Typus α ist. R sei eine m-stellige symmetrische Relation auf T; jede n-zahlige Teilmenge T' von T enthalte m verschiedene Elemente, für welche R nicht gilt, und jede Teilmenge T'' von T vom Typus β enthalte m verschiedene Elemente, für welche R gilt. $R(b_1, \ldots, b_m)$, $b_i \in T$ $(i: 1, \ldots, m)$, gelte nicht, falls es Zahlen i, j gibt mit $b_i = b_j$ und $i \neq j$. Wir definieren eine m-stellige symmetrische Relation R^* auf S: $R^*(a_1, \ldots, a_m)$, $a_i \epsilon S$ $(i{:}\ 1, \ldots, m)$ gelte genau dann, wenn $R(f(a_1), \ldots, f(a_m))$ gilt. Sei S' eine n-zahlige Teilmenge von S. Ist $T' = f(S')$ nicht n-zahlig, so gibt es zwei verschiedene Elemente a_1, $a_2 \epsilon S'$ mit $f(a_1) = f(a_2) = b$; sind a_i $(i{:}\ 3, \ldots, m)$ irgendwelche weiteren verschiedenen Elemente von S' $(a_i \neq a_j$ für $i \neq j)$, so gilt $R^*(a_1, a_2, \ldots, a_m)$ nicht, da $R(b, b, \ldots, f(a_m))$ nicht gilt. Ist $T' = f(S')$ eine n-zahlige Menge, so enthält es m verschiedene Elemente b_i $(i{:}\ 1, \ldots, m)$, für welche R nicht gilt; ist dann $f(a_i) = b_i$, $a_i \epsilon S'$ $(i{:}\ 1, \ldots, m)$, so sind diese Elemente von S' verschieden und die Relation R^* gilt nicht für sie. Ist S'' eine Teilmenge von S vom Typus α, so ist $T'' = f(S'')$ eine Teilmenge von T vom Zypus β. T'' enthält somit m verschiedene Elemente b_i $(i{:}\ 1, \ldots, m)$, für welche R gilt; sind dann a_i Elemente von S'' mit $b_i = f(a_i)$ $(i{:}\ 1, \ldots, m)$, so gilt $R^*(a_1, \ldots, a_m)$.

Bemerkung. Da $A(2, 3, \omega^2)$ gilt, nicht aber $A(2, 3, \omega^3)$ (Sätze 2 und 4), so gibt es zu jeder Abbildung f einer Menge S vom Typus ω^2 auf eine Menge T vom Typus ω^3 eine solche Teilmenge S^* von S vom Typus ω^2, daß das Bild $T^* = f(S^*)$ in T nicht den Typus ω^3 besitzt. Dies kann auch auf anderm Wege leicht eingesehen werden.

Hilfssatz 9. *Ist α eine Zahl der zweiten Zahlklasse mit $\omega^2 \leq \alpha$, so läßt sich eine Menge S vom Typus α so auf eine Menge T vom Typus ω^2 abbilden, daß das Bild einer Teilmenge S^* von S vom Typus α in T den Typus ω^2 besitzt.*

Beweis. Es sei γ die größte Zahl ξ mit $\omega^\xi \leq \alpha$. S enthält dann eine solche Teilmenge S_1 vom Typus ω^γ, daß der Typus von $S'' \frown S_1$ gleich ω^γ ist, falls S'' eine Teilmenge von S vom Typus α ist. (Dies ergibt sich unmittelbar aus der Darstellung von α als Summe von ω-Potenzen.) Mit S_1 läßt sich dann auch S auf die gewünschte Art abbilden; wir nehmen daher im folgenden an, daß α selbst eine ω-Potenz ist. α ist somit insbesondere ω-Limes: $\alpha = \lim \alpha_n$. Daraus ergibt sich eine Darstellung von S als Vereinigung von abzählbar vielen abzählbaren disjunkten Mengen S_n, derart, daß die Vereinigung von endlich vielen Mengen S_n einen Typus α' besitzt mit $\alpha' < \alpha$. Die Mengen S_i seien abgezählt durch a_h^i $(h, i{:}\ 1, 2, \ldots)$. T sei die Menge der Paare $\langle h, i\rangle$ von natürlichen Zahlen, antilexikographisch geordnet; T besitzt den Typus ω^2. f bilde S folgendermaßen in T ab: $f(a_h^i) = \langle h, i\rangle$. Sei nun S'' eine Teilmenge von S; gibt es eine solche Zahl n, daß für alle i mit $n < i$ der Durchschnitt $S'' \frown S_i$ endlich ist, und ist der Typus der Vereinigung der Mengen $S_1, \ldots, S_n$ gleich α', so ist der Typus von S'' höchstens gleich $\alpha' + \omega$, das heißt kleiner als α. Ist somit S'' vom Typus α, so ist der Durchschnitt $S'' \frown S_i$ unendlich für unendlich viele Zahlen i und das Bild von S'' hat als Teilmenge von T den Typus ω^2.

Satz 5. *$A(m,n,\alpha)$ gilt nicht für $3 \leq m < n$ und $\omega < \alpha$.*

Beweis. Nach (A_5) gilt $A(m,n,\omega^2)$ nicht für $3 \leq m < n$. Nach (A_6) gilt somit nicht $A(m,n,\alpha)$ $(3 \leq m < n)$ für alle Ordnungszahlen α, die die Eigenschaft besitzen, daß eine Menge S vom Typus α sich so auf eine Menge T vom Typus ω^2 abbilden läßt, daß das Bild einer Teilmenge von S vom Typus α in T den Typus ω^2 besitzt; nach Hilfssatz 9 ist dies der Fall für alle Ordnungszahlen größergleich ω^2. Ist $\omega < \alpha < \omega^2$, so ist α darstellbar als Summe zweier kleinerer Ordnungszahlen und $A(m,n,\alpha)$ gilt nicht für $m < n$ nach (A_3).

Bemerkung. $A(m,n,\omega)$ gilt nach dem Satz von RAMSEY. Zusammen mit (A_1) ist damit für $3 \leq m$ vollständig beantwortet, für welche n und α die Aussage $A(m,n,\alpha)$ gilt.

Bei Berücksichtigung von (A_3) bleibt somit zu entscheiden, für welche n und welche Ordnungszahlen ω^γ die Aussage $A(2,n,\omega^\gamma)$ gilt. $A(2,n,\omega^\gamma)$ gilt nach RAMSEY für $\gamma: 1$, nach Satz 1 für $\gamma: 2$ und nach Satz 4 nicht für $\gamma: 3$. Es ergibt sich aber aus diesem letzten nicht (entsprechend dem Beweis von Satz 5), daß $A(2,n,\alpha)$ nicht gilt für alle Ordnungszahlen α der zweiten Zahlklasse mit $\omega^3 \leq \alpha$. Dies liegt daran, daß das Analogon von Hilfssatz 9 nicht gilt: Nicht jede abzählbare Ordnungszahl α mit $\omega^3 \leq \alpha$ besitzt die Eigenschaft, daß eine Menge S vom Typus α sich so auf eine Menge T vom Typus ω^3 abbilden läßt, daß das Bild einer Teilmenge von S vom Typus α in T den Typus ω^3 besitzt; eine solche Abbildung existiert zum Beispiel nicht für Mengen vom Typus ω^ω. Für andere Ordnungszahlen ist die Existenz einer solchen Abbildung leicht nachzuweisen; dies ist insbesondere der Fall für die Ordnungszahlen ω^k, $3 \leq k$, k endlich. Es ergibt sich daraus, daß $A(2,n,\omega^k)$ nicht gilt für $2 < n$, $3 \leq k, k$ endlich.

Der einfachste Fall, der unentschieden bleiben muß, ist somit $A(2,3,\omega^\omega)$. Weitere Fragen, die sich in diesem Zusammenhang stellen, sind etwa die folgenden: Folgt $A(2,n,\alpha)$ aus $A(2,3,\alpha)$? Für welche Ordnungszahlen α läßt sich eine Menge S vom Typus α so auf eine Menge T vom Typus ω^3 abbilden, daß das Bild einer Teilmenge von S vom Typus α in T den Typus ω^3 besitzt?

LITERATUR

[1] G. BIRKHOFF, *Lattice Theory*, 2. Aufl., New York 1948.
[2] P. ERDÖS and R. RADO, *A partition calculus in set theory*, Bull. Amer. Math. Soc. 62 (1956), 427–489.
[3] R. FRAISSÉ, *Sur quelques classifications des systèmes de relations*, Chartres 1955.
[4] F. P. RAMSEY, *On a problem of formal logic*, Proc. London Math. Soc. (2) 30 (1930), 264–286.

(Eingegangen den 8. Oktober 1956.)

Eine Verschärfung des Unvollständigkeitssatzes der Zahlentheorie

von

E. SPECKER

Vorgelegt von A. MOSTOWSKI am 20. September 1957

Es sei Z ein System der Zahlentheorie, welches die Prädikatenlogik erster Stufe und die Theorie der rekursiven Funktionen enthält, z. B. das System Z_μ von [1].

SATZ. *Es gibt keine vollständige widerspruchsfreie Erweiterung Z^* von Z, so dass die in Z^* gültigen Sätze eine Menge bilden, welche dem Mengenkörper $\mathfrak{K}$ angehört, der von den rekursiv aufzählbaren Mengen erzeugt wird.*

Damit ist eine Frage von A. Mostowski [3] beantwortet. Zum Beweis konstruieren wir in Z ein Formel $A(a)$ mit der Eigenschaft, dass es zu jeder rekursiven eigentlich monotonen Funktion r eine solche Ziffer $\mathfrak{n}$ gibt, dass die beiden folgenden Sätze in Z beweisbar sind:

$$A(r(0)) \vee A(r(1)) \vee \dots \vee A(r(\mathfrak{n})),$$
$$\sim A(r(0)) \vee \sim A(r(1)) \vee \dots \vee \sim A(r(\mathfrak{n})).$$

Es gibt somit keine rekursive unendliche Menge M von Ziffern, so dass für alle $\mathfrak{m} \in M$ der Satz $A(\mathfrak{m})$ gültig in Z^* oder dass für alle $\mathfrak{m} \in M$ der Satz $\sim A(\mathfrak{m})$ gültig in Z^*. Hieraus und aus einem Ergebnis von Markwald [2], nach welchem für jede Menge K aus $\mathfrak{K}$ entweder K oder das Komplement von K eine rekursive unendliche Menge enthält, wird der Beweis des Satzes leicht folgen.

(1.1) Die endlichen 0-1-Folgen seien geordnet, und zwar in erster Linie nach der Länge, in zweiter Linie lexikographisch; diese Ordnung induziert eine Abzählung der 0-1-Folgen. $l^*(m)+1$ sei die Länge der Folge m, $a^*(m,n)$ sei der Wert der Folge m an der Stelle n (für $n > l^*(m)$ sei z. B. $a^*(m,n)=2$); $V^*(m,m')$ gelte genau dann, wenn die Folge m ein Anfangsstück der Folge m' ist. l, a, V seien die in natürlicher Weise definierten Analoga in Z von l^*, a^*, V^*.

Die Originalversion dieses Kapitels wurde überarbeitet:
Der Name des Autors ist in Kapitel 11 dieses Buches falsch erfasst. E. Speckek sollte als E. Specker gelesen werden. Dies wurde nun korrigiert.
Ein Erratum zu diesem Kapitel finden Sie unter
DOI 10.1007/978-3-0348-9259-9_32.

(1.2) R sei ein dreistelliges rekursives Prädikat in Z mit den folgenden beiden Eigenschaften: (1) $\vdash R(m,n,p) \to m \geqslant n$ („$\vdash$" bedeutet „beweisbar in Z"). (2) Zu jeder rekursiv aufzählbaren Menge M von Ziffern existiert eine solche Ziffer $\mathfrak{p}$, dass $\mathfrak{n} \in M$ genau dann, wenn es eine Ziffer $\mathfrak{x}$ gibt, so dass $\vdash R(\mathfrak{x},\mathfrak{n},\mathfrak{p})$.

Bemerkung. Ist R' ein Prädikat, welches die Bedingung (2) erfüllt, so erfüllt das Prädikat $(Eu)(u \leqslant m \wedge n \leqslant m \wedge R'(u,n,p))$ die Bedingungen (1) und (2).

(1.3) G sei das folgendermassen definierte rekursive Prädikat aus Z: $G(m,n,p) \equiv (Ex)(x \leqslant m \wedge R(x,n,p))$. Die folgenden Behauptungen ergeben sich unmittelbar aus der Definition:

(1.31) $\vdash G(m,n,p) \to n \leqslant m$.

(1.32) $\vdash m \leqslant m' \to (G(m,n,p) \to G(m',n,p))$.

(1.4) Es sei g die charakteristische Funktion des Prädikates G, d. h. die Werte von g seien 0, 1 und es sei $g(m,n,p) = 1 \equiv G(m,n,p)$. Es werde nun ein rekursives Prädikat N in Z folgendermassen definiert:

$$N(m,p) \equiv \sum_{n=0}^{m} g(m,n,p) \geqslant 2p+2 .$$

Interpretation: Ist $G^*_{m,p}$ die Menge der Zahlen n, für welche $G^*(m,n,p)$ gilt (wobei G^* das interpretierte G ist), so gilt $N^*(m,p)$ (das interpretierte N) genau dann, wenn $G^*_{m,p}$ mindestens $2p+2$ Elemente enthält; nach (1.31) sind diese Elemente kleinergleich m.

(1.5) Definition eines einstelligen rekursiven Prädikates P in Z: $P(n) \equiv (x)(y)(Eu)(Ev)\{[x \leqslant l(n) \wedge y \leqslant l(n) \wedge N(x,y)] \to [G(x,u,y) \wedge \wedge G(x,v,y) \wedge a(n,u) = 0 \wedge a(n,v) = 1]\}$.

Deutung: P sei interpretiert als Prädikat P^* auf den endlichen 0-1-Folgen. P^* trifft dann auf die 0-1-Folge $(a_0,\ldots,a_k)$ genau dann zu, falls für alle m, p mit $m \leqslant k$ und $p \leqslant k$ folgendes gilt: enthält $G^*_{m,p}$ mindestens $2p+2$ Elemente, so enthält es auch Elemente i, j mit $a_i = 0$ und $a_j = 1$.

(1.61) $\vdash V(n,n') \wedge P(n') \to P(n)$.

Auf Grund der obigen Deutung ist der Beweisgang klar vorgezeichnet.

(1.62) $\vdash (x)(Ey)(p)P(y) \wedge l(y) = xp$.

Der Beweis wird in der obigen Deutung skizziert. Es ist dann zu zeigen, dass es zu jeder Zahl k eine 0-1-Folge der Länge $k+1$ gibt, auf welche P^* zutrifft. Es sei C die Menge derjenigen Zahlen p kleinergleich k, zu denen es ein m kleinergleich k gibt, so dass $G^*_{m,p}$ mindestens $2p+2$ Elemente enthält und $m(p)$ sei dann die kleinste solche Zahl m. Da nach

(1.32) $G^*_{m,p} \subseteq G^*_{m',p}$ für $m \leqslant m'$, so trifft P^* auf eine Folge $(a_0,\dots,a_k)$ zu, falls es zu jedem $p \epsilon C$ Zahlen i und j gibt mit $i, j \epsilon G^*_{m(p),p}$ und $a_i = 0$, $a_j = 1$. Zur Definition einer solchen Folge wird zunächst eine Folge b definiert. Die Werte $b(j)$ von b seien bestimmt für $j \leqslant 2p-1$. Für $p \epsilon C$ seien dann $b(2p)$, $b(2p+1)$ die beiden kleinsten Elemente von $G^*_{m(p),p}$, welche verschieden sind von allen $b(j)$ $(j \leqslant 2p-1)$; falls $p \notin C$, seien $b(2p)$, $b(2p+1)$ die beiden kleinsten Zahlen, welche verschieden sind von allen $b(j)$ $(j \leqslant 2p-1)$. Es ist somit $b(r) \neq b(s)$ für $r \neq s$ und falls $p \epsilon C$, so sind $b(2p)$ und $b(2p+1)$ Elemente von $G^*_{m(p),p}$. Die Folge $(a_0,\dots,a_k)$ sei definiert durch folgende Vorschrift: $a_i = 0$, falls es ein j gibt mit $i = b(2j)$, $a_i = 1$ sonst. Auf diese Folge trifft P^* zu, denn ist $p \epsilon C$, so ist $a_{b(2p)} = 0$, $a_{b(2p+1)} = 1$.

(2.1) *Zu einer rekursiven eigentlich monotonen Funktion* r *gibt es eine Ziffer* $\mathfrak{m}$, *so dass* $\vdash (x)(Ey)(Ez)[P(x) \wedge l(x) = \mathfrak{m} \rightarrow y \leqslant \mathfrak{m} \wedge z \leqslant \mathfrak{m} \wedge a(x, \hat{r}(y)) = 0 \wedge a(x, \hat{r}(z)) = 1]$. (Dabei ist $\hat{r}$ eine Darstellung der rekursiven Funktion r in Z; für Ziffern ist somit $\hat{r}(\mathfrak{n}) = r(\mathfrak{n})$).

Beweis. Die Wertmenge von r ist rekursiv; es gibt somit nach Bedingung (2) von 1.2 eine Ziffer $\mathfrak{p}$, so dass es zu $\mathfrak{n}$ genau dann ein $\mathfrak{i}$ gibt mit $\mathfrak{n} = r(\mathfrak{i})$, falls es ein $\mathfrak{x}$ gibt mit $\vdash R(\mathfrak{x},\mathfrak{n},\mathfrak{p})$. Es gibt somit Ziffern $\mathfrak{x}_i (\mathfrak{i} \leqslant 2\mathfrak{p}+1)$, so dass $\vdash R(\mathfrak{x}_i, r(\mathfrak{i}), \mathfrak{p})$ und für eine Ziffer $\mathfrak{m}$ mit $\mathfrak{m} \geqslant \mathfrak{x}_i$ ist dann $\vdash (Ex)(x \leqslant \mathfrak{m} \wedge R(x, r(\mathfrak{i}), \mathfrak{p}))$. Somit ist $\vdash G(\mathfrak{m}, r(\mathfrak{i}), \mathfrak{p})$ für $\mathfrak{i} \leqslant 2\mathfrak{p}+1$, d. h. $\vdash N(\mathfrak{m},\mathfrak{p})$. Wir wollen zeigen, dass die Ziffer $\mathfrak{m}$ die Behauptung erfüllt. Da $\vdash (x)(l(x) = m \rightarrow x < 2^{m+2})$, so genügt es zu zeigen, dass für jede Ziffer $\mathfrak{z}$ gilt $\vdash P(\mathfrak{z}) \wedge l(\mathfrak{z}) = \mathfrak{m} \rightarrow (Ey)(Ez)(y \leqslant \mathfrak{m} \wedge z \leqslant \mathfrak{m} \wedge a(\mathfrak{z}, \hat{r}(y)) = 0 \wedge a(\mathfrak{z}, \hat{r}(z)) = 1)$. Der Satz $P(\mathfrak{z}) \wedge l(\mathfrak{z}) = \mathfrak{m}$ ist in Z entscheidbar, und wir dürfen daher annehmen, dass $\vdash P(\mathfrak{z}) \wedge l(\mathfrak{z}) = \mathfrak{m}$. Ferner ist wegen $\vdash G(\mathfrak{m}, r(\mathfrak{p}), \mathfrak{p})$ und der Monotonie von $r : \mathfrak{p} \leqslant r(\mathfrak{p}) \leqslant \mathfrak{m}$; daraus und aus der Definition des Prädikates P (in 1.5) folgt $\vdash (Eu)(Ev)(G(\mathfrak{m}, u, \mathfrak{p}) \wedge G(\mathfrak{m}, v, \mathfrak{p}) \wedge a(\mathfrak{z}, u) = 0 \wedge a(\mathfrak{z}, v) = 1)$. Da G entscheidbar, a rekursiv und $\vdash G(m, u, p) \rightarrow m \geqslant u$, so gibt es Ziffern $\mathfrak{i}$ und $\mathfrak{j}$, so dass $\vdash G(\mathfrak{m}, \mathfrak{i}, \mathfrak{p}) \wedge G(\mathfrak{m}, \mathfrak{j}, \mathfrak{p}) \wedge a(\mathfrak{z}, \mathfrak{i}) = 0 \wedge a(\mathfrak{z}, \mathfrak{j}) = 1$. Es ist somit $\vdash (Ex)(x \leqslant \mathfrak{m} \wedge R(x, \mathfrak{i}, \mathfrak{p}))$, $\vdash (Ex)(x \leqslant \mathfrak{m} \wedge R(x, \mathfrak{j}, \mathfrak{p}))$. Da R entscheidbar, gibt es Ziffern $\mathfrak{s}$ und $\mathfrak{t}$, so dass $\vdash R(\mathfrak{s}, \mathfrak{i}, \mathfrak{p})$, $\vdash R(\mathfrak{t}, \mathfrak{j}, \mathfrak{p})$ und somit auch Ziffern $\mathfrak{u}$ und $\mathfrak{v}$ mit $\mathfrak{i} = r(\mathfrak{u})$, $j = r(\mathfrak{v})$. Da die Funktion r eigentlich monoton ist, so ist $\mathfrak{u} \leqslant \mathfrak{i} \leqslant \mathfrak{m}$ und $\mathfrak{v} \leqslant \mathfrak{i} \leqslant \mathfrak{m}$ und daher $\vdash \mathfrak{u} \leqslant \mathfrak{m} \wedge \mathfrak{v} \leqslant \mathfrak{m} \wedge a(\mathfrak{z}, r(\mathfrak{u})) = 0 \wedge a(\mathfrak{z}, r(\mathfrak{v})) = 1$, somit $\vdash (Ey)(Ez)(y \leqslant \mathfrak{m} \wedge z \leqslant \mathfrak{m} \wedge a(\mathfrak{z}, \hat{r}(y)) = 0 \wedge a(\mathfrak{z}, \hat{r}(z)) = 1)$.

(3.1) Definition eines einstelligen Prädikates U in $Z : U(m) \equiv (x)\{x \geqslant l(m) \rightarrow (Ey)[P(y) \wedge l(y) = x \wedge V(m, y)]\}$. (Die Folge mit der Nummer m besitzt beliebig lange Fortsetzungen, auf welche P^* zutrifft).

(3.2) Definition eines zweistelligen Prädikates E in $Z : E(m, n) \equiv U(m) \wedge l(m) = n \wedge (x)(l(x) = n \wedge x < m \rightarrow \sim U(x))$. (Die Folge m ist die erste Folge der Länge $n+1$, welche beliebig lange P^*-Fortsetzungen besitzt).

(3.21) $\vdash (x)(Ey)E(y,x)$. (Zu jeder Zahl n gibt es eine erste Folge der Länge $n+1$, welche beliebig lange P^*-Fortsetzungen besitzt).

(3.22) $\vdash E(m,n) \wedge E(m',n') \wedge n' < n \rightarrow V(m',m)$. (Sind m, m' die Nummern der ersten Folgen der Längen $n+1$, $n'+1$, welche beliebig lange P^*-Fortsetzungen besitzen und ist $n' < n$, so ist die Folge mit der Nummer m' ein Anfangsstück der Folge mit der Nummer m).

(3.3) Definition eines einstelligen Prädikates A in $Z: A(n) \equiv (x)[E(x,n) \rightarrow a(x,n) = 0]$. (Die erste Folge der Länge $n+1$, welche beliebig lange P^*-Fortsetzungen besitzt, hat an der Stelle n eine 0).

(3.4) $\vdash (x)(Ey)(z)[P(y) \wedge l(y) = x \wedge (z \leqslant x \rightarrow A(z) \equiv a(y,z) = 0)]$. (Zu jeder Zahl n gibt es eine Folge $(a_0, \ldots, a_n)$ der Länge $n+1$, auf welche P^* zutrifft und so, dass $a_k = 0$ genau dann, wenn $A^*(k)$; die gesuchte Folge ist die erste Folge der Länge $n+1$, welche zu beliebig langen P^*-Folgen fortgesetzt werden kann; nach (3.22) sind dann auch ihre Anfangsstücke solche ersten Folgen).

(4.1) *Zu jeder rekursiven eigentlich monotonen Funktion r gibt es eine Ziffer $\mathfrak{n}$, so dass* $\vdash (Ex)(Ey)[x \leqslant \mathfrak{n} \wedge y \leqslant \mathfrak{n} \wedge A(\hat{r}(x)) \wedge \sim A(\hat{r}(y))]$.

Beweis. Es sei $\mathfrak{n}$ nach (2.1) so gewählt, dass $\vdash (x)(Ey)(Ez)[P(x) \wedge l(x) = \mathfrak{n} \rightarrow y \leqslant \mathfrak{n} \wedge z \leqslant \mathfrak{n} \wedge a(x,\hat{r}(y)) = 0 \wedge a(x,\hat{r}(z)) = 1]$. Ferner ist nach (3.4) $\vdash (Ey)(z)[P(y) \wedge l(y) = \mathfrak{n} \wedge (z \leqslant \mathfrak{n} \rightarrow A(z) \equiv a(y,z) = 0]$. Daraus folgt die Behauptung.

(4.2) *Zu jeder rekursiven eigentlich monotonen Funktion r gibt es eine Ziffer $\mathfrak{n}$, so dass $\vdash A(r(0)) \vee \ldots \vee A(r(\mathfrak{n}))$ und $\vdash \sim A(r(0)) \vee \ldots \vee \sim A(r(\mathfrak{n}))$.*

Dies folgt aus (4.1) und aus $\vdash (Ex)[B(x) \wedge x \leqslant \mathfrak{n}] \equiv B(0) \vee \ldots \vee B(\mathfrak{n})$.

(5.1) Ψ treffe auf die Gödelnummer eines Satzes aus Z genau dann zu, wenn er in der vollständigen widerspruchsfreien Erweiterung Z^* von Z gilt. h sei eine solche rekursive Funktion, dass die Nummer des Satzes $A(\mathfrak{m})$ gleich $h(\mathfrak{m})$ ist. *Dann gibt es zu jeder rekursiven eigentlich monotonen Funktion r Ziffern $\mathfrak{i}$ und $\mathfrak{j}$, so dass $\Psi(h(r(\mathfrak{i})))$ und $\sim\Psi(h(r(\mathfrak{j})))$.*

Beweis. Ist $\vdash B(0) \vee \ldots \vee B(\mathfrak{n})$, so gibt es ein $\mathfrak{i}$, so dass Ψ zutrifft auf die Nummer von $B(\mathfrak{i})$. Nach (4.2) gibt es somit ein $\mathfrak{i}$, so dass Ψ zutrifft auf die Nummer von $A(r(\mathfrak{i}))$, d. h. es gilt $\Psi(h(r(\mathfrak{i})))$; ferner gibt es ein $\mathfrak{j}$, so dass Ψ zutrifft auf die Nummer von $\sim A(r(\mathfrak{j}))$, es trifft dann Ψ nicht zu auf die Nummer von $A(r(\mathfrak{j}))$, d. h. es gilt $\sim\Psi(h(r(\mathfrak{j})))$.

(5.2) *Die Menge der Gödelnummern der gültigen Sätze einer vollständigen widerspruchsfreien Erweiterung Z^* von Z gehört nicht dem Mengenkörper $\mathfrak{K}$ an, der von den rekursiv aufzählbaren Mengen erzeugt wird.*

Beweis. Ψ treffe zu genau auf die Nummern der gültigen Sätze von Z^*. Das Prädikat Φ sei definiert durch $\Phi(\mathfrak{n}) = \Psi(h(\mathfrak{n}))$, wobei $h(\mathfrak{m})$ wie in 5.1 die Nummer des Satzes $A(\mathfrak{m})$ ist. Gehört die dem Prädikat Ψ

entsprechende Menge zum Mengenkörper $\mathfrak{K}$, so gilt dies auch vom Prädikat Φ und nach [2], Satz 6, gibt es eine rekursive eigentlich monotone Funktion r, so dass entweder für alle $\mathfrak{n}$ gilt $\Phi(r(\mathfrak{n}))$ oder dass für alle $\mathfrak{n}$ gilt $\sim\Phi(r(\mathfrak{n}))$. Dies widerspricht (5.1).

EIDGENÖSSISCHE TECHNISCHE HOCHSCHULE, ZÜRICH

LITERATUR

[1] D. Hilbert und P. Bernays, *Grundlagen der Mathematik*, Vol. II, Berlin 1939.

[2] W. Markwald, *Ein Satz über die elementar-arithmetischen Definierbarkeitsklassen*, Archiv für mathematische Logik und Grundlagenforschung 2 (1956), 78-86.

[3] A. Mostowski, *Development and application of the "projective" classification of sets of integers*, Proc. of the Intern. Congress of Mathematicians 1954, vol. III, 280-288.

DER SATZ VOM MAXIMUM IN DER REKURSIVEN ANALYSIS

ERNST SPECKER

Eidgenössische Technische Hochschule, Zurich

Das Ziel der Arbeit ist der Beweis des folgenden Satzes: Es gibt eine rekursive reelle Funktion, die ihr Maximum im Einheitsintervall in keiner rekursiven reellen Zahl annimmt [1]).

Zum Beweis konstruieren wir eine Funktion f, deren Argument- und Wertebereich die Menge der rationalen Zahlen ist und die folgenden Eigenschaften besitzt:

(1) Für all x gilt $0 \leqslant f(x) \leqslant 1/36$.

(2) Ist $x \leqslant 0$ oder $1 \leqslant x$, so ist $f(x) = 0$.

(3) Für alle x, x' gilt $|f(x) - f(x')| \leqslant |x - x'|$.

(4) Zu jeder natürlichen Zahl n gibt es eine rationale Zahl x, so dass $1/36 - 1/n < f(x)$.

(5) f ist primitiv rekursiv, d.h. es gibt zwei zweistellige primitiv rekursive Funktionen φ_1, φ_2 (mit der Menge der nicht negativen ganzen Zahlen als Argument- und Wertebereich), so dass für alle nicht negativen ganzen Zahlen m, n gilt $f\left(\frac{m}{n+1}\right) = \varphi_1(m,n)/\varphi_2(m,n) + 1$.

(6) Ist u eine rekursive Folge rationaler Zahlen mit einer rekursiven Konvergenzfunktion (d.h. gibt es rekursive Funktionen ψ_1, ψ_2 und μ, so dass $u(n) = \psi_1(n)/\psi_2(n) + 1$ und dass $|u(n) - u(n^*)| < < 1/9^m$ für alle n, n^* mit $n, n^* \geqslant \mu(m)$), so ist $\lim_n f(u(n)) < 1/36$.

Damit wird der zu Beginn ausgesprochene Satz bewiesen sein: Auf Grund der gleichmässigen Stetigkeit (3) lässt sich f zu einer stetigen Funktion F erweitern, die auf der ganzen Zahlengeraden definiert ist; F ist nach (3) und (5) rekursiv reell. Das Maximum

---

[1]) Die Frage nach einer solchen Funktion ist gestellt in [1]. Sie könnte auch beantwortet werden auf Grund des Satzes von I. D. Zaspavskij [6]. Wie ich während des Kolloquiums erfahren habe, hat D. Lacombe den Satz über die Existenz einer solchen Funktion bereits 1955 ausgesprochen [4]; nach der Zusammenfassung des Vortrages von A. A. Markov wurde er auch von I. D. Zaslovskiĭ bewiesen.

von F im Einheitsintervall ist gleich 1/36, doch wird 1/36 nach (6) in keiner rekursiven reellen Zahl angenommen.

Die Funktion f wird konstruiert auf Grund einer rekursiven Verzweigungsfigur (über der Menge der natürlichen Zahlen), die keinen rekursiven Faden enthält. Wir definieren (in 6.2) eine solche Verzweigungsfigur – deren Existenz bekannt ist [3]) – mit Hilfe eines Paares rekursiv aufzählbarer disjunkter Mengen, die durch keine rekursive Menge getrennt werden können [2].

Der Satz von Bolzano–Weierstrass gilt in der rekursiven Analysis in dem Sinne, dass es zu einer rekursiven reellen Funktion F [2]) mit $F(0)=-1$, $F(1)=1$ eine rekursive reelle Zahl gibt, an der F verschwindet. Doch kann der Satz nicht konstruktiv bewiesen werden, denn es gibt eine rekursive Folge F_k von rekursiven reellen Funktionen mit $F_k(0)=-1$, $F_k(1)=1$, so dass für keine rekursive Doppelfolge $u(k, n)$ von rationalen Zahlen, welche für jedes k in n rekursiv konvergiert, für alle k gilt $\lim\limits_{n} F_k(u(k, n))=0$.

1.1. Die endlichen Folgen der Zahlen 3 und 5 seien geordnet, und zwar in erster Linie nach der Länge und in zweiter Linie lexikographisch. A_n sei die n-te Folge in dieser Ordnung ($n=1, \ldots$) und $a(k, n)$ $(1 \leqslant k)$ sei das k-te Glied der Folge A_n. Die Länge der Folge A_n sei gleich $l(n)$. Die Funktionen $a(k, n)$ und $l(n)$ sind primitiv rekursiv und eine einfache Abschätzung zeigt, dass $n \leqslant 2^{l(n)+1}-3$.

1.2. Definition einer primitiv rekursiven Folge rationaler Zahlen:

$$r(n)=\sum_{k=1}^{l(n)} \frac{a(k,n)}{9^k}$$

Es ist $0 \leqslant r(n) \leqslant 5/8$.

1.3. Ist $|r(m)-r(n)| \leqslant \frac{1}{9^{l(m)}}$, so ist eine der Folgen A_m, A_n eine Fortsetzung der andern.

Beweis. Ist keine der Folgen A_m, A_n eine Fortsetzung der andern, so existiert ein k, $k \leqslant l(m)$, $l(n)$, so dass $a(j, m)=a(j, n)$ für $j \leqslant k-1$ und $a(k, m) \neq a(k, n)$. Es sei ohne Einschränkung der Allge-

---

[2]) Zum Begriff der rekursiven reellen Funktion — der hier weiter zu fassen ist als beim obigen Existenzsatz zum Satz vom Maximum — vergleiche man etwa [5].

meinheit $a(k, m) < a(k, n)$, d.h. $a(k, m) = 3$ und $a(k, n) = 5$. Eine leichte Abschätzung ergibt dann

$$r(n) - r(m) > \frac{1}{9^{l(m)}}.$$

2.1. Definition einer Funktion φ (mit Menge der rationalen Zahlen als Argument- und Wertebereich). Es sei $\varphi(x) = 0$ für $x \leqslant 0$ und für $1 \leqslant x$; es sei $\varphi(x) = x$ für $0 \leqslant x \leqslant 2/9$; es sei $\varphi(x) = 2/9$ für $2/9 \leqslant x \leqslant 7/9$; es sei $\varphi(x) = 1 - x$ für $7/9 \leqslant x \leqslant 1$. Es ist $|\varphi(x) - \varphi(x')| \leqslant |x - x'|$ und die Funktion φ ist primitiv rekursiv.

2.2 Definition einer rekursiven Funktionenfolge:

$$\varphi_n(x) = \frac{1}{9^{l(n)}}\varphi(9^{l(n)}[x - r(n)]).$$

Die folgenden Eigenschaften ergeben sich unmittelbar aus der Definition:

$$0 \leqslant \varphi_n(x) \leqslant \frac{2}{9^{l(n)+1}}$$

$$\varphi_n(x) = 0 \text{ für } x \leqslant r(n) \text{ und für } r(n) + \frac{1}{9^{l(n)}} \leqslant x,$$

$$\varphi_n(x) = \frac{2}{9^{l(n)+1}} \text{ für } r(n) + \frac{2}{9^{l(n)+1}} \leqslant x \leqslant r(n) + \frac{7}{9^{l(n)+1}},$$

$$|\varphi_n(x) - \varphi_n(x')| \leqslant |x - x'|.$$

2.3. Besitzt die reelle Zahl x_0 keine Umgebung, in der entweder φ_m oder φ_n identisch verschwindet (was insbesondere der Fall ist bei rationalem x_0 mit $\varphi_m(x_0) \neq 0$ und $\varphi_n(x_0) \neq 0$), so ist

$$|r(m) - r(n)| \leqslant \frac{1}{9^{l(m)}} \text{ oder } |r(m) - r(n)| \leqslant \frac{1}{9^{l(n)}}$$

und eine der Folgen A_m, A_n ist Fortsetzung der andern.

Beweis. Gibt es in jeder Umgebung von x_0 Zahlen x, x' mit $\varphi(x) \neq 0$ und $\varphi(x') \neq 0$, so ist

$$r(m) \leqslant x_0 \leqslant r(m) + \frac{1}{9^{l(m)}} \text{ und } r(n) \leqslant x_0 \leqslant r(n) + \frac{1}{9^{l(n)}}.$$

Daraus folgt die Behauptung über die Ungleichung und nach 1.3, dass eine der Folgen A_m, A_n Fortsetzung der andern ist.

2.4. Zu jeder natürlichen Zahl n und jeder reellen Zahl x_0 gibt es eine solche Umgebung U von x_0, dass von den Funktionen $\varphi_k (1 \leqslant k \leqslant n)$ höchstens eine nicht konstant in U ist.

Beweis. Es genügt zu zeigen, dass zu einer reellen Zahl x_0 und natürlichen Zahlen m, n mit $m \neq n$ eine solche Umgebung U von x_0 gibt, dass eine der Funktionen φ_m, φ_n in U konstant ist. Verschwindet eine der Funktionen in einer Umgebung von x_0 identisch, so ist sie daselbst konstant. Wir dürfen somit annehmen, dass $r(m) \leqslant x_0 \leqslant r(m) + \frac{1}{9^{l(m)}}$, $r(n) \leqslant x_0 \leqslant r(n) + \frac{1}{9^{l(n)}}$ und dass nach 2.3 eine der Folgen A_m, A_n die andere fortsetzt. Es sei ohne Einschränkung der Allgemeinheit $l(m) \leqslant l(n)$. Dann ist $l(m) < l(n)$, denn aus $l(m) = l(n)$ folgt $A_m = A_n$ und $m = n$. Es sei $a(k, n) = b(k)$; dann ist

$$r(m) = \sum_1^{l(m)} \frac{b(k)}{9^k}, \qquad r(n) = \sum_1^{l(n)} \frac{b(k)}{9^k}$$

Somit ist

$$\sum_1^{l(n)} \frac{b(k)}{9^k} \leqslant x_0 \leqslant \sum_1^{l(n)} \frac{b(k)}{9^k} + \frac{1}{9^{l(n)}};$$

da $b(k) = 3$ oder $b(k) = 5$ für $k \leqslant l(n)$, so ist

$$r(m) + \frac{2}{9^{l(m)+1}} < \sum_1^{l(m)} \frac{b(k)}{9^k} + \frac{3}{9^{l(m)+1}} \leqslant \sum_1^{l(n)} \frac{b(k)}{9^k} \leqslant x_0;$$

ferner

$$\sum_1^{l(n)} \frac{b(k)}{9^k} < \sum_1^{l(m)} \frac{b(k)}{9^k} + \sum_{l(m)+1}^{\infty} \frac{5}{9^k} \leqslant r(m) + \frac{5}{9^{l(m)+1}} \, \frac{9}{8}$$

und somit

$$x_0 \leqslant r(n) + \frac{1}{9^{l(n)}} < r(m) + \frac{5}{8} \cdot \frac{1}{9^{l(m)}} + \frac{1}{9^{l(m)+1}} \leqslant r(m) + \frac{7}{9^{l(m)+1}}.$$

Es ist demnach $r(m) + \frac{2}{9^{l(m)+1}} < x_0 < r(m) + \frac{7}{9^{l(m)+1}}$ und φ_m ist in einem Intervall um x_0 konstant.

2.5. Ist $\delta(k) = 0$ oder $\delta(k) = 1$ $(1 \leqslant k \leqslant n)$ und $\psi_n(x) = \sum_{k=1}^{n} \delta(k)\varphi_k(x)$, so ist $|\psi_n(x) - \psi_n(x')| \leqslant |x - x'|$.

Beweis. Sei x_0 eine reelle Zahl; x_0 besitzt eine Umgebung U, in welcher höchstens eine der Funktionen $\varphi_k (1 \leqslant k \leqslant n)$ nicht konstant ist. Ist dies die Funktion φ_m, so ist für $x, x' \in U$:

$$|\psi_n(x) - \psi_n(x')| = |\varphi_m(x) - \varphi_m(x')| \leqslant |x - x'|,$$

woraus die Behauptung folgt.

2.6. Ist x eine rationale Zahl, $x = \sum_{k=1}^{\infty} \frac{c(k)}{9^k}$ ($c(k)$ ganz, $0 \leqslant c(k) \leqslant 8$) und $\varphi_n(x) \neq 0$, so ist $c(k) = a(k, n)$ für $1 \leqslant k \leqslant l(n)$.

Beweis. Ist $\varphi_n(x) \neq 0$, so ist

$$\sum_{k=1}^{l(n)} \frac{a(k,n)}{9^k} < \sum_{1}^{\infty} \frac{c(k)}{9^k} < \sum_{1}^{l(n)} \frac{a(k,n)}{9^k} + \frac{1}{9^{l(n)}}$$

und daher $c(k) = a(k, n)$ für $1 \leqslant k \leqslant l(n)$.

3.1. Es sei P ein primitiv rekursives Prädikat und ϑ eine primitiv rekursive Funktion eines rationalen Argumentes und mit ganzzahligen Werten mit den folgenden Eigenschaften:

1) P trifft auf unendlich viele Zahlen zu.

2) Gilt $P(n)$ und ist A_m ein Anfangsstück von A_n (d.h. ist $a(k, m) = a(k, n)$ für $k \leqslant l(m)$), so gilt $P(m)$.

3) Ist x rational, $x = \sum_{1}^{\infty} \frac{c(k)}{9^k}$ ($c(k)$ ganz, $0 \leqslant c(k) \leqslant 8$), so gibt es entweder ein k mit $k \leqslant \vartheta(x)$ und $c(k) \neq 3, 5$ oder P trifft nicht zu auf die Nummer der Folge $(c(1), \ldots, c(\vartheta(x)))$ (in der in 1.1 gegebenen Abzählung der Folgen aus Zahlen 3, 5).

χ sei die charakteristische Funktion des Prädikates P, d.h. $\chi(n) = 0$ oder $\chi(n) = 1$ und $\chi(n) = 1$, genau wenn $P(n)$.

3.2. Sei $\varkappa(x) = 2^{\vartheta(x)} - 2$; dann ist $\chi(n)\,\varphi_n(x) = 0$ für $\varkappa(x) < n$.

Beweis. Es sei $x = \sum_{1}^{\infty} \frac{c(k)}{9^k}$ und $\varphi_n(x) \neq 0$. Dann ist nach 2.6 $c(k) = a(k, n)$ für $k \leqslant l(n)$. Sein nun $\chi(n) = 1$; dann trifft P zu auf die Nummern der Folgen, die Anfangsstücke der Folge mit der Nummer n sind (Bedingung 2) in 3.1; Abzählung der Folgen in 1.1). Die Folge mit der Nummer n ist die Folge

$$(a(1, n), \ldots, a(l(n), n)) = (c(1), \ldots, c(l(n))).$$

Nach Bedingung 3) in 3.1 trifft P nicht zu auf die Nummer der Folge $(c(1), \ldots, c(\vartheta(x)))$, es ist somit $l(n) < \vartheta(x)$. Nun ist (1.1) $n \leqslant 2^{l(n)+1} - 3 \leqslant 2^{\vartheta(x)} - 3 < \varkappa(x)$.

4.1. Definition einer primitiv rekursiven Funktion f (mit Menge der rationalen Zahlen als Argument- und Wertebereich):

$$f(x) = \sum_{n=1}^{\varkappa(x)} \chi(n)\ \varphi_n(x).$$

Aus 2.1 folgt unmittelbar, dass $0 \leqslant f(x)$ und $f(x)=0$ für $x \leqslant 0$ und für $1 \leqslant x$.

4.2. Es ist $|f(x)-f(x')| \leqslant |x-x'|$.

Beweis. Sei $m \geqslant \varkappa(x), \varkappa(x')$; dann ist $f(x)=\psi_m(x)$, $f(x')=\psi_m(x')$ und die behauptete Ungleichung folgt nach 2.5.

4.3. Es ist $f(x) \leqslant 1/36$.

Beweis. Es ist $f(x) \leqslant \sum \varphi_n(x)$ und nach 2.2 ist $\varphi_n(x) \leqslant \frac{2}{9^{l(n)+1}}$. Ist $\varphi_j(x) \neq 0$ und $\varphi_k(x) \neq 0$, so ist nach 2.3 eine der Folgen A_j, A_k eine Fortsetzung der andern. Es gibt somit zu m höchstens eine Zahl n mit $l(n)=m$ und $\varphi_n(x) \neq 0$. Somit ist

$$f(x) \leqslant \sum_1^{\infty} \frac{2}{9^{m+1}} = \frac{1}{36}.$$

4.4. Zu jeder natürlichen Zahl m gibt es eine rationale Zahl x mit $f(x) \geqslant \frac{1}{36}\left(1-\frac{1}{9^m}\right)$.

Beweis. Das Prädikat P trifft auf unendlich viele Zahlen zu und es gibt somit eine Zahl n^* mit $P(n^*)$ und $l(n^*) \geqslant m$. Die Folge $(a(1, n^*), \ldots, a(m, n^*))$ besitzt dann (nach Bedingung 2) in 3.1) eine Nummer n, auf die P ebenfalls zutrifft. Es sei

$$a(k, n^*)=a(k, n)=a(k) \quad (1 \leqslant k \leqslant m=l(n)); \quad x_n=r(n)+\frac{1}{3 \cdot 9^m}.$$

Es ist $\varphi_n(x_n)=\frac{2}{9^{m+1}}$. Es sei $p<m$ und q die Nummer der Folge $(a(1), \ldots, a(p))$; es ist $\chi(q)=1$. Wir wollen zeigen, dass $\varphi_q(x_n)=\frac{2}{9^{p+1}}$. Es ist

$$r(q)+\frac{2}{9^{p+1}} = \sum_1^p \frac{a(k)}{9^k} + \frac{2}{9^{p+1}} \leqslant \sum_1^{p+1} \frac{a(k)}{9^k} \leqslant x_n;$$

ferner

$$x_n = \sum_1^m \frac{a(k)}{9^k} + \frac{3}{9^{m+1}} \leqslant \sum_1^p \frac{a(k)}{9^k} + \sum_{p+1}^{m+1} \frac{5}{9^k} \leqslant r(q)+\frac{7}{9^{p+1}}$$

zusammengefasst somit

$$r(q)+\frac{2}{9^{p+1}} \leqslant x_n \leqslant r(q)+\frac{7}{9^{p+1}} \text{ und daher } \varphi_q(x_n)=\frac{2}{9^{p+1}}.$$

Da es zu jedem k mit $1 \leqslant k \leqslant m$ eine Zahl j gibt mit $\varphi_j(x_n)=\frac{2}{9^{k+1}}$, so ist

$$f(x_n) \geqslant \sum_1^m \frac{2}{9^{k+1}} = \frac{1}{36}\left(1 - \frac{1}{9^m}\right).$$

5.1. Ist $0 \leqslant t(k) \leqslant 1$ und $\sum_1^m \frac{2}{9^{k+1}} \leqslant \sum_1^\infty t(k) \frac{2}{9^{k+1}}$, so ist $t(m) \neq 0$. Der Beweis ergibt sich durch eine leichte Abschätzung.

5.2. Ist $e(k)$ gleich 0, 1 oder -1 und $\left|\sum_1^m \frac{e(k)}{9^k}\right| < \frac{1}{9^m}$, so ist $e(k) = 0$ für $k = 1, \dots, m$.

Beweis. Es sei $e(k) = 0$ für $1 \leqslant k \leqslant p - 1$, $p \leqslant m$. Es ist bei $p < m$

$$\frac{1}{9^{p+1}} \geqslant \frac{1}{9^m} > \left|\sum_1^m \frac{e(k)}{9^k}\right| \geqslant \frac{|e(p)|}{9^p} - \sum_{p+1}^\infty \frac{1}{9^k} \geqslant \frac{|e(p)|}{9^p} - \frac{1}{8 \cdot 9^p}$$

und daher $|e(p)| < 1$, d.h. $e(p) = 0$. Der Fall $p = m$ ist klar.

5.3. Ist $f(v) \geqslant \sum_1^m \frac{2}{9^{k+1}}$, so gibt es ein n mit $l(n) = m$ und

$$\chi(n)\varphi_n(v) \neq 0.$$

Beweis. Da es zu jedem k höchstens ein n gibt mit $l(n) = k$ und $\varphi_n(v) \neq 0$ (2.3) und da $0 \leqslant \varphi_n(v) \leqslant \frac{2}{9^{l(n)+1}}$, so gibt es eine Folge t rationaler Zahlen $(0 \leqslant t(k) \leqslant 1)$, so dass $\varphi_n(v) = 0$ oder $\chi(n)\varphi_n(v) = t(l(n)) \frac{2}{9^{l(n)+1}}$ und dass $t(k) \neq 0$ nur dann, wenn es ein n gibt mit $\chi(n)\varphi_n(v) \neq 0$ und $l(n) = k$. Es ist dann

$$\sum_1^{\varkappa(v)} \chi(n)\, \varphi_n(v) = \sum_1^\infty t(k) \frac{2}{9^{k+1}}$$

und aus $f(v) \geqslant \sum_1^m \frac{2}{9^{k+1}}$ folgt nach 5.1, dass $t(m) \neq 0$ und damit nach der Definition der Folge t die Behauptung.

5.4. Ist $0 \leqslant v(m) \leqslant 1$, $v(m) = \sum_1^\infty \frac{v(k,m)}{9^k}$, $v(k,m)$ ganz $0 \leqslant v(k,m) \leqslant 8$, $v(k,m) = 3$ oder 5 für $k \leqslant m$ und $|v(m) - v(m^*)| < \frac{1}{9^{m+1}}$ für $m^* \geqslant m$, so ist $v(k,m) = v(k,k)$ für $k \leqslant m$.

Beweis. Es ist

$$\left| v(m) - \sum_{k=1}^{m} \frac{v(k,m)}{9^k} \right| \leqslant \frac{1}{9^m},$$

$$\left| v(m+1) - \sum_{k=1}^{m} \frac{v(k,m+1)}{9^k} \right| \leqslant \frac{5}{9^{m+1}} + \frac{1}{9^{m+1}}, \quad |v(m) - v(m+1)| < \frac{1}{9^{m+1}}$$

und somit

$$\left| \sum_{1}^{m} \frac{v(k,m) - v(k,m+1)}{9^k} \right| \leqslant \frac{1}{9^{m+1}} + \frac{6}{9^{m+1}} + \frac{1}{9^m} < \frac{2}{9^m}.$$

Nun ist $v(k, m) - v(k, m+1)$ gleich 0, 2 oder -2 für $k \leqslant m$ und nach 5.2 daher $v(k, m) = v(k, m+1)$; für $k \leqslant m$ gilt somit $v(k, k) = v(k, m)$.

5.5. Gibt es eine (allgemein) rekursive Folge u rationaler Zahlen, welche rekursiv konvergiert und für welche $\lim_n f(u(n)) = \frac{1}{36}$, so gibt es eine rekursive Folge w der Zahlen 3, 5, so dass das Prädikat P zutrifft auf die Nummer jeder Folge $(w(1), \ldots, w(m))$.

Beweis. Es sei $|u(n) - u(n^*)| < \frac{1}{9^m}$ für $n, n^* \geqslant \mu(m)$, wobei μ eine rekursive Funktion ist. Da $f(x) = 0$ für $x \leqslant 0$ und für $1 \leqslant x$, dürfen wir annehmen, dass $0 \leqslant u(n) \leqslant 1$ für alle n. Es ist für $n \geqslant \mu(m+2)$

$$|f(u(n)) - f(u(\mu(m+2)))| \leqslant \frac{1}{81} \frac{1}{9^m}$$

und wegen

$$\lim_n f(u(n)) = \frac{1}{36}$$

$$f(u(\mu(m+2))) \geqslant \frac{1}{36} - \frac{1}{81}\frac{1}{9^m} \geqslant \frac{1}{36}\left(1 - \frac{1}{9^m}\right) \geqslant \sum_{1}^{m} \frac{2}{9^{k+1}}.$$

Setzen wir $v(m) = u(\mu(m+2))$, so ist somit $f(v(m)) \geqslant \sum_{1}^{m} \frac{2}{9^{k+1}}$ und nach 5.3 gibt es eine Zahl n, so dass $l(n) = m$, $\chi(n) = 1$ und $\varphi_n(v(m)) \neq 0$. Ist $v(m) = \sum_{k=1}^{\infty} \frac{v(k,m)}{9^k}$ ($v(k, m)$ ganz, $0 \leqslant v(k, m) \leqslant 8$, $v(k, m)$ eine rekursive Funktion), so ist nach 2.6 $v(k, m) = a(k, n)$ für $k \leqslant l(n) = m$ und die Folge $(v(1, m), \ldots, v(m, m))$ besteht aus den Zahlen 3, 5 und besitzt in der Abzählung dieser Folgen die Nummer n; wegen

$\chi(n)=1$ gilt $P(n)$. Es ist $|v(m)-v(m^*)|<\frac{1}{9m+2}$ für $m\leqslant m^*$, nach 5.4 ist somit $v(k,k)=v(k,m)$ für $k\leqslant m$. Setzen wir $v(k,k)=w(k)$, so erfüllt die Funktion w die gestellten Forderungen.

6.1. Es gibt ein primitiv rekursives Prädikat P mit den folgenden Eigenschaften: 1) P trifft auf unendlich viele Zahlen zu. 2) Gilt $P(n)$ und ist A_m ein Anfangsstück von A_n (d.h. ist $a(k,m)=$ $=a(k,n)$ für $k\leqslant l(m)\leqslant l(n)$), so gilt $P(m)$. 3) Es gibt keine rekursive Funktion w (mit den Werten 3, 5), so dass für jede Zahl m das Prädikat P zutrifft auf die Nummer der Folge $(w(1),\ldots,w(m))$.

Beweis. Es seien R und S zwei rekursiv aufzählbare disjunkte Mengen, welche durch keine rekursive Menge getrennt werden können. $R(m,n)$, $S(m,n)$ seien primitiv rekursive Prädikate, so dass $n\in R$, genau wenn $(Ex)R(x,n)$, $n\in S$, genau wenn $(Ex)S(x,n)$. $P(n)$ gelte genau dann, wenn für alle $k\leqslant l(n)$ folgendes gilt:

$$(Ex)(x\leqslant l(n)\ \&\ R(x,k))\rightarrow a(k,n)=3,$$
$$(Ex)(x\leqslant l(n)\ \&\ S(x,k))\rightarrow a(k,n)=5.$$

Dieses Prädikat ist primitiv rekursiv und erfüllt die obigen drei Bedingungen. Ad 1) Wir zeigen, dass es zu m eine solche Zahl n gibt, dass $l(n)=m$ und $P(n)$. Es sei $b(k)=3$, falls es ein x gibt mit $x\leqslant m$ und $R(x,k)$, $b(k)=5$ sonst $(k\leqslant m)$. Die Folge $(b(1),\ldots,b(m))$ habe die Nummer n: $b(k)=a(k,n)$ für $k\leqslant l(n)=m$. Es gilt für alle $k\leqslant l(n)$: $(Ex)(x\leqslant l(n)\ \&\ R(x,k))\rightarrow a(k,n)=3$ und, da R und S disjunkt, $(Ex)(x\leqslant l(n)\ \&\ S(x,n))\rightarrow a(k,n)=5$. Ad 2) Sei $a(k,m)=$ $=a(k,n)$ für $k\leqslant l(m)$, wobei $l(m)\leqslant l(n)$. Dann gilt für alle $k\leqslant l(n)$: $(Ex)(x\leqslant l(n)\ \&\ R(x,k))\rightarrow a(k,n)=3$, $(Ex)(x\leqslant l(n)\ \&\ S(x,k))\rightarrow$ $\rightarrow a(k,n)=5$; für $k\leqslant l(m)$ gilt somit a fortiori: $(Ex)(x\leqslant l(m)\ \&$ $\&\ R(x,k))\rightarrow a(k,m)=3$, $(Ex)(x\leqslant l(m)\ \&\ S(x,k))\rightarrow a(k,m)=5$. Ad 3) Es sei w eine rekursive Funktion (mit den Werten 3 und 5), so dass für alle Zahlen m das Prädikat P zutrifft auf die Nummer der Folge $(w(1),\ldots,w(m))$. Die Menge T, definiert durch $k\in T\equiv$ $w(k)=3$, ist dann rekursiv und trennt die Mengen R und S. Sei nämlich $k\in R$, d.h. es gelte $(Ex)R(x,k)$; m sei so gewählt, dass gilt $(Ex)(x\leqslant m\ \&\ R(x,k))$. Ist dann n die Nummer der Folge $(w(1),\ldots,w(m))$, d.h. ist $w(j)=a(j,n)$, $j\leqslant l(n)=m$, so gilt $P(n)$ und daher $(Ex)(x\leqslant l(n)\ \&\ R(x,k))\rightarrow a(k,n)=3$; es ist somit $w(k)=$ $=a(k,n)=3$, d.h. $k\in T$. Ist $k\in S$, so folgt ebenso $w(k)=5$, d.h. $k\notin T$.

6.2. Es gibt ein primitiv rekursives Prädikat Q und eine primitiv rekursive Funktion ϑ (eines rationalen Argumentes und mit ganzzahligen Werten) mit den folgenden Eigenschaften: 1) Q trifft zu auf unendlich viele Zahlen. 2) Gilt $Q(n)$ und ist A_m ein Anfangsstück von A_n, so gilt $Q(m)$. 3) Ist x rational, $x = \sum_1^\infty \frac{c(k)}{9^k}$ ($c(k)$ ganz, $0 \leqslant c(k) \leqslant 8$), so gibt es entweder ein k mit $k \leqslant \vartheta(x)$ und $c(k) \neq 3, 5$ oder Q trifft nicht zu auf die Nummer der Folge $(c(1), \ldots, c(\vartheta(x)))$. 4) Es gibt keine rekursive Funktion w (mit den Werten 3, 5), so dass für jede Zahl m das Prädikat Q zutrifft auf die Nummer der Folge $(c(1), \ldots, c(m))$.

Bemerkung. Wird für ϑ eine allgemein rekursive Funktion zugelassen, so kann für Q das Prädikat P aus 6.1 gewählt werden. Die einer rationalen Zahl zugeordnete Folge c ist nämlich rekursiv und es gibt somit eine Zahl m, so dass die Folge $(c(1), \ldots, c(m))$ eine Zahl verschieden von 3, 5 enthält oder das P nicht zutrifft auf die Nummer der Folge.

Beweis. Es sei $q(j) = 3$, falls j eine Quadratzahl ist, $q(j) = 5$ sonst. P sei das Prädikat aus 6.1. $Q(n)$ gelte genau dann, wenn $a(2j, n) = q(j)$ für $2j \leqslant l(n)$ und wenn P zutrifft auf die Nummer der Folge $(a(1, n), a(3, n), \ldots, a(2j+1, n), \ldots, a(u, n))$ (wobei u die grösste ungerade Zahl kleinergleich $l(n)$ ist). ϑ sei eine primitiv rekursive Funktion mit folgender Eigenschaft: Ist x rational, $x = \sum_1^\infty \frac{c(j)}{9^j}$ ($c(j)$ ganz, $0 \leqslant c(j) \leqslant 8$), so gibt es eine Zahl k mit $2k \leqslant \vartheta(x)$ und $c(2k) \neq q(k)$. Eine solche primitiv rekursive Funktion gibt es, da die Folge c von einer Stelle an periodisch ist und Länge von Vorperiode und von Periode primitiv rekursiv von x abhängen. Das Prädikat Q und die Funktion ϑ erfüllen die vier Bedingungen. Ad 1) Gilt $P(n)$, so trifft Q zu auf die Nummer der Folge $(b(1), \ldots$ $\ldots, b(2l(n)+1))$, wobei $b(2j) = q(j)$ und $b(2j+1) = a(j, n)$, $j \leqslant l(n)$. Ad 2) Es gelte $Q(n)$ und A_m sei ein Anfangsstück von A_n. Es ist dann $a(2j, n) = q(j)$ für $2j \leqslant l(n)$ und somit auch $a(2j, m) = q(j)$ für $2j \leqslant l(m)$. Ferner trifft P zu auf die Nummer der Folge $(a(1, n), \ldots$ $\ldots, a(u, n))$ (wobei u die grösste ungerade Zahl kleinergleich $l(n)$ ist) und somit auch auf die Nummer der Folge $(a(1, m), \ldots, a(u^*, m))$ (wobei u^* die grösste ungerade Zahl kleinergleich $l(m)$ ist), da die zweite Folge ein Anfangsstück der ersten ist. Ad 3) Ist x rational,

$x=\sum_{1}^{\infty}\frac{c(j)}{9^j}$ ($c(j)$ ganz, $0\leqslant c(j)\leqslant 8$), so gibt es eine Zahl k mit $2k\leqslant\vartheta(x)$ und $c(2k)\neq q(k)$. Ist dann $c(j)=3$ oder $c(j)=5$ für alle $j\leqslant\vartheta(x)$, so trifft Q nicht zu auf die Nummer der Folge $(c(1), \ldots, c(\vartheta(x)))$, da $c(2k)\neq q(k)$. Ad 4) Gibt es eine rekursive Funktion w, sodass für alle Zahlen m das Prädikat Q zutrifft auf die Nummer der Folge $(w(1), \ldots, w(m))$, so trifft bei $w^*(j)=w(2j-1)$ das Prädikat P zu auf alle Nummern von Folgen $(w^*(1), \ldots, w^*(m))$.

7.1. Es gibt eine primitiv rekursive Funktion f (mit Menge der rationalen Zahlen als Argument- und Wertebereich) mit folgenden Eigenschaften: $0\leqslant f(x)\leqslant\frac{1}{36}$, $f(x)=0$ für $x\leqslant 0$ und für $1\leqslant x$, $|f(x)-f(x')|\leqslant|x-x'|$; zu jedem m gibt es ein x mit

$$f(x)\geqslant\frac{1}{36}\left(1-\frac{1}{9^m}\right)\left(\text{d.h. } \operatorname*{Max}_x\ f(x)\geqslant\frac{1}{36}\right);$$

ist u eine rekursive Folge rationaler Zahlen, welche rekursiv konvergiert, so ist $\lim_n f(u(n))<\frac{1}{36}$.

Beweis. Es sei P ein primitiv rekursives Prädikat und ϑ eine primitiv rekursive Funktion, welche die vier Bedingungen in 6.2 erfüllen. Es sei f die einem solchen Paar in 4.1 zugeordnete primitiv rekursive Funktion. Es ist $0\leqslant f(x)$ und $f(x)=0$ für $0\leqslant x$ und für $1\leqslant x$ nach 4.1, $|f(x)-f(x')|\leqslant|x-x'|$ nach 4.2, $f(x)\leqslant\frac{1}{36}$ nach 4.3 und $\operatorname*{Max}_x f(x)\geqslant\frac{1}{36}$ nach 4.4. Gibt es eine rekursive Folge u rationaler Zahlen, welche rekursiv konvergiert und für welche $\lim_n f(u(n))=\frac{1}{36}$, so gibt es eine rekursive Folge der Zahlen 3, 5, so dass das Prädikat P zutrifft auf die Nummer jeder Folge $(w(1), \ldots, w(m))$ (5.5); dies widerspricht der Bedingung 4 in 6.2.

BIBLIOGRAPHY

[1] A. Grzegorczyk, Computable functionals. Fund. Math. 42 (1955), 168–202.

[2] S. C. Kleene, A symmetric form of Gödel's theorem, Indag. Math. 12 (1950), 244–246.

[3] ———, Proceedings Intern. Congress of Math. 1 (1950), 679–685.

[4] D. Lacombe, Extension de la notion de fonction récursive aux fonctions

d'une our plusieurs variables. Comptes Rendus. 240 (1955), 2478–2480; 241 (1955), 13–14, 151–153.

[5] E. Specker, Nicht konstruktiv beweisbare Sätze der Analysis. J. Symb. Log. 14 (1949), 145–148.

[6] I. D. Zaspavskij, Oprovéženié nékotoryh téorem klassičéskogo analiza v konstruktivnom analizé. Uspéhi Mat. Nauk. 10 (1955), 209–210.

DUALITÄT

von Ernst SPECKER, Zürich

Man kann ganz gleiches tun
und doch ein andrer sein.
GRILLPARZER,
Friedrich der Streitbare.

Das Dualitätsprinzip der projektiven Geometrie scheint zum ersten Mal von J. D. Gergonne in voller Allgemeinheit ausgesprochen worden zu sein. Im Jahre 1826 veröffentlichte er im sechzehnten Band seiner Annalen unter dem Obertitel « Philosophie mathématique » einen Aufsatz « Considérations philosophiques sur les élémens de la science de l'étendue » (im Inhaltsverzeichnis am Ende des Bandes verdeutlicht zu « Considérations philosophiques sur les propriétés de l'étendue qui ne dépendent pas des relations métriques »). Gergonne erläutert darin zunächst die Begriffe der metrischen Eigenschaft und der Eigenschaft der Lage und fährt dann folgendermassen fort : « Mais un caractère extrêmement frappant de cette partie de la géométrie qui ne dépend aucunement des relations métriques entre les parties des figures ; c'est qu'à l'exception de quelques théorèmes symétriques d'eux-mêmes, tels, par exemple, que le théorème d'Euler sur les polyèdres, et son analogue sur les polygones, tous les théorèmes y sont doubles ; c'est à dire que, dans la géométrie plane, à chaque théorème il en répond toujours nécessairement un autre qui s'en déduit en y échangeant simplement entre eux les deux mots *points* et *droites* ; tandis que, dans la géométrie de l'espace, ce sont les mots *points* et *plans* qu'il faut échanger entre eux pour passer d'un théorème à son corrélatif.

Parmi un grand nombre d'exemples que nous pourrions puiser, dans le présent recueil, de cette sorte de *dualité* des théorèmes qui constituent la *géométrie de situation*, nous nous bornerons à indiquer, comme les plus remarquables, les deux élégans théorèmes de M. Coriolis, démontrés d'abord à la page 326 du XI.e volume, puis à la page 69 du XII.e, et l'article que nous avons nous-même publié

Die Axiome A_1 und A_1' sind ersichtlich dual.

A_2 Es gibt vier Punkte, von denen keine drei mit ein und derselben Geraden inzidieren.

A_2' Es gibt vier Geraden, von denen keine drei mit ein und demselben Punkt inzidieren.

Die Axiome A_2 und A_2' sind dual; es ist leicht, die Strukturen zu beschreiben, die A_0, A_1 und A_1' aber nicht das volle Axiomensystem A_0, A_1, A_1', A_2, A_2' der ebenen projektiven Geometrie erfüllen.

Das einfachste Beispiel (Modell) einer projektiven Ebene enthält 7 Punkte und 7 Geraden, zwischen denen bei geeigneter Numerierung die folgenden Inzidenzen bestehen: Mit der Geraden g_1 inzidieren die Punkte p_2, p_3, p_4; mit g_2 inzidieren p_1, p_3, p_5; mit g_3 inzidieren p_1, p_2, p_6; mit g_4 inzidieren p_1, p_4, p_7; mit g_5 inzidieren p_2, p_5, p_7; mit g_6 inzidieren p_3, p_6, p_7; mit g_7 inzidieren p_4, p_5, p_6. Aus dieser Beschreibung ergibt sich, dass mit dem Punkt p_1 die Geraden g_2, g_3, g_4 inzidieren; es lässt sich leicht verifizieren, dass alle Axiome erfüllt sind. Eine einfache Darstellung dieser projektiven Ebene wird durch ein euklidisches Dreieck mit seinen drei Höhen erhalten: Punkte der Ebene sind Eckpunkte p_1, p_2, p_3 des Dreiecks, Höhenfusspunkte p_4, p_5, p_6 (p_{i+3} gegenüber p_i) und Höhenschnittpunkt p_7; Geraden der Ebene sind Seiten g_1, g_2, g_3 des Dreiecks (g_i Gegenseite von p_i), Höhen g_4, g_5, g_6 des Dreiecks (Höhe g_{i+3} durch Eckpunkt p_i) sowie eine weitere (in der euklidischen Ebene nicht als solche zu zeichnende) Gerade g_7 durch die Höhenfusspunkte p_4, p_5, p_6. Inzidenzen sind — ausser der soeben festgelegten — die in der euklidischen Ebene bestehenden.

Man verifiziert, dass dieses Modell einer projektiven Ebene bei der angegebenen Numerierung der Punkte und Geraden die folgende Eigenschaft besitzt: Inzidiert der Punkt p_i mit der Geraden g_k, so inzidiert die Gerade g_i mit dem Punkt p_k. Definieren wir daher eine Abbildung π durch die Festsetzung $\pi(p_i) = g_i$, $\pi(g_i) = p_i$, so besitzt π die folgenden Eigenschaften: π ist eine eineindeutige Abbildung der Menge der Elemente der Geometrie (Punkte und Geraden) auf sich; π erhält die Inzidenzrelation, das heisst $\pi(a)$ inzidiert genau dann mit $\pi(b)$, wenn a mit b inzidiert; das Bild eines Punktes ist eine Gerade, das Bild einer Geraden ist ein Punkt; π^2 ist die Identität, das heisst es ist $\pi(\pi(a)) = a$ für

à la page 157 du présent volume, sur les lois générales qui régissent les polyèdres. » (S. 210.)

Im folgenden gibt Gergonne eine Anzahl von Paaren dualer Sätze an ; er stellt sie — worin er später oft nachgeahmt wurde — auf einer Seite in zwei Kolonnen einander gegenüber. Dabei fasst er übrigens den Raum nicht durchgehend als projektiv auf — die Ausnahmen, die das Dualitätsprinzip dann erleidet, werden durch geschickte Formulierungen verschleiert. Sein erstes Paar von Sätzen lautet zum Beispiel folgendermassen (S. 212) :

Deux points, distincts l'un de l'autre, donnés dans l'espace, déterminent une droite indéfinie qui, lorsque ces deux points sont désignés par A et B, peut être elle-même désignée par AB.

Deux plans, non parallèles, donnés dans l'espace, déterminent une droite indéfinie qui, lorsque ces deux plans sont désignés par A et B, peut être elle-même désignée par AB.

Es werden sich somit « deux points, distincts l'un de l'autre » und « deux plans, non parallèles » als duale Begriffe gegenübergestellt, wovon in der obigen Formulierung nichts gesagt wurde und was sich auch gar nicht konsequent durchführen lässt. Im nächsten Beispiel (dem dritten von Gergonne) wird dagegen angenommen, dass eine Ebene und eine Gerade stets einen Punkt gemeinsam haben, was allgemein nur im projektiven Raum gilt (S. 212-213) :

Un plan peut aussi être déterminé dans l'espace par une droite et par un point qui ne s'y trouve pas contenu, ou encore par deux droites qui concourent en un même point.

Un point peut aussi être déterminé dans l'espace par une droite et par un plan dans lequel elle ne se trouve pas située, ou encore par deux droites situées dans un même plan.

Gergonne versucht nirgends, das Dualitätsprinzip zu begründen ; er scheint der Auffassung zu sein, dass es sich bei diesem Prinzip um ein Axiom der « Ausdehnungslehre » handle, welches als solches keines Beweises bedürftig sei. Insbesondere weist er nirgends auf die von Poncelet ausgebildete Theorie der polaren Reziprozität hin, der Abbildung, welche — in der Ebene — Punkte und Geraden unter Erhaltung der Inzidenz vertauscht. Diese Unterlassung erregte den Unwillen von Poncelet und die folgenden Bände der *Annales de mathématiques* enthalten ein Streitgespräch von Gergonne und Poncelet — der erste Aufsatz wird noch unter « Philosophie mathématique » eingereiht, die späteren dagegen unter « Polémique mathématique ». Der Streit dreht sich aber nicht ausschliesslich um Prioritätsansprüche, es liegt ihm auch eine Verschiedenheit der Auffassungen zu Grunde. Die Gegensätze werden dabei allerdings nicht deutlich formuliert, und es war dies wohl auch kaum möglich, so lange nicht der Begriff der projektiven Geometrie selber deutlichere Gestalt annahm.

Diese Verdeutlichung wurde erst bedeutend später durch die axiomatische Auffassung erreicht. Wir wenden uns daher der Aufstellung eines Axiomensystems für die ebene projektive Geometrie zu. Als Vorbereitung bemerken wir, dass sich die Lagebeziehungen von Punkten und Geraden auf die Inzidenzrelation (und die Identitätsrelation) zurückführen lassen: Der Punkt p liegt auf der Geraden g, die Gerade g geht durch den Punkt p : p inzidiert mit g (p I g). Die Geraden g und h schneiden sich in p : g I p und h I p. Die Punkte p, q, r liegen nicht auf einer Geraden: Es gibt keine Gerade g, so dass g I p und g I q und g I r.

Das Axiomensystem enthält somit die Grundbegriffe Punkt, Gerade, Inzidenz (zweistellige Relation); die zu Grunde gelegte Logik sei die Prädikatenlogik erster Stufe mit Identität. In einem Axiom A_0 fassen wir zunächst die Eigenschaften zusammen, die im allgemeinen (in dieser oder jener Form) stillschweigend vorausgesetzt werden.

A_0 Jedes Element ist entweder ein Punkt oder eine Gerade; jeder Punkt ist verschieden von jeder Geraden. Inzidiert a mit b, so inzidiert b mit a und entweder ist a ein Punkt und b eine Gerade oder a eine Gerade und b ein Punkt.

Man bemerkt, dass die Begriffe Punkt und Gerade in A_0 symmetrisch auftreten: A_0 ist zu sich selbst dual.

A_1 Zu zwei verschiedenen Punkten gibt es genau eine Gerade, die mit beiden inzidiert.

A_1' Zu zwei verschiedenen Geraden gibt es genau einen Punkt, der mit beiden inzidiert.

alle a. (Eine Abbildung mit diesen Eigenschaften heisse « Polarität ».)

Aus der Existenz einer Polarität folgt unmittelbar, dass in der betrachteten projektiven Ebene das Dualitätsprinzip in der folgenden vollen Allgemeinheit gilt: Ist S ein Satz der Theorie (aufgebaut aus den Grundbegriffen Punkt, Gerade, Inzidenz mit Hilfe der logischen Operationen), S′ sein duales Gegenstück (d. h. der Satz, der aus S entsteht, wenn die Begriffe Punkt und Gerade vertauscht werden), so gilt S′ genau dann, wenn S gilt. Zum Beweise dieser Behauptung benützen wir vom Begriff der Gültigkeit von Sätzen nur die Eigenschaft, dass in isomorphen Strukturen dieselben Sätze gelten. Definieren wir nämlich auf Grund unserer Ebene E eine Ebene E′, deren Punkte die Geraden von E, deren Geraden die Punkte von E sind, so sind die Ebenen E und E′ isomorph (ein Isomorphismus ist durch die Abbildung π gegeben). Der Satz S gilt gemäss unserer Definition von E′ in E′ genau dann, wenn der Satz S′ in E gilt. Da S in E′ genau dann gilt, wenn S in E gilt, so gilt S′ in E genau dann, wenn S in E gilt.

Man könnte versucht sein (und ist es wohl auch gewesen) die Gültigkeit des Dualitätsprinzipes in der Form, dass mit einem Satz S auch der duale Satz S′ in einer Ebene gelte, daraus zu schliessen, dass das Axiomensystem dual ist, das heisst, dass mit einem Satz A auch der duale Satz A′ ein Axiom (oder einem solchen äquivalent) ist. Doch ergibt sich aus dieser Dualität der Axiome vorerst nur, dass mit einem Satz S, der aus den Axiomen beweisbar ist, auch der Satz S′ aus den Axiomen beweisbar ist. Es kann aber sehr wohl ein Satz S in einem bestimmten Modell gelten ohne aus den Axiomen beweisbar zu sein. (Ein solcher Satz ist zum Beispiel: Auf jeder Geraden liegen genau drei Punkte. Dieser Satz gilt in der oben angegebenen Geometrie der sieben Punkte; er ist aber nicht aus den Axiomen beweisbar, da es bekanntlich projektive Ebenen gibt, auf deren Geraden unendlich viele Punkte liegen.)

Aus der obigen Konstruktion kann dagegen unmittelbar die Gültigkeit des folgenden Satzes erschlossen werden: Gibt es eine Ebene E, in welcher der Satz S gilt, so gibt es auch eine Ebene E′, in welcher der Satz S′ gilt.

Der Beweis, dass in einer Ebene mit einem Satz S auch der duale Satz S′ gilt, kann schon geführt werden, wenn eine Korrelation vorliegt, das heisst eine eineindeutige Abbildung, die Punkte und Geraden vertauscht und die Inzidenz erhält. Die Tatsache, dass das Quadrat der Abbildung die Identität ist, wurde nämlich beim obigen Beweise gar nicht benützt; auf diesen Umstand hat schon Chasles nachdrücklich hingewiesen [1, S. 226]. Ohne eine zusätzliche Voraussetzung braucht dagegen in einer projektiven Ebene das allgemeine Dualitätsprinzip nicht zu gelten. Das kann zum Beispiel aus der Existenz von endlichen projektiven Ebenen erschlossen werden, die keine Korrelation zulassen [5, S. 108]. Eine endliche Struktur ist nämlich durch ihre gültigen Sätze bis auf Isomorphie eindeutig bestimmt und falls mit S auch stets der Satz S′ gölte, so wäre die Ebene E isomorph zu ihrer dualen Ebene E′ (deren Punkte die Geraden und deren Geraden die Punkte von E sind); ein Isomorphismus von E auf E′ ist aber gerade eine Korrelation von E.

Dieses Beispiel einer endlichen projektiven Geometrie ist ziemlich kompliziert. Um die grundsätzlichen Fragen leichter erläutern zu können, ersetzen wir daher das Axiomensystem A_0, A_1, A_1', A_2, A_2' der ebenen projektiven Geometrie durch ein Axiomensystem B_0, B_1, B_1' mit denselben Grundbegriffen Punkt, Gerade, Inzidenz.

B_0 (wie A_0) Jedes Element ist entweder ein Punkt oder eine Gerade; jeder Punkt ist verschieden von jeder Geraden. Inzidiert a mit b, so inzidiert b mit a und entweder ist a ein Punkt und b eine Gerade oder a eine Gerade und b ein Punkt.

B_1 Zu zwei verschiedenen Punkten gibt es höchstens eine Gerade, die mit beiden inzidiert.

B_1' Zu zwei verschiedenen Geraden gibt es höchstens einen Punkt, der mit beiden inzidiert.

Dieses Axiomensystem ist dual: Bei Vertauschung der Begriffe Punkt und Gerade geht B_0 in sich über, während B_1 und B_1' vertauscht werden. Ein Modell des Systems nennen wir « Konfiguration »; « Polarität » und « Korrelation » seien wie für projektive Ebenen definiert.

Es ist nun sehr leicht, ein Beispiel einer endlichen Konfiguration anzugeben, die keine Korrelation zulässt. Ist nämlich K die

Konfiguration, die aus einer Geraden mit zwei inzidenten Punkten besteht, so gibt es offenbar keine eineindeutige Abbildung, die die Punkte und Geraden von K vertauscht. In K gilt der Satz S « Es gibt genau zwei Punkte »; der duale Satz S′ « Es gibt genau zwei Geraden » gilt dagegen nicht; das Dualitätsprinzip ist somit in K nicht erfüllt. Anderseits gibt es natürlich Konfigurationen, für welche das Dualitätsprinzip gilt. Fügen wir aber zu den Axiomen B_0, B_1, B_1' ein weiteres Axiom B_4 hinzu « Es gibt genau drei Elemente », so ist dieses System immer noch dual; es besitzt aber kein duales Modell, denn ist S der Satz « Es gibt genau 0 oder genau zwei Punkte », so gilt der duale Satz S′ « Es gibt genau 0 oder genau zwei Geraden » in einem Modell dann und nur dann, wenn der Satz S nicht gilt.

Nicht ganz so leicht ist es, eine Konfiguration anzugeben, die zwar eine Korrelation aber keine Polarität zulässt. Wir gehen dazu aus von einem Sechseck mit den Ecken $p_1, \ldots, p_6$ und den Seiten $g_1, \ldots, g_6$; mit der Geraden g_i inzidieren die Punkte p_{i+2} und p_{i+3} (wobei die Indices als Restklassen modulo 6 aufgefasst werden). Auf den Geraden g_1 und g_4 liegen je zwei weitere Punkte q_1^1, q_1^2 und q_4^1, q_4^2; auf den Geraden g_2 und g_5 liegt je ein weiterer Punkt q_2 und q_5. Durch den Punkt p_1 gehen die weitern Geraden h_4^1, h_4^2; durch p_4 die Geraden h_1^1, h_1^2; durch p_2 die Gerade h_5 und durch p_5 die Gerade h_2. Weitere Inzidenzen als die angegebenen sollen zwischen den 12 Punkten und Geraden nicht bestehen. Die Abbildung, welche den Punkten p_j, q_j^i, q_j die Geraden g_j, h_j^i, h_j und den Geraden g_j, h_j^i, h_j die Punkte p_{j+3}, q_{j+3}^i, q_{j+3} zuordnet, ist eine Korrelation. Man bestätigt leicht, dass die Konfiguration keine Polarität zulässt; eine solche Polarität würde nämlich verknüpft mit der definierten Korrelation einen Automorphismus der Konfiguration ergeben, welcher die Punkte p_1 und p_4 festlässt und die Geraden g_1 und g_4 vertauscht. Ein solcher Automorphismus existiert aber ersichtlicher Weise nicht.

Betrachten wir das System der in der eben definierten Konfiguration K gültigen Sätze als Axiomensystem, so ist dieses System dual und vollständig (jeder Satz beweisbar oder widerlegbar); das System besitzt dagegen kein Modell, welches eine Polarität zulässt, denn alle Modelle sind mit K isomorph. (Das Axiomensystem ist übrigens einem System äquivalent, das aus einem einzigen Axiom besteht.) Die Frage, ob ein duales vollständiges Axiomensystem stets ein Modell besitze, welches eine Korrelation zulässt, muss offen bleiben[1]. Dagegen ist leicht zu zeigen, dass das Modell eines vollständigen dualen Axiomensystems nicht notwendigerweise eine Korrelation besitzt. Wir betrachten dazu die Konfiguration, die aus abzählbar unendlich vielen Punkten und abzählbar unendlich vielen Geraden ohne jegliche Inzidenz besteht. Das System der in dieser Konfiguration gültigen Sätze ist dual. Es stimmt überein mit dem System der Sätze, welche in der Konfiguration gelten, die aus abzählbar vielen Punkten und kontinuierlich vielen Geraden ohne jegliche Inzidenz besteht; es gibt offenbar keine eineindeutige Abbildung, die die Punkte und Geraden dieser Konfiguration vertauscht. (Es ist übrigens auch nicht schwierig, eine abzählbare Konfiguration zu definieren, in der mit jedem Satz auch der duale Satz gilt, die aber keine Korrelation zulässt; dagegen kann es natürlich keine solche endliche Konfiguration geben.)

H. Kneser [3] hat einige dieser Fragen im Falle der projektiven Geometrie behandelt; doch scheinen noch manche nicht beantwortet zu sein. (Zum Beispiel: Lässt jede — endliche — Ebene, die eine Korrelation zulässt auch eine Polarität zu? Lässt eine Ebene, in der mit einem Satz auch der duale gilt, stets eine Korrelation zu?)

Unser Beispiel eines dualen Axiomensystems ohne duales Modell hat die Eigenschaft, dass es einen Satz S enthält, der der Negation seines dualen Gegenstückes S′ äquivalent ist. Es ist klar, dass ein System, in welchem für einen Satz S die Äquivalenz $S \equiv \bar{S}'$ beweisbar ist, kein duales Modell haben kann. Wir wollen zeigen, dass hievon die Umkehrung gilt, das heisst, dass ein duales Axiomensystem, in welchem für keinen Satz S die Äquivalenz $S \equiv \bar{S}'$ beweisbar ist, auch ein duales Modell besitzt. Wir erweitern dazu das gegebene System durch Hinzufügung aller Sätze der Form $S \equiv S'$ (S Satz der Theorie). Falls dieses erweiterte System widerspruchsfrei ist, so besitzt es nach dem Vollständigkeitssatz ein Modell, und dieses Modell ist offenbar dual. Ist das System

[1] Siehe Zusatz S. 465.

nicht widerspruchsfrei, so gibt es Sätze S_i ($i = 1, \ldots, n$), so dass das System, welches aus dem gegebenen durch Hinzufügung der endlich vielen Sätze $S_i \equiv S_i'$ entsteht, ebenfalls nicht widerspruchsfrei ist; dann ist die Negation der Konjunktion dieser Äquivalenzen aus den Axiomen beweisbar, und es genügt somit zu zeigen, dass die Konjunktion von solchen Äquivalenzen einer einzigen $T \equiv T'$ äquivalent ist; denn ist die Negation von $T \equiv T'$ beweisbar, so auch $T \equiv \bar{T}'$. Auf Grund einer Induktionsüberlegung genügt es, den Beweis für den Fall von zwei Äquivalenzen zu führen. Nun ist aber $S_1 \equiv S_1' \wedge S_2 \equiv S_2'$ äquivalent $T \equiv T'$, falls T die folgende Aussage ist:

$$(S_1 \equiv S_1' \wedge S_2 \wedge \overline{S_2'}) \vee (S_2 \equiv S_2' \wedge \overline{S_1} \wedge S_1') \vee (\overline{S_1} \wedge S_1' \wedge S_2 \wedge \overline{S_2'}).$$

(Die Bezeichnung ist so gewählt, dass T′ aus T durch Vertauschung der Indices 1 und 2 hervorgeht. Der Beweis ergibt sich leicht folgendermassen: Haben S_1, S_1' sowie S_2, S_2' denselben Wahrheitswert, so sind T und T′ falsch; sind T und T′ falsch, so haben S_1, S_1' und S_2, S_2' denselben Wahrheitswert; T und T′ können nicht beide wahr sein.)

Für diesen Beweis (und auch für die früheren allgemeinen Betrachtungen) ist es nicht wesentlich, dass die Dualität der Theorie durch die Vertauschung von zwei Grundprädikaten vermittelt wird. Wesentlich ist nur, dass eine eineindeutige Abbildung der Aussagenformen vorliegt, welche mit den logischen Operationen vertauschbar ist und welche die Ordnung zwei besitzt. In diesem Sinne ist dann auch die Gruppentheorie und die Theorie der Schiefkörper dual ($a\,b = c$ ist zu ersetzen durch $b\,a = c$). Den Begriffen Polarität und Korrelation entsprechen dann die Begriffe Antiautomorphismus der Ordnung zwei und Antiautomorphismus.

Eine weitergehende Verallgemeinerung erhalten wir, wenn wir von der Abbildung nicht verlangen, dass sie die Ordnung zwei habe. Wir setzen somit nur voraus, dass eine eineindeutige Abbildung der Menge der Aussagenformen einer Theorie auf sich vorliege, welche mit den logischen Operationen vertauschbar ist. Das interessanteste Beispiel einer solchen Theorie ist wohl die einfache Typentheorie mit negativen Typen (vergleiche dazu Hao Wang [8]). Diese Theorie sei kurz beschrieben: Für jeden Typus k ist eine Reihe von Variablen x_i^k gegeben; Grundprädikate sind $x_i^k = x_j^k$ und $x_i^k \in x_j^{k+1}$.

Axiome sind Extensionalitätsaxiome

$$(x_1^{k+1})\,(x_2^{k+1})\,[(x_1^k)\,(x_1^k \in x_1^{k+1} \equiv x_1^k \in x_2^{k+1}) \rightarrow x_1^{k+1} = x_2^{k+1}]$$

und Komprehensionsaxiome

$$(\mathrm{E}x_1^{k+1})\,(x_1^k)\,[x_1^k \in x_1^{k+1} \equiv \mathrm{B}\,(x_1^k)]$$

(worin B ein in zulässiger Weise aus den Grundprädikaten gebildeter Ausdruck ist).

Die Abbildung, welche durch die Zuordnung « $x_i^k = x_j^k$ » → « $x_i^{k+1} = x_j^{k+1}$ », « $x_i^k \in x_j^{k+1}$ » → « $x_i^{k+1} \in x_j^{k+2}$ » in den Aussagenformen induziert wird, führt die Axiome der Theorie in sich über.

Ein Modell dieses Axiomensystems besteht aus einer Reihe von Mengen T_k ($k = 0, \pm 1, \ldots$), den Typen, und einer $\in$-Relation (erklärt zwischen einem Element von T_k und T_{k+1}). Die Gültigkeit von Sätzen wird auf Grund der Festsetzung definiert, dass T_k der Variabilitätsbereich der Variablen x_i^k sei.

Entsprechend der Frage nach einem dualen Modell und einem Modell mit Korrelation fragen wir hier nach Modellen, welche die Eigenschaft besitzen, dass mit einem Satz S auch der Satz S* gilt, der aus S durch die beschriebene Typenerhöhung hervorgeht, sowie nach Modellen, welche einen $\in$-Automorphismus besitzen, der T_k ($k = 0, \pm 1, \ldots$) eineindeutig auf T_{k+1} abbildet. Ersichtlich besitzt ein Modell mit der zweiten Eigenschaft auch die erste.

Für die Existenz eines Modelles, in dem mit einem Satz S auch der Satz S* gilt, ist notwendig und hinreichend, dass für keinen Satz S die Negation einer Konjunktion von Äquivalenzen $\mathrm{S}^{(k)} \equiv \mathrm{S}^{(k+1)}$ beweisbar ist; dabei ist $\mathrm{S}^{(0)} = \mathrm{S}$, $\mathrm{S}^{(k+1)} = \mathrm{S}^{(k)*}$. Wie im Falle dualer Axiomensysteme genügt es, folgendes zu zeigen: Gibt es Sätze S_i ($i = 1, \ldots, m$), so dass die Negation der Konjunktion der Äquivalenzen $\mathrm{S}_i \equiv \mathrm{S}_i^*$ aus den Axiomen beweisbar ist, so gibt es einen Satz T und eine natürliche Zahl n, so dass die Negation der Konjunktion der Äquivalenzen $\mathrm{T}^{(k)} \equiv \mathrm{T}^{(k+1)}$ ($k = 0, \ldots, n-1$) aus den Axiomen beweisbar ist. Zum Beweise hievon denken wir uns die geordneten m-Tupel der Wahrheitswerte wahr, falsch lexikographisch geordnet; $\mathrm{V}\,(\mathrm{A}_1, \ldots, \mathrm{A}_m;\, \mathrm{B}_1, \ldots, \mathrm{B}_m)$ sei eine solche aussagenlogische Verknüpfung von $\mathrm{A}_1, \ldots, \mathrm{B}_1, \ldots, \mathrm{B}_m$, die genau dann den Wert wahr annimmt, wenn die Belegung von $A_1, \ldots, A_m$ mit Wahrheitswerten vor der Belegung von $B_1, \ldots, B_m$ mit Wahrheitswerten kommt. T sei nun die Aussage $V(S_1, \ldots, S_m; S_1^*, \ldots, S_m^*)$. Mit der Negation der Konjunktion von $S_i \equiv S_i^*$ ist auch die Negation der Konjunktion von $S_i^{(k)} \equiv S_i^{(k+1)}$ aus den Axiomen beweisbar. Die Belegung von $S_1^{(k)}, \ldots, S_m^{(k)}$ und von $S_1^{(k+1)}, \ldots, S_m^{(k+1)}$ mit Wahrheitswerten ist daher nicht dieselbe; aus den Äquivalenzen $T^{(k)} \equiv T^{(k+1)}$ $(k = 0, \ldots, 2^m - 1)$ folgt somit die Existenz einer streng monotonen Folge von m-Tupeln der Länge $2^m + 1$, was offenbar unmöglich ist.

Es gilt dagegen nicht der Satz, dass eine « Theorie mit Typen », in der keine Äquivalenz $S \equiv S^*$ aus den Axiomen widerlegbar ist, stets ein Modell besitzt, in welchem für alle Sätze S die Äquivalenz $S \equiv S^*$ gilt. Zum Beweise betrachten wir die folgende Typentheorie: Einzige Relation ist die Identität; Axiome sind die beiden folgenden Sätze: Es gibt genau 1, 2 oder 3 Elemente von jedem Typus; es gibt nicht gleich viele Elemente vom Typus k und vom Typus $k + 1$. Dieses Axiomensystem besitzt offenbar kein Modell, in dem mit jedem Satz S auch der Satz S* gilt. Für jeden einzelnen Satz S gibt es dagegen ein Modell, in welchem $S \equiv S^*$ gilt. Ein Satz S der betrachteten Theorie handelt nämlich nur von endlich vielen Typen, zum Beispiel den Typen $T_0, \ldots, T_{n-1}$, und drückt gewisse Bedingungen über die Anzahl der Elemente in diesen Typen aus. Dem Satz S entspricht daher eine Einteilung der Menge der n-Tupel der Zahlen 1, 2, 3 in zwei Klassen. Die Behauptung ist bewiesen, falls wir zeigen, dass es zu jeder solchen Klasseneinteilung eine Folge $(a_0, \ldots, a_n)$ gibt, so dass $a_i \neq a_{i+1}$, $i = 0, \ldots, n - 1$, und dass $(a_0, \ldots, a_{n-1})$ und $(a_1, \ldots, a_n)$ zur selben Klasse gehören. (Auf Grund hievon ist ein Modell der Theorie, in dem $S \equiv S^*$ gilt, folgendermassen zu definieren: Für $i = 0, \ldots, n$ enthält der Typus i genau a_i Elemente, für $i < 0$ ist die Anzahl der Elemente gleich dem kleinsten positiven Rest von $a_0 + i$ modulo 3, für $i > n$ gleich dem kleinsten positiven Rest von $a_n + i$ modulo 3.) Die Existenz einer Folge $(a_0, \ldots, a_n)$ mit den gewünschten Eigenschaften ergibt sich folgendermassen: Es sei f_i $(i = 1, 2, 3)$ die Folge der Länge $n + 1$, deren k-tes Glied der kleinste positive Rest von $i + k$ modulo 3 ist, g_i die entsprechend definierte Folge der Länge n. Besitzt f_1 nicht die gewünschte Eigenschaft, so liegen g_1 und g_2 in verschiedenen Klassen; besitzt f_2 nicht die gewünschte Eigenschaft, so liegen g_2 und g_3 in verschiedenen Klassen; dann liegen aber g_1 und g_3 in derselben Klasse und f_3 ist eine Folge der gewünschten Art.

Die Frage, ob die einfache Typentheorie ein Modell besitze, in dem mit jedem Satz S auch der Satz S* gilt, ist offen. Wird dagegen zur Typentheorie das Auswahlaxiom hinzugefügt (zum Beispiel in der Russelschen multiplikativen Form), so kann nach der Methode von [7] jedem Typus eine Restklasse modulo 3 zugeordnet und bewiesen werden, dass die Restklassen aufeinanderfolgender Typen verschieden sind. Ist S dann der Satz « Die Restklasse des Typus 0 ist kleiner als die Restklasse des Typus 1 », so ist die Konjunktion aus $S \equiv S^*$ und $S^* \equiv S^{**}$ zu widerlegen.

Wir wenden uns nun der Frage zu, ob die einfache Typentheorie ein Modell besitze, welches einen ϵ-Automorphismus zulässt, der den Typus T_k eineindeutig auf den Typus T_{k+1} abbildet. (Dabei muss unentschieden bleiben — entsprechend dem Verhältnis von dualen Modellen und Modellen mit Korrelation — ob die Existenz eines solchen Modelles aus der Existenz eines Modelles geschlossen werden könne, in dem mit jedem Satz S auch der Satz S* gilt[1].) Wir zeigen, dass ein solches Modell genau dann existiert, wenn das System « New Foundations » von Quine [6] widerspruchsfrei ist. Das System NF ist — im Gegensatz zum obigen System der einfachen Typentheorie — ein einsortiges System der Mengenlehre. Es enthält ein Extensionalitätsaxiom

$$(x_1)\,(x_2)\,[(x_3)\,(x_3 \in x_1 \equiv x_3 \in x_2) \rightarrow x_1 = x_2]$$

und Komprehensionsaxiome

$$(\mathrm{E}x_1)\,(x_2)\,[x_2 \in x_1 \equiv \mathrm{B}\,(x_2)]\,;$$

der nach den Regeln der Prädikatenlogik aus der ϵ-Relation und der Identität gebildete Ausdruck B muss dabei geschichtet sein, das heisst die Variablen in B müssen so mit oberen Indices versehen werden können, dass B dadurch zu einem Ausdruck der einfachen Typentheorie wird.

[1] Siehe Zusatz S. 465.

Ist NF widerspruchsfrei, so besitzt es ein Modell M. Wir definieren ein Modell T der einfachen Typentheorie folgendermassen: T_k ($k = 0, \pm 1, \ldots$) ist die Menge der geordneten Paare (a, k) mit $a \in M$; es ist $(a, k) \in (b, k+1)$ genau dann, wenn $a \in b$. Man bestätigt leicht, dass T ein Modell der einfachen Typentheorie ist; die Abbildung, welche dem Element (a, k) das Element $(a, k+1)$ zuordnet, ist ein ϵ-Automorphismus, der die Menge T_k eineindeutig auf die Menge T_{k+1} abbildet.

Gibt es umgekehrt ein Modell T der einfachen Typentheorie mit einem ϵ-Automorphismus f, der T_k eineindeutig auf T_{k+1} abbildet, so kann ein Modell von NF folgendermassen definiert werden: Die Menge der Elemente des Modelles sei T_0; $a \eta b$ (η sei die ϵ-Relation des Modelles von NF) genau, wenn $a \in f(b)$. Wir verifizieren die Gültigkeit des Extensionalitätsaxiomes und eines Komprehensionsaxiomes. Die Gültigkeit des Komprehensionsaxiomes

$$(x_1^0)(x_2^0)[(x_3^0)(x_3^0 \eta x_1^0 \equiv x_3^0 \eta x_2^0) \rightarrow x_1^0 = x_2^0]$$

ist äquivalent mit der Gültigkeit von

$$(x_1^0)(x_2^0)[(x_3^0)(x_3^0 \in f(x_1^0) \equiv x_3^0 \in f(x_2^0)) \rightarrow x_1^0 = x_2^0].$$

Auf Grund der Eineindeutigkeit von f kann « $x_1^0 = x_2^0$ » in dieser Formel durch « $f(x_1^0) = f(x_2^0)$ » ersetzt werden und da f eine Abbildung auf ist, so ist die entstehende Formel ersichtlich äquivalent zu

$$(x_1^1)(x_2^1)[(x_3^0)(x_3^0 \in x_1^1 \equiv x_3^0 \in x_2^1) \rightarrow x_1^1 = x_2^1],$$

was ein Extensionalitätsaxiom der Typentheorie ist.

Als Beispiel eines Komprehensionsaxioms betrachten wir das folgende:

$$(Ex_1^0)(x_2^0)[x_2^0 \eta x_1^0 \equiv (Ex_3^0)(x_3^0 \eta x_2^0)].$$

Dies ist nach Definition

$$(Ex_1^0)(x_2^0)[x_2^0 \in f(x_1^0) \equiv (Ex_3^0)(x_3^0 \in f(x_2^0))];$$

da f die ϵ-Relation erhält, so kann « $x_2^0 \in f(x_1^0)$ » durch « $f(x_2^0) \in f(f(x_1^0))$ » ersetzt werden und die entstehende Formel ist äquivalent zu

$$(Ex_1^2)(x_2^1)[x_2^1 \in x_1^2 \equiv (Ex_3^0)(x_3^0 \in x_2^1)],$$

welche Formel ein Komprehensionsaxiom der Typentheorie ist.

Auch die projektive Geometrie könnte entsprechend dem Übergang von der Typentheorie zu NF neu begründet werden. Das Axiomensystem — aufgebaut auf einem zweistelligen Prädikat I — erhält die folgende Form:

C_0 I (a, b) gilt genau, wenn I (b, a) gilt (I ist symmetrisch).

C_1 Zu zwei verschiedenen Elementen a und b gibt es genau ein Element c, so dass I (a, c) und I (b, c).

C_2 Es gibt vier Elemente a_1, a_2, a_3, a_4, von denen keine drei mit einem Element b in der Relation I stehen.

Modelle dieser neuen Geometrie stehen in eineindeutiger Beziehung zu Modellen von projektiven Ebenen mit einer Polarität.

Literaturverzeichnis

[1] Chasles M., *Geschichte der Geometrie* (aus dem Französischen übertragen durch L. A. Sohncke, Halle 1839).

[2] Gergonne J. D., *Considérations philosophiques sur les élémens de la science de l'étendue.* Ann. math. pures appl. 16 (1825-1826), 209-231.

[3] Kneser H., *Schiefkörper und Dualitätsprinzip.* Jber. Deutsch. Math. Verein. 45 (1935), *77-78.*

[4] Krüger W. A., *Dichter- und Denkerworte* (Münster-Verlag, Basel 1945).

[5] Pickert G., *Projektive Ebenen* (Springer-Verlag, Berlin 1955).

[6] Quine W. V., *New Foundations for Mathematical Logic.* Am. Math. Monthly 44 (1937), 70-80.

[7] Specker E., *The axiom of choice in Quine's New Foundations for Mathematical Logic.* Proc. Nat. Acad. Sci. U.S.A. 39 (1953), 972-975.

[8] Wang Hao, *Negative types.* Mind 61 (1952), 366-368.

Zusammenfassung

Das Axiomensystem der ebenen projektiven Geometrie ist dual in dem Sinne, dass es bei Vertauschung der Begriffe « Punkt » und « Gerade » in sich übergeht. Daraus folgt, dass mit jedem Satz auch der duale Satz aus den Axiomen beweisbar ist. Dagegen kann aus der Dualität des Axiomensystems nicht geschlossen werden, dass in einem Modell mit jedem Satz auch der duale Satz gilt; noch weniger folgt, dass ein Modell eine eineindeutige

Abbildung zulässt, welche Punkte und Geraden unter Erhaltung der Inzidenz vertauscht. Im Falle der projektiven Geometrie sind solche Modelle bekannt; für die einfache Typentheorie (bei welcher an Stelle der Dualität die Ambiguität der Typen tritt) wird gezeigt, dass die Existenz solcher Modelle äquivalent ist mit der Widerspruchsfreiheit des Systems « New Foundations ».

Zusatz. Der folgende Satz beantwortet die beiden in der Arbeit aufgeworfenen Fragen: Eine vollständige Theorie mit einem Automorphismus hat ein Modell, welches einen entsprechenden Automorphismus zulässt. Insbesondere ist somit NF widerspruchsfrei, wenn die einfache Typentheorie mit den zusätzlichen Axiomen $S \equiv S^*$ (in der Bezeichnung der Arbeit) widerspruchsfrei ist.

Résumé

Le système d'axiomes de la géométrie projective plane est dualistique dans le sens qu'il se transforme en lui-même si l'on y échange les notions « point » et « droite ». Cette dualité entraîne un parallélisme des théorèmes et de leurs démonstrations. Par contre, la dualité d'un système d'axiomes ne nous permet pas de conclure au parallélisme des énoncés qui soient vrais dans un modèle donné du système; moins encore peut-on insérer l'existence d'une transformation biunivoque échangeant points et droites et conservant la relation d'incidence. Pour la géométrie projective, de tels modèles sont bien connus; pour la théorie simple des types, l'existence d'un tel modèle est équivalent à la cohérence du système « New Foundations ».

Remarque. Le théorème suivant résout les deux problèmes proposés dans le travail: Toute théorie complète admettant un automorphisme possède un modèle admettant un automorphisme correspondant. NF est par conséquent cohérent si la théorie simple des types avec les axiomes supplémentaires $S \equiv S^*$ (dans la notation du travail) est cohérente.

Abstract

The axiom system of plane projective geometry is dual in the sense that it is transformed into itself by exchange of the notions « point » and « line. » It follows that for every theorem the dual sentence is also a theorem. However, from the duality of the axiom system one cannot conclude that in a model the truth of a sentence implies that of the dual sentence; even less can one conclude that each model admits a 1-1-transformation interchanging points and lines and preserving the incidence relation. For projective geometry, models of this kind are well known. For the simple theory of types (where duality is replaced by ambiguity of types) it is shown that the existence of such models is equivalent to the consistency of « New Foundations. »

Additional remark. The following theorem answers both of the questions proposed in the paper: If it is complete, then a theory with an automorphism has a model with a corresponding automorphism. NF is therefore consistent if simple theory of type with the additional axioms $S \equiv S^*$ (in the notation of the paper) is consistent.

DIE LOGIK NICHT GLEICHZEITIG ENTSCHEIDBARER AUSSAGEN

von Ernst Specker, Zürich

La logique est d'abord une science naturelle.

F. Gonseth.

Das der Arbeit vorangestellte Motto ist der Untertitel des Kapitels *La physique de l'objet quelconque* aus dem Werk *Les mathématiques et la réalité*; diese Physik erweist sich im wesentlichen als eine Form der klassischen Aussagenlogik, welche so einerseits eine typische Realisation erhält und sich anderseits auf fast selbstverständliche Art des Absolutheitsanspruches entkleidet findet, mit dem sie zeitweise behängt wurde. Die folgenden Ausführungen schliessen sich an diese Betrachtungsweise an und möchten in demselben empirischen Sinn verstanden sein.

Wir gehen aus von einem Bereich B von Aussagen und stellen uns die Aufgabe, die Struktur dieses Bereiches zu untersuchen. Eine solche strukturelle Beschreibung von B ist erst möglich, wenn zwischen den Elementen von B gewisse Relationen oder Operationen definiert sind. Die einfachste Beziehung dürfte wohl die Folgebeziehung « $a \rightarrow b$ » (a und b Aussagen von B) sein, und sie soll den folgenden Untersuchungen zugrunde gelegt werden; wir setzen nicht voraus, dass die Aussage « $a \rightarrow b$ » selbst wieder eine Aussage von B ist, wenn dies auch anderseits nicht ausgeschlossen werden soll. Betrachten wir etwa das folgende Beispiel: Der Bereich B bestehe aus den zehn Aussagen: « Es ist warm », « Es ist kalt », « Es regnet », « Es schneit », « Die Sonne scheint », « Es ist nicht warm », « Es ist nicht kalt », « Es regnet nicht », « Es schneit nicht », « Die Sonne scheint nicht »; für gewisse a, b aus B gilt die Implikation « $a \rightarrow b$ », für gewisse Paare gilt sie sicher nicht, während es für andere zweifelhaft bleiben mag; Beispiele sind etwa: « Wenn es warm ist, so ist es nicht kalt », « Wenn es kalt ist, so schneit es », « Wenn es regnet, so schneit es nicht ». Mit der Problematik, die durch das dritte Beispiel angedeutet wird, dass nämlich die Implikation « $a \rightarrow b$ » für gewisse Paare zweifelhaft sein mag, beschäftigen wir uns im folgenden nicht: für irgend zwei Aussagen a, b von B stehe fest, ob « $a \rightarrow b$ » gilt oder nicht. Besonders hingewiesen sei noch auf das zweite Beispiel « Wenn es kalt ist, so schneit es », von welcher Implikation wir gesagt haben, dass sie nicht gelte. Damit soll natürlich nicht behauptet werden, dass es nicht etwa kalt sein und schneien könne, sondern es soll nur gesagt sein, dass es nicht immer schneit, wenn es kalt ist. Damit ist zum Ausdruck gebracht, dass die Aussagen « Es ist kalt » usw. nicht etwa als Abkürzungen gemeint sind für « Es ist kalt um 11.50 h am 1. Mai 1960 beim Gartentor der Liegenschaft Goldauerstrasse 60 in Zürich » (mit eventuell beigefügten weiteren Präzisierungen, falls solche vergessen sein sollten), sondern in der Allgemeinheit (als « Aussagenformen »), in welcher sie in die Formulierung von Naturgesetzen eingehen.

Auf Grund der Folgebeziehung ist es nun möglich anzugeben, wann eine Aussage c von B als Konjunktion der Aussagen a, b von B anzusprechen ist: Dazu ist erstens nötig, dass die Implikationen « $c \rightarrow a$ » und « $c \rightarrow b$ » gelten (falls a und b, so a; falls a und b, so b) und dass c die folgende Extremalbedingung erfülle: Falls für irgend ein c' in B gilt « $c' \rightarrow a$ » und « $c' \rightarrow b$ », so gilt auch « $c' \rightarrow c$ » (falls gilt c' impliziert a und c' impliziert b, so gilt auch c' impliziert a und b). Es ist nun keineswegs selbstverständlich, dass der Bereich B ein Element enthält, das diese Eigenschaften besitzt; für das oben angeführte Beispiel von zehn Aussagen gibt es zum Beispiel zu keinem Paar verschiedener Elemente eine Konjunktion. Dagegen ist durch dieses Beispiel natürlich nicht ausgeschlossen, dass es zu einem Bereich B stets einen umfassenderen Bereich B' gibt, der diese Abgeschlossenheitseigenschaft besitzt, und mehr als dies ist auch nicht gemeint, wenn gesagt wird, dass es zu zwei beliebigen Aussagen stets eine Konjunktion gebe. Bevor wir uns aber dieser Frage zuwenden, soll untersucht werden, ob die Konjunktion zweier Aussagen eindeutig bestimmt ist. Ist sowohl c_1 als auch c_2 eine Konjunktion von a und b, so gelten nach unserer Festsetzung die Implikationen « $c_1 \rightarrow c_2$ » und « $c_2 \rightarrow c_1$ » (dafür schreiben wir auch «$c_1 \leftrightarrow c_2$» und sagen, c_1 und c_2 seien äquivalent). Äquivalente Aussagen brauchen nicht gleich zu sein (Beispiel: «Es blitzt und donnert», «Es donnert und blitzt»); wird deshalb Eindeutigkeit der Konjunktion (und auch der übrigen Verknüpfungen) gewünscht, so werden statt der Aussagen selbst ihre Äquivalenzklassen betrachtet, und es wird gezeigt, dass die Äquivalenzklasse der Konjunktion zweier Aussagen nur abhängt von den Äquivalenzklassen der verknüpften Aussagen. Im Falle der klassischen Logik wird man so zu den Booleschen Verbänden geführt; ein analoges Vorgehen ist aber auch in wohl allen andern betrachteten Logikkalkülen möglich (wie in der intuitionistischen, der modalen und der mehrwertigen Logik). Die Möglichkeit des Überganges zu Äquivalenzklassen setzt zunächst einmal voraus, dass die Beziehung «$c \leftrightarrow d$» im eigentlichen Sinne eine Äquivalenzrelation sei, das heisst, dass sie die Eigenschaften der Reflexivität («$c \leftrightarrow c$»), der Symmetrie (falls «$c \leftrightarrow d$», so «$d \leftrightarrow c$») und der Transitivität (falls «$c \leftrightarrow d$» und «$d \leftrightarrow e$», so auch «$c \leftrightarrow e$») besitze. Von diesen Eigenschaften ist diejenige der Symmetrie auf Grund der Definition von «$\leftrightarrow$» aus der Implikation «$\rightarrow$» erfüllt; die Reflexivität «$c \leftrightarrow c$» ergibt sich aus dem Bestehen der Implikation «$c \rightarrow c$». Da wir bis jetzt keine Voraussetzung über die Implikation gemacht haben, kann selbstverständlich «$c \rightarrow c$» nicht bewiesen werden, doch wird auch unsere folgende Analyse des Begriffes der Implikation keinen Anlass geben, von «$c \rightarrow c$» abzugehen. Die Transitivität der Beziehung «$\leftrightarrow$» wird üblicherweise aus der Transitivität der Implikation erschlossen: Falls «$c \rightarrow d$» und «$d \rightarrow e$», so auch «$c \rightarrow e$». Es mag vielleicht zunächst den Anschein haben, dass diese Transitivität genau so wie das Bestehen von «$c \rightarrow c$» so eng mit dem Begriff der Implikation verbunden ist, dass es sinnlos wäre, eine nicht transitive Beziehung «Implikation» zu nennen. Dass dem nicht ganz so ist, möge die folgende Geschichte zeigen, die sich allerdings vor langer Zeit und in einem fernen Land abspielt.

An der assyrischen Prophetenschule in Arba'ilu unterrichtete zur Zeit des Königs Asarhaddon ein Weiser aus Ninive. Er war ein hervorragender Vertreter seines Faches (Sonnen- und Mondfinsternisse), der ausser an den Himmelskörpern fast nur an seiner

Tochter Anteil nahm. Sein Lehrerfolg war bescheiden, das Fach galt als trocken und verlangte wohl auch mathematische Vorkenntnisse, die kaum vorhanden waren. Fand er so im Unterricht bei den Schülern nicht das Interesse, das er sich gewünscht hätte, so wurde es ihm auf anderem Gebiet in überreichem Masse zu Teil: Kaum hatte seine Tochter das heiratsfähige Alter erreicht, so wurde er von Schülern und jungen Absolventen mit Heiratsanträgen für sie überhäuft. Und wenn er auch nicht glaubte, dass er sie für immer bei sich behalten wollte, so war sie doch noch viel zu jung und die Freier ihrer auch keineswegs würdig. Und damit sich jeder gleich selbst von seiner Unwürdigkeit überzeugen konnte, versprach er sie demjenigen zur Frau, der eine ihm gestellte Aufgabe im Prophezeien löse. Der Freier wurde vor einen Tisch geführt, auf dem reihweis drei Kästchen standen, und aufgefordert, anzugeben, welche Kästchen einen Edelstein enthalten und welche leer seien. Und wie mancher es auch versuchte, es schien unmöglich, die Aufgabe zu lösen. Nach seiner Prophezeiung wurde nämlich jeder Freier vom Vater aufgefordert, zwei Kästchen zu öffnen, welche er beide als leer oder beide als nicht leer bezeichnet hatte: es stellte sich stets heraus, dass das eine einen Edelstein enthielt und das andere nicht, und zwar lag der Edelstein bald im ersten, bald im zweiten der geöffneten Kästchen. Wie aber sollte es möglich sein, von drei Kästchen weder zwei als leer noch zwei als nicht leer zu bezeichnen? Die Tochter wäre so wohl bis zum Tode ihres Vaters ledig geblieben, hätte sie nicht nach der Prophezeiung eines Prophetensohnes hurtig selbst zwei Kästchen geöffnet, und zwar eines von den als gefüllt und eines von den als leer bezeichneten, welche sich denn auch wirklich als solche erwiesen. Auf den schwachen Protest des Vaters, dass er zwei andere Kästchen geöffnet haben wollte, versuchte sie auch noch das dritte Kästchen zu öffnen, was sich aber als unmöglich erwies, worauf der Vater die nicht widerlegte Prophezeiung brummend als gelungen gelten liess.

Zur logischen Analyse der gestellten Prophezeiungsaufgabe führen wir die folgenden sechs Aussagen A_i, A_i^* $(i = 1, 2, 3)$ ein, wobei A_i bedeute, dass das i-te Kästchen gefüllt, A_i^*, dass es leer sei. Aus den von den Freiern gemachten Versuchen ergibt sich, dass im Bereich dieser Aussagen die folgenden Implikationen gelten: $A_i \to A_j^*$, $A_i^* \to A_j$ (für jedes Paar i, j verschiedener der Zahlen 1, 2, 3); auch die Implikationen $A_i \to A_i$ und $A_i^* \to A_i^*$ ($i = 1, 2, 3$) sind selbstverständlich erfüllt. Es gelten somit die Implikationen $A_1 \to A_2^*$, $A_2^* \to A_3$, während $A_1 \to A_3$ nicht gilt, sondern vielmehr $A_1 \to A_3^*$. Es ist klar, dass von diesen drei Implikationen nur darum keine widerlegt werden kann, weil es unmöglich ist, alle drei Kästchen zu öffnen. Wir haben damit eine Voraussetzung gefunden, ohne welche der Schluss von den Implikationen « $a \to b$ », « $b \to c$ » auf die Implikation « $a \to c$ » nicht ohne weiteres möglich ist: Die Aussagen a, b, c müssen alle drei zusammen nachprüfbar sein. (Die Implikation « $a \to$ b » soll natürlich stets so aufgefasst werden, dass a und b zusammen nachprüfbar sind und dass stets, wenn dies getan wird, mit a auch b erfüllt ist.)

Die Schwierigkeiten, die durch Aussagen entstehen, welche nicht zusammen entscheidbar sind, treten besonders deutlich hervor bei Aussagen über ein quantenmechanisches System. Im Anschluss an die dort übliche Terminologie wollen wir solche Gesamtheiten von Aussagen als nicht gleichzeitig entscheidbar bezeichnen; die Logik der Quantenmechanik ist zuerst von Birkhoff und von Neumann in [1] untersucht worden. Auf ihre Ergebnisse soll zurückgekommen werden. In einem gewissen Sinne gehören aber auch die scholastischen Spekulationen über die « Infuturabilien » hieher, das heisst die Frage, ob sich die göttliche Allwissenheit auch auf Ereignisse erstrecke, die eingetreten wären, falls etwas geschehen wäre, was nicht geschehen ist. (Vgl. hiezu etwa [3], Bd. 3, S. 363.)

Falls wir somit in Betracht ziehen, dass nicht alle Gesamtheiten von Aussagen gleichzeitig entscheidbar sind, gehört zur Beschreibung der Struktur einer Gesamtheit B von Aussagen neben der Implikation auch die Angabe der Menge Γ derjenigen Teilgesamtheiten von B, welche gleichzeitig entscheidbar sind. Falls für zwei Elemente a, b aus B gilt « $a \to b$ », so sei (a, b) in Γ. Da wir insbesondere für jedes a annehmen, dass « $a \to a$ », so ist (a) in Γ, das heisst, B enthält keine unentscheidbaren Aussagen. Ferner setzen wir nun voraus, dass die Implikation transitiv ist und dass somit B unter « $\leftrightarrow$ » in Klassen äquivalenter Aussagen zerfällt. Um aber von B zur Gesamtheit B' der Äquivalenzklassen übergehen zu können, brauchen wir die weitere Voraussetzung, dass die Menge Γ mit der Klasseneinteilung verträglich ist, das heisst zum Beispiel, dass falls (a, b) in Γ und « $a \leftrightarrow a'$ » auch gilt (a', b) in Γ. Dies wollen wir nun annehmen und erhalten dann eine Gesamtheit B' mit einer Relation « $\rightarrow$ », welche B' teilweise ordnet, sowie eine Menge Γ' von Teilmengen von B'; Γ' enthält alle Einermengen, mit jeder Menge ihre Teilmengen und falls « $a \rightarrow b$ » die Menge (a, b). Birkhoff und von Neumann haben gezeigt, dass die Menge B' die auf diese Art der Aussagenmenge B über ein quantenmechanisches System zugeordnet ist, isomorph ist der Gesamtheit der linearen abgeschlossenen Teilräume eines komplexen Hilbertschen Raumes (welcher in Spezialfällen ein unitärer Raum sein kann); die Implikation entspricht der Relation des Enthaltenseins. Einer Gesamtheit C von Teilräumen entspricht genau dann eine Gesamtheit aus Γ', wenn es eine unitäre Basis des Raumes gibt, welche für jeden Teilraum von C eine Basis enthält. Es kann gezeigt werden, dass dies schon dann der Fall ist, wenn es zu je zwei Räumen aus C eine solche Basis gibt; diese Bedingung ist genau dann erfüllt, wenn die Teilräume im Sinne der Elementargeometrie orthogonal sind, das heisst, wenn das totalorthogonale Komplement des Durchschnittes die Teilräume in totalorthogonalen Räumen schneidet. Eine Gesamtheit von Aussagen über ein quantenmechanisches System ist somit genau dann gleichzeitig entscheidbar, wenn je zwei Aussagen der Gesamtheit es sind. Weiter kann leicht gezeigt werden, dass jede solche Gesamtheit von Aussagen in einem Booleschen Verband enthalten ist, das heisst, dass für sie die klassische Logik gilt. (Eine entsprechende Voraussetzung erscheint auch für eine allgemeine Theorie als natürlich.) Es ist so insbesondere jeder Aussage a eine Negation $\neg a$ zugeordnet; $\neg a$ ist mit b genau dann gleichzeitig entscheidbar, wenn a es mit b ist. Zwei gleichzeitig entscheidbaren Aussagen a, b ist eine Konjunktion und eine Disjunktion zugeordnet, und alle diese Aussagen sind gleichzeitig entscheidbar. Auf Grund der oben angeführten Charakterisierung könnte auch nicht gleichzeitig entscheidbaren Aussagen eine Konjunktion und analog auch eine Disjunktion zugeordnet werden; in der Gesamtheit der Teilräume des Hilbertraumes entsprechen diese Operationen dem Durchschnitt und dem aufgespannten Teilraum. Im Gegensatz zur Arbeit von Birkhoff und von Neumann soll darauf hier aber verzichtet werden, da es für die folgende Problemstellung wesentlich ist, dass die Operationen nur für gleichzeitig entscheidbare Aussagen definiert sind. Wir wollen uns nämlich der Frage zuwenden, ob es möglich ist, die Gesamtheit der (abgeschlossenen) Teilräume eines Hilbertraumes so in einen Booleschen Verband einzubetten, dass die Negation, sowie Konjunktion und Disjunktion soweit sie definiert sind (das heisst für orthogonale Teilräume) ihre Bedeutung beibehalten. Die Frage lässt sich auch anschaulicher folgendermassen formulieren: Kann die Beschreibung eines quantenmechanischen Systems durch Einführung von zusätzlichen — fiktiven — Aussagen so erweitert werden, dass im erweiterten Bereich die klassische Aussagenlogik gilt (wobei natürlich für gleichzeitig entscheidbare Aussagen Negation, Konjunktion und Disjunktion ihre Bedeutung beibehalten sollen)?

Die Antwort auf diese Frage ist negativ, ausser im Fall von Hilbertschen (d. h. unitären) Räumen der Dimension 1 und 2. Im Falle der Dimension 1 ist der Verband der Teilräume der Boolesche Verband von zwei Elementen. Im Fall der Dimension 2 lässt sich der Verband der Teilräume folgendermassen beschreiben: Es gibt Teilräume H (ganzer Raum), O (Raum aus Nullvektor) und A_a, B_a (wobei a eine Menge der Mächtigkeit des Kontinuums durchläuft); H und O sind zu allen Teilräumen orthogonal, A_a und B_a genau zu H, O, A_a und B_a. Das Komplement (die Negation) von A_a ist B_a und umgekehrt, die Negation von H ist O und umgekehrt. Die Konjunktion von A_a und B_a ist O, ihre Disjunktion ist H; H und O sind Eins- und Nullelement des «teilweisen Verbandes»: $O \smile C = C$, $O \frown C = O$, $H \smile C = H$, $H \frown C = C$ (C beliebiger Teilraum). Es ist leicht zu sehen, dass diese Struktur in einen Booleschen Verband eingebettet werden kann. Dass eine solche Einbettung von der Dimension 3 an nicht mehr möglich ist, folgt daraus, dass sie für dreidimensionale Räume nicht möglich ist. Der Anschaulichkeit halber wollen wir uns dabei auf den im unitären Raum enthaltenen reellen orthogonalen Raum beschränken, für welchen die Einbettungsaufgabe dann folgendermassen lautet: Die Gesamtheit der linearen Teilräume eines dreidimensionalen orthogonalen Vektorraumes ist so eineindeutig in einen Booleschen

Verband abzubilden, dass für beliebige orthogonale Teilräume a, b gilt $f(a \frown b) = f(a) \frown f(b)$, $f(a \smile b) = f(a) \smile f(b)$ und dass das Bild des Nullraumes das Nullelement, das Bild des ganzen Raumes das Einselement des Booleschen Verbandes ist. Da jeder Boolesche Verband homomorph auf den Booleschen Verband von zwei Elementen abgebildet werden kann, ergibt sich aus der Lösung der Einbettungsaufgabe die Lösung der folgenden Prophezeiungsaufgabe: Es ist jedem linearen Teilraum eines dreidimensionalen orthogonalen Vektorraumes einer der Werte w (ahr), f (alsch) so zuzuordnen, dass die folgenden Bedingungen erfüllt sind: Dem ganzen Raum ist w, dem Nullraum f zugeordnet; sind a und b orthogonale Teilräume, so ist ihrem Durchschnitt $a \frown b$ genau dann der Wert w zugeordnet, wenn beiden der Wert w zugeordnet ist, und es ist dem von ihnen aufgespannten Teilraum $a \smile b$ genau dann der Wert w zugeordnet, wenn mindestens einem der Teilräume a, b der Wert w zugeordnet ist.

Ein elementargeometrisches Argument zeigt, dass eine solche Zuordnung unmöglich ist, und dass daher über ein quantenmechanisches System (von Ausnahmefällen abgesehen) keine konsistenten Prophezeiungen möglich sind.

Literaturverzeichnis

[1] Birkhoff G. und J. v. Neumann, The logic of quantum mechanics, Annals of Math. 37 (1936), 823-843.

[2] Gonseth F., Les mathématiques et la réalité (Félix Alcan, Paris 1936).

[3] Solana M., Historia de la filosofía española (Asociación española para el progreso de las ciencias, Madrid 1941).

Modelle der Arithmetik *

R. MAC DOWELL (Yellow Springs, Ohio) und E. SPECKER (Zürich)

Sei A ein Axiomensystem erster Stufe für die Theorie der ganzen (positiven und negativen) Zahlen; A enthalte $0, 1$, Addition und Multiplikation und eventuell abzählbar unendlich viele weitere Konstanten. Unter den Axiomen von A sollen die Axiome von Peano enthalten sein; das Induktionsschema sei dabei so allgemein wie möglich gefaßt.

Einem Modell M von A ist in natürlicher Weise eine additive Struktur G_M zugeordnet: G_M ist die additive Gruppe von M. Im Falle, wo M das Standardmodell M_0 von A ist, ist G_M isomorph der unendlich zyklischen Gruppe Z. Im allgemeinen Fall ist G_M arithmetisch äquivalent der Gruppe Z; es ist aber nicht jede solche Gruppe eine Gruppe G_M, z. B. nicht die direkte Summe von Z und der additiven Gruppe der rationalen Zahlen. Unser Ziel ist die Charakterisierung der Gruppen G, welche in der Rolle als Gruppen G_M auftreten. Die Untersuchung zerfällt dabei ziemlich deutlich in einen gruppentheoretischen und einen modelltheoretischen Teil.

1. Gruppentheoretischer Teil. Einem Element a von G_M ordnen wir eine unendliche Folge $(a_2, a_3, \ldots, a_n, \ldots)$ gemäß folgender Vorschrift zu: a_n sei die Restklasse von a mod n, $n = 1 + \ldots + 1$ ist dabei ein Element von G_M. Diese Abbildung ist ein Homomorphismus, falls die unendliche Folge als Element der starken direkten Summe $Z_2 + Z_3 + \ldots + Z_n + \ldots$ aller endlichen zyklischen Gruppen aufgefaßt wird. Das Bild von G_M sei die Untergruppe F_0 der genannten direkten Summe.

Der Kern K des Homomorphismus besteht dabei aus denjenigen Elementen von G_M, welche durch $2, 3, \ldots$ teilbar sind; der Begriff der Teilbarkeit ist dabei derselbe wie in der Theorie der abelschen Gruppen: a ist teilbar durch n, wenn es ein b gibt mit $a = b + \ldots + b$ (n Summanden). Man bestätigt leicht,

* Sponsored in part by the Office of Naval Research under Contract No. NONR 401(20) — NR 043-167.

daß es zu jedem Element a von K und jeder natürlichen Zahl n sogar ein Element a' von K mit $a = na'$ gibt: K ist somit eine Untergruppe mit Division und G_M isomorph der direkten Summe von F_0 und K ([1], S. 8, Theorem 2).

Als Gruppe mit Division ohne Elemente endlicher Ordnung kann K aufgefaßt werden als Vektorraum über dem Körper der rationalen Zahlen; die Struktur von K ist bestimmt durch die Dimension dieses Vektorraumes. Die Untersuchung der möglichen Strukturen reduziert sich somit auf die folgenden Teilfragen: Welches sind die möglichen Untergruppen F_0 von $Z_2 + Z_3 + \ldots$, welche Dimensionen von K sind möglich, falls die direkte Summe von F_0 und K einer Gruppe G_M isomorph sein soll?

Was die Gruppen F_0 betrifft, so kann leicht eine Einschränkung nachgewiesen werden: Ist die Restklasse eines Elementes a mod 2 gleich a_2, so ist die Restklasse von a mod 4 modulo 2 eindeutig bestimmt. Eine Folge $(a_2, a_3, \ldots)$ gehöre zu F, falls für jedes n die Kongruenzen $x = a_k \pmod{k}$, $k \leqslant n$, eine ganzzahlige Lösung x besitzt. Diese Bedingung ist für jedes n entscheidbar und eine Gruppe F_0 ist somit stets Untergruppe von F. Die Gruppe F ist übrigens isomorph der starken direkten Summe der Gruppen der p-adischen Zahlen, $p = 2, 3, 5, \ldots$ Die weiteren Einschränkungen, welche die Gruppen F_0 zu erfüllen haben, hangen teilweise vom Axiomensystem A ab.

Ist M das Standardmodell M_0, so ist F_0 isomorph Z und K die Nullgruppe; diesen Fall lassen wir im folgenden außer acht. Wir wollen zeigen, daß dann die Dimension von K unendlich ist. Wir überlegen uns dazu zunächst, daß K ein von 0 verschiedenes Element enthält. Ist M nicht das Standardmodell, so enthält es nämlich ein Element b, welches größer ist als alle endlichen Summen von 1; zu diesem Element b gibt es dann ein Element a, welches durch alle c mit $1 \leqslant c \leqslant b$ teilbar und welches verschieden von 0 ist; dieses Element a ist ein Element von K. Mit a sind auch die Elemente $a^2, a^3, \ldots,$ Elemente von K und diese Elemente sind, wie man leicht bestätigt, linear unabhängig (vgl. [2]). Da die Dimension von K somit unendlich ist, so ist sie gleich der Mächtigkeit von K: die Struktur von K ist eindeutig durch die Mächtigkeit bestimmt.

Wir zeigen nun ferner, daß die Mächtigkeit von K gleich groß ist wie die Mächtigkeit der ganzen Gruppe G_M. Zunächst nämlich ist die Mächtigkeit der Menge P der positiven Elemente von G_M gleich der Mächtigkeit von G_M; ferner ist die Zuordnung $b \rightarrow a^b$ $(a \neq 0, a$ in $K)$ eine eineindeutige Abbildung von P in K. Die Mächtigkeit der Gruppe F_0 ist somit höchstens gleich der Mächtigkeit der Gruppe K. Das Hauptergebnis unserer Untersuchung ist nun, daß diese Beziehung zwischen F_0 und K die einzige ist. Genauer ausgedrückt:

Gibt es ein Modell M von A mit $G_M \simeq F_0 + K$, so gibt es zu jeder Kardinalzahl $\aleph$ welche nicht kleiner als die Mächtigkeit von F_0 ist ein Modell M' von A mit $G_{M'} \simeq F_0 + K'$, wobei $\aleph$ die Mächtigkeit von K' ist.

Zum Beweis unterscheiden wir die beiden Fälle $\aleph < \overline{\overline{K}}$ ($\overline{\overline{K}}$ ist die Mächtigkeit von K) und $\aleph > \overline{\overline{K}}$. Im ersten Fall sei T eine Teilmenge des Modelles M von der Mächtigkeit $\aleph$, welche zu jedem Element von F_0 einen Repräsentanten enthält. M enthält ein Teilmodell M' der Mächtigkeit $\aleph$, welches die Menge T umfaßt (vgl. [5], S. 92). Man überzeugt sich leicht, daß die zu $G_{M'}$ gehörige Gruppe die Gruppe F_0 ist.

Für den zweiten Fall genügt es zu zeigen, daß es zu jedem Modell M eine echte arithmetische Erweiterung M' von gleicher Mächtigkeit gibt, so daß zu M und M' dieselbe Gruppe F_0 gehört. (Da die Vereinigung einer Kette von arithmetischen Erweiterungen selbst eine arithmetische Erweiterung ist, kann dann nämlich durch transfinite Rekursion jede Mächtigkeit erreicht werden.)

Wir zeigen zunächst, daß zu einer Erweiterung M' von M sicher dann dieselbe Gruppe F_0 gehört, wenn jedes positive Element von $M' - M$ größer ist als jedes Element von M. Ist nämlich a ein von 0 verschiedenes Element der Untergruppe K von G_M, b ein Element von M', so gibt es Elemente q und r in M', so daß $b = qa + r$, $0 \leqslant r < |a|$. Die Elemente b und r besitzen dieselben Reste modulo $2, 3, \ldots$; wegen $0 \leqslant r < |a|$ ist r ein Element von M. Es genügt somit, den folgenden Satz zu beweisen:

Zu jedem Modell M von A gibt es eine echte arithmetische Erweiterung M' derselben Mächtigkeit mit der Eigenschaft, daß die positiven Elemente von $M' - M$ größer sind als die Elemente von M.

Den Beweis dieses Satzes führen wir im zweiten Teil der Arbeit.

Was die möglichen Untergruppen F_0 der Gruppe F betrifft, so sind unsere Resultate sehr unvollständig. Wie erwähnt, ist F isomorph der starken direkten Summe der Gruppen der

p-adischen ganzen Zahlen J^p; zu jedem F_0 gibt es solche Untergruppen J_0^p von J^p, daß F_0 einer starken direkten Summe der J_0^p isomorph ist, welche die schwache direkte Summe der J_0^p umfaßt. Die Untergruppen J_0^p sind dabei die einzigen unzerlegbaren direkten Summanden; hieraus folgt leicht, daß das von Kemeny [2] betrachtete Relationensystem kein Modell der Arithmetik ist.

Die Gruppe F selbst ist bei jedem Axiomensystem eine mögliche Gruppe F_0, und es ist auch die einzige solche Gruppe. Zu jedem (abzählbaren) Axiomensystem gibt es $\mathfrak{c} = 2^{\aleph_0}$ nicht isomorphe Gruppen F_0 der Mächtigkeit $\aleph_0$; wir verumten, daß es $\min(2^{\aleph}, 2^{\mathfrak{c}})$ nicht isomorphe Gruppen F_0 der Mächtigkeit $\aleph$ gibt.

Zu einer weitergehenden Diskussion dürfte die einem Modell M zugeordnete Menge Φ von Funktionen nützlich sein: Die Funktion f (Argument- und Wertebereich Menge der nicht negativen ganzen Zahlen) gehört zu Φ, wenn es ein a in M gibt, so daß $f(k)$ die höchste Potenz ist, in der die k-te Primzahl a teilt. Die Menge Φ enthält alle definierbaren Funktionen und ist abgeschlossen gegenüber definierbaren Operationen. Die Gruppe F_0 und die Menge Φ bestimmen sich gegenseitig in naheliegender Weise.

2. Modelltheoretischer Teil. In diesem zweiten Teil ist es bequemer, unserer Betrachtung ein Axiomensystem A für die Theorie der nicht-negativen ganzen Zahlen zugrunde zu legen. Unser Ziel ist der Beweis des folgenden Satzes:

Zu jedem Modell M gibt es eine echte arithmetische Erweiterung M' von gleicher Mächtigkeit, so daß die Elemente von $M' - M$ größer sind als die Elemente von M.

Die Konstruktion erfolgt nach der Methode von Skolem, deren allgemeines Prinzip wir zunächst erläutern wollen.

Ein gegebenes Axiomensystem A wird zunächst durch Einführung von neuen Funktionszeichen so zu einem äquivalenten Axiomensystem A^* erweitert, daß alle Axiome mit freien Variablen formuliert werden können. Zu einem Modell M von A^* wird dann die Menge Ψ derjenigen Funktionen (Argument- und Wertebereich M) betrachtet, welche aus den konstanten Funktionen und der Identitätsfunktion mit Hilfe der Funktionen erhalten werden, die die Funktionszeichen von A^* darstellen. Die Gesamtheit Ψ_1 der einstelligen Funktionen in Ψ kann dann folgendermaßen zu einem Modell von A^* gemacht werden: Ist μ ein endlich additives Maß auf M, welches nur die Werte 0 und 1 annimmt und für welches $\mu(M) = 1$, so treffe ein Prädikat P von A genau dann auf die Funktionen $\lambda_t f(t)$ und $\lambda_t g(t)$ zu $\big(P(\lambda_t f(t), \lambda_t g(t))\big)$, wenn die Menge der t, für welche $P(f(t), g(t))$ in M das Maß 1 hat. Der Wert einer Funktion von A^* auf einem Element von Ψ_1 ist durch Komposition definiert. Man bestätigt leicht, daß dadurch ein Modell definiert ist, und zwar ist es einearithmetische Erweiterung des gegebenen Modelles M. Die Identitätsfunktion I ist genau dann im Sinne des Modelles gleich einem Element m von M, wenn $I(t) = t = m$ für eine Menge vom Maß 1, d. h. wenn die Menge (m) das Maß 1 hat. Wir erhalten somit eine echte arithmetische Erweiterung, wenn wir das Maß μ so wählen, daß es auf endlichen Mengen den Wert 0 hat; dies ist stets möglich, wenn das Modell M unendlich ist.

Sei nun A ein Axiomensystem der Arithmetik (Theorie der nicht-negativen ganzen Zahlen), A^* eine solche äquivalente Erweiterung, daß alle Axiome mit freien Variablen formuliert werden können. Wir dürfen ferner annehmen, daß die Gesamtheit der Funktionszeichen von A^* gegenüber Einsetzung abgeschlossen ist und daß A^* die Kleinergleich-Relation „$\leqslant$" enthält.

Ist A^* abzählbar (was wir im folgenden annehmen), so gibt es eine solche Folge $f_1, f_2, \ldots$ von zweistelligen Funktionszeichen in A^*, daß es zu jeder Funktion g' von Ψ_1, welches einem Modell M von A^* zugeordnet ist, eine solche natürliche Zahl i und ein solches a in M gibt, daß für alle t von M gilt $g'(t) = f_i'(a, t)$. (Dabei ist f_i' die f_i in M entsprechende Funktion.) Zum Beweis hievon überlegt man sich zunächst, daß alle Funktionen von Ψ_1 darstellbar sind in der Form $f'(a_1, \ldots, a_r, t)$ und führt dann diesen Fall in bekannter Art auf den genannten zurück. Die Menge Ψ_1 hat dieselbe Mächtigkeit wie M, und es genügt für den Beweis des Satzes, die Existenz eines 0—1--Maßes nachzuweisen, das auf den endlichen Mengen den Wert 0 hat und welches die folgende Bedingung erfüllt: Ist für a, b in M die Menge der t, für welche $f_i'(a, t) \leqslant b$ vom Maße 1, so gibt es ein b' in M, so daß die Menge der t, für welche $f_i'(a, t) = b'$, ebenfalls das Maß 1 hat. (Die Voraussetzung besagt nämlich, daß das f_i' in M' entsprechende Element kleiner ist als ein Element von M, die Behauptung, daß es gleich einem solchen Element ist.)

Zum Nachweis der Existenz eines solchen Maßes überlegen wir uns zunächst, daß es genügt, eine Folge P_i' $(i = 1, 2, \ldots)$

von Teilmengen von M mit folgenden Eigenschaften zu finden: P'_{i+1} ist Teilmenge von P'_i für alle i; P'_i enthält zu jedem Element von M ein größeres; zu jeder natürlichen Zahl i und jedem $a \in M$ gibt es entweder ein t_0 in M, so daß $f'_i(a, t)$ für alle t in P'_i mit $t_0 \leqslant t$ denselben Wert annimmt, oder es gibt zu jedem $b \in M$ ein $t_0 \in M$, so daß $f'_i(a, t) \geqslant b$ für alle t in P'_i mit $t_0 \leqslant t$.

Auf Grund dieser Folge kann nun (z. B. mit Hilfe des Vollständigkeitssatzes) auf M ein 0–1-Maß μ definiert werden, welches auf den Abschnitten $[0, 1, \ldots, a]$ (a in M) den Wert 0 und auf den Mengen P'_i den Wert 1 annimmt. Das Maß μ hat auf endlichen Mengen den Wert 0. Ist für a, b in M $f'_i(a, t) \leqslant b$ für eine Menge von t des Maßes 1, so gibt es kein t_0 in M, so daß $f'_i(a, t) \geqslant b+1$ für alle t in P'_i mit $t_0 \leqslant t$; es gibt somit ein b' in M, so daß $f'_i(a, t) = b'$ für alle hinreichend großen t in P'_i, d. h. für eine Menge vom Maße 1.

Zur Konstruktion der Mengen P'_i überlegen wir, daß sich einem einstelligen Prädikat P und einer zweistelligen Funktion f von A^* ein solches einstelliges Prädikat P^+ von A^* zuordnen läßt, daß die folgenden Sätze in A^* beweisbar sind:

(1) *P^+ trifft nur auf Zahlen zu, auf welche P zutrifft:*

$$(x)\big(P^+(x) \to P(x)\big).$$

(2) *Trifft P auf beliebig große Zahlen zu, so auch P^+:*

$$(x)(\mathbf{E}y)\big(x \leqslant y \mathbin{\&} P(y)\big) \to (x)(\mathbf{E}y)\big(x \leqslant y \mathbin{\&} P^+(y)\big).$$

(3) *Zu jedem x gibt es entweder ein y, so daß $f(x, z)$ für alle z mit $y \leqslant z$ und $P^+(z)$ denselben Wert annimmt, oder es gibt zu jedem u ein v, so daß für alle w mit $v \leqslant w$ und $P^+(w)$ gilt $u \leqslant f(x, w)$:*

$$(x)\Big[(\mathbf{E}y)(z)(z')\big(y \leqslant z \mathbin{\&} y \leqslant z' \mathbin{\&} P^+(z) \mathbin{\&} P^+(z') \to f(x, z) = f(x, z')\big) \vee (u)(\mathbf{E}v)(w)\big(v \leqslant w \mathbin{\&} P^+(w) \to u \leqslant f(x, w)\big)\Big].$$

Der Beweis dieses metamathematischen Satzes ergibt sich unmittelbar aus dem Beweis des entsprechenden mathematischen Satzes, wenn dieser etwa in Anlehnung an Skolem [4], S. 192, geführt wird. (Mit dem entsprechenden mathematischen Satz ist folgendes gemeint: Zu einer unendlichen Teilmenge P der Menge N der natürlichen Zahlen und einer Folge $g_1, g_2, \ldots$ von einstelligen Funktionen $N \to N$ gibt es eine solche unendliche Teilmenge P^+ von P, daß jede Funktion g_i auf P^+ entweder von einer Stelle an konstant oder dann gegen Unendlich divergiert.)

Wir konstruieren nun eine Folge von Prädikaten P_i in A^* rekursiv: P_0 sei das Prädikat „$x = x$"; P_i sei das dem Prädikat P_{i-1} und der Funktion f_i gemäß dem metamathematischen Satz zugeordnete Prädikat P_{i-1}^+. Die diesen Prädikaten in einem Modell M entsprechenden Mengen P_i' erfüllen dann alle gestellten Bedingungen.

Literaturverzeichnis

[1] I. Kaplansky, *Infinite Abelian groups*, Ann Arbor 1954.

[2] J. G. Kemeny, *Undecidable problems of elementary number theory*, Math. Ann. 135 (1958), S. 160-169.

[3] E. Mendelson, *Non-standard models*, Summer Institute of Symbolic Logic in 1957 at Cornell, Bd. 1, S. 167-168.

[4] Th. Skolem, *Über die Nicht-Charakterisierbarkeit der Zahlenreihe mittels endlich oder abzählbar unendlich vieler Aussagen mit ausschließlich Zahlenvariablen*, Fund. Math. 23 (1934), S. 150-161.

[5] A. Tarski and R. L. Vaught, *Arithmetical extensions of relational systems*, Compositio Math. 13 (1957), S. 81-102.

ON A THEOREM IN THE THEORY OF RELATIONS AND A SOLUTION OF A PROBLEM OF KNASTER

BY

P. ERDÖS (BUDAPEST) AND E. SPECKER (ZÜRICH)

In 1933 Turán raised the following problem. Let an arbitrary finite set $f(x)$ correspond to every real number x. Two distinct numbers x and y are said to be *independent* if $x \notin f(y)$ and $y \notin f(x)$. A subset S' of the set S of real numbers is said to be *independent* if any two of its elements are independent. Turán then asked: does there always exist an infinite independent set? G. Grünwald has proved that the answer is affirmative and Lázár has proved that there exists an independent set of power $\mathfrak{c}$.

Ruziewicz then asked the following question: Suppose that $\overline{\overline{S}} = \mathfrak{m}$ ($\overline{\overline{S}}$ denotes the cardinal number of the set S) and that to every $x \in S$ there corresponds a subset $f(x)$ of S satisfying $\overline{\overline{f(x)}} < \mathfrak{n} < \mathfrak{m}$ where $\mathfrak{n} < \mathfrak{m}$ is a cardinal number which does not depend on x. Does there always exist an independent subset S' of S of power $\mathfrak{m}$? Sierpiński, Ruziewicz, Lázár and Sophie Piccard have proved (see [3] and [4]) this without using any hypothesis if $\mathfrak{m}$ is regular or if $\mathfrak{m}$ is the sum of countably many cardinals less than $\mathfrak{m}$.

Assuming the generalized continuum hypothesis $2^{\aleph_k} = \aleph_{k+1}$ Erdös (see [1]) has proved that the answer to the question of Ruziewicz is always affirmative. It is not known if this can be proved without using any hypothesis.

It is clear that if we only assume $\overline{\overline{f(x)}} < \mathfrak{m}$ (instead of $\overline{\overline{f(x)}} < \mathfrak{n} < \mathfrak{m}$), no two elements have to be independent. To see this let $\{X_\alpha\}$, $1 \leqslant \alpha < \Omega_m$, be a well-ordering of the set S. Put $f(X_\alpha) = \{X_\beta\}$, $1 \leqslant \beta < \alpha$. Clearly $\overline{\overline{f(X_\alpha)}} < \mathfrak{m}$ for every α and no two elements are independent.

We are going to prove the following

THEOREM. *Let $S = \{X_\alpha\}$, $1 \leqslant \alpha < \Omega_m$. Assume that there exists a fixed ordinal $\beta < \Omega_m$ so that for every α $(1 \leqslant \alpha < \Omega_m)$ the ordinal type of the (well-ordered) set $f(X_\alpha)$ is less than β. Then there exists an independent set of power $\mathfrak{m}$.*

First of all we can assume that the cardinal $\mathfrak{m}$ has an immediate predecessor (i. e. is not a limit cardinal). For if $\mathfrak{m}$ were a limit cardinal, then there would clearly exists an $\mathfrak{n}$ satisfying $\bar{\beta} < \mathfrak{n} < \mathfrak{m}$ ($\bar{\beta}$ is the cardinal number whose power equals the power of a well-ordered set of ordinal type β) and our theorem follows from the positive answer given to the problem of Ruziewicz.

Assume next that $\mathfrak{m}$ has an immediate predecessor, i. e. that $\mathfrak{m} = \aleph_{k+1}$ (in this case our proof will not use the continuum hypothesis). Let S_1 be a maximal independent subset of $S = \{X_a\}$, $1 \leqslant a < \Omega_{k+1}$. That is S_1 is independent and if $Z \epsilon S$ is not in S_1, then the set $Z \cup S_1$ is not independent. If S_1 has power $\aleph_{k+1}$ our theorem is proved. Thus we can assume that S_1 and every other independent set has power less than $\aleph_{k+1}$ and we shall arrive at a contradiction. Consider the set $S_1 \cup f(S_1)$ ($f(S_1) = \bigcup_{x \epsilon S_1} f(x)$). $S_1 \cup f(S_1)$ has a power less than $\aleph_{k+1}$ (since $\overline{\overline{f(S)}} \leqslant \aleph_k$ and since $\aleph_{k+1}$ is regular it is not cofinal with Ω_{k+1}) and therefore there exists a least ordinal a_1 which is larger than the index δ of any element X of $S_1 \cup f(S_1)$. Since S_1 is a maximal independent set, we immediately infer that if $\gamma \geqslant a_1$ then $f(X_\gamma) \cap S_1$ cannot be empty (since $X_\gamma \cup S_1$ is not independent and by construction $X_\gamma \notin f(S_1)$). Now let S_2 be a maximal independent set in $\{X_\gamma\}$, $a_1 \leqslant \gamma < \Omega_{k+1}$; by our assumption S_2 has a power less than $\aleph_{k+1}$ and we can define a_2 as the least ordinal which is larger than the index of any element of X_δ of $S_2 \cup f(S_2)$. Let $\eta < \beta$ be any ordinal. Suppose that for every $\xi < \eta$ we have already defined an increasing sequence a_ξ and maximal independent sets S_ξ where the index of each element of S_ξ is greater than $a_{\xi'}$ for every $\xi' < \xi$ and where a_ξ is the least ordinal greater than the index of any element of $S_\xi \cup f(S_\xi)$. We proceed by transfinite induction. Let S_η be a maximal independent set amongst the elements $\{X_\tau\}$ where τ runs through the ordinals $< \Omega_{k+1}$ which are greater than a_ξ for every $\xi < \eta$. By our assumption S_η has power $< \aleph_{k+1}$. Define a_η as the least ordinal greater than the index of any element of $S_\eta \cup f(S_\eta)$. Thus the sets S_η and the ordinal a_η are defined for every $\eta < \beta$. Since $\bar{\beta} \leqslant \aleph_k$, there exists a least ordinal δ such that $a_\eta < \delta$ for each $\eta < \beta$. $X_\delta \cup S_\eta$ is not independent (by the maximality of S_η) and since by construction $X_\delta \notin f(S_\eta)$, $f(X_\delta) \cap S_\eta$ is not empty for every $\eta < \beta$. But since the index of every element of S_η is greater than $a_{\eta'}$ for every $\eta' < \eta$ and is less than a_η, $f(X_\delta)$ clearly contains a well-ordered subset of ordinal type β. This contradiction proves our theorem.

Knaster [2] poses the following question: as is well known, Sierpiński [5] has proved that $\mathfrak{c} = \aleph_1$ is equivalent to the possibility of decomposing the plane into two sets A and B so that every horizontal line $x = t$ intersects A in a denumerable set and every vertical line $y = t$ intersects B in a denumerable set. Now let t_ξ, $1 < \xi < \Omega_1$, be a well-ordering of the real numbers. Is it possible to decompose the plane into two sets A and B so that there should exist an ordinal $\beta < \Omega_1$ such that every horizontal line $x = t$ intersects A in a set of ordinal type $< \beta$ and every vertical line $y = t$ intersects B in a set of ordinal type $< \beta$ (i. e. the ordinal type of the sequence t of the points (t, t_ξ) in A is less than β for every t)?

Knaster remarks that Sierpiński's original decomposition does not have this property and conjectures (see [2]) that such a decomposition is impossible. We are going to prove this and in fact will show that if A is such that every horizontal line $x = t$ intersects it in a set of ordinal type $< \beta$ then B (the complement of A) contains a square of power $\aleph_1$, i. e. there exists a subset S_1 of the reals of power $\aleph_1$ so that for every $x \in S_1$, $y \in S_1$, $x \neq y$, the point (x, y) belongs to B. (Clearly, the condition $x \neq y$ cannot be omitted since all the points (x, x) could be in A).

Let t be any real number. Define $f(t)$ as the set of all t_ξ where (t, t_ξ) belongs to A. By assumption $f(t)$ has an ordinal type less than β. Thus by our theorem there exists an independent set S_1 of power $\aleph_1$. By definition of $x \in S_1$, $y \in S_1$, $x \neq y$, thus the point (x, y) belongs to B. Thus our assertion is proved.

Remark. It is easy to prove by the method of Sierpiński [5] that if A is such that every horizontal line $x = t$ intersects A in a set which is not everywhere dense, then there is a vertical line $y = t$ which intersects B in a set of power $\mathfrak{c}$.

REFERENCES

[1] P. Erdös, *Some remarks on set theory*, Proceedings of the American Mathematical Society 1 (1950), p. 127-141.

[2] B. Knaster, *Problem 155*, The New Scottish Book, Wrocław 1946-1958, p. 15.

[3] D. Lázár, *On a problem in the theory of aggregates*, Compositio Mathematica 3 (1936), p. 304.

[4] S. Piccard, *Sur un problème de M. Ruziewicz de la théorie des relations*, Fundamenta Mathematicae 29 (1937), p. 5-8.

[5] W. Sierpiński, *Sur l'hypothèse du continu*, ibidem 5 (1929), p. 178-187.

Reçu par la Rédaction le 1. 12. 1959

TYPICAL AMBIGUITY

ERNST SPECKER

Swiss Federal School of Technology, Zürich, Switzerland

This paper is on simple theory of types and some of its extensions. Simple theory of types is certainly one of the most natural systems of set theory; the reason for this is that it is defined rather by a family of structures than by a system of axioms. In order to describe such a structure let T_0 be a non-empty — finite or infinite — set; elements of T_0 are elements of type 0. T_1 is the set of subsets of T_0; T_2 is the set of subsets of T_1, and in general T_{n+1} is the set of subsets of T_n (n natural number). If the set T_0 is finite, we can write down this tower to any level we want; let us consider the case where T_0 has exactly one element a : T_0 is (a), T_1 is $(\Lambda, (a))$ (Λ is the empty set) T_2 is $(\Lambda, (\Lambda), ((a)), (\Lambda, (a)))$, etc. If T_0 has n_0 elements, the number of elements of T_1 is $n_1 = 2^{n_0}$ and of n_k is the number of elements of T_k, $n_{k+1} = 2^{n_k}$. If T_0 is infinite, these relations still hold if the number n_k of elements of T_k is interpreted as the cardinal of T_k and if powers of 2 are defined in the usual way. In the infinite case such definitions are only possible on the basis of a set theory; as we do not want to presuppose such a theory, we formalize and axiomatize type theory. As to formalization, there are essentially two ways of doing it. The first possibility is to introduce a predicate P_k for each type k: $P_k(a)$ says that a is an element of type k. The second possibility (which will be chosen) is to introduce a separate sequence of variables for each type. (It is well known that these alternatives are equivalent.) We have therefore variables $x_1^0, x_2^0, x_3^0, \cdots$ (to be interpreted as running over elements of type 0), variables $x_1^1, x_2^1, \ldots$ (running over type 1), $x_1^2, x_2^2, \ldots$ (running over type 2), etc. There will be prime formulas of two kinds: formulas as $x_2^0 = x_7^0$, $x_4^3 = x_2^3$ (superscripts of the variables to the left and the right of "$=$" are the same; subscripts are arbitrary); formulas as $x_3^4 \in x_2^5$, $x_6^1 \in x_6^2$ (superscript of the variable to the left of "$\in$" by one unit smaller than superscript of the variable to the right; subscripts arbitrary). From these prime formulas general formulas are built with the help of logical connectives and quantifiers in the usual manner of a first-order calculus. If we want, we can allow the introduction of ι-terms; but we then have to keep in mind that our theory is many-sorted and that every term has therefore its type. (There will, e.g., be an empty set of type 0, 1, etc.)

"Ideal type theory" could now be defined as the set of sentences (formulas without free variables) holding in every structure $(T_0, T_1, \cdots; =, \in)$, where T_{k+1} is the power set of T_k and where "$=$", "$\in$", and the variables are interpreted in the obvious way. Again, such a definition presupposes set theory and it is for this (and other) reasons necessary to axiomatize type

Sponsored in part by the Office of Naval Research under Contract No. NONR 401 (20)-NR 043-167.

theory although one knows beforehand that no recursive axiom system will give us all theorems of the ideal type theory (e.g., by Gödel's incompleteness theorem).

One group of axioms of type theory are the axioms of extensionality; there is one such axiom for every type (except type 0), and it says that two sets are equal if they have the same elements (this is the axiom for type 1):

$$(x_1^1)(x_2^1)[(x_1^0)(x_1^0 \in x_1^1 \leftrightarrow x_2^1 \in x_1^2) \rightarrow x_1^1 = x_2^1)]$$

A second group of axioms are the axioms of comprehension; they are first-order substitutes for the fact that T_{k+1} contains all subsets of T_k as elements. The axioms of comprehension are best given by an axiom scheme for every type; so let C be a formula of our calculus with, e.g., x_1^2 as free variable: $C(x_1^2)$. We then have

$$(Ex_1^3)(x_1^2)[x_1^2 \in x_1^3 \leftrightarrow C(x_1^2)].$$

(The existential quantifier of type **3** must not occur in C; free variables in C other than x_1^2 can be bound in front of the formula.)

The axioms of extensionality and of comprehension are in a certain sense the same for all types. In order to make this more precise we define an operation $+$ which associates a formula F^+ to a formula F: F^+ is obtained from F by raising the superscript of every variable in F by 1. Example: $[(x_3^1)(Ex_1^2)(x_3^1 \in x_1^2)]^+$ is $(x_3^2)(Ex_1^3)(x_3^2 \in x_1^3)$. (If F is a formula of our calculus, so is F^+, and conversely.) The operation $+$ associates to an axiom of extensionality another such axiom and to an axiom of comprehension another such axiom. And as the rules of (many-sorted) first-order logic are obviously not destroyed by the operation $+$, we have the following result: *If S is a theorem of type theory based on axioms of extensionality and comprehension, so is S^+.* This is a first possible meaning of typical ambiguity.

The same invariance of theorems under the operation $+$ holds true for ideal type theory. If $(T_0, T_1, \cdots; =, \in)$ is a structure of the kind as considered for the definition of ideal type theory, so is $(U_0, U_1, \cdots; =, \in)$, where $U_k = T_{k+1}$ and where the relations are defined as before. A sentence S holds in the second structure if and only if S^+ holds in the first; S holds in every structure only if S^+ does: *If S is a theorem of ideal type theory, so is S^+.*

The converse holds neither in ideal type theory nor in type theory based on the axioms of extensionality and comprehension. In fact, the sentence $(Ex_1^1)(Ex_2^1)(x_1^1 \neq x_2^1)$ can be proved from these axioms with the help of the following two instances of the scheme of comprehension: $(Ex_1^1)(x_1^0)(x_1^0 \in x_1^1 \leftrightarrow x_1^0 = x_1^0)$, $(Ex_2^1)(x_1^0)(x_1^0 \in x_2^1 \leftrightarrow x_1^0 \neq x_1^0)$. On the other hand, the sentence $(Ex_1^0)(Ex_2^0)(x_1^0 \neq x_2^0)$ does not even hold in ideal type theory, as there is a structure $(T_0, \cdots; =, \in)$, where T_0 has exactly one element.

We can, however, consistently add to ideal type theory (and *a fortiori* to any weaker system) the following rule: If S^+ is a theorem, so is S. As such a rule is applied in any proof only a finite number of times and as $(S_1 \wedge S_2 \wedge \wedge \cdots \wedge S_m)^+$ is $S_1^+ \wedge \cdots \wedge S_m^+$, it suffices to prove the following special case: S is consistent with ideal type theory if $S^{+\cdots+}$ is a theorem of ideal type theory. ($S^{+\cdots+}$ is obtained from S by raising type superscripts by m.) $S^{+\cdots+}$ being a theorem, it holds in every structure $(T_0, T_1, \cdots; =,)$, where T_{k+1} is the power set of T_k; if $U_k = T_{k+1}$, S holds in $(U_0, U_1, \cdots; =, \in)$, which is of course also a model of ideal type theory.

Type theory with the additional rule "If $\vdash S^+$, then $\vdash S$" is closely connected to Hao Wang's theory of negative types [8]. He considers sequences of variables $x_1^k, x_2^k, \cdots$ for every (positive and negative) integer; axioms are the axioms of comprehension and extensionality (to which of course further axioms might be added). One easily checks that the theorems provable in the type theory based on axioms of extensionality and comprehension (and the additional rule "If $\vdash S^+$, then $\vdash S$") are exactly the theorems of Wang's theory which do not contain negative type superscript. A model of Wang's theory is a structure of the form $(\cdots, M_{-2}, M_{-1} M_0, M_1, \cdots; =, \in)$, where M_k are non-empty sets for every integer k, and "$\in$" is a relation defined between elements of M_k and M_{k+1}. It is obvious that every such model gives rise to a model $(M_0, M_1, \cdots; =, \in)$ of type theory with the additional rule. The converse, however, seems very doubtful; this (presumably open) problem can also be put in the following form: For every model $M = (M_0, M_1, \cdots; =, \in)$ of type theory (based on axioms of extensionality and comprehension) with the additional rule "If $\vdash S^+$, then $\vdash S$", does there exist a model $N = (N_0, N_1, \cdots; =, \notin)$ such that $N_{k+1} = M_k$ and $a \in_M b$ if and only if $a \in_N b$?

The consistency of the additional rule "If $\vdash S^+$, then $\vdash S$" raises the question whether "$S^+ \leftrightarrow S$" (where S is a sentence) might not be added consistently to type theory. Consider models $T = (T_0, T_1, \cdots; =, \in)$ and $U = (U_0, U_1, \cdots; =, \in)$ of type theory, where $U_k = T_{k+1}$ and $a \in_U b$ if and only if $a \in_T b$. S^+ then holds in T if and only if S holds in U; the equivalences "$S \leftrightarrow S^+$" therefore hold in T if and only if the same sentences hold in T and U, i.e., if the structures T and U are elementary equivalent. The structures T and U are certainly elementary equivalent if they are isomorphic; an isomorphism from T to U is a one-to-one map defined on the union of the sets T_k such that the image of T_k is T_{k+1} and that $f(a) \in f(b)$ if and only if $a \in b$. It has been shown in [7] that the existence of such a model of type theory (based on the axioms of extensionality and comprehension) is equivalent to the consistency of Quine's *New Foundations* [3]; the equivalence is shown by a simple model-theoretic argument: If *New Foundations* is consistent, it has a model $(M, =, \in)$; we define a model $(M_0, M_1, \cdots; =, \in')$ of type theory as follows: M_k $(k = 0, 1, \cdots)$ is the set of ordered pairs (a, k), where $a \in M$ and $(a, k) \in' (b, k+1)$ if and only if $a \in b$ holds in M. From the axioms of extensionality and comprehension in *New Foundations*, one easily derives the corresponding axioms in type theory; the map f defined by $f(a, k) = (a, k+1)$ is obviously an isomorphism. If there exists on the other hand such a model of type theory $(M_0, M_1, \cdots; = \in)$, we obtain a model $(M_0, =, \bar{\in})$ by defining $a \bar{\in} b$ as $a \in f(b)$, where f is an isomorphism mapping M_k onto M_{k+1}. The same correspondence between the existence of a model of type theory with "complete typical ambiguity" and the consistency of *New Foundations* holds if additional axioms are added to both theories; such axioms, are e.g., the axiom of infinity and the axiom of choice. In [6] the axiom of infinity has been proved and in *New Foundations* the axiom of choice disproved; it follows therefore that in every model of type theory (based on the axioms of extensionality and comprehension) with complete typical ambiguity the axiom of infinity holds, while the axiom of choice does not hold. (The axiom of choice has been used in [6] in the form that every non-empty set of cardinals has a smallest element; this form can of course be derived in NF from most other forms of an axiom of choice, as for instance from Russel's multiplicative axiom.) A look at the proofs of these theorems shows that they can be carried through in type theory with the additional axiom scheme "$S \leftrightarrow S^+$"; a closer discussion shows that for the proof of the axiom of infinity one instance of this scheme suffices, while for the disproof of the axiom of choice two seem to be necessary.

The question whether every sentence holding in type theory with complete typical ambiguity can be proved from the additional scheme "$S \leftrightarrow S^+$" has been asked in [7] and answered in a footnote to the affirmative; NF is therefore consistent if and only if simple theory of types (based on axioms of extensionality and comprehension) with the additional scheme "$S \leftrightarrow S^+$" is consistent. The rest of this paper will be devoted to the study of the relation of the model-theoretic aspect of typical ambiguity to its proof-theoretic aspect. The theorem we want to prove is the following:

If theory of types (based on axioms of extensionality and comprehension) with the additional scheme "$S \leftrightarrow S^+$" is consistent, then there exists a model $(M_0, M_1, \cdots; =, \in)$ *admitting an isomorphism mapping* M_k *onto* M_{k+1}.

In order to find simple general conditions which give us the above theorem as a corollary, we re-formalize simple theory of types as a one-sorted theory. We therefore introduce type predicates $T_0, T_1, \cdots$; the axioms of the theory are given by the following schemes: $x_1 = x_2 \rightarrow (T_k(x_1) \rightarrow T_k(x_2))$, $x_1 \in x_2 \rightarrow (T_k(x_1) \leftrightarrow T_{k+1}(x_2))$, $k = 0, 1, \cdots$; axioms schemes for axioms of extensionality and comprehension (it is simplest to introduce a type predicate for every variable though this is not necessary). As in the many-sorted theory, we associate to every formula F a formula F^+ defined as follows: F^+ is obtained from F by replacing T_k by T_{k+1}. To an isomorphism mapping M_k onto M_{k+1} corresponds here a one-to-one map of a model M into itself such that $T_k(a)$ if and only if $T_{k+1}(a^+)$ and $a \in b$ if and only if $a^+ \in b^+$ (a^+ is the image of a by the map). The consistency of the scheme "$S \leftrightarrow S^+$" (which has been shown to be necessary for the existence of such a model) is clearly equivalent to the existence of a complete extension of type theory, where every sentence S holds if and only if S^+ holds. (In such an extension "$S \leftrightarrow S^+$" holds; if "$S \leftrightarrow S^+$" is a consistent scheme, every complete extension of this theory has the desired property.)

The existence of models of type theory having a type-raising isomorphism is therefore a corollary of the following theorem:

If it is complete, then a theory with an endomorphism has a model with a corresponding endomorphism.

(With "endomorphism" replaced by "automorphism", this theorem has been given without proof in [7]; simple examples are given there to show that completeness is necessary.)

In the following definition of the notion of endomorphism of a theory we do not aim at generality, as there is a theorem by R. L. Vaught which is still more general.

An endomorphism of a (first-order and one-sorted) theory is a map of its set of formulas into itself such that the following conditions are satisfied: (1) The image F^* of a formula F has the same free variables as F. (2) The map $*$ commutes with logical operations and with change of variables, i.e., $(A \wedge B)^*$ is $A^* \wedge B^*$, etc., $[(\mathrm{Ex}_1)A]^*$ is $(\mathrm{Ex}_1)A^*$, $(A(x_{k_1}, \cdots, x_{k_m}))^*$ is $A^*(x_{k_1}, \cdots, x_{k_m})$. (Here and in what follows $A(c_1, \cdots, c_m)$ results if we substitute from A the terms c_i for the variables x_i, $i = 1, \cdots, m$.) (3) The image of the identity relation is the identity relation, i.e., $(x_1 = x_2)^*$ is $x_1 = x_2$. (4) The image of a valid sentence, which is a sentence by (1), is valid.

The map induced in the formulas of type theory by replacing T_k by T_{k+1} is clearly an endomorphism in the sense just defined.

If T is a theory with an endomorphism $*$, a map $*$ of a model M of T into itself is called a corresponding endomorphism if for every primitive predicate R of T the sentence $\tilde{R}^*(e_1^*, \cdots, e_m^*)$ holds in M if and only if $\tilde{R}(e_1, \cdots, e_m)$ holds. (The tilde indicates the passage from a formal predicate to its interpretation; e^* is the image of e under the map $*$ of M; if the theory T contains functions, predicates such as $f(x_1) = x_2$ have to be considered as primitive.)

We sketch the construction of a model admitting a $*$-endomorphism which follows closely— after a first lemma— a Henkin-type completeness proof; a reduction similar to the one in this lemma occurs in [1].

LEMMA. *Let T be a complete theory with an endomorphism $*$; let A be a formula with only the free variable x_1; let $P_i (i = 1, \cdots, m)$ be formulas with no other free variables than $x_1, \cdots, x_n$; and let $1 \leq k \leq n + 1$. Then a model M of T contains elements $e_1, \cdots, e_{n+1}$ such that the following sentences hold in M:* $(\mathrm{Ex}_1)\tilde{A}(x_1) \rightarrow \tilde{A}(e_k)$, $\tilde{P}_i(e_1, e_2, \cdots, e_n) \leftrightarrow \tilde{P}_i^*(e_2, e_3, \cdots, e_{n+1})$, $i = 1, \cdots, m$.

The proof is by induction on n. For $n = 0$, P_i and P_i^* are sentences, and the equivalences $P_i \leftrightarrow P_i^* (i = 1, \cdots, m)$ hold by condition (4) and the completeness of the theory T; there exists in M an element e_1 such that $(\mathrm{Ex}_1)\tilde{A}(x_1) \rightarrow \tilde{A}(e_1)$ holds in M.

For the inductive step, let $P^\varepsilon (\varepsilon = 0, 1)$ be P or $\neg P$ according to whether $\varepsilon = 0$ or $\varepsilon = 1$. We first assume $1 \leq k \leq n$. Consider $Q_{\varepsilon_1, \ldots, \varepsilon_m}$ defined as $(\mathrm{Ex}_n) \bigwedge P_i^{\varepsilon_i} (\bigwedge P_i^{\varepsilon_i}$ is the conjunction of $P_1^{\varepsilon_1}, \cdots, P_m^{\varepsilon_m})$; by condition (2) $Q^*_{\varepsilon_1, \ldots, \varepsilon_m}$ is $(\mathrm{Ex}_n)\bigwedge P_i^*$. By the hypothesis of the induction, there are elements $e_1, \cdots, e_n$ in M such that the following sentences hold in M for all sequences

$\varepsilon_1, \cdots, \varepsilon_m$: $(\mathrm{Ex}_1)\tilde{A}(x_1) \to \tilde{A}(e_k)$, $Q_{\varepsilon_1,\ldots,\varepsilon_m}(e_1, \cdots, e_{n-1}) \leftrightarrow \tilde{Q}^*_{\varepsilon_1,\ldots,\varepsilon_m}(e_2, \cdots, e_n)$. Choose $\eta_i (i = 1, \cdots, m)$ in such a way that $\tilde{P}^{\eta_i}_i(e_1, \cdots, e_n)$ holds in M. $\tilde{Q}^*_{\eta_1,\ldots,\eta_m}(e_1, \cdots, e_{n-1})$ then holds in M and so does $\tilde{Q}^*_{\eta_i,\ldots,\eta_m}(e_2, \cdots, e_n)$, which is the same as $(\mathrm{Ex}_n)\bigwedge \tilde{P}^{*\eta_i}_i(e_2, \cdots, e_n, x_n)$, i.e., there is an element e_{n+1} such that $\tilde{P}^{*\eta_i}_i(e_2, \cdots, e_{n+1})$ hold $(i = 1, \cdots, m)$ and we have $\tilde{P}_i(e_1, \cdots, e_n) \leftrightarrow \tilde{P}^*_i(e_2, \cdots, e_{n+1})$.

If on the other hand $k = n+1$, consider $R_{\varepsilon_1,\ldots,\varepsilon_m}$ defined as $(\mathrm{Ex}_n)\bigwedge P_{\varepsilon_i}(x_n, x_1, \cdots, x_{n-1})$. By the induction hypothesis there are elements $e_2, \cdots, e_{n+1}$ such that $(\mathrm{Ex}_1)\tilde{A}(x_1) \to \tilde{A}(e_{n+1})$ and $\tilde{R}_{\varepsilon_1,\ldots,\varepsilon_m}(e_2, \cdots, e_n) \leftrightarrow \tilde{R}^*_{\varepsilon_1,\ldots,\varepsilon_m}(e_2, \cdots, e_{n+1})$ hold in M for all sequences $\varepsilon_1, \cdots, \varepsilon_m$. We choose η_i such that $\tilde{P}^{*\eta_i}_i(e_2, \cdots, e_{n+1})$ holds in $M (i = 1, \cdots, m)$, and find an element e_1 such that $P^{\eta_i}_i(e_1, \cdots, e_n)$ holds $(i = 1, \cdots, m)$, whence $\tilde{P}_i(e_1, \cdots, e_n) \leftrightarrow \tilde{P}^*_i(e_2, \cdots, e_{n+1})$.

The proofs of the following two lemmas are now immediate:

(1) Let T be a complete theory admitting an endomorphism $*$, let A be a formula with the only free variable x_1. Then T can be extended to a complete theory T' having in addition to the constants of T a sequence $a_k (k = 0, \pm 1, \pm 2, \cdots)$ of new individual constants and a new axiom $(\mathrm{Ex}_1)A(x_1) \to A(a_0)$ such that the following extension of the endomorphism $*$ of T is an endomorphism of T': $[B(x_1, \cdots, x_j, a_{k_1}, \cdots, a_{k_m})]^*$ is $B^*(x_1, \cdots, x_j, a_{k_1+1}, \cdots, a_{k_m+1})$.

(2) Let T be a complete theory admitting an endomorphism $*$. Then there exists a complete extension T'' of T having as only new constants individual constants $a^i_k (k = 0, \pm 1, \pm 2, \cdots; i \in I$, where I is arbitrary but can be chosen as the set of natural numbers in case of a denumerable theory) such that the following conditions are satisfied: For every formula A of T'' having x_1 as the only free variable, there is an element i of I such that $(\mathrm{Ex}_1) A(x_1) \to A(a^i_0)$; if Q is a formula of T having no other free variables than $x_1, \cdots, x_m$, the following sentence holds in T'': $Q(a^{i_1}_{k_1}, \cdots, a^{i_m}_{k_m}) \leftrightarrow Q^* (a^{i_1}_{k_1+1}, \cdots, a^{i_m}_{k_m+1})$.

A model of T having an endomorphism $*$ can now be constructed by choosing as set M the set of individual constants a^i_k, by defining the primitive predicates as they are defined in the extension T'' of T, and by putting $(a^i_k)^* = a^i_{k+1}$.

As noted by Dana Scott [5] the existence of such a model may also be deduced as a direct consequence of a theorem of A. Robinson [4].

The same deduction yields even a somewhat stronger theorem of R. L. Vaught (which in turn implies the just mentioned theorem of Robinson as remarked by Vaught). In Vaught's theorem a theory T is (relatively) interpreted in two ways in a theory T'. Such an interpretation is given by a formula K of T' (with one free variable) and formulas F_i of T' for each primitive predicate P_i of T, F_i having the same free variables as P_i. (It is convenient to assume that neither T nor T' contain function symbols.) A formula T is translated into a formula of T' by replacing P_i by F_i and by restricting quantifiers to K; such a translation is an interpretation if $(Ex_1)K$ holds in T' (assuming that x_1 is the free variable of K) and if every axiom of T is translated into a provable sentence of T'. (A classical example of such an interpretation is the interpretation of non-Euclidean geometry in Euclidean geometry; K holds for the points in the interior of the unit circle.) If a theory T is interpreted in a theory T', there is a natural mapping from models of T' to models of T: The domain of the model of T is given by the elements for which K holds and the predicates P_i are defined by the formulas F_i.

THEOREM (R. L. VAUGHT). *If a complete theory T is interpreted in two ways in a theory T', there exists a model of T' such that the corresponding two models of T are isomorphic.*

In order to derive the theorem on the existence of models having endomorphisms from Vaught's theorem, we simply interpret the theory T in itself in the two following ways: K holds identically in both interpretations and P_i is interpreted as P_i in the one and as P_i^* in the other. (There exists an older unpublished theorem of M. D. Morley which is closely connected: If $(A, R_0, R_1, \cdots; a_0, a_1, \cdots, a_\xi, \cdots)$ and $(A, R_0, R_1, \cdots; b_0, b_1, \cdots, b_\xi, \cdots)$ are elementary equivalent structures and if f is defined on $(a_0, \cdots, a_\xi, \cdots)$ with $f(a_\xi) = b_\xi$, then $(A, R_0, R_1, \cdots)$ can be imbedded in $(A', R_0', R_1', \cdots)$ having an automorphism extending f.)

The reduction (due to Scott) of Vaught's to Robinson's theorem is as follows: One may assume that the theory T' is also complete, that T and T' have no predicates in common and do not contain function symbols. One then defines the disjoint union T^* of two such theories T_1, T_2: Primitive predicates of T^* are the primitive predicates of T_1 and of T_2 and two new one-place predicates K_1, K_2. Axioms of T^* are first the relativized forms of the axioms of T_i to K_i-elements ($i = 1, 2$); then an axiom saying that every element is either a K_1- or K_2-element, that no element is a K_1- and a K_2-element, and that there are elements of both kinds; finally axioms saying that a primitive predicate of T_i holds in T^* only if all the arguments are K_i-elements, $i = 1, 2$.

LEMMA. *The disjoint union of two complete theories is complete.*[1]

A sketch of proof will be given at the end of the paper.

An interpretation of a theory T in the theory T' induces two interpretations of T in the disjoint union of T and T': one is the interpretation where a predicate of T is interpreted as the same predicate in T^*; the other is obtained by interpreting T in T' and T' in T^*. There exist models of T^* such that these two interpretations are isomorphic. In order to see this, we define the disjoint

[1]This is an immediate consequence of a stronger theorem on disjoint unions announced by Solomon Feferman, "Some operations on relational systems", *Bulletin of the American Mathematical Society*, Vol. 61 (1955), p. 172.

union of two structures (relational systems) M_1 and M_2 with no relations in common and disjoint base sets: The base set B^* of the union M^* is the set-theoretic union of B_1 and B_2; relations of M^* are the relations of M_1 and M_2 extended to B^* in the following way: If R is a relation of M_i, then $R(a_1, \cdots, a_m)$ holds if and only if all the a_j are elements of B_i and the relation holds in M_i. If M_i is a model of T_i $(i = 1, 2)$, then the disjoint union of M_1 and M_2 (with the obvious definition of K_1, K_2) is a model of the disjoint union of T_1 and T_2, and every model of the union T^* is of this form. Given an interpretation of the theory T in T', consider an arbitrary model M' of T'; the interpretation then defines a model M of T (which may be chosen with disjoint base set); the two interpretations of T in the disjoint union T^* then clearly induce isomorphic models of T in the model M^* of T^*.

Now let T_0^* be the following extension of the disjoint union T^* of T and T': Constants of T_0^* are constants of T^* and a new one-place function symbol f; axioms of T_0^* are axioms of T^* and new axioms saying that f is an isomorphism of one interpretation onto the other. As there exists a model of T^*, where the two interpretations are isomorphic, there exists a model of T_0^*, and this theory is consistent; on the other hand, every model of T_0^* defines a model of T^* where these two interpretations are isomorphic.

Consider now a complete theory T interpreted in two ways in the complete theory T'. Extend the disjoint union T^* in the above manner to two theories T_1^* (new function symbol f_1) and T_2^* (new function symbol f_2) according to the two interpretations. Both these theories are consistent and so is therefore by a theorem of A. Robinson [4] their union (the constants of this union are the constants of T^* and f_1, f_2; axioms are the axioms of T_1^*, T_2^*; it is essential that the common part T^* of both theories is complete.) A model of this union defines a model of T^*, where both interpretations of T in T' are isomorphic to the interpretation of T in T^*; the induced model of T' is therefore a model with isomorphic interpretations of T.

We finally sketch a proof of the lemma that the disjoint union of two complete theories is complete. A theory is complete if and only if all its models are elementarily equivalent. Every model of the disjoint union of two theories is the disjoint union of models of these theories. It suffices therefore to prove the following lemma on disjoint unions of structures: if M_i and N_i are elementarily equivalent structures $(i = 1, 2)$, so are the disjoint unions M^* (of M_1 and M_2) and N^* (of N_1 and N_2). This equivalence is an immediate consequence of the characterisation of elementarily equivalent structures given by R. Fraïssé [2].

References

[1] Ehrenfeucht, A., and A. Mostowski. Models of axiomatic theories admitting automorphisms. *Fund Math.*, Vol. 43 (1956), pp. 50–68.

[2] Fraïssé, R. Application des γ-opérateurs au calcul logique du premier échelon. *Z. Math. Logik Grundlagen Math.*, Vol. 2 (1956), pp. 76–92.

[3] QUINE, W. V. New Foundations for Mathematical Logic. *Am. Math. Monthly*, Vol. **44** (1937), pp. 70–80.
[4] ROBINSON, A. A result on consistency and its application to the theory of definition. *Nederl. Akad. Wetensch. Proc. Ser. A 59 = Indag. Math.*, Vol. 18 (1956), pp. 47–58.
[5] SCOTT, DANA. Review of [7]. *Math. Review*, Vol. 21 (1960), p. 1026.
[6] SPECKER, E. The axion of choice in Quine's New Foundations for mathematical Logic. *Proc. Nat. Acad. Sci. USA*, Vol. 29 (1953), pp. 366–368.
[7] SPECKER, E. Dualität. *Dialectica*, Vol. 12 (1958), pp. 451–465.
[8] WANG, HAO. Negative types. *Mind.*, Vol. 61 (1952), pp. 366–368.

ISOMORPHISM TYPES OF TREES[1]

HAIM GAIFMAN AND E. P. SPECKER

1. Introduction. A *tree* is a partially ordered system $\langle A, \leqq\rangle$ such that for every $x \in A$ the set $P_x = \{y \mid y < x\}$ is well ordered by $\leqq$. The *rank* $\rho(x)$ of x is the order type of P_x (this is an ordinal number). The rank $\rho(T)$ of the tree is the least upper bound of $\rho(x)$, $x \in A$. For every ordinal α, $R_\alpha(T)$, or simply, R_α, is the set of all elements of rank α.

A subset A' of A is *full* if for every $x \in A'$ we have $P_x \subseteq A'$; if A' is full then the rank of an element in the subtree $\langle A', \leqq\rangle$ is the same as its rank in $\langle A, \leqq\rangle$. A *node* of T is a subset N of A of the form $\{x \mid x \in A$ and $P_x = P_y\}$ for some $y \in A$. Clearly all elements of a node N have the same rank, and this ordinal is called the rank of N.

A *path* of T is a subset of A which is full and linearly (totally) ordered by $\leqq$. Obviously every path is well ordered by $\leqq$, every path can be extended to a maximal path and every totally ordered subset of A can be extended to a path.

A *normal* $\aleph_\alpha$ *tree* is a tree $\langle A, \leqq\rangle$ of rank $\omega_{\alpha+1}$ having the following properties:

(N1) R_ξ is of power $\aleph_\alpha$ for all ξ, $0 < \xi < \omega_{\alpha+1}$.

(N2) Nodes of rank $\xi+1$ are of power $\aleph_\alpha$ and nodes whose rank is a limit ordinal (including 0) are of power 1.

(N3) If $x \in A$ and $\rho(x) < \eta < \omega_{\alpha+1}$ then there is a $y \in R_\eta$ for which $x < y$.

(N4) Every path is of power $< \aleph_{\alpha+1}$. (Or, equivalently, every path has order type $< \omega_{\alpha+1}$.)

(N5) If A' is a path of power $< \aleph_\alpha$ then there is an $x \in A$ such that $y \leqq x$ for all $y \in A'$.

Normal $\aleph_\alpha$ trees are of power $\aleph_{\alpha+1}$. In the case $\aleph_\alpha = \aleph_0$ condition (N5) follows from (N3) and the notion of a "normal tree" coincides with Kurepa's notions of "suites distinguées" [1] and "suites (s)" [2]. (In [1] nodes of limit rank are of infinite power; no proposed theorem is affected by this difference.) We add (N5) to get a nontrivial generalization to higher powers.

The existence of normal $\aleph_\alpha$ trees implies that $\aleph_\alpha^{\aleph_\xi} = \aleph_\alpha$ for all $\xi < \alpha$. Indeed (N2), (N3), and (N5) imply that $|R_{\omega_\xi}|$ (the power of R_{ω_ξ}) is $\aleph_\alpha^{\aleph_\xi}$ while by (N1) $|R_{\omega_\xi}| = \aleph_\alpha$. On the other hand if for all $\xi < \alpha$ we have $\aleph_\alpha^{\aleph_\xi} = \aleph_\alpha$ then $\aleph_\alpha$ is regular by the König-Jourdain theorem and

Received by the editors October 12, 1962.

[1] Research supported in part under No. NSF Grant GP-124.

the existence of normal $\aleph_\alpha$ trees follows from [4]. The generalized continuum hypothesis implies that if $\aleph_\alpha$ is regular, then $\aleph_\alpha^{\aleph_\xi}=\aleph_\alpha$ for $\xi<\alpha$, hence it implies the existence of normal $\aleph_\alpha$ trees for regular $\aleph_\alpha$.

Normal $\aleph_0$ trees, whose existence has first been proved by N. Aronszajn are closely connected with the conjecture of Souslin. This conjecture is equivalent to the statement that every normal $\aleph_0$ tree, $\langle A, \leqq\rangle$, has $\aleph_1$ pairwise incomparable elements, that is, there is a subset A' of A of power $\aleph_1$ such that $x \not< y$ and $y \not< x$ for all $x, y \in A'$. All known examples of normal $\aleph_0$ trees have this property. Consequently, Souslin's conjecture follows from the conjecture that any two normal $\aleph_0$ trees are isomorphic. The problem whether or not this is the case is Kurepa's "premier problème miraculeux" [1].

Given any two normal $\aleph_\alpha$ trees, $T_i=\langle A_i, \leqq_i\rangle$, $i=1, 2$, and any $\xi<\omega_{\alpha+1}$, the trees obtained by "truncating" T_1 and T_2 at the "ξth level" are isomorphic; that is, letting $S_\xi(T_i)$ be the set of all elements of rank $<\xi$ in T_i, the trees $T_i(\xi)=\langle S_\xi(T_i), \leqq_i\rangle$, $i=1, 2$, are isomorphic. Moreover if $\xi\leqq\eta<\omega_{\alpha+1}$ then any isomorphism between $T_1(\xi)$ and $T_2(\xi)$ can be extended to an isomorphism between $T_1(\eta)$ and $T_2(\eta)$. (For the denumerable case, cf. [1, p. 102].) One might be tempted by this to conjecture that any two normal $\aleph_\alpha$ trees are isomorphic, nevertheless the answer, given here, to the problem is negative:

THEOREM. *If $\aleph_\alpha^{\aleph_\xi}=\aleph_\alpha$, for all $\xi<\alpha$, then there are exactly $2^{\aleph_{\alpha+1}}$ different isomorphism types of normal $\aleph_\alpha$ trees.*

For two given normal $\aleph_\alpha$ trees T_i, $i=1, 2$, the set of isomorphisms from $T_1(\xi)$ onto $T_2(\xi)$, where ξ varies over all ordinals $<\omega_{\alpha+1}$, forms a tree if the partial order relation is taken as the relation of extension. This tree satisfies (N3) and (N5). The theorem implies that there are T_i, $i=1, 2$, for which this tree satisfies (N4).

The proof of the theorem which is presented here shows only that there are at least $\aleph_{\alpha+2}$ different isomorphism types of normal $\aleph_\alpha$ trees. However, by an additional argument (not given in this paper) the full theorem can be deduced from the weaker one without using any part of the general continuum hypothesis.

The theorem follows readily from the following:

MAIN LEMMA. *If $\aleph_\alpha^{\aleph_\xi}=\aleph_\alpha$, for all $\xi<\alpha$, then one can associate with every subset X of $\omega_{\alpha+1}$ of power $\aleph_{\alpha+1}$ a normal $\aleph_\alpha$ tree, $T(X)$, so that $T(X)$ and $T(X')$ are not isomorphic if $|X\cap X'|<\aleph_{\alpha+1}$.*

The theorem follows immediately from the main lemma and a result of Sierpiński [3, p. 448] which states that there is a class C of subsets of $\omega_{\alpha+1}$ such that $|C| = \aleph_{\alpha+2}$, $|X| = \aleph_{\alpha+1}$ for all $X \in C$ and $|X \cap X'| < \aleph_{\alpha+1}$ for all $X, X' \in C$ which are different.

2. **Sequential trees.** In what follows we consider sequences of the form $\langle s_0, \cdots, s_\lambda, \cdots \rangle_{\lambda<\alpha}$, where α is any ordinal (including the empty sequence for which $\alpha = 0$). If $s = \langle s_0, \cdots, s_\lambda, \cdots \rangle_{\lambda<\alpha}$ then $l(s) = \alpha$, $l(s)$ is the *length of* s. If t is a sequence and $\beta < l(t)$ then t_β is the βth member of t, that is, $t = \langle t_0, \cdots, t_\beta, \cdots \rangle_{\beta<l(t)}$. If s is a sequence then *the restriction of* s *to* β, $s|\beta$, is the sequence t such that $l(t) = \mathrm{Min}(l(s), \beta)$ and $t_\gamma = s_\gamma$ for all $\gamma < l(t)$.

A *sequential tree* is a tree $\langle S, \leqq \rangle$ which satisfies the following conditions:

(ST1) S is a set of sequences.

(ST2) If $s \in S$ then $s|\beta \in S$ for all $\beta \leqq l(s)$.

(ST3) $s \leqq s'$ iff for some β we have $s = s'|\beta$.

It is easily seen that every sequential tree is a tree in which $\rho(s) = l(s)$, the single element of rank 0 is the empty sequence, and nodes of limit rank are of power 1. Conversely, if $T = \langle A, \leqq \rangle$ is a tree in which nodes of limit rank (including 0) are of power 1 then T is isomorphic to a sequential tree. Namely, given any $x \in A$ associate with it a sequence s whose length is $\rho(x)$ such that, for all $\alpha < \rho(x)$, s_α is the unique element of rank $\alpha+1$ which is $\leqq x$. In particular every normal $\aleph_\alpha$ tree is representable as a sequential tree.

Let S_α be the set of all sequences s satisfying the following conditions:

(S1) $l(s) < \omega_{\alpha+1}$.

(S2) All the members of s are ordinals $< \omega_\alpha$.

(S3) $\{\alpha | s_\alpha \neq 0\}$ is of power $< \aleph_\alpha$.

Defining "$\leqq$" according to (ST3) it is immediate that $T_\alpha = \langle S_\alpha, \leqq \rangle$ is a sequential tree.

LEMMA 1. *If, for all* $\xi < \alpha$, $\aleph_\alpha^{\aleph_\xi} = \aleph_\alpha$ *then the tree* T_α *satisfies the conditions* (N1), (N2), (N3), *and* (N5).

PROOF. T_α satisfies (N2) and (N3) for all α. (N5) is satisfied if $\aleph_\alpha$ is regular and (N1) is satisfied if $\aleph_\alpha^{\aleph_\xi} = \aleph_\alpha$ for all $\xi < \alpha$.

T_α does not satisfy (N4) since the subset of S consisting of all sequences s for which $s_\beta = 0$ for all $\beta < l(s)$ is a path of power $\aleph_{\alpha+1}$. Moreover, we have the following lemma.

LEMMA 2. *If, for all* $\xi < \alpha$, $\aleph_\alpha^{\aleph_\xi} = \aleph_\alpha$ *then every full subset of* S_α *of power* $\aleph_{\alpha+1}$ *contains a path of power* $\aleph_{\alpha+1}$.

PROOF. Let $S' \subseteq S_\alpha$ be a full subset of power $\aleph_{\alpha+1}$. Let $S'(\beta)$ be the subset of all sequences s of S' for which $\{\gamma \mid s_\gamma \neq 0\}$ is of order type $<\beta$. By (S3) $S' = S'(\omega_\alpha)$. If β is a limit ordinal then $S'(\beta) = \bigcup_{\gamma<\beta} S'(\gamma)$ ($S'(0) = \emptyset$). Thus $S'(\omega_\alpha) = \bigcup_{\beta<\omega_\alpha} S'(\beta)$ and consequently for some first ξ $S'(\xi)$ is of power $\aleph_{\alpha+1}$. ξ cannot be a limit ordinal hence $\xi = (\xi-1)+1$. $|S'(\xi-1)| \leqq \aleph_\alpha$, hence, for some $\eta < \omega_{\alpha+1}$, $l(s) < \eta$ for all $s \in S'(\xi-1)$. On the other hand, since (N1) is satisfied (by Lemma 1), $\{s \mid s \in S_\alpha \text{ and } l(s) \leqq \eta\} = \bigcup_{\zeta\leqq\eta} R_\zeta(T_\alpha)$ is of power $\leqq \aleph_\alpha$, hence $S'' = \{s \mid s \in S'(\xi) \text{ and } l(s) > \eta\}$ is of power $\aleph_{\alpha+1}$. Obviously $S'' \subseteq S'(\xi) - S'(\xi-1)$ hence $\{\gamma \mid s_\gamma \neq 0\}$ is of order type $\xi-1$ whenever $s \in S''$. Again by (N1) the set $\{s \mid (\eta+1)\}_{s\in S''}$ is of power $\aleph_\alpha$, hence there is a t of length $\eta+1$ such that $S''' = \{s \mid s \in S'' \text{ and } s \mid (\eta+1) = t\}$ is of power $\aleph_{\alpha+1}$. We claim that if $s \in S'''$ and $\eta \leqq \gamma < l(s)$ then $s_\gamma = 0$. Otherwise $s_\gamma \neq 0$ and the order type of the indices of nonzero members of $u = s \mid \gamma$ is smaller than that of nonzero members of s, which is $\xi-1$, thus $\{\gamma \mid u_\gamma \neq 0\}$ is of order type $<\xi-1$. Since S' is full $u \in S'$, hence $u \in S'(\xi-1)$ but $l(u) = \gamma \geqq \eta$ contradicting the choice of η. It follows now easily that S''' is totally ordered (its members are of length $\geqq \eta$, they coincide for ordinals $<\eta$ and are 0 from η on). Since S' is full $\{s \mid \gamma\}_{s\in S''',\, \gamma<\omega_{\alpha+1}}$ is a path of power $\aleph_{\alpha+1}$ contained in S'.

3. **Composition of trees.** If s is a sequence and X is a set of ordinals then by $s \mid X$ we mean the subsequence of s obtained by letting the index range over X only; that is, if $X = \{\alpha_0, \cdots, \alpha_\lambda, \cdots\}$, where $\alpha_\lambda < \alpha_\mu$ for $\lambda < \mu$, then $s \mid X = \langle s_{\alpha_0}, \cdots, s_{\alpha_\lambda}, \cdots\rangle_{\alpha_\lambda < l(s)}$, $(s \mid X)_\lambda = s_{\alpha_\lambda}$. We define $s \mid \overline{X}$ to be $s \mid (l(s) - X)$ where $l(s) - X$ is the complement of X relative to $l(s)$. If $s \mid X = s^1$ and $s \mid \overline{X} = s^2$ then we write $s = s^1 *_X s^2$. (e.g., if $s^1 = \langle 0, 1\rangle$, $s^2 = \langle 3, 3, 4\rangle$ and $X = \{0, 2\}$, then $s = s^1 *_X s^2$, where $s = \langle 0, 3, 1, 3, 4\rangle$). It is easily seen that for every s^1, s^2 and X there is at most one s such that $s = s^1 *_X s^2$.

If S^1 and S^2 are sets of sequences then we define $S^1 *_X S^2 = \{s^1 *_X s^2 \mid s^1 \in S^1, s^2 \in S^2\}$. If $T^1 = \langle S^1, \leqq\rangle$ and $T^2 = \langle S^2, \leqq\rangle$ are sequential trees then $T^1 *_X T^2$ is defined as the sequential tree $\langle S^1 *_X S^2, \leqq\rangle$.

The following properties follow easily:

(C1) If $s, t \in S^1 *_X S^2$ then $s \leqq t$ iff $s \mid X \leqq t \mid X$ and $s \mid \overline{X} \leqq t \mid \overline{X}$.

(C2) For every ξ the mapping $s \to \langle s \mid X, s \mid \overline{X}\rangle$ is a one-to-one mapping of $R_\xi(T^1 *_X T^2)$ onto $R_{\xi_1}(T^1) \times R_{\xi_2}(T^2)$, where ξ_1 is the order type of $\xi \cap X$ and ξ_2 is the order type of $\xi - X$.

(C3) If T^1 and T^2 are sequential trees of rank ω_β so is $T^1 *_X T^2$.

Remark. The isomorphism type of the compound tree depends only on the isomorphism types of the factors and on the set X but not on the particular representation of the trees as sequential trees.

LEMMA 3. *Let $T^1=\langle S^1, \leqq\rangle$ and $T^2=\langle S^2, \leqq\rangle$ be sequential trees of rank $\omega_{\alpha+1}$ and let X be a subset of $\omega_{\alpha+1}$, then:*

(I) *If both T^1 and T^2 satisfy any of the five conditions* (Nj), $j=1, \cdots, 5$, *then $U=T^1 *_X T^2$ satisfies the same condition.*

(II) *If $|X|=\aleph_{\alpha+1}$ and T^1 satisfies* (N4) *so does U.*

PROOF OF (I). For every $\xi<\omega_{\alpha+1}$ let ξ_1 be the order type of $\xi\cap X$ and ξ_2 the order type of $\xi-X$.

(N1) If $\xi>0$ then either $\xi_1>0$ or $\xi_2>0$, hence if T^1 and T^2 satisfy (N1) it follows from (C2) that U satisfies it as well. (Note that in every sequential tree R_0 has one member, namely, the empty sequence.)

(N2) A node of U of rank $\xi+1$ is of the form $A=\{s \mid s\in S^1 *_X S^2, l(s)=\xi+1 \text{ and } s|\xi=t\}$, where t is some fixed sequence of $S^1 *_X S^2$ whose length is ξ. Putting $t^1=t|X$ and $t^2=t|\overline{X}$ it follows that $t^1\in S^1$, $t^2\in S^2$ and that $A^1=\{s \mid s\in S^1,\ l(s)=\xi_1+1 \text{ and } s|\xi_1=t^1\}$ and $A^2=\{s \mid s\in S^2, l(s)=\xi_2+1 \text{ and } s|\xi_2=t^2\}$ are nodes of T^1 and T^2 of ranks ξ_1+1 and ξ_2+1, respectively. If $\xi\in X$ then $A=\{s^1 *_X t^2 \mid s^1\in A^1\}$ and if $\xi\notin X$ then $A=\{t^1 *_X s^2 \mid s^2\in A^2\}$. It follows that either $|A|=|A^1|$ or $|A|=|A^2|$. Thus if (N2) holds for both T^1 and T^2 we have $|A|=\aleph_\alpha$; nodes of limit rank have power 1 since U is a sequential tree, hence U satisfies (N2).

(N3) If $s\in R_\xi(U)$ and $\xi\leqq\eta<\omega_{\alpha+1}$ then $s^1=s|X\in R_{\xi_1}(T^1)$ and $s^2=s|\overline{X}\in R_{\xi_2}(T^2)$. If both T^1 and T^2 satisfy (N3) then there are $t^1\in R_{\eta_1}(T^1)$ and $t^2\in R_{\eta_2}(T^2)$ such that $s^1\leqq t^1$ and $s^2\leqq t^2$. From (C2) and (C1) it follows that $t=t^1 *_X t^2\in R_\eta(U)$ and $s\leqq t$.

(N4) If both T^1 and T^2 satisfy (N4) so does U. This follows from (II) of the present lemma, and the fact that either X or $\omega_{\alpha+1}-X$ is of power $\aleph_{\alpha+1}$ and $T^1 *_X T^2=T^2 *_{(\omega_{\alpha+1}-X)} T^1$.

(N5) Let A be a totally ordered set in U of power $<\aleph_\alpha$. Let ξ be the least upper bound of the ranks of the members of A. Then $A^1=\{s|X\}_{s\in A}$ and $A^2=\{s|\overline{X}\}_{s\in A}$ are totally ordered sets in T^1 and T^2, respectively, and ξ_1, ξ_2 are the respective least upper bounds of the ranks of the members of A^1 and A^2. If (N5) holds for both T^1 and T^2 then there are $t^1\in S^1$ and $t^2\in S^2$ such that $t^1\geqq s$ for all $s\in A^1$ and $t^2\geqq s$ for all $s\in A^2$. Moreover, as is easily seen, t^1 and t^2 can be chosen to be of ranks ξ_1 and ξ_2, respectively. From (C2) and (C1) it follows that $t=t^1 *_X t^2\in R_\xi(U)$ and $t\geqq s$ for all $s\in A$.

PROOF OF II. Let A be a path of U of order type ξ. $\{s|X\}_{s\in A}$ is a path of T^1 of order type ξ_1. If $\xi\geqq\omega_{\alpha+1}$ and $|X|=\aleph_{\alpha+1}$ then $\xi_1\geqq\omega_{\alpha+1}$. Thus if every path of T_1 is of order type $<\omega_{\alpha+1}$ the same holds for U.

4. A class of normal trees. The following assumptions are made throughout this section: α is such that, for all ξ smaller than α, $\aleph_\alpha^{\aleph_\xi}=\aleph_\alpha$. $T_\alpha=\langle S_\alpha, \leqq\rangle$ is the sequential tree defined by (S1)–(S3) of the previous section. T is some fixed normal $\aleph_\alpha$ tree. For every $Y\subseteq\omega_{\alpha+1}$ we define $T(Y)$ to be $T *_Y T_\alpha$. X is a subset of $\omega_{\alpha+1}$ of power $\aleph_{\alpha+1}$ and $T(X)=\langle A, \leqq\rangle$.

LEMMA 4. *$T(X)$ is a normal $\aleph_\alpha$ tree.*

PROOF. By Lemma 1 T_α satisfies (N1), (N2), (N3) and (N5), hence by Lemma 3 (I) these hold also for $T(X)$. Since (N4) holds for T and $|X|=\aleph_{\alpha+1}$ (N4) holds for $T(X)$ by Lemma 3 (II).

Our aim is to show that as X varies over subsets of $\omega_{\alpha+1}$ the trees $T(X)$ satisfy the properties mentioned in the main lemma of the introduction. This is done in the following two lemmas.

LEMMA 5. *There is a full subset B in $T(X)$, of power $\aleph_{\alpha+1}$, such that in the subtree $\langle B, \leqq\rangle$ every node N is of power 1 whenever the rank of N, $\rho(N)$, is $\xi+1$ and $\xi\notin X$.*

PROOF. Put $B=\{s\mid s\in A$ and $s_\lambda=0$ whenever $\lambda\notin X\}$. It is easily seen that B is a full set of power $\aleph_{\alpha+1}$ ($B=A' *_X O_\alpha$, where $T=\langle A', \leqq\rangle$ and O_α is the path of T consisting of all sequences of length $<\omega_{\alpha+1}$ which are always 0. If s and t are members of B of length $\xi+1$ such that $s|\xi=t|\xi$, then, if $\xi\notin X$ we must have $s_\xi=t_\xi=0$ and consequently $s=t$. Thus every node of rank $\xi+1$, where $\xi\notin X$ is of power 1.

(Since every full subset forms a sequential tree the same is trivially true for nodes of limit rank.)

LEMMA 6. *Let $X'\subseteq\omega_{\alpha+1}$, and assume that there is a full subset, B, of A, of power $\aleph_{\alpha+1}$, such that every node N in $\langle B, \leqq\rangle$ for which $\rho(N)=\xi+1$ and $\xi\notin X'$, is of power 1. Then $|X\cap X'|=\aleph_{\alpha+1}$.*

PROOF. By contradiction. Assume that $|X\cap X'|<\aleph_{\alpha+1}$. There is an ordinal $\eta<\omega_{\alpha+1}$ such that $X\cap X'\subseteq\eta$. Since $R_\eta(T(X))$ is of power $\aleph_\alpha$ there is a $t\in R_\eta(T(X))$ such that the set $\{s\mid s\in B$, and $t\leqq s$ or $s\leqq t\}$ is of power $\aleph_{\alpha+1}$. This set is also full and it determines a subtree in which every node N such that $\rho(N)=\xi+1$ where $\xi\notin X'-X$ is of power 1. (This is so since every node of rank $\leqq\eta$ is of power 1, while for $\lambda>\eta$ if $\lambda\notin X'-X$ then $\lambda\notin X'$.) Therefore without loss of generality we can assume that $X\cap X'=\emptyset$.

If s and t are two incomparable elements of B (i.e., $s\nleqq t$ and $t\nleqq s$) then there is a first ξ such that $\xi<l(s), l(t)$ and $s_\xi\neq t_\xi$. The sequences $s|(\xi+1)$ and $t|(\xi+1)$ are two different sequences belonging to a single node of $\langle B, \leqq\rangle$ of rank $\xi+1$, hence $\xi\in X'$ and consequently

$\xi \notin X$. This shows that whenever s and t are incomparable elements of B then $s|\overline{X}$ and $t|\overline{X}$ are incomparable elements of T. Now consider $B' = \{s|\overline{X}\}_{s\in B}$. B' is a full subset of S_α. If $|B'| < \aleph_{\alpha+1}$ then for some $t \in B'$ there is a subset D of B such that $|D| = \aleph_{\alpha+1}$ and $s|\overline{X} = t$ for all $s \in D$. It follows that D cannot contain incomparable elements. Hence, it is totally ordered, contradicting the property (N4) which holds for $T(X)$. If $|B'| = \aleph_{\alpha+1}$ then by Lemma 2 it contains a path D', of power $\aleph_{\alpha+1}$. The set D of all sequences s for which $s|\overline{X} \in D'$ is again of power $\aleph_{\alpha+1}$ and has no incomparable elements, which yields the same contradiction.

From Lemmas 5 and 6 it follows immediately that if $Y, Y' \subseteq \omega_{\alpha+1}$, $|Y| = |Y'| = \aleph_{\alpha+1}$ and $|Y \cap Y'| < \aleph_{\alpha+1}$ then $T(Y)$ and $T(Y')$ are not isomorphic. Thus our main lemma is proved, and this, as indicated in the introduction, implies the required result.

References

1. G. Kurepa, *Ensembles ordonnés et ramifiés*, Publ. Math. Univ. Belgrade **4** (1935), 1–138.

2. ———, *A propos d'une généralisation de la notion d'ensembles bien ordonnés*, Acta Math. **75** (1943), 139–150.

3. W. Sierpiński, *Cardinal and ordinal numbers*, Polska Akademia Nauk, Panstwowe Wydawnictwa Naukowe, Warsaw, 1958.

4. E. Specker, *Sur un problème de Sikorski*, Colloq. Math. **2** (1949), 9–12.

Columbia University,
Cornell University and
Eidgenössische Technische Hochschule

LOGICAL STRUCTURES ARISING IN QUANTUM THEORY *

SIMON KOCHEN AND E. P. SPECKER

Cornell University, Ithaca, New York, U.S.A.
Eidgenössische Technische Hochschule, Zurich, Switzerland

1. The logical structures studied in this paper are generalizations of the propositional calculus. The classical propositional calculus is essentially Boolean algebra or, alternatively, the theory of functions on an arbitrary set S with values in a two-element set. The generalization consists in allowing partial functions on the set S, i.e., functions defined on certain subsets of S, and defining an equivalence relation among these functions such that any two constant functions with the same constant value belong to the same equivalence class. The generalization is equally natural for functions with values in the field of real numbers and we shall consider this case first.

The admissible partial functions and the equivalence relation are determined by a given structure on the set S. In Section 2, we shall introduce and discuss in some detail the simplest such structure, viz. graphs of a certain type; for, though rather removed from applications, they are our most fruitful source of examples. A system of partial functions closer to applications is the following: Let S be the set of unit vectors in unitary n-space U^n. Functions of the system are real-valued functions whose domain of definition is a unitary basis $(\beta_1, \ldots, \beta_n)$. With such a function f we associate a linear map $f^*: U^n \to U^n$ by defining

$$f^*(\sum x_i \beta_i) = \sum x_i f(\beta_i) \beta_i.$$

Two functions f_1, f_2 are equivalent if and only if the corresponding maps f_1^*, f_2^* are equal.

Systems of partial functions on a set S can be correlated to physical theories in the following way: Elements of S correspond to (pure) states, equivalence classes of functions correspond to observables. (The term observable will therefore be used for such classes.) If $a \in S$ and if f is an element of the observable q, then $f(a)$ is the value of the observable

* This work was supported in part by a U.S. National Science Foundation grant.

q for the physical system in state a. In classical theories, every observable has a value for all states—the functions are defined for the whole set S; in quantum theory, an observable has a (fixed) value only for certain states—the functions are partial functions. (Probability distributions associated with observables and states will not be considered in this paper.)

Sum and product of two observables q_1, q_2 are only defined if there exist functions $f_i \in q_i$ $(i=1,2)$ having the same domain (for which we say "q_1 and q_2 are commeasurable"). In this case, the sum q_1+q_2 is the equivalence class of the functions f_1+f_2 $(f_i \in q_i,\ i=1, 2)$ and similarly for the product. The set Q of observables is thus made into a "partial algebra". Partial algebras will also be defined independently of a system of functions. They are structures $\langle A; \between; +, \cdot, \cdot', 1\rangle$; $\between$ is a binary relation (commeasurability); $+, \cdot$ are partial binary operations ($q_1+q_2, q_1 \cdot q_2$ being defined iff $q_1 \between q_2$); $\cdot'$ is the multiplication of an element of A by a real number; 1 is the unit element of A.

The subset of idempotent elements of a partial algebra forms a "partial Boolean algebra" $\mathfrak{B}$. The operations in $\mathfrak{B}$ are defined in the usual way: $q_1 \vee q_2 = (q_1+q_2)-(q_1 \cdot q_2)$ etc. The notion of validity of a formula α of the propositional calculus is defined by associating a mapping with α. Consider, e.g., the associative law α

$$[(x_1 \vee x_2) \vee x_3] \leftrightarrow [x_1 \vee (x_2 \vee x_3)].$$

A triple $\langle q_1, q_2, q_3\rangle$ of elements of $\mathfrak{B}$ is in the domain of α if all the operations in α can be performed for q_1, q_2, q_3 (this requires five commeasurabilities). α is said to be "Q-valid" if the element

$$[(q_1 \vee q_2) \vee q_3] \leftrightarrow [q_1 \vee (q_2 \vee q_3)]$$

is the unit element 1 of $\mathfrak{B}$ for all triples in the domain of α and all partial Boolean algebras $\mathfrak{B}$.

It may well be that all formulas of propositional calculus in Whitehead-Russell [25], (1.2 to 5.75), are Q-valid. The simplest formula (known to us) which is classically valid but not Q-valid is

$$[(x_1 \leftrightarrow x_2) \leftrightarrow (x_3 \leftrightarrow x_4)] \leftrightarrow [(x_1 \leftrightarrow x_4) \leftrightarrow (x_2 \leftrightarrow x_3)].$$

We shall axiomatize the notion of Q-validity and outline the corresponding completeness proof. We do not know whether the set of Q-valid formulas is recursive.

The notion of validity considered in this paper is based on the class of all partial Boolean algebras. It is equally natural to base corresponding notions on certain subclasses, e.g., the class of transitive partial Boolean algebras. (A partial Boolean algebra is transitive iff $a \subseteq b$, i.e., $a \wedge b = a$, and $b \subseteq c$ implies $a \between c$ and therefore $a \subseteq c$). Another natural subclass is the class of partial Boolean algebras associated with n-dimensional Euclidean or unitary space ($\mathfrak{B}(E^n)$, $\mathfrak{B}(U^n)$ as defined in Section 5, Example (1)) or with Hilbert space. It has been shown in Specker [60] that $\mathfrak{B}(E^3)$ cannot be imbedded into a Boolean algebra. This is an immediate consequence of the theorem – not stated in [60] – that some classically valid formula does not hold in $\mathfrak{B}(E^3)$. The relation of the notions of validity, imbeddability, and the connection of these notions with the problem of hidden variables will be discussed in another paper.

2. Let $\mathfrak{G}$ be a graph, i.e., a structure $\langle G, R\rangle$ on an underlying non-empty set G where R is a binary symmetric and irreflexive relation. Elements of G are called "vertices". $R(a, b)$ is read as "a and b are connected". A graph $\mathfrak{G}$ satisfies condition C iff it has the following properties:

1°. Any two connected vertices belong to exactly one triangle. Formally: For all a, b if $R(a, b)$ then there exists exactly one c such that $R(a, c)$ and $R(b, c)$.

2°. G contains at least one pair of connected vertices.

Examples of graphs satisfying condition C:

(a) $G = (a, b, c)$, $R(x, y)$ iff $x \neq y$ ($\mathfrak{G}$ is a triangle).

(b) Graph in Figure 1.

(c) G is the set of all lines through the origin of 3-dimensional Euclidean [alternatively: unitary] space; two lines are connected iff they are [alternatively: unitarily] orthogonal.

We associate a class F of functions with a graph satisfying condition C: $f \in F$ iff the values of f are real numbers and the domain of f – dom f – is a set of three vertices of $\mathfrak{G}$ any two of which are connected.

We define a relation E on $F \times F$: $E(f, g)$ holds iff one of the following conditions is satisfied:

1°. $f = g$.

2°. The sets dom f and dom g have one element in common, say dom $f = (a, b, c)$, dom $g = (a, b', c')$ and we have $f(a) = g(a)$ and

$$f(b) = f(c) = g(b') = g(c').$$

3°. $f(x_1)=g(x_2)$ for all $x_1 \in \text{dom}\, f$, $x_2 \in \text{dom}\, g$. (f and g are both constant functions with the same constant value.)

The equivalence classes of the relation E are called "observables"; Q is the set of all observables.

Two observables q_1, q_2 are said to be "commeasurable" ($q_1 \between q_2$) if there exist functions $f_i \in q_i$ ($i=1, 2$) such that dom $f_1=$ dom f_2. Sum and product of commeasurable observables are defined as follows: q_1+q_2 is the equivalence class of the functions f_1+f_2, $q_1 \cdot q_2$ is the equivalence class of the functions $f_1 \cdot f_2$, where $f_i \in q_i$, $i=1, 2$, and dom $f_1=$ dom f_2. (One verifies that the equivalence classes do not depend on the choice of the functions.) If q is an observable and a is a real number then all the functions af for $f \in q$ belong to the same equivalence class which is by definition the class $a \cdot' q$.

3. With these definitions, the set Q of observables is made into what we shall call a "partial algebra": $\mathfrak{A}=\langle A; \between; +, \cdot, \cdot'; 1\rangle$. A partial algebra $\mathfrak{A}$ is given by a nonempty set A, a binary relation denoted by $\between$, two binary partial functions from A into A (sum $+$, product $\cdot$), a function from $R \times A$ into A (R field of reals) and an element 1 of A. The properties are as follows:

1°. The relation $\between$ is symmetric and reflexive.

2°. For all q in A, $q \between 1$. (The constant function 1 is commeasurable with all observables.)

3°. The partial functions sum and product are defined exactly for those pairs $\langle q_1, q_2\rangle$ of $A \times A$ for which $q_1 \between q_2$.

4°. If any two of the observables q_1, q_2, q_3 are commeasurable (i.e., $q_i \between q_j$ for $i, j=1, 2, 3$) then $(q_1+q_2) \between q_3$, $(q_1 \cdot q_2) \between q_3$ and $a \cdot' q_1 \between q_3$ (a a real number).

5°. If any two of q_1, q_2, q_3 are commeasurable then the polynomials in q_1, q_2, q_3 form a commutative algebra over the field of real numbers. (This condition is equivalent to a longer but more elementary one: If $q_1 \between q_2$ then $q_1+q_2=q_2+q_1$ etc.)

Remarks.

(1) If any two of $q_1, \ldots, q_n$ are commeasurable then the polynomials in $q_1, \ldots, q_n$ form a commutative algebra over the field of real numbers.

(2) If $\mathfrak{G}$ is the graph considered in example (c) then the associated

partial algebra is isomorphic to the following algebra $\mathfrak{A}$: A is the set of 3×3 real symmetric [alternatively: Hermitian] matrices; $M_1 \between M_2$ iff $M_1 M_2 = M_2 M_1$ (i.e., if the matrices commute); sum and product are the usual sum and product of matrices.

4. Let $\mathfrak{A}$ be a partial algebra and let P_n be the set of polynomials (with real coefficients) containing no other variables than $x_1, \ldots, x_n$. We define recursively the domain $D_{\varphi, n}$ of a polynomial $\varphi \in P_n$ and a map φ^* corresponding to φ. $D_{\varphi, n}$ will be a subset of the n-fold Cartesian product A^n of A, φ^* will be a map from $D_{\varphi, n}$ into A; we put $\langle q_1, \ldots, q_n \rangle = \mathfrak{q}$.

1°. If φ is the polynomial 1 then $D_{\varphi, n} = A^n$ and $\varphi^*(\mathfrak{q}) = 1$.
2°. If φ is the polynomial x_i $(i = 1, \ldots, n)$ then $D_{\varphi, n} = A^n$ and $\varphi^*(\mathfrak{q}) = \varphi^*(q_1, \ldots, q_n) = q_i$.
3°. If $\varphi = a\,\psi$ (a a real number) then $D_{\varphi, n} = D_{\psi, n}$ and $\varphi^*(\mathfrak{q}) = a \cdot' \psi^*(\mathfrak{q})$.
4°. If $\varphi = \psi \otimes \chi$ (where $\otimes$ is either $+$ or $\cdot$) then $\mathfrak{q} \in D_{\varphi, n}$ iff $\mathfrak{q} \in D_{\psi, n} \cap D_{\chi, n}$ and $\psi^*(\mathfrak{q}) \between \chi^*(\mathfrak{q})$; $\varphi^*(\mathfrak{q}) = \psi^*(\mathfrak{q}) \otimes \chi^*(\mathfrak{q})$.

We say "φ is identically 1 on $\mathfrak{A}$" or "the identity $\varphi = 1$ holds in $\mathfrak{A}$" iff $\varphi^*(\mathfrak{q}) = 1$ for all $\mathfrak{q} \in D_{\varphi, n}$.

Roughly speaking, the identity $\varphi = 1$ means that the corresponding function on A is 1 whenever it is defined.

An identity

$$\varphi(x_1, \ldots, x_n) = \psi(x_1, \ldots, x_n)$$

can be interpreted in two ways.

1°. Whenever both φ and ψ are defined then they are equal: If $\langle q_1, \ldots, q_n \rangle = \mathfrak{q} \in D_{\varphi, n} \cap D_{\psi, n}$ then $\varphi^*(\mathfrak{q}) = \psi^*(\mathfrak{q})$.
2°. Whenever both φ and ψ are defined and $\varphi^*(\mathfrak{q}) \between \psi^*(\mathfrak{q})$ then $\varphi^*(\mathfrak{q}) = \psi^*(\mathfrak{q})$.

The following are examples of identities holding in all partial algebras (in the sense of 1° and therefore also in the sense of 2°):

$$x_1 + x_2 = x_2 + x_1$$

$$x_1 + (x_2 + x_3) = (x_1 + x_2) + x_3.$$

The following identity does not hold in all partial algebras (not even in the sense of 2°):

$$(x_1 + x_2) + (x_3 + x_4) = (x_1 + x_4) + (x_2 + x_3).$$

We construct a partial algebra in which this identity does not hold; the algebra is given by a graph of 11 vertices (v_1 and v_2 are represented twice in the diagram).

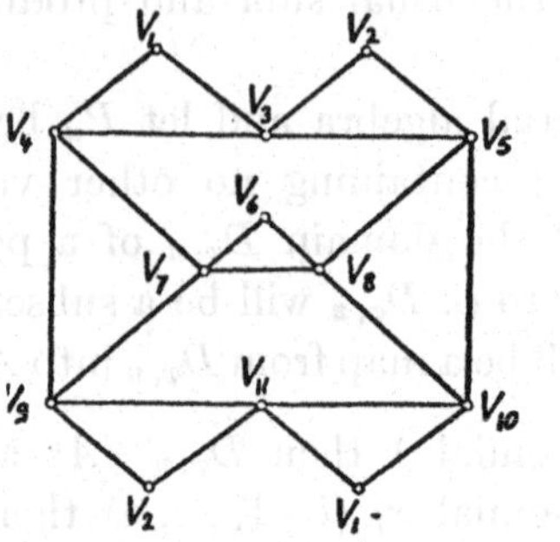

Fig. 1.

In order to define observables we use the following notation: $[i, j, k; a_i, a_j, a_k]$ is the function f whose domain is the set (v_i, v_j, v_k) of vertices and for which we have $f(v_h) = a_h$, $h = i, j, k$. The observables are defined by the functions following on the same line, both functions being equivalent.

q_1: [1, 3, 4; 1, 0, 0], [1, 11, 10; 1, 0, 0]

q_2: [3, 1, 4; 1, 0, 0], [3, 2, 5; 1, 0, 0]

q_3: [2, 3, 5; 1, 0, 0], [2, 9, 11; 1, 0, 0]

q_4: [11, 2, 9; 1, 0, 0], [11, 1, 10; 1, 0, 0]

We then have

$q_1 + q_2$: [1, 3, 4; 1, 1, 0], [4, 7, 9; 0, 1, 1]

$q_3 + q_4$: [2, 9, 11; 1, 0, 1], [4, 7, 9; 1, 1, 0]

$q_1 + q_4$: [1, 10, 11; 1, 0, 1], [5, 8, 10; 1, 1, 0]

$q_2 + q_3$: [2, 3, 5; 1, 1, 0], [5, 8, 10; 0, 1, 1]

$(q_1 + q_2) + (q_3 + q_4)$: [4, 7, 9; 1, 2, 1], [6, 7, 8; 1, 2, 1]

$(q_1 + q_4) + (q_2 + q_3)$: [6, 8, 10; 1, 2, 1], [6, 7, 8; 1, 1, 2]

The observables $(q_1 + q_2) + (q_3 + q_4)$ and $(q_1 + q_4) + (q_2 + q_3)$ are commeasurable as they are both represented on the triangle (v_6, v_7, v_8); they are different because they are represented there by different functions.

5. As in the case of ordinary commutative algebras, the subset B of idempotent elements of a partial algebra forms a partial Boolean algebra. In detail: Let $\langle A; \between; +, \cdot, \cdot', 1\rangle$ be a partial algebra. Let B be the subset of elements $a \in A$ such that $a \cdot a = a$. Define $a \between b$ for $a, b \in B$ iff $a \between b$ in A; $a \vee b = (a+b) - a \cdot b$ (where $c - d$ is to be understood in the obvious way), $\neg a = 1 - a$, 1 same element as in A, $0 = 0 \cdot' 1$ (0 number zero). The partial Boolean algebra $\langle B; \between, \vee, \neg; 1, 0\rangle$ then satisfies the following conditions:

1°. The relation $\between$ is symmetric and reflexive.
2°. For all $q \in B$: $q \between 1$ and $q \between 0$.
3°. The partial function $\vee$ is defined exactly for those pairs $\langle q_1, q_2\rangle$ of $B \times B$ for which $q_1 \between q_2$.
4°. If any two of q_1, q_2, q_3 are commeasurable then $(q_1 \vee q_2) \between q_3$ and $\neg q_1 \between q_2$.
5°. If any two of q_1, q_2, q_3 are commeasurable then the Boolean polynomials in q_1, q_2, q_3 form a Boolean algebra. (As in the case of algebras this condition can be replaced by a more elementary one.)

Properties 1°–5° define the notion of partial Boolean algebra independently of the notion of partial algebra.

Examples of partial Boolean algebras:

(1) Let U^n be the n-dimensional unitary vector space, B the set of linear subspaces of U^n. For $a, b \in B$, $a \between b$ holds iff there exists a unitary basis of U^n such that some subset of this basis is a basis of a and some subset is a basis of b. $a \vee b$ is the span of a and b; $\neg a$ is the complement of a, 0 is the 0-dimensional subspace, 1 is the whole space U^n.

(2) Let $\mathfrak{B}_i$, $i \in I$, be a nonempty family of Boolean algebras such that the following conditions are satisfied:

(a) For $i, j \in I$ there exists $k \in I$ such that $B_i \cap B_j = B_k$. (The intersection of two algebras of the family is an algebra of the family; all algebras have therefore the same element 0 and the same element 1.)

(b) If $B = \bigcup B_i$ (union over I) and if a, b, c are elements of B such that any of them lie in some common algebra B_i, then there exists $k \in I$ such that $a, b, c \in B_k$.

The algebra $\mathfrak{B}$ on the set B is then defined as follows: $a \between b$ iff there exists $i \in I$ such that $a, b \in B_i$; $a \vee b = c$ in $\mathfrak{B}$ iff there exists

$i \in I$ such that $a \vee b = c$ in $\mathfrak{B}_i$; $\neg a = b$ in $\mathfrak{B}$ iff there exists $i \in I$ such that $\neg a = b$ in $\mathfrak{B}_i$; **1** and **0** are the common unit and zero elements of the algebras $\mathfrak{B}_i$.

It can be shown that every partial Boolean algebra is isomorphic to an algebra of this type.

6. We now define the "logic" associated with a partial Boolean algebra $\mathfrak{B}$. Let α be a formula of the propositional calculus (in the connectives $\vee$ and $\neg$) and φ the corresponding Boolean polynomial. α is said to be valid in $\mathfrak{B}$ iff $\varphi = 1$ is an identity of $\mathfrak{B}$ in the sense defined in Section 4. A formula is Q-valid if it holds in all partial Boolean algebras, it is C-valid if it holds in all Boolean algebras (i.e., is an identity of the propositional calculus). Clearly, every Q-valid formula is also C-valid.

Theorem. *Let α be a formula in $x_1, \ldots, x_n$ whose only subformulas in x_i alone are x_i or $\neg x_i$ $(i = 1, \ldots, n)$ and such that for all i, j $(1 \leq i < j \leq n)$ there exists a subformula $\alpha_{i,j}$ in x_i, x_j alone. Then α is Q-valid if it is C-valid.*

Proof. Let $\mathfrak{B}$ be a partial Boolean algebra, let φ be the polynomial corresponding to α and let $\langle q_1, \ldots, q_n \rangle = \mathfrak{q}$ be a sequence of elements in $\mathfrak{B}$ belonging to $D_{\varphi, n}$. Let $\varphi_{i,j}$ be a subpolynomial of φ such that no subpolynomial of $\varphi_{i,j}$ is a polynomial in x_i and x_j; $\varphi_{i,j}$ is then one of the four polynomials $x_i \vee x_j$, $\neg x_i \vee x_j$, $x_i \vee \neg x_j$, $\neg x_i \vee \neg x_j$; from this follows $q_i \mathbin{\delta} q_j$ and the theorem by Remark (1) in Section 3.

Corollary. *A formula in one or two variables is Q-valid if it is C-valid.*

Examples.

1°. The distributive law

$$[(x_1 \vee x_2) \wedge x_3] \leftrightarrow [(x_1 \wedge x_3) \vee (x_2 \wedge x_3)]$$

satisfies the hypothesis of the theorem and is therefore Q-valid. ($\wedge$, $\rightarrow$, $\leftrightarrow$ are here and in the following understood as being defined in terms of $\vee$ and $\neg$.)

2°. The associative law

$$[(x_1 \vee x_2) \vee x_3] \leftrightarrow [x_1 \vee (x_2 \vee x_3)]$$

does not satisfy the hypothesis of the theorem as there is no subformula containing x_1 and x_3 but not x_2; it is nevertheless Q-valid. For let $\langle q_1, q_2, q_3 \rangle = \mathfrak{q}$ be a triple of elements in the partial Boolean algebra belonging to $D_{\varphi,3}$ (φ being the polynomial corresponding to the formula). We then have $q_1 \between q_2$, $q_2 \between q_3$, $(q_1 \vee q_2) \between q_3$, $q_1 \between (q_2 \vee q_3)$; from this we obtain $(q_1 \vee q_2) \between (q_2 \vee q_3)$. Any two of the three elements $q_1, q_2, q_4 = q_2 \vee q_3$ are commeasurable and we have $(q_1 \vee q_2) \vee q_4 = q_1 \vee (q_2 \vee q_4)$. As we also have $q_2 \vee q_4 = q_2 \vee q_3$ we obtain

$$(q_1 \vee q_2) \vee (q_2 \vee q_3) = q_1 \vee (q_2 \vee q_3).$$

In exactly the same way we prove

$$(q_1 \vee q_2) \vee (q_2 \vee q_3) = (q_1 \vee q_2) \vee q_3.$$

The simplest example (known to us) of a C-valid formula which is not Q-valid is

$$[(x_1 \leftrightarrow x_2) \leftrightarrow (x_3 \leftrightarrow x_4)] \leftrightarrow [(x_1 \leftrightarrow x_4) \leftrightarrow (x_2 \leftrightarrow x_3)].$$

The proof is by considering the same algebra and the same observables as in Section 4 for the corresponding formula with $+$ instead of $\leftrightarrow$.

7. We shall now axiomatize the set of Q-valid formulas. Most axiom systems of the classical propositional calculus (e.g., Principia Mathematica) consist of Q-valid formulas. Modus ponens, however, does not hold for the notion of Q-validity: There are Q-valid formulas $\alpha, \alpha \to \beta$ such that β is not Q-valid. (A refutation of β is given by a sequence of observables for which α cannot be evaluated.)

Let Σ be the set of formulas of the propositional calculus in the variables $x_1, x_2, \ldots$ and the connectives $\vee$ and $\neg$. (As before, $\wedge$, $\to$ and $\leftrightarrow$ are thought of as being defined.) Let Σ^* be the set of formulas of Σ and the formulas of the type $\between(\alpha_1, \ldots, \alpha_n)$ where n is a positive integer and $\alpha_1, \ldots, \alpha_n$ are formulas of Σ. We define the following notion: "The sequence $\gamma_1, \ldots, \gamma_m$ of formulas of Σ^* is a Q-proof of the formula α of Σ." The notion of Q-proof is reduced to the following notion: "The sequence $\gamma_1, \ldots, \gamma_m$ of formulas of Σ^* is Φ-admissible." (Φ will be subset of Σ.) A sequence is then a Q-proof if it is (α)-admissible and contains α as one of its formulas. ((α) is the unit set of α.)

The notion of admissibility is based on rules of inference.

R$_1$. $\dfrac{\between(\alpha_1, \ldots, \alpha_n)}{\between(\alpha_i, \alpha_j)}$ (where $1 \leqslant i \leqslant n$, $1 \leqslant j \leqslant n$).

R₂. $$\frac{\delta(\alpha_1, \alpha_1), \delta(\alpha_1, \alpha_2), \ldots, \delta(\alpha_i, \alpha_j) \ldots, \delta(\alpha_n, \alpha_n)}{\delta(\alpha_1, \ldots, \alpha_n)}.$$

(The premiss consists of the n^2 formulas $\delta(\alpha_i, \alpha_j)$ such that $1 \leq i \leq n$, $1 \leq j \leq n$.)

R₃. $$\frac{\delta(\alpha_1, \alpha_2), \alpha_2 \leftrightarrow \alpha_3}{\delta(\alpha_1, \alpha_3)}.$$

R₄. $$\frac{\delta(\neg \alpha_1, \alpha_2)}{\delta(\alpha_1, \alpha_2)}.$$

R₅. $$\frac{\delta(\alpha_1, \alpha_2, \alpha_3)}{\delta(\alpha_1 \vee \alpha_2, \alpha_3)}.$$

S₁. $$\frac{\delta(\alpha_1, \ldots, \alpha_n)}{\beta(\alpha_1, \ldots, \alpha_n)}.$$

where $\beta(x_1, \ldots, x_n)$ is a C-valid formula.

S₂. $$\frac{\alpha_1, \alpha_1 \rightarrow \alpha_2}{\alpha_2}.$$

(This form of modus ponens is of course different from the one mentioned at the beginning of Section 7.) S_1 is a scheme of schemes; it can be replaced by a finite number of ordinary schemes (e.g., schemes corresponding to the axioms of Principia Mathematica).

A sequence $\gamma_1, \ldots, \gamma_n$ of formulas of Σ^* is Φ-admissible iff the following conditions are satisfied:

1°. Φ is a subset of Σ.

2°. For all i, $1 \leq i \leq n$, γ_i is either of the type $\delta(\beta_1, \beta_1)$ or $\delta(\beta_1, \beta_2)$ (where $\beta_1, \beta_1 \vee \beta_2$ are subformulas of a formula $\alpha \in \Phi$) or there exist indices $i_1, \ldots, i_m$ such that $1 \leq i_k < i$ $(k = 1, \ldots, m)$ and γ_i follows from $\gamma_{i_1}, \ldots, \gamma_{i_m}$ by one of the above rules.

Remarks.

(1) The notion $\delta(\alpha_1, \ldots, \alpha_n)$ can be eliminated from our axiom system by replacing the formula $\delta(\alpha_1, \ldots, \alpha_n)$ by a Q-identity in $\alpha_1, \ldots, \alpha_n$ containing all formulas $\alpha_i \vee \alpha_j$ $(1 \leq i < j \leq n)$ as subformulas.

(2) In the rules of inference and in deductions the "variables" $x_1, x_2, \ldots$ are considered as parameters and hold fixed throughout the argument. So they should perhaps rather be called "constants".

8. Theorem. *There exists a Q-proof for a formula α of Σ if and only if α holds in all partial Boolean algebras.*

1°. Assume that there exists a Q-proof $\gamma_1, \ldots, \gamma_m$ of α (formula in $x_1, \ldots, x_n$), let $\mathfrak{B}$ be a partial Boolean algebra, let $\langle q_1, \ldots, q_n\rangle$ be a sequence of elements in the domain of definition of φ (the polynomial associated with α). We show by induction on i: If γ_i is a formula of Σ, then $\langle q_1, \ldots, q_n\rangle$ is in the domain of definition of the corresponding Boolean polynomial χ_i and $\chi_i^*(q_1, \ldots, q_n)=1$ (γ_i has therefore no other variables than $x_1, \ldots, x_n$!); if γ_i is a formula $\delta(\beta_1, \ldots, \beta_k)$, then $\langle q_1, \ldots, q_n\rangle$ is in the domain of the corresponding polynomials $\psi_1, \ldots, \psi_k$ and the elements $\psi_i^*(q_1, \ldots, q_n)$ are all in relation δ. Clearly the statement is true if γ_i is $\delta(\alpha_1, \alpha_1)$ or $\delta(\alpha_1, \alpha_2)$, where $\alpha_1, \alpha_1 \vee \alpha_2$ are subformulas of α. If the statement is true for the formulas in the premiss of a rule, it is also true for the conclusion. Let us verify as an example modus ponens (rule S_2): If φ_1, φ_2 are the polynomials associated with the formulas α_1, α_2, the induction hypothesis applied to $\alpha_1, \alpha_1 \to \alpha_2$ gives

$$\varphi_1^*(q_1, \ldots, q_n)=1,$$
$$\neg\, \varphi_1^*(q_1, \ldots, q_n) \cup \varphi_2^*(q_1, \ldots, q_n)=1.$$

Clearly

$$\neg\, \varphi_1^*(q_1, \ldots q_n)=0,$$
$$0 \cup \varphi_2^*(q_1, \ldots, q_n)=\varphi_2^*(q_1, \ldots, q_n)=1.$$

2°. Assume that there does not exist a Q-proof of the formula α of Σ. Our aim is to construct a partial Boolean algebra in which α does not hold.

Throughout the remainder of this section α is a fixed formula of Σ; we assume that α contains exactly the variables $x_1, \ldots, x_n$. A formula of Σ^* is called "α-provable" iff there exists an (α)-admissible sequence containing it. We state some simple lemmas on the notion of α-provability.

(a) *If α_1 is α-provable, so is $\delta(\alpha_1, \alpha_1)$.*

(b) *Let Ω be the subset of formulas β of Σ such that $\delta(\beta, \beta)$ is α-provable. Formulas of Ω contain no other variables than $x_1, \ldots, x_n$. $x_1, \ldots, x_n$ and α are formulas of Ω.*

(c) *The relation "$\alpha_1 \leftrightarrow \alpha_2$ is α-provable" is an equivalence relation on the set Ω. This equivalence relation is compatible with the operations* $\vee$, $\neg$ *and the relation* δ.

(d) *If α_1 and $\alpha_1 \leftrightarrow \alpha_2$ are α-provable so is α_2.*

(e) *If α_1 and α_2 are α-provable, so is $\alpha_1 \leftrightarrow \alpha_2$.*

We now define a partial Boolean algebra $\langle B; \between; \vee, \neg; 1, 0\rangle$ associated with the formula α. Elements of B are the equivalence classes of the relation "$\alpha_1 \leftrightarrow \alpha_2$ is α-provable". The equivalence classes are composed in the obvious way: $[\alpha_1] \vee [\alpha_2]$ is the class of $\alpha_1 \vee \alpha_2$, etc. $[\alpha_1] \between [\alpha_2]$ if and only if $\between(\alpha_1, \alpha_2)$ is α-provable. 1 is the class of α-provable formulas. We have $q \between 1$ for all q as for every formula β of Ω the formula $\between(\beta, \beta \leftrightarrow \beta)$ is α-provable. 0 is the class $\neg 1$. The axioms of partial Boolean algebras are easily verified.

Let q_i be the class of the formula x_i $(i = 1, \ldots, n)$; if β is any formula of Ω, ψ the Boolean polynomial associated with β, the class of β is the element $\psi^*(q_1, \ldots, q_n)$, i.e., β is α-provable if and only if $\psi^*(q_1, \ldots, q_n) = 1$. The formula α is therefore Q-provable if and only if $\varphi^*(q_1, \ldots, q_n) = 1$ in the partial Boolean algebra just defined.

Remark. The completeness theorem can easily be extended to a theorem on the completeness of the rules $R_1, \ldots, R_5$, S_1, S_2. Let Γ be a subset of Σ^*, $\gamma \in \Sigma^*$; then γ follows from Γ by the rules $R_1, \ldots, R_5$, S_1, S_2 and $\between(x_i, x_i)$ $(i = 1, 2, \ldots)$ $(\Gamma \vdash \gamma)$ iff γ is a consequence of Γ in all partial Boolean algebras $\mathfrak{B}$. (γ is a consequence of Γ in B if γ is defined and true for all sequences $\langle q_1, \ldots, q_n\rangle$ of elements of B for which all the formulas of Γ are defined and true.) A formula $\alpha \in \Sigma$ is therefore Q-provable iff $\Gamma(\alpha) \vdash \alpha$, where $\Gamma(\alpha)$ is the set of commeasurability relations of the subformulas of α.

9. Let S be a set, S_0 a subset of S, let $\vee$ be a binary operation $S^2 \to S$ and let $\neg$ be a unary operation $S \to S$. The algebra $\mathfrak{S} = \langle S, S_0; \vee, \neg\rangle$ is called a "truth-table"; S_0 is the set of designated elements. A formula α in the variables $x_1, \ldots, x_n$ defines a map $\alpha^*: S^n \to S$; α holds in $\mathfrak{S}$ iff α^* maps S^n into S_0.

Theorem. *There exists a truth-table $\mathfrak{S}$ with a two-element S_0 such that a formula is Q-valid iff it holds in $\mathfrak{S}$.*

Proof (in outline). 1°. We construct (e.g., by an infinite direct product) a partial Boolean algebra $\mathfrak{B}$ such that a formula is Q-valid iff it holds in $\mathfrak{B}$. 2°. We define the truth-table $\mathfrak{S}$ as follows: $S = B \cup (u)$ (where $u \notin B$), $S_0 = (1, u)$; the operations $\neg'$ and $\vee'$ in $\mathfrak{S}$ are defined by putting $\neg' q = \neg q$ for $q \in B$, $\neg u = u$; $q_1 \vee' q_2 = q_1 \vee q_2$ for $q_1, q_2 \in B$ and $q_1 \between q_2$, $q_1 \vee' q_2 = u$ otherwise. One verifies that a formula holds in $\mathfrak{S}$ iff it holds in $\mathfrak{B}$.

Remark. There does not exist a truth-table $\mathfrak{S}$ with only one designated element such that a formula is Q-valid iff it holds in $\mathfrak{S}$.

Theorem. *If all Q-valid formulas hold in the truth-table* $\mathfrak{S}$ *having three (or less) elements then all C-valid formulas hold in* $\mathfrak{S}$.

By a theorem in Section 6 the above theorem (suggested by a question of Leon Henkin) is an immediate consequence of the following:

Theorem. *If all C-valid formulas in one or two variables hold in the truth-table* $\mathfrak{S}$ *having three (or less) elements then all C-valid formulas hold in* $\mathfrak{S}$.

Proof. 1°. Assume that the algebra $\mathfrak{S}$ is generated by a two-element subset: There exist elements $a, b \in S$ and a Boolean polynomial φ (corresponding to a formula α) such that $S = (a, b, \varphi^*(a, b))$. Let $\beta(x_1, \ldots, x_n)$ be a formula in the n variables $x_1, \ldots, x_n$ which does not hold in $\mathfrak{S}$. Let $\langle q_1, \ldots, q_n \rangle$ be a sequence such that $\beta^*(q_1, \ldots, q_n) \notin S_0$. Define a formula $\gamma(x_1, x_2)$ as follows: $\gamma(x_1, x_2)$ is $\beta(\xi_1, \ldots, \xi_n)$ where ξ_i is x_1, x_2, or $\alpha(x_1, x_2)$ according to whether q_i is a, b or $\varphi^*(a, b)$. γ does not hold in S because $\gamma^*(a, b) = \beta^*(q_1, \ldots, q_n) \notin S_0$. The formula γ is therefore not C-valid and neither is β.

2°. Assume that the algebra $\mathfrak{S}$ is not generated by a two-element subset of S. Then $\neg x = x$ for all $x \in S$ and $x \vee y = x$ or $x \vee y = y$ for all $x, y \in S$. Every element $x \vee y$ is designated; for if, e.g., $x \vee y = x$, x is a value of $(x_1 \vee x_2) \vee \neg x_2$ which is C-valid. Every C-valid formula is of the form $\neg \ldots \neg (\beta_1 \vee \beta_2)$ and holds therefore in $\mathfrak{S}$.

The above theorem does not contradict Reichenbach [44] which connects "quantum-logic" and three-valued logic because the notions of validity involved are different.

THE CALCULUS OF PARTIAL PROPOSITIONAL FUNCTIONS

SIMON KOCHEN
Cornell University, Ithaca, N.Y., U.S.A.
and
ERNST P. SPECKER
Eidg. Technische Hochschule, Zurich, Switzerland

1. The calculus of partial propositional functions has been introduced in [2]. It is a variant of the classical propositional calculus, a variant which takes into account that pairs of propositions may be "incompatible" and cannot therefore be connected. As is well known, such pairs are considered in Quantum Theory; but they may also be said to occur in natural languages. Difficulties arising from propositions of the type "If two times two are five, then there exist centaurs" seem to be due as much to incompatibility as to material implication.

The calculus has been based in [2] on the connectives ¬, ∨ and a relation ♂ (called "commeasurability"). A method of eliminating ♂ has been sketched; if carried out, this elimination leads to a rather complicated system.

The choice of connectives being as free in the new calculus as in the classical one, we choose falsity (f) and implication ($\rightarrow$) as new basic connectives. For commeasurability of ϕ, ψ is most naturally expressed as $f \rightarrow (\phi \rightarrow \psi)$. "If ϕ, ψ are commeasurable, then $\phi \rightarrow \psi$ makes sense; whatever makes sense is implied by f. Conversely, what is implied by anything makes sense; if $\phi \rightarrow \psi$ makes then sense, ϕ, ψ are commeasurable."

Presented this way, the calculus PP_1 of partial propositional functions has the same set of formulas as the classical propositional calculus; it differs from it by the notion of validity. The formal notion of validity in PP_1 (called "Q-validity" in [2]) is based on the notion of partial Boolean algebra. In order to make this paper somewhat independent from [2], we assume familiarity with this notion only in the last section. Whenever partial Boolean algebras are mentioned in earlier sections, the reader may think of the partial algebra of linear subspaces of the 3-dimensional orthogonal space (as defined in section 3, example 2) or of the partial algebra of closed linear subspaces of Hilbert space. These algebras are the most interesting examples and are at the origin of the notion of partial Boolean algebras. Their relation to Quantum Theory has been considered in [2], [3].

The notion of validity in PP_1 may also be explained somewhat informally.

Let S be a set of propositions. Assume that there is defined on S a binary relation δ of commeasurability and a partial function $\rightarrow$ from $S \times S$ to S, $s_1 \rightarrow s_2$ being defined if and only if $\delta(s_1, s_2)$; assume furthermore that the set S_1 of true sentences of S is given. (In general, propositions depend on parameters and are therefore neither true nor false.) Let ϕ be a formula of $\boldsymbol{PP}_1$, e.g. $x_1 \rightarrow (x_2 \rightarrow x_1)$. ϕ can be evaluated for a pair if and only if $\delta(s_2, s_1)$ and $\delta(s_1, s_2 \rightarrow s_1)$ hold: $s_2 \rightarrow s_1$ has to be defined and putting $s_3 = s_2 \rightarrow s_1$ also $s_1 \rightarrow s_3$. If these conditions are satisfied, the value assigned to ϕ for $< s_1, s_2 >$ is $s_1 \rightarrow (s_2 \rightarrow s_1)$. The formula ϕ holds in the structure $< S, \delta, \rightarrow, S_1 >$ if the assigned value is an element of S_1 for all such pairs $< s_1, s_2 >$: "ϕ holds iff it is true whenever it makes sense." Our axiom system is based on the assumption that ϕ makes sense if and only if $f \rightarrow \phi$ holds. The question of validity of ϕ is thereby reduced to the question whether ϕ is derivable from $f \rightarrow \phi$. The notion of derivation will be formalized by rules of inference $R_1, \cdots, R_7$ (given in 7.1). The rules are adopted from a system of Wajsberg [4] for the propositional calculus. We have learnt from Wajsberg's work also in an other respect; indeed, the main idea behind the series of derived rules in section 8 is due to him. We shall prove completeness, i.e. we show that ϕ holds in all partial Boolean algebras iff ϕ is derivable from $f \rightarrow \phi$. The formulas in such a derivation all make sense provided ϕ does; a proof of ϕ in the system $\boldsymbol{PP}_1$ is therefore essentially a proof based on subformulas of ϕ.

As pointed out in [2], most formulas of *Principia Mathematica* hold in the calculus of partial propositional functions. Contrary to a conjecture of [2], it is not true for all formulas, the "praeclarum theorema" of Leibniz (PM 3.47) being a counter-example. The formula PM 3.47 holds however in the partial Boolean algebra $\boldsymbol{B}(E^\omega)$ associated with Hilbert space E^ω and a fortiori in $\boldsymbol{B}(E^3)$. Axiomatizations of the sets of formulas holding in $\boldsymbol{B}(E^\alpha)$ $(\alpha = 3, \cdots, \omega)$ and relations between these sets will be given in another paper.

In some of the following sections, we write $\phi\psi$ instead of $\phi \rightarrow \psi$, $\phi\psi\chi$ instead of $\phi(\psi\chi)$. There is no danger of misunderstanding since conjunction does nor occur explicitly.

2. Let $\boldsymbol{P}_1$ be the system of the classical propositional calculus as defined e.g. in [1]: Symbols of $\boldsymbol{P}_1$ are

$$(\rightarrow) \, f x_0 \; x_1 \; x_2 \; \cdots$$

f and $x_0, x_1, x_2, \cdots$ are formulas; if ϕ, ψ are formulas, then $(\phi \rightarrow \psi)$ is a formula. Outermost parentheses in formulas may be omitted.

3. A structure $\boldsymbol{B} = < B, \delta, 0, 1, \neg, \vee >$ is of type $P\,B$ (partial Boolean) if it satisfies the following conditions

a) B is a non-empty set;
b) $\eth$ is a binary relation on B ($\eth(a, b)$ is read: "a and b are commeasurable");
c) 0 and 1 are elements of B;
d) $\neg$ is a unary function from B to B;
e) $\vee$ is a binary function. The domain of $\vee$ is the set of those ordered pairs $\langle a, b\rangle$ of $B \times B$ for which $\eth(a, b)$; the co-domain of $\vee$ is the set B.

The notion of partial Boolean algebra is defined by imposing restrictions on structures of type PB. An example of such a restriction is: $\neg\neg a = a$ for all $a \in B$.

We define two structures of type PB which are partial Boolean algebras:

1° The Boolean algebra of two elements. B is the set (0,1); $0 \neq 1$. $\eth(a, b)$ holds for all a, b in B. $\neg 0 = 1, \neg 1 = 0$. $0 \vee 0 = 0$, $0 \vee 1 = 1$, $1 \vee 0 = 1$, $1 \vee 1 = 1$.

2° The partial algebra $B(E^3)$ of linear subspaces of E^3 (3-dimensional orthogonal spacce).

a) B is the set of linear subspaces of E^3;
b) $\eth(a, b)$ for subspaces a, b iff a and b are orthogonal in the sense of elementary geometry, i.e. if there exists a basis of E^3 containing a basis of a and of b; (if a is a subspace of b, $\eth(a, b)$ holds.)
c) 0 is the 0-dimensional, 1 is the 3-dimensional subspace of E^3;
d) $\neg a$ is the orthogonal complement of a;
e) $a \vee b$ is the union (span) of a and b, defined only for those pairs $\langle a, b\rangle$ for which $\eth(a, b)$ holds.

4. We state some properties of the structure $B(E^3)$ defined in example 2° of section 3. These properties hold in all partial Boolean algebras as defined in [2]; it will follow from the completeness theorem in section 10 that they form an axiom system for partial Boolean algebras.

For all elements a, b, c of B:

4.1 $\neg 0 = 1, \neg 1 = 0$
4.2 $\neg\neg a = a$
4.3 $\eth(1, a)$
4.4 *If* $\eth(a, b)$, *then* $\eth(b, a)$
4.5 *If* $\eth(\neg a, b)$, *then* $\eth(a, b)$
4.6 $1 \vee a = 1$, $a \vee 1 = 1$
4.7 $0 \vee a = a$, $a \vee 0 = a$ ($\eth(0, a)$ *holds by* 4.1, 4.3, 4.5)
4.8 *If* $\neg a \vee b = 1$ *and* $\neg b \vee a = 1$, *then* $a = b$
4.9 *If* $\eth(a, b)$, *then* $\eth(\neg b, a)$, $\eth(\neg a, \neg b \vee a)$ *and* $\neg a \vee (\neg b \vee a) = 1$
4.10 *If* $\eth(a, \neg b)$, $\eth(a, c)$, $\eth(b, c)$ *then* $\eth(\neg a, b)$, $\eth(\neg a, c)$, $\eth(\neg b, c)$,

$\delta(\neg a, \neg b \vee c)$, $\delta(\neg(\neg a \vee b), \neg a \vee c)$, $\delta(\neg(\neg a \vee (\neg b \vee c)), \neg(\neg a \vee b) \vee (\neg a \vee c))$, *and* $\neg(\neg a \vee (\neg b \vee c)) \vee (\neg(\neg a \vee b) \vee (\neg a \vee c)) = 1$. (All operations are defined by the hypotheses.)

The theorems 4.9, 4.10 are special cases of the following: *If* $\delta(a,b)$, $\delta(a,c)$, $\delta(b,c)$, *then all Boolean identities in a, b, c hold.*

5. Let $\boldsymbol{B} = < B, \delta, 0, 1, \neg, \vee >$ be a structure of type *PB* as defined in section 3 and let N be the set of natural numbers. We associate functions with formulas ϕ of $\boldsymbol{P}_1$ (defined in section 2). The domain D_ϕ of the function $[\phi]$ associated with ϕ is a subset of B^N(the set of functions from N to B), the codomain of $[\phi]$ is B. The functions $[\phi]$ and their domains D_ϕ are defined simultaneously by recursion (with respect to the length of ϕ).

1° $D_f = B^N$ and $[f](q) = 0$ for all $q \in D$. ($[f]$ is the constant function 0 defined for all sequences.)

2° $D_{x_0} = D_{x_1} = D_{x_2} = \cdots = B^N$ and $[x_0](q) = q(0)$, $[x_1](q) = q(1)$, $[x_2](q) = q(2)$, $\cdots$ ($[x_1]$ *is the* projection of B^N on its coordinate 1.)

3° $q \in D_{\phi\to\psi}$ if and only if $q \in D_\phi$ and $q \in D_\psi$ and $\delta(\neg[\phi](q), [\psi](q))$.

The function

$$[\phi \to \psi] : D_{\phi\to\psi} \Rightarrow B$$

is defined as follows:

$$[\phi \to \psi](q) = \neg([\phi](q)) \vee [\psi](q) \text{ for } q \in D_{\phi\to\psi}.$$

EXAMPLE: The set $D_{x_0 \to x_1}$ consists of those sequences $< q(0), q(1), \cdots >$ for which $\delta(\neg q(0), q(1))$ and $[x_0 \to x_1](q) = \neg q(0) \vee q(1)$. Roughly speaking, D_ϕ is the set of those sequences in B^N for which ϕ can be evaluated and $[\phi](q)$ is the result of the evaluation.

DEFINITION of validity in a structure of type *PB*: A formula ϕ of $\boldsymbol{P}_1$ holds (is valid) in the structure $\langle B, \delta, 0, 1, \neg, \vee\rangle$ of type *PB* if and only if $[\phi](q) = 1$ for all $q \in D_\phi$.

REMARKS.

1) If $\langle B, \delta, 0, 1, \neg, \vee\rangle$ is the two element Boolean algebra defined in example 1° of section 3, D_ϕ is equal to B^N for all formulas ϕ and the above construction is the one given by Tarski for the notion of satisfaction.

2) A formula valid in all partial Boolean algebras has been called "*Q*-valid" in [2].

DEFINITION of (semantic) consequence in the structure of type *PB*: The formula ψ of $\boldsymbol{P}$ is a semantic consequence of the formulas $\phi_1, \phi_2, \cdots, \phi_n$

of P_1 in the structure $\langle B, \mathcal{S}, 0, 1, \neg, \vee\rangle$ of type PB if and only if the following condition is satisfied for all q in B^N:
If $q \in D_{\phi_i}$ and $[\phi_i](q) = 1$ for all i, $1 \leq i \leq n$, then $q \in D_\psi$ and $[\psi](q) = 1$.
Semantic consequence is expressed as follows:

$$\phi_1, \cdots, \phi_n \Vdash \psi$$

6. We introduce a shorter notation: Instead of $\phi \to \psi$ we write $\phi\psi$; association is to the right, i.e. $\phi\psi\chi$ is $\phi(\psi\chi)$. The formula $(\phi \to (\psi \to \chi)) \to ((\phi \to \psi) \to (\phi \to \chi))$ is therefore written $(\phi\psi\chi)(\phi\psi)(\phi\chi)$. Throughout this section, validity and semantic consequence is with respect to a fixed structure $B = \langle B, \mathcal{S}, 0, 1, \neg, \vee\rangle$ of type PB satisfying 4.1–4.10 (i.e. a partial Boolean algebra). Formulas are formulas of P_1.

6.1 *$q \in D_{f\phi}$ iff $q \in D_\phi$*

PROOF. $q \in D_{f\phi}$ iff $q \in D_f$, $q \in D_\phi$ and $\mathcal{S}(\neg [f](q), [\phi](q))$. Therefore, if $q \in D_{f\phi}$ then $q \in D_\phi$. Assume $q \in D_\phi$. By definition, $D_f = B^N$, $[f](q) = 0$; by 4.1, $\neg 0 = 1$; by 4.3 $\mathcal{S}(1, [\phi](q))$, *i.e.* $q \in D_{f\phi}$.

6.2 *$f\phi$ is valid for all formulas ϕ of P_1.*

PROOF. Assume $q \in D_{f\phi}$; then $[f\phi](q) = \neg [f](q) \vee [\phi](q) = 1 \vee a = 1$ (*by* 4.1, 4.6).

6.3 *ϕ is valid iff $f\phi \Vdash \phi$.*

PROOF. 1° Assume ϕ valid and $q \in D_{f\phi}$; then $q \in D_\phi$ by 6.1 and $[\phi](q) = 1$ by validity. 2° Assume $f\phi \Vdash \phi$ and $q \in D_\phi$; then $q \in D_{f\phi}$ by 6.1, $[f\phi](q) = 1$ by 6.2, and therefore $[\phi](q) = 1$ by $f\phi \Vdash \phi$.

6.4 $\phi \Vdash f\phi$

PROOF. If $q \in D_\phi$, then $q \in D_{f\phi}$ by 6.1; $[f\phi](q) = 1$ by 6.2.

6.5 $f\phi\psi \Vdash f\psi$

PROOF. Assume $q \in D_{f\phi\psi}$; then $q \in D_{\phi\psi}$, $q \in D_\psi$; by 6.1, $q \in D_{f\psi}$; by 6.2 $[f\psi](q) = 1$.

6.6 $(\phi f)f \Vdash \phi$

PROOF. Assume $q \in D_{(\phi f)f}$; then $q \in D_\phi$. Putting $[\phi](q) = a$ and assuming $[(\phi f)f](q) = 1$, we have $\neg(\neg a \vee 0) \vee 0 = 1$. By 4.7, $b \vee 0 = b$ for all b; therefore $\neg\neg a = 1$; by 4.2, $\neg\neg a = a$, i.e. $[\phi](q) = 1$.

6.7 $f\phi\psi \Vdash \phi\psi\phi$

PROOF. Assume $q \in D_{f\phi\psi}$; then $q \in D_{\phi\psi}$, $q \in D_\phi$, $q \in D_\psi$. Putting $[\phi](q) = a$ $[\psi](q) = b$, we have $\mathcal{S}(\neg a, b)$. Therefore by 4.5, $\mathcal{S}(a, b)$; by 4.9,

$\mathfrak{J}(\neg b, a)$, $\mathfrak{J}(\neg a, \neg b \vee a)$ and $\neg a \vee (\neg b \vee a) = 1$. Hence $q \in D_{\psi\phi}$, $q \in D_{\phi\psi\phi}$, and $[\phi\psi\phi](q) = 1$.

6.8 $f\psi\chi, f\phi\psi, f\phi\chi \Vdash (\phi\psi\chi)(\phi\psi)(\phi\chi)$

PROOF. Assume $q \in D_{f\psi\chi}, q \in D_{f\phi\psi}$, and $q \in D_{f\phi\chi}$; then $q \in D_{\psi\chi}$, $q \in D_{\phi\psi}$, $q \in D_{\phi\chi}$, $q \in D_{\phi}$, $q \in D_{\psi}$, $q \in D_{\chi}$. Putting $[\phi](q) = a, [\psi](q) = b, [\chi](q) = c$, we have $\mathfrak{J}(\neg b, c)$, $\mathfrak{J}(\neg a, b)$, $\mathfrak{J}(\neg a, c)$. Therefore, by 4.5, $\mathfrak{J}(a, b)$, $\mathfrak{J}(b, c)$, $\mathfrak{J}(a, c)$ and, by 4.10, $\mathfrak{J}(\neg(\neg a \vee b), \neg a \vee c)$; hence $q \in D_{(\phi\psi)(\phi\chi)}$. Furthermore by 4.10, $\mathfrak{J}(\neg(\neg a \vee (\neg b \vee c)), \neg(\neg a \vee b) \vee (\neg a \vee c))$, i.e. $q \in D_{(\phi\psi\chi)(\phi\psi)(\phi\chi)}$. Again by 4.10, $\neg(\neg a \vee (\neg b \vee c)) \vee (\neg(\neg a \vee b) \vee (\neg a \vee c)) = 1$, i.e. $[(\phi\psi\chi)(\phi\psi)(\phi\chi)](q) = 1$.

6.9 $\phi, \phi\psi \Vdash \psi$

PROOF. Assume $q \in D_{\phi\psi}$; then $q \in D_{\psi}$. Assuming $[\phi](q) = 1$ and putting $[\psi](q) = a$, we have $[\phi\psi](q) = \neg[\phi](q) \vee [\psi](q) = \neg 1 \vee a = 0 \vee a = a$ (by 4.1, 4.7). Assuming $[\phi\psi](q) = 1$, we have $1 = a$, i.e. $[\psi](q) = 1$.

6.10 $f\phi\psi, \psi\chi, \chi\psi \Vdash f\phi\chi$

PROOF. Assume $q \in D_{f\phi\psi}$, $q \in D_{\psi\chi}$, $q \in D_{\chi\psi}$. Then $q \in D_{\phi}$, $q \in D_{\psi}$, $q \in D_{\chi}$. Putting $[\phi](q) = a$, $[\psi](q) = b$, $[\chi](q) = c$, we have $\mathfrak{J}(\neg a, b)$; $[\psi\chi](q) = \neg b \vee c$, $[\chi\psi](q) = \neg c \vee b$. Assuming $[\psi\chi](q) = 1$ and $[\chi\psi](q) = 1$, we have $\neg b \vee c = 1$ and $\neg c \vee b = 1$. Therefore by 4.8, $b = c$. Hence $\mathfrak{J}(\neg a, c)$, $q \in D_{\phi\chi}$; by 6.1, 6.2, $q \in D_{f\phi\chi}$, $[f\phi\chi](q) = 1$.

6.11 REMARK. All rules $\phi_1, \cdots, \phi_m \Vdash \psi$ in 6.1 — 6.9 have the property that $q \in D_{\psi}$ provided $q \in D_{\phi_i}$, $i = 1, \cdots, m$. The rule 6.10 does not have this property as can be shown by an example in $B(E^3)$.

7. 7.1 DEFINITION of the calculus PP_1 of partial propositional functions.

1° Formulas of PP_1 are the formulas of P_1.

2° PP_1 has the following rules of inference

$R_1: \phi \vdash f \to \phi$

$R_2: f \to (\phi \to \psi) \vdash f \to \psi$

$R_3: (\phi \to f) \to f \vdash \phi$

$R_4: f \to (\phi \to \psi) \vdash \phi \to (\psi \to \phi)$

$R_5: f \to (\psi \to \chi), f \to (\phi \to \psi), f \to (\phi \to \chi) \vdash (\phi \to (\psi \to \chi)) \to ((\phi \to \psi) \to (\phi \to \chi))$

$R_6: \phi, \phi \to \psi \vdash \psi$

$R_7: f \to (\phi \to \psi), \psi \to \chi, \chi \to \psi \vdash f \to (\phi \to \chi)$

3° A rule

$$\phi_1, \cdots, \phi_m \vdash \gamma_n$$

is a derivable rule of PP_1 iff there exists a sequence $\gamma_1 \cdots \gamma_n$ of formulas of

$\boldsymbol{PP}_1$ such that each $\gamma_i (i \leqq n)$ is either one of the formulas $\phi_1, \cdots, \phi_m$ or follows from formulas $\gamma_{i_1}, \cdots, \gamma_{i_k}$ $(i_j < i, j = 1, \cdots, k)$ by one of the rules $R_1, \cdots, R_7$.

4° A formula ϕ of $\boldsymbol{PP}_1$ is provable in $\boldsymbol{PP}_1$ iff $f \rightarrow \phi \vdash \phi$ is a derivable rule of $\boldsymbol{PP}_1$.

7.2 THEOREM. *If* $\phi_1, \cdots, \phi_m \vdash \psi$ *is a derivable rule of* $\boldsymbol{PP}_1$, *then* $\phi_1, \cdots, \phi_m \Vdash \psi$ *holds in every partial Boolean algebra.*

Proof. Let $\langle \gamma_1, \cdots, \gamma_n \rangle$ be a sequence as defined in 3° of 7.1 and assume $q \in D_{\phi i}$, $[\phi_i](q) = 1$ for $i = 1, \cdots, m$. We prove by induction with respect to $j : q \in D_{\gamma_j}$ and $[\gamma_j](q) = 1$. The inductive step is provided for each of the rules R_i by $6.3 + i$ $(i = 1, \cdots, 7)$.

THEOREM. *A provable formula of* $\boldsymbol{PP}_1$ *holds in all partial Boolean algebras (is "Q-valid").*

PROOF. Assume $f \rightarrow \phi \vdash \phi$; then $f \rightarrow \phi \Vdash \phi$ by the preceding theorem. By 6.1, ϕ is valid iff $f \rightarrow \phi \Vdash \phi$ holds.

7.3 The rest of the paper is devoted to the proof of the converse: If ϕ holds in all partial Boolean algebras, then ϕ is provable in $\boldsymbol{PP}_1$. By 6.1, it suffices to show: If $f \rightarrow \phi \Vdash \phi$ holds in all partial Boolean algebras, then $f \rightarrow \phi \vdash \phi$ is a derivable rule of $\boldsymbol{PP}_1$.

7.4 It might be suspected that $\phi_1, \cdots, \phi_m \vdash \psi$ follows generally from $\phi_1, \cdots, \phi_m \Vdash \psi$. This is not so as shown by the following counterexample. Clearly $f \Vdash x_0$ holds in all partial Boolean algebras as there is no q such that $[f](q) = 1$. However, $f \vdash x_0$ is not a derivable rule. For, if the variable x_0 does not occur in the premise of the rules $R_1, \cdots, R_7$, neither does it occur in the conclusion. $f \vdash \phi$ is therefore derivable only for formulas ϕ not containing x_0. The system $\boldsymbol{PP}_1$ can be made complete in the above strong sense by adjoining the infinite list of axioms $fx_0, fx_1, \cdots$.

7.5 We shall state a series of derivable rules, numbered $S_1, S_2, \cdots$. For clarity, they will be included in brackets:

$$S_i : [\phi_1, \cdots, \phi_m \vdash \psi].$$

Proofs of such rules will be given in the following form

$$[\gamma_1; \gamma_2; \cdots; R_2 : \gamma_5; \cdots; S_2 : \gamma_7; \cdots; D : \gamma_9; \cdots; \gamma_n]$$

$\gamma_1, \cdots, \gamma_n$ will be formulas of $\boldsymbol{P}_1$, γ the formula ψ. A formula γ_k $(1 \leqq k \leqq n)$ not preceded by some R_i, S_i or D is one of the formulas $\phi_1, \cdots, \phi_m, \gamma_1, \cdots, \gamma_{k-1}$. If γ_k is preceded by R_i (or: by S_i), it follows from $\gamma_{k-t_i}, \cdots, \gamma_{k-1}$ by the rule R_i (or: S_i), where t_i is the number of formulas in the premise of R_i (or: S_i).

If γ_k is preceded by D, it is obtained from γ_{k-1} by substituting w (truth) for the subformula ff or by substituting ff for w.

8. Derivable rules:

S_1: $[f\phi\psi \vdash f\psi\phi]$
$[f\phi\psi;\ R_4 : \phi\psi\phi;\ R_1 : f\phi\psi\phi;\ R_2 : f\psi\phi]$

S_2: $[f\phi \vdash f\phi f]$
$[f\phi;\ R_1 : ff\phi;\ S_1 : f\phi f]$

S_3: $[f\phi\psi \vdash f\phi]$
$[f\phi\psi;\ S_1 : f\psi\phi;\ R_2 : f\phi]$

S_4: $[f\phi\psi\chi \vdash f\chi]$
$[f\phi\psi\chi;\ R_2 : f\psi\chi;\ R_2 : f\chi]$

S_5: $[f\phi\psi\chi \vdash f\psi]$
$[f\phi\psi\chi;\ R_2 : f\psi\chi;\ S_3 : f\psi]$

S_6: $[\phi \vdash ff]$
$[\phi;\ R_1 : f\phi;\ R_1 : ff\phi;\ S_3 . ff]$

DEFINITION: w is ff

S_7: $[\phi \vdash w]$
$[\phi;\ S_6 : ff;\ D : w]$

S_8: $[f\phi \vdash f\phi w]$
$[f\phi;\ S_7 : w;\ S_6 : ff;\ R_1 : fff; f\phi;\ S_2 : f\phi f; fff; f\phi f; f\phi f;\ R_5 : (\phi ff)(\phi f)(\phi f);$
$R_1 : f(\phi ff)(\phi f)(\phi f);\ S_3 : f\phi ff;\ D : f\phi w]$

S_9: $[f\phi \vdash \phi w]$
$[f\phi;\ S_8 : f\phi w;\ S_1 : fw\phi;\ R_4 : w\phi w;\ S_7 : w;\ w\phi w;\ R_6 : \phi w]$

S_{10}: $[f\phi \vdash \phi w\phi]$
$[f\phi;\ S_8 : f\phi w;\ R_4 : \phi w\phi]$

S_{11}: $[f\phi\psi \vdash f\phi\psi\phi]$
$[f\phi\psi;\ R_4 : \phi\psi\phi;\ R_1 : f\phi\psi\phi]$

S_{12}: $[f\phi\phi, f\phi\psi \vdash f\phi\phi\psi]$
$[f\phi\psi; f\phi\phi; f\phi\psi;\ R_5 : (\phi\phi\psi)(\phi\phi)(\phi\psi);\ R_1 : f(\phi\phi\psi)(\phi\phi)(\phi\psi);\ S_3 : f\phi\phi\psi]$

S_{13}: $[f\phi\psi, f\phi\chi, f\psi\chi \vdash f\phi\psi\chi]$
$[f\psi\chi;\ f\phi\psi;\ f\phi\chi;\ R_5 : (\phi\psi\chi)(\phi\psi)(\phi\chi);\ R_1 : f(\phi\psi\chi)(\phi\psi)(\phi\chi);\ S_3 : f\phi\psi\chi]$

S_{14}: $[f\phi\psi, f\phi\chi, f\psi\chi \vdash f(\phi\psi)\chi]$
$[f\psi\chi;\ S_1 : f\chi\psi; f\phi\chi;\ S_1 : f\chi\phi; f\chi\psi; f\phi\psi;\ S_{13} : f\chi\phi\psi;\ S_1 : f(\phi\psi)\chi]$

S_{15}: $[f\phi\psi, f\phi\chi, \psi\chi \vdash \phi\psi\chi]$
$[f\phi\psi;\ S_1 : f\psi\phi;\ f\phi\chi;\ S_1 : f\chi\phi;\ \psi\chi;\ R_1 : f\psi\chi;\ f\psi\phi;\ f\chi\phi;\ S_{14} : f(\psi\chi)\phi;$
$R_4 : (\psi\chi)\phi(\psi\chi);\ \psi\chi;\ (\psi\chi)\phi(\psi\chi);\ R_6 : \phi(\psi\chi)]$

S_{16}: $[f\phi\psi, f\phi\chi, \psi\chi \vdash (\phi\psi)(\phi\chi)]$
$[f\psi\chi;\ f\phi\psi;\ f\phi\chi;\ R_5 : (\phi\psi\chi)(\phi\psi)(\phi\chi);\ f\phi\psi : f\phi\chi;\ \psi\chi;\ S_{15} : \phi\psi\chi;\ (\phi\psi\chi)$
$(\phi\psi)(\phi\chi) : R_6 : (\phi\psi)(\phi\chi)]$

S_{17}: $[f\phi\phi, f\phi\psi, f\phi\chi, \phi\psi\chi \vdash \psi\phi\chi]$
$[\phi\psi\chi;\ R_1{:}\ f\phi\psi\chi;\ R_2{:}\ f\psi\chi; f\phi\psi;\ f\phi\chi;\ R_5{:}\ (\phi\psi\chi)(\phi\psi)(\phi\chi);\ \phi\psi\chi;\ (\phi\psi\chi)(\phi\psi)(\phi\chi);\ R_6{:}\ (\phi\psi)(\phi\chi);\ R_1{:} f(\phi\psi)(\phi\chi);\ \phi\psi\chi;\ R_1{:} f\phi\psi\chi;\ R_2{:} f\psi\chi; f\phi\psi;\ S_1{:} f\psi\phi; f\psi\chi; f\phi\chi;\ S_{13}{:} f\psi\phi\chi; f\psi\phi;\ R_4{:}\ \psi\phi\psi;\ R_1{:} f\psi\phi\psi; f\psi\phi\chi; (\phi\psi)(\phi\chi);\ S_{16}{:}\ (\psi\phi\psi)(\psi\phi\chi);\ \psi\phi\psi;\ (\psi\phi\psi)(\psi\phi\chi);\ R_6{:}\ \psi\phi\chi]$

S_{18}: $[f\phi\phi, \phi\psi\phi \vdash \psi\phi\phi]$
$[\phi\psi\phi;\ R_1{:} f\phi\psi\phi;\ R_2{:} f\psi\phi;\ S_1{:} f\phi\psi; f\phi\phi; f\phi\psi; f\phi\phi;\ \phi\psi\phi;\ S_{17}{:}\ \psi\phi\phi]$

S_{19}: $[f\phi \vdash f\phi w]$
$[f\phi;\ S_9{:}\ \phi w;\ R_1{:} f\phi w]$

S_{20}: $[f\phi \vdash fw\phi]$
$[f\phi;\ S_{19}{:} f\phi w;\ S_1{:} fw\phi]$

S_{21}: $[f\phi \vdash f(w\phi)w]$
$[f\phi;\ S_{20}{:} fw\phi;\ S_{20}{:} fww\phi;\ S_{21}{:} f(w\phi)\,w]$

S_{22}: $[f\phi \vdash f\phi w\phi]$
$[f\phi;\ S_{10}{:}\ \phi w\phi;\ R_1{:} f\phi w\phi]$

S_{23}: $[f\phi \vdash f(w\phi)\,\phi]$
$[f\phi;\ S_{22}{:} f\phi w\phi;\ S_1{:} f(w\phi)\,\phi]$

S_{24}: $[f\phi \vdash f(w\phi)(w\phi)]$
$[f\phi;\ S_{20}{:} fw\phi; f\phi;\ S_{21}{:} f(w\phi)\,w; f\phi;\ S_{23}{:}\ f(w\phi)\,\phi;\ f(w\phi)\,w; fw\phi;\ S_{13}{:}\ f(w\phi)(w\phi)]$

S_{25}: $[f\phi \vdash (w\phi)(w\phi)]$
$[f\phi;\ S_{21}{:} f(w\phi)\,w;\ R_4{:}\ (w\phi)\,w\,(w\phi);\ f\phi;\ S_{24}{:} f(w\phi)(w\phi);\ (w\phi)\,w\,(w\phi);\ S_{18}{:}\ w(w\phi)(w\phi);\ S_7{:}\ w;\ w(w\phi)(w\phi){:}\ R_6{:}\ (w\phi)(w\phi)]$

S_{26}: $[f\phi \vdash (w\phi)\,\phi]$
$[f\phi;\ S_{25}{:}\ (w\phi)(w\phi); f\phi;\ S_{23}{:}\ f(w\phi)\,\phi;\ f\phi;\ S_{21}{:}\ f(w\phi)\,w;\ f\phi;\ S_{24}{:}\ f(w\phi)(w\phi); f(w\phi)\,w; f(w\phi)\,\phi; (w\phi)(w\phi);\ S_{17}{:}\ w(w\phi)\phi;\ S_7{:}\ w;\ w(w\phi)\,\phi;\ R_6{:}\ (w\phi)\,\phi]$

S_{27}: $[f\phi \vdash f\phi\phi]$
$[f\phi;\ S_{10}{:}\ \phi w\phi; f\phi;\ S_{26}{:}\ (w\phi)\phi; f\phi;\ S_{22}{:} f\phi w\phi; (w\phi)\,\phi;\ \phi w\phi;\ R_7{:}\ f\phi\phi]$

S_{28}: $[f\phi\psi \vdash f\phi\phi]$
$[f\phi\psi;\ S_3{:} f\phi;\ S_{27}{:} f\phi\phi]$

S_{29} $[f\phi\psi \vdash f\psi\psi]$
$[f\phi\psi;\ S_1{:} f\psi\phi;\ S_{28}{:} f\psi\psi]$

S_{30}: $[f\phi\psi \vdash f\phi\phi\psi]$
$[f\phi\psi;\ S_{28}{:} f\phi\phi; f\phi\psi;\ S_{12}{:} f\phi\phi\psi]$

S_{31}: $[f\phi\psi, f\phi\chi, \phi\psi\chi \vdash \psi\phi\chi]$
$[f\phi\psi;\ S_{28}{:} f\phi\phi; f\phi\psi; f\phi\chi;\ \phi\psi\chi;\ S_{17}{:}\ \psi\phi\chi]$

S_{32}: $[\phi\psi\phi \vdash \psi\phi\phi]$
$[\phi\psi\phi;\ R_1{:} f\phi\psi\phi;\ S_{28}{:} f\phi\phi;\ \phi\psi\phi;\ S_{18}{:}\ \psi\phi\phi]$

S_{33}: $[f\phi \vdash \phi\phi]$
$[f\phi;\ S_{10}{:}\ \phi w\phi;\ S_{32}{:}\ w\phi\phi;\ S_7{:}\ w;\ w\phi\phi;\ R_6{:}\ \phi\phi]$

S_{34}: $[f\phi\psi \vdash f(\phi f)\psi]$

$[f\phi\psi;\ R_2\colon f\psi;\ R_1\colon ff\psi;\ f\phi\psi;\ S_3\colon f\phi;\ S_2\colon f\phi f;\ f\phi\psi;\ ff\psi;\ S_{13}\colon f(\phi f)\psi)]$

S_{35}: $[f\phi\psi \vdash f\phi\psi f]$

$[f\phi\psi;\ S_1\colon f\psi\phi;\ S_{34}\colon f(\psi f)\phi;\ S_1\colon f\phi\psi f]$

S_{36}: $[f\phi\psi, f\phi\chi, f\psi\chi \vdash f((\phi f)\psi)\chi]$

$[f\phi\chi;\ S_{34}\colon f(\phi f)\chi;\ f\phi\psi;\ S_{34}\colon f(\phi f)\psi;\ f(\phi f)\chi;\ f\psi\chi;\ S_{13}\colon f((\phi f)\psi)\chi]$

9. 9.1 Let $\boldsymbol{P}_1^n(y)$ be the system $\boldsymbol{P}_1$ introduced in section 2 in which the series $x_0, x_1, \cdots$ is replaced by $y_0, y_1, \cdots$ and where no other variables than $y_0, \cdots, y_n$ occur. If γ is a formula of $\boldsymbol{P}_1(y)$ and $*$ is an n-sequence $\langle\phi_0, \cdots, \phi_n\rangle$ of formulas of $\boldsymbol{P}_1$ then γ^* is the result of substituting ϕ_i for y_i $(i = 1, \cdots, n)$. We have $f^* = f,\ y_0^* = \phi_0, \cdots; (\gamma_1\gamma_2)^* = \gamma_1{}^*\gamma_2{}^*$. If $*$ is the sequence $\langle\phi_0, \cdots, \phi_n\rangle$ of formulas of $\boldsymbol{P}_1$, then f^{**} is the following sequence of formulas: It is $f\phi_0\phi_0$ in case $n = 0$; *it is* $f\phi_0\phi_1, \cdots, f\phi_i\phi_j (i < j), \cdots, f\phi_{n-1}\phi_n$ in case $n \geqq 1$. We state a metarule

M_1: If γ_1, γ_2 are formulas of $\boldsymbol{P}_1^n(y)$ and if $*$ is an n-sequence of formulas of $\boldsymbol{P}_1$, then $[f^{**} \vdash f\gamma_1^*\gamma_2^*]$ is a derivable rule.

The proof (by induction) follows from the rules R_2, S_3, S_{13}, S_{27}.

9.2 M_2: *If the formula γ of $\boldsymbol{P}_1^n(y)$ is an identity of the classical propositional calculus and if $*$ is an n-sequence of formulas of $\boldsymbol{P}_1$, then*

$$[f^{**} \vdash \gamma^*]$$

is a derivable rule.

PROOF. γ being an identity, there exists by Wajsberg [4], p. 138, a sequence $\langle\gamma_1, \cdots, \gamma_m\rangle$, $\gamma_m = \gamma$, of formulas of $\boldsymbol{P}_1^n(y)$ having the following property:

For each i, $1 \leqq i \leqq m$, one of the following alternatives hold:

(a) there exist formulas ϕ, ψ, χ of $\boldsymbol{P}_1^n(y)$ such that γ_i is one of the following formulas ("γ_i is an axiom")

(a_1) $f\phi$

(a_2) $\phi\psi\phi$

(a_3) $(\phi\psi\chi)(\phi\psi)(\phi\chi)$.

(b) There exists j, $j < i$, such that γ_j is $(\gamma_i f)f$.

(c) There exist $j, k, j < i, j < k$ such that γ_k is $\gamma_j\gamma_i$.

We describe a modification of the sequence $\langle\gamma_1^*, \cdots, \gamma_m^*\rangle$ which transforms it into a proof of $[f^{**} \vdash \gamma_m^*]$. The formula γ_i^* will be replaced by one of the following sequences (the last formula being γ_i^* itself):

(a_1) $M_1\colon f\phi^*\phi^*;\ R_2\colon f\phi^*$

(a_2) $M_1\colon f\phi^*\psi^*;\ R_4\colon \phi^*\psi^*\phi^*$

(a_3) $M_1\colon f\psi^*\chi^*; M_1\colon f\phi^*\psi^*;\ M_1\colon f\phi^*\chi^*;\ R_5\colon (\phi^*\psi^*\chi^*)(\phi^*\psi^*)(\phi^*\chi^*)$

(b) $(\gamma_i{}^*f)f;\ R_3\colon \gamma_i{}^*$

(c) $\gamma_j^*;\ \gamma_j^*\gamma_i^*;\ R_6\colon \gamma_i^*$

9.3 The following rules S_{37}, S_{38}, S_{39} are special cases of the metarule M_2:

S_{37}: $[f\phi\phi \vdash ((\phi f)f)\phi]$
S_{38}: $[f\phi\phi \vdash \phi(\phi f)f]$
S_{39}: $[f\phi_1\phi_2, f\phi_1\psi_1, f\phi_1\psi_2, f\phi_2\psi_1, f\phi_2\psi_2, f\psi_1\psi_2 \vdash (\psi_1\psi_2)(\phi_2\phi_1)(\phi_1\psi_1)(\phi_2\psi_2)]$

Rule S_{40} follows easily from R_6, R_7, S_1, S_{39}.

S_{40}: $[f\phi_1\psi_1, \phi_1\phi_2, \phi_2\phi_1, \psi_1\psi_2, \psi_2\psi_1 \vdash (\phi_1\psi_1)(\phi_2\psi_2)]$

9.4 We proceed to prove the substitutivity property of equivalence. Let γ be a formula of $P_1''(y)$, let $\langle\phi_0', \phi_1, \cdots, \phi_n\rangle$ and $\langle\phi_0'', \phi_1, \cdots, \phi_n\rangle$ be n-sequences of formulas of P_1^*; let γ_1^* be the formula corresponding to the first, γ_2^* the formula corresponding to the second sequence. We then have the two following metarules:

M_3: $[f\gamma_1^*, \phi_0'\phi_0'', \phi_0''\phi_0' \vdash \gamma_1^*\gamma_2^*]$
M_4: $[\gamma_1^*, \phi_0'\phi_0'', \phi_0''\phi_0' \vdash \gamma_2^*]$

The proof of M_3 is by induction with respect to the length of γ; the inductive step is provided by S_{40}.

Proof of M_4: $[\gamma_1^*; R_1: f\gamma_1^*; \phi_0'\phi_0''; \phi_0''\phi_0'; M_3: \gamma_1^*\gamma_2^*; \gamma_1^*; \gamma_1^*\gamma_2^*; R_6: \gamma_2^*]$.

10. Theorem. *If the formula* ϕ *of* $\boldsymbol{PP}_1$ *holds in all partial Boolean algebras* (as defined in [2]), *then* $f \to \phi \vdash \phi$ *is a derivable rule of* $\boldsymbol{PP}_1$.

Instead of giving the (rather tedious) reduction of this completeness theorem to the one given in [2], we outline the adaptation of the proof in [2] to the present case.

10.1 With each formula ϕ of $\boldsymbol{P}_1$ we associate a partial Boolean algebra $\boldsymbol{B}_\phi$ such that $f \to \phi \vdash \phi$ is a derivable rule of $\boldsymbol{PP}_1$, if ϕ holds in $\boldsymbol{B}_\phi$. Let Ω be the set of formulas ψ of $\boldsymbol{P}_1$ such that $[f\phi \vdash f\psi]$ is a derivable rule and let the relation $\simeq$ on $\Omega \times \Omega$ be defined as follows: $\psi_1 \simeq \psi_2$ iff the rules $[f\phi \vdash \psi_1\psi_2]$ and $[f\phi \vdash \psi_2\psi_1]$ are derivable. Ω and $\simeq$ have the following properties:

1° $f \in \Omega$, $w \in \Omega$, $\phi \in \Omega$ (S_6, S_7, R_1).
2° *If* $\psi_1\psi_2 \in \Omega$, *then* $\psi_i \in \Omega$ $(i = 1, 2$; *by* $R_2, S_3)$
3° $\simeq$ *is an equivalence relation* (S_{33}, M_4).
4° *If* $\psi \simeq \psi'$, *then* $\psi f \simeq \psi' f (S_{40})$.
5° *If* $\psi_1\psi_2 \in \Omega$, *then* $((\psi_1 f)f)\psi_2 \in \Omega$ *and* $((\psi_1 f)f)\psi_2 \simeq \psi_1\psi_2 (S_{37}, S_{38}$
6° *If* $\psi_1 \simeq \psi_1'$ *and* $\psi_2 \simeq \psi_2'$ *then* $\psi_1\psi_2 \in \Omega$ *iff* $\psi_1'\psi_2' \in \Omega (M_4)$.
7° *If* $\psi_1 \simeq \psi_1'$, $\psi_2 \simeq \psi_2'$ *and* $\psi_1\psi_2 \in \Omega$, *then* $(\psi_1 f)\psi_2 \simeq (\psi_1' f)\psi_2' (M_4)$.
8° $\psi \simeq w$ *iff* $[f\phi \vdash \psi]$ *is derivable.*

Proof. Assume $[f\phi \vdash \psi]$; then $[f\phi \vdash \psi w]$ by S_9, $[f\phi \vdash w\psi]$ by S_{10}, R_6. If $[f\phi \vdash w\psi]$, then $[f\phi \vdash \psi]$ by R_6.

10.2 We define a structure $B_\phi = \langle B, \delta, 0, 1, \rightharpoondown, \vee\rangle$ of type *PB* (cf. section 3):

a) B is the set of equivalence classes of the relation $\simeq$ on Ω.

b) $\delta(a_1, a_2)$ holds for $a_i \in B (i = 1,2)$ iff there exist formulas $\psi_1 \in a_i (i = 1,2)$ such that $[f\phi \vdash f\psi_1\psi_2]$ is derivable. By 6°, $\delta(a_1, a_2)$ iff $[f\phi \vdash f\psi_1\psi_2]$ is derivable for all formulas $\psi_i \in a_i (i = 1,2)$.

c) 0 is the class of f, 1 is the class of $w(f, w \in \Omega$ by 1°).

d) By 4°, there exists for every class $a \in B$ a class $b \in B$ such that $(\psi f) \in b$ if $\psi \in a$; let this class b be $\rightharpoondown a$.

e) Assume $a_i \in B$, $\psi_i \in a_i$, $\psi_i' \in a_i (i = 1,2)$ and $\delta(a_1, a_2)$. Then $\psi_1\psi_2 \in \Omega$, $\psi_1'\psi_2' \in \Omega$ and the formulas $(\psi_1 f)\psi_2, (\psi_1' f)\psi_2'$ belong to the same class b: let $a_1 \vee a_2$ be this class b.

10.3 *The structure* B_ϕ *defined in* 10.2 *is a partial Boolean algebra*, i.e. it satisfies the following 5 axioms of [2]:

A1) The relation δ is symmetric and reflexive (symmetry by S_1, reflexivity by S_{28}).

A2) For all $b \in B$: $\delta(b, 1)$, $\delta(b, 0) (S_2$ and $S_8)$.

A3) The partial function $\vee$ is defined exactly for those pairs $\langle b_1, b_2\rangle$ for which $\delta(b_1, b_2)$ (by definition).

A4) If $\delta(b_1, b_2)$, $\delta(b_1, b_3)$ and $\delta(b_2, b_3)$, then $\delta(b_1 \vee b_2, b_3)$, $\delta(\rightharpoondown b_1, b_2)$ (the first conclusion by S_{36}, the second by S_{34}).

A5) For all $b_0, b_1, b_2 \in B$: If $\delta(b_0, b_1)$, $\delta(b_0, b_2)$ and $\delta(b_1, b_2)$, then the Boolean polynomials in b_0, b_1, b_2 form a Boolean algebra.

PROOF. By 4.8, it suffices to show: If P is a Boolean polynomial such that $P(y_0, y_1, y_2) = 1$ in the Boolean sense, then $P(b_0, b_1, b_2) = 1$ in B_ϕ. Let γ be the formula of $P_1^2(y)$ translating the polynomial P (the translation of $y_0 \vee y_1$ being $(y_0 f) y_1$ etc.); $P = 1$ being a Boolean identity, γ is an identity of the classical propositional calculus. Assume $\psi_i \in b_i (i = 0,1,2)$, $* = \langle\psi_0, \psi_1, \psi_2\rangle$ and $\delta(b_0, b_1)$, $\delta(b_0, b_2)$, $\delta(b_1, b_2)$. We then have $f**$ and by $M_4 : [f** \vdash \gamma^*]$, i.e. $[f\phi \vdash \gamma^*]$; by 8° of 10.1 therefore $\gamma^* \simeq w$, i.e. $\gamma^* \in 1$. The formula γ^* is an element of $P(b_0, b_1, b_2)$: The class of $(\phi_0 f)\phi_1$ is by definition $\{(\psi_0 f) f\} \vee \{\psi_1\}$ which is the same as $\{\psi_0\} \vee \{\psi_1\}$, i.e. $b_0 \vee b_1$. We therefore have $\gamma^* \in 1$, $\gamma^* \in P(b_0, b_1, P_2)$, i.e. $P(b_0, b_1, b_2) = 1$.

10.4 *There exists a sequence* $q \in B^N$ *such that for all formulas* ψ *of* Ω, $q \in D_\psi$ *and* $[\psi](q) = \{\psi\}$ (equivalence class of ψ).

PROOF. q is defined as follows: If the variable x_n is an element of Ω, then $q(n) = \{x_n\}$; otherwise $q(n) = 0$. The theorem is then proved by induction with respect to the length of ψ. If ψ is a variable or f, it holds by definition. Assume therefore $\psi = \psi_1\psi_2$; then $\psi_1, \psi_2 \in \Omega (2°$ of 10.1) and $q \in D_{\Psi_i}$, $[\psi_i](q) = \{\psi_i\} (i = 1,2)$ by the hypothesis of the induction. In order to prove $q \in D\psi_1\psi_2$, we have to show: $\delta(\rightharpoondown [\psi_1](q), [\psi_2](q))$. We have

$\rightharpoondown[\psi_1](q) = \rightharpoondown\{\psi_1\} = \{\psi_1 f\}$; $[\psi_2](q) = \{\psi_2\}$; we therefore have to show $[f\phi \vdash f(\psi_1 f)\psi_2]$, which follows immediately from S_{34}. Furthermore $[\psi_1\psi_2](q) = \rightharpoondown[\psi_1](q) \vee [\psi_2](q) = \rightharpoondown\{\psi_1\} \vee \{\psi_2\} = \{\psi_1 f\} \vee \{\psi_2\} = \{((\psi_1 f)f)\psi_2\}$; by 5° of 10.1, $((\psi_1 f)f)\psi_2 \simeq \psi_1\psi_2$ and therefore $[\psi_1\psi_2](q) = \{\psi_1\psi_2\}$.

10.5 *If the formula ψ of Ω holds in the partial Boolean algebra $\boldsymbol{B}_\phi$, then $[f\phi \vdash \psi]$ is a derivable rule of $\boldsymbol{PP}_1$.*

PROOF. Let q be the sequence defined in 10.4; then $[\psi](q) = \{\psi\}$. If ψ holds in $\boldsymbol{B}_\phi$, then $[\psi](q) = 1$, i.e. $\{\psi\} = 1$, $\psi \simeq w$. By 8° of 10.1, $\psi \simeq w$ iff the rule $[f\phi \vdash \psi]$ is derivable.

By 1° of 10.1, ϕ is a formula of Ω. Therefore:

ϕ holds in the partial Boolean algebra $\boldsymbol{B}_\phi$ iff $[f \rightarrow \phi \vdash \phi]$ is a derivable rule of $\boldsymbol{PP}_1$.

REFERENCES

[1] A CHURCH, *Introduction to Mathematical Logic*, Volume 1, Princeton University Press, Princeton 1956.

[2] S. KOCHEN and E. P. SPECKER, Logical Structures Arising in Quantum Theory, to appear in the *Proc. of the Model Theory Symp.* held in Berkeley, June–July 1963.

[3] E. SPECKER, Die Logik nicht gleichzeitig entscheidbarer Aussagen, *Dialectica* **14** (1960), 239–246.

[4] M. WAJSBERG, Metalogische Beiträge II, *Wiadomości Matematyczne* **47** (1939), 119–139.

The Problem of Hidden Variables in Quantum Mechanics

SIMON KOCHEN & E. P. SPECKER

Communicated by A. M. GLEASON

0. Introduction. Forty years after the advent of quantum mechanics the problem of hidden variables, that is, the possibility of imbedding quantum theory into a classical theory, remains a controversial and obscure subject. Whereas to most physicists the possibility of a classical reinterpretation of quantum mechanics remains remote and perhaps irrelevant to current problems, a minority have kept the issue alive throughout this period. (See Freistadt [5] for a review of the problem and a comprehensive bibliography up to 1957.) As far as results are concerned there are on the one hand purported proofs of the non-existence of hidden variables, most notably von Neumann's proof, and on the other, various attempts to introduce hidden variables such as de Broglie [4] and Bohm [1] and [2]. One of the difficulties in evaluating these contradictory results is that no exact mathematical criterion is given to enable one to judge the degree of success of these proposals.

The main aim of this paper is to give a proof of the nonexistence of hidden variables. This requires that we give at least a precise necessary condition for their existence. This is carried out in Sections 1 and 2. The proposals in the literature for a classical reinterpretation usually introduce a phase space of hidden pure states in a manner reminiscent of statistical mechanics. The attempt is then shown to succeed in the sense that the quantum mechanical average of an observable is equal to the phase space average. However, this statistical condition does not take into account the algebraic structure of the quantum mechanical observables. A minimum such structure is given by the fact that some observables are functions of others. This structure is independent of the particular theory under consideration and should be preserved in a classical reinterpretation. That this is not provided for by the above statistical condition is easily shown by constructing a phase space in which the statistical condition is satisfied but the quantum mechanical observables become interpreted as independent random variables over the space.

The algebraic structure to be preserved is formalized in Section 2 in the concept of a partial algebra. The set of quantum mechanical observables viewed as operators on Hilbert space form a partial algebra if we restrict the operations of sum and product to be defined only when the operators commute. A necessary condition then for the existence of hidden variables is that this partial algebra be imbeddable in a commutative algebra (such as the algebra of all real-valued functions on a phase space). In Sections 3 and 4 it is shown that there exists a finite partial algebra of quantum mechanical observables for which no such imbedding exists. The physical description of this result may be understood in an intuitive fashion quite independently of the formal machinery introduced. An electric field of rhombic symmetry may be applied to an atom of orthohelium in its lowest energy state in any one of a specified finite number of directions. The proposed classical interpretation must then predict the resulting change in the energy state of the atom in every one of these directions. For each such prediction there exists a direction in this specified set in which the field may be applied such that the predicted value is contradicted by the experimentally measured value.

The last section deals with the logic of quantum mechanics. It is proved there that the imbedding problem we considered earlier is equivalent to the question of whether the logic of quantum mechanics is essentially the same as classical logic. The precise meaning of this statement is given in that section. Roughly speaking a propositional formula $\psi(x_1, \cdots, x_n)$ is valid in quantum mechanics if for every "meaningful" substitution of quantum mechanical propositions P_i for the variables x_i this formula is true, where a meaningful substitution is one such that the propositions P_i are only conjoined by the logical connectives in $\psi(P_1, \cdots P_n)$ if they are simultaneously measurable. It then follows from our results that there is a formula $\varphi(x_1, \cdots, x_{86})$ which is a classical tautology but is false for some meaningful substitution of quantum mechanical propositions. In this sense the logic of quantum mechanics differs from classical logic. The positive problem of describing quantum logic has been studied in Kochen and Specker [10] and [11].

In Section 5 the present proof has been compared with von Neumann's well-known proof of the non-existence of hidden variables. von Neumann's proof is essentially based on the non-existence of a real-valued function on the set of quantum mechanical observables which is multiplicative on commuting observables and linear. In our proof we show the non-existence of a real-valued function which is both multiplicative and linear only on commuting observables. Thus, in a formal sense our result is stronger than von Neumann's. In Section 5 we attempt to show that this difference is essential. We show that von Neumann's criterion applies to a single particle of spin $\frac{1}{2}$, implying that there is no classical description of this system. On the other hand, we contradict this conclusion by constructing a classical model of a spin $\frac{1}{2}$ particle. This is done by imbedding the partial algebra of self-adjoint operators on a two-dimensional complex Hilbert space into the algebra of real-valued functions on a suitable phase space in such a way that the statistical condition is satisfied.

1. Discussion of the problem. For our purposes it is convenient to describe a physical theory within the following framework. We are given a set $\mathcal{O}$ called the set of observables and a set S called the set of states. In addition, we have a function P which assigns to each observable A and each state ψ a probability measure $P_{A\psi}$ on the real line $\mathbf{R}$. Physically speaking, if U is a subset of $\mathbf{R}$ which is measurable with respect to $P_{A\psi}$, then $P_{A\psi}(U)$ denotes the probability that the measurement of A for a system in the state ψ yields a value lying in U. From this we obtain in the usual manner the expectation of the observable A for the state ψ,

$$\mathrm{Exp}_\psi\,(A) = \int_{-\infty}^{\infty} \lambda \, dP_{A\psi}(\lambda).$$

States are generally divided into two kinds, pure states and mixed states. Roughly speaking, the pure states describe a maximal possible amount of knowledge available in the theory about the physical system in question; the mixed states give only incomplete information and describe our ignorance of the exact pure state the system is actually in.

We illustrate these remarks with an example from Newtonian mechanics. Suppose we are given a system of N particles. Then each pure state ψ of the system is given by a $6N$-tuple $(q_1, \cdots, q_{3N}, p_1, \cdots, p_{3N})$ of real numbers denoting the coordinates of position and momentum of the particles. In this case, the probability $P_{A\psi}$ assigned to each observable is an atomic measure, concentrated on a single real number a. That is, $P_{A\psi}(U) = 1$ if $a \in U$ and $P_{A\psi}(U) = 0$ if $a \notin U$. Thus, if we introduce the phase space Ω of pure states, which we may here identify with a subset of $6N$-dimensional Euclidean space, then each observable A becomes associated with a real-valued function $f_A : \Omega \to \mathbf{R}$ given by $f_A(\psi) = a$.

If N is large it is not feasible to determine the precise pure state the system may be in. We resort in this case to the notion of a mixed state which gives only the probability that the system is in a pure state which lies in a region of Ω. More precisely, a mixed state ψ is described by a probability measure μ_ψ on the space Ω, so that, for each measurable subset Γ of Ω, $\mu_\psi(\Gamma)$ is the probability that the system is in a pure state lying in Γ. It follows immediately that the probability measure $P_{A\psi}$ assigned to an observable A and mixed state ψ is given by the formula

$$P_{A\psi}(U) = \mu_\psi(f_A^{-1}(U)). \tag{1}$$

Thus, we have

$$\mathrm{Exp}_\psi\,(A) = \int_\Omega f_A(\omega)\, d\mu_\psi(\omega). \tag{2}$$

In the case of quantum mechanics the set $\mathcal{O}$ of observables is represented by self-adjoint operators on a separable Hilbert space $\mathcal{H}$. The pure states are given by the one-dimensional linear subspaces of $\mathcal{H}$. The probability $P_{A\psi}$ is defined by taking the spectral resolution of A:

$$A = \int_{-\infty}^{\infty} \lambda \, dE_A(\lambda),$$

where E_A is the spectral measure corresponding to A. Then

$$P_{A\psi}(U) = \langle E_A(U)\psi, \psi \rangle,$$

where ψ is any unit vector in the one-dimensional linear subspace corresponding to the pure state ψ. Hence, by the spectral theorem

$$\text{Exp}_\psi (A) = \int_{-\infty}^{\infty} \lambda \, d\langle E_A(U)\psi, \psi \rangle = \langle A\psi, \psi \rangle.$$

Although there may be states ψ for each observable A in this theory such that $P_{A\psi}$ is atomic, there are no longer, as in classical mechanics, states ψ such that $P_{A\psi}$ is atomic simultaneously for all observables.

The problem of hidden variables may be described within the preceding framework. Let us recall that the hidden variables problem was successfully solved in a classical case, namely, the theory of thermodynamics. The theory of macroscopic thermodynamics is a discipline which is independent of classical mechanics. This theory has its own set of observables such as pressure, volume, temperature, energy, and entropy and its own set of states. This theory shares with quantum mechanics the property that the probability $P_{A\psi}$ is not atomic even for pure states ψ. In most cases this probability is sufficiently concentrated about a single point so that it is in practice replaced by an atomic measure. However, there are cases where distinct macroscopic phenomena (such as critical opalescence) depend upon these fluctuations.

It proves possible in this case to introduce an underlying theory of classical mechanics on which thermodynamics may be based. In terms of the preceding description a phase space Ω of "hidden" pure states is introduced. In physical terms the system is assumed to consist of a large number of molecules and Ω is the space of the coordinates of position and momentum of all the molecules. Every pure state ψ of the original theory of thermodynamics is now interpreted as a mixed state of the new theory, *i.e.*, as a probability measure μ_ψ over the space Ω. Every observable A of thermodynamics is interpreted as a function $f_A : \Omega \to \mathrm{R}$, and it is assumed that condition (1) and hence (2) holds. It is in this way that the laws of thermodynamics become consequences of classical Newtonian mechanics *via* statistical mechanics. The formula (2) is the familiar statistical mechanical averaging process. This example has been considered as the classic case of a successful introduction of hidden variables into a theory.

The problem of hidden variables for quantum mechanics may be interpreted in a similar fashion as introducing a phase space Ω of hidden states for which condition (1) is true. This statistical condition (1) has in fact been taken as a proof of the success of various attempts to introduce a phase space into quantum mechanics. Now, in fact the condition (1) can hardly be the only requirement for the existence of hidden variables. For we may always introduce, at least mathematically, a phase space Ω into a theory so that (1) is satisfied. To see this, let

$$\Omega = \mathbf{R}^{\mathcal{O}} = \{\omega \mid \omega : \mathcal{O} \to \mathbf{R}\}.$$

If $A \varepsilon \mathcal{O}$, let $f_A : \Omega \to \mathbf{R}$ be defined by $f_A(\omega) = \omega(A)$. If $\psi \varepsilon S$, let

$$\mu_\psi = \prod_{A \varepsilon \mathcal{O}} P_{A\psi},$$

the product measure of the probabilities $P_{A\psi}$. Then,

$$\mu_\psi f_A^{-1}(U) = \mu_\psi(\{\omega \mid \omega(A) \varepsilon U\}) = P_{A\psi}(U).$$

We have two reasons for mentioning this somewhat trivial construction. First, in the various attempts to introduce hidden variables into quantum mechanics, the only explicitly stated requirement that is to be fulfilled is the condition (1). (See Bohm [1] and [2], Bopp [3], Siegel and Wiener [16], and especially the review of [16] in Schwartz [15].) Of course, the above space Ω is far more artificial than the spaces proposed in these papers, but the only purpose here was to point out the insufficiency of the condition (1) as a test for the adequacy of the solution of the problem.

Our second reason for introducing the space $\mathbf{R}^{\mathcal{O}}$ is that it indicates the direction in which the condition (1) is inadequate. For each state ψ, as interpreted in the space $\mathbf{R}^{\mathcal{O}}$, the functions f_A are easily seen to be measurable functions with respect to the probability measure μ_ψ. In the language of probability theory the observables are thus interpreted as random variables for each state ψ. It is not hard to show furthermore that in this representation the observables appear as independent random variables.

Now it is clear that the observables of a theory are in fact not independent. The observable A^2 is a function of the observable A and is certainly not independent of A. In any theory, one way of measuring A^2 consists in measuring A and squaring the resulting value. In fact, this may be used as the *definition* of a function of an observable. Namely, we define the observable $g(A)$ for every observable A and Borel function $g : \mathbf{R} \to \mathbf{R}$ by the formula

$$P_{g(A)\psi}(U) = P_{A\psi}(g^{-1}(U)) \tag{3}$$

for each state ψ. If we assume that every observable is determined by the function P, *i.e.*, $P_{A\psi} = P_{B\psi}$ for every state ψ implies that $A = B$, then the formula (3) defines the observable $g(A)$. This definition coincides with the definition of a function of an observable in both quantum and classical mechanics.

Thus the measurement of a function $g(A)$ of an observable A is independent of the theory considered—one merely writes $g(a)$ for the value of $g(A)$ if a is the measured value of A. The set of observables of a theory thereby acquires an algebraic structure, and the introduction of hidden variables into a theory should preserve this structure. In more detail, we require for the successful introduction of hidden variables that a space Ω be constructed such that condition (1) is satisfied and also that

$$f_{g(A)} = g(f_A) \tag{4}$$

for every Borel function g and observable A of the theory. Note that this condition is satisfied in the statistical mechanical description of thermodynamics.

Our aim is to show that for quantum mechanics no such construction satisfying condition (4) is possible. However, condition (4) as it stands proves too unwieldy and we shall first replace it by a more tractable condition.

2. Partial algebras. We shall say that the observables $A_i, i \varepsilon I$, in a theory are *commeasurable* if there exists an observable B and (Borel) functions f_i, $i \varepsilon I$, such that $A_i = f_i(B)$ for all $i \varepsilon I$. Clearly in this case it is possible to measure the observables A_i, $i \varepsilon I$, simultaneously for it is only necessary to measure B and apply the function f_i to the measured value to obtain the value of A_i. In quantum mechanics a set $\{A_i \mid i \varepsilon I\}$ of observables is said to be simultaneously measurable if as operators they pairwise commute. A classical theorem on operators shows that this coincides with the above definition (see, *e.g.*, Neumark [12, Thm. 6]). (Note that as a result in the case of quantum mechanics the A_i, $i \varepsilon I$, are commeasurable if they are pairwise commeasurable.)

If A_1 and A_2 are commeasurable then we may define the observables $\mu_1 A_1 + \mu_2 A_2$ and $A_1 A_2$ for all real μ_1, μ_2. For then $A_1 = f_1(B)$ and $A_2 = f_2(B)$ for some observable B and functions f_1 and f_2. Hence we have

$$\begin{aligned} \mu_1 A_1 + \mu_2 A_2 &= (\mu_1 f_1 + \mu_2 f_2)(B), \\ A_1 A_2 &= (f_1 f_2)(B). \end{aligned} \tag{5}$$

With linear combinations and products of commeasurable observables defined the set of observables acquires the structure of a *partial algebra.* Note that condition (4) implies that the partial operations defined in (5) are preserved under the map f. These ideas will now be formalized in the following definitions.

Definition. A set A forms a *partial algebra* over a field K if there is a binary relation $\between$ (commeasurability) on A, (*i.e.*, $\between \subseteq A \times A$), operations of addition and multiplication from $\between$ to A, scalar multiplication from $K \times A$ to A, and an element 1 of A, satisfying the following properties:

1. The relation $\between$ is reflexive and symmetric, *i.e.*, $a \between a$ and $a \between b$ implies $b \between a$ for all $a, b \varepsilon A$.
2. For all $a \varepsilon A$, $a \between 1$.
3. The relation $\between$ is closed under the operations, *i.e.*, if $a_i \between a_j$ for all $1 \leqq i, j \leqq 3$ then $(a_1 + a_2) \between a_3$, $a_1 a_2 \between a_3$ and $\lambda a_1 \between a_3$, for all $\lambda \varepsilon K$.
4. If $a_i \between a_j$ for all $1 \leqq i, j \leqq 3$, then the values of the polynomials in a_1, a_2, a_3 form a commutative algebra over the field K.

It follows immediately from the definition of a partial algebra that if D is a set of pairwise commeasurable elements of A then the set D generates a commutative algebra in A.

We have defined the notion of a partial algebra over an arbitrary field K but there are two cases which are of interest to us. The first is the field $\mathbf{R}$ of real numbers and the second is the field Z_2 of two elements. For the case of a partial algebra over Z_2 we may define the Boolean operations in terms of the ring operations in the usual manner: $a \cap b = ab$, $a \cup b = a + b - ab$, $a' = 1 - a$. It follows that if $a_i \between a_j$, $1 \leq i, j \leq 3$, then the polynomials in a_1, a_2, a_3 form a Boolean algebra. We shall call a partial algebra over Z_2 a *partial Boolean algebra.* It is clear how we may define this notion directly in terms of the operations $\cap$, $\cup$, $'$. What makes a partial Boolean algebra important for our purposes is that the set of idempotent elements of a partial alegbra $\mathfrak{N}$ forms a partial Boolean algebra. This is a counterpart of the familiar fact that the set of idempotents of a commutative algebra forms a Boolean algebra.

We consider some examples of partial algebras. Let $H(U^a)$ be the set of all self-adjoint operators on a complex Hilbert space U^a of dimension α. If we take the relation $\between$ to be the relation of commutativity then $H(U^a)$ forms a partial algebra over the field $\mathbf{R}$ of reals. In this case the idempotents are the projections of U^a. Thus the set $\mathbf{B}(U^a)$ of projections forms a partial Boolean algebra. Because every projection corresponds uniquely to a closed linear subspace of U^a, we may alternatively consider $\mathbf{B}(U^a)$ as the partial Boolean algebra of closed linear subspaces of U^a. The direct definition of the relation $\between$ in this interpretation of $\mathbf{B}(U^a)$ is: $a \between b$ if there exists elements c, d, e in $\mathbf{B}(U^a)$ which are mutually orthogonal with $a = c \oplus d$ and $b = d \oplus e$. Furthermore $a \cap b$ denotes the intersection of the two subspaces a and b, $a \cup b$ denotes the space spanned by a and b, and a' denotes the orthogonal complement of a.

We have seen that the set $\mathfrak{O}$ of observables of a physical theory forms a partial algebra over $\mathbf{R}$ if we take $\between$ to be the relation of commeasurability. If A is an idempotent in $\mathfrak{O}$, then it follows from the definition of A^2, that the measured values of the observable A can only be 1 or 0. By identifying these values with truth and falsity we may consider each such idempotent observable as a proposition of the theory. (See von Neumann [19, Ch. III.5] for a more detailed discussion of this point.) Thus, the set of propositions of a physical theory form a partial Boolean algebra. It is a basic tenet of quantum theory that the set of its observables may be identified with a partial sub-algebra Q of $H(U^\omega)$, the partial algebra of self-adjoint operators on a separable complex Hilbert space. This implies then that the propositions of quantum mechanics form a partial Boolean sub-algebra $\mathfrak{B}$ of $\mathbf{B}(U^\omega)$.

Every commutative algebra A forms a partial algebra if we take the relation $\between$ to be $A \times A$. The following construction of a partial algebra is of interest because it gives us an alternative way of viewing partial algebras. Let C_i, $i \in I$, be a non-empty family of commutative algebras over a fixed field K which satisfy the following conditions:

(a) For every $i, j \in I$ there is a $k \in I$ such that $C_i \cap C_j = C_k$.
(b) If $a_1, \cdots, a_n$ are elements of $C = \bigcup_{i \in I} C_i$ such that any two of them lie in a common algebra C_i, then there is a $k \in I$ such that $a_1, \cdots, a_n \in C_k$.

The set C forms a partial algebra over K if we define the relations (i) $a \between b$, (ii) $ab = c$, and (iii) $a + b = c$ in C by the condition that there exist an $i \in I$ such that (i) $a, b \in C_i$, (ii) $ab = c$ in C_i and (iii) $a + b = c$ in C_i respectively. It is not difficult to show that every partial algebra is isomorphic to an algebra of this type. (We may thus view a partial algebra as a category in which the objects are commutative algebras and the maps are imbeddings.)

Definition. A map $h : U \to V$ between two partial algebras over a common field K is a *homomorphism* if for all $a, b \in U$ such that $a \between b$ and all $\mu, \lambda \in K$,

$$h(a) \between h(b),$$

$$h(\mu a + \lambda b) = \mu h(a) + \lambda h(b),$$

$$h(ab) = h(a)h(b),$$

$$h(1) = 1.$$

Given this definition we may state what our condition (4) of Section 1 on the existence of hidden variables implies for the partial algebra Q of observables of quantum mechanics. The set $\mathbf{R}^\Omega$ of all functions $f : \Omega \to \mathbf{R}$ from a space Ω of hidden states into the reals forms a commutative algebra over $\mathbf{R}$. From the way in which the partial operations on the set of observables of a theory are defined (equation (5)), condition (4) implies that there is an imbedding of the partial algebra into the algebra $\mathbf{R}^\Omega$. Our conclusion of this discussion is then the following:

A necessary condition for the existence of hidden variables for quantum mechanics is the existence of an imbedding of the partial algebra Q of quantum mechanical observables into a commutative algebra.

A possible objection to this conclusion is that the map of Q into the commutative algebra C need not be single-valued since a given quantum-mechanical observable may split into several observables in C. Thus, Q might be a homomorphic image of C. We shall meet this objection in Section 5 by showing that even such a many-valued map of Q into C does not exist.

Now if $\varphi : \mathfrak{N} \to C$ is an imbedding of a partial algebra $\mathfrak{N}$ into a commutative algebra, it follows immediately that φ restricted to the partial Boolean algebra of idempotents of $\mathfrak{N}$ is an imbedding into the Boolean algebra of idempotents of C. Thus, the existence of hidden variables implies the existence of an imbedding of the partial Boolean algebra of propositions of quantum mechanics into a Boolean algebra. We may justify the last statement independently of the previous discussion. For the set of propositions of a classical reinterpretation of quantum mechanics must form a Boolean algebra. But the conjunction of two commeasurable propositions has the same meaning in quantum mechanics as in classical physics and so should be preserved in the classical interpretation.

Let $h : Q \to \mathbf{R}$ be a homomorphism of the partial algebra Q of quantum mechanical observables into $\mathbf{R}$. Physically speaking h may be considered as a *prediction* function which simultaneously assigns to every observable a predicted measured value. If we assume the existence of a hidden state space Ω, so that Q is imbeddable by a map f into the algebra $\mathbf{R}^{\Omega}$, then each hidden state $\omega \in \mathbf{R}^{\Omega}$ defines such a homomorphism $h : Q \to \mathbf{R}$, namely $h(A) = f_A(\omega)$. Thus, the existence of hidden variables implies the existence of a large number of prediction functions. Every homomorphism $h : \mathfrak{N} \to \mathbf{R}$ is by restriction a homomorphism of the partial Boolean algebra of idempotents onto Z_2. The following theorem characterizes the imbedding of a partial Boolean algebra into a Boolean algebra in terms of its homomorphisms onto Z_2.

Theorem 0. *Let $\mathfrak{N}$ be a partial Boolean algebra. A necessary and sufficient condition that $\mathfrak{N}$ is imbeddable in a Boolean algebra B is that for every pair of distinct elements a, b in $\mathfrak{N}$ there is a homomorphism $h: \mathfrak{N} \to Z_2$ such that $h(a) \neq h(b)$.*

Proof. Suppose $\varphi : \mathfrak{N} \to B$ is an imbedding. Since $\varphi(a) \neq \varphi(b)$ if $a \neq b$, there exists by the semi-simplicity property of Boolean algebras (see *e.g.*, Halmos [8, sect. 18, Lemma 1]), a homomorphism $h : B \to Z_2$ such that $h\varphi(a) \neq h\varphi(b)$. Hence $k = h\varphi$ is the required homomorphism of $\mathfrak{N}$ onto Z_2.

To prove the converse, let S be the set of all non-trivial homomorphisms of $\mathfrak{N}$ into Z_2. Define the map $\varphi : \mathfrak{N} \to Z_2^S$ by letting $\varphi(a)$ be the function $g : S \to Z_2$ such that $g(h) = h(a)$ for every $h \in S$. Then it is easily checked that φ is an imbedding of $\mathfrak{N}$ into the Boolean algebra Z_2^S.

The next two sections are devoted to showing that there does not exist even a single homomorphism of the partial Boolean algebra $\mathcal{B}$ of the propositions of quantum mechanics onto Z_2.

3. The partial Boolean algebra B(E³). Let $\mathbf{B}(E^{\alpha})$ denote the partial Boolean algebra of linear subspaces of α-dimensional Euclidean space E^{α}. Our aim in this section is to show that there is a finite partial Boolean subalgebra D of $\mathbf{B}(E^3)$ such that there is no homomorphism $h : D \to Z_2$. In the next section we shall show that the elements of D in fact correspond to quantum mechanical observables.

Let D be a partial Boolean subalgebra of $\mathbf{B}(E^3)$ with a homomorphism $h : D \to Z_2$. If s_1, s_2, s_3 are mutually orthogonal one-dimensional linear subspaces of D, then

$$(6) \qquad \begin{aligned} h(s_1) \cup h(s_2) \cup h(s_3) &= h(s_1 \cup s_2 \cup s_3) = h(E^3) = 1 \text{ and} \\ h(s_i) \cap h(s_j) &= h(s_i \cap s_j) = h(0) = 0 \end{aligned}$$

for $1 \leq i \neq j \leq 3$. Hence, exactly one of every three mutually orthogonal lines is mapped by h onto 1. If we replace the lines by lines of unit length then h

induces a map $h^*: T \to \{0, 1\}$ from a subset T of the unit sphere S into $\{0, 1\}$ such that for any three mutually orthogonal points in T exactly one is mapped by h^* into 1.

It will be convenient in what follows to represent points on S by the vertices of a graph. Two vertices which are joined by an edge in the graph represent orthogonal points on S. When we say that a graph Γ is *realizable* on S we mean that there is an assignment of points of S to the vertices of Γ, distinct points for distinct vertices, with the orthogonality relations as indicated in Γ.

Lemma 1. The following graph Γ_1 is realizable on S.

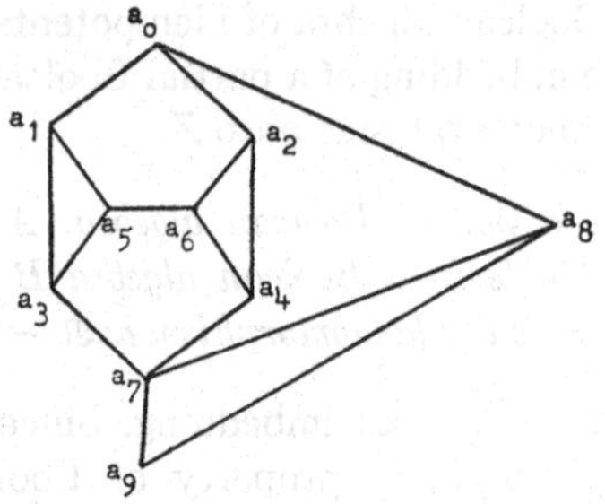

In fact, if p and q are points on S such that $0 \leq \sin\theta \leq \frac{1}{3}$ *where θ is the angle subtended by p and q at the center of S, then there exists a map* $u : \Gamma_1 \to S$ *such that* $u(a_0) = p$ *and* $u(a_9) = q$.

Proof. Since $u(a_8)$ is orthogonal to $u(a_0) \cup u(a_9)$ and $u(a_7)$ is orthogonal to $u(a_8)$, $u(a_7)$ lies in the plane $u(a_0) \cup u(a_9)$. Also since $u(a_7)$ is orthogonal to $u(a_9)$, we have that $\varphi = \pi/2 - \theta$, where φ is the angle subtended at the center of S by $u(a_0)$ and $u(a_7)$. Let $u(a_5) = \bar{\imath}$ and $u(a_6) = \bar{k}$. Then we may take

$$u(a_1) = (\bar{\jmath} + x\bar{k})(1 + x^2)^{-1/2} \quad \text{and} \quad u(a_2) = (\bar{\imath} + y\bar{\jmath})(1 + y^2)^{-1/2}.$$

The orthogonality conditions then force

$$u(a_3) = (x\bar{\jmath} - \bar{k})(1 + x^2)^{-1/2},$$
$$u(a_4) = (y\bar{\imath} - \bar{\jmath})(1 + y^2)^{-1/2},$$

and hence,

$$u(a_0) = (xy\bar{\imath} - x\bar{\jmath} + \bar{k})(1 + x^2 + x^2y^2)^{-1/2},$$
$$u(a_7) = (\bar{\imath} + y\bar{\jmath} + xy\bar{k})(1 + y^2 + x^2y^2)^{-1/2}.$$

Thus

$$\cos\varphi = \frac{xy}{((1 + x^2 + x^2y^2)(1 + y^2 + x^2y^2))^{1/2}}.$$

By elementary calculus the maximum value of this expression is $\frac{1}{3}$. Hence Γ_1 is realizable if $0 \leq \cos\varphi \leq \frac{1}{3}$, *i.e.*, $0 \leq \sin\theta \leq \frac{1}{3}$.

Lemma 2. The following graph Γ_2 is realizable on S.

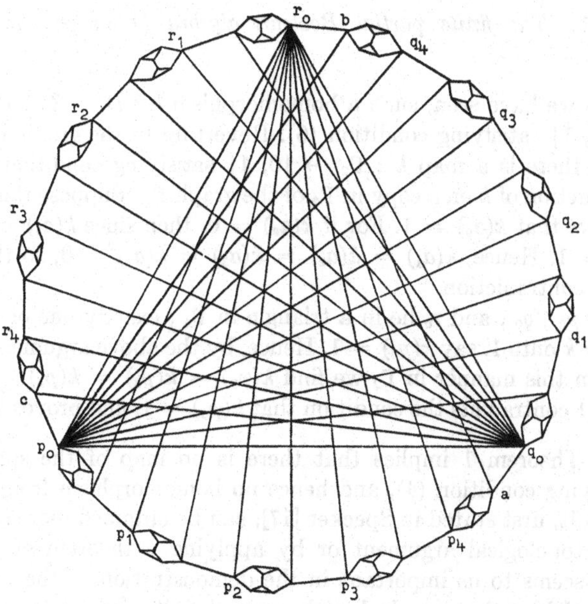

The graph Γ_2 is obtained from the above diagram by identifying the points p_0 and a, q_0 and b, and r_0 and c. The vertices of Γ_2 are the points on the rim of this diagram.

Proof. For $0 \leqq k \leqq 4$, let

$$P_k = \cos \frac{\pi k}{10} \bar{\imath} + \sin \frac{\pi k}{19} \bar{\jmath},$$

$$Q_k = \cos \frac{\pi k}{10} \bar{\jmath} + \sin \frac{\pi k}{10} \bar{k},$$

$$R_k = \sin \frac{\pi k}{10} \bar{\imath} + \cos \frac{\pi k}{10} \bar{k}.$$

Let $u(p_k) = P_k$, $u(q_k) = Q_k$, $u(r_k) = R_k$, for $0 \leqq k \leqq 4$. Since the subgraph of Γ_2 contained between the points p_0, p_1, and r_0 is a copy of Γ_1 and the angle subtended by P_0, P_1 is $\pi/10$ ($\sin \pi/10 < \frac{1}{3}$), we may extend u to a realization of this subgraph on S. A realization of the subgraph of Γ_2 contained between the points p_1, p_2, and r_0 is then obtained by rotating P_0 to P_1 about R_0. The remainder of the realization u is obtained by similar rotations about R_0, P_0, and Q_0.

Let T be the image of Γ_2 under u, consisting of 117 points on S. Let D be the partial Boolean subalgebra generated by T in $\mathbf{B}(E^3)$. (This corresponds to completing the graph Γ_2 so that every edge lies in a triangle. In the resulting graph the points and edges correspond to one and two dimensional linear subspaces of $\mathbf{B}(E^3)$ respectively.)

Theorem 1. The finite partial Boolean algebra D has no homomorphism onto Z_2.

Proof. As we have seen, such a homomorphism $h : D \to Z_2$ induces a map $h^* : T \to \{0, 1\}$ satisfying condition (6). Reverting to the graph Γ_2, we shall assume that there is a map $k : \Gamma_2 \to \{0, 1\}$ satisfying condition (6). Let us consider the action of k on a copy in Γ_2 of the graph Γ_1. Suppose that $k(a_0) = 1$, then it follows that $k(a_9) = 1$. For if $k(a_9) = 0$, then since $k(a_8) = 0$ we must have $k(a_7) = 1$. Hence, $k(a_1) = k(a_2) = k(a_3) = k(a_4) = 0$; so that $k(a_5) = k(a_6) = 1$, a contradiction.

Now since p_0, q_0, and r_0 lie in a triangle in Γ_2, exactly one of these points is mapped by k onto 1, say $k(p_0) = 1$. Hence, by the above argument $k(p_1) = 1$. Continuing in this manner in Γ_2 we find $k(p_2) = k(p_3) = k(p_4) = k(q_0) = 1$. But $k(q_0) = 1$ contradicts the condition that $k(p_0) = 1$, and proves the theorem.

Remark. Theorem 1 implies that there is no map of the sphere S onto $\{0, 1\}$ satisfying condition (4), and hence no homomorphism from $\mathbf{B}(E^3)$ onto Z_2. This result, first stated in Specker [17], can be obtained more simply either by a direct topological argument or by applying a theorem of Gleason [6]. However, it seems to us important in the demonstration of the non-existence of hidden variables that we deal with a small finite partial Boolean algebra. For otherwise a reasonable objection can be raised that in fact it is not physically meaningful to assume that there are a continuum number of quantum mechanical propositions.

To obtain a partial Boolean subalgebra of $\mathbf{B}(E^3)$ which is not imbeddable in a Boolean algebra a far smaller graph than Γ_2 suffices. The following graph Γ_3 may be shown to be realizable on S in similar fashion to the proof of Lemma 2.

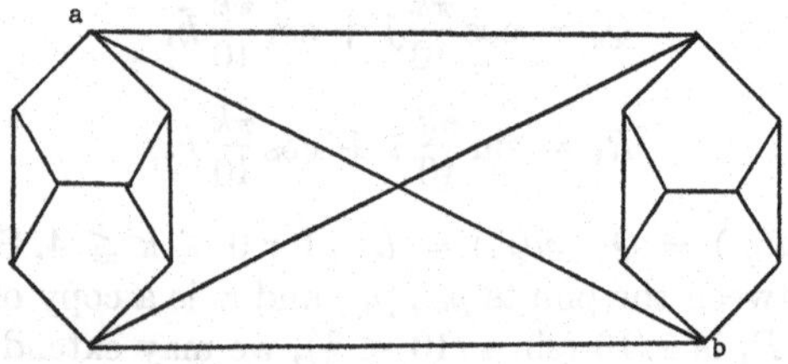

Let F be the partial Boolean algebra generated by the set of 17 points on S corresponding to Γ_3. If $h : F \to Z_2$ is a homomorphism then as we have seen in the proof of Theorem 1, if $h(a) = 1$ then $h(b) = 1$; by symmetry also $h(b) = 1$ implies $h(a) = 1$. That is, $h(a) = h(b)$ in every homomorphism $h : F \to Z_2$. If $\varphi : F \to B$ is an imbedding of F into a Boolean algebra, then by the semi-simplicity of B there exists a homomorphism $h' : B \to Z_2$ such that $h'(\varphi(a)) \neq h'(\varphi(b))$. Hence, $h = h'\varphi$ is a homomorphism from F onto Z_2 such that $h(a) \neq h(b)$, a contradiction.

4. The operators as observables. Let us consider a system in which the total angular momentum operator $\bar{J}$ commutes with the Hamiltonian operator H, so that $\bar{J}$ is a constant of the motion. We assume further that the system is in a state for which the principal quantum number $n = 2$ and the azimuthal quantum number $j = 1$, so that the total angular momentum is $\sqrt{2}\hbar$. The eigenspace N corresponding to the eigenvalue $2\hbar^2$ of J^2 is three-dimensional. We adopt the convention that $\hbar = 1$.

Let J_x, J_y, and J_z be the components of $\bar{J}$ in three mutually orthogonal directions x, y, and z. We shall show that in the three dimensional representation given by $n = 2$, $j = 1$ the following relations hold.

$$(7) \qquad [J_x^2, J_y^2] = [J_y^2, J_z^2] = [J_z^2, J_x^2] = 0.$$

In the usual representation in which J^2 and J_z are diagonal we have (see Schiff [14] p. 146)

$$J_z = \frac{1}{\sqrt{2}}\begin{bmatrix} 1 & 0 & 0 \\ 0 & 0 & 0 \\ 0 & 0 & -1 \end{bmatrix}, \quad J_x = \frac{1}{\sqrt{2}}\begin{bmatrix} 0 & 1 & 0 \\ 1 & 0 & 1 \\ 0 & 1 & 0 \end{bmatrix}, \quad J_y = \frac{1}{\sqrt{2}}\begin{bmatrix} 0 & -i & 0 \\ i & 0 & -i \\ 0 & i & 0 \end{bmatrix}.$$

It is now easily checked that the relations (7) follow. It may be of some interest to give a coordinate-free proof of these relations. The following proof was suggested to us by J. Chaiken. Let $J_\pm = J_x \pm iJ_y$. From the commutation relations $[J_x, J_y] = iJ_z$, *etc.*, for J_x, J_y, and J_z it follows that

$$[J_x^2, J_y^2] = (J_z - I)J_+^2 - (J_z + I)J_-^2 .$$

Now if $J_z\psi = m\psi$ then

$$J_zJ_+\psi = \begin{cases} (m + 1)J_+\psi & \text{if } \ -j \leqq m < j \\ 0 & \text{if } \ m = j. \end{cases}$$

Hence, if φ is any vector in the three-dimensional representation ($n = 2$, $j = 1$), then $J_+^2\varphi$ is either zero or an eigenvector of J_z with eigenvalue $+1$. In either case, $(J_z - I)J_+^2\varphi = 0$. Hence $(J_z - I)J_+^2 = 0$ in this representation. Similarly, $(J_z + I)J_-^2 = 0$, so that $[J_x^2, J_y^2] = 0$. This establishes (7). Note that these relations do not hold in any higher dimensional representation.

We now show that there is an imbedding ψ of the partial Boolean algebra $\mathbf{B}(E^3)$ into the partial Boolean algebra $\mathcal{B}$ of quantum mechanical proposition. Let P be the projection operator belonging to the 3-dimensional eigenspace N. To each one-dimensional linear subspace α of E^3 there corresponds an operator J_α, the component of angular momentum in the direction in physical space defined by α. Let $\psi(\alpha) = PJ_\alpha^2$. If β is a two-dimensional linear subspace of E^3 let α be the orthogonal complement of β in E^3. We define $\psi(\beta) = P - PJ_\alpha^2$. Finally we let $\psi(E^3) = P$ and $\psi(0) = 0$. This defines the map ψ. To show that ψ is an imbedding it clearly suffices to prove that if α and β are orthogonal one-dimensional linear subspaces of E^3, then $[PJ_\alpha^2, PJ_\beta^2] = 0$. But this is precisely the relation (7) which we have established. Note that the projection operator PJ_α^2 is an element of $\mathcal{B}$; it corresponds to the proposition P_α : "For the system in energy state $n = 2$ and total angular momentum state $j = 1$, the component of angular momentum in the direction α is not 0."

Since then the finite partial Boolean algebra D has been imbedded in $\mathcal{B}$, it follows by Section 3 that that there is no homomorphism of $\mathcal{B}$ onto Z_2.

In the above argument we have assumed that in the three-dimensional representation the observables J_x^2, J_y^2 and J_z^2 are commeasurable. This remains to be justified. Of course, we have seen that these operators commute and it is a generally accepted assumption of quantum mechanics that commuting operators correspond to commeasurable observables. A rationale for this assumption, as we pointed out in Section 2, is that if A_i, $i \in I$, is a set of mutually pairwise commuting self-adjoint operators, then there exists a self-adjoint operator B and Borel functions f_i, $i \in I$ such that $A_i = f_i(B)$. However this justification hinges on the existence of a physical observable which corresponds to the operator B. We shall now show that there is in this case an operator H_J of which J_x^2, J_y^2, and J_z^2 are functions and which corresponds to an observable.

Let a, b, and c be distinct real numbers and define

$$H_J = aJ_x^2 + bJ_y^2 + cJ_z^2 .$$

Then it is easily checked that in the three dimensional representation

$$\begin{aligned} J_x^2 &= (a-b)^{-1}(c-a)^{-1}(H_J-(b+c))(H_J-2a), \\ J_y^2 &= (b-c)^{-1}(a-b)^{-1}(H_J-(c+a))(H_J-2b), \qquad (8) \\ J_z^2 &= (c-a)^{-1}(b-c)^{-1}(H_J-(a+b))(H_J-2c). \end{aligned}$$

Consider now a physical system the total angular momentum of which is spin angular momentum S, with S having the constant value $\sqrt{2}\hbar$. An example of such a system is an atom of orthohelium in the 2^3S_1 state, *i.e.*, the lowest triplet state of helium, with the principal quantum number $n = 2$, the orbital quantum number $l = 0$, and spin $s = 1$. (Note that this is a stable state for the atom even though it is not the ground state. (It is called a metastable state.) The reason for the stability is that the ground state ($n = 1$) of the atom occurs only for parahelium, *i.e.*, the singlet state of helium with $s = 0$; and transitions are forbidden between the singlet and the triplet states of helium.).

We now apply to the system in this state a small electric field E which has rhombic symmetry about the atom. (Such a field, for instance, results from placing point charges at the points $(\pm u, 0, 0)$, $(0, \pm v, 0)$ $(0, 0, \pm w)$, with u, v, and w distinct, the atom being at the origin.) By perturbation methods it may be shown that the Hamiltonian H of the system is perturbed to a new Hamiltonian $H + H_S$, where, from the rhombic symmetry of the field, the additional term H_S, called the spin-Hamiltonian, has the form $H_S = aS_x^2 +$

$bS_y^2 + cS_z^2$ with a, b, and c distinct in the three dimensional representation. (See *e.g.*, Stevens [18] and Pryce [13] for a proof.)

Thus the operator $H_S = aS_x^2 + bS_y^2 + cS_z^2$ corresponds to a physical observable—the change in the energy of the lowest orbital state of orthohelium resulting from the application of a small electric field with rhombic symmetry. The change in energy levels may be measured by studying the spectrum of the helium atom after the field is applied. The possible measured values in the change in energy levels is either $a + b$, $b + c$, or $c + a$, since these are the eigenvalues of H_S in the three-dimensional representation. Since a, b, and c are distinct, so are $a + b$, $b + c$, and $c + a$. Thus, a measurement of H_S leads immediately to the simultaneous measurement of S_x^2, S_y^2 and S_z^2. If, for instance the measured value of H_S is $a + b$, then we infer that the values of S_z^2 and S_y^2 are each 1 and the value of S_z^2 is 0. (This is equivalent to applying the relations (8) to H_S.)

We remark that although such an experiment has probably not been carried out on the helium atom, related experiments are described in the literature. For instance Griffith and Owen [7] investigated in paramagnetic resonance experiments a nickel Tulton salt, nickel fluosilicate. This salt consists of a nickel ion surrounded by an octahedron of water molecules and it occurs in the state $J^2 = S^2 = 2\hbar^2$. The water molecules form a crystalline electric field with rhombic symmetry about the nickel ion. The resulting spin-Hamiltonian H_S takes the form $aS_x^2 + bS_y^2 + cS_z^2$ with a, b, and c distinct. This is in all respects similar to the situation we have discussed above. Of course, in this case the electric field is supplied by the crystal and cannot be switched on and off or rotated at will to measure S_x^2, S_y^2, and S_z^2 in any three prescribed orthogonal directions. Nevertheless, the experimental agreement with the quantum mechanical predictions here suggests a similar agreement for the case of an external electric field applied to a helium atom.

To sum up the last two sections we shall recapitulate our case against the existence of hidden variables for quantum mechanics. We have used the formal technique of introducing the concept of a partial algebra to discuss this question but we may now give a direct intuitive argument. If a physicist X believes in hidden variables he should be able to predict (in theory) the measured value of every quantum mechanical observable. We now confront X with the problem of simultaneously answering the question:

"Is the component of spin angular momentum in the direction α equal to zero for the lowest orbital state of orthohelium ($n = 2$, $l = 0$, $s = 1$)"

where α varies over the 117 directions provided in the proof of Theorem 1. For each such prediction by X we can find, by Theorem 1, three orthogonal directions x, y, z among the 117 for which this prediction contradicts the statement

"Exactly one of the three components of spin angular momentum S_x, S_y, S_z of the lowest orbital state of orthohelium is zero."

This statement is what is predicted by quantum mechanics since

$$S_x^2 + S_y^2 + S_z^2 = S^2 = 2\hbar^2$$

and each of S_x^2, S_y^2, S_z^2 thus has the value 0 or $\hbar^2$. Thus the prediction of X contradicts the prediction of quantum mechanics. Furthermore as we have seen in this section this prediction may be experimentally verified by simultaneously measuring S_x^2, S_y^2, and S_z^2. Our conclusion is that every prediction by physicist X may be contradicted by experiment. (It has been argued (See Bohm [2 Sect. 9]) that with the introduction of a hidden state space Ω the present quantum mechanical observables such as spin will not be the fundamental observables of the new theory. Certainly, many new possible observables are thereby introduced (namely, functions $f : \Omega \to \mathbf{R}$). The quantum observables represent not true observables of the system itself which is under study, but reflect rather properties of the disturbed system and the apparatus. This is nevertheless no argument against the above proof. For in a classical interpretation of quantum mechanics observables such as spin will still be functions on the phase space of the combined apparatus and system and as such should be simultaneously predictable).

5. Homomorphic relations. In Section 1 we reduced the question of hidden variables to the existence of an imbedding of Q into a commutative algebra C. We discuss here a possible objection to this reduction. It may be argued that in a classical reinterpretation of quantum mechanics a given observable may split into several new observables. Thus, the correspondence between Q and C may take the form of a homomorphism $\psi : C \to Q$ from C onto Q. This possibility is provided for in the following theorem.

Definition. Let $\mathfrak{N}$ and $\mathfrak{L}$ be partial algebras over a common field K. A relation $R \subseteq \mathfrak{N} \times \mathfrak{L}$ is called a *homomorphic relation* between $\mathfrak{N}$ and $\mathfrak{L}$ if, for all $x \between y$ in $\mathfrak{N}$ and $\alpha \between \beta$ in $\mathfrak{L}$, $R(x, \alpha)$ and $R(y, \beta)$ imply that $R(\lambda x + \mu y, \lambda\alpha + \mu\beta)$ and $R(xy, \alpha\beta)$ for every $\lambda, \mu \in K$ and also $R(1, 1)$.

The homomorphic relation $R \subseteq \mathfrak{N} \times \mathfrak{L}$ has *domain* $\mathfrak{N}$ if for all $x \in \mathfrak{N}$ there is an $\alpha \in \mathfrak{L}$ such that $R(x, \alpha)$. The relation R is *non-trivial* if not $R(1, 0)$.

If $\varphi : \mathfrak{N} \to \mathfrak{L}$ is a homomorphism then the graph of φ, *i.e.*, the relation $R(x, \alpha)$ defined by $\varphi(x) = \alpha$, is a non-trivial homomorphic relation with domain $\mathfrak{N}$. Similarly a homomorphism $\psi : \mathfrak{L} \to \mathfrak{N}$ of $\mathfrak{L}$ onto $\mathfrak{N}$ defines the non-trivial homomorphic relation R with domain $\mathfrak{N}$ by taking $R(x, \alpha)$ if $\psi(\alpha) = x$.

***Theorem.* 2.** *Let $\mathfrak{N}$ be a partial algebra and assume that there exists a non-trivial homomorphic relation R with domain $\mathfrak{N}$ between $\mathfrak{N}$ and a commutative algebra C. Then there exists a commutative algebra C' and a homomorphism $h : \mathfrak{N} \to C'$ from $\mathfrak{N}$ onto C'.*

Proof. Let S be the set of all elements α in C such that $R(x, \alpha)$ for some $x \in \mathfrak{N}$. Let $\bar{S}$ be the subalgebra generated by S in C. Define I to be the set of all $\alpha \in C$ such that $R(0, \alpha)$. Then I is clearly closed under linear combinations. Next let $\beta \in \bar{S}$, so that

$$\beta = \sum_i \lambda_i \beta_{i1} \beta_{i2} \cdots \beta_{in_i}$$

for some $\lambda_i \in K$, and $\beta_{ij} \in S$.

If $\alpha \in I$, then $\alpha\beta_{ij} \in I$. Hence $\alpha\beta = \Sigma_i \lambda_i \alpha\beta_{i1} \cdots \beta_{in_i} \in I$. Finally, $1 \notin I$. We have shown that I is a proper ideal of the algebra $\bar{S}$. Let $C' = \bar{S}/I$ and let $\varphi : \bar{S} \to C'$ be the canonical homomorphism. Define $h : \mathfrak{N} \to C'$ by $h(x) = \varphi(\alpha)$ where $\alpha \in S$ is such that $R(x, \alpha)$. Then it is easily checked that h is well-defined and a homomorphism.

If we now take $\mathfrak{N}$ to be the partial algebra Q, it follows from this theorem that there is no non-trivial homomorphic relation with domain Q between Q and a commutative algebra.

6. A classical model of electron spin. We prove here that the problem of hidden variables as we have formulated it in Section 1 has a positive solution for a restricted part of quantum mechanics. The portion of quantum mechanics with which we deal is obtained by restricting our Hilbert space to be two-dimensional. Thus, the state vectors are assumed to range over two-dimensional unitary space U^2, and the observables to range over the set H_2 of two-dimensional self-adjoint operators.

As will be seen, the problem reduces to considering the case of spin operators. Thus, our problem becomes essentially that of constructing a classical model for a single particle of spin $\frac{1}{2}$, say an electron. Needless to say, we do not maintain that this classical model of electron spin remains valid in the general context of quantum mechanics. In fact, as was shown in Section 4, there exists a system of two electrons in a suitable external field such that there is no classical model for the spin of the system.

Our aim in constructing a classical model for electron spin is two-fold. In the first place, we wish to exhibit a classical interpretation of a part of quantum mechanics so that it may be compared with various attempts to introduce hidden variables into quantum mechanics. We believe these attempts to be unsuccessful, so it would be as well if we could give an example of what is for us a successful introduction of hidden variables into a theory. In the second place, we shall use this model in discussing von Neumann's proof in [19] of the non-existence of hidden variables.

As formulated in Section 1, our problem is to define a "phase" space Ω such that for each operator $A \in H_2$ there is a real-valued function $f_A : \Omega \to \mathbf{R}$ and for each vector $\psi \in U^2$ there exists a probability measure μ_ψ on Ω such that

(I) $f_{u(A)} = u(f_A)$ for each (Borel) function u; and

(II) the quantum mechanical expectation

$$\langle A\psi, \psi \rangle = \int_\Omega f_A(\omega)\, d\mu_\psi(\omega).$$

Let V be the set of operators in H_2 of trace zero. V forms a 3-dimensional vector space over **R**. This is easily seen by noting that the Pauli spin matrices

$$\sigma_x = \begin{bmatrix} 0 & 1 \\ 1 & 0 \end{bmatrix}, \quad \sigma_y = \begin{bmatrix} 0 & -i \\ i & 0 \end{bmatrix}, \quad \sigma_z = \begin{bmatrix} 1 & 0 \\ 0 & -1 \end{bmatrix}$$

form an orthonormal basis for V. If we assign to $(\sigma_x, \sigma_y, \sigma_z)$ an orthonormal basis (i, j, k) in 3-dimensional Euclidean space E^3, we obtain a vector isomorphism $P : V \rightarrow E^3$. To every spin matrix σ, *i.e.*, a matrix σ in V with eigenvalues ± 1, there corresponds under the map P a point P_σ on the unit sphere S^2 in E^3. Physically, one speaks of the spin matrix σ as corresponding to the observable "the spin angular momentum of the electron (say) in the direction $0P_\sigma$," where 0 is the origin in E^3.

Now let A be any matrix in H_2 with distinct eigenvalues λ_1, λ_2. We let

$$\sigma(A) = \left(\frac{2}{\lambda_1 - \lambda_2}\right)A - \left(\frac{\lambda_1 + \lambda_2}{\lambda_1 - \lambda_2}\right)I.$$

Then $\sigma(A)$ is a spin matrix such that the eigenvectors of $\sigma(A)$ corresponding to $+1$ and -1 are the same as the eigenvectors of A corresponding to λ_1 and λ_2 respectively.

We are now ready to choose the appropriate space Ω and functions f_A. For Ω we choose S^2. If $A \in H_2$ with distinct eigenvalues λ_1 and λ_2, we let

$$f_A(p) = \begin{cases} \lambda_1 & \text{for } p \in S^+_{P_{\sigma(A)}} \\ \lambda_2 & \text{otherwise.} \end{cases}$$

Here $S^+_{P_{\sigma(A)}}$ denotes the upper hemisphere of S^2 with the North Pole at $P_{\sigma(A)}$.

If the eigenvalues of A are equal, so that $A = \lambda I$, say, then we let

$$f_A(p) = \lambda, \quad \text{for all } p \in S^2.$$

With this definition, it is a simple matter to check that the condition (I): $f_{u(A)} = u(f_A)$ holds. We need only note that for 2-dimensional operators it is sufficient to consider linear functions: $u(A) = \alpha A + \beta I$, with $\alpha, \beta \in \mathbf{R}$. Then condition (I) follows immediately from the fact that $\sigma_{\alpha A + \beta I} = \sigma_A$.

Next we wish to assign a probability measure μ_ψ to each vector $\psi \in U^2$. Let σ_ψ denote the spin matrix for which ψ is the eigenvector belonging to the eigenvalue $+1$. We may thus assign to each $\psi \in U^2$ a point P_{σ_ψ} of S^2. We shall write P_ψ for P_{σ_ψ}. Physically, if ψ is the state vector of an electron, then the electron is said to have "spin in the direction $0P_\psi$."

To delimit the problem and at the same time to obtain a solution with natural isotropy properties, we shall assume that the probability measures μ_ψ satisfy the following conditions:

(a) For each $\psi \in U^2$, the measure μ_ψ arises from a continuous probability density $u_\psi(p)$ on S^2, so that

$$\mu_\psi(E) = \int_E u_\psi(p)\, dp$$

for every measurable subset E of S^2.

(b) The probability density $u_\psi(p)$ is a function only of the angle θ subtended at 0 by the points p and P_ψ on S^2. We may thus write $u_\psi(\theta)$ for the function $u_\psi(p)$.

(c) Let $u(\theta)(= u_{\psi_0}(\theta))$ be the probability density assigned to the state vector

$$\psi_0 = \begin{pmatrix}1\\0\end{pmatrix}.$$

(Note that $\sigma_{\psi_0} = \sigma_z$, so that $P_{\psi_0} = (0, 0, 1)$.) Let $\psi \in U^2$. If α is the polar angle of the point P_ψ on S^2, then we assume that $u_\psi(\theta) = u(\theta + \alpha)$. Thus, the probability takes the same functional form for all states ψ.

(d) We assume that $u(\theta) = 0$ for $\theta > \pi/2$.

An examination of the problem shows that these are natural properties to assign to the quantum states considered as probability distributions over the hidden states. We shall show that there do exist measures μ_ψ satisfying the above conditions as well as condition (II). In fact, we shall see that these conditions determine the density functions u_ψ uniquely.

Using these assumptions we may simplify the problem of finding measures μ_ψ which satisfy condition (II) as follows. Since f_A is a linear function of A, the integral $\int_\Omega f_A(\omega)\, d\mu_\psi(\omega)$ is a linear function of A. On the other hand the expectation function $\langle A\psi, \psi\rangle$ is also a linear function of A. Since every matrix A in H_2 is a linear function of a projection matrix, it is sufficient to verify condition (II) for projection matrices. Next, by condition (c) we may assume that

$$\psi = \begin{pmatrix}1\\0\end{pmatrix},$$

so that $P_\psi = (0, 0, 1)$. Furthermore, by condition (b), it is sufficient to consider the case where $P_{\sigma(A)}$ has azimuthal angle equal to zero. In what follows we shall make the above assumptions on A and ψ.

It is now necessary to express the expectation $\langle A\psi, \psi\rangle$ as a function of the angle subtended at 0 by the points $P_\psi = (0, 0, 1)$ and $P_{\sigma(A)}$, *i.e.*, as a function of the polar angle ρ of $P_{\sigma(A)}$.

In spherical polar coordinates we may write

$$P_{\sigma(A)} = (\sin\rho, 0, \cos\rho).$$

Hence,

$$\sigma(A) = \sigma_x \sin\rho + \sigma_z \cos\rho = \begin{bmatrix}\cos\rho & \sin\rho\\ \sin\rho & -\cos\rho\end{bmatrix}.$$

The eigenvector η of $\sigma(A)$ belonging to the eigenvalue $+1$ is

$$\eta = \begin{bmatrix} \cos(\rho/2) \\ \sin(\rho/2) \end{bmatrix}.$$

Since A was assumed to be a projection matrix, η is also the eigenvector of A belonging to the eigenvalue $+1$. Thus,

$$\begin{aligned}\langle A\psi, \psi\rangle &= \langle\langle\psi, \eta\rangle\eta, \psi\rangle \\ &= |\langle\psi, \eta\rangle|^2 \\ &= \cos^2(\rho/2).\end{aligned}$$

Our problem is thus reduced to solving for $u(\theta)$ the integral equation

$$\cos^2(\rho/2) = \int_{S^2} f_A(p)u(\theta)\, dp.$$

Since

$$f_A(p) = \begin{cases} 1 & \text{on } S^+_{P_{\sigma(A)}} \\ 0 & \text{otherwise} \end{cases}$$

this equation becomes

$$\cos^2(\rho/2) = \int_T u(\theta)\, dp$$

where $T = S^+_{P_{\sigma(A)}} \cap S^+_{P_\psi}$. Thus,

$$\cos^2(\rho/2) = \int_{\rho-\pi/2}^{\pi/2} \int_{-\varphi_\theta}^{\varphi_\theta} u(\theta) \sin\theta\, d\varphi\, d\theta$$

where φ_θ is the azimuthal angle of the point $Q = (\sin\theta\cos\varphi_\theta, \sin\theta\sin\varphi_\theta, \cos\theta)$ with polar angle θ which lies on the great circle C perpendicular to the point $P_{\sigma(A)} = (\sin\rho, 0, \cos\rho)$.

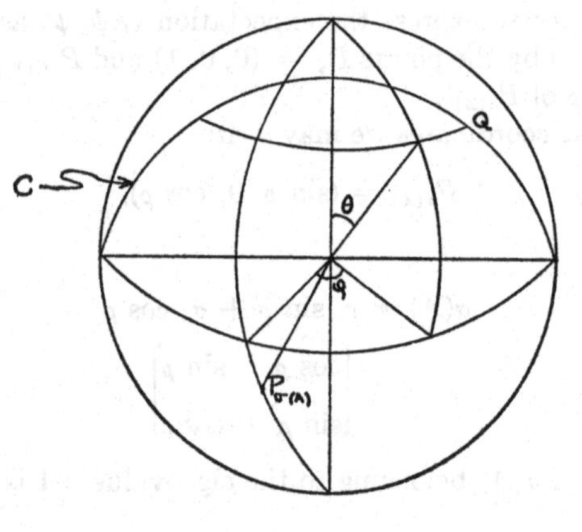

Using the orthogonality of Q and $P_{\sigma(A)}$, we have

$$\sin \rho \sin \theta \cos \varphi_\theta + \cos \rho \cos \theta = 0$$

or

$$\varphi_\theta = \cos^{-1} (-\cot \rho \cot \theta).$$

Thus

$$\tfrac{1}{2}(1 + \cos \rho) = 2 \int_{\rho-\pi/2}^{\pi/2} u(\theta) \sin \theta \cos^{-1} (-\cot \rho \cot \theta)\, d\theta.$$

Letting $x = \rho - \pi/2$, we have

$$\tfrac{1}{2}(1 - \sin x) = -2 \int_{\pi/2}^{x} u(\theta) \sin \theta \cos^{-1} (\cot \theta \tan x)\, d\theta.$$

Now, differentiating both sides with respect to x, we obtain

$$-\tfrac{1}{2} \cos x = -2u(x) \sin x \cos^{-1} (\cot x \tan x) + \int_{\pi/2}^{x} \frac{u(\theta) \sin \theta \cot \theta \sec^2 x}{(1 - \cot^2 \theta \tan^2 x)^{1/2}}\, d\theta$$

or,

$$\cos^3 x = -4 \int_{\pi/2}^{x} \frac{u(\theta) \cos \theta}{(1 - \cot^2 \theta \tan^2 x)^{1/2}}\, d\theta.$$

If we set $z = \cos^2 x$, $s = \cos^2 \theta$, and $w(s) = u(\theta)$, we find

$$z = \int_0^z \frac{2w(s)}{(z - s)^{1/2}}\, ds.$$

This is a special case of Abel's integral equation, and is easily solved by Laplace transforms. Namely, if $*$ denotes convolution and $L(f) = \int_0^\infty f(x)e^{-tx}\, dx$, the Laplace transform, then

$$z = w * 2z^{-1/2}.$$

Hence,

$$L(z) = L(w)L(2z^{-1/2}),$$

or

$$L(w) = L(z)/L(2z^{-1/2})$$

$$= \frac{1}{2\sqrt{\pi}} t^{-3/2}$$

$$= L((1/\pi)s^{1/2}),$$

so that

$$w(s) = (1/\pi)s^{1/2}.$$

We thus have shown that

$$u(\theta) = \begin{cases} (1/\pi)\cos\theta & \text{if } 0 \leqq \theta \leqq \pi/2 \\ 0 & \text{otherwise.} \end{cases}$$

On the basis of this mathematical solution, we may construct a simple classical model of electron spin. The same model then serves (by linearity) for the more general case of operators in H_2.

We start with a sphere with fixed center 0. A point P on the sphere represents the quantum state "spin in the direction $0P$". If the sphere is in such a quantum state it is at the same time in a hidden state which is represented by another point $T \in S_P^+$. The point T has been determined as follows. A disk D of the same radius as the sphere is placed perpendicular to the $0P$ axis with center directly above P. A particle is placed on the disk and the disk shaken "randomly". That is the disk is so shaken that the probability of the particle being in a region U in D is proportional to the area of U (*i.e.*, the probability is uniformly distributed). The point T is the orthogonal projection of the particle (after shaking) onto the sphere. It is easily seen that the probability density function for the projection is given by

$$u(T) = \begin{cases} (1/\pi)\cos\theta & 0 \leqq \theta \leqq \pi/2 \\ 0 & \text{otherwise,} \end{cases}$$

where θ is the angle subtended by T and P at 0.

Suppose we now wish to measure the spin angular momentum in a direction $0Q$. This is determined as follows. If $T \in S_Q^+$, then the spin angular momentum is $+\hbar/2$, if $T \notin S_Q^+$ then the spin is $-\hbar/2$. The sphere is now in the new quantum state of spin in the direction $0Q$ if $T \in S_Q^+$ or spin in the direction $0Q^*$ (where Q^* is the antipodal point of Q) if $T \notin S_Q^+$. The new hidden state of the sphere is now determined as before, by shaking the particle on the disk D, the disk being placed with center above Q if $T \in S_Q^+$ or with center above Q^* if $T \notin S_Q^+$.

It should be clear from the preceding analysis that the probabilities and expectations that arise from this model are precisely the same as those arising from quantum mechanical calculations for free electron spin. In the model the disk D, the particle, and its projection are to be considered as the hidden apparatus. The probabilities arise through the ignorance of the observer of the sphere of the actual location of the particle on the disk. To an observer of the complete system of sphere and disk the model is a deterministic classical system.

Note that in the above model we could keep the disk fixed vertically above the sphere and instead rotate the sphere to determine each new hidden state. If we now further replace the shaking disk by a random vertically falling water drop, we may say that rain falling on a ball forms a classical model of electron spin.

We remark finally that the conditions (I) and (II) say nothing about the propagation of the probabilities in time. That is to say, although these conditions give the probabilities arising at each experiment, they do not deal with the change of probabilities during the time between experiments. However, in the situation we are examining of free electron spin this causes no difficulty since every state is in this case stationary, and the probabilities remain constant in the time between experiments.

We now consider the bearing of this model on von Neumann's discussion of the hidden variables problem given in [19, Chapter IV]. In that chapter von Neumann gives what he considers to be a necessary condition for the existence of hidden variables for quantum mechanics. This condition is the existence of a function

$$\mathcal{E}: H \rightarrow \mathbf{R},$$

where H is the set of self-adjoint operators, such that

(1) $\mathcal{E}(I) = 1$.
(2) $\mathcal{E}(aA) = a\mathcal{E}(A)$, for all $a \in \mathbf{R}$, $A \in H$.
(3) $\mathcal{E}(A^2) = \mathcal{E}^2(A)$, for all $A \in H$.
(4) $\mathcal{E}(A + B) = \mathcal{E}(A) + \mathcal{E}(B)$, for all $A, B \in H$.

In [19] it is then shown that there does not exist a function satisfying these conditions. (In [19] a further condition is added on $\mathcal{E}$: (5) If A is "essentially positive" then $\mathcal{E}(A) \geqq 0$. But we shall not require this condition in our proof.) We present another proof below. This is done for two reasons. First, our proof is simpler, and is in fact trivial. Second, this proof shows that there is even no function $\mathcal{E} : H_2 \rightarrow \mathbf{R}$ satisfying conditions (1)–(4), a result we require for our later discussion.

Lemma. *If the function* $\mathcal{E} : H \rightarrow \mathbf{R}$ *satisfies* (1)–(3) *together with condition*

(4)′ $\mathcal{E}(A + B) = \mathcal{E}(A) + \mathcal{E}(B)$, *for all* $A, B \in H$ *such that* $AB = BA$,

then $\mathcal{E}(AB) = \mathcal{E}(A)\mathcal{E}(B)$, *for all* $A, B \in H$ *such that* $AB = BA$. (In the terminology of Section 2, $\mathcal{E}$ is thus a homomorphism of the partial algebra H into $\mathbf{R}$.)

Proof. Assume $AB = BA$. Then

$$\begin{aligned}\mathcal{E}^2(A) + 2\mathcal{E}(A)\mathcal{E}(B) + \mathcal{E}^2(B) &= (\mathcal{E}(A) + \mathcal{E}(B))^2\\ &= \mathcal{E}^2(A + B)\\ &= \mathcal{E}((A + B)^2)\\ &= \mathcal{E}(A^2 + 2AB + B^2)\\ &= \mathcal{E}(A^2) + \mathcal{E}(2AB) + \mathcal{E}(B^2)\\ &= \mathcal{E}^2(A) + 2\mathcal{E}(AB) + \mathcal{E}^2(B).\end{aligned}$$

Hence, $\mathcal{E}(A)\mathcal{E}(B) = \mathcal{E}(AB)$.

Corollary. *If the function* $\mathcal{E}$ *satisfies conditions* (1), (2), (3), (4)′, *then* $\mathcal{E}(A)$ *lies in the spectrum of* A.

Proof. Suppose to the contrary that $A - \mathcal{E}(A)$ has an inverse B. Then by the Lemma,

$$\begin{aligned} 1 &= \mathcal{E}(I) \\ &= \mathcal{E}((A - \mathcal{E}(A))B) \\ &= \mathcal{E}(A - \mathcal{E}(A))\mathcal{E}(B) \\ &= (\mathcal{E}(A) - \mathcal{E}(\mathcal{E}(A))\mathcal{E}(B) \\ &= (\mathcal{E}(A) - \mathcal{E}(A))\mathcal{E}(B) \\ &= 0. \end{aligned}$$

Theorem. 3. There is no function $\mathcal{E}: H \to \mathbf{R}$ *satisfying conditions* (1)–(4).

Proof. Consider the two matrices

$$A = \begin{bmatrix} 1 & 0 \\ 0 & 0 \end{bmatrix}, \quad B = \frac{1}{2}\begin{bmatrix} 1 & 1 \\ 1 & 1 \end{bmatrix}.$$

The matrices A and B are projection matrices and hence have eigenvalues 0 and 1. The matrix $A + B$ has eigenvalues $1 \pm \frac{1}{2}(2)^{1/2}$. Hence, $\mathcal{E}(A + B) \neq \mathcal{E}(A) + \mathcal{E}(B)$, by the above corollary.

As the proof shows, there is no function $\mathcal{E}$ with properties (1)–(4) even when the domain of $\mathcal{E}$ is restricted to H_2.

Now, von Neumann's criterion has been criticized in the literature in requiring the additivity of $\mathcal{E}$ even for non-commuting operators, *i.e.*, in requiring condition (4) rather than (4)′. (See for example Hermann [9, pp. 99–104].) As the above Lemma shows, it is precisely on this point that von Neumann's criterion differs from our point of view. For we showed that there does not exist a function satisfying (1), (2), (3), and (4)′. We may now go further. We have here constructed a classical system C (the sphere and the disk). From this system we obtained a new system Q (the sphere without the disk) such that the pure states of Q are certain mixed states of C and the observables of Q are among the observables of C. The pure states of Q may then be described by vectors in U^2 and the observables of Q by operators in H_2, just as in quantum mechanics. If we now accept von Neumann's criterion, we must conclude that we cannot introduce hidden variables into the system Q. But this can hardly be a reasonable conclusion, since we may reintroduce into Q the states and observables of C which we ignored in forming Q, to recover the classical system C.

7. The logic of quantum mechanics. In this section we discuss the non-existence of an imbedding of $\mathcal{B}$ into a Boolean algebra from a different point of view. It will turn out that a consequence of this result is that the logic of quantum mechanics is different from classical logic. Since the set of propositions of a classical physical theory forms a Boolean algebra B it follows that the propositions valid in such a theory are precisely the classical tautologies. This means that if we are given a classical tautology such as

$$x_1 \wedge (x_2 \wedge x_3) \equiv (x_1 \wedge x_2) \wedge x_3 \tag{9}$$

then every substitution of elements of B for x_1, x_2, x_3 yields the element 1 of B. In the case of a theory such as quantum mechanics where the set of propositions form a partial Boolean algebra $\mathfrak{B}$ it is not clear what it means for a proposition to be valid. To take the preceding proposition (9) as an example, it is not possible to substitute arbitrary elements of a_1, a_2, a_3 of $\mathfrak{B}$ for x_1, x_2, x_3. It is necessary in this case that the commeasurability relations $a_2 \between a_3$, $a_1 \between a_2$, $a_1 \between a_2 \wedge a_3$, $a_1 \wedge a_2 \between a_3$, and $a_1 \wedge (a_2 \wedge a_3) \between (a_1 \wedge a_2) \wedge a_3$ be satisfied, to allow an application of the partial operations in $\mathfrak{B}$. A proposition is then valid in $\mathfrak{B}$ if every such "meaningful" substitution of elements yields the element 1 of $\mathfrak{B}$.

A Boolean function $\varphi(x_1, \cdots, x_n)$ such as (9) may be considered as a polynomial over Z_2. We shall now give a formal definition for a polynomial $\varphi(x_1, \cdots, x_n)$ over a field K to be identically 1 in a partial algebra $\mathfrak{N}$ over K. We first recursively define the *domain* D_φ of $\varphi(x_1, \cdots, x_n)$ in $\mathfrak{N}$. We simultaneously define a map φ^* corresponding to $\varphi(x_1, \cdots, x_n)$. D_φ is a subset of the n-fold Cartesian product $\mathfrak{N}^n$ of $\mathfrak{N}$ and φ^* is a map from D_φ into $\mathfrak{N}$. Let $a = \langle a_1, \cdots, a_n \rangle$ be an arbitrary element of $\mathfrak{N}^n$.

1. If φ is the polynomial 1, then $D\varphi = \mathfrak{N}^n$ and $\varphi^*(a) = 1$.
2. If φ is the polynomial x_i $(i = 1, 2, \cdots, n)$, then $D\varphi = \mathfrak{N}^n$ and $\varphi^*(a) = a_i$.
3. If $\varphi = k\psi$ with $k \in K$, then $D_\varphi = D_\psi$ and $\varphi^*(a) = k\psi^*(a)$.
4. If $\varphi = \psi \otimes \chi$ (where $\otimes$ is either $+$ or $\cdot$), then $a \in D_\varphi$ if and only if $a \in D_\psi \cap D_\chi$ and $\psi^*(a) \between \chi^*(a)$; $\varphi^*(a) = \psi^*(a) \otimes \chi^*(a)$.

We say that the identity $\varphi(x_1, \cdots, x_n) = 1$ holds in $\mathfrak{N}$ if $\varphi^*(a) = 1$ for all $a \in D_\varphi$. More generally, if $\varphi(x_1, \cdots, x_n)$ and $\psi(x_1, \cdots, x_n)$ are two polynomials over K, we shall say that the identity $\varphi(x_1, \cdots, x_n) = \psi(x_1, \cdots, x_n)$ holds in $\mathfrak{N}$ if $\varphi^*(a) = \psi^*(a)$ for all $a \in D_\varphi \cap D_\psi$.

Let $\varphi(x_1, \cdots, x_n)$ be a propositional (*i.e.*, a Boolean) function. Then $\varphi(x_1, \cdots, x_n)$ may be considered as a polynomial over Z_2. Let $\mathfrak{N}$ be a partial Boolean algebra. Then φ is *valid* in $\mathfrak{N}$ if the identity $\varphi = 1$ holds in $\mathfrak{N}$. If for some $a \in D_\varphi$ we have $\varphi^*(a) = 0$, then φ is *refutable* in $\mathfrak{N}$. If φ and ψ are two propositional functions, then $\varphi = \psi$ is *valid* in $\mathfrak{N}$ if the identity $\varphi = \psi$ holds in $\mathfrak{N}$. We illustrate these definitions with an example. We shall show that the tautology (9) is valid in every partial Boolean algebra $\mathfrak{N}$. In fact, we show that the identity $x_1 \wedge (x_2 \wedge x_3) = (x_1 \wedge x_2) \wedge x_3$ is valid in $\mathfrak{N}$; this means that we do not require that $a_1 \wedge (a_2 \wedge a_3) \between (a_1 \wedge a_2) \wedge a_3$. To see this note that if $a_2 \between a_3$, $a_1 \between a_2$, $a_1 \between a_2 \wedge a_3$, $a_1 \wedge a_2 \between a_3$ then

$$\begin{aligned} a_1 \wedge (a_2 \wedge a_3) &= a_1 \wedge (a_2 \wedge (a_2 \wedge a_3)) \\ &= (a_1 \wedge a_2) \wedge (a_2 \wedge a_3). \end{aligned}$$

The last equality holds because the elements a_1, a_2 and $a_2 \wedge a_3$ are pairwise commeasurable and hence by the definition of a partial algebra generate a Boolean algebra in $\mathfrak{N}$. Similarly, $(a_1 \wedge a_2) \wedge a_3 = (a_1 \wedge a_2) \wedge (a_2 \wedge a_3)$, proving the result.

In the case of quantum mechanics these considerations are more than theoretical possibilities, they occur in ordinary reasoning about physical systems. For instance, the orbital angular momentum $\bar{L}$ of an atom is commeasurable with the spin angular momentum $\bar{S}$. If the system has spherical symmetry then a component of $\bar{L} + \bar{S}(=$ total angular momentum $\bar{J})$ is commeasurable with the Hamiltonian H, although components of $\bar{L}$ and $\bar{S}$ are separately not commeasurable with H. Thus a statement specifying H and a component of $\bar{L} + \bar{S}$ is of the type considered here.

If $\mathfrak{N}$ is a Boolean algebra this definition of validity coincides with the usual definition. In that case the set of valid propositional functions coincides with the classical tautologies, *i.e.*, those propositional functions which are valid in Z_2. In the following theorem we connect the validity of classical tautologies in a partial Boolean algebra $\mathfrak{N}$ with the imbeddability of $\mathfrak{N}$ into a Boolean algebra.

For the sake of obtaining a complete correspondence in this theorem we introduce the following weakening of the notion of imbedding.

Definition. Let $\mathfrak{N}$, $\mathfrak{L}$ be partial Boolean algebras. A homomorphism $\varphi : \mathfrak{N} \to \mathfrak{L}$ is a *weak imbedding* of $\mathfrak{N}$ into $\mathfrak{L}$ if $\varphi(a) \neq \varphi(b)$ whenever $a \between b$ and $a \neq b$ in $\mathfrak{N}$. Thus a weak imbedding is a homomorphism which is an imbedding on Boolean subalgebras of $\mathfrak{N}$.

The counterpart of Theorem 0 of Section 2 is that $\mathfrak{N}$ is weakly imbeddable in a Boolean algebra if and only if for every non-zero element a in $\mathfrak{N}$ there is a homomorphism $h : \mathfrak{N} \to Z_2$ such that $h(a) \neq 0$.

Theorem 4. *Let $\mathfrak{N}$ be a partial Boolean algebra.*

1. *$\mathfrak{N}$ is imbeddable into a Boolean algebra if and only if, for every classical tautology of the form $\varphi \equiv \psi$, $\varphi = \psi$ is valid in $\mathfrak{N}$.*
2. *$\mathfrak{N}$ is weakly imbeddable into a Boolean algebra if and only if every classical tautology φ is valid in $\mathfrak{N}$.*
3. *$\mathfrak{N}$ may be mapped homomorphically into a Boolean algebra if and only if every classical tautology φ is not refutable in $\mathfrak{N}$.*

Proof. The necessity of the condition in each case is clear. We shall give a uniform proof of sufficiency for the three cases where $\mathfrak{N}$ satisfies the condition that $\mathfrak{N}$ is (1) imbeddable, (2) weakly imbeddable or (3) mapped homomorphically into a Boolean algebra. Let

$$s_i(x) = \begin{cases} x & i = 1, 2 \\ 1 & i = 3, \end{cases} \qquad t_i(y) = \begin{cases} y & i = 1 \\ 0 & i = 2, 3. \end{cases}$$

Let K_1 be the set of all equations of the form $\alpha + \beta = \gamma$ or $\xi\eta = \zeta$ which subsist among elements of $\mathfrak{N}$. (In the language of model theory, K_1 denotes the positive statements from the diagram of $\mathfrak{N}$.) Let K_2 be the elementary axioms describing the class of Boolean algebras. Write $K = K_1 \cup K_2$. Then the class of all models of K consist precisely of the homomorphic images of $\mathfrak{N}$ which are Boolean algebras.

Suppose now that $\mathfrak{N}$ does not satisfy condition (i) ($i = 1, 2,$ or 3). Then by Theorem 0 and its counterpart for weak imbeddings there exist two distinct elements a, b in $\mathfrak{N}$ such that for every Boolean algebra B and every homomorphism $h : \mathfrak{N} \to B$ we have $h(s_i(a)) = h(t_i(b))$. Since then $s_i(a)$ and $t_i(b)$ are identified in every model of K, we have by the Completeness Theorem for the Predicate Calculus that

$$K \vdash s_i(a) = t_i(b).$$

Hence, there is a finite subset

$$L = \{\alpha_j + \beta_j = \gamma_j\,, \xi_k\eta_k = \zeta_k \mid 1 \leq j \leq n, 1 \leq k \leq m\}$$

of K_1 such that

$$K_2 \cup L \vdash s_i(a) = t_i(b)$$

so that

$$K_2 \vdash (\bigwedge_j (\alpha_j + \beta_j + \gamma_j = 0) \wedge \bigwedge_k (\xi_k\eta_k + \zeta_k = 0)) \to s_i(a) = t_i(b)$$

or

$$K_2 \vdash (\bigvee_{j,k} (\alpha_j + \beta_j + \gamma_j)(\xi_k\eta_k + \zeta_k) = 0) \to s_i(a) = t_i(b),$$

i.e., $K_2 \vdash \rho(\alpha_1, \cdots, \zeta_m) = 0 \to s_i(a) = t_i(b)$ where

$$\rho(\alpha_1, \cdots, \zeta_m) = \bigvee_{j,k} (\alpha_j + \beta_j + \gamma_j)(\xi_k\eta_k + \zeta_k).$$

Since the constants $\alpha_1, \cdots, \zeta_m, a, b$ do not occur in K_2, we may replace them by variables $x_1, \cdots, x_n, x, y$ to obtain

$$\text{(10)} \qquad K_2 \vdash \rho(x_1, \cdots, x_n) = 0 \to s_i(x) = t_i(y).$$

Hence, the implication $\rho(x_1, \cdots, x_n) = 0 \to s_i(x) = t_i(y)$ is valid in all Boolean algebras. Let

$$\varphi \text{ denote } s_i(x) \to \rho$$

and

$$\psi \text{ denote } t_i(y) \to \rho.$$

Then it follows from (10) that $\varphi = \psi$ is Boolean identity, *i.e.*, $\varphi \equiv \psi$ is a classical tautology. (Note that for $i = 2, 3$, $\psi = 1$ so that $\varphi \equiv \psi$ reduces to φ.) On the other hand the substitution of the elements $\alpha_1, \cdots, \zeta_m, s_i(a), t_i(b)$ from $\mathfrak{N}$

for the variables $x_1, \cdots, x_n, s_i(x), t_i(y)$ yields a value 0 for ρ, and hence a value $s_i(a)'$ for φ and $t_i(b)'$ for ψ. (Here u' denotes $1 - u$.) Hence, under this valuation of φ and ψ in $\mathfrak{N}$, we have

$$\varphi = a', \quad \psi = b', \quad \text{so that} \quad \varphi \neq \psi, \quad \text{for} \quad i = 1$$

$$\varphi = a', \quad \text{so that} \quad \varphi \neq 1, \quad \text{for} \quad i = 2$$

$$\varphi = 0, \quad \text{for} \quad i = 3,$$

proving the theorem.

Since in the case of quantum mechanics there is, by Theorem 1, no homomorphism of D onto Z_2, we obtain the following consequence of Theorem 4.

Corollary. *There is a propositional formula φ which is a classical tautology but which is false under a (meaningful) substitution of quantum mechanical propositions for the propositional variables of φ.*

It is in fact not difficult to construct such a formula. Assign to each one-dimensional linear subspace L_i of D a distinct propositional variable x_i. To each orthogonal triple L_i, L_j, L_k of D assign the Boolean function

$$x_i + x_j + x_k + x_i x_j x_k .$$

Note that classically this formula is valid if and only if exactly one of x_i, x_j, x_k is valid. Hence the formula

$$\varphi = 1 - \prod (x_i + x_j + x_k + x_i x_j x_k),$$

where the product extends over all orthogonal triples of D, is classically valid, by Theorem 1. On the other hand, the substitution of the quantum mechanical statement P_i of Section 4 for each x_i makes φ false since each factor of the product takes the value 1. Thus, the formula φ is the formal counterpart of the argument given at the end of Section 4. Actually, the formula φ is uneconomical in the number of variables used. A more judicious choice of variables corresponding to the graph Γ_2 yields a formula in 86 variables which is classically valid and quantum mechanically refutable.

This way of viewing the results of Sections 3 and 4, seems to us to display a new feature of quantum mechanics in its departure from classical mechanics. It is of course true that the Uncertainty Principle, say, already marks a departure from classical physics. However, the statement of the Uncertainty Principle involves two observables which are not commeasurable, and so may be refuted in the future with the addition of new states. This is the view of those who believe in hidden variables. Thus, the Uncertainly Principle as applied to the two-dimensional situation described in Section 6 becomes inapplicable once the system is imbedded in the classical one. The statement $\varphi(P_1, \cdots, P_n)$ we have constructed deals only in each of the steps of its construction with commeasurable observables, and so cannot be refuted at a later date.

Bibliography

[1] D. Bohm, Quantum theory in terms of "hidden" variables I, *Phys. Rev.*, **85** (1952) 166–179.

[2] ———, A suggested interpretation of the quantum theory in terms of "hidden" variables II, *Phys. Rev.*, **85** (1952) 180–193.

[3] F. Bopp, La méchanique quantique est-elle une méchanique statistique classique particulière?, *Ann. L'Inst. H. Poincaré*, **15** II(1956) 81–112.

[4] L. de Broglie, *Non-linear wave mechanics*, Elsevier, 1960.

[5] H. Freistadt, The causal formulation of the quantum mechanics of particles, *Nuovo Cimento Supp.*, Ser. 10, **5** (1957) 1–70.

[6] A. Gleason, Measures on closed subspaces of Hilbert space, *J. of Math. and Mech.*, **6** (1957) 885–893.

[7] J. H. E. Griffith & J. Owen, Paramagnetic resonance in the nickel Tutton salts, *Proc. Royal Society of London*, Ser. A, **213** (1952) 459–473.

[8] P. Halmos, *Lectures on Boolean Algebras*, Van Nostrand Studies, 1963.

[9] G. Hermann, *Die naturphilosophischen Grundlagen der Quantenmechanik*, Abhandlungen der Fries'schen Schule, 1935.

[10] S. Kochen & E. Specker, *Logical structures arising in quantum theory*, The Theory of Models, 1963 Symposium at Berkeley, pp. 177–189.

[11] ———, *The calculus of partial propositional functions*, Logic, Methodology and Philosophy of Science, 1964 Congress at Jerusalem, pp. 45–57.

[12] M. A. Neumark, Operatorenalgebren im Hilbertschen Raum in *Sowjetische Arbeiten zur Funktional analysis*, Verlag Kultur und Fortschritt, Berlin, 1954.

[13] M. H. L. Pryce, A modified perturbation method for a problem in paramagnetism, *Phys. Soc. Proc. A*, **63** (1950) 25–29.

[14] L. Schiff, *Quantum Mechanics*, 2nd Ed., McGraw-Hill, 1955.

[15] J. Schwartz, The Wiener-Siegel causal theory of quantum mechanics, in *Integration of Functionals*, New York University, 1957.

[16] A. Siegel & N. Wiener, The differential space of quantum theory, *Phys. Rev.* **101** (1956).

[17] E. Specker, Die Logik nicht gleichzeitig entscheidbarer Aussagen, *Dialectica*, **14** (1960) 239–246.

[18] K. W. H. Stevens, The spin-Hamiltonian and line widths in Nickel Tutton salts, *Proc. Roy. Soc. of London*, Ser. A. **214** (1952) 237–244.

[19] J. von Neumann, *Mathematical foundations of quantum mechanics*, P. V. P., 1955.

Cornell University
and
E. T. H., Zürich, Switzerland
Date Communicated: October 31, 1966

E. Specker

The Fundamental Theorem of Algebra in Recursive Analysis

N is the set of natural numbers. **Q** is the field of complex rational numbers, i.e. the field of numbers $a+bi$, where a and b are rational. A sequence σ of elements of Q (i.e. a function $\sigma, \sigma: N \to Q$) is recursive iff there exist recursive functions $f_j (j=1,2,3,4;\ f_j: N \to N)$ such that for all n in N

$$\sigma(n) = \frac{f_1(n)}{f_2(n)+1} + \frac{f_3(n)}{f_4(n)+1}\, i .$$

Such a sequence σ is recursively convergent iff there exists a recursive function $k (k: N \to N)$ such that for all h,j,n in N

$$\text{(1)} \qquad h \geq k(n) \wedge j \geq k(n) \Rightarrow |\sigma(h) - \sigma(j)| < \frac{1}{n+1} .$$

A complex number c is recursive iff there exists a recursive sequence $\sigma (\sigma: N \to Q)$ which converges recursively and such that

$$c = \lim_{n \to \infty} \sigma(n) .$$

If k is a function satisfying (1) for all h,j,n in N, then for all h,n in N

(2) $$h \geq k(n) \Rightarrow |\sigma(h) - c| \leq \frac{1}{n+1} .$$

(For these definitions, see [2]).

It is not difficult to show that the recursive complex numbers form a field (which is an extension of **Q**); furthermore, the field of recursive complex numbers is algebraically closed, i.e. the roots of a polynomial with recursive complex coefficients are recursive complex numbers (cf. [4]).

This theorem might be called the "weak fundamental theorem of algebra in Recursive Analysis". Its weakness is obvious from the following outline of a proof: For every polynomial p there exists a polynomial q such that (1) all the roots of p are roots of q, (2) q has no multiple roots, (3) if the coefficients of p are recursive complex numbers, so are the coefficients of q. In order to prove the weak fundamental theorem, it suffices therefore to prove it for polynomials without multiple roots; this is done easily (and effectively) on the basis of known proofs of the classical fundamental theorem. The non-effectiveness of the above proof lies in the passage from the polynomial p to the polynomial q; this passage cannot be made effective and the weak fundamental theorem does not answer the following question: Let σ_i, k_i be sequences $(0 \leq i \leq m;\ \sigma_i: N \to Q;\ k_i: N \to N)$ such that for all h, j, n in N and all i, $0 \leq i \leq m$, $h \geq k_i(n) \wedge j \geq k_i(n) = |\sigma_i(h) - \sigma_i(j)| < \frac{1}{n+1}$; assume furthermore (and provisionally) $\sigma_m(n) = 1$ for all n. Does there exist an effective procedure for transforming the sequences σ_i, k_i $(0 \leq i \leq m)$ into sequences τ, ℓ $(\tau: N \to Q;$ $\ell: N \to N)$ such that for all h, j, n in N

$$h \geq \ell(n) \wedge j \geq \ell(n) \Rightarrow |\tau(h) - \tau(j)| < \frac{1}{n+1}$$

and

$$\lim_{n\to\infty} \sum_{k=0}^{m} \alpha_k(n)\ (\tau(n))^k = 0$$

(i.e. putting $s_k = \lim_n \alpha_k(n),\ 0 \leq k \leq m,\ t = \lim_n \tau(n)$, we have $\sum_0^m s_k t^k = 0$)?

In order to prove that such a procedure in fact exists, we study the map associating the system of roots to a polynomial. Let therefore m be a fixed positive integer. Two polynomials $\sum_{k=0}^{m} s_k x^k$ and $\sum_{k=0}^{m} s_k' x^k$ have the same roots iff $(s_0,\ldots,s_m)$ and $(s_0',\ldots,s_m')$ are proportional, i.e. if they represent the same point in projective m-space. Let P^m be the complex projective m-space and let P_r^m be the subset of those points in P^m which can be represented by a complex rational $(m+1)$-tuple. P_r^m is dense in P^m. We introduce a metric on P^m (compatible with its topology) satisfying the following conditions: The distance function has rational values on $P_r^m \times P_r^m$ and is recursive on $P_r^m \times P_r^m$. The distance between two points u,v is denoted by $|u-v|$.

The space of root-systems of polynomials of degree at most m is the symmetric product T^m of m two-spheres, S^2. Indeed, S^2 has to be chosen, and not the complex plane, because we have not excluded polynomials with leading coefficient zero and have therefore to admit roots equal to infinity. A point in T^m is represented by an m-tuple $(p_1,\ldots,p_m)$ (p_i, $1 \leq i \leq m$, being points of S^2); two m-tuples $(p_1,\ldots,p_m)$ and $(p_1',\ldots,p_m')$ represent the same point of

T^m iff there exists a permutation π such that for all i, $1 \leq i \leq m$,

$$p'_i = p_{\pi(i)} .$$

Let T^m_r be the subset of T^m representable by m-tuples $(p_1,\ldots,p_m)$ such that all the p_i, $1 \leq i \leq m$, are complex rational numbers. (It is left to the reader to consider infinity as rational or irrational.) T^m_r is dense in T^m.

We introduce a metric on T^m (compatible with its topology, and also denoted by $|u-v|$) such that the following conditions are satisfied: The distance function has rational values on $T^m_r \times T^m_r$ and is recursive on $T^m_r \times T^m_r$. There exists a recursive function ν on N whose values are k-tuples of points of T^m_r such that $\nu(n)$ is a $\frac{1}{n}$-net of T^m, i.e. $\nu(n)$ is a k-tuple (k depending on n) $(q_1,\ldots,q_k)$ of points of T^m_r such that for every point q of T^m there exists an index j, $1 \leq j \leq k$, such that

$$|q - q_j| < \frac{1}{n} .$$

There exists a natural map f from T^m into P^m, viz. the map associating the polynomial to a system of roots. f maps T^m_r recursively into P^m_r and is recursively continuous, i.e. there exists a recursive function κ (from positive rationals to positive rationals) such that for all u,v in T^m and all $\delta,\delta > 0$,

$$|u-v| < \kappa(\delta) \Rightarrow |f(u) - f(v)| < \delta .$$

The classical fundamental theorem of Algebra states that f is a map from T^m onto P^m. The map f being one-to-one and the space T^m being compact, it follows that the inverse function f^{-1} is continuous and that the spaces T^m, P^m are homeomorphic (cf. [1], p. 95 and [3], p. 392). The strong fundamental theorem of algebra in Recursive Analysis states that f^{-1} is a recursively continuous and recursive topological function on P^m relative to P^m_r. (The notion of a recursive topological function is the straightforward generalization of recursive real function [2]; the present situation is so simple that it is not necessary to introduce the notion explicitly.) The recursiveness of f^{-1} is an immediate consequence of the three following assertions: (1) f^{-1} is recursive on the image $f[T^m_r]$ of T^m_r by f. (2) The set $f[T^m_r]$ is a recursive subset of P^m_r. (3) $f[T^m_r]$ is recursively dense in P^m_r, i.e. there exists a recursive function $\Delta, \Delta: N \times P^m_r \to f[T^m_r]$, such that for all n in N and all p in P^m_r

$$|p - \Delta(n,p)| < \frac{1}{n+1} .$$

The recursive continuity of f^{-1} is an immediate consequence of the following

__Theorem__

Let f be a function mapping T^m onto P^m and satisfying the following conditions:

(1) The restriction of f to T^m_r is recursive and maps T^m_r into P^m_r.

(2) f is recursively continuous, i.e. there exists a recursive function κ (from positive rational numbers to positive rational numbers) such that for all u,v of T^m and all $\delta, \delta > 0$,

$$|u - v| < \kappa(\delta) \Rightarrow |f(u) - f(v)| < \delta .$$

Then there exists a recursive function λ *(from positive rational numbers to positive rational numbers) such that for all* u,v *of* T^m *and all* δ, $\delta > 0$,

$$|u - v| \geq \delta \Rightarrow |f(u) - f(v)| \geq \lambda(\delta) .$$

P r o o f . Let δ be rational positive and ε such that $1/\varepsilon$ is a natural number and $\varepsilon < \delta/4$. Let $(x_1,\ldots,x_k)$ be the ε-net $\nu(1/\varepsilon)$ and define the rational number η as follows:

$$\eta = \min_{\substack{1 \leq i < j \leq k \\ |x_i - x_j| \geq \frac{\delta}{2}}} |f(x_i) - f(x_j)|.$$

(If there are no i,j such that $|x_i - x_j| \geq \delta/2$, put $\eta = \infty$.)

Given the net, the number η can be determined effectively, i.e. η is a recursive function of $1/\varepsilon$. There exists a positive number η_0 such that $\eta_0 \leq \eta$ for all nets satisfying the condition imposed on ε. The existence of such an η_0 follows (non-constructively!) from the continuity of f^{-1}: Given $\delta/2$, $\delta/2 > 0$, there exists η_0, $\eta_0 > 0$, such that for all u,v of T^m

$$|u - v| \geq \frac{\delta}{2} \Rightarrow |f(u) - f(v)| \geq \frac{\eta_0}{2} .$$

It is convenient for the following to assume that the function κ is monotonically increasing; if κ does not have this property it is not difficult to define κ' having this additional property.

An ε-net is admissible if $\varepsilon < \kappa(\eta/3)$. The following assertions are easily verified:

(1) It is decidable whether a given ε-net is admissible.

(2) There exist admissible ε-nets. (If $\varepsilon < \kappa(\eta_0/3)$ then the net is certainly admissible; this is the point where we make use of the monotonicity of κ.)

Let η_1 be the number η corresponding to the first ε-net in the enumeration ν; η_1 depends recursively on δ.

We shall show that for all u,v in T^m

$$|u - v| \geq \delta \Rightarrow |f(u) - f(v)| \geq \frac{\eta_1}{3} .$$

Having shown this and defining $\lambda(\delta)$ to be $\eta_1/3$, the proof of the theorem will be completed.

Assume that u,v are points of T^m such that $|u-v| \geq \delta$ and let $(y_1,\ldots,y_n)$ be the first admissible ε-net, $0 < \varepsilon \leq \delta/4$. There exist indices i, $j (1 \leq i,j \leq n)$ such that

$$|u - y_i| < \varepsilon \leq \frac{\delta}{4}$$

$$|v - y_j| < \varepsilon \leq \frac{\delta}{4} .$$

Because of $|u-v| \geq \delta$, we have

$$|y_i - y_j| \geq \frac{\delta}{2}$$

and therefore

$$|f(y_i) - f(y_j)| \geq \eta_1 .$$

Because of

$$|u - y_i| < \varepsilon \leq \kappa(\frac{\eta_1}{3}) \qquad \text{and}$$

$$|v - y_j| < \varepsilon \leq \kappa(\frac{\eta_1}{3})$$

we have

$$|f(u) - f(y_i)| < \frac{\eta_1}{3} \qquad \text{and}$$

$$|f(v) - f(y_j)| < \frac{\eta_1}{3}$$

and therefore

$$|f(u) - f(v)| \geq \frac{\eta_1}{3} = \lambda(\delta) \ .$$

R e m a r k . The above theorem on the recursive continuity of f^{-1} can be extended to general recursive metric spaces which are totally bounded. This generalization is the constructive analogue of the theorem asserting the continuity of the inverse function of a continuous one-to-one function defined on a compact space. The proof itself, however, is not constructive. Constructive proofs establishing the strong fundamental theorem of algebra in Recursive Analysis are well known, e.g. [5].

REFERENCES

1. P. Alexandroff und H. Hopf: Topologie, Berlin, Springer, 1935.

2. R.L. Goodstein: Recursive Analysis, Amsterdam, North-Holland Publishing Company, 1961.

3. P.J. Hilton and S. Wylie: Homology Theory, Cambridge, University Press, 1960.

4. H.G. Rice: Recursive real numbers. Proc.Amer.Math.Soc. *5* (1954) 784 - 791,

5. H. Weyl: Randbemerkungen zu Hauptproblemen der Mathematik, Math. Zeitschrift *20* (1924), 131-150.

Prof. E. Specker
Eidgenössische Technische Hochschule
CH-8006 Zürich
Switzerland

LENGTHS OF FORMULAS AND ELIMINATION OF QUANTIFIERS I

L. HODES
Bethesda

and

E. SPECKER
Zürich

Introduction

The problems studied in this paper and its sequels are special cases of the following type of problem: Given a function, how long does a formula representing it have to be?

Part I treats the case of the propositional calculus. In order to state some results, the following notation is introduced:

F_1 is the set of formulas of the first order propositional calculus with negation and conjunction as the only connectives.

Example: $\neg(x_1 \wedge \neg x_2) \wedge \neg(\neg x_1 \wedge x_2)$.

F_2 is the set of formulas of the first order propositional calculus with negation, conjunction and bi-implication as the only connectives.

Example: $(x_1 \leftrightarrow (x_2 \wedge \neg x_3)) \leftrightarrow (\neg x_1 \wedge x_2)$.

F_3 is the set of second order formulas of the propositional calculus with negation, conjunction and bi-implication as the only connectives.

Example:

$$(\forall x_1)((\exists x_2)(x_2 \wedge x_3) \leftrightarrow (\forall x_4)((x_1 \wedge x_2) \leftrightarrow (x_3 \wedge \neg x_4))).$$

Clearly, $F_1 \subseteq F_2 \subseteq F_3$. Furthermore, for every formula φ of F_3 there is a formula ψ of F_1 such that ψ is equivalent to φ. Such a formula ψ usually has to be much longer than the given formula φ.

In fact, defining the length of a formula as the sum of the number of occurrences of all its variables (so that the formulas given as examples have lengths 4, 5, 6 respectively), we have for $i=1, 2$

THEOREM (i). For every integer c there exists a formula φ of F_{i+1} such that for every formula ψ of F_i equivalent to φ the following inequality holds

$$\text{length}\, \psi \geqslant c' \,\text{length}\, \varphi .$$

The proofs of these theorems are carried out more conveniently in the language of rings than in the language of lattices. We introduce therefore the Boolean sum, product (which is the same as conjunction) and the Boolean constants 0, 1. Negation can then be dispensed with, $1+x_1$ being $\neg x_1$.

Results of this paper and its sequels have been announced in [1], [2]. The first explicit example of a Boolean function which permits only "nonlinear" realizations has, as far as we know, been defined by Nečiporuk [3].

1. Definition of the notion of "formula": $0, 1, x_0, x_1, \ldots$ are formulas. If φ, ψ are formulas, so are $\varphi+\psi$ and $\varphi\cdot\psi$. (Parentheses are added according to custom.)

2. Definition of the notion of "p-formula" ("p" for "product"): $0, 1, x_0, x_1, \ldots$ are p-formulas. If φ is a p-formula, so are $0+\varphi$ and $1+\varphi$. If φ, ψ are p-formulas, so is $\varphi\cdot\psi$.

Remark. $\varphi+\psi$ is equivalent to

$$1+(1+\varphi\cdot(1+\psi))\cdot(1+(1+\varphi)\cdot\psi)$$

which is a p-formula if φ and ψ are p-formulas. Every formula is therefore equivalent to some p-formula.

3. If φ is a formula, $\varphi\Big/\begin{matrix}x_{i_1}\ldots x_{i_m}\\ 0\ldots 0\end{matrix}$

is the formula obtained from φ by substituting 0 for the variables $x_{i_1}, \ldots, x_{i_m}$.

If no other variables but $x_{i_1}, \ldots, x_{i_m}, x_{j_1}, \ldots, x_{j_n}$ occur in φ and if $i_p \neq j_q$ for all p, q $(1 \leqslant p \leqslant m,\ 1 \leqslant q \leqslant n)$ then $\varphi/x_{j_1}\ldots x_{j_n}$ is the formula $\varphi\Big/\begin{matrix}x_{i_1}\ldots x_{i_m}\\ 0\ldots 0\end{matrix}$.

If $\boldsymbol{x}$ is the sequence $\langle x_{j_1}, \ldots, x_{j_n}\rangle$ then $\varphi/\boldsymbol{x}$ is $\varphi/x_{j_1}\ldots x_{j_n}$.

Example. If φ is the formula $(x_1+x_2)\cdot(x_2+x_3)$ and $\boldsymbol{x}$ is the sequence $\langle x_1, x_3\rangle$ then $\varphi/\boldsymbol{x}$ is $(x_1+0)\cdot(0+x_3)$.

The theorems of the paper are based on the following

MAIN LEMMA. For all integers m, k there exists an integer n_0 such that for all n, $n \geqslant n_0$, the following holds:

If φ is a formula in the n variables $x_1, \ldots, x_n$, none of which occurs more than k times in φ, then there exist m distinct integers $k_1, \ldots, k_m$ $(1 \leqslant k_j \leqslant n, 1 \leqslant j \leqslant m)$ and Boolean constants c_0, c_1, c_2 such that $\varphi / x_{k_1} \cdots x_{k_m}$ is equivalent to

$$c_0 + c_1 \prod_{j=1}^{m} (1 + x_{k_j}) + c_2 \sum_{j=1}^{m} x_{k_j}.$$

Moreover, if φ is a p-formula then $c_2 = 0$.
Putting $\pi = \prod (1 + x_{k_j})$, $\sigma = \sum x_{k_j}$, we have $\pi \cdot \sigma = 0$. The thesis of the lemma therefore states that $\varphi / \boldsymbol{x}$ is equivalent to a binary formula in π, σ.

The proof of the lemma proceedes by constructing simpler and simpler formulas from the given formula by substituting zeros for some variables. It will be obvious from the construction that the final formula is a p-formula (i.e. $c_0 + c_1 \cdot \pi$) if the given one is.

4. The formula φ is an abridged version of the formula ψ iff φ is equivalent to ψ and for all i, $0 \leqslant i$, the number of occurrences of x_i in φ is less than or equal the number of occurrences in ψ.

Let S be a set of variables and φ a formula containing at least two distinct variables. Then there exist formulas φ_1, φ_2 and a Boolean constant c such that the following conditions hold

(1) $\varphi_1 + \varphi_2$ or $c + \varphi_1 \cdot \varphi_2$ is an abridged version of φ,
(2) φ_1 and φ_2 both contain at least one variable,
(3) the number of distinct variables of S occurring in φ_2 is at least half the number of distinct variables of S occurring in φ.

Remark. We will refer to a binary operation on φ_1, φ_2 by the common symbol $\varphi_1 * \varphi_2$. It is thereby understood that different stars in the same formula do not necessarily refer to the same operation.

5. A sequence $\langle \psi_1, \ldots, \psi_n \rangle$ of formulas is normal iff
(1) each formula ψ_i, $1 \leqslant i \leqslant n$, contains at least one variable,
(2) for each i, $1 \leqslant i \leqslant n$, either ψ_i contains only one variable or ψ_i contains only variables occurring in the formula $\psi_1 \cdot \psi_2 \ldots \psi_{i-1}$.

Remark. Let $\langle \psi_1, \ldots, \psi_n \rangle$ be normal and $\langle \chi_1, \ldots, \chi_m \rangle$ be the sequence obtained from $\langle \psi_1, \ldots, \psi_n \rangle$ by substituting 0 for some variable in all the formulas $\psi_1, \ldots, \psi_n$ and then deleting the formulas containing no variable. Then $\langle \chi_1, \ldots, \chi_m \rangle$ is normal.

6. A formula ψ is of type τ_q^1 iff there exist formulas ψ_1, ψ_2 such that for some operation $*$ the following conditions hold
(1) $\psi_1 * \psi_2$ is an abridged version of ψ,
(2) there exist at least q distinct variables occurring both in ψ_1 and in ψ_2.

A formula ψ is of the type ^2_p iff there exists a normal sequence $\langle \psi_1, \ldots, \psi_p \rangle$ of formulas such that for some sequence of operations $*$ the formula

$$\psi_1 * (\psi_2 * (\psi_3 * (\ldots * \psi_p) \ldots))$$

is an abridged version of ψ.

An example of a formula of the above type is

$$1 + \psi_1 (\psi_2 + \psi_3 (1 + \psi_4 \cdot \psi_5)),$$

the sequence of operation $u * v$ being $1 + u \cdot v$, $u + v$, $u \cdot v$, $1 + u \cdot v$.

LEMMA 1. If $1 \leqslant p$, $1 \leqslant q$, $4^p \cdot q \leqslant n$ and if φ is a formula in n variables then there exists a sequence $\boldsymbol{x}$ of variables of φ such that $\varphi/\boldsymbol{x}$ is either of type τ_q^1 or of type τ_p^2.

Proof. We assume that there is no sequence $\boldsymbol{x}$ of variables of φ such that $\varphi/\boldsymbol{x}$ is of type τ_q^1 and define sequences $\langle \varphi_1, \ldots, \varphi_p \rangle$ and $\langle \psi_1, \ldots, \psi_p \rangle$ of formulas such that the following conditions hold:
(1) φ_1 is φ;
(2) for all i, $1 \leqslant i \leqslant p$, $\langle \psi_1, \ldots, \psi_i \rangle$ is normal;
(3) for all i, $1 \leqslant i \leqslant p$, the formula φ_i contains at least $4^{p-i} \cdot q$ variables not occurring in $\psi_1 \cdot \psi_2 \ldots \psi_{i-1}$;
(4) for all i, $1 \leqslant i \leqslant p-1$, there exists a sequence $\boldsymbol{y}$ of variables of φ containing all the variables of $\psi_1 \cdot \psi_2 \ldots \psi_{i-1}$ such that $\psi_i * \varphi_{i+1}$ is an abridged version of $\varphi_i / \boldsymbol{y}$ for some operation $*$;
(5) there exists a sequence $\boldsymbol{z}$ of variables of φ containing all the variables of $\psi_1 \cdot \psi_2 \ldots \psi_{p-1}$ such that ψ_p is $\varphi_p / \boldsymbol{z}$.

Define φ_1 as φ and assume that for some i, $1 \leqslant i \leqslant p-1$, the sequences $\langle \varphi_1, \ldots, \varphi_i \rangle$, $\langle \psi_1, \ldots, \psi_{i-1} \rangle$ are defined satisfying the above conditions. Let S_i be the set of variables of φ_i not occurring in $\psi_1 \ldots \psi_{i-1}$; S_i has at least $4^{p-i} \cdot q (\geqslant 2)$ elements. Therefore, there exists formulas χ_i, ω_i and an operation $*$ such that
(a) $\chi_i * \omega_i$ is an abridged version of φ_i,
(b) χ_i contains at least one variable,
(c) ω_i contains at least $2 \cdot 4^{p-i-1} \cdot q$ variables not occurring in $\psi_1 \cdot \psi_2 \ldots \psi_{i-1}$.

Let $\boldsymbol{y}$ be a sequence of variables consisting of the variables of $\psi_1 \ldots \psi_{i-1} \cdot \varphi_i$.

Then

$$\psi_1 * (\psi_2 * \ldots (\psi_{i-1} * \varphi_i) \ldots)$$

is an abridged version of $\varphi/\boldsymbol{y}$. Let $\boldsymbol{z}$ be the sequence of variables of $\boldsymbol{y}$ not occurring in $\psi_1 \ldots \psi_{i-1}$. Then for some Boolean constants c_1, c_2 the formula $c_1 + c_2 \cdot \varphi_i/\boldsymbol{z}$ is an abridged version of $\varphi/\boldsymbol{z}$.

$\chi_i * \omega_i$ being an abridged version of φ_i, the formula $\chi_i/\boldsymbol{z} * \omega_i/\boldsymbol{z}$ is an abridged version of $\varphi_i/\boldsymbol{z}$. Therefore, for some operation $*'$, the formula

$$\chi_i/\boldsymbol{z} *' \omega_i/\boldsymbol{z} \text{ is an abridged version of } \varphi/\boldsymbol{z}.$$

By assumption, there is no $\boldsymbol{x}$ such that $\varphi/\boldsymbol{x}$ is of the type τ_q^1; hence, the formulas $\chi_i/\boldsymbol{z}$ and $\omega_i/\boldsymbol{z}$ have less than q distinct variables in common.

The number of distinct variables of ω_i not occurring in $\psi_1 \ldots \psi_{i-1}\chi_i$ is at least $2 \cdot 4^{p-i-1} \cdot q - q$, i.e. at least $4^{p-i-1} \cdot q$.

If χ_i contains variables occurring in $\psi_1 \ldots \psi_{i-1}$, let $\boldsymbol{u}$ be a sequence containing exactly the following variables:

all the variables occurring in $\psi_1 \ldots \psi_{i-1}$; all the variables of ω_i not occurring in χ_i.

Defining ψ_i as $\chi_i/\boldsymbol{u}$, φ_{i+1} as $\omega_i/\boldsymbol{u}$, conditions (1)–(5) still hold.

If χ_i contains no variable of $\psi_1 \ldots \psi_{i-1}$, let $\boldsymbol{u}$ be a sequence containing exactly the following variables:

all the variables occurring in $\psi_1 \ldots \psi_{i-1}$; exactly one variable of χ_i; all the variables of ω_i not occurring in $\psi_1 \ldots \psi_{i-1} \cdot \chi_i$. Defining again ψ_i as $\chi_i/\boldsymbol{u}$ and φ_{i+1} as $\omega_i/\boldsymbol{u}$, conditions (1)–(5) still hold.

Assume that the sequences $\langle \varphi_1, \ldots, \varphi_p \rangle$, $\langle \psi_1, \ldots, \psi_{p-1} \rangle$ are defined; φ_p contains at least q variables. If φ_p contains variables occurring in $\psi'_1 \ldots \psi_{p-1}$, let $\boldsymbol{x}$ be a sequence containing the variables of $\psi'_1 \ldots \psi_{p-1}$. If φ_p contains no variable of $\psi'_1 \ldots \psi_{p-1}$, let $\boldsymbol{x}$ be a sequence containing all the variables of $\psi'_1 \ldots \psi_{p-1}$ and exactly one variable of φ_p. Define ψ_p as $\varphi_p/\boldsymbol{x}$ in both cases. Conditions (1)–(5) hold; the formula

$$\psi_1 * (\psi_2 * \ldots (\psi_{p-1} * \psi_p) \ldots)$$

is an abridged version of $\varphi/\boldsymbol{x}$, i.e. $\varphi/\boldsymbol{x}$ is of type τ_p^2.

7. Lemma 2. If the sequence $\langle \psi_1, \ldots, \psi_n \rangle$ is normal, if no variable occurs in more than k of the formulas $\psi_1, \ldots, \psi_n$ and if $n \geqslant (k+1)^m$ then there exist an integer p and distinct integers $k_1, \ldots, k_p$ such that the following holds:
(1) x_{k_1} occurs in ψ_1;
(2) if $\langle \chi_1, \ldots, \chi_q \rangle$ is the sequence obtained from $\langle \psi_1, \ldots, \psi_n \rangle$ by substituting

0 for all the variables except $x_{k_1}, \ldots, x_{k_p}$ and then deleting the formulas containing no variables then

(a) $m \leqslant q$,

(b) for all j, $1 \leqslant j \leqslant m$, the formula χ_j contains exactly one variable, say x_{i_j},

(c) the sequence $\langle i_1, \ldots, i_m \rangle$ (defined in (b)) is a sequence without alternations.

(The sequence $\langle i_1, \ldots, i_m \rangle$ is said to be without alternations iff for all j_1, j_2, j_3 the following holds: If $1 \leqslant j_1 < j_2 < j_3 \leqslant m$ and $i_{j_1} = i_{j_3}$, then $i_{j_1} = i_{j_2}$. The sequence $\langle 9, 9, 7, 8, 8, 8, 1 \rangle$ is without alternations, $\langle 9, 9, 7, 8, 8, 9, 1 \rangle$ is not.)

Proof. Let x_{k_1} be the variable occurring in ψ_1. If $m=1$ then $p=1$ and k_1 satisfies the thesis. For the inductive step two cases are distinguished.

(a) x_{k_1} occurs in none of the formulas ψ_j, $2 \leqslant j \leqslant (k+1)^{m-1}+1$. Putting $r=(k+1)^{m-1}+1$, the sequence $\langle \psi_2, \ldots, \psi_r \rangle$ is normal and each variable occurs in at most k of the formulas ψ_j, $2 \leqslant j \leqslant r$, $k_2, \ldots, k_p$ being indices according to the inductive hypothesis, the sequence $\langle k_1, \ldots, k_p \rangle$ satisfies the thesis.

(b) Assume that x_{k_1} occurs in some formula ψ_j, $2 \leqslant j \leqslant (k+1)^{m-1}+1$ and let h be the smallest such number j. Furthermore, let V be the set of variables different from x_{k_1} and occurring in $\psi'_2 \ldots \psi_{h-1}$. Substitute 0 for all the variables of V in the formulas $\psi_1, \psi_h, \psi_{h+1}, \ldots, \psi_n$ and delete the formulas containing no more variables. Let the resulting sequence be $\langle \omega_1, \ldots, \omega_r \rangle$. The length of the sequence $\langle \psi_1, \psi_h, \psi_{h+1}, \ldots, \psi_n \rangle$ is at least $n-(k+1)^{m-1}+1$.

There are less than $(k+1)^{m-1}$ distinct variables in $\psi_2 \ldots \psi_{h-1}$, each one occurring in at most $(k-1)$ of the formulas $\psi_1, \psi_h, \ldots, \psi_n$. Therefore,

$$r \geqslant n - (k+1)^{m-1} + 1 - (k-1)(k+1)^{m-1}, \text{ i.e.}$$

$$r \geqslant (k+1)^{m-1} + 1 .$$

The sequence $\langle \omega_2, \ldots, \omega_r \rangle$ is normal and its length is at least $(k+1)^{m-1}$. x_{k_1} occurs in ω_2; if $\langle k_1, \ldots, k_p \rangle$ is a sequence of incides according to the inductive hypothesis for $\langle \omega_2, \ldots, \omega_r \rangle$, the same sequence satisfies the thesis of the lemma for $\langle \psi_1, \ldots, \psi_n \rangle$.

8. LEMMA 3. If φ is a formula of type τ^2_p, if no variable occurs more than k times in φ and if $p \geqslant (k+1)^{k \cdot m}$ then there exist m distinct variables $x_{k_1}, \ldots, x_{k_m}$ of φ such that $\varphi/_{x_{k_1} \ldots x_{k_m}}$ is equivalent to some formula ω satisfying the following condition:

There exists a sequence $\langle \omega_0, \ldots, \omega_m \rangle$ of formulas such that

(1) no variable occurs more than $(k-1)$ times in ω_0;
(2) for all j, $1 \leqslant j \leqslant m$, there exist Boolean constants a_j, b_j, c_j such that ω_j is equivalent to

$$a_j + (b_j + c_j \cdot x_{k_j}) * \omega_{j-1}$$

for some operation $*$;
(3) ω is the formula ω_m.

Proof. φ being of type τ_p^2, there exists a normal sequence $\langle \psi_1, \ldots, \psi_p \rangle$ such that some formula

$$\psi_1 * (\psi_2 * \ldots * \psi_p)$$

is an abridged version of φ. Each variable occurs in at most k of the formulas $\psi_1, \ldots, \psi_p$. By Lemma 2, there exists a sequence $\boldsymbol{x}$ of variables of φ such that the sequence

$$\langle \chi_1, \ldots, \chi_q \rangle$$

obtained from the sequence

$$\langle \psi_1/\boldsymbol{x}, \ldots, \psi_p/\boldsymbol{x} \rangle$$

by deleting the formulas containing no variables has the following properties:
(1) $k \cdot m \leqslant q$,
(2) for all j, $1 \leqslant j \leqslant k \cdot m$, the formula χ_j contains exactly one variable, say x_{i_j},
(3) the sequence $\langle i_1, \ldots, i_{k \cdot m} \rangle$ is a sequence without alternations.

A variable occurs in at most k of the formulas χ_j, $1 \leqslant j \leqslant q$. Hence the sequence $\langle i_1, \ldots, i_{k \cdot m} \rangle$ contains at least m distinct numbers; let $k_1, \ldots, k_m$ be such numbers and put $\boldsymbol{y} = \langle x_{k_1}, \ldots, x_{k_m} \rangle$. Then there exists a sequence $\langle r_1, \ldots, r_{m+1} \rangle$ satisfying the following conditions:
(a) $1 = r_{m+1} < r_m < \cdots < r_1 = p$;
(b) for all j, $1 \leqslant j \leqslant m$, the formula $\prod_{r_{j+1} \leqslant i < r_j} \psi_i$ contains exactly one variable of $\boldsymbol{y}$;
(c) for all h, j, $1 \leqslant h < j \leqslant m$ the variables of $\boldsymbol{y}$ occurring in

$$\prod_{r_{h+1} \leqslant i < r_h} \psi_i \text{ and } \prod_{r_{j+1} \leqslant i < r_j} \psi_i \text{ are distinct.}$$

We may assume that the variable of $\boldsymbol{y}$ occurring in $\prod_{r_{j+1} \leqslant i < r_j} \psi_i$ is x_{k_j}, $1 \leqslant j \leqslant m$.

Defining ω_0 as

$$\psi_{r_1}/\boldsymbol{y} * \ldots * \psi_p/\boldsymbol{y}$$

and for all j, $1 \leqslant j \leqslant m$, defining the constants a_j, b_j, c_j and the formulas ω_j such that

$$\psi_{r_{j+1}} * (\psi_{r_{j+1}} + 1 * \cdots * (\psi_{r_j - 1} * \omega_{j-1}) \ldots)/\boldsymbol{y}$$

is equivalent to

$$a_j + (b_j + c_j x_{k_j}) * \omega_{j-1}$$

for some operation $*$, the conditions are verified.

9. Definition of the notion of "basic formula": A formula φ is basic in $\langle x_{i_0}, x_{i_1}, \ldots, x_{i_n} \rangle$ of type $\langle \alpha_1, \ldots, \alpha_n \rangle$ iff the following conditions hold:
(1) $\langle x_{i_0}, \ldots, x_{i_n} \rangle$ is a sequence of distinct variables;
(2) $\langle \alpha_1, \ldots, \alpha_n \rangle$ is a sequence of operations, α_i, $1 \leqslant i \leqslant n$, being either the Boolean product or the Boolean sum;
(3) there exist a sequence of formulas $\langle \varphi_0, \ldots, \varphi_n \rangle$ and three sequences of constants $\langle a_1, \ldots, a_n \rangle$, $\langle b_0, \ldots, b_n \rangle$, $\langle c_0, \ldots, c_n \rangle$ such that φ_0 is $b_0 + c_0 x_{i_0}$;
for all k, $0 \leqslant k \leqslant n-1$,
φ_{k+1} is $a_{k+1} + (b_{k+1} + c_{k+1} x_{k+1}) \cdot \varphi_k$ if α_{k+1} is product or $(b_{k+1} + c_{k+1} x_{k+1}) + \varphi_k$ if α_{k+1} is sum;
φ_n is φ.
A formula φ basic in $\langle x_{i_0}, \ldots, x_{i_n} \rangle$ is of the form

$$\varphi_n * (\varphi_{n-1} * \cdots * (\varphi_1 * \varphi_0) \ldots),$$

where φ_j contains the variable x_{i_j} and no other.

If φ is basic in $\langle x_{i_0}, \ldots, x_{i_n} \rangle$ of type $\langle \alpha_1, \ldots, \alpha_n \rangle$ and $1 \leqslant i \leqslant n$, then $\varphi \Big/ \begin{matrix} x_{i_j} \\ 0 \end{matrix}$ is equivalent to a formula basic in $\langle x_{i_0}, \ldots, \not{x}_{i_j}, \ldots, x_{i_n} \rangle$ of type $\langle \alpha_1, \ldots, \not{\alpha}_j, \ldots, \alpha_n \rangle$.

LEMMA 4. If φ is basic in $\langle x_{i_0}, \ldots, x_{i_n} \rangle$ of type $\langle \alpha_1, \ldots, \alpha_n \rangle$ and $n \geqslant 6m$, $m \geqslant 1$, then there exist m distinct numbers $k_1, \ldots, k_m$ among $i_1, \ldots, i_n$ and Boolean constants d_0, d_1, d_2 such that the formula $\varphi / x_{i_0} x_{k_1} \ldots x_{k_m}$ is equivalent either to

$$d_0 + (d_1 + d_2 x_{i_0}) \cdot \prod_{j=1}^{m} (1 + x_{k_j})$$

or to

$$d_0 + d_1 x_{i_0} + d_2 \sum_{j=1}^{m} x_{k_j}.$$

Proof. We assume $i_j = j$, $0 \leqslant j \leqslant n$, and $m \geqslant 2$. Furthermore, let the sequences of formulas and Boolean constants be as in the definition of basic formula. Let n_1 be the number of operations sum in $\alpha_1, \ldots, \alpha_m$, n_2 the number of operations product; $n_1 + n_2 = n$. If $n_1 \geqslant 2m$, let $i_1, \ldots, i_{2m}$ be $2m$ distinct numbers such that α_{i_j}, $1 \leqslant j \leqslant 2m$, is sum. The formula $\varphi / x_0 x_{i_1} \ldots x_{i_{2m}}$ is then equivalent to some formula

$$d_0 + d_1 x_0 + \sum_{j=1}^{2m} e_j x_{i_j}.$$

There are m distinct integers j and a Boolean constant d_2 such that $e_j = d_2$. Therefore, there exist distinct $k_1, \ldots, k_m$ such that $\varphi / x_0 x_{k_1} \ldots x_{k_m}$ is equivalent to

$$d_0 + d_1 x_0 + d_2 \sum_{j=1}^{m} x_{k_j}.$$

Assume therefore $n_1 < 2m$; then α_k is the operation product for at least $4m$ distinct indices k. If there exist m distinct numbers $k_1, \ldots, k_m$ among $1, \ldots, n$ such that $c_{k_j} = 0$, $1 \leqslant j \leqslant m$, then the formula $\varphi / x_0 x_{k_1} \ldots x_{k_m}$ is equivalent to $d_0 + d_1 x_0$ for some constants d_0, d_1. Assume therefore that there exist $3m$ distinct indices k such that α_k is the operation product and $c_k = 1$. Letting $\boldsymbol{x}$ be the sequence of the corresponding $3m$ variables, replacing $\varphi / \boldsymbol{x}$ by φ and changing notation it suffices to prove the following: If $n \geqslant 3m$,

$$\varphi_0 \text{ is } b_0 + c_0 x_0;$$

for all k, $0 \leqslant k \leqslant n-1$,

$$\varphi_{k+1} \text{ is } a_{k+1} + (b_{k+1} + x_{k+1}) \cdot \varphi_k;$$
$$\varphi_n \text{ is } \varphi,$$

then there exist distinct integers $k_1, \ldots, k_m$ such that $\varphi / x_0 x_{k_1} \ldots x_{k_m}$ is equivalent to some formula

$$d_0 + (d_1 + d_2 x_0) \cdot \prod_{j=1}^{m} (1 + x_{k_j}).$$

If there exists an index k such that $b_k = 0$ and $m+1 \leqslant k$, then the formula $\varphi / x_0 x_1 \ldots x_m$ is equivalent to a constant. Assume therefore $b_k \neq 0$ for all k, $m+1 \leqslant k$, substitute 0 for $x_1, \ldots, x_m$ and change again notation: $n \geqslant 2m$;

$$\varphi_0 \text{ is } b_0 + c_0 x_0;$$

for all k, $0 \leqslant k \leqslant n-1$,

$$\varphi_{k+1} \text{ is } a_{k+1} + (1 + x_{k+1}) \cdot \varphi_k;$$
$$\varphi_n \text{ is } \varphi.$$

If all the constants a_k, $1 \leqslant k \leqslant n-1$, are 0, then φ is equivalent to

$$a_n + (b_0 + c_0 x_0) \prod_{k=1}^{n} (1 + x_k)$$

and the thesis of the lemma holds.

Otherwise, let $i_1, \ldots, i_{p-1}$ be the indices i such that $a_i = 1$ and $1 \leqslant i < n$; $i_1 < i_2 < \cdots < i_{p-1}$.
Define a sequence $\langle \psi_1, \ldots, \psi_p \rangle$ as follows

$$\psi_1 \text{ is } \prod_{1 \leqslant i \leqslant i_1} (1 + x_i)(b_0 + c_0 x_0)$$
$$\psi_{h+1} \text{ is } \prod_{i_h < i \leqslant i_{h+1}} (1 + x_i) \qquad (1 \leqslant h \leqslant p-2)$$
$$\psi_p \text{ is } \prod_{i_{p-1} < i} (1 + x_i).$$

Then φ is equivalent to the formula ψ

$$c_p + (\ldots(1 + \psi_3(1 + \psi_2(1 + \psi_1)))\ldots).$$

For all h, j such that $1 \leqslant h < j \leqslant p$, the formulas ψ_h, ψ_j have no variables in common.

Substituting 0 in ψ for all the variables occurring in one of the formulas ψ_{2j}, $j = 1, 2, \ldots$, we obtain a formula χ_1 equivalent to

$$c + \psi_{2s+1} \cdot \psi_{2s-1} \cdots \psi_3 \cdot \psi_1 \qquad (c = c_p;\ s = [\tfrac{1}{2}(p-1)]).$$

Substituting 0 in ψ for all the variables occurring in one of the formulas ψ_{2j+1}, $j = 1, 2, \ldots$, and also for the variables x_i, $i = 1, \ldots, i_1$ (occurring in ψ_1), we obtain a formula χ_2 equivalent to

$$c + \psi_{2t} \cdots \psi_2 (1 + b_0 + c_0 x_0) \qquad (t = [\tfrac{1}{2}p]).$$

Among the variables $x_1, \ldots, x_n$, $n \geqslant 2m$, there exist either m occurring in one of the formulas $\psi_1, \ldots, \psi_{2s+1}$ or m occurring in one of the formulas $\psi_2, \ldots, \psi_{2t}$. In both cases, there exist distinct numbers $k_1, \ldots, k_m$ such that $\varphi / x_0 x_{k_1} \ldots x_{k_m}$ is equivalent to some formula

$$d_0 + \prod (1 + x_{k_j})(d_1 + d_2 x_0).$$

10. Main Lemma. Let F be the primitive recursive function defined as follows

$$F(m, 0) = m$$
$$F(m, k) = 4^{(k+1)^{6 \cdot k \cdot F(m,k-1)}} F(F(m, k-1), k-1).$$

If $n \geqslant F(m, k)$ and φ is a formula in the variables $x_1, \ldots, x_n$ none of which occurs more than k times in φ, then there exist distinct integers $k_1, \ldots, k_m$ $(1 \leqslant k_j \leqslant n,\ 1 \leqslant j \leqslant m)$ and Boolean constants c_0, c_1, c_2 such that $\varphi / x_{k_1} \ldots x_{k_m}$

is equivalent to

$$c_0 + c_1 \prod_{j=1}^{m} (1 + x_{k_j}) + c_2 \sum_{j=1}^{m} x_{k_j}.$$

Moreover, if φ is a p-formula then $c_2=0$.

Proof. The proof is by induction on k, the case $k=0$ being trivial. Putting $p=(k+1)^{6\cdot k\cdot m}$, $q=F(F(m, k-1), k-1)$ and applying Lemma 1, there exists a sequence $\boldsymbol{x}$ of variables $x_i (1 \leqslant i \leqslant n)$ such that $\varphi/\boldsymbol{x}$ is either of type τ_q^1 or of type τ_p^2.

(1) If $\varphi/\boldsymbol{x}$ is of type τ_p^2 there exist formulas ψ_1, ψ_2 and an operation $*$ such that $\psi_1 * \psi_2$ is an abridged version of $\varphi/\boldsymbol{x}$ and such that there exist at least q distinct variables $x_{i_1}, \ldots, x_{i_q}$ occurring both in ψ_1 and in ψ_2. The variables $x_{i_1}, \ldots, x_{i_q}$ therefore occur at most $(k-1)$ times in $\psi_j (j=1, 2)$. Substituting 0 for all the other variables in $\psi_1 * \psi_2$ yields a formula $\psi_1' * \psi_2'$. Applying the inductive hypothesis to ψ_1', there exist $F(m, k-1)$ variables $x_{j_1}, \ldots, x_{j_r}$ $(r=F(m, k-1))$ such that, putting $\boldsymbol{y}=\langle x_{j_1}, \ldots, x_{j_r}\rangle$, the formula $\psi_1'/\boldsymbol{y}$ is equivalent to some formula

$$c_0 + c_1 \pi + c_2 \sigma, \quad \text{where} \quad \pi = \prod (x_{j_i} + 1), \sigma = \sum x_{j_i}.$$

Applying the inductive hypothesis to $\psi_2/\boldsymbol{y}$, there exist m distinct variables $x_{k_1}, \ldots, x_{k_m}$ among the variables $x_{j_1}, \ldots, x_{j_r}$ such that, putting $\boldsymbol{z}=\langle x_{k_1}, \ldots, x_{k_m}\rangle$, the formula $\psi_2/\boldsymbol{z}$ is equivalent to some formula

$$c_0' + c_1' \pi' + c_2' \sigma', \quad \text{where} \quad \pi' = \prod_{j=1}^{m} (1 + x_{k_j}), \sigma' = \sum_{j=1}^{m} x_{k_j}.$$

The formula $\psi_1/\boldsymbol{z}$ is equivalent to

$$c_0 + c_1 \pi' + c_2 \sigma',$$

the formula $(\psi_1 * \psi_2)/\boldsymbol{z}$ therefore to some formula

$$d_0 + d_1 \pi' + d_2 \sigma'.$$

The formula $(\psi_1 * \psi_2)/\boldsymbol{z}$ is equivalent to $\varphi/\boldsymbol{z}$.

(2) Assume on the other hand that $\varphi/\boldsymbol{x}$ is of type τ_p^2. Putting $s=6F(m, k-1)$ and applying Lemma 3, there exist s distinct indices $i_1, \ldots, i_s$ and formulas $\omega_0, \ldots, \omega_s$ such that, putting $\boldsymbol{y}=(x_{i_1}, \ldots, x_{i_s})$, the formula ω_s is equivalent to $\varphi/\boldsymbol{y}$ (being the same as $\varphi/\boldsymbol{x}/\boldsymbol{y}$) and the sequence $\langle \omega_0, \ldots, \omega_s\rangle$ satisfies the following conditions:

(1) no variable occurs more than $(k-1)$ times in ω_0;

(2) for all j, $1 \leqslant j \leqslant s$, the formula ω_j is equivalent to some formula

$$a_j + (b_j + c_j x_{i_j}) \cdot \omega_{j-1} \quad \text{or} \quad (b_j + c_j x_{i_j}) + \omega_{j-1}.$$

Define a sequence $\langle \psi_0, \ldots, \psi_s \rangle$ of formulas as follows:

$$\psi_0 \text{ is } x_0.$$

For all j, $1 \leqslant j \leqslant s$, the formula ψ_j is equivalent to

$$a_j + (b_j + c_j x_{i_j}) \cdot \psi_{j-1} \quad \text{or to} \quad (b_j + c_j x_{i_j}) + \psi_{j-1}$$

according to the relation of ω_j to ω_{j-1}. The formula ψ_s is basic in $\langle x_0, x_{i_1}, \ldots, x_{i_s} \rangle$; furthermore, $\psi_s \Big/ \begin{matrix} x_0 \\ \omega_0 \end{matrix}$ is equivalent to ω_s. Putting $t = F(m, k-1)$, we have $s \geqslant 6t$. Applying Lemma 4, there exist distinct integers $j_1, \ldots, j_t$ such that, putting $z = \langle x_{j_1}, \ldots, x_{j_t} \rangle$, the formula ψ_s / z is equivalent to some formula

$$d_0 + (d_1 + d_2 x_0) \prod_{i=1}^{t} (1 + x_{j_i}),$$
$$d_0 + d_1 x_0 + d_2 \sum_{i=1}^{t} x_{j_i}.$$

The formula φ / z is therefore equivalent to some formula

$$d_0 + (d_1 + d_2 \omega_0 / z) \cdot \prod (1 + x_{j_i}),$$
$$d_0 + d_1 \omega_0 / z + d_2 \sum x_{j_i}.$$

We have $t = F(m, k-1)$; applying the inductive hypothesis to ω_0 / z, we obtain m distinct integers $k_1, \ldots, k_m$ such that, putting $u = \langle x_{k_1}, \ldots, x_{k_m} \rangle$, the formula ω_0 / u is equivalent to some formula

$$c_0 + c_1 \pi + c_2 \sigma, \quad \text{where} \quad \pi = \prod (1 + x_{k_j}),\ \sigma = \sum x_{k_j}.$$

Because of $\pi \cdot \sigma = 0$, the formula φ / z itself is equivalent to some formula

$$e_0 + e_1 \pi + e_2 \sigma.$$

If φ is a p-formula, we may assume $e_2 = 0$.

11. Theorem. If $n \geqslant 2 \cdot F(m, 2 \cdot c)$ (F being the function defined in **10**) and if φ is a formula in the variables $x_1, \ldots, x_n$ of length less than $c \cdot n$, then there exist integers $k_1, \ldots, k_m$ ($1 \leqslant k_1 < \cdots < k_m = n$) and Boolean constants c_0, c_1, c_2

such that $\varphi/x_{k_1}...x_{k_m}$ is equivalent to

$$c_0 + c_1 \prod_{j=1}^{m} (1 + x_{k_j}) + c_2 \sum_{j=1}^{m} x_{k_j}.$$

Moreover, if φ is a p-formula then $c_2=0$.

Proof. Let n_1 be the number of variables x_i, $1 \leqslant i \leqslant n$, occurring in φ more than $2c$ times and let n_2 be the number of variables occurring at most $2c$ times. Clearly, $n_1+n_2=n$ and $c\cdot n \geqslant n_1 \cdot 2c$. Therefore, $n_2 \geqslant F(m, 2c)$. Let $x_{j_1}, ..., x_{j_{n_2}}$ be distinct variables occurring at most $2c$ times in φ. Define $\boldsymbol{x}=\langle x_{j_1}, ..., x_{j_{n_2}}\rangle$ and let ψ be the formula $\varphi/\boldsymbol{x}$. The thesis of the theorem follows by applying the Main Lemma to the formula ψ.

THEOREM (1). For every integer c there exist a formula φ such that for every p-formula ψ equivalent to φ the following inequality holds:

$$\text{length}\,\psi \geqslant c\cdot \text{length}\,\varphi.$$

Proof. Assume $n=2F(2, 2\cdot c)$ and let φ be the formula $\sum_{i=1}^{n} x_i$. If ψ is a p-formula in the variables $x_1, ..., x_n$ of length less than $c\cdot n$, there exist integers h, i and Boolean constants d_0, d_1 such that $1 \leqslant h < i \leqslant n$ and that $\psi/x_h,x_i$ is equivalent to $d_0+d_1(1+x_h)(1+x_i)$. The formula $\varphi/x_h,x_i$ is equivalent to x_h+x_i, the formulas φ, ψ are therefore not equivalent.

THEOREM (2). For every integer c there exists a formula Φ of the second order propositional calculus (based on the connectives conjunction and negation) such that for every formula ψ (of the first order propositional calculus) equivalent to Φ the following inequality holds

$$\text{length}\,\psi \geqslant c\cdot \text{length}\,\Phi.$$

Proof. Assume $n=2\cdot F(3, 150\cdot c)$ and define formulas $\varphi_k, 1 \leqslant k \leqslant n$, as follows:

$$\varphi_1 \text{ is } (x_1 + u_1)\cdot(1 + x_1 + v_1)\cdot(1 + w_1),$$

φ_{k+1} is

$$(1 + u_k + x_{k+1}u_k + x_{k+1}w_k + u_{k+1})\cdot(1 + v_k + x_{k+1}v_k + x_{k+1}u_k + v_{k+1})\cdot$$
$$\cdot(1 + w_k + x_{k+1}w_k + x_{k+1}v_k + w_{k+1}).$$

The length of the formula φ' defined by $\prod_{i=1}^{n} \varphi_i\cdot u_n$ is $18n-12$. There exists a p-formula φ equivalent to φ' of a length which is at most $4\cdot(18n-12)$. Let Φ be the formula

$$(\exists u_1)(\exists u_2)...(\exists u_n)(\exists v_1)...(\exists v_n)(\exists w_1)...(\exists w_n)\,\varphi.$$

The length of Φ is less than $75 \cdot n$.

If $\langle c_1, \ldots, c_n \rangle$ is a sequence of Boolean constants then $\Phi \Big/ \begin{smallmatrix} x_1 \ldots x_n \\ c_1 \ldots c_n \end{smallmatrix}$ has the value 1 iff the number of indices i such that $1 \leqslant i \leqslant n$ and $c_i = 1$ is congruent to 0 modulo 3. ("u_k", "v_k", "w_k" say that the number of constants among $c_1, \ldots, c_k$ having the value 1 are respectively congruent to 0, 1, 2 modulo 3.)

Let ψ be a formula of length less than $c \cdot (75 \cdot n)$. Because of $n = 2 \cdot F(3, 150 \cdot c)$, there exist indices h, i, j and Boolean constants d_0, d_1, d_2 such that $1 \leqslant h < i < j \leqslant n$ and that $\psi / x_h x_i x_j$ is equivalent to

$$d_0 + d_1 (1 + x_h) \cdot (1 + x_i) \cdot (1 + x_j) + d_2 (x_h + x_i + x_j).$$

If $\langle c_1, \ldots, c_n \rangle$ is the sequence defined by $c_h = 1$ and $c_k = 0$ for $k \neq h (1 \leqslant k \leqslant n)$ then $\psi \Big/ \begin{smallmatrix} x_1 \ldots x_n \\ c_1 \ldots c_n \end{smallmatrix}$ has the value $d_0 + d_2$. If $\langle c'_1, \ldots, c'_n \rangle$ is the sequence defined by $c'_h = c'_i = c'_j = 1$ and $c_k = 0$ otherwise $(1 \leqslant k \leqslant n)$ then $\psi \Big/ \begin{smallmatrix} x_1 \ldots x_n \\ c'_1 \ldots c'_n \end{smallmatrix}$ has the value $d_0 + d_2$. On the other hand, $\Phi \Big/ \begin{smallmatrix} x_1 \ldots x_n \\ c_1 \ldots c_n \end{smallmatrix}$ is 0, $\Phi \Big/ \begin{smallmatrix} x_1 \ldots x_n \\ c'_1 \ldots c'_n \end{smallmatrix}$ is 1; the formulas Φ and ψ are therefore not equivalent.

References

1. L. Hodes and E. Specker, Elimination of quantifiers and the length of formulae, Notices Am. Math. Soc. **12** (1965) 242.
2. L. Hodes and E. Specker, Elimination von Quantoren und Länge von Formeln, Abstract J. Symb. Logic. 32 (1967) 567
3. È. I. Nečiporuk, A Boolean function, Dokl. Akad. Nauk SSSR **169** (1966) 765–766, Engl. transl.: Soviet Math. Dokl. **7** (1966) 999–1000.

Die Entwicklung der axiomatischen Mengenlehre *)

Von Ernst Specker in Zürich

Lassen Sie mich mit einem Zitat beginnen aus der Arbeit „Die Mathematik als ein zugleich Vertrautes und Unbekanntes":

> Wenn der Menschengeist sich beschwert oder herabgedrückt fühlt durch das viele Rätselhafte im Dasein, durch den Eindruck unserer weitgehenden Unwissenheit in so vielen Bereichen, der Mangelhaftigkeiten der sprachlichen Wiedergabe und Verständigung, dann wendet er sich wohl gern dem Gebiet der Mathematik zu, in welchem ein deutliches und genaues Erfassen von Gegenständlichkeiten sich findet und Gewinnung von Einsicht durch angemessene Begriffe in so befriedigender Weise erreicht wird. Hier fühlt der menschliche Geist sich heimisch, hier erlebt er den Triumph, daß die Verwendung und Verbindung von ganz elementaren Vorstellungen, wie sie uns aus dem Kinderspiel vertraut sind, bedeutsame, überraschende und weittragende Resultate zu Tage bringt. An Konkretes als Ausgangspunkt anknüpfend betätigt sich das mathematische Denken in anschaulicher Fixierung und Vergegenwärtigung seiner Gegenstände und von da führt es durch Begriffsbildungen und gedankliche Verflechtung von Feststellungen zu Ergebnissen, die wiederum sich auf das Konkrete anwenden lassen...[2].

Was hier von der Mathematik im allgemeinen gesagt ist, gilt wohl von der Mengenlehre im besonderen. Unser Geist darf sich in der Mengenlehre ja darum besonders heimisch fühlen, weil wir in der Lage sind, den Gegenstandsbereich sozusagen aus dem Nichts zu erschaffen. Beschränken wir uns nämlich auf Mengen, deren Elemente selbst wieder Mengen sind (was sich bekanntlich als hinreichend erwiesen hat), so dürfen wir uns vorstellen, daß alle Mengen aus einem Baustein – der leeren Menge Λ – aufgebaut sind.

---

*) Festvortrag anläßlich der Ehrenpromotion von Herrn Professor Dr. Paul Bernays in München am 16. Oktober 1976.

Durch die Prozesse der elementaren Mengenbildung entstehen so etwa die Mengen

$\{\Lambda\}$: Menge mit dem einen Element Λ
$\{\Lambda, \{\Lambda\}\}$
etc.

Bezüglich der Gleichheit setzen wir fest, daß zwei Mengen gleich sind, falls sie dieselben Elemente besitzen. Für den weiteren Aufbau scheint dann zunächst nur noch ein einziges Prinzip nötig zu sein, das Prinzip, daß eine Eigenschaft E (von Mengen) eine Menge M_E so bestimmt, daß gilt:

$$x \in M_E \leftrightarrow E(x) \qquad \text{(für alle } x\text{)}.$$

Als Ausgangspunkt der axiomatischen Mengenlehre darf die Einsicht betrachtet werden, daß das obige Prinzip unhaltbar ist. Wählen wir nämlich als E die Eigenschaft $x \notin x$, so erhielten wir eine Menge M_E mit

$$x \in M_E \leftrightarrow x \notin x \qquad \text{(für alle } x\text{)}.$$

Wählen wir für x speziell M_E, so ergibt dies

$$M_E \in M_E \leftrightarrow M_E \notin M_E \qquad \text{(Russellsche Antinomie).}$$

Zermelo ist der erste gewesen, der versucht hat, das allgemeine Komprehensionsprinzip so einzuschränken, daß einerseits die Antinomien vermieden werden und anderseits das in der Mathematik übliche Operieren erhalten bleibt, oder – um mit Hilbert zu sprechen – er hat versucht, das Paradies, das Cantor für die Mengenlehre entdeckt hat, zu retten. Wie im alten Paradies, so gibt es auch im neuen gewisse Einschränkungen. Diese Einschränkungen werden nun allerdings nicht negativ formuliert („du sollst nicht"), sondern es wird positiv das Erlaubte formuliert. Ganz ist dies allerdings Zermelo – wie wir sehen werden – noch nicht gelungen.

Das System von Zermelo („Untersuchungen über die Grundlagen der Mengenlehre I", veröffentlicht 1908) [15] besteht aus sieben Axiomen.

Die Axiome I und II haben wir eigentlich schon eingeführt; sie drücken das Prinzip der Extensionalität (bei Zermelo: Bestimmtheit) und die Existenz von Elementarmengen aus. Die Axiome IV bis VII fordern die Existenz von Potenzmenge, Vereinigung, Auswahlmenge und einer unendlichen Menge in der folgenden Form:

> Es gibt eine Menge Z, welche die leere Menge enthält und mit einem Element a auch das Element $\{a\}$.

Alle diese Axiome sind durchaus positiv formuliert, und sie finden sich noch in ganz ähnlicher Form in modernen Axiomensystemen.

Anders das Axiom III (von Zermelo Axiom der Aussonderung genannt):

Ist die Klassenaussage $E(x)$ definit für alle Elemente einer Menge M, so besitzt M immer eine Untermenge M_E, welche alle diejenigen Elemente x von M, für welche $E(x)$ wahr ist, und nur solche als Elemente enthält.

In diesem Axiom kommt der Begriff „definit“ vor – was das ist, kann wohl nur an Hand von Beispielen verstanden werden, und zwar von positiven und negativen. Es wird also schon vorausgesetzt, daß wir den Unterschied von Gut und Böse kennen.

Zunächst also ein positives Beispiel: Sei Z eine Menge, wie im Unendlichkeitsaxiom gefordert, und sei die Aussage $E_1(x)$ definiert durch:

$$E_1(x) \quad \text{genau wenn} \quad x \quad \text{höchstens ein Element besitzt}.$$

Dadurch erhalten wir eine Teilmenge Z_1 von Z, welche immer noch die von Z geforderten Eigenschaften besitzt, zusätzlich aber noch für alle x die Eigenschaft E_1.

Und nun ein Beispiel einer nicht definiten Aussage: $E_2(x)$ besage, daß sich das Element x von Z durch höchstens 1000 Zeichen definieren lasse. $\Lambda, \{\Lambda\}, .. \{..\{\Lambda\}.\}, ..$ wären etwa solche Elemente. Sei nun r das erste unter den Elementen

$$\Lambda, \{\Lambda\}, \{\{\Lambda\}\}, \ldots,$$

welches sich nicht durch 1000 Zeichen definieren läßt – so ist r ja eben durch weniger als 1000 Zeichen definiert worden, und wir haben einen Widerspruch erhalten (Antinomie von Berry [1])).

Durch den Zusatz „definit“ sollen nun solche Begriffsbildungen ausgeschlossen werden. In einem gewissen Sinn ist dies auch durchaus gelungen, wenn auch nicht mit voller mathematischer Schärfe. Diese Schärfe ist in den Präzisierungen des Axioms von Fraenkel und Skolem erreicht.

In moderner Sprechweise drückt sich die Skolemsche Fassung [13] folgendermaßen aus:

Wir führen die Sprache der Prädikatenlogik erster Stufe über den Primaussagen $x = y$, $x \in y$ (auch andere Variable) als Sprache der Mengenlehre schlechthin ein; definit ist nun alles, was sich sagen läßt.

Die Eigenschaft $E_1(x)$ („x hat höchstens 1 Element“) läßt sich dann ausdrücken:

$$\neg (\exists u)(\exists v)(u \in x \wedge v \in x \wedge \neg u = v);$$

[1]) Die Antinomie ist in Russell [11] veröffentlicht.

für die Eigenschaft E_2 ist auf alle Fälle keine solche Umschreibung offensichtlich. (Falls sie möglich wäre, hätten wir einen Widerspruch, was sich ja nicht ganz ausschließen läßt.)

Durch diese Präzisierung entspricht nun das Axiomensystem von Zermelo allen Anforderungen an mathematische Schärfe. Es hat allerdings seinen Charakter etwas geändert: Das Prinzip der Aussonderung wird nicht mehr durch ein einziges Axiom formuliert, sondern durch ein Axiomenschema oder, wenn man lieber will, durch unendlich viele Axiome (für jede Formel eines!).

Von hier aus stellt sich natürlicherweise die Frage, ob es überhaupt möglich sei, die Mengenlehre mit endlich vielen Axiomen zu erfassen. Diese Frage ist durch von Neumann in positivem Sinn beantwortet worden. Allerdings hat er nicht eigentlich die übliche Mengenlehre axiomatisiert, sondern das System, dessen Objekte Abbildungen von Mengen in Mengen sind. Da sich aber bekanntlich der Abbildungsbegriff durch den Mengenbegriff und der Mengenbegriff durch den Abbildungsbegriff ausdrücken läßt, so durfte nach von Neumann im Prinzip als bekannt gelten, daß eine endliche Axiomatisierung der Mengenlehre möglich sei. Daß aber diese endliche Axiomatisierung in einer sehr natürlichen und damit für die Weiterentwicklung auch handlichen Form existiere, diese Einsicht verdanken wir Herrn Bernays. Er hat sein System zuerst in einer Vorlesung eingeführt (1929/30 in Göttingen), publiziert und nach allen Richtungen hin untersucht wurde es im Journal of Symbolic Logic [1]. (Die erste Abhandlung erschien 1937, die siebte und letzte 1954.)

Der Grundgedanke des Systems von Herrn Bernays ist der folgende: Es gibt zwei Sorten von Individuen: Mengen und Klassen; Klassen vertreten dabei in einem gewissen Sinn die Eigenschaften. Fassen wir der Einfachheit halber Mengen als spezielle Klassen auf, so handelt es sich bei einem Axiomensystem nun darum, festzulegen, welche Klassen Mengen sind, und ferner Axiome der Klassenbildung anzugeben. Was dieses letztere betrifft, so ist etwa zu fordern, daß es zu Klassen A, B eine Klasse C gibt, so daß für alle Mengen x gilt: $x \in C$ genau wenn $x \in A$ und $x \in B$; ferner soll es zu jeder Klasse die Komplementärklasse geben. Nicht so naheliegend wie zu Konjunktion und Negation ist es, für den Existenzquantor das Analogon zu finden. Wesentlich für diese Möglichkeit ist es, daß sich der Begriff „das geordnete Paar von a, b" im System darstellen läßt. Soll dann etwa eine Gesamtheit, gegeben durch

$$(\exists y)\, \Phi(x,y)\,,$$

durch eine Klasse dargestellt werden, so wird zuerst die Klasse der Paare $\langle x,y \rangle$ mit $\Phi(x,y)$ eingeführt und dann mit Hilfe eines Klassenbildungsaxioms, welches die Projektion ermöglicht, die gesuchte Klasse erhalten.

Daß ausgehend von einer endlichen Anzahl solcher einfachen Prinzipien dann gezeigt werden kann, daß jede „definite" Eigenschaft eine Klasse darstellt, dies ist gewiß ein Beispiel dafür, „daß die Verwendung und Verbindung von ganz elementaren Vorstellungen bedeutsame, überraschende und weittragende Resultate zu Tage bringt".

Auf Grund des Klassenbegriffes läßt sich nun das Prinzip der Aussonderung als ein wirkliches Axiom formulieren: Ist die Klasse A in einer Menge enthalten, so ist A eine Menge.

Fast ebenso einfach ist die Formulierung des sogenannten Ersetzungsaxioms von Fraenkel [7] – eines mathematischen Prinzips, welches insbesondere zum Aufbau der Kardinalzahltheorie gebraucht wird und das bei Zermelo noch nicht berücksichtigt war.

Neben der Bereitstellung des begrifflichen Rahmens für die Mengenlehre enthält die erwähnte Publikationsreihe von Herrn Bernays die erste – und bis heute noch nicht übertroffene – Untersuchung darüber, welche Axiome im einzelnen zur Darstellung von mathematischen Theorien nötig sind. Besonders interessant ist dabei die Frage nach der independenten Begründung der Ordinalzahlen sowie die Frage nach den Systemen, welche für die klassische Analysis ausreichen. Was diese letztere Frage betrifft, so hat sich das von Herrn Bernays eingeführte „Axiom der abhängigen Wahl" in den neueren Untersuchungen zur Lebesgueschen Maßtheorie als besonders wichtig erwiesen.

Die Folge der sieben Arbeiten stellt somit gleichzeitig den Anfang und den Höhepunkt jenes Teiles der axiomatischen Mengenlehre dar, welcher sich zur Aufgabe stellt, ein Begriffssystem für die Mathematik anzugeben und dann auch zu untersuchen, wie nun des genaueren die Darstellung der verschiedenen Gebiete innerhalb des Systems sich gestaltet.

Welche anderen Aufgaben stellen sich der axiomatischen Mengenlehre?

An erster Stelle steht hier wohl die Aufgabe, den Status von mengentheoretischen Sätzen zu klären, die sich in der naiven Mengenlehre nicht haben entscheiden lassen, – und hier vor allem die Frage nach der Mächtigkeit des Kontinuums. Bekanntlich hat Cantor gezeigt, daß diese Mächtigkeit größer ist als die Mächtigkeit $\aleph_0$ der Menge der natürlichen Zahlen. Ferner hat Cantor gezeigt, daß es eine kleinste Mächtigkeit – $\aleph_1$ – gibt, welche größer ist als $\aleph_0$. Es stellt sich somit ganz natürlich die Frage nach dem Verhältnis von $2^{\aleph_0}$ (der Mächtigkeit des Kontinuums) und $\aleph_1$: Ist

$$\aleph_1 < 2^{\aleph_0} \qquad \text{oder} \qquad \aleph_1 = 2^{\aleph_0}?$$

Diese Frage ist in einem Sinn bis heute ungeklärt.

In der axiomatischen Mengenlehre dagegen ist eine gewisse Klärung erreicht worden. Dort besteht nämlich neben den Möglichkeiten, $\aleph_1 < 2^{\aleph_0}$

zu beweisen oder $\aleph_1 = 2^{\aleph_0}$ zu beweisen, noch eine dritte Möglichkeit: der Nachweis, daß weder $\aleph_1 < 2^{\aleph_0}$ noch $\aleph_1 = 2^{\aleph_0}$ aus den Axiomen folgt.

Dieser Nachweis ist nun tatsächlich gelungen (Gödel und Cohen). (Dabei ist vorausgesetzt, daß das Axiomensystem widerspruchsfrei ist.) Die von den beiden Autoren zum Beweis entwickelten Methoden haben sich für die Weiterentwicklung der axiomatischen Mengenlehre als fundamental erwiesen und sollen daher kurz skizziert werden.

Der Satz von Gödel [8], welcher besagt, daß $\aleph_1 < 2^{\aleph_0}$ nicht aus den Axiomen folgt, wird durch die Konstruktion einer Klasse L von Mengen bewiesen, für welche gilt: $\langle L, \in \rangle$ erfüllt die Axiome der Mengenlehre und zusätzlich $\aleph_1 = 2^{\aleph_0}$.

Die Klasse L wird folgendermaßen eingeführt: Ist zunächst x eine beliebige Menge, so sei Def(x) die folgendermaßen definierte Teilmenge der Potenzmenge von x:

$z \in \mathrm{Def}(x)$ genau wenn es eine Formel φ und Elemente $p_1, \ldots, p_k$ von x gibt mit

$$(\forall u)(u \in z \leftrightarrow u \in x \wedge \tilde{\varphi}(p_1, \ldots, p_k, u)).$$

(Die Tilde über φ deutet an, daß die gebundenen Quantoren in φ auf x beschränkt werden.)

Die Definition von Def(x) – der in x definierbaren Teilmengen – ist dem Anschein nach recht nahe bei der Antinomie von Berry; sie kann aber in Ordnung gebracht werden – am einfachsten dadurch, daß analog der Finitisierung der Klassenbildungsaxiome das Schema durch endlich viele Spezialfälle und ihre Iteration ersetzt wird. Auf Grund der Operation Def ist dann L leicht folgendermaßen einzuführen:

$$L_0 = \Lambda, \; L_{\alpha+1} = \mathrm{Def}(L_\alpha),$$
$$L_\lambda = \bigcup_{\alpha<\lambda} L_\alpha \quad \text{(für Limeszahl } \lambda),$$
$$L = \bigcup_{\alpha \in \mathrm{Ord}} L_\alpha .$$

Daß nun in $\langle L, \in \rangle$ die Kontinuumshypothese gilt, das nachzuweisen, erfordert natürlich einige Arbeit. Es ist allerdings gelungen, durch Heranziehen von Begriffen der Modelltheorie den ursprünglichen Gödelschen Beweis durchsichtiger zu gestalten.

In der Klasse L gelten neben der Kontinuumshypothese weitere erstaunliche Sätze. Als Beispiel sei das Prinzip $\Diamond$ von Jensen [2]) erwähnt:

Es gibt eine Folge f von Funktionen: $f_\alpha : \alpha \to \alpha \; (\alpha \in \omega_1)$, so daß zu jeder Funktion $g, g : \omega_1 \to \omega_1$, ein α existiert mit

$$g \upharpoonright \alpha = f_\alpha .$$

[2]) Die Äquivalenz der Fassung des Textes mit jener von Jensen [9] ergibt sich aus Fassungen in [5], [6].

Aus $\Diamond$ folgt unmittelbar $\aleph_1 = 2^{\aleph_0}$, es ist aber schwächer als $V = L$. Jensen hat das Prinzip $\Diamond$ abstrahiert aus seinem Beweis für die Ungültigkeit der Suslinschen Hypothese in L [14]. (Diese Hypothese besagt, daß in der üblichen Charakterisierung des Ordnungstyps der reellen Zahlen die Annahme einer abzählbaren dichten Teilmenge ersetzt werden kann durch die Bedingung, daß jede Menge von disjunkten Intervallen abzählbar ist.)

Die – rekursive – Konstruktion der Folge f ist einfach: f_α sei die erste Folge aus L (in der natürlichen Ordnung), welche keine Folge f_β mit $\beta < \alpha$ fortsetzt.

Als letztes soll nun noch skizziert werden, wie Cohen [4] gezeigt hat, daß $\aleph_1 = 2^{\aleph_0}$ nicht aus den Axiomen folgt. Auch dieser Beweis ist in den letzten Jahren durchsichtiger geworden, wenn auch der fundamentale Ansatz derselbe geblieben ist[3]).

Es ist wohl naheliegend, zu versuchen, $\aleph_1 = 2^{\aleph_0}$ dadurch zu widerlegen, daß der Bereich der Mengen vergrößert wird. Einen Ansatz dafür liefert die bekannte Tatsache, daß die Identitäten der klassischen Logik nicht nur in der Booleschen Algebra der beiden Werte wahr, falsch, sondern in jeder Booleschen Algebra gelten; sollen auch die Quantoren interpretiert werden, so ist diese Algebra ferner als vollständig vorauszusetzen. Denken wir nun daran, daß Mengen auch als Funktionen mit den Werten wahr, falsch interpretierbar sind – $x \in a \leftrightarrow a(x) =$ wahr –, so ergibt sich nun die Erweiterung eines Modelles $\mathfrak{M} = \langle M, \in \rangle$ zu $\mathfrak{M}^B$ dadurch, daß wir von den zweiwertigen Mengenfunktionen zu den Boolesch-wertigen übergehen. (In einer strengen Durchführung hat dies rekursiv zu geschehen.) Das Modell $\mathfrak{M}^B$ bewertet nun die Sätze der Mengenlehre noch nicht mit wahr/falsch, sondern erst mit Elementen aus B – es ist nicht schwierig, wenn auch aufwendig, zu zeigen, daß alle Axiome und damit alle beweisbaren Sätze den Wert 1 (Einselement von B) haben. Diese ganze Überlegung kann innerhalb der Mengenlehre durchgeführt werden, und es ist eigentlich noch nicht nötig, von Modellen zu sprechen. Der Schritt „nach außen“ wird getan für den Nachweis, daß gewisse Elemente von B (z. B. der „Wert“ der Kontinuumshypothese) nicht 1 sind. Dazu wird B homomorph auf die zweiwertige Boolesche Algebra abgebildet; da bei der Auswertung der Formeln mit Quantoren auch unendliche Vereinigungen auftreten, so müssen wir voraussetzen, daß der Homomorphismus mit diesen Vereinigungen vertauschbar ist. Bekanntlich lassen sich Homomorphismen auf die zweiwertige Boolesche Algebra durch das Urbild von „wahr“ charakterisieren: Die obigen Bedingungen können nun so interpretiert werden, daß dieses Urbild ein „generischer Ultrafilter“ ist.

[3]) Man vergleiche dazu [12] mit den recht ausführlichen historischen Bemerkungen über die Arbeiten von D. Scott, R. Solovay, P. Vopenka.

Die Existenz eines solchen Ultrafilters ist nun nicht selbstverständlich – falls wir von einem abzählbaren Modell ausgehen, ist die Existenz aber leicht nachzuweisen.

Es ist klar, daß hier nur der ganz grobe Rahmen der von Cohen eingeführten Methode skizziert werden konnte. Insbesondere wäre für ein genaueres Verständnis anzugeben, welche Boolesche Algebra für die Widerlegung von $\aleph_1 = 2^{\aleph_0}$ zu wählen ist.

Wie die Gödelsche Beweismethode hat auch jene von Cohen Anlaß zu neuen Prinzipien gegeben. So hat etwa Martin [10] ein Axiom (MA)[4]) formuliert – es postuliert die Existenz von gewissen Homomorphismen Boolescher Algebren –, für welches gezeigt werden kann:

$$(\mathrm{MA} + \aleph_1 < 2^{\aleph_0}) \text{ ist widerspruchsfrei;}$$

$$(\mathrm{MA} + \aleph_1 < 2^{\aleph_0}) \text{ impliziert die Suslinsche Hypothese.}$$

Damit ist zusammen mit dem Resultat von Jensen die vollständige Unabhängigkeit der Suslinschen Hypothese von den üblichen Axiomen gezeigt.

Nach dem Vorangehenden könnte es scheinen, daß die axiomatische Mengenlehre sich geradlinig von Zermelo zur Betrachtung von recht seltsamen neuen Axiomen entwickelt habe. Dem ist natürlich nicht so; es mußte in der kurzen Übersicht notwendigerweise manches unerwähnt bleiben. Auf ein solches Gebiet soll zum Schluß noch hingewiesen werden: die Theorie der unerreichbaren Kardinalzahlen. Es ist dies eine Theorie, die auch Herrn Bernays fasziniert und zu der er in der Festschrift für Fraenkel [3] eine größere Arbeit veröffentlicht hat. Es wird darin gezeigt, wie aus der Annahme eines Relativierungsschemas die Existenz der unerreichbaren Kardinalzahlen von Mahlo folgt. Dieses Schema bringt zum Ausdruck, daß jede gültige Aussage über das ganze Mengensystem schon in einer geeignet gewählten Menge erfüllt ist.

In dem Zitat, mit dem wir begonnen haben, ist die Rede von der Anwendung auf Konkretes gewesen. Vielleicht erlauben Sie mir in dieser besonderen Stunde für Herrn Bernays, seine Freunde und Schüler, einmal auch eine besondere Anwendung seines Relativierungsschema zu machen:

Alles Gute und Schöne, das es irgendwo gibt, gibt es auch in der Nähe.

---

[4]) *Axiom von Martin.* Sei B eine vollständige Boolesche Algebra mit der Eigenschaft, daß jede Teilmenge B' von B von paarweise disjunkten Elementen abzählbar ist.

Sei ferner $\aleph < 2^{\aleph_0}$ und seien $b_{i,\alpha}$ für $i < \omega$, $\alpha < \aleph$ Elemente von B. Dann existiert ein Homomorphismus

$$h: B \to \{0,1\}$$

mit $$h\Big(\bigcup_i b_{i,\alpha}\Big) = \bigcup_i h(b_{i,\alpha}) \qquad \text{für alle } \alpha\,.$$

Literaturverzeichnis

[1] Bernays, P.: A system of axiomatic set theory, parts I – VII. J. of Symbol. Log. **2** (1937) 65 – 77 ; **6** (1941) 1 – 17; **7** (1942) 65 – 89, 133 – 145; **8** (1943) 89 – 106; **13** (1948) 65 – 79; **19** (1954) 81 – 96

[2] Bernays, P.: Die Mathematik als ein zugleich Vertrautes und Unbekanntes. Synthese IX (1954) 465 – 471

[3] Bernays, P.: Zur Frage der Unendlichkeitsschemata in der axiomatischen Mengenlehre. In: Essays on the foundations of mathematics, dedicated to Prof. A. A. Fraenkel. Jerusalem 1961, 3 – 49

[4] Cohen, P. J.: The independence of the continuum hypothesis I, II. Proc. Natl. Acad. Sci. U.S.A. **50** (1963) 1143 – 1148; **51** (1964) 105 – 110.

[5] Devlin, K. J.; Johnsbråten, H.: The Souslin Problem. Berlin-Heidelberg-New York 1974. = Lecture Notes in Mathematics, vol. 405

[6] Drake, F. R.: Set theory. Amsterdam 1974

[7] Fraenkel, A.: Zu den Grundlagen der Cantor-Zermeloschen Mengenlehre. Math. Ann. **86** (1922) 230 – 237

[8] Gödel, K.: The consistency of the axiom of choice and of the generalized continuum-hypothesis. Proc. Natl. Acad. Sci. U.S.A. **24** (1938) 556 – 557

[9] Jensen, R. B.: Automorphism properties of Souslin continua. Notices Am. Math. Soc. **16** (1969) 576

[10] Martin, D. A.; Solovay, R. M.: Internal Cohen Extensions. Ann. of Math. Log. **2** (1970) 143 – 178

[11] Russell, B.: On some difficulties in the theory of transfinite numbers and order types. Proc. of the London Math. Soc. (2) **4** (1906) 29 – 53

[12] Scott, D.: A Proof of the Independence of the Continuum Hypothesis. Math. Systems Theory **1** (1967) 89 – 111

[13] Skolem, T.: Einige Bemerkungen zur axiomatischen Begründung der Mengenlehre. Wissenschaftliche Vorträge, gehalten auf dem 5. Kongreß der skandinavischen Mathematiker in Helsingfors 1922, 217 – 232

[14] Souslin, M.: Problème (3), Fundam. Math. **1** (1920) 223

[15] Zermelo, E.: Untersuchungen über die Grundlagen der Mengenlehre I. Math. Ann. **65** (1908) 261 – 281

(Eingegangen: 22. 3. 1977)

Eidgenössische
Technische Hochschule
Zürich
Rämistraße

Nachwort *)

Von Paul Bernays **)

Liebe Anwesende! Ich bin sehr gerührt und möchte mich herzlich bedanken für die große Ehre, die man mir hier hat zuteil werden lassen. Die beiden so schönen Vorträge von Herrn Schütte und Herrn Specker behandelten die zwei Gebiete, auf denen hauptsächlich meine mathematischen Arbeiten erfolgten. Beidemal waren diese angeregt durch die Unternehmungen bedeutender Forscher: das Unternehmen der Beweistheorie von Hilbert, und die axiomatischen Forschungen in der Mengenlehre von Zermelo und von Neumann, sowie neuerdings von Azriel Levy.

Die Beweistheorie hat eine andere Entwicklung genommen, als Hilbert es sich gedacht hatte. Aus dem beweistheoretischen Programm Hilberts ergab sich die Aufgabe, Beweise der Widerspruchsfreiheit für Disziplinen der klassischen Mathematik vom finiten Standpunkt aus zu führen. Diese Aufgabestellung mußte – wie man weiß – aufgrund der Ergebnisse Gödels insofern abgeschwächt werden, als ein solcher Nachweis der Widerspruchsfreiheit nur von einem erweiterten Standpunkt der Konstruktivität verlangt werden konnte. Solche Beweise durch erweiterte konstruktive Methoden sind dann auch mehreren Mathematikern gelungen. Insbesondere hat Herr Schütte für verschiedene formale Systeme konstruktive Widerspruchsfreiheitsbeweise erbracht. Der Effekt der Widerspruchsfreiheitsbeweise ist freilich kaum derjenige, wie er ursprünglich durch die Beweistheorie intendiert war: nämlich, die Evidenz der Widerspruchsfreiheit der klassischen Theorie merklich zu steigern. Vom klassischen Standpunkt ist die Widerspruchsfreiheit dieser Theorien ziemlich einfach zu ersehen. Die konstruktiven Beweise vermeiden zwar manche nicht-elementaren Hilfsmittel, andererseits aber sind sie recht schwierig zu verfolgen. Die Bedeutung dieser Beweise liegt auch nicht eigentlich darin, die Überzeugung von der Widerspruchsfreiheit zu wecken – worauf besonders Herr Kreisel hingewiesen hat –; vielmehr zeigt jeweils ein solcher Beweis etwas Weitergehendes als bloß die Widerspruchsfreiheit.

*) Nachträgliche Bemerkungen zu den vorstehend abgedruckten Festvorträgen.

**) Verstorben am 18. September 1977.

Andererseits kann man aber doch angesichts dieser Situation nicht sagen – wie es manche aufgrund der Gödelschen Ergebnisse taten –, daß die Beweistheorie gescheitert sei. Sie hat sich vielmehr reichhaltig entwickelt, und die Betrachtung der beweistheoretischen Strukturen erweist sich als fruchtbar für die Mathematik selbst.

Auch das andere der beiden genannten Forschungsgebiete, die axiomatische Mengenlehre, hat eine lebhafte Entwicklung genommen, und es ist den Mathematikern bewußt geworden, daß man die gesamte klassische Mathematik in ein System der Mengenlehre einordnen kann. Angesichts der heutigen Entwicklung der Mengenlehre, in welcher die Betrachtung riesiger Mächtigkeiten eine vornehmliche Rolle spielt, die ungeheuer weit über das hinausgehen, was in geometrischen Mannigfaltigkeiten vorkommt, mag man sich allerdings fragen, ob dieser Aspekt der Mathematik der dominierende sein solle, und ob man nicht vielmehr zurückkommen solle auf die alte Dualität von Arithmetik und Geometrie.

Allerdings, das Spezifische des Geometrischen kommt in der traditionellen Geometrie nicht deutlich zum Ausdruck. Dieses Spezifische, das zu der arithmetischen Intuition, auf welche Brouwer hinweist, im Geometrischen hinzukommt, ist die Vorstellung des Stetigen, die Vorstellung von Kurven und Flächen. Freilich, diese geometrische Intuition ist nicht so direkt präzise wie die arithmetische Intuition. Es bedarf hier einer Art der Präzisierung. Das tatsächliche Verfahren stellt eine Art von Kompromiß dar zwischen Anschaulichkeit und Begrifflichkeit. Für diese Art der Präzisierung erweist sich der Mengenbegriff und die Axiomatik als nützlich. Anhand der symbolischen Logik ist in neuerer Zeit die Präzisierung noch verschärft worden.

Diese schärfere Präzisierung ist freilich mit einer grundsätzlichen Problematik verbunden. Die scharf präzisierten Axiomensysteme gestatten zwar die Darstellung und auch die logische Formalisierung der klassischen Beweise. Aber diese Axiomensysteme haben jeweils auch Modelle ("non standard models"), die nicht der Intention der Arithmetik und der Geometrie entsprechen. Damit erhalten die mathematischen Theorien einen Charakter der Uneigentlichkeit, und zwar schon von der Zahlentheorie an.

Es mag auch als fragwürdig erscheinen, ob die Sätze der Zahlentheorie noch für so große Zahlen Sinn haben, die man nicht einmal dekadisch aufschreiben kann. Von der Anschauung her ist uns die Folge $0, 0', 0'', \ldots$ nur als Progreß in indefinitum, nicht in infinitum, gegeben.

Man soll aber andrerseits die Problematik auch nicht übertreiben. Neuerdings ist ja von Herrn Eduard Wette sogar behauptet worden, die Zahlentheorie sei widersprüchlich. Er beruft sich dafür auf einen von ihm geführten Widerspruchsfreiheitsbeweis für die intuitionistische Zahlentheorie, von dem er behauptet, daß er sich im Rahmen des formalen Systems der intuitionistischen Zahlentheorie darstellen lasse, – woraus ja nach dem Unvollständigkeitstheorem von Gödel die Widersprüchlichkeit der intuitionistischen Zahlentheorie, also erst recht der klassischen Zahlentheorie, folgen würde. Doch daß sich dieses so verhält, ist bisher nicht nachgeprüft worden und wird stark bezweifelt. Auch ist es kaum plausibel, daß die Diskrepanz zwischen der Endlichkeit unserer Beweismittel und der Unendlichkeit der intendierten Strukturen sich in der Widersprüchlichkeit der klassischen formalen Systeme auswirkt. Widersprüchlichkeit würde ja bedeuten, daß wir zuviel beweisen können, während der bestehende Sachverhalt dafür spricht, daß wir nicht genug beweisen können. In diese Richtung weisen ja auch alle die Feststellungen über die Existenz von "non standard models" sowie auch das Ergebnis von Paul Cohen, daß das Cantorsche Kontinuumsproblem im Rahmen der axiomatischen Mengenlehre nicht lösbar ist.

In allen diesen neueren Ergebnissen kommt eine gewisse Unvollkommenheit unserer heutigen Mathematik zum Ausdruck, und sie bewirken jedenfalls, daß neben den formalen Systemen der klassischen Theorien die inhaltliche, nicht-formalisierte Mengenlehre, wie sie in der Semantik angewandt wird, ihre Bedeutung behält.

(Eingegangen: 27. 3. 1977)

Algorithmische Kombinatorik mit Kleinrechnern[1])

Einleitung

Am Beispiel der Klasseneinteilungen endlicher Mengen werden die drei Grundprobleme der Kombinatorik erläutert und für den betrachteten Fall durch Angabe von Algorithmen «gelöst». Diese Algorithmen sind auf Kleinrechnern programmierbar, und es werden entsprechende Programme für den HP-25 angegeben.
Eine Klasseneinteilung der Menge E ist eine Menge K von nichtleeren Teilmengen von E mit der Eigenschaft, dass es zu jedem a mit $a \in E$ genau ein A gibt mit $a \in A$ und $A \in K$. Es ist also etwa $\{\{1,3\},\{2\}\}$ eine Klasseneinteilung von $\{1,2,3\}$. Bezeichnen wir sie kürzer mit «(13/2)», so sieht eine Liste aller Klasseneinteilungen der Menge $\{1,2,3\}$ folgendermassen aus:

(1/2/3) (12/3) (13/2) (1/23) (123).

Für die vorgesehene algorithmische Behandlung eignet sich diese Darstellung nicht. In Anlehnung an die in der Poëtik übliche Bezeichnung der Reimschemen wollen wir vielmehr die Klasseneinteilungen der Menge $\{1,2,\ldots,n\}$ (–die im folgenden mit «E_n» bezeichnet sei) durch Abbildungen von E_n in E_n repräsentieren. Und zwar wird der Klasseneinteilung K von E_n die folgende (rekursiv definierte) Funktion f_K zugeordnet:

$$f_K(1)=1;$$

$f_K(j)$ ist für $2 \leqslant j \leqslant n$ auf Grund einer Fallunterscheidung definiert:

1. Gibt es ein i mit $i<j$, so dass i,j zur selben Menge von K gehören, so sei i_0 das kleinste solche i und

$$f_K(j)=f_K(i_0).$$

1) Ausarbeitung eines Vortrages, gehalten im Rahmen des mathematikdidaktischen Seminars an der ETH Zürich, WS 1976/77.

2. Gibt es kein i mit $i<j$, so dass i,j zur selben Menge von K gehören, so sei

$$f_K(j) = \operatorname*{Max}_{i<j} f_K(i) + 1 .$$

Werden die Abbildungen von E_n in E_n in der üblichen Weise durch Folgen dargestellt, so sind den 5 Klasseneinteilungen von E_3 die folgenden Folgen zugeordnet:

$$\langle 1,2,3\rangle ; \quad \langle 1,1,2\rangle ; \quad \langle 1,2,1\rangle ; \quad \langle 1,2,2\rangle ; \quad \langle 1,1,1\rangle .$$

(Die Anordnung ist beibehalten.)

Aus der Folge f_K kann die Klasseneinteilung als Menge der «Niveauflächen» zurückgewonnen werden. Unter allen Folgen f (mit positiven Werten), deren Menge von Niveauflächen gleich K ist, steht die Folge f_K in der alphabetischen Ordnung an erster Stelle.
Folgen f_K werden «Reimschemen» genannt. Reimschemen sind also etwa

$$\langle 1,2,1,3,1,4\rangle , \quad \langle 1\rangle , \quad \langle 1,1,2,1,2\rangle .$$

Die Folge $\langle 2,1,4,1\rangle$ ist kein Reimschema; das Reimschema der Klasseneinteilung von E_4, welche von dieser Folge induziert wird, ist $\langle 1,2,3,2\rangle$.
Klasseneinteilungen werden im folgenden durch Reimschemen dargestellt, und die drei Grundprobleme der Kombinatorik sind auf diese Darstellung bezogen.
Das erste Problem ist das Problem ERKENNEN.
Die Lösung dieses Problems besteht in der Angabe eines Algorithmus, der die Eingabe einer Folge f mit JA oder NEIN beantwortet, je nachdem ob f ein Reimschema ist oder nicht.
Das zweite Problem ist das Problem ERZEUGEN.
Die Lösung besteht in der Angabe eines Algorithmus, der die Eingabe einer natürlichen Zahl n mit der Aufzählung sämtlicher Reimschemen der Länge n beantwortet.
Das dritte Problem ist das Problem ZÄHLEN.
Die Lösung besteht in der Angabe eines Algorithmus, der die Eingabe einer natürlichen Zahl n mit der Ausgabe der Anzahl der Reimschemen der Länge n beantwortet. (Diese Anzahl von Reimschemen oder verschiedenen Klasseneinteilungen einer n-zahligen Menge wird «n-te Bellsche Zahl» genannt. Es gibt darüber eine schon recht umfangreiche Literatur, welche in [2, 3] zusammengestellt ist.)
Für die genauere Behandlung der beiden ersten Probleme ist noch anzugeben, in welcher Form Folgen dargestellt werden. Da der den Programmen zugrunde gelegte Rechner HP-25 nur 8 Speicher besitzt, erscheint es am günstigsten, sich auf Folgen der Zahlen $1,2,\ldots,9$ zu beschränken und solche Folgen durch Zahlen mit der entsprechenden Dezimalziffernfolge darzustellen - die Folge $\langle 1,2,1,3\rangle$ also durch die Zahl 1213. Es ergibt sich daraus allerdings eine Beschränkung für die Länge n der Reimschemen, und zwar $n \leqslant 10$ für das erste und $n \leqslant 9$ für das zweite Problem.

Ein Vorteil der Darstellung von Folgen durch Dezimalziffern liegt darin, dass das letzte Glied und das Anfangsstück einer Folge durch eine Befehlsfolge berechnet werden können, welche unabhängig ist von der Länge der Folge - dass also in einem gewissen Sinn indirekt adressiert werden kann. Ist etwa $\langle f_1, \ldots, f_n \rangle$ in R_0 gespeichert, so speichert die folgende Befehlsfolge $\langle f_1, \ldots, f_{n-1} \rangle$ in R_0 und f_n ins X-Register:

(1) 1 (2) 0 (3) STO ÷ (4) RCL 0 (5) g FRAC
(6) STO − 0 (7) *

Abgesehen von dieser speziellen Behandlung der Folgen unterscheiden sich die Algorithmen für die beiden ersten Probleme kaum von den Algorithmen, die man für grössere Rechner aufstellen würde.

Wesentlich anders verhält es sich für den Algorithmus, der die Anzahl B_n (n-te Bellsche Zahl) der Reimschemen der Länge n bestimmt. Der natürliche Algorithmus für die Berechnung von B_n benützt nämlich eine Speicherzahl, die linear mit n wächst, und eignet sich somit nicht für den HP-25. Er wird deshalb ersetzt durch einen Algorithmus, der mit beschränkter Speicherzahl auskommt und so - wenigstens theoretisch - die Berechnung von B_n für $1 \leqslant n \leqslant 33$ auf dem HP-25 erlaubt. Da aber die Einsparung an Speicherplatz durch eine Rechenzeit erkauft wird, welche exponentiell mit n wächst, so ist schon einige Geduld nötig: Die Berechnung von B_{16} dauert etwa 30 Tage, jene von B_{33} schon etwa 30000 Jahre.

Der hier beschriebene Algorithmus für die Bellsche Funktion lässt sich ohne weiteres übertragen auf beliebige Funktionen F, für welche eine Rekursionsformel gilt von der Gestalt

$$F(n) = \sum_{k=0}^{n-1} F(k) q_{kn},$$

mit Koeffizienten q_{kn}, welche in Abhängigkeit von k, n leicht zu berechnen sind. P. Henrici hat die Methode in [1] auf Algorithmen übertragen, welche Koeffizienten von Potenzreihen berechnen.

Es ist vielleicht nicht ganz überflüssig, darauf hinzuweisen, dass es sich bei den besprochenen Grundproblemen der Kombinatorik um «echte Probleme» handelt. Dies in dem Sinne, dass es viele Lösungen gibt und dass die Kriterien, nach welchen diese Lösungen zu vergleichen sind, nicht in der Problemstellung selbst enthalten sind. Von Extremfällen abgesehen können Algorithmen erst dann verglichen werden, wenn bekannt ist, für welche Art Rechner sie bestimmt sind. Ferner ist zu fragen, ob es genügt, dass der Programmierer allein sein Programm versteht - und wenn ja, ob nur heute oder auch im nächsten Jahr.

Dem aufmerksamen Leser dürfte bei den ersten beiden Programmen nicht entgehen, dass versucht worden ist, diesen Gesichtspunkt zu berücksichtigen. Beim dritten Programm war dies kaum möglich, die Anzahl der zur Verfügung stehenden Programmschritte ist dafür wohl allzu knapp.

1. Erkennen

Der Algorithmus ERKENNEN akzeptiert eine Eingabe x genau dann, wenn x (gelesen als Folge der Ziffern) ein Reimschema ist. Es werden also akzeptiert 1, 11, 12, 121314; nicht akzeptiert werden 2, 132, 141312 sowie alle x, die keine natürlichen Zahlen sind oder die Ziffer 0 enthalten.
Nach der Definition der einer Klasseneinteilung K zugeordneten Funktion f_K (gemäss welcher der Funktionswert an der Stelle j entweder gleich dem Wert an einer früheren Stelle ist oder aber gleich der kleinsten natürlichen Zahl verschieden von $f(1), \ldots, f(j-1)$) ist klar, dass f genau dann ein Reimschema ist, wenn gilt

$$f(1)=1\,; \quad f(j+1) \leqslant \operatorname{Max}\big(f(1), \ldots, f(j)\big)+1 \qquad (j=1,2,\ldots).$$

Es ist leicht möglich, diese Bedingungen algorithmisch nachzuprüfen.

Soll der Algorithmus ERKENNEN aber für den HP-25 programmiert werden und gleichzeitig leicht erklärbar sein, so empfiehlt sich ein etwas anderer Ansatz. Wir fragen dazu zunächst nach der Bedingung dafür, dass Folgen wie

$$g^j = \langle 1, g_2, \ldots, g_{m-1}, 3, j \rangle \qquad (j=1,2,\ldots)$$

Reimschemen seien.
Für $j := 1, 2, 3, 4$ gilt offenbar: g^j ist ein Reimschema, genau wenn $\langle 1, g_2, \ldots, g_{m-1}, 3 \rangle$ ein Reimschema ist.
Für $j := 5, 6, 7, \ldots$ dagegen gilt: g^j ist ein Reimschema, genau wenn $\langle 1, g_2, \ldots, g_{m-1}, j \rangle$ ein Reimschema ist.
Entsprechend gilt allgemein: $\langle 1, f_2, \ldots, f_{m-1}, f_m, f_{m+1} \rangle$ ist ein Reimschema, genau wenn

$$\langle 1, f_2, \ldots, f_{m-1}, f_m^* \rangle$$

ein Reimschema ist, wobei $f_m^* = f_m$ oder $f_m^* = f_{m+1}$, je nachdem ob $f_{m+1} \leqslant f_m + 1$ oder $f_m + 1 < f_{m+1}$.
Ferner ist $\langle f_1 \rangle$ genau dann ein Reimschema, wenn $f_1 = 1$.
Diese Bedingungen ergeben einen durchsichtigen Algorithmus. Es wird dazu für natürliche Zahlen x mit $10 \leqslant x$ eine Funktion t definiert, so dass gilt: Besitzt x die Dezimalziffernfolge $\langle f_1, \ldots, f_{m-1}, f_m, f_{m+1} \rangle$, so besitzt $t(x)$ die Dezimalziffernfolge $\langle f_1, \ldots, f_{m-1}, f_m^* \rangle$ (wobei f_m^* aus f_m, f_{m+1} gemäss der obigen Definition zu berechnen sind). Der Algorithmus verläuft nun so, dass zu x die Werte $t(x)$, $t^2(x)$, ... berechnet werden, bis ein k mit $t^k(x) < 10$ erreicht ist; dafür wird dann $t^k(x) = 1$ nachgeprüft.

Das Programm ERKENNEN realisiert diesen Algorithmus für den HP-25.
Es ist im Programmschritt 00 ein Wert x einzugeben und mit R/S zu beginnen. Für die Eingabe 121314 werden dann kurz die sukzessiven t-Werte angezeigt:

12134, 1213, 123, 12, 1;

der Rechner hält im Schritt 00 mit Ausgabe 121314, was AKZEPTIEREN bedeuten soll.
Die Eingabe 141312 ergibt:

14131, 1413, 143, 14, 4; ERROR,

was ABLEHNUNG bedeutet. (Das Programm ist so konzipiert, dass es auch vom Schritt 45, in dem es bei ERROR anhält, mit einer neuen Eingabe durch R/S aufgerufen werden kann.)
Enthält die Eingabe x die Ziffer 0, so wird x ebenfalls verworfen. Da bei der Berechnung von $t(x)$ nur die zwei letzten Stellen von x isoliert werden, so geschieht dies, sobald eine der beiden letzten Ziffern von $t^k(x)$ gleich 0 ist. Auf die Eingabe 1210314 folgen somit die Ausgaben 121034, 12103, ERROR.
Ist x negativ oder nicht ganz, so wird es ebenfalls verworfen; dies wird gleich zu Anfang geprüft und ERROR erscheint ohne andere Ausgaben.

2. Erzeugen

Der zweite Algorithmus erzeugt bei Eingabe einer natürlichen Zahl n, $1 \leqslant n \leqslant 9$, die sämtlichen Reimschemen der Länge n, und zwar in der natürlichen Reihenfolge. Für $n:=3$ also:

111, 112, 121, 122, 123.

Am Schluss wird noch die Anzahl der Schemen angegeben, für $n:=3$ also 5.0.
Die n-stellige Zahl $11\cdots1$ ist leicht als $[10^n/9]$ zu berechnen, und die wesentliche Aufgabe besteht somit darin, zu einem Schema das nächste zu bilden. Wir betrachten den Anfang für $n:=4$:

1111, 1112, 1121, 1122, 1123, 1211, 1212.

Man bemerkt, dass in den meisten Fällen auf f einfach $f+1$ folgt. In dem obigen Beispiel gibt es zwei Ausnahmen: ($11\underline{1}2$; $11\underline{2}1$) und ($1\underline{1}21$; $1\underline{2}11$); auch in diesen Fällen wird eine Ziffer um 1 erhöht. Was vor dieser Ziffer steht, wird nicht verändert; in der neuen Folge steht nach der erhöhten Ziffer $1\cdots1$. Wann ist nun $f+1$ der Nachfolger von f? Offenbar genau wenn $f+1$ selbst ein Reimschema ist, oder - gleichbedeutend - wenn die letzte Ziffer von f kleiner oder gleich einer früheren Ziffer ist. In $121\underline{3}12$ erkennt man, dass die letzte Ziffer erhöht werden kann auf Grund der Ziffer 3. Falls für eine Folge f - wie etwa 1123 - feststeht, dass die letzte Ziffer nicht erhöht werden darf, so gehe man zu f^- über, der Folge, die aus f durch Streichen der letzten Ziffer entsteht. Ist - wie im Falle 1123 - auch bei dieser Folge die letzte Ziffer nicht zu erhöhen, so werde das Verfahren iteriert. Im betrachteten Fall gelangt man so zu 11; hier kann die letzte Ziffer zu 12 erhöht werden und der Nachfolger von 1123 wird als 1211 erhalten, indem noch «11» angefügt wird.

Um diesen Prozess einfach beschreiben und programmieren zu können, führen wir eine Funktion w ein, welche Paare $\langle f,p\rangle$ (wobei f ein Reimschema und p eine Potenz von 10 ist) in ebensolche Paare oder aber in eine Zahl abbildet. Die Funktion w wird durch eine Fall-Unterscheidung definiert:

1. $w(\langle 1,p\rangle)=0$ (für alle p).
2. Ist $(f+1)$ ein Reimschema, so ist $w(\langle f,p\rangle)=(f+1)\cdot p+[p/9]$.
3. $w(\langle f,p\rangle)=\langle [f/10], 10p\rangle$ in den übrigen Fällen.

($[f/10]$ stellt das Schema dar, welches durch Streichen der letzten Stelle entsteht.)
Man überlegt sich nun leicht, dass es zu jedem Reimschema f eine natürliche Zahl gibt, so dass

$$w^k(\langle f,1\rangle)$$

eine Zahl ist.
Ist diese Zahl verschieden von 0, so ist sie der gesuchte Nachfolger von f; andernfalls ist f das letzte Reimschema derselben Länge wie f – im Fall 4 also 1234.
Statt eines formalen Beweises betrachten wir zwei Spezialfälle: $\langle 1,1,2,3\rangle$ und $\langle 1,2,3,4\rangle$.

$$\begin{aligned} &w(\langle 1123,1\rangle)=\langle 112,10\rangle;\\ &w(\langle 112,10\rangle)=\langle 11,100\rangle;\\ &w(\langle 11,100\rangle)=(11+1)\cdot 100+\left[\frac{100}{9}\right]=1211. \end{aligned}$$

$$\begin{aligned} &w(\langle 1234,1\rangle)=\langle 123,10\rangle;\\ &w(\langle 123,10\rangle)=\langle 12,100\rangle;\\ &w(\langle 12,100\rangle)=\langle 1,1000\rangle;\\ &w(\langle 1,1000\rangle)=0. \end{aligned}$$

Der Ablauf des Programmes ist damit klar vorgezeichnet. Das Paar $\langle f,p\rangle$ wird mit Hilfe von zwei Speichern dargestellt und die Funktion w in einer Schleife berechnet, welche durchlaufen wird, bis der Wert eine Zahl ist.

3. Zählen

Der Algorithmus ZÄHLEN berechnet zu der natürlichen Zahl n die Anzahl B_n der Reimschemen der Länge n – oder auch die Anzahl der Klasseneinteilungen einer n-zahligen Menge. Es ist $B_1=1$, $B_2=2$, $B_3=5$; B_0 ist gleich 1 zu setzen.
Die Funktion B erfüllt eine einfache Rekursionsgleichung. Um sie zu erhalten, zerlegen wir die Menge R_n aller Reimschemen der Länge n in n disjunkte Teilmengen R_n^j $(0\leqslant j\leqslant n-1)$. Das Schema f gehört zu R_n^j, wenn f an genau $(j+1)$ Stellen den Wert 1 hat. Die Anzahl von R_n^j bestimmt sich nun leicht folgendermassen: An erster Stelle von f steht 1; für die übrigen j Stellen mit 1 stehen somit

noch $(n-1)$ Möglichkeiten zur Wahl, und es gibt somit $\binom{n-1}{j}$ Verteilungen der Werte 1 auf die n Stellen. An den restlichen $(n-j-1)$ Stellen stehen die Werte 2,3,... Dafür gibt es B_{n-j-1} Möglichkeiten, denn offenbar werden die Teilfolgen mit diesen Werten durch Subtraktion von 1 bijektiv auf die Reimschemen der Länge $(n-j-1)$ abgebildet. Die Anzahl von R_n^j ist somit

$$B_{n-j-1}\binom{n-1}{j},$$

und es gilt

$$B_n=\sum_{0}^{n-1} B_{n-j-1}\binom{n-1}{j}.$$

Wir setzen $k:=n-j-1$ und erhalten

$$(*)\ B_n=\sum_{k=n-1}^{0} B_k\binom{n-1}{k}; \qquad B_0=1.$$

Aus diesen Beziehungen lassen sich die Werte $B_1, B_2, \ldots$ schrittweise berechnen. Dabei müssen aber für die Berechnung von B_n die Werte $B_{n-1}, B_{n-2}, \ldots, B_1$ gespeichert sein, und die Rekursion liefert somit in einer direkten Anwendung keinen Algorithmus, der sich für einen Rechner wie den HP-25 eignet.
Es soll nun gezeigt werden, wie (*) umgeformt werden kann, so dass der Speicherbedarf zur Berechnung von B_n nicht von n abhängt, und man also mit den 8 Speichern des HP-25 auskommt.
Zur bequemeren Darstellung schreiben wir

$$B_n=\sum_{k=n-1}^{0} B_k q_{kn}, \qquad B_0=1.$$

Es gibt dann offenbar ein Polynom F_n (in $\binom{n}{2}$ Variablen), so dass gilt

$$B_n=F_n(q_{01}, q_{02}, \ldots, q_{12}, \ldots, q_{(n-1)n}).$$

Zur genaueren Analyse von F_n betrachten wir die Fälle kleiner n

$$B_1=q_{01}$$
$$B_2=q_{01}q_{12}+q_{02}$$
$$B_3=q_{01}q_{12}q_{23}+q_{02}q_{23}+q_{01}q_{13}+q_{03}$$
$$B_4=q_{01}q_{12}q_{23}q_{34}+q_{02}q_{23}q_{34}+q_{01}q_{13}q_{34}+q_{03}q_{34}+q_{01}q_{12}q_{24}+q_{02}q_{24}+q_{01}q_{14}+q_{04}.$$

Aus diesen Beispielen ergeben sich die folgenden (leicht induktiv zu beweisenden) Aussagen: F_n ist eine Summe von 2^{n-1} Monomen; diese Monome sind Produkte

$$q_{0k_1}q_{k_1k_2}\cdots q_{k_mn} \qquad (0<k_1<\cdots<k_m<n),$$

und zwar tritt jedes solche Produkt genau einmal auf.

Für die folgende Berechnung empfiehlt es sich, die Summanden mit den Zahlen $j, 2^{n-1} \leqslant j < 2^n$, zu indizieren. Man erhält dann

$$B_n = \sum_{2^{n-1}}^{2^n-1} P_j,$$

und die Produkte P_j lassen sich vergleichsweise einfach als Funktion von j berechnen.
Wird nämlich j in der Basis 2 dargestellt:

$$j = (1a_{n-1} \dots a_1)_2,$$

und sind $k_1, k_2, \dots, k_m, n$ die (der Grösse nach geordneten) Stellen, an denen die Ziffer 1 steht, so erhalten wir jedes Produkt

$$q_{0k_1} q_{k_1k_2} \cdots q_{k_mn}$$

genau einmal, wenn j die Werte von $2^n - 1$ bis 2^{n-1} durchläuft. Als Beispiel berechnen wir P_{356}.
Es ist

$$(356)_{10} = (101100100)_2,$$

die Menge der Stellen mit 1 somit $\{3, 6, 7, 9\}$ und P_{356} somit

$$q_{03} q_{36} q_{67} q_{79} = \binom{2}{0} \binom{5}{3} \binom{6}{0} \binom{8}{7} = 80.$$

(Die Darstellung $B_n = \Sigma P_j$ legt es nahe, nach der kombinatorischen Bedeutung der Zahlen P_j zu fragen. Für P_{356} findet man: P_{356} ist die Anzahl der Reimschemen der Länge 9, welche aus den Zahlen 1, 2, 3, 4 gebildet sind und für welche die Zahl 1 zweimal $(2 = 9 - 7)$, die Zahl 2 einmal $(1 = 7 - 6)$, die Zahl 3 dreimal $(3 = 6 - 3)$ und die Zahl 4 dreimal $(3 = 3 - 0)$ auftritt.)

Auf Grund der Darstellung

$$B_n = \sum_{2^n-1}^{2^{n-1}} P_j$$

ergibt sich der Aufbau des Algorithmus fast zwangsläufig:
In einer äusseren Schleife durchläuft j die Werte von $2^n - 1$ bis 2^{n-1} und die - in der inneren Schleife - berechneten Werte P_j werden aufaddiert.
In der inneren Schleife wird zu j das Produkt

$$q_{0k_1} q_{k_1k_2} \cdots q_{k_mn}$$

berechnet.

In einer höheren Programmiersprache stellt sich der beschriebene Algorithmus etwa folgendermassen dar:

```
begin  read(n);     B:=0;
 for j:=2^(n-1) to 2^n - 1 do
 begin  h:=j;  k1:=0;  k2:=0;  P:=1;
   while  h>0  do
   begin  k2:=k2+1;
     if  odd(h)  then
     begin  P:=P*(k2-1 über k1);  k1:=k2  end;
     h:=[h/2]
   end;
   B:=B+P
 end;
 write(B)
end.
```

Im vorgelegten HP-25 Programm ist der Algorithmus schwieriger zu erkennen. Es müssen nämlich die Binomialkoeffizienten q_{ij} selbst rekursiv als Produkte berechnet werden, und aus Ersparnisgründen sind diese Produkte zu einem einzigen zusammengefasst, so dass die einzelnen q_{ij} gar nicht «greifbar» sind.

Für ein genaueres Verständnis ist es deswegen von Vorteil, einen Fall zu betrachten, bei dem die Koeffizienten der Rekursion direkt zu berechnen sind. Ein solcher Fall ist

$$C_n = \sum_0^{n-1} C_k r_{kn}, \qquad C_0 = 1$$

mit

$$r_{kn} = k + \frac{n}{10}.$$

Dieses Beispiel hat folgenden zusätzlichen Vorteil: Wird im Programm r_{ij} in einer Pause angezeigt (am besten im Format FIX 1), so sind sowohl Argumente als auch Funktionswert ersichtlich: 3.5 bedeutet r_{35} hat den Wert 3.5. (Es ist dafür $n \leqslant 9$ zu wählen.)

Um ein Programm für diesen Fall zu erhalten, sind im Programm ZÄHLEN in den Schritten (30) bis (41) folgende Ersetzungen vorzunehmen:

(30) RCL 6 (31) RCL 3 (32) 1 (33) 0 (34) ÷ (35) +
(36) f FIX 1 (37) f PAUSE (38) f FIX 2 (39) STO * 4 (40) GTO 17
(41) g NOP

Im Ablauf dieses Programmes werden kurz angezeigt: Die Zahlen j aus der äusseren Schleife für

$$C_n = \sum_j Q_j,$$

die Werte r_{ij}, ihre Produkte Q_j und am Schluss die Summe C_n. (Die Werte r_{ij} erscheinen im Format FIX 1, die andern Werte in FIX 2.)
Im eigentlichen Programm ZÄHLEN werden als Zwischenwerte nur j und P_j angezeigt.
Der Beginn des Programmes bedarf noch einer kurzen Erklärung. Die Zahlen j in ΣP_j werden kombinatorisch gedeutet, indem der Rest bei Division durch 2 getestet wird; dafür ist wesentlich, dass j eine echte ganze Zahl ist. Daher darf 2^n zu Beginn des Programmes nicht einfach mit y^x berechnet werden (es ist schon $2^2 \neq 4$). Es ist für die genaue Berechnung von 2^n die folgende Befehlsfolge gewählt: $f y^x$, $g \rightarrow H$, f INT. Wegen des Befehles $g \rightarrow H$ bedingt dies $n \leqslant 16$; es ist dies zu verschmerzen, wenn man bedenkt, dass schon bei $n := 16$ der Ablauf etwa einen Monat dauert. Wird auf die Anzeige der Werte j, P_j verzichtet, so kann mit zwei zusätzlichen Programmschritten 2^n exakt berechnet werden für $n \leqslant 33$ (d.h. für alle n mit $2^n < 10^{10}$). Aus Gründen der Platzersparnis ist auch das Ende etwas seltsam: Zu Beginn ist der Inhalt von R_0 gleich 2^n, jener von R_1 gleich 0.
Bei jedem Durchgang durch die «grosse Schleife» wird R_0 um 1 erniedrigt, R_1 um 1 erhöht; abgebrochen wird, sobald die Inhalte von R_0, R_1 gleich sind.

4. Programme für HP-25

ERKENNEN

```
→00
 01  f FIX 0
→02  STO 0
 03  STO 1
 04  STO 2
 05  g x<0
 06  GTO 44
 07  g FRAC
 08  g x≠0
 09  GTO 44
→10  1
 11  0
 12  STO÷1
 13  RCL 1
 14  g FRAC
 15  g x=0
 16  GTO 44
 17  STO-1
 18  RCL 1
 19  g x=0
 20  GTO 40
 21  1
 22  0
 23  ÷
 24  g FRAC
 25  g x=0
 26  GTO 44
 27  -
 28  1
 29  0
 30  *
 31  2
 22  x⇄y
 33  f x<y
 34  GTO 36
 35  STO+1
→36  RCL 1
 37  STO 2
 38  f PAUSE
 39  GTO 10
→40  RCL 2
 41  1
 42  f x=y
 43  GTO 48
→44  0
 45  g 1/x
 46  f LAST x
 47  GTO 02
→48  RCL 0
 49  GTO 00
```

Eingabe: x; R/S; Ausgabe: x oder ERROR, je nachdem ob x ein Reimschema darstellt oder nicht. Erscheint x zunächst als «mögliches Reimschema», so werden vor endgültiger Ausgabe die zur Prüfung verwendeten Zahlen kurz angezeigt.

ERZEUGEN

```
→00
 01  f REG
 02  f FIX 0
 03  1
 17  0
 18  ÷
 19  STO 1
 20  g FRAC
 34  1
 35  STO+0
 36  RCL 5
 37  STO*0
```

```
   04 0
   05 x⇄y
   06 f y^x
→07 9
   08 ÷
   09 f INT
   10 STO+0
   11 1
   12 STO 5
   13 STO+6
   14 RCL 0
   15 f PAUSE
→16 1
   21 STO−1
   22 STO 2
→23 1
   24 0
   25 STO÷1
   26 RCL 2
   27 RCL 1
   28 g x=0
   29 GTO 39
   30 g FRAC
   31 STO−1
   32 f x<y
   33 GTO 23
   38 GTO 07
→39 1
   40 0
   41 STO÷0
   42 STO*5
   43 RCL 0
   44 f INT
   45 STO 0
   46 g x≠0
   47 GTO 16
   48 RCL 6
   49 f FIX 1
```

Eingabe: n (n ganz, $1 \leqslant n \leqslant 9$); R/S; Ausgabe: Reimschemen der Länge n (mit Pausen), Halt mit Anzahl der Schemen. Für die Eingabe $n{:=}3$ somit 111; 112; 121; 122; 123; 5.0.
(Schemen werden in Format 0, die Anzahl im Format 1 angegeben.)

ZÄHLEN

```
→00
   01 f REG
   02 2
   03 x⇄y
   04 f y^x
   05 g→H
   06 f INT
   07 STO 0
→08 0
   09 STO 3
   10 1
   11 STO−0
   12 STO+1
   13 STO 4
   14 RCL 0
   15 STO 5
   16 f PAUSE
→17 RCL 3
   18 STO 6
→19 1
   20 STO+3
   21 2
   22 STO÷5
   23 RCL 5
   24 g x=0
   25 GTO 42
   26 g FRAC
   27 g x=0
   28 GTO 19
   29 STO−5
   30 RCL 3
   31 STO 7
→32 RCL 6
   33 g x=0
   34 GTO 17
   35 STO÷4
   36 1
   37 STO−6
   38 STO−7
   39 RCL 7
   40 STO*4
   41 GTO 32
→42 RCL 4
   43 STO+2
   44 f PAUSE
   45 RCL 0
   46 RCL 1
   47 f x≠y
   48 GTO 08
   49 RCL 2
```

Eingabe: n (n ganz, $1 \leqslant n \leqslant 16$); Ausgaben: 2^n-1, P_{2^n-1}, 2^n-2, P_{2^n-2}, ..., 2^{n-1}, P_{2^n-1}, B_n. Dabei ist B_n die Anzahl der Reimschemen der Länge n; P_j ($2^{n-1} \leqslant j \leqslant 2^n-1$) sind die Summanden, mit deren Hilfe B_n dargestellt wird.

E. Specker, Zürich

LITERATURVERZEICHNIS

1 P. Henrici: Computational Analysis with the HP-25 Pocket Calculator. John Wiley, New York 1977.
2 G.-C. Rota: The number of partitions of a set. Amer. Math. Monthly *71*, 498-504 (1964).
3 N. J. A. Sloane: A Handbook of Integer Sequences. Academic Press, New York 1973.

Complexity of Partial Satisfaction

K. J. LIEBERHERR AND E. SPECKER

Swiss Federal Institute of Technology, Zurich, Switzerland

ABSTRACT. A conjunctive-normal-form expression (cnf) is said to be 2-satisfiable if and only if any two of its clauses are simultaneously satisfiable. It is shown that every 2-satisfiable cnf has a truth assignment that satisfies at least the fraction h of its clauses, where $h = (\sqrt{5} - 1)/2 \sim 0.618$ (the reciprocal of the "golden ratio"). The proof is constructive in that it provides a polynomial-time algorithm that will find for any 2-satisfiable cnf a truth assignment satisfying at least the fraction h of its clauses. Furthermore, this result is optimal in that the constant h is as large as possible. It is shown that, for any rational $h' > h$, the set of all 2-satisfiable cnfs that have truth assignments satisfying at least the fraction h' of their clauses is an NP-complete set.

KEY WORDS AND PHRASES: doubly transitive permutations, golden mean, NP-complete, polynomial enumeration algorithm, polynomially constructive reductions, satisfiability

CR CATEGORIES: 5.21, 5.25, 5.39

1. *Introduction*

The inefficiency of the known optimization algorithms for many optimization problems (especially those which are NP-complete [2, 8]) has stimulated research into the possibilities of proving "performance guarantees" for simple and efficient heuristic algorithms. The following "performance guarantee" for polynomial approximation algorithms has been studied extensively in the literature [5, 6]: The guarantee is quantified in terms of optimal solutions, stating that a particular algorithm constructs solutions that never differ in value from optimal by more than some fixed constant or by some constant percentage of the optimum value. When examples can be constructed that cause the algorithm to deviate from optimal by the maximal amount allowed by a proven performance bound, we may say that the "worst-case performance" of the algorithm is known exactly.

Given this type of analysis, one might hope to classify problems by the nature of the best performance bounds known for them. However, rather than provide us with a meaningful absolute ranking for any problem, such a classification may merely reflect the limitations of our current knowledge [5]. There might yet be undiscovered polynomial approximation algorithms that provide guarantees better than those presently known.

This paper presents a polynomial-time approximation algorithm for which the performance guarantee is provably the best possible (assuming that P ≠ NP) among the class of polynomial algorithms. We call such an algorithm P-optimal.

Authors' present addresses: K. J. Lieberherr, Department of Electrical Engineering and Computer Science, Princeton University, Princeton, NJ 08544; E. Specker, Department of Mathematics, Swiss Federal Institute of Technology, ETH Zentrum, Ch-8092 Zurich, Switzerland.

Informally, a polynomial-time approximation algorithm is *P-optimal* if the problem of guaranteeing better approximate solutions than those produced by the algorithm is NP-complete. This implies that if a polynomial approximation algorithm B is P-optimal and $P \neq NP$, then there exists no polynomial-time algorithm which guarantees more than B.

A *conjunctive-normal-form expression* (cnf) is a finite sequence of clauses, with repetitions allowed, where each *clause* is a disjunction of different literals (a *literal* is either a variable A or its negation A').

An *interpretation* of a cnf s is an assignment of truth values ("true" and "false") to the variables of s. A cnf is *satisfied* by an interpretation iff every clause contains either a variable A to which true is assigned or a negated variable B' such that false is assigned to B.

If the sequence s is

$$\{A \vee B, A \vee B', A' \vee B'\},$$

it is satisfied by the assignment of true to A and false to B. There are, of course, cnfs which are not satisfiable. The simplest case is a cnf in which one clause is a variable—say A—and the other is its negation A'. The following is an example of an unsatisfiable but 2-satisfiable cnf:

$$\{A, B, C, A' \vee B' \vee C'\}.$$

This cnf contains a satisfiable subsequence which consists of three clauses.

This paper deals with the "maximum satisfiability" problem of [7]: Given a conjunctive-normal-form expression (cnf), with repeated clauses allowed, find a truth assignment that satisfies a maximum number of the clauses. Algorithm B2 in [7] satisfies at least $(|s| - weight(s))$ clauses of a cnf s [10]. *Weight*(s) is the sum of the weights of the clauses in s, and the weight of a clause c is $2^{-|c|}$, where $|c|$ is the number of literals in c. In [7] it is shown that there exist cnfs s in which $|s| - weight(s)$ is the *maximum* number satisfiable.

The current paper considers an algorithmic technique (called symmetrization) which allows a finer analysis. In the case of symmetrization, the worst-case performance bound depends not only on the lengths of the clauses in the input but also on the number of negated variables in each clause. We apply symmetrization to a special class, the "2-satisfiable" cnfs. In a 2-satisfiable cnf, unary clauses are allowed, but if clause A is present, then clause A' is forbidden. From a result in [7] or the analysis mentioned above we would expect that in every 2-satisfiable cnf we can satisfy at least the fraction $\frac{1}{2}$ of the clauses but not more than $\frac{3}{4}$. Indeed, the answer turns out to be ~0.618, the reciprocal of the golden ratio.

The symmetrization technique provides both a proof of this result and an efficient algorithm. Moreover, although the 2-satisfiable cnfs are mainly of theoretical interest, our computer experience with symmetrization indicates that this technique may also be a valuable practical method in general.

The main theoretical results are

THEOREM 1. *For a 2-satisfiable cnf s there exists a satisfiable subsequence of s that has at least* $h \cdot |s|$ *clauses (where h is the reciprocal of the golden mean,* $h^2 + h - 1 = 0$, $h > 0$, *and* $|s|$ *is the number of clauses in s).*

THEOREM 2. *Let* h_0 *be a number greater than h. Then there exists a 2-satisfiable cnf s containing no satisfiable subsequence of s that has at least* $h_0 \cdot |s|$ *clauses.*

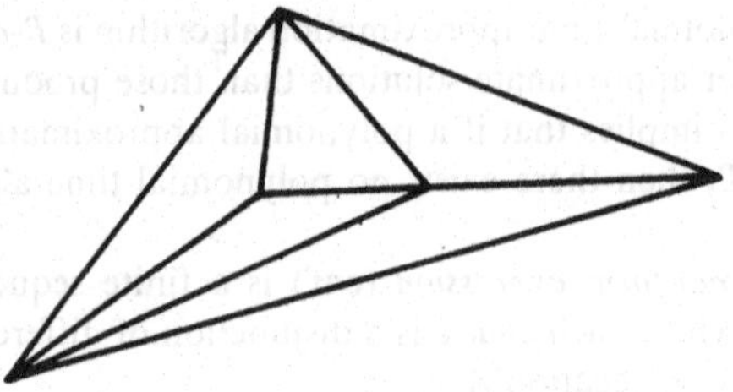

FIG. 1. Graph G.

COROLLARY 1. *There exists a polynomial algorithm (called ENUMERATE) which finds an interpretation J for every 2-satisfiable cnf s such that J satisfies at least $h \cdot |s|$ clauses.*

COROLLARY 2. *For any rational h', $h < h' \leq 1$, the set of 2-satisfiable cnfs which have an interpretation satisfying the fraction h' of the clauses is NP-complete.*

Symmetrization as a (non-polynomial-time) constructive reduction is a well-known technique; for example, it is used in [3] for coloring problems of hypergraphs. Symmetrization is an instance of the following general technique: Given a problem Γ which has to be solved either exactly or approximately, transform Γ to a "simpler" problem so that the solution of the "simpler" problem easily allows solution of the original problem. Symmetrization is unusual in the sense that it simplifies by making larger.

Example. Consider the graph G (Figure 1) with five nodes and nine edges. The problem is to color this graph with three colors so that the fraction of the edges satisfying the coloring condition (adjacent nodes have different colors) is "close" to maximum. The "simpler" problem to which this graph is transformed is the complete graph with five nodes. It is easy to compute an optimal coloring with m colors for the complete graph with n nodes. Let $r = n \bmod m$. The fraction of the edges for which the coloring condition is satisfied by the optimum coloring with m colors is

$$d(n, m) = \frac{n^2(m-1) + r(r-m)}{m \cdot n \cdot (n-1)}.$$

Hence $d(5, 3) = \frac{4}{5}$. The simple, but crucial step follows now: If the optimum for the complete graph with five nodes is $\frac{4}{5}$, then there is a solution for the given problem such that the coloring condition is satisfied for at least the fraction $\frac{4}{5}$ of the edges (i.e., eight edges). This can be proved by considering the complete graph as the "overlapping" of 5! permutations of the original graph.

The remainder of the paper is organized as follows. In Section 2 we reduce Theorem 1 in two steps to a simpler form which can be proved directly; step 2 applies symmetrization. In the last part of Section 2 we prove Theorem 2. In Section 3 we present and analyze algorithm ENUMERATE, which applies symmetrization in a polynomially constructive form. We show that Algorithm B2 of [7] is in general unable to provide the best guarantee in the 2-satisfiable case. Section 4 contains the proof of the NP-completeness result, and the paper concludes with some open problems.

2. *Reductions*

We use three reductions to prove Theorem 1. For the definition of the reductions we need the following notions. The *length* of a clause is the number of occurrences of literals in it. A literal is said to be *positive* if it is a variable; otherwise it is said to be *negative*. We say that a cnf s has property GM if s has an interpretation which satisfies at least $h \cdot |s|$ clauses.

Theorem 1 states that each 2-satisfiable cnf has property GM. In the following we reduce the set of all 2-satisfiable cnfs to a set RED1, so that RED1 has property GM iff all 2-satisfiable cnfs have property GM.

Definition 1. RED1 is the subset of 2-satisfiable cnfs with the following properties:

(1) The clauses of length 1 only contain positive literals.
(2) The clauses of length 2 only contain negative literals.
(3) There are no other clauses.

PROPOSITION 1. *Each cnf in RED1 has property GM.*

LEMMA 1. *Proposition* 1 $\Rightarrow$ *Theorem* 1.

PROOF. Let s be an arbitrary 2-satisfiable cnf. We simplify s to a cnf $T(s)$ according to the following rules:

(1) For each variable L which occurs negated in a clause of length 1, replace all occurrences of the literals L and L' by their complements.
(2) In clauses containing positive literals, drop all but one positive literal.
(3) In clauses containing only negative literals, but more than one, drop all except two.

$T(s)$ is in RED1, and to each interpretation $I1$ of $T(s)$ corresponds an interpretation I of s which satisfies at least as many clauses in s as $I1$ in $T(s)$. Hence, if each cnf $T(s)$ in RED1 has property GM, each 2-satisfiable cnf s has property GM. □

A cnf s in RED1 can be described as follows: s contains n variables $V_1, V_2, \ldots, V_n$. The clause V_i of length 1 occurs x_i times. The clauses $V_j' \vee V_k'$ of length 2 occur $y_{j,k}$ times ($j < k$). (The clause $V_k' \vee V_j'$ ($j < k$) is identified with the clause $V_j' \vee V_k'$.) Hence a cnf of RED1 is determined by

(1) a natural number n (number of variables);
(2) n numbers $x_1, x_2, \ldots, x_n$ (repetition factors for the clauses of length 1);
(3) $\binom{n}{2}$ numbers $y_{12}, y_{13}, \ldots, y_{n-1,n}$ (repetition factors for the clauses of length 2).

In the following we define a subset RED2 of RED1 with the property that RED2 has property GM iff RED1 has property GM.

Definition 2. RED2 is the subset of cnfs of RED1 with the following properties:

(1) $x_1 = x_2 = \cdots = x_n$; that is, all x_j ($1 \leq j \leq n$) are equal.
(2) $y_{12} = y_{13} = \cdots = y_{n-1,n}$; that is, all $y_{j,k}$ ($1 \leq j < n, j < k \leq n$) are equal.

PROPOSITION 2. *Each cnf s in RED2 has property GM.*

LEMMA 2. *Proposition* 2 $\Rightarrow$ *Proposition* 1.

PROOF. This proof uses symmetrization. Let s be a cnf in RED1, and let W be a set which contains the variables of s. We construct a symmetrized cnf s' in RED2 which contains the variables in W, such that s' has property GM iff s has property GM.

The construction of s' is based on a doubly transitive permutation group PG of W. A permutation group is said to be *doubly transitive* if it is transitive on the ordered tuples [1, p. 139] (i.e., for all $A1$, $A2$, $B1$, $B2$ in W ($A1 \neq A2$, $B1 \neq B2$) there is a permutation Π in PG such that $\Pi(A1) = B1$ and $\Pi(A2) = B2$). The full permutation group which will be used in this proof is an example of a doubly transitive group.

To an element Π of PG we associate the cnf $\Pi(s)$ which is defined as the result of substituting $\Pi(A)$ for A (for all A in W). We define $S[\mathrm{PG}](s)$ to be the concatenation of the sequences $\Pi(s)$ for all Π in PG. Let J be an interpretation of $S[\mathrm{PG}](s)$ which satisfies the fraction h' of the clauses in $S[\mathrm{PG}](s)$. It is obvious that there is at least one element Π in PG such that J satisfies at least the fraction h' of the clauses of $\Pi(s)$. The interpretation J', defined by $J' = J \circ \Pi^{-1}$ (i.e., $J'(A) = J(\Pi^{-1}(A))$) satisfies the same number of clauses of s as J satisfies clauses of $\Pi(s)$.

It remains to be shown that $S[\mathrm{PG}](s)$ is an element of RED2. We use the following fact about permutation groups, which the reader can readily verify.

FACT 1. *Let PG be a doubly transitive permutation group on a set W, and let $V1$, $V2$ be elements of W ($V1 \neq V2$). Let $g1[PG]$ be the number of elements Π of PG such that $\Pi(V1) = V1$, and let $g2\,[PG]$ be the number of elements Π of PG such that $\Pi(V1) = V1$ and $\Pi(V2) = V2$. Then for all elements X, Y in W, there are exactly $g1[PG]$ elements Π of PG such that $\Pi(X) = Y$. Moreover, for all pairs $(X1, X2)$, $(Y1, Y2)$ ($X1 \neq X2$, $Y1 \neq Y2$) there are exactly $g2\,[PG]$ elements Π of PG such that $\Pi(X1) = Y1$ and $\Pi(X2) = Y2$ [1, Ch. 39].*

An immediate consequence of Fact 1 is the following. Let s be a cnf in RED1, and let W be a set which contains the variables of s. Assume that x clauses of s are of length 1 and that y clauses are of length 2. Let PG be a doubly transitive permutation group on W. Then the following hold for $S[\mathrm{PG}](s)$:

(1) For each A in W, the clause A occurs $x \cdot g1[\mathrm{PG}]$ times.
(2) For each pair A, B of different elements of W, the clause $A' \vee B'$ occurs $2 \cdot y \cdot g2[\mathrm{PG}]$ times.

The factor 2 appears since the clauses $A' \vee B'$ and $B' \vee A'$ are identified.

Thus $s[\mathrm{PG}](s)$ is an element of RED2 and the lemma is proved. □

PROPOSITION 3. *For all natural numbers $n > 1$ and all positive rational numbers a, there exists a natural number k ($0 \leq k \leq n$) such that*

$$\frac{k \cdot a + \binom{n}{2} - \binom{k}{2}}{n \cdot a + \binom{n}{2}} > h. \tag{1}$$

LEMMA 3. *Proposition 3 ⇒ Proposition 2.*

PROOF. A cnf s in RED2 is described by natural numbers n, x, and y, where n is the number of variables, x is the multiplicity of the clauses of length 1, and y is the multiplicity of the clauses of length 2. Note that there is an interpretation satisfying all literals if $y = 0$ or $n = 1$; so assume $y > 0$ and $n > 1$. If k is the number of variables in s which are set true, then

$$k \cdot x + \left(\binom{n}{2} - \binom{k}{2}\right) \cdot y$$

clauses are satisfied. The total number of clauses in s is

$$n \cdot x + \binom{n}{2} \cdot y.$$

We define $a = x/y$. This is well defined, since we assumed $y > 0$. The fraction of clauses satisfied is then $(k \cdot a + \binom{n}{2} - \binom{k}{2})/(n \cdot a + \binom{n}{2})$. Hence a cnf s (in RED2) described by the numbers n, x, and y has property GM iff (1) is true. □

PROOF OF PROPOSITION 3. We only use elementary calculus.

If $a \geq n - 1$, choose $k = n$; then (1) is satisfied. In the following we assume that $a < n - 1$. We put

$$f(n, a, k) = \frac{k \cdot a + \binom{n}{2} - \binom{k}{2}}{n \cdot a + \binom{n}{2}}.$$

Then Proposition 3 is equivalent to the following: For the solution $h[n]$ of the min-max problem

$$\min_{\substack{0<a<n-1 \\ a \text{ rational}}} \max_{\substack{0 \leq k \leq n \\ k \text{ integer}}} f(n, a, k),$$

the inequality $h < h[n]$ holds. First we give an intuitive pseudoproof. In $f(n, a, k)$ we replace the expression $\binom{n}{2}$ by $n^2/2$ and $\binom{k}{2}$ by $k^2/2$ and call the resulting function $f_1(n, a, k)$. Hence

$$f_1(n, a, k) = \frac{2 \cdot k \cdot a + n^2 - k^2}{2 \cdot n \cdot a + n^2}.$$

$f_1(n, a, k)$ as a function of k is maximal if $k = a$. We substitute a for k in $f_1(n, a, k)$ and obtain

$$f_2(n, a) = \frac{a^2 + n^2}{2 \cdot n \cdot a + n^2}.$$

Note that

$$f_2(n, a) \geq \min_{\substack{n>0 \\ a \geq 0}} f_2(n, a) = h.$$

The minimum is reached for $a/n = h$.

To prove Proposition 3, we observe that

$$f(n, a, k) > h$$

iff

$$-k^2 + k \cdot (1 + 2 \cdot a) + n \cdot (n - 1) \cdot (1 - h) - 2 \cdot n \cdot h \cdot a > 0. \tag{2}$$

Let k_1 and k_2 be the two solutions of the quadratic polynomial in k on the left side of inequality (2). Note that the average $(k_1 + k_2)/2 = a + 1/2$. For this possibly nonintegral value of k, it is easy to show that (2) holds. Let

$$\begin{aligned} d(n, a) &= |k_1 - k_2| \\ &= ((1 + 2 \cdot a)^2 + 4 \cdot n \cdot (n - 1) \cdot (1 - h) - (8 \cdot n \cdot h \cdot a))^{1/2}. \end{aligned}$$

If $d(n, a) > 1$ $(n > 1, a \geq 0)$, then there exists at least one integer k for which (1) holds. Therefore we prove that $d(n, a) > 1$ if $n > 1$. The minimum of $d(n, a)$ with respect to a is at

$$a_{\min} = n \cdot h - \tfrac{1}{2}.$$

We replace a in $d(n, a)$ by $a_{\min}$ and, by making liberal use of the identity $h^2 + h - 1 = 0$, we obtain a function

$$d_1(n) = \sqrt{4 \cdot n \cdot h - 4 \cdot n \cdot h^2}.$$

The identity $h \cdot (1 - h) = h^3$ implies that

$$d_1(n) = \sqrt{4 \cdot n \cdot h^3}.$$

Note that $d_1(n) > 1$ if $n > 1$. Therefore, if $n > 1$, the following holds for all real a: $1 < d_1(n) \leq d(n, a)$. Hence k can be chosen in the interval $J = [a + \frac{1}{2} - z, a + \frac{1}{2} + z]$, where $z = (n \cdot h^3)^{1/2}$.

J contains at least one integer if $n > 1$. Moreover, the breadth of the interval is proportional to $\sqrt{n}$ which shows that we have much freedom in choosing k. This remark (with the above proof showing it) is due to S.E. Knudsen. □

PROOF OF THEOREM 2. It is sufficient to define a sequence $s_1, s_2, \ldots, s_n, \ldots$ of 2-satisfiable cnfs such that the fraction h_n of satisfiable clauses tends to h for $n \to \infty$. Given such a sequence S and a number h_0 ($h < h_0 \leq 1$), there are infinitely many cnfs s in S such that s contains no satisfiable subsequence having $h_0 \cdot |s|$ or more clauses.

The sequence S we use contains cnfs which are all in RED2. Hence an element of S is described by a natural number n (the number of variables) and a rational number a (the quotient of the multiplicity of the clauses of length 1 and the multiplicity of the clauses of length 2). We give a sequence of rational numbers $a_2, a_3, \ldots, a_n, \ldots$ which describes a sequence S of cnfs of the reduced type within a constant multiple of the multiplicities.

We set

$$a_n = n \cdot \frac{F_n}{F_{n+1}},$$

where F_n is the nth Fibonacci number ($n \geq 1$, $F_1 = 1$, $F_2 = 1$, $F_n = F_{n-1} + F_{n-2}$). Observe that

$$\lim_{n \to \infty} \frac{a_n}{n} = h.$$

To motivate the definition of the sequence S, we recall that the minimum

$$\min_{\substack{n>0 \\ a \geq 0}} \frac{a^2 + n^2}{2 \cdot n \cdot a + n^2} = h$$

is reached for $a/n = h$. It is easy to check that for this sequence S, the maximal fraction of clauses which can be satisfied converges to h.

Therefore, for all $h_0 > h$ there exist infinitely many 2-satisfiable cnfs s containing no satisfiable subsequence of s which has at least $h_0 \cdot |s|$ clauses. □

3. *Algorithm ENUMERATE*

Theorem 1 guarantees for every 2-satisfiable cnf s an interpretation satisfying at least the fraction h of the clauses. However our proof is not polynomially constructive, since we used the full permutation group for symmetrizing. For the full permutation group the order (group size = $n!$) is an exponential function of the degree (set size = n). Fortunately there are sufficiently many "small" doubly transitive permutation groups for which the order is bounded by a small polynomial in the degree.

If n is a prime p, then there exists a well-known doubly transitive permutation group DT[p], the group of linear applications of the Galois field GF(p). Consider the $p \cdot (p - 1)$ permutations DT[p](q, r) on the set $\{1, 2, \ldots, p\}$, which are defined as follows:

$$\mathrm{DT}[p](q, r) = \mathrm{LAMBDA}\ i((q \cdot i + r) \bmod p),$$

where $1 \le q \le p-1$, $1 \le r \le p$, and $1 \le i \le p$. The reader may readily verify that DT[p] is indeed a doubly transitive permutation group [1, Ch. 67].

Let s be a cnf in RED2 which contains n variables. Let p be the first prime greater than or equal to n. By the Postulate of Bertrand [9, p. 22] we know that $p < 2 \cdot n$. Using the group DT[p] for symmetrizing s, we have to check at most $p \cdot (p-1)$ interpretations in order to find an interpretation which satisfies at least the fraction h of the clauses in s.

Let W be a set of n variables, and let p be the first prime greater than or equal to n. We describe a set $I(n)$ of interpretations of W which has the following properties:

(1) Cardinality($I(n)$) $\le p \cdot (p-1) \cdot (p+1) < p^3$.
(2) For every 2-satisfiable cnf s with variables in W there is an interpretation in $I(n)$ which satisfies at least $h \cdot |s|$ clauses in s.

Set

$$I(n) = \bigcup_{k=0}^{p} \bigcup_{q=1}^{p-1} \bigcup_{r=1}^{p} \mathrm{INT}(n, k, q, r),$$

where the interpretations INT(n, k, q, r) are defined in the following way. Let RP[k] be an arbitrary permutation of p variables. Then variable V_i in W ($1 \le i \le n$) is set true by the interpretation INT(n, k, q, r) iff

$$((q \cdot (\mathrm{RP}[k](i)) + r) \bmod p) \le k.$$

Otherwise V_i is set false.

Note that we have defined a large number of different sets $I(n)$ because RP[k] can be chosen arbitrarily.

LEMMA 4. *Let s be a 2-satisfiable cnf in which each clause of length* 1 *contains a positive literal, and let n be the number of variables in s. Then $I(n)$ contains an interpretation satisfying $h \cdot |s|$ clauses.*

Lemmas 1 and 2 have been proved in such a way that they contain a proof of Lemma 4.

Note that we can enumerate the polynomial set $I(n)$ of "interesting" interpretations without knowing anything of s except the number of variables.

The following algorithm, called ENUMERATE, constructs an interpretation satisfying at least the fraction h of the clauses of a 2-satisfiable cnf s.

(1) For each variable L which occurs negated in a clause of length 1, replace all occurrences of the literals L and L' by their complements. (Afterward the clauses of length 1 only contain positive literals.)
(2) Compute the first prime p greater than or equal to n, and let W be a set of p variables containing all those from s.
(3) Enumerate the set $I(n)$ of interpretations of W, and choose an interpretation which satisfies the maximal number of clauses in s.

Analysis of ENUMERATE. Algorithm ENUMERATE is a polynomial algorithm in the number l of occurrences of literals in the input cnf. By the Postulate of Bertrand [9, p. 22] the next prime of an integer n can be found in time $O(n^{3/2})$. ENUMERATE checks at most $8 \cdot n^3$ interpretations, where n is the number of variables of the input cnf. Thus the overall running time is $O(n^3 \cdot l)$.

ENUMERATE does not use the reduction which transforms a 2-satisfiable cnf to an element in RED1. If this reduction is used, the algorithm has to check at most $4 \cdot n^2$ interpretations, because the optimal k (number of variables set true) for a symmetrized cnf can be computed by using calculus. This would reduce the running time to $O(n^2 \cdot l)$ but might be expected to behave poorly in practice.

In [7] an algorithm B2 (for MAXIMUM SATISFIABILITY) has been introduced. Following [10], we also consider the variant RJ of B2.

The algorithms are based on the notions of weight of a cnf and the elimination of a literal in a cnf.

For a cnf s the weight $w(s)$ is defined to be $\sum_c 2^{-|c|}$, where the sum is taken over all clauses c of s. $|c|$ is the number of literals in c. It is convenient to allow clauses of length 0, which are always unsatisfied.

Let s be a cnf and L a literal; then $s[L]$ is the cnf obtained from s by the following process of elimination. A clause c of s containing L is dropped. A clause c of s containing L' is replaced by the clause c' obtained from c by dropping L' in c. If literal L is eliminated, then the variable V corresponding to L is set true if L is positive. Otherwise V is set false.

Algorithm B2 constructs an interpretation of a cnf s by iteratively eliminating the literals in s.

For a cnf $s0$ containing no variables, the weight $w(s0)$ is equal to the number of empty clauses in $s0$. Therefore, if s is a sequence of m clauses and $s0$ is the last cnf in the elimination process, the fraction of satisfied clauses is equal to $(m - w(s0))/m$.

Algorithm B2 chooses the literal L to be eliminated in such a way that $w(s[L]) \leq w(s)$. (This is possible since for all literals L in s the following equation holds: $(\frac{1}{2})\cdot(w(s[L]) + w(s[L'])) = w(s)$). The fraction of satisfied clauses is therefore at least $(m - w(s))/m$.

Algorithm RJ chooses a literal $L0$ so that $w(s[L0]) \leq w(s[L])$ for all L in s.

We give an example of a 2-satisfiable cnf s_m for which RJ constructs (and B2 *could* construct) an interpretation such that only $(3\cdot m + 1)/(5\cdot m + 1) \sim 0.6$ clauses are satisfied. s_m is a sequence of $(5\cdot m + 1)$ clauses $c_1, c_2, \ldots, c_{5m+1}$ in $2\cdot m + 1$ variables $A, B_1, B_2, \ldots, B_{2\cdot m}$:

$$c_i = \begin{cases} B_i & \text{for } i = 1, \ldots, 2\cdot m; \\ A' \vee B'_{i-2\cdot m} & \text{for } i = 2\cdot m + 1, \ldots, 4\cdot m; \\ A & \text{for } i = 4\cdot m + 1, \ldots, 5\cdot m + 1. \end{cases}$$

The weights are as follows:

$$\begin{aligned} w(s_m[A]) &= 2\cdot m, \\ w(s_m[A']) &= 2\cdot m + 1, \\ w(s_m[B_j]) &= 2\cdot m + \tfrac{1}{4} \qquad (j = 1, \ldots, 2\cdot m), \\ w(s_m[B'_j]) &= 2\cdot m + \tfrac{3}{4} \qquad (j = 1, \ldots, 2\cdot m). \end{aligned}$$

Therefore variable A is set true by RJ, and at most the fraction $(3\cdot m + 1)/(5\cdot m + 1) \sim 0.6$ of the clauses is satisfied (independent of the interpretations of the remaining variables).

4. *NP-Completeness*

In this section we prove

COROLLARY 3. *The set of 2-satisfiable cnfs which have an interpretation satisfying the fraction h' ($1 \geq h' > h$; h', e.g., rational) is NP-complete.*

PROOF. Let $h' = p/q$ be a rational number ($1 \geq h' > h$). We use the fact that the set of 2-satisfiable cnfs is NP-complete [2]. Therefore we give a polynomial transformation T which transforms a 2-satisfiable cnf s to a 2-satisfiable cnf $T(s)$ so that s is satisfiable iff $T(s)$ has an interpretation satisfying at least the fraction h' of the clauses.

Let s be a 2-satisfiable cnf containing m clauses. We may assume without loss of generality that $h'm < m - 1$. Since $h' > h$, there exist integers $m_1 > m_2$ and a 2-satisfiable cnf $t(m1, m2)$ containing $m1$ clauses of which only $m2$ are satisfiable and such that $m2/m1 < h'$ (Theorem 2). $T(s)$ contains $z_1 = m_1 p - m_2 q$ copies of s concatenated with $z_2 = m(q - p)$ copies of $t(m_1, m_2)$. In the following we describe how to compute z_1 and z_2 as a function of s and h'.

If in cnf s at most r ($r = m$ or $r = m - 1$) clauses can be satisfied, then at most the fraction

$$f(r, z_1, z_2) = \frac{r \cdot z_1 + m_2 \cdot z_2}{m \cdot z_1 + m_1 \cdot z_2}$$

of the clauses can be satisfied in cnf $T(s)$. The reduction T requires that

$$f(m - 1, z_1, z_2) < h' \qquad \text{and} \qquad f(m, z_1, z_2) \geq h'.$$

It is straightforward to check that both inequalities are satisfied if $z_1 = m_1 p - m_2 q$ and $z_2 = m(q - p)$, since $h'm < m - 1$. □

Remark. In [4] it is shown that the set of cnfs containing clauses of at most length 2 and which have an interpretation satisfying the fraction $\frac{7}{10}$ of the clauses is NP-complete. Using a reduction similar to that in [4] and the above method, it can be shown that the set of 2-satisfiable cnfs containing clauses of at most length 2 which have an interpretation satisfying the fraction h' ($1 > h' > h$; h', e.g., rational) of the clauses is NP-complete.

5. *Open Problems and Concluding Remarks*

So far we have discussed 2-satisfiable cnfs. Similar results hold for 1-satisfiable cnfs. A cnf is said to be 1-satisfiable if it does not contain an empty clause. It is obvious that a 1-satisfiable cnf has an interpretation which satisfies $|s|/2$ clauses. The constant 0.5 is optimal, and an interpretation satisfying half of the clauses can be found in polynomial time. For any rational t ($1 \geq t > 0.5$) the set of 1-satisfiable cnfs which have an interpretation satisfying $t \cdot |s|$ clauses is NP-complete.

These results suggest the following generalization: A cnf s is said to be *k-satisfiable* ($k = 1, 2, 3, \ldots$) iff any k of its clauses are satisfiable.

Conjecture C_k ($k = 3, 4, 5, \ldots$). There exists a constant r_k such that

(1) for any k-satisfiable cnf s there exists an interpretation of s satisfying at least $r_k \cdot |s|$ clauses;
(2) for any r greater than r_k there exists a k-satisfiable cnf s such that no interpretation satisfies $r \cdot |s|$ clauses;
(3) there is a polynomial algorithm which finds an interpretation guaranteed by (1);
(4) if $r_k < r$ and r is rational, the set of k-satisfiable cnfs having an interpretation which satisfies at least $r \cdot |s|$ clauses is NP-complete;
(5) r_k is algebraic.

We conjecture that $\lim_{k \to \infty} r_k = 1$.

Although the conjecture itself is only of theoretical interest, its proof might yield practical algorithms of an unknown type.

Symmetrization can be applied to a special class of systems of linear inequalities of the following type. Let s be a system of linear inequalities (sli) $c_1, c_2, \ldots, c_m$ in n variables $x_1, x_2, \ldots, x_n$, where inequality c_i is of the form

$$\sum_{j=1}^{n} a_{ij}x_j \geq b_i \qquad (a_{ij} \in \{1, 0, -1\}, x_j \in \{0, 1\}, b_i \text{ an integer}, \\ 1 \leq i \leq m, 1 \leq j \leq n).$$

The following question is of considerable practical interest: What is the complexity of the problem of constructing a (0, 1)-assignment J to the variables of an sli s so that J satisfies at least a given fraction of the inequalities. A partial answer can be found in [11, 12].

ACKNOWLEDGMENT. We wish to thank the referee for the numerous detailed comments, which have substantially improved our paper.

REFERENCES

(Note. References [13, 14] are not cited in the text.)

1. CARMICHAEL, R.D. *Introduction to the Theory of Groups of Finite Order.* Dover, New York, 1937.
2. COOK, S.A. The complexity of theorem-proving procedures. Proc. 3rd Ann. ACM Symp. on Theory of Computing, Shaker Heights, Ohio, 1971, pp. 151–158.
3. ERDŐS, P., AND KLEITMAN, D.J. On coloring graphs to maximize the proportion of multicolored K-edges. *J. Comb. Theory 5*, 2 (1968), 164–169.
4. GAREY, M.R., AND JOHNSON, D.S. Some simplified NP-complete problems. Proc. 6th Ann. ACM Symp. on Theory of Computing, 1974, Seattle, Wash., pp. 47–63.
5. GAREY, M.R., AND JOHNSON, D.S. Approximation algorithms for combinatorial problems—an annotated bibliography. In *Algorithms and Complexity: Recent Results and New Directions*, J. Traub, Ed., Academic Press, New York, 1976, 41–52.
6. GAREY, M.R., AND JOHNSON, D.S. *Computers and Intractability.* Freeman, San Francisco, 1979.
7. JOHNSON, D.S. Approximation algorithms for combinatorial problems. *J. Comput. Syst. Sci. 9* (1974), 256–278.
8. KARP, R.M. Reducibility among combinatorial problems. In *Complexity of Computer Computations*, R.E. Miller and J.W. Thatcher, Eds., Plenum Press, New York, 1972, pp. 85–104.
9. LANDAU, E. *Handbuch der Lehre von der Verteilung der Primzahlen.* Chelsea Publishing, New York, 1974.
10. LIEBERHERR, K.J. Towards feasible solutions of NP-complete problems, Tech. Rep. No. 14, Institute for Informatics, ETH Zentrum, CH-8092 Zurich, Switzerland, 1975.
11. LIEBERHERR, K.J. P-optimal heuristics. *Theoret. Comput. Sci. 10*, 2 (1980), 123–131.
12. LIEBERHERR, K.J. Probabilistic combinatorial optimization. Tech. Rep. 281, Dep. of Electrical Engineering and Computer Science, Princeton Univ., Princeton, N.J., 1981.
13. LIEBERHERR, K.J., AND SPECKER, E. Interpretations of 2-satisfiable conjunctive normal forms. *Not. Am. Math. Soc. 25*, 2 (1978), A-295.
14. LIEBERHERR, K.J., AND SPECKER, E. Complexity of partial satisfaction. 20th Ann. IEEE Symp. on Foundations of Computer Science, San Juan, Puerto Rico, 1979, pp. 132–139.

RECEIVED AUGUST 1978; REVISED APRIL 1980; ACCEPTED APRIL 1980

Ernst Specker

Wie in einem Spiegel

Predigt über 1. Kor 13,11f. an der Evangelischen Hochschulgemeinde Zürich, 17. Januar 1985

«Liebe Brüder und Schwestern» — so hat Paulus in den fünfziger Jahren des ersten Jahrhunderts in griechischer Sprache aus Ephesus an die Gemeinde in Korinth geschrieben — «liebe Brüder und Schwestern, ich konnte nicht wie zu Geistesmenschen zu euch reden, sondern nur wie zu natürlichen Menschen, ja nur wie zu unmündigen Kindern. Milch habe ich euch zu trinken gegeben, nicht feste Speise, denn die konntet ihr noch nicht vertragen. Ja, ihr vertragt sie auch jetzt noch nicht.»

Ob wir unmündige Kinder im Sinne von Paulus sind, das bleibe dahingestellt. Es kann ja auch sein, dass wir aus andern Gründen feste Nahrung nicht gut vertragen, zum Beispiel, weil wir uns an harten Brocken den Magen verdorben haben. Und wie bei manchen Krankheiten flüssige Nahrung als Schonkost angezeigt ist, so auch in gewissen geistigen Situationen eine Schonpredigt — für den Prediger nicht weniger als für die Hörer. Als Text für eine Schonpredigt eignet sich das dreizehnte Kapitel des ersten Briefes an die Korinther besonders gut. Die ersten acht Verse haben wir in der Lesung vernommen. Es ist Ihnen vielleicht aufgefallen, dass dies ein ganz ungewöhnlicher neutestamentarischer Text ist: Im ganzen Kapitel werden nämlich an Personen nur genannt: Menschen, Engel und ein Ich. Dabei sind Engel nur einmal erwähnt, und auch nur hypothetischerweise, indem erwogen wird, dass in Engelszungen geredet werde. Ausführlich wird dagegen von der Liebe gesprochen. Daran glauben wir alle ein wenig — vermutlich hat die Vokabel Liebe seit den Zeiten von Paulus noch an Faszination gewonnen. Davon soll aber nicht die Rede sein. Wir wollen uns vielmehr dem elften und zwölften Vers zuwenden, welche den eigentlichen Predigttext bilden:

«Als ich ein Kind war, redete ich wie ein Kind, urteilte wie ein Kind, überlegte wie ein Kind; und da ich ein Mann bin, habe ich das kindliche Wesen abgelegt. Jetzt sehen wir wie in einem Spiegel rätselhaft, dann aber von Angesicht zu Angesicht; jetzt erkenne ich stückweise, dann aber werde ich ganz erkennen, wie ich ganz erkannt bin.»

In diesem Text ist von unserem Erkennen die Rede, und zwar indirekterweise mit Hilfe von zwei Bildern. Im ersten Bild wird kindliches und erwachsenes Denken verglichen; das zweite Bild führt das erste weiter, indem jetziges Sehen — ein Sehen im Spiegel — dem zukünftigen gegenübergestellt wird.

Die Vokabel, welche im ersten Vergleich mit «Kind» übersetzt ist (sie kommt im Neuen Testament etwa vierzehnmal vor), wird an andern Stellen mit «unmündig» wiedergegeben. So dankt Jesus nach dem Matthäusevangelium einmal: «Ich preise dich Vater, dass du dies vor Weisen und Verständigen verborgen und es Unmündigen geoffenbart hast» (Mat. 11, 25). Und ebenfalls im Matthäusevangelium wird erzählt, dass Kinder bei einem Tempelbesuch von Jesus schrieen «Hosianna dem Sohn Davids» und dass dann Jesus den Tadel der Schriftgelehrten mit der Frage zurückwies: «Ja, habt ihr nie gelesen: ‹Aus dem Munde der Unmündigen und Säuglinge hast du dir Lob bereitet›?» (Das Zitat aus dem achten Psalm folgt der griechischen Übersetzung des Alten Testamentes). Wir sehen an diesen Beispielen, dass in den Evangelien «unmündig sein» durchaus positiv aufgefasst wird. Und obwohl wir uns, wenn nicht zu den Weisen, so doch zu den Verständigen zählen, gefällt uns dies — und dass es bei Paulus anders tönt, nehmen wir ihm fast übel. Neben der vorliegenden Stelle zeigt dies ja auch die Art und Weise, in der er die Gemeinde in Korinth anspricht: «Ich konnte zu euch nur reden wie zu unmündigen Kindern.» Wir können aus diesem Gebrauch schliessen, dass Paulus die Redeweisen «als ich ein Kind war», «Nun da ich ein Mann bin» auf sich selbst bezieht und kein verallgemeinernder Begriff von «ich» vorliegt: «wir waren alle einmal Kinder». Auch wenn es ein harter Brocken ist, es soll gesagt sein: Paulus war überzeugt, in besonderer Weise erwachsen zu sein. Im zweiten Brief an die Korinther schreibt er im zwölften Kapitel:

«Ich weiss von einem Menschen in Christus, dass vor vierzehn Jahren — ob im Leibe weiss ich nicht, ob ausser dem Leibe weiss ich nicht, Gott weiss es — der Betreffende bis in den dritten Himmel entrückt wurde. Und ich weiss von dem betreffenden Menschen — ob im Leibe, ob ohne den Leib, weiss ich nicht, Gott weiss es —, dass er in das Paradies entrückt wurde und unaussprechliche Worte hörte, die ein Mensch nicht sagen darf.» Von dieser Erfahrung her bezieht der Vergleich «Kind : Mann = Mann : X» für Paulus die Überzeugungskraft. Es soll damit — mathematisch gesprochen — nicht die Existenz von X bewiesen werden (was ja unsinnig wäre), sondern es sollen Andeutungen über X gemacht werden. Diese Andeutungen werden im zweiten Bilde weitergeführt: «Jetzt sehen wir wie in einem Spiegel rätselhaft, dann aber von Angesicht zu Angesicht. Jetzt erkenne ich stückweise, dann aber werde ich ganz erkennen, wie ich ganz erkannt bin.» Welches sind die tragenden Begriffe dieses Verses?

«Spiegel», «rätselhaft», «Angesicht», «erkennen».

Ausser an unserer Stelle kommt «Spiegel» im Neuen Testament noch einmal vor. Jakobus vergleicht einen Menschen, bei dem auf das Hören keine Taten folgen, mit einem, der sich im Spiegel betrachtet, davongeht und vergisst, wie er aussieht. Ohne ihn direkt zu nennen, spricht Paulus im zweiten Korintherbrief von einem Spiegel, wenn er sagt, dass wir die Herrlichkeit Gottes widerspiegeln.

Was bedeutet dies nun: «sehen wie in einem Spiegel»? Ein mögliches Missverständnis soll zuerst zurückgewiesen werden, die Annahme nämlich, dass die Spiegel in der Antike schlechter waren als die heutigen und so nur ein undeutliches Bild zurückwarfen. Ganz im Gegenteil, es herrschte ein grosser Spiegelluxus — und das Paradoxon des Spiegels entsteht ja erst bei guter Bildqualität, am eindrücklichsten dann, wenn wir im Halbdunkeln das Spiegelbild als direktes Bild auffassen. Es gibt auch Vexierfragen, die den paradoxen Charakter des Spiegels hervortreten lassen. «Sehen wir im Spiegel uns selbst oder unser Spiegelbild?» «Warum vertauscht der Spiegel rechts und links und nicht oben und unten?»

Wir wollen uns durch diese Vexierfragen nicht ablenken lassen. Der Hinweis auf den Spiegel dient offenbar dazu, auf den indirekten Charakter unserer Erkenntnis hinzuweisen. Unterstützt wird dies noch durch die Vokabel «rätselhaft» («änigmatisch» nach dem Urtext), ein Wort, das im Neuen Testament nur hier vorkommt. Es bedeutet dabei nicht Rätsel als etwas, was aufzulösen ist (dafür würde «problematisch» stehen), sondern «wie ein dunkles Wort». In der zweiten gewichtigen Vokabel «von Angesicht zu Angesicht» liegt ein Bezug vor, der am besten durch eine Stelle aus dem Alten Testament verdeutlicht wird: Jakob sagt nach seinem Kampf an der Furt des Flusses Jabbok: «Ich habe Gott von Angesicht zu Angesicht geschaut und bin am Leben geblieben.»

Und endlich das Erkennen: «Jetzt erkenne ich stückweise, dann aber werde ich ganz erkennen, wie ich ganz erkannt bin.» Auf dem «Erkennen» liegt offenbar der Schwerpunkt, und es soll daher auch dieser Vokabel besonders sorgfältig nachgegangen werden. Im ersten Buch Mose wird erzählt, wie die Schlange zum ersten Paar gesprochen habe: «Ihr werdet erkennen, was gut und böse ist.» Und nicht viel später hören wir im selben Buch: «Adam erkannte sein Weib Eva und sie wurde schwanger» (so nach der Übersetzung von Luther). Und endlich eine Stelle aus dem Buch Amos, zunächst nach der Übersetzung der Zürcher Bibel: «Euch allein habe ich erwählt von allen Geschlechtern der Erde.» Martin Buber, der sich bemüht hat, den Vokabelzusammenhang des Urtextes in der Übersetzung beizubehalten, gibt dies folgendermassen wieder: «Euch nur habe ich auserkannt von allen Sippen des Bodens.» «Auserkannt» und nicht «erwählt» hier deshalb, weil dieselbe Vokabel zu übersetzen ist, wofür an andern Stellen «erkannt» als angemessen erscheint.

Übertragen wir die Bubersche Übersetzungstechnik auf das Neue Testament, so lautet der letzte Satz unseres Textes wie folgt: «Jetzt erkenne ich stückweise, dann aber werde ich ganz erkennen, wie ich ganz auserkannt bin.» Wir sehen somit: Für Paulus gründet sich die Gewissheit des Erkennens in der Gewissheit, ganz auserkannt zu sein. Diese Gewissheit geht einher mit der Einsicht des «Noch nicht».

Sollen wir nun näher nach dem Erwähltsein fragen und nach den «Noch nicht»? Als Fragen nach einem Änigma ist dies angemessen. Stellen wir die Fragen aber als Probleme, so versuchen wir, das «Noch nicht» zu überspringen, und wir werden in die Irre gehen — wie es in der Vergangenheit seit den ersten Gemeinden immer wieder geschehen ist. Dabei wollen wir aber auch die Zukunft nicht in dem Sinne vorwegnehmen, dass wir die Fragen als schlechthin unlösbar bezeichnen.

Ein Vergleich mag das Gemeinte verdeutlichen. Fragt in unserer Zeit ein Kind nach dem Feuer, so ist dies eine Frage, wie sie schon zu Zeiten des Paulus gestellt worden ist. Mit den Antworten verhält es sich ganz anders. Damalige Antworten auf die Frage nach dem Wesen des Feuers sind geschickte Anordnungen von Wörtern, bestenfalls geeignet, das Nichtverstehen zu verschleiern. Wirkliche Antworten sind erst sehr viel später möglich geworden, nämlich erst, als die moderne Naturwissenschaft das nötige Begriffssystem entwickelt hatte. Ist nun aber mit dem Problem «Feuer» auch das Rätsel «Feuer» gelöst? Dem ist gewiss nicht so, denn wie zu den Zeiten von Paulus können wir sagen: Das Feuer glimmt, knistert und prasselt; es funkt und sprüht. Das Feuer schlägt empor und fällt nieder. Es leuchtet, reinigt und wärmt — das Feuer ist fast wie die Liebe.

Chapter 4

Application of Logic and Combinatorics to Enumeration Problems

E. SPECKER

4.1 INTRODUCTION

This work originated from the disturbing fact that the number of elements of a certain finite set T (the set of topologies on $\{1,2,3,4,5\}$) is determined to be 7181 in [11] and 6942 in [5]. It seemed desirable to have an algorithm which provides us with an element t of $\{7181,6942\}$ and a proof of $t \neq \#T$ ($\#T$ is the number of elements of T). Such an algorithm does exist. It consists of computing the residue class r of $\#T$ mod 5; r being equal to 2, we have a proof of $\#T \neq 7181$.

The method used in the computation of r can be extended to a general class of cases; this has been done in [1], [2], [3]. The main result is as follows: Let A be an axiom expressible in the language of monadic second order logic (in binary predicates), let $C_n(A)$ be the set of models of A on the set $\{1,2,\ldots,n\}$, and let f be the function defined by

$$f(n) = \#C_n(A).$$

Then f satisfies modular linear recurrence relations, i.e., for every positive integer m, there exist integers $d, a_1,\ldots,a_d$ such that

$$f(n) \equiv \sum_{i=1}^{d} a_i f(n-i) \pmod{m}.$$

In many known cases, these modular relations are consequences of polynomial recurrence relations of the following type:

$$f(n) = \sum_{i=1}^{d} P_i(n)f(n-i)$$

(P_i being polynomials; cf. [8], [12].)

It would be interesting to have general conditions on axioms A implying such a recurrence relation.

4.2 STRUCTURES AND PERMUTATIONS

A structure is an object

$$\langle S; R_1, \ldots, R_k \rangle$$

where S is a finite nonempty set and R_i, $i = 1, \ldots, k$, are relations on S, i.e., for some integer m_i, $m_i \in N$,

$$R_i\colon S^{m_i} \Rightarrow \{\text{true, false}\}.$$

(R_i is called an m_i-ary relation, $\vec{m} = \langle m_1, \ldots, m_k \rangle$ is the "type" of the structure.) In most cases, we will have $k = 1$ and $m_1 = 2$ (binary case). The following are typical examples:

Example 1 ($k = 1$, $m_1 = 2$) R is irreflexive and symmetric:

$$\neg R(a,a),\ R(a,b) \rightarrow R(b,a).$$

Such a structure is called a "graph."

Example 2 ($k = 1$, $m_1 = 2$) R is an order relation, i.e., R satisfies

D_1: $R(a,b) \wedge R(b,c) \rightarrow R(a,c)$

D_2: $R(a,b) \wedge R(b,a) \rightarrow a = b$

D_3: $R(a,b) \vee R(b,a)$

(D_3': $R(a,a)$; D_3' is a consequence of D_3)

Example 3 R is a partial order: D_1, D_2, D_3'.

Example 4 R is a preorder: D_1, D_3'.

Example 5 R is an equivalence relation:

D_1, D_3' and $R(a,b) \leftrightarrow R(b,a)$.

Example 6 The notion of $n \times n$-matrices a with row and column sum k over the non-negative integers can be formalized in our framework as follows: ($m_1 = m_2 = \ldots = m_k = 2$) $S = \{1,2,\ldots,n\}$; $R_j(h,i)$ $(1 \leq j \leq k;\ 1 \leq h,i \leq n)$ holds iff $a(h,i) = j$. ($a(h,i) = 0$ corresponds to $\neg R_j(h,i)$ for $j = 1,\ldots,k$.)

For all k, the conditions on $R_1,\ldots,R_k$ corresponding to the postulates

$$\sum_{h=1}^{n} a(h,i) = k, \quad \sum_{i=1}^{n} a(h,i) = k$$

can be expressed by formulas in $R_1,\ldots,R_k$ of first order predicate logic not depending on n.

All of these classes of structures have the property of being closed under isomorphism: If a structure belongs to the class, so does every isomorphic structure. With such a class C of structures, there are two associated functions f^C and f_1^C from N^+ to N. $f^C(n)$ is the number of structures on the set $\{1,2,\ldots,n\}$ belonging to C, two structures being counted as different (Ex. 6) iff for some j, h, i the values associated to $R_j(h,i)$ are different. (If structures are counted in this way, they are sometimes called "labeled structures.") $f_1^C(n)$ is the number of isomorphism types of structures on the set $\{1,2,\ldots,n\}$ belonging to C. It is the function f^C we shall be interested in.

For the class G of graphs we have

$$f^G(n) = 2^{\binom{n}{2}}.$$

(There are $\binom{n}{2}$ unordered pairs of elements of $\{1,2,\ldots,n\}$, for each such pair $\{i,j\}$ the relations $R(i,j)$, $R(j,i)$ either hold or do not hold.)

For the class O of orders, we have

$$f^O(n) = n!.$$

The number of partial orders on $\{1,2,\ldots,n\}$ has been determined for $n \leq 7$. We know very little about the behavior of the corresponding counting function [5]. The number of preorders on a set S has been studied in some detail because this number is equal to the number of topologies on S (we assume S finite). In order to see this, define a topology on S by the closure operation Cl defined on the power set P of S with values in P and satisfying

1. $Cl(\Lambda) = \Lambda$ (Λ empty)
2. $X \subseteq Cl(X)$
3. $Cl(Cl(X)) \subseteq Cl(X)$
4. $Cl(X \cup Y) = Cl(X) \cup Cl(Y)$

Defining a map $cl\colon S \Rightarrow P$ by

$$cl(x) = Cl(\{x\}),$$

Conditions (1) and (4) are equivalent to

$$Cl(X) = \bigcup_{x \in X} cl(x). \tag{4.1}$$

Defining Cl by (4.1), Conditions (2) and (3) follow from their special cases where X is a one-element set $\{x\}$:

(2a) $x \in cl(x)$, (3a) $Cl(cl(x)) \subseteq cl(x)$.

According to (4.1), $z \in Cl(cl(x))$ is equivalent to: There is a y such that

$$z \in cl(y) \quad \text{and} \quad y \in cl(x).$$

(3a) is, therefore, equivalent to

(3b) : For all x,y,z:

$$z \in cl(y) \wedge y \in cl(x) \rightarrow z \in cl(x).$$

Defining $a \in cl(b)$ as $a \leq b$ we see that (2a) is $a \leq a$ and (3b) transitivity, i.e., cl defines a topology iff the relation $a \in cl(b)$ is a preorder. The notion of equality being the same for preorders and topologies, we have established that the number of preorders and topologies on a finite set is the same. The number of topologies on a set with n element has been computed for $n \leq 6$ in [11], for $n \leq 7$ in [5]. The values found coincide up to 4; for $n = 5$, [11] finds 7′181, while [5] obtains 6′942.

It is desirable to have a method which permits one to prove that one of the numbers 6′942, 7′181 is wrong. Such a method exists, it consists of computing the rest mod 5; it turns out that this rest is 2, from which it follows that 7′181 is wrong, whereas 6′942 is "possible."

Next, we explain the general method in the case of equivalence relations on the set $\{1,2,\ldots,n\}$. The number of these relations is called the "Bell number B_n". The first values are

$$B_1 = 1; \quad B_2 = 2; \quad B_3 = 5.$$

The five equivalence relations on $\{1,2,3\}$ are defined by their equivalence classes as follows

$\equiv_1$: $\{1\}$ $\{2\}$ $\{3\}$

$\equiv_2$: $\{1\}$ $\{2,3\}$

$\equiv_3$: $\{2\}$ $\{1,3\}$

$\equiv_4$: $\{3\}$ $\{1,2\}$

$\equiv_5$: $\{1,2,3\}$.

In order to determine the parity of B_n, we define a permutation π on $\{1,2,\ldots,n\}$

(assuming $2 \leq n$) as follows: For $i \leq n-2$: $\pi(i) = i$; $\pi(n-1) = n$; $\pi(n) = (n-1)$. π induces an operation on equivalence relations on $\{1,\ldots,n\}$ by

$$a \overset{\pi}{\equiv} b \leftrightarrow \pi(a) \equiv \pi(b).$$

The five equivalence relations on $\{1,2,3\}$ are permuted by π as follows: $\overset{\pi}{\equiv}_1$ is $\equiv_1$, $\overset{\pi}{\equiv}_2$ is $\equiv_2$, $\overset{\pi}{\equiv}_3$ is $\equiv_4$, $\overset{\pi}{\equiv}_4$ is $\equiv_3$ and $\overset{\pi}{\equiv}_5$ is $\equiv_5$, the permutation induced is $\binom{1\ 2\ 3\ 4\ 5}{1\ 2\ 4\ 3\ 5}$.

In general, we can distinguish the two following cases:

(1) $\overset{\pi}{\equiv}$ is $\equiv$.

(2) $\overset{\pi}{\equiv}$ is different from $\equiv$;
$\overset{\pi}{\equiv}$ and $\equiv$ are interchanged by π; i.e., if $\overset{\pi}{\equiv}$ is $\equiv'$, $\overset{\pi}{\equiv}'$ is $\equiv$.

The fundamental idea is the following: The parity of B_n is equal to the parity of the number of equivalence relations $\equiv$ on $\{1,2,\ldots,n\}$ such that $\overset{\pi}{\equiv}$ is equal to $\equiv$ ("$\equiv$ is invariant").

How many invariant equivalence relations are there on $\{1,2,\ldots,n\}$? We distinguish two cases:

1. n is in a class by itself. Then, $(n-1)$ has also to be in a class by itself. All such equivalence relations are invariant; there are B_{n-2} of these.
2. n is not in a class by itself. We want to show that $(n-1)$ and n are in the same class; assume that a is in the class of n, $a \neq n-1$. We have $a \equiv n$, $\pi(a) \equiv \pi(n)$, i.e., $a \equiv n-1$ and by transitivity $(n-1) \equiv n$. An equivalence relation for which $(n-1)$ and n are in the same class is π-invariant; there are B_{n-1} of these.

We have shown

$$B_n \equiv B_{n-2} + B_{n-1} \pmod 2.$$

By a similar argument it is possible to prove the result of J.M. Touchard [13]:

$$B_n \equiv B_{n-p} + B_{n-p+1} \bmod p \quad (p \text{ prime}).$$

As a last example, we count the number of preorders on $\{1,2,3,4,5\}$ mod 5. $\leq$ being a preorder, let $\overset{\pi}{\leq}$ be defined as follows:

$$a \overset{\pi}{\leq} b: a+1 \leq b+1$$

(Addition mod 5, i.e., $5+1 = 1$)

π permutes the preorders on $\{1,2,3,4,5\}$.

We first show that there are exactly two invariant preorders

1. $a \leq b$ for all a,b
2. $a \leq b$ iff $a = b$.

These preorders are invariant and different. We show that they are the only invariant preorders. Let $\leq$ be an invariant preorder; u, v elements such that $u \leq v$ and $u \neq v$. $\leq$ being invariant, we have $u+1 \leq v+1, \ldots, u+j \leq v+j$ (all j). Because of $u \neq v$, there exists k, $1 \leq k \leq 4$, such that $v = u+k$; we have $u \leq u+k$, $u+k \leq u+2k$, i.e., $u \leq u+2k$ and in general $u \leq u+hk$; for every i there exists h such that $i = h \cdot k$, i.e., $u \leq w$ for all w and also $a \leq b$ for all a,b.

Preorders (1) and (2) are, therefore, the only invariant preorders. We define an equivalence relation on the set of all preorders: $\leq$ is equivalent to $\leq'$ iff there exists k $(0 \leq k \leq 4)$ such that for all a,b

$$a \leq' b \text{ iff } a+k \leq b+k.$$

If $\leq$ is a preorder, let $\leq_k$ be the preorder defined by

$$a \leq_k b \text{ iff } a+k \leq b+k.$$

We have: $\leq_0$ is $\leq$ and the preorders of an equivalence class are: $\leq, \leq_1, \leq_2, \leq_3, \leq_4$. If $\leq$ is invariant, i.e., $a \leq b$ iff $a+1 \leq b+1$, then all preorders in the class of $\leq$ are the same. We show that this is the case if not all of the preorders are different. Assume, therefore, $\leq_h$ to be equal to $\leq_i$, $0 \leq h < i \leq 4$; putting $j = i-h$, the preorder $\leq$ and $\leq_j$ are equal, i.e., $a \leq b$ iff $a+j \leq b+j$ and also $a \leq b$ iff $a+2j \leq b+2j$, and, in general, $a \leq b$ iff $a+mj \leq b+mj$; because of $j \neq 0$, there is m such that $mj = 1$ (counted mod 5) which shows that the preorder $\leq$ is invariant. We have shown that an equivalence class contains either one or five elements and that there are exactly two invariant preorders. From this we conclude that the number of preorders on the set $\{1,2,3,4,5\}$ is congruent to 2 mod 5.

We recall the notion of isomorphism: Let $\langle S; R_1, \ldots, R_k \rangle$ and $\langle S'; R'_1, \ldots, R'_k \rangle$ be two structures of the same type (i.e., R_i, R'_i are m_i-ary relations for some m_i, $i = 1, \ldots, k$).

A surjective map f

$$f\colon S \Rightarrow S'$$

is an isomorphism iff for all a,b in S:

$$a = b \leftrightarrow f(a) = f(b)$$

$$R_i(a,b) \leftrightarrow R'_i(f(a), f(b)) \quad (i = 1, \ldots, k).$$

Let $\langle S; R_1, \ldots, R_k \rangle$ be a structure and f be a bijective map

$$f\colon S \Rightarrow S'.$$

Then there exists exactly one structure $\langle S'; R'_1, \ldots, R'_k \rangle$ on S' such that f is an isomorphism. R'_i is defined as

$$R'_i(u_1, \ldots, u_{m_i}) = R_i(f^{-1}(u_1), \ldots, f^{-1}(u_{m_i})) \quad i = 1, \ldots, k.$$

We denote R_i' by ${}^fR_i$. A case of special interest is $S' = S$. Bijective maps from S to S are called permutations. If π_1, π_2 are permutations of S and R is a relation on S, we have

$$^{\pi_2}(^{\pi_1}R) = {}^{(\pi_2\pi_1)}R.$$

Let $\vec{m} = \langle m_1, \ldots, m_k\rangle$ be sequence of non-negative integers (a "type") and S a finite set. $\Sigma(S,\vec{m})$ is the set of all structures $\langle S; R_1, \ldots, R_k\rangle$ on S, the relations R_i $(i = 1, \ldots, k)$ being m_i-ary. Defining $\overline{\pi}(\langle S; R_1, \ldots, R_k\rangle)$—$\pi$ a permutation on S—to be the structure

$$\langle S; {}^{\pi}R_1, \ldots, {}^{\pi}R_k\rangle$$

we have defined a map h—$h(\pi) = \overline{\pi}$—associating a permutation of $\Sigma(S,\vec{m})$ to a permutation of S. Because of $^{\pi_1}(^{\pi_2}R) = {}^{(\pi_1\pi_2)}R$ this map h is a homomorphism.

Let M be a set and G a group of permutations on M. An equivalence relation $\equiv$ is defined on M as follows:

$$a \equiv b \quad \text{if there exists } \pi \text{ in } G \text{ such that } b = \pi(a).$$

For fixed a, the elements π of G such that $\pi(a) = a$ form a subgroup $H(a)$ of G; we have $\pi_1(a) = \pi_2(a)$ iff $\pi_1^{-1}\pi_2 \in H(a)$. The number of elements in the equivalence class of a is, therefore, equal to the index of $H(a)$ in G; it is a divisor of the order of G. We shall only apply this in the following case: G is a cyclic group of prime order p; then the equivalence classes contain either 1 or p elements.

LEMMA 4.1 Let C be a class of structures of fixed type, closed under isomorphism, and let p be a prime. Assume $p \leq n$ and let π be a permutation of $\{1,2,\ldots,n\}$, fixing $n-p$ elements and permuting the remaining p elements cyclically. Then the number of structures on $\{1,2,\ldots,n\}$ belonging to C is congruent modulo p to the number of structures on $\{1,\ldots,n\}$ belonging to C and invariant under π (i.e., ${}^{\pi}R = R$ for all relations). ■

Proof Let $\Sigma(S,\vec{m})$ be the class of all structures on the set $S = \{1,2,\ldots,n\}$ of the given type $\vec{m}$, and let $\overline{\pi}$ be the permutation on $\Sigma(S,\vec{m})$ induced by π on the underlying set. $\overline{\pi}$ is of order p (except in the case $m_1 = \ldots = m_k = 0$, in which case all structures are invariant); let G be the group of order p generated by $\overline{\pi}$. C being closed under isomorphism, G-equivalence classes either are subsets of C or disjoint of C. If such a class does not have p elements, it contains exactly one and this element is an invariant structure.

We consider some examples:

Example 4.1 Let $\vec{m} = \langle 1,\ldots,1\rangle$ and let C be the class of structures $\langle S;R_1,\ldots,R_k\rangle$ such that for every element a of S exactly one relation $R_1(a),\ldots,R_k(a)$ holds. ("The elements of S are colored by colors $1,\ldots,k$.") We have k^n possibilities of coloring the elements of $\{1,2,\ldots,n\}$, i.e.,

$$f^C(n) = k^n.$$

Assume $p \leq n$ and let the permutation π permute cyclically p elements and fix the rest. Clearly, there are $k \cdot k^{n-p}$ possibilities for invariant coloring (k possibilities for the p elements in the cycle, k^{n-p} for the rest). Therefore,

$$k^n \equiv k^{n-p+1} \mod p.$$

Putting $n = p$:

$$k^p \equiv k \mod p.$$

(k prime to p: $k^{p-1} \equiv 1 \mod p$, a relation known as Fermat's theorem.)

Example 4.2 Consider the class C of binary structures $\langle S,R\rangle$ such that

(a) $R(x,x)$ for all x in S.
(b) For all x in S there is exactly one y in S such that $R(x,y)$.
(c) If S' is a subset of S closed under R (i.e. if $x \in S'$ and $R(x,y)$ then $y \in S'$) then S' is empty or $S' = S$.

Representing the fact that $R(x,y)$ holds by an arrow from x to y a structure of C is a closed oriented circle

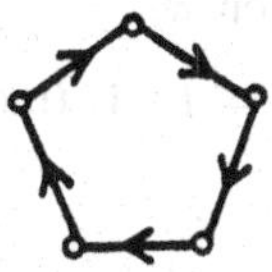

The number of C-structures on $\{1,\ldots,n\}$ is equal to $(n-1)!$ (Start from 1: there are $(n-1)$ possible successors of 1; there are $(n-2)$ possibilities for a successor of this successor, etc.) We assume n to be a prime p, define π to be the permutation $\pi(k) = k+1 \pmod p$ and we want to determine the number of π-invariant structures on $\{1,2,\ldots,p\}$. We show that for every j, $2 \leq j \leq p$, there is exactly one π-invariant structure such that $R(1,j)$ holds. If R is invariant and $R(1,j)$ holds, then also does $R(2,j+1)$, $R(3,j+2)$, . . ., i.e., in general $R(i,k)$ for $k-i = j-1 \mod p$. Conversely, the relation $R(i,k) \leftrightarrow k-i = j-1 \mod p$ satisfies our conditions ($j = 2,\ldots,p$) and is invariant. Therefore, $(p-1)! \equiv (p-1) \mod p$, or $(p-1)! \equiv -1 \mod p$ (Wilson).

Examples k ($k = 3, \ldots$) Let G_k be the class of binary structures that are graphs containing no k element, all of which are in the relation R. (A graph of G_k does not contain a complete subgraph of k elements.) Putting $f^{G_k}(n) = g_k(n)$, we have

$$n < k: \; g_k(n) = 2^{\binom{n}{2}}$$

$$g_k(k) = 2^{\binom{k}{2}} - 1.$$

For $k = 3$, therefore: $g_3(1) = 1$, $g_3(2) = 2$, $g_3(3) = 7$. $g_3(4)$ is $41 = 64 - 23$, for there are 64 graphs on a set of four elements; one—the complete graph—has four triangles; there are six graphs of type

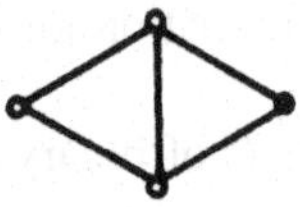

with two triangles and 16 with one triangle, these being of the types

 and 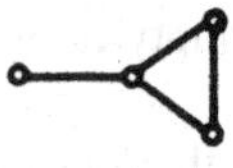

We want to study $g_3(n)$ mod 5. We first ask which graphs on the set $\{1,2,3,4,5\}$ are invariant under the permutation π,

$$\pi(i) = i+1 \pmod 5.$$

There are four such graphs

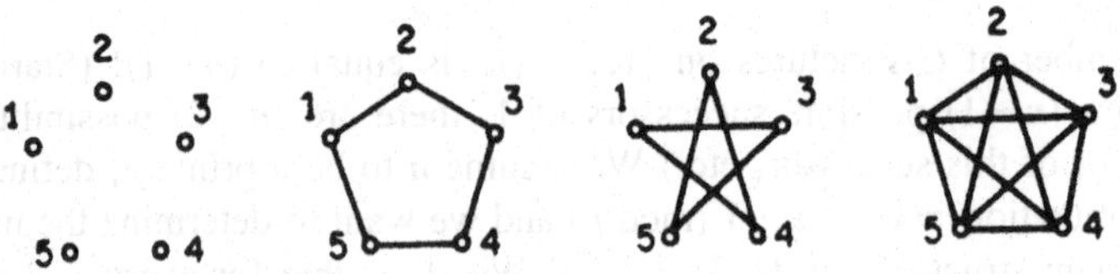

The first three of these do not contain a triangle.

According to our lemma, $g_3(5) \equiv 3$ mod 5. We now assume $5 < n$ and let π be permuting cyclically the first five elements and fixing the rest.

We count the π-invariant graphs on $\{1, \ldots, n\}$ by distinguishing two cases:

(a) The subgraph on $\{1,2,\ldots,5\}$—which is invariant!—has no edge. Then a graph on $\{1,2,\ldots,5,6,\ldots,n\}$ has no triangle iff the subgraph on $\{1,6,\ldots,n\}$ has no triangle. Conversely, to a graph on $\{1,6,\ldots,n\}$ without a triangle there is exactly one extension to a graph on $\{1,2,\ldots,5,\ldots,n\}$ which is invariant, has no triangle, and the subgraph on $\{1,2,\ldots,5\}$ has no edge. (For $1 \leq i \leq 5$, $6 \leq j \leq n$ the relation $R(i,j)$ holds iff $R(1,j)$ holds.) The number of invariant graphs on $\{1,\ldots,n\}$ without edges on $\{1,\ldots,5\}$ is $g_3(n-4)$.

(b) The subgraph on $\{1,2,3,4,5\}$ has edges. Being invariant, it is

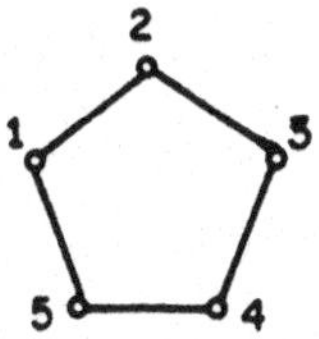

or

The graph on $\{6,\ldots,n\}$ is arbitrary, but none of the points of $\{1,\ldots,5\}$ is connected to a point of $\{6,\ldots,n\}$ as otherwise there would be a triangle. There are $2 \cdot g_3(n-5)$ graphs of this type and we have

$$g_3(n) \equiv g_3(n-4) + 2g_3(n-5) \mod 5.$$

Knowing the values of $g_3(n)$ mod 5 for $1 \leq n \leq 5$, we can compute all of the values of $g_3(n)$ mod 5. It is interesting to remark that the recurrence formula holds for $n = 5$ if we put $g_3(0) = 1$.

The case of graphs without triangles does not exhibit enough of the difficulties of establishing a recurrence relation. We, therefore, consider the class of graphs without a "tetrahedron," i.e., a 4-complete subgraph.

We have

$$g_4(1) = 1, \quad g_4(2) = 2,$$

$$g_4(3) = 8, \quad g_4(4) = 63;$$

for $n = 5$, an invariant subgraph without a triangle is without a tetrahedron, and therefore, $g_4(5) \equiv 3 \mod 5$.

We study the recurrence by introducing the same permutation and distinguishing the same cases:

(a) The subgraph on $\{1,2,3,4,5\}$ has no edge. This corresponds to $g_4(n-4)$ graphs on $\{1,2,\ldots,n\}$ elements just as in the case of graphs without triangles.

(b) The invariant subgraph on $\{1,2,3,4,5\}$ has an edge; there are two cases, viz.

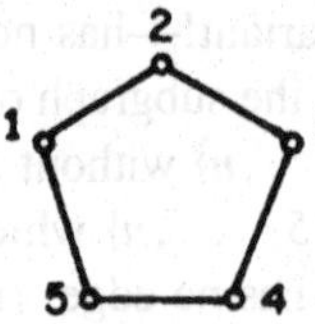

and

which give rise to the same number of graphs.

What are the conditions on the subgraph on $\{1,6,7,\ldots,n\}$? If 1 is isolated, there is no problem as in the previous case. But this is not necessary, as the following graph on $\{1,\ldots,6\}$ shows

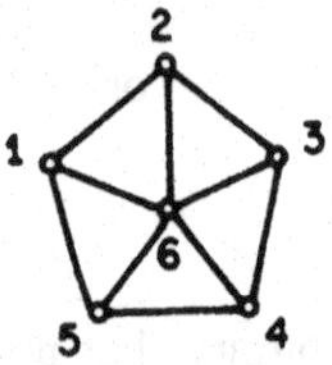

It is, however, impossible that 1 is connected to two elements—say 6, 7—which are connected:

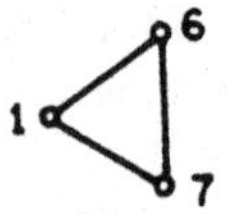

Such a situation corresponds in the graph on $\{1,2,\ldots,n\}$ to a tetrahedron 1,2,6,7:

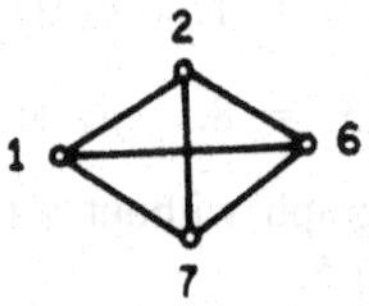

On the other hand, G being a graph on $\{1,6,\ldots,n\}$ such that there is no tetrahedron in the subgraph on $\{6,\ldots,n\}$ and that 1 is in no triangle, there are exactly two graphs on $\{1,\ldots,n\}$ without tetrahedra, invariant under π and having edges on $\{1,\ldots,5\}$. They are obtained from G by blowing up 1 to one of the two invariant graphs on $\{1,2,3,4,5\}$ with five edges. In order to arrive at a recurrence, we have to count graphs on $\{1,6,\ldots,n\}$ with the property mentioned. This problem will lead in turn to new cases and the real problem is, therefore, to find a class of problems such that our recurrence does not lead outside. We consider this problem in the next section.

4.3 SUBSTITUTION OF STRUCTURES

In our attempt to establish a modular recurrence formula for the number of graphs without tetrahedra on an n-element set, we have been confronted with the problem of counting the number of graphs G with a distinguished vertex x such that the graph G' obtained from G by replacing x by a pentagon is a graph without tetrahedra.

The general notion of "replacing" an element of a structure by a structure shall be explained for structures with one binary relation. The generalization to an arbitrary number of binary relations is immediate. It is, however, not known whether there is an analogous notion for ternary relations.

Let $\underline{S}, \underline{E}$ be two binary structures, $\underline{S} = \langle S, R^S \rangle$, $\underline{E} = \langle E, R^E \rangle$, and x an element of S. The structure $\underline{S}(x|\underline{E})$ (obtained by substituting $\underline{E}$ for x) is the following structure $\langle S^+, R^+ \rangle$:

$$S^+ = S \setminus \{x\} \,\dot{\cup}\, E.$$

The relation R^+ is defined according to the following cases:

(1) Both elements are in $S \setminus \{x\}$

$$R^+(a,b) \leftrightarrow R^S(a,b)$$

(2) One element—a say—is in $S \setminus \{x\}$, the other is in E

$$R^+(a,b) \leftrightarrow R^S(a,x)$$

$$R^+(b,a) \leftrightarrow R^S(x,a)$$

(3) Both elements a, b are in E and they are different

$$R^+(a,b) \leftrightarrow R^E(a,b)$$

(4) $a = b$ and $a \in E$

$$R^+(a,b) \leftrightarrow R^S(x,x)$$

(At first sight, it seems, perhaps, more natural to subsume Case 4 under Case 3. The above definition has been chosen because the main theorem turns out to be stronger under this definition.)

If the two structures are graphs, substitution is the following operation: A vertex x of $\langle S, R^S\rangle$ is replaced by the graph $\langle E, R^E\rangle$ and vertices of E are connected to the outside $S\setminus\{x\}$ as x is in the graph $\langle S, R^S\rangle$.

Obviously, the isomorphism type of the resulting structure depends only on the isomorphism type of the given structures. We shall write this as follows: If the structures $\underline{E}$ and $\underline{E}'$ are isomorphic, so are

$$\underline{S}(x|\underline{E}) \quad \text{and} \quad \underline{S}(x|\underline{E}').$$

Let C be a class of binary structures, closed under isomorphism. (Example: C is the class of graphs without triangles.) C induces an equivalence relation ρ_c in the class of all binary structures (not just in C!) by the following definition

$$\underline{E}\ \rho_C\ \underline{E}'$$

iff for all binary structures $\underline{S}$ and all x in the underlying set:

$$\underline{S}(x|\underline{E}) \in C \leftrightarrow \underline{S}(x|\underline{E}') \in C.$$

ρ_C is an equivalence relation. If the structures $\underline{E}, \underline{E}'$ are isomorphic, so are $\underline{S}(x|\underline{E})$, $\underline{S}(x|\underline{E}')$ and, therefore,

$$\underline{E}\ \rho_C\ \underline{E}'.$$

We make some remarks.

REMARK 4.1 Let $\underline{E}, \underline{E}'$ be two structures on the same set and identical on pairs of distinct elements (i.e., for $a \neq b$: $R^{\underline{E}}(a,b) \leftrightarrow R^{\underline{E}'}(a,b)$). The structures $\underline{S}(x|\underline{E})$ and $\underline{S}(x|\underline{E}')$ then coincide and we have

$$\underline{E}\ \rho_C\ \underline{E}'.$$

If we define $\hat{\underline{E}}$ to be the structure on the underlying set of $\underline{E}$ coinciding with $\underline{E}$ on pairs of distinct elements and satisfying $\neg R^{\hat{\underline{E}}}(a,a)$, we have:

$$\underline{E}_1\ \rho_C\ \underline{E}_2 \text{ iff } \hat{\underline{E}}_1\ \rho_C\ \hat{\underline{E}}_2.$$

REMARK 4.2 Let C be a class of graphs (closed under isomorphism). Then

$$\underline{E}_1\ \rho_C\ \underline{E}_2 \text{ iff}$$

for all graphs $\underline{S}$

$$\underline{S}(x|\hat{\underline{E}}_1) \in C \leftrightarrow \underline{S}(x|\hat{\underline{E}}_2) \in C.$$

One direction is trivial as we have

$$\hat{\underline{E}}_i\ \rho_C\ \underline{E}_i \quad (i = 1,2).$$

Assume that $\underline{S}$ is not a graph; then there is either an element a in the set such that $R(a,a)$ or there are elements a,b such that $R(a,b)$ and $\neg R(b,a)$. The same then holds for $\underline{S}(x|\underline{E})$. (If a,b are different from x we just choose the same elements; if $a = x$ or $b = x$, choose a' or b' to be a fixed element of $\underline{E}$.)

We shall study an example in detail and choose the class T of trees; i.e., connected graphs without "circles" (a sequence of distinct vertices $v_0, v_1, \ldots, v_k$—$2 \le k$—such that for all i, $0 \le i < k$, $R(v_i, v_{i+1})$ and $R(v_k, v_0)$). We want to show that the equivalence classes of ρ_T (within the class of irreflexive structures) are the following:

(K_1) The one element structure $\{e\}$.
(K_2) The graphs consisting of two or more isolated points.
(K_3) The class T of trees except $\{e\}$.
(K_4) All of the rest.

Consider the following structures $\underline{S}_1, \underline{S}_2$:

$\underline{S}_1$: $\{x\}$

$\underline{S}_2$: o----o
$\qquad\qquad x$

$\underline{S}_1(x|\underline{E})$ is $\underline{E}$; an element of $K_1 \cup K_3$ is not in the same class as an element of $K_2 \cup K_4$.

$\underline{S}_2(x|\underline{E})$ is a tree iff there are no connected elements in $\underline{E}$; an element of $K_1 \cup K_2$ is not in the same class as an element of $K_3 \cup K_4$.

Next, we must show that any two elements of a class K_i ($i = 1,2,3,4$) are ρ_T-equivalent. The case of K_1 is trivial.

K_2: If $\underline{E}$ is a graph of two or more isolated points, $\underline{S}(x|\underline{E})$ is a tree if and only if x is connected to one element and $\underline{S}$ is a tree.

K_3: If $\underline{E}$ is a tree with more than one element, $\underline{S}(x|\underline{E})$ is a tree iff $\underline{S}$ is the one element structure. (If x is connected to no other element and $\underline{S}$ is not $\{x\}$, then $\underline{S}(x|\underline{E})$ is not connected; if x is connected to an element, $\underline{S}(x|\underline{E})$ contains a triangle.)

K_4: There is no structure in K_4 such that $\underline{S}(x|\underline{E})$ is a tree.

This completes the proof that ρ_T has the four classes K_1, K_2, K_3, K_4: $\underline{E}_1 \,\rho_T\, \underline{E}_2 \leftrightarrow (\exists i)(\underline{E}_1 \in K_i \wedge \underline{E}_2 \in K_i)$.

As a second example let C be the class of graphs which are, for some n, $n \in N^+$, isomorphic to the following graph $\underline{S}_n$ on the set $\{1, \ldots, n, \ldots, 2n\}$: For i,j ($i \neq j$) $R(i,j)$ iff

$$(1 \le i \le n \quad \text{and} \quad 1 \le j \le n) \quad \text{or}$$

$$(n+1 \leq i \leq 2n \quad \text{and} \quad n+1 \leq j \leq 2n)$$

($\underline{S}_n$ consists, therefore, of two components, both being complete graphs and having the same number of elements.)

For $n \in N^+$, let $\underline{T}_n$ be the graph on $\{1,2,\ldots,n+1\}$ defined by

$$R(i,j) \text{ iff } (i \leq n \quad \text{and} \quad j \leq n)$$

(i.e., all of the vertices $1,2,\ldots,n$ are connected in $\underline{T}_n$; $n+1$ is isolated), and let $\underline{U}_n$ be the complete graph on $\{1,2,\ldots,n\}$.

The graph $\underline{T}_n((n+1)|\underline{U}_n)$ is the graph $\underline{S}_n$ (and belongs, therefore, to C), whereas for $m \neq n$ the graph $\underline{T}_n((n+1)|\underline{U}_m)$ does not belong to C. Therefore, the graphs $\underline{U}_1, \underline{U}_2, \ldots$ are all ρ_C-inequivalent.

We now give the fundamental definition.

DEFINITION 4.1 A class C of binary structures (closed under isomorphism) is of finite character iff the equivalence relation ρ_C has only a finite number of equivalence classes. ■

Before stating the main theorem, we repeat the definition of f^C: $f^C(n)$ is the number of labeled structures on the set $\{1,2,\ldots,n\}$ belonging to C.

THEOREM 4.1 For a class C of finite character, the function f^C satisfies for all m, $m \in N^+$, a linear recurrence relation mod m.

In detail: For such a class C and for m, $m \in N^+$, there exist k, $k \in N^+$, $a_1,\ldots,a_k$ ($a_i \in N$) such that for all n, $k+1 \leq n$,

$$f^C(n) \equiv \sum_{j=1}^{k} a_j f^C(n-j) \mod m. \qquad ■$$

COROLLARY 4.1 For a class C of finite character, the function f^C is periodic mod m for large arguments.

In detail: For positive m there exist positive t, n_o such that for all n, $n_o \leq n$,

$$f^C(n+t) \equiv f^C(n) \mod m. \qquad ■$$

4.4 FINITE CHARACTER AND MONADIC LOGIC

In most cases, classes of structures are defined by axioms. It is, therefore, natural to look for a property of axiom systems implying that the corresponding class of structures is of finite character. In order to define such a property, we have to define the notion of "sentence of monadic second order logic." A sentence is a formula without free variables and we define, therefore, the notion of "formula of monadic second order logic." Assume given

1. $x_0, x_1, \ldots$: sequence of individual variables.
2. $X_0, X_1, \ldots$: sequence of set variables.
3. $R_0, R_1, \ldots$: sequence of m_i-ary ($i = 0, \ldots$) predicate signs.
4. equality sign: $=$

The following then are formulas:

(I) $R_i(x_{j_1}, \ldots, x_{j_{m_i}})$, $x_{j_1} = x_{j_2}$,

$x_{j_1} \in X_{j_2}$ $(j_1, j_2 \in N)$

(II) If φ, ψ are formulas, so are

$(\varphi \wedge \psi)$, $(\varphi \rightarrow \psi)$, $(\varphi \vee \psi)$, $(\varphi \leftrightarrow \psi)$,

$\neg\varphi$, $(\exists x_j)\varphi$, $(\forall x_j)\varphi$, $(\exists X_j)\varphi$, $(\forall X_j)\varphi$.

"Second order" refers to the presence of variables $X_0, \ldots$; "monadic" to the restriction to sets (excluding, e.g., binary predicates). Formulas where no subformula of the types $x_{j_1} \in X_{j_2}$, $(\exists X_j)\varphi$, $(\forall X_j)\varphi$, occurs are formulas of "first order logic." We define some of the classes we have considered by an axiom system consisting of a finite number of sentences.

1. *Graphs without triangles:*
   $R(x_1, x_2)$: binary predicate sign.
   Axioms:

$$(\forall x_1)\ \neg R(x_1, x_1)$$

$$(\forall x_1)\ (\forall x_2)\ (R(x_1, x_2) \rightarrow R(x_2, x_1))$$

(These two axioms define the notion of graph)

$$(\forall x_1)(\forall x_2)(\forall x_3)\ \neg((R(x_1, x_2) \wedge$$

$$R(x_1, x_3)) \wedge R(x_2, x_3))\ \text{(no triangle!)}$$

In the same way, graphs without tetrahedra, etc. can be defined. What about the notion of graph without circle? We show how to define this notion in monadic second order logic.

2. *Graphs without circle:*
   We first give a formula expressing the notion "X_0 is a subgraph the elements of which have exactly two neighbors":

$$(\forall x_1)(\exists x_2)(\exists x_3)(x_1 \in X_0 \rightarrow$$
$$(((x_2 \in X_0 \wedge x_3 \in X_0) \wedge \neg x_2 = x_3)$$
$$\wedge (\forall x_4)((R(x_1,x_4) \wedge x_4 \in X_0) \leftrightarrow$$
$$(x_4 = x_2 \vee x_4 = x_3))))$$

("x_2,x_3 are different elements in X_0; x_4 is a neighbor of x_1 in X_0 iff x_4 is either x_2 or x_3.")

A graph is without circle iff it does not contain a (non-empty) subgraph X_0 of the above type:

$$(\forall X_0)((\exists x_0)x_0 \in X_0 \rightarrow \neg\psi)$$

(ψ being the above formula.)

3. *Trees:* A tree is a connected graph without circle. We give a sentence Γ such that a graph without circles satisfies Γ iff it is a tree. Γ expresses the fact that the binary relation R is connected, i.e., that the only sets closed under R are the empty set and the whole set:

$$(\forall X_0)((\forall x_1)(\forall x_2)$$
$$((x_1 \in X_0 \wedge R(x_1,x_2)) \rightarrow x_2 \in X_0) \rightarrow$$
$$((\exists x_3)x_3 \in X_0 \rightarrow (\forall x_3)x_3 \in X_0)).$$

4. We give an example of a class of structures definable in second order logic but not in monadic logic: it is the class C considered on page 145; its structures are the graphs consisting of two isomorphic copies of complete graphs. A second order characterization is immediate: On the one hand, one expresses the fact that the graph has two components which are complete graphs; this can be done in first order logic. On the other hand, one postulates the existence of an automorphism f such that x and $f(x)$ are not in relation R. We prove the following:

LEMMA 4.2 The number $f^C(n)$ is odd iff n is even and a power of 2, i.e., $n = 2,4,8,\ldots$ ■

Proof $f^C(n)$ is the number of ways the set $\{1,2,\ldots,n\}$ splits into two equal parts. Clearly, $f^C(n) = 0$ for n odd. Assume n even and let h be the map interchanging i and $n/2+i$ $(i = 1,\ldots,n/2)$. If A,B is a splitting of $\{1,\ldots,n\}$ into two equal parts, so is $h(A),h(B)$. The parity of $f^C(n)$ is equal to the parity of numbers of splittings A,B such that $h(A),h(B)$ is the same splitting as A,B.

We put

$$A' = \{1,...,n/2\} \cap A,$$
$$B' = \{1,...,n/2\} \cap B.$$

and distinguish two cases:

1. $h(A) = A,\ h(B) = B.$
   We have $A = A' \cup h(A')$
   $B = B' \cup h(B')$
   and A', B' is a splitting of $\{1,...,n/2\}$ into two equal parts. The number of such splittings is $f^C(n/2)$.

2. $h(A) = B,\ h(B) = A.$
   We have $A = A' \cup h(B')$
   $B = B' \cup h(A').$

For every subset A' of $\{1,...,n/2\}$, there is exactly one such splitting. Two subsets of $\{1,...,n/2\}$ define the same splitting iff one is the complement of the other. The number of such splittings is $2^{n/2-1}$.

We have

$$f^C(n) = 0 \text{ for } n \text{ odd}$$
$$f^C(2n) \equiv f^C(n) + 2^{n-1} \pmod 2\text{, i.e.}$$
$$f^C(2n) \equiv f^C(n) \mod 2\ (2 \le n)$$
$$f^C(2) \equiv 1 \mod 2.$$

These relations imply

$$f^C(2^m) \equiv 1 \mod 2\ (1 \le m)$$
$$f^C(2^m \cdot u) \equiv 0 \mod 2,\ u \text{ odd},\ 1 < u;$$

This finishes the proof of the lemma.

The function f^C is not periodic mod 2 for large arguments; as a consequence of the theorem, we conclude that the class C cannot be defined by axioms of monadic second order logic.

THEOREM 4.2 (MF) If the class C of binary structures is defined by a sentence of monadic second order logic then C is of finite character. ∎

Proof Given two structures of the same type—say $\langle S_1,R_1\rangle$, $\langle S_2,R_2\rangle$, both being binary—and a natural number n, let $G^n(\langle S_1,R_1\rangle, \langle S_2,R_2\rangle)$ be the following two-person game: Each player has n moves, a move being the choice of either an element or of a subset of one of the sets S_i ($i = 1,2$); player I and II alternate, player II choosing in such a way that in two successive moves of I, II either two elements of S_1, S_2 or two subsets of S_1, S_2 are chosen. After a play of the game is over there are given two sequences

$$\langle \sigma_1^1, \ldots, \sigma_n^1 \rangle, \ \langle \sigma_1^2, \ldots, \sigma_n^2 \rangle$$

such that for all j ($j = 1, \ldots, n$): Either σ_j^1 is an element of S_1 and σ_j^2 an element of S_2 or σ_j^1 is a subset of S_1 and σ_j^2 a subset of S_2.

Player II has won the play resulting in such sequences iff they are isomorphic, i.e., iff for all j,k the following conditions are satisfied:

1. If σ_i^1, σ_j^1 are elements then

$$\sigma_i^1 = \sigma_j^1 \leftrightarrow \sigma_i^2 = \sigma_j^2.$$

$$R_1(\sigma_i^1, \sigma_j^1) \leftrightarrow R_2(\sigma_i^2, \sigma_j^2).$$

2. If σ_i^1 is an element, σ_j^1 is a set then

$$\sigma_i^1 \in \sigma_j^1 \leftrightarrow \sigma_i^2 \in \sigma_j^2.$$

A strategy for player I is a function τ' associating to an initial segment

$$\langle \sigma_1^1, \ldots, \sigma_{k-1}^1 \rangle, \ \langle \sigma_1^2, \ldots, \sigma_{k-1}^2 \rangle$$

a next move, i.e. an object σ_k^i ($i = 1$ or $i = 2$); a strategy τ'' for player II is defined on initial segments

$$\langle \sigma_1^1, \ldots, \sigma_{k-1}^1 \rangle, \ \langle \sigma_1^2, \ldots, \sigma_k^2 \rangle$$

$$\langle \sigma_1^1, \ldots, \sigma_k^1 \rangle, \ \langle \sigma_1^2, \ldots, \sigma_{k-1}^2 \rangle.$$

A strategy τ' (τ'') is a winning strategy for player I (II) iff each play

$$\langle \sigma_1^1, \ldots, \sigma_n^1 \rangle, \ \langle \sigma_1^2, \ldots, \sigma_n^2 \rangle$$

where the k-th move of I (II) corresponds to the function τ' (τ'') is won by I (II).

LEMMA 4.3 (G1) In a game $G^n(\langle S_1, R_1 \rangle, \langle S_2, R_2 \rangle)$ exactly one of the two players has a winning strategy. ($G^n(\langle S_1, R_1 \rangle, \langle S_2, R_2 \rangle)$ is a game of "perfect information"; see, for example, [10]). ■

For every n, $n \in N$, an equivalence relation $\equiv_n$ in the class of binary structures is defined as follows: $\langle S_1, R_1 \rangle \equiv_n \langle S_2, R_2 \rangle$ iff player II has a winning strategy in the game $G^n(\langle S_1, R_1 \rangle, \langle S_2, R_2 \rangle)$. We then have

LEMMA 4.4 (G2) For a sentence φ of monadic second order logic there is an integer n such that $\langle S_1,R_1\rangle \underset{n}{\equiv} \langle S_2,R_2\rangle$ implies that φ holds in $\langle S_1,R_1\rangle$ iff φ holds in $\langle S_2,R_2\rangle$. ■

LEMMA 4.5 (G3) The relation $\underset{n}{\equiv}$ has (for every n) finitely many equivalence classes. ■

(For proofs of Lemma 4.4 (G2), 4.5 (G3) cf. [4], [6].)

LEMMA 4.6 (G4) If C is a class of binary structures and if the structures $\underline{E}_i = \langle S_i,R_i\rangle$ $(i = 1,2)$ satisfy $\underline{E}_1 \underset{n}{\equiv} \underline{E}_2$ then for every structure $\underline{S}$ the substitutes $\underline{S}(x|\underline{E}_i)$ also satisfy

$$\underline{S}(x|\underline{E}_1) \underset{n}{\equiv} \underline{S}(x|\underline{E}_2). \qquad ■$$

We give an informal proof; a more detailed proof is given in [3]. Because of $\underline{E}_1 \underset{n}{\equiv} \underline{E}_2$, there is a winning strategy τ for player II in the corresponding game $G^n(\underline{E}_1,\underline{E}_2)$. We have to describe a winning strategy for II in the game $G^n(\underline{S}(x|\underline{E}_1), \underline{S}(x|\underline{E}_2))$. The choices of II in a play are determined by the following rules:

1. If I has chosen an element in $\underline{S}$—different from x—II chooses the same element.
2. If I has chosen an element of—say—$\underline{E}_1$, II chooses the element in $\underline{E}_2$ according to the strategy τ.
3. If I has chosen a subset T in the structure—say—$\underline{S}(x|\underline{E}_1)$, the choice of II is determined as follows: Let T' be the intersection of T with $\underline{S}$, T'' the intersection of T with $\underline{E}_1$; therefore: $T = T' \cup T''$. Let T^* be the subset of the structure $\underline{E}_2$ corresponding to T'' on the basis of the strategy τ in the game $G^n(\underline{E}_1,\underline{E}_2)$. II then chooses—in the game $G^n(\underline{S}(x|\underline{E}_1), \underline{S}(x|\underline{E}_2))$—the set $T' \cup T^*$.

It is not difficult to show that the strategy defined in this way is a winning strategy for II.

On the basis of these lemmas we are now ready to prove the theorem.

Let the class C be defined by the sentence φ of monadic second order logic and choose n according to Lemma 4.4 (G2). The equivalence relation $\underset{n}{\equiv}$ has (Lemma 4.5 (G3)) finitely many classes; we show

$$\langle E_1,R_1\rangle \underset{n}{\equiv} \langle E_2,R_2\rangle \rightarrow \langle E_1,R_1\rangle \ \rho_C \ \langle E_2,R_2\rangle$$

which implies that ρ_C has finitely many classes. Let $\langle S,R\rangle$ be a structure and let $\underline{S}_i$ $(i = 1,2)$ be the structure obtained by substituting $\langle E_i,R_i\rangle$ for an element x in S. By Lemma 4.6 (G4), we have $\underline{S}_1 \underset{n}{\equiv} \underline{S}_2$ and by the choice of n according to Lemma 4.4 (G2): φ holds in $\underline{S}_1$ iff it holds in $\underline{S}_2$. We, therefore, have $\underline{E}_1\ \rho_C\ \underline{E}_2$ and the theorem is proved.

4.5 MODULAR COUNTING

THEOREM 4.3 (RC) If C is a class of (binary) structures closed under isomorphism and of finite character then the function f^C satisfies a linear recurrence relation mod m: There is an integer d, $1 \leq d$, and integers a_i, $i = 1,\ldots,d$, such that for all n, $d < n$:

$$f^C(n) \equiv \sum_{i=1}^{d} a_i f^C(n-i) \mod m.$$ ■

In what follows we assume that the class C is a class of structures with just one binary relation R; the general case (many binary relations) has the same proof. In order to be able to carry out an inductive proof, Theorem 4.3 (RC) has to be generalized.

Let C be a class of R-structures. Assume furthermore that A is a finite (possibly empty) set, G a group of permutations of A, and $\underline{A}$ a set of binary relations on A which is invariant under G.

We consider structures on the set $S := A \dot{\cup} \{1,2,\ldots,n\}$ (i.e., A and $\{1,2,\ldots,n\}$ are treated as disjoint). The group G of permutations on A is extended to a permutation group on S by putting: $g(i) = i$, $i = 1,\ldots,n$.

We then define

$$U(A,G,\underline{A};n)$$

to be the set of R-structures on S such that

1. $R \in C$
2. $R/A^2 \in \underline{A}$
   (R/A^2: restriction of R to A)
3. ${}^gR \neq R$ for $g \in G^*$ $(= G\setminus\{\mathrm{Id}\})$

THEOREM 4.4 (RC)′ If C is of finite character then the function $n \rightarrow \#U(A,G,\underline{A};n)$ satisfies a linear recurrence relation mod $(\#G)\cdot m$ $(m \in N^+)$. ■

Theorem 4.3 (RC) is a special case of (RC)′; one simply puts $A = \wedge$, $G = \{\mathrm{Id}\}$. Theorem 4.4 (RC)′ is proved by induction on m (or: number of prime divisors of m). Assume $m = 1$; define two structures given by R_1,R_2 on $A \dot{\cup} \{1,2,\ldots,n\}$ to be equivalent iff for some g in G: ${}^gR_1 = R_2$.

The number of structures in an equivalence class is, therefore, equal to the order of G and we have

$$\#U(...;n) \equiv 0 \mod \#G;$$

the function satisfies a trivial recurrence relation. For the inductive step, a stronger theorem is proved. Let C, A, $\underline{A}$ and G be as above and kept fixed.

We enumerate, furthermore, the pairs of unary relations on the set A:

$$(R_i', R_i''), \quad i = 1,\ldots,r.$$

There are $2^{\#A}$ unary relations on A and $4^{\#A}$ pairs, i.e. we have $r = 4^{\#A}$. Let $\vec{B} = (B_1,\ldots,B_r)$ be an r-tuple of sets, assumed to be disjoint and put

$$B = \bigcup_{i=1}^{r} B_i.$$

The class C of structures is of finite character; there exists, therefore, a set $\underline{B}$ (a "basis") of structures such that every structure is ρ_C-equivalent to some structure of $\underline{B}$. We assume that the one-element structure belongs to $\underline{B}$. Furthermore let $\vec{E}$ be a map assigning to an element b of B a structure $\vec{E}(b)$ of $\underline{B}$. If $\underline{S}$ is a structure defined on a set S containing B as subset, $\underline{S}(\vec{E}|B)$ is the structure obtained from $\underline{S}$ by substituting $\vec{E}(b)$ for every b, i.e. $\underline{S}(\vec{E}|B)$ is

$$\underline{S}(b_1|\vec{E}(b_1))(b_2|\vec{E}(b_2)),\ldots,(b_j|\vec{E}(b_j)).$$

(The order has no effect on the result.) The binary relation defining $\underline{S}(\vec{E}|B)$ will be denoted by $R(\vec{E}|B)$.

Let $V(\vec{B},\vec{E};n)$ be the set of R-structures on

$$A \cup B \cup \{1,2,\ldots,n\}$$

such that

1. $R(\vec{E}|B) \in C$
2. $R/A^2 \in \underline{A}$
3. $R(a,b) = R_i'(a)$ for $a \in A$, $b \in B_i$
   $R(b,a) = R_i''(a)$ for $a \in A$, $b \in B_i$
4. ${}^gR \neq R$ for $g \in G^*$.

$v(\vec{B},\vec{E})$ is the function whose value for n—$v(\vec{B},\vec{E};n)$—is the number of elements of $V(\vec{B},\vec{E};n)$.

Let $F = F(C,A,\underline{A},G)$ be the set of these functions, i.e. $g \in F$ iff there is $\vec{B}$ and $\vec{E}$ such that

$$g = v(\vec{B},\vec{E}).$$

Assume m given and let p be a prime divisor of m. We define F_0 to be the subset of F defined by the following condition: $g \in F_0$ iff there exist $\vec{B}$ and $\vec{E}$ such that

$$\#B_i \leq (p-1)\,\#\underline{B} \quad \text{and}$$

$$g = v(\vec{B},\vec{E})$$

F_0 is finite; $F_0 = \{v_1, \ldots, v_s\}$.

LEMMA 4.7 (RC$_1$) For w, $w \in F$, there are integers a_j ($j = 1, \ldots, s$) and a function q, q: $N \Rightarrow N$, satisfying a linear recurrence relation mod $(\#G)\cdot m$ such that

$$w \equiv \sum_{j=1}^{s} a_j v_j + q \mod (\#G)\cdot m.$$ ■

We first deduce Theorem 4.4 (RC)′ from Lemma 4.7 (RC$_1$).

Consider a structure of $V(\vec{B},\vec{E};n)$. The element n—as an element of the set $A \cup B \cup \{1,2,\ldots,n\}$—is in relation to the elements of A according to some i: $R(a,n) = R_i'(a)$, $R(n,a) = R_i''(a)$ (for all a in A).

If we insert n into B_i and define $\vec{E}^i(n)$ as the one-element structure, we have defined in a unique way an element of $V(\vec{B}^i,\vec{E}^i;n-1)$ ($\vec{B}^i = (B_1,\ldots,B_i \cup \{n\},\ldots,B_r)$). Every element of $V(\vec{B}^i,\vec{E}^i;n-1)$ is obtained in this way and the sets $V(\vec{B},\vec{E};n)$ and $\bigcup_{i=1}^{r} V(\vec{B}^i,\vec{E}^i;n-1)$ have the same number of elements. For v in F, there exist, therefore, w_i ($i = 1,\ldots,r$) in F such that

$$v(n) = \sum_{i=1}^{r} w_i(n-1).$$

Assume v to be an element v_k of F_0 ($k = 1,\ldots,s$). We have

$$v_k(n) = \sum_{i=1}^{r} w_i^{(k)}(n-1).$$

By Lemma 4.7 (RC$_1$):

$$w_i^{(k)}(n-1) \equiv \sum_{j=1}^{s} a_{ij}^k v_j(n-1) + p_i^k(n-1)$$

$$\sum_{i=1}^{r} w_i^{(k)}(n-1) \equiv \sum_{j=1}^{s} b_{kj} v_j(n-1) + q_k(n-1)$$

$$v_k(n) \equiv \sum_{j=1}^{s} b_{kj} v_j(n-1) + q_k(n-1).$$

($\equiv$ mod $(\#G)\cdot m$, q_k satisfying a linear recurrence relation mod $(\#G)\cdot m$.)

The function associating $\#U(A,G,\underline{A};n)$ to n is one of the function $v_1,\ldots,v_s$. We show that these functions satisfy a linear recurrence relation mod $(\#G)\cdot m$. Let the relation for q_k be

$$q_k(n-1) \equiv \sum_{h=2}^{d} c_{kh} q_k(n-h). \tag{4.2}$$

(d may be assumed independent of k.)

Substituting

$$q_k(n-h) \equiv v_k(n-h+1) - \sum_{j=1}^{s} b_{kj} v_j(n-h) \quad (k = 1,\ldots,s)$$

into Equation (4.2) we have

$$v_k(n) - \sum_{j=1}^{s} b_{kj} v_j(n-1) \equiv \sum_{h=2}^{d} c_{kh} v_k(n-h+1) - \sum_{h,j} c_{kh} b_{kj} v_j(n-h)$$

$$v_k(n) \equiv \sum_{h=1}^{d} \sum_{j=1}^{s} a_{hj} v_j(n-h).$$

Let $\bar{a}$ be the residue of a in Z mod $(\#G)\cdot m$. The functions $\overline{v_k}$ then map N to a finite set and there exist n_1,n_2 such that $d < n_1 < n_2$ and $\overline{v_j}(n_1-h) = \overline{v_j}(n_2-h)$ for all j,h $(1 \le h \le d,\ 1 \le j \le s)$.

We then have

$$v_j(n_1+\ell) = v_j(n_2+\ell)$$

for all j and ℓ in N. The functions $\overline{v_j}$ are periodic—period (n_2-n_1)—for large arguments and, hence, satisfy a linear recurrence relation.

Lemma 4.7 (RC_1) is an immediate consequence of Lemma 4.8 (RC_2) (C, A, $\underline{A}$, G, $(B_1, \ldots, B_r)$, $\underline{B}$, m and p as before):

LEMMA 4.8 (RC_2) If

$$\#B_1 > (p-1)\,\#\underline{B}$$

then there exist $B^*, B^* = (B_1^*,\ldots,B_r^*)$, an integer t, maps F^k $(k = 1,\ldots,t)$ and q ($q: N \Rightarrow N$, satisfying a linear recurrence relation mod $(\#G)\cdot m$) such that

$$\#B_1^* = \#B_1 - (p-1);\quad B_i^* = B_i \quad (i = 2,\ldots,r)$$

$$v(\vec{B},\vec{E};n) \equiv \sum_{k=1}^{t} v(\vec{B}^*,\vec{F}^k;n) + q(n) \bmod (\#G)\cdot m. \qquad \blacksquare$$

Lemma 4.7 (RC_1) follows from Lemma 4.8 (RC_2) by reducing the sets B_i as long as they are big; we end up with sets of cardinality at most $(p-1)\ \#\ \underline{B}$, i.e., with functions belonging to F_0.

Proof of Lemma 4.8 (RC$_2$) Assuming $\#B_1 > (p-1)\ \#\ \underline{B}$, there is an element of $\underline{B}$ which is the $\vec{E}$-image of (at least) p elements $b_0,\ldots,b_{p-1}$ of B_1. We put $B_1' := \{b_0,\ldots,b_{p-1}\}$ and $B_1'' := B_1 \setminus B_1'$, $\vec{E}(b_i) =: E_0$ $(i = 0,\ldots,p-1)$; let h_0 be a permutation which permutes B_1' cyclically.

The group G (defined on A) and h_0 (on B_1') generate a group H of permutations on

$$A \cup B \cup \{1,2,\ldots,n\}$$

of order $\#G \cdot p$.

The set $V(\vec{B},\vec{E};n)$ of structures on this set splits into V_1, V_2 according to whether ${}^{h_0}R \neq R$ (in V_1) or ${}^{h_0}R = R$ (in V_2). We first look at the set V_1.

Because of ${}^{g}R \neq R$ for $g \in G^*$ and ${}^{h_0}R \neq R$, we have for all h in H^* ($= H\setminus\{\mathrm{Id}\}$): ${}^{h}R \neq R$. We define A' to be

$$A \cup \bigcup_{b \in B} \vec{E}(b).$$

The set $\underline{A}'$ of R-structures on A' is defined in such a way that we have

$$V_1(\vec{B},\vec{E};n) = U(A',H,\underline{A}';n).$$

Because of our inductive hypothesis, the function

$$n \to \#\,U(A',H,\underline{A}';n)$$

satisfies a linear recurrence relation mod $(\#H)\cdot\dfrac{m}{p}$. We have $(\#H)\cdot\dfrac{m}{p} = (\#G)\cdot m$ and q defined by

$$q(n) = \#\,V_1(\vec{B},\vec{E};n)$$

satisfies a linear recurrence relation mod $(\#G)\cdot m$.

We now study the set $V_2(\vec{B},\vec{E};n)$; the structures of this set are invariant under h_0.

We had

$$B_1 = \{b_0,\ldots,b_{p-1}\} \cup B_1''.$$

We put

$$B_1^* = \{b_0\} \cup B_1'',\quad B_i^* = B_i \quad (i = 2,\ldots,r)$$

$$\vec{B}^* = (B_1^*,\ldots,B_r^*).$$

Let $W(\vec{B};n)$ be the set of R-structures on

$$A \cup B \cup \{1,\ldots,n\}$$

satisfying the following conditions

1. $R/A^2 \in \underline{A}$
2. $R(a,b) = R_i'(a)$ for $a \in A$, $b \in B_i$
   $R(b,a) = R_i''(a)$ for $a \in A$, $b \in B_i$
3. ${}^gR \neq R$ for $g \in G^*$.

Let W_2 be the subset of W defined by ${}^{h_0}R = R$. Furthermore, let $\underline{W}$ be the set of R-structures on $B_1' = \{b_0,\ldots,b_{p-1}\}$ invariant under h_0:

$$\underline{W} = \{\sigma_1,\ldots,\sigma_t\}; \quad \text{so } t = \#\underline{W}.$$

We define maps α_1,α_2 on the set of structures W_2; $\alpha_1(R)$ is the restriction of R—defined on

$$A \cup B_1' \cup B_2'' \cup \bigcup_{i=2}^{r} B_i \cup \{1,2,\ldots,n\}\text{—}$$

to the set

$$A \cup \{b_0\} \cup B_1'' \cup \bigcup_{i=2}^{r} B_i \cup \{1,\ldots,n\}$$

(i.e., to $A \cup B^* \cup \{1,2,\ldots,n\}$); $\alpha_2(R)$ is the restriction of R to B_1' $(= \{b_0,\ldots,b_{p-1}\})$.

The pair (α_1,α_2) maps W_2 bijectively onto $W(\vec{B}^*;n) \times \underline{W}$. For $k = 1,\ldots,t$ we define $\vec{E}^k$ on B^* as follows:

$$\vec{E}^k(b) = \vec{E}(b) \quad \text{for } b \neq b_0;$$

$$\vec{E}^k(b_0) = \sigma_k(b_0|E_0,\ldots,b_{p-1}|E_0)$$

(E_0 is equal to $\vec{E}(b_i)$, $i = 0,\ldots,p-1$.)

The structure $\sigma_k(b_0|E_0,\ b_1|E_0,\ldots,b_{p-1}|E_0)$ is ρ_C-equivalent to a structure F_0^k of $\underline{B}$. Putting

$$\vec{F}^k(b) = \begin{cases} \vec{E}(b) & (b \neq b_0) \\ F_0^k & (b = b_0) \end{cases}$$

we have

$$\#V_2(\vec{B},\vec{E};n) = \sum_{k=1}^{t} \#V(\vec{B}^*,\vec{F}^k;n). \tag{4.3}$$

For an R-structure $\underline{S}$ of $W_2(\vec{B};n)$ $\underline{S}$ belongs to V_2 iff

$$R(\vec{E}|B) \in C.$$

Consider $\alpha_1(R), \alpha_2(R)$ and assume $\alpha_2(R)$ to define the structure σ_k. Then

$$R(\vec{E}|B) \text{ is isomorphic to } \alpha_1(R)(\vec{E}^k|B^*).$$

The structure $\alpha_1(R)(\vec{E}^k|B^*)$ belongs to C iff $\alpha_1(R)(\vec{F}^k|B^*)$ belongs to C which in turn holds iff $\alpha_1(R) \in V(\vec{B}^*, \vec{F}^k; n)$. Equation 4.3 is, therefore, established, Lemma 4.8 (RC_2) proved.

REFERENCES

1. Blatter, Chr. and Specker, E., ''Le nombre de structures finies d'une théorie à caractère fini,'' Sciences Mathématiques, Fonds National de la Recherche Scientifique, Bruxelles 1981, 41–44.
2. Blatter, Chr. and Specker, E., ''Modular periodicity of combinatorial sequences,'' *Abstracts Am. Math. Soc.* 4 (1983), 313.
3. Blatter, Chr. and Specker, E., ''Recurrence relations for the number of labeled structures on a finite set,'' *Logic and Machines, Lecture Notes in Computer Science*, 171 (1984), 43–61.
4. Ehrenfeucht, A., ''Application of games to some problem of mathematical logic,'' *Bull. Acad. Pol.*, Cl. III, 5 (1957), 35–37.
5. Evans, J. W., Harary, F. and Lynn, M. S., ''On the computer enumeration of finite topologies,'' *Communications of the ACM* 10 (1967), 295–297.
6. Fraïssé, R., ''Sur quelques classifications des systèmes de relations,'' *Publ. Sci. Univ. Alger Ser.* A, 1 (1954), 35–182.
7. Gessel, I. M., ''Combinatorial proofs of congruences,'' preprint.
8. Goulden, I. P., Jackson, D. M. and Reilly, J. W., ''The Hammond series of a symmetric function and its application to *P*-recursiveness,'' *SIAM J. Alg. Disc. Meth.* 4 (1983), 179–193.
9. Motzkin, T. S., ''Sorting numbers for cylinders and other classification numbers,'' *Proc. of Symposia in Pure Mathematics* 19 (1971), 167–176.
10. von Neumann, J. and Morgenstern, O., *Theory of Games and Economic Behavior*, 2nd ed., Princeton University Press, Princeton, N.J., 1947.
11. Shafaat, A., ''On the number of topologies definable for a finite set,'' *J. Australian Math. Soc.* 8 (1968), 194–198.
12. Stanley, R. P., ''Differentiably finite power series,'' *Europ. J. Combinatorics* 1 (1980), 175–188.
13. Touchard, J., ''Propriétés arithmétiques de certains nombres récurrents,'' *Ann. Soc. Sci. Bruxelles* 53A (1933), 21–31.

Postmoderne Mathematik: Abschied vom Paradies? *

von Ernst Specker

Zusammenfassung

Um in den Naturwissenschaften die moderne infinitäre Mathematik verwenden zu können, haben sich die Menschen ein entsprechendes Weltbild zurechtgelegt. Die Gnomen haben einen ähnlichen Schritt im Handel vollzogen — Bücher zum Beispiel werden in unendlichen Mengen umgesetzt. In einem gnomisch-humanen Dialog werden die dadurch entstehenden Problem erörtert, und es wird nach einem Weg in die Postmoderne gefragt.

Summary

In order to use modern infinitary mathematics in the natural sciences, human beings have developed a corresponding picture of the world. The gnomes have made a similar step for their trade — books e.g. are sold and bought in infinite sets. In a gnomic-human dialogue the problems arrising from such attitudes are discussed and a path from modern to postmodern mathematics is sketched.

Résumé

Afin d'appliquer la mathématique infinitaire moderne dans les sciences naturelles, les êtres humains se sont constitué une image correspondante du monde. Les gnomes ont suivi une évolution pareille dans le commerce — ainsi —, dans le négoce du livre, on expédie des commandes infinies. Les problèmes qui s'en suivent sont abordés dans une conversation de gnome à homme au cours de laquelle se dessine un chemin vers la mathématique postmoderne.

Es war am Dreikönigsabend, um diese Stunde etwa. Ich sass in der warmen Stube, ein Manuskript in der Hand, bemüht die Formeln nachzuprüfen. Doch die Gedanken schweiften ab. Ich dachte an Dieter Rödding, an seine Arbeiten und an den Band, den wir seinem Andenken widmen. Ich dachte an Euler und seine lateinischen Quadrate. Ich dachte an Galois und sein absurdes Duell. Wäre Galois länger am Leben geblieben, hätte es ihn gekümmert, ob die Mathematiker von «endlichen Körpern» oder von «Galois-Feldern» sprechen?

Tack — ein Schlag, auf «Galois» landet ein Käfer mit sieben Punkten. «Und dich, sollen wir dich 'Marienkäfer' nennen, 'Herrgottskälbchen' oder

* (Abschiedsvorlesung an der Eidgenössischen Technischen Hochschule Zürich, 18. Februar 1987; gekürzt).

tönt es: «Der rechte Name ist 'Sonnenrösslein'!» Wie ich zum Ofen hinüberblicke, sitzt da ein Männlein und baumelt mit den Beinen. Soll ich mich auf eine Diskussion über den Namen der Coccinellae einlassen? Wichtiger ist es zu zeigen, wer der Herr im Haus und wer der Zwerg aus dem Garten ist! So frage ich: «Und dein rechter Name, wie lautet der?» Und der Zwerg darauf: «Ich brauche keinen rechten Namen, bald heisse ich so, bald anders. Aber mein Volk, das sind die Gnomen, und das ist auch ihr rechter Name. Und du, zu welchem Volk gehörst du?»

Der Wicht beginnt mir zu gefallen, und so antworte ich versöhnlich: «Wie du ein Gnom bist, so bin ich ein Zürcher.» Da lacht er kurz, schlägt gesittet die Beinlein übereinander und will wissen: «Was liest du da?» «Das ist eine Arbeit über lateinische Quadrate. Aus solchen Quadraten entstehen magische Quadrate — dafür interessierst du dich gewiss!» Das hätte ich besser nicht gesagt. «Ach ihr Zürcher! Für euch sind Appenzeller schlau, Basler witzig, und wir Gnomen interessieren uns für magische Quadrate!»

«Nein», fährt er ruhiger fort, «mit diesen Spielereien ist es bei uns vorbei. Unsere Mathematik ist rein und angewandt.» «Wie vereinigt ihr das beides? Und wenn eine persönliche Frage erlaubt ist: Bist du Mathematiker?» «Ich habe Mathematik studiert; jetzt bin ich im Buchhandel tätig, ich gebe eine mathematische Taschenbuchreihe heraus.» «Und wie heisst die Reihe?» «Unsere natürlichen Zahlen», antwortet er, «die Reihe erscheint im Oberon-Verlag — ja, Oberon bin ich, das wirst du erraten haben.» «Und wieviele Bände zählt deine Reihe schon?» Da schaut er mich erstaunt an: «Wieviele Bände? Band 0 handelt von der Zahl 0, Band 1 von der Zahl 1, und so fort — jeder Band handelt von einer Zahl und jede Zahl wird in einem Band behandelt. Wie kann man da fragen: Wieviele Bände?» «Als reine Mathematik kann ich das gut verstehen», versuche ich einzulenken, «aber in der Anwendung? Wie werden denn Bücher bestellt und geliefert?» «Das ist doch ganz einfach», belehrt er mich, «hältst du etwa eine Vorlesung über Primzahlen und willst für jeden deiner 12 Hörer je einen Band bestellen, für dich selbst aber nur die Bände über Primzahlen grösser als 1000 (— die kleinen kennst du ja), so definierst du eine Folge a durch

$$a(j) := \begin{matrix} 0 \ , & \text{falls } j \text{ nicht prim} \\ 12 \ , & \text{falls } j \text{ prim und } j \leqslant 1000 \\ 13 \ , & \text{falls } j \text{ prim und } 1000 < j \end{matrix}$$

und gibt die Bestellung auf

$$\sum_{j=0}^{\infty} a(j)\,\mathrm{B}_j$$

(B_j ist Symbol für den Band j).» «Das ist ja wunderbar!», rufe ich ironisch aus, «so definiere ich

$$b(j) := \begin{cases} 1, & \text{falls } j \text{ und } j+2 \text{ prim} \\ 0, & \text{sonst} \end{cases}$$

und gebe die Bestellung auf

$$\sum_{j=0}^{\infty} b(j)\,B_j \quad .»$$

«Und was ist da wunderbar?» «Nun, bei der Lieferung merke ich, ob ich endlich oder unendlich viele Bücher erhalte und dann weiss ich, ob es unendlich viele Primzahlzwillinge gibt oder nicht.»

«Machst du dich lustig? Die Bücher werden doch nicht materiell geliefert! Vielleicht hätte ich deutlicher sagen sollen: 'Du erwirbst dir eine Option und darüber kannst du dann verfügen.' Es ist doch ganz klar, dass nur so ein moderner Buchhandel möglich ist.»

«Ja, das verstehe ich. Und wie verhält es sich mit den Preisen?» «Die Preise sind in Mong. Seit der grossen Inflation gibt es nur eine Einheit und nicht Fränkli und Räppli wie bei euch. Und noch etwas: Bücher können auch in negativer Anzahl bestellt werden und auch gewisse Preise sind negativ.» «Ja», sage ich, «das kommt bei uns auch langsam auf. Unter der neuen Direktion soll man im Schauspielhaus für einen besetzten Platz 20 bis 50 Franken erhalten.»

Ich habe mir dann von Oberon die Preisfunktion genau erklären lassen. Ich will sie in human-mathematischer Notation wiedergeben:

Lieferungen können addiert werden:

$$\sum_{j=0}^{\infty} a_j\ B_j + \sum_{j=0}^{\infty} b_j\ B_j = \sum_{j=0}^{\infty} (a_j + b_j) B_j$$

(a_j, b_j ganze Zahlen)

Die Preisfunktion ordnet jeder Lieferung eine ganze Zahl zu (den Preis). Dabei ist der Preis einer Summe gleich der Summe der Preise

$$P(\Sigma a_j B_j + \Sigma b_j B_j) = P(\Sigma a_j B_j) + P(\Sigma b_j B_j)$$

Daraus ergibt sich, dass der Preis 0 ist, falls von jedem Band 0 Exemplare bestellt werden. Natürlich gilt auch

$$P\left(\sum_{j=0}^{n} a_j B_j\right) = \sum_{j=0}^{n} a_j P(B_j),$$

das heisst, bei endlichen Lieferungen setzt sich der Preis aus den Preisen der einzelnen Bücher zusammen. Solche endlichen Bestellungen sollen sich — hat mir Oberon versichert — stets als Studentenscherze herausstellen.

Ich habe mir das aufmerksam angehört. Dann sage ich zu Oberon: «Studentenscherz oder nicht, der Preis einer Lieferung hängt nur ab von der Anzahl bestellter Exemplare der n ersten Bände.» «Das kann doch nicht sein! Ich setze $n := 0$ und bestelle ein Exemplar von Band 1 — das kostet 12.000 Mong, nach deiner Rechnung aber 0.» «So ist das nicht gemeint; der Satz lautet: Zu jeder Preisfunktion P gibt es eine Zahl n, so dass der Preis der Lieferung nur abhängt von der Anzahl bestellter Exemplare der ersten n Bände; in einer Formel:

$$P\left(\sum_{j=0}^{\infty} a_j B_j\right) = P\left(\sum_{j=0}^{n} a_j P(B_j)\right. \text{ »}$$

«Und wie berechnest du dieses n?» «Nun, ich bestimme n zunächst so, dass jeder Band mit einer Nummer grösser als n den Preis 0 hat: $P(B_j) = 0$. Für ein solches n folgt dann der Satz leicht.»

Dazu meinte Oberon: «Gnomisch kann ich das gut verstehen — meine Grossmutter pflegt auch zu sagen: Wenn alles seinen Preis hat, so ist fast nichts etwás wert. Aber mathematisch? Den Beweis will ich hören!»

«Ich erzähl ihn dir gerne. Aber lass dich warnen: Das ist ein typischer Beweis aus dem Paradies der modernen Mathematik, und ich bin nicht sicher, dass dir die dünne Luft in diesem Garten gefällt!» Zuckte Oberon zusammen? Auf alle Fälle begann ich schnell mit dem Beweis. Wer ihn auch kennenlernen möchte, sei auf die Arbeit «Additive Gruppen von Folgen ganzer Zahlen» verwiesen.

Oberon hat sich den Beweis aufmerksam angehört. Dann aber sagt er: «Ihr mögt das paradiesisch nennen, für mich ist es der nackte Wahnsinn. Und wenn beweisbar ist, dass fast alles nichts kostet, dann gewiss noch manches andere, was der Erfahrung widerspricht.» «Da hast du recht», stimme ich ihm zu, «so wird zum Beispiel der folgende Satz bewiesen: Die Vollkugel vom Radius 1 ist so in 5 Stücke zerlegbar, dass aus diesen Stücken zwei Vollkugeln vom Radius 1 zusammengesetzt werden können — die Stücke müssen nur etwas verdreht und verschoben werden.» Und Oberon darauf: «Kannst du mir den Beweis vorführen?» «Leider ist der nicht ganz einfach. Wenn du aber nicht auf 5 Stücken bestehst und mir 40 zugestehst, kann ich den Beweis in einer halben Stunden vortragen.»

Oberon wirft einen Blick auf seine Uhr — eine zierliche Gnatch — und sagt bedauernd: «Leider hab ich nicht allzu viel Zeit. Aber eines möchte ich doch wissen: Gibt es bei euch niemanden, der gegen eine solche Mathematik protestiert?» «Doch, doch, seit es sie gibt, wird sie auch kritisiert. Diese Art Mathematik geht im wesentlichen auf Cantor zurück, das war vor etwa 100 Jahren. Aber die Kritik stösst ins Leere. Man könnte sagen: Sie hat zwar die besseren Argumente, aber die Gegenkritik hat die besseren Schlagworte.» «Und was sind solche Schlagworte?»

«In seiner berühmten Arbeit 'Über das Unendliche' hat Hilbert etwa geschrieben: 'Aus dem Paradies, das Cantor uns geschaffen, soll uns niemand vertreiben können.' Das Paradies von Cantor, das ist die Welt, in der alles, was als möglich gedacht wird, auch wirklich existiert. Also nicht nur unendlich viele Bücher, sondern auch für jede mögliche Lieferung einen Besteller — überabzählbar viele Besteller würde Cantor sagen. Und das war ja wesentlich für den Beweis: Sind nur Bestellungen zugelassen mit berechenbarer Anzahlfunktion, so kann es sehr wohl sein, dass unendlich viele einzelne Bücher etwas kosten.» Oberon nickte, offenbar war ihm ein solcher Satz auch bekannt. «Und was ist denn deine Auffassung, könntest du mir das kurz beschreiben?»

«Nun», setzte ich zu einem kleinen Vortrag an, «wenn Schlagworte mehr Gewicht haben als Argumente, dann wird im Grunde nicht über das formulierte Problem gestritten. In einer solchen Situation ist es am besten, das Problem zu verallgemeinern. Das möchte ich tun und von folgender Eigenschaft des mathematischen Denkens ausgehen: Für die Lösung einer Aufgabe sind oft Elemente nötig, die weder in der Aufgabenstellung noch im Resultat enthalten sind. Wie das gemeint ist, soll anhand eines Beispiels aus Hilberts Artikel «Über das Unendliche» erklärt werden. Es war ja das Programm von Hilbert, das Cantorsche Paradies durch einen Beweis abzusichern. Dieser Beweis sollte auf absolut unanfechtbarer Basis geführt werden — dem «finiten Standpunkt». Diesen Standpunkt erläutert Hilbert am Euklidischen Beweis des Satzes, dass es zu jeder Primzahl p_0 eine grössere gibt. Um den Beweis an einem konkreten Beispiel vorzuführen, wird für p_0 die damals — 1925 — grösste bekannte Primzahl gewählt (39 Stellen)

170 141 183 460 469 231 731 687 303 715 884 105 727.

Man betrachtet dann bekanntlich die Zahlen
$p_o+1, p_o+2, p_o+3, \ldots, p_o!+1$ ($p_o! = 1\cdot 2\cdot 3 \ldots p_o$) und zeigt, dass eine dieser Zahlen prim ist. Fragt man sich, wie gross etwa eine Wandtafel sein muss, auf der $p_o!$ aufgeschrieben werden kann, so findet man (bei einer Ziffer pro mm^2) eine Tafelgrösse von einem Lichtjahr im Quadrat.

Heute sind ja viel grössere Primzahlen ziffernweise bekannt — ich habe z.B. eine mit 1031 Ziffern auswendig gelernt:

$$p_l = 111\ldots 11 \qquad \text{(1031 Ziffern 1)}$$

Der Gedanke daran, $p_l!$ aufzuschreiben, ist wohl ebenso phantastisch wie die Vorstellung des aktual Unendlichen.

Was wäre nun ein «postmoderner» Beweis für die Existenz von immer grösseren Primzahlen? Der Satz von Euklid müsste dazu zunächst verschärft werden, etwa zum Satz: Zu jeder Stellenzahl n gibt es eine Primzahl mit n Stellen. In der modernen — und auch der klassischen — Mathematik gilt dieser Satz, die bisher bekannten Beweise liefern aber keinen Algorithmus zur ziffernweisen Berechnung, bei der der Aufwand in einem vernünftigen Verhältnis steht zur Grösse des Resultats. Allerdings ist man schon sehr nahe bei einer echten Lösung. Und nimmt man eine minimale Irrtumswahrscheinlichkeit in Kauf, so ist die Aufgabe gelöst. Die Rolle, welche in der Mathematik bisher überabzählbare Mengen und Berechnungen von kosmischem Ausmass gespielt haben, geht dabei an den Zufall über.»

«Verstehe ich dich richtig», unterbricht mich Oberon, «ihr nehmt beim Beweisen einen Irrtum in Kauf?» «Ja, das tun wir, das gehört auch zur Postmoderne! Natürlich nicht bei allen Beweisen. Gewisse Beweise sollen Behauptungen und Zusammenhänge verständlich machen — da ist kein Irrtum zugelassen. Bei anderen Beweisen geht es nicht ums Verstehen — bei einem computerunterstützten Beweis für die Primalität einer Zahl mit 100 000 Stellen kann von Verständnis keine Rede sein. Und empirisch gesehen liegt ja in einem solchen Fall auch bei theoretisch einwandfreiem Beweis eine gewisse Irrtumsmöglichkeit vor: Es kann immer einmal «6» für «9» gelesen werden.»

Ich merke, dass Oberon unruhig wird. Er rutscht auf der Bank hin und her und blickt auf die Uhr. «Entschuldige», sagt er, «wir haben heute eine Abschiedsfeier für einen Kollegen. Da soll ich eine kleine Rede halten.» «Und bist du schon vorbereitet?» «Gewiss doch! Besonders gut gelungen ist mir der Schluss der Rede. Ich habe in der Jugend die achte Elegie von Rilke auswendig gelernt; ihre letzte Strophe ist wie geschaffen für einen solchen Anlass. Kennst du die achte Elegie?» «Natürlich kenne ich sie!» Und so rezitierten wir unisono:

Wer hat uns also umgedreht, dass wir,
was wir auch tun, in jener Haltung sind
von einem, welcher fortgeht? Wie er auf
dem letzten Hügel, der ihm ganz sein Tal
noch einmal zeigt, sich wendet, anhält, weilt —,
so leben wir und nehmen immer Abschied.

BIBLIOGRAPHIE

HILBERT D.,Über das Unendliche, Math. Annalen 95 (1926), 161-190.

KULL H. and SPECKER E., Direct construction of mutually orthogonal latin squares, Lecture Notes in Computer Science 270 (1987), 224-236.

REKES Titania, Briefe an einen Gartenzwerg. Quedlinloch·Zürich, 1987, ISBN 5-1234-5678-3/ ISBN 3-8765-4321-5

RILKE Rainer Maria, Duineser Elegien, Leipzig 1923.

SOLOVAY R. and STRASSEN V., A fast Monte-Carlo test for primality, SIAM J. Computing 6 (1977), 84-85.

SPECKER E., Additive Gruppen von Folgen ganzer Zahlen, Portugaliae Mathematica 9 (1950), 131-140.

STROMBERG K., The Banach-Tarski Paradox, Am. Math. Monthly 86 (1979), 151-161

WILLIAMS H.C. and DUBNER H., The primality of R1031, Mathematics of Computation 47 (1986), 703-711.

Die Logik oder Die Kunst des Programmierens

Ernst Specker, ETH Zürich

Die Grundgedanken der Logikprogrammierung werden am Beispiel eines Geduldspiels (Türme von Hanoi) erläutert. Die möglichen Stellungen dieses Spiels bilden einen Graphen, wenn zwei Stellungen durch eine Kante verbunden werden, falls sie durch einen legalen Zug auseinander hervorgehen. Dieser Graph wird auf zwei Arten realisiert: zum einen in unserer materiellen Welt mit Hilfe einer Vervielfältigungsmaschine, zum anderen in der idealen Welt von Herbrand mit Hilfe der Logikprogrammierung.

Logic or the Art of Programming

The fundamental ideas of logic programming are explained by considering a puzzle (the Towers of Hanoi). The possible positions of the puzzle form a graph, two positions being joined by an edge if they can be transformed into one another by a legal move. Two realizations of this graph are introduced: one in our material world with the help of a copying machine, the other in the ideal world of Herbrand with the help of logic programming.

1 Einleitung

Bis ins 19. Jahrhundert wurde an den Universitäten Logik gelehrt, um angehende Geistliche, Juristen, Ärzte mit der Kunst des richtigen Denkens vertraut zu machen. Eines der klassischen Werke für diesen Unterricht war «La logique ou l'art de penser» von A. Arnauld und P. Nicole, in erster Auflage 1662 erschienen. Inzwischen ist das Bemühen, mit Logikunterricht zu richtigem Denken anleiten zu wollen, aufgegeben worden, vermutlich weniger aufgrund des Wandels der klassischen Logik in eine mathematische Disziplin als aus der Überzeugung, dass richtiges Denken in einem Fachgebiet nur in ständiger Auseinandersetzung mit dem Fache selbst entwickelt werden kann und sich nicht einfach aufgrund allgemeiner Prinzipien von aussen herantragen lässt.

Die Logiker haben damit einen grossen Teil ihrer Studenten verloren. Um so erfreulicher ist es für sie, dass es gelungen ist, ein neues Zielpublikum zu finden. Es hat sich nämlich gezeigt, dass gewisse logische Sprachen ausgezeichnete Programmiersprachen sind und dass das, was in der Logik unter dem Begriff «Beweis» untersucht wird, auch als «Berechnung» oder «Datenverarbeitung» aufgefasst werden kann. Die bekannteste dieser neuen Programmiersprachen ist PROLOG (PROgrammierung in LOGic).

Die einfachsten Grundgedanken der Logikprogrammierung sollen im folgenden an einem konkreten Beispiel (den Türmen von Hanoi) erläutert werden. Die Türme von Hanoi sind von E. Lucas als Geduldspiel beschrieben worden. (Die Erfindung schreibt Lucas dem Mandarin N. Claus am siamesischen Kollegium Li-Sou-Stian zu. An welchem französischen Kollegium hat wohl Lucas unterrichtet?) Dabei ist unser Ziel nicht, die durch die Türme von

Hanoi gestellte Aufgabe zu lösen, sondern es soll vielmehr gezeigt werden, wie die durch sie definierte Struktur sich in einem «Herbrand-Universum» mit Logikprogrammierung definieren lässt. Dazu gehen wir in zwei Schritten vor. In einem ersten Schritt ordnen wir der Struktur einen Graphen zu und überlegen uns, wie sich dieser Graph mit Hilfe von Kopiergeräten und dem Zeichnen von neuen Kanten in unserer materiellen Welt realisieren lässt. Im zweiten Schritt werden diese Konstruktionen in der idealen Welt eines Herbrand-Universums (nach Jacques Herbrand, 1908–1931) mit logischen Mitteln nachvollzogen.

2 Die Türme von Hanoi als Graph

Als materielles Objekt bestehen die Türme von Hanoi aus einer Platte, in die drei Pflöcke eingelassen sind, und aus einigen (z. B. vier) in der Mitte gelochten Scheiben unterschiedlicher Grösse. In der Ausgangslage befinden sich alle Scheiben pyramidenförmig geordnet auf einem Pflock. Die Aufgabe besteht dann darin, diese Pyramide durch eine Folge von «legalen Zügen» auf einen anderen Pflock zu transferieren. Ein legaler Zug besteht dabei in folgendem: Von einem Pflock wird die oberste Scheibe abgehoben und (zuoberst) auf einen anderen Pflock gelegt; dabei darf sie nur auf die Platte oder auf eine grössere Scheibe zu liegen kommen (Bild 1).

Wir bezeichnen die Pflöcke mit a, b, c, die Scheiben der Grösse nach mit 1, 2, 3, 4 (die grösste).

Befinden sich etwa auf Pflock a die Scheiben 1, 2 (1 auf 2 liegend), auf b die Scheibe 4 und auf c die Scheibe 3, so gibt es drei mögliche legale Züge:

(I) Scheibe 1 von a nach b (sie kommt auf 4 zu liegen)
(II) Scheibe 1 von a nach c (sie kommt auf 3 zu liegen)
(III) Scheibe 3 von c nach b (sie kommt auf 4 zu liegen).

Andere Züge sind offenbar nicht zulässig; Scheibe 3 darf nicht auf Pflock a transferiert werden und Scheibe 4 weder auf a noch auf c. Man überlegt sich leicht, dass in jeder Situation, die aus der Ausgangsstellung durch eine Folge von legalen Zügen hervorgeht, die Scheiben auf jedem Pflock der Grösse nach geordnet sind; da nämlich bei jedem Zug eine Scheibe nur auf eine grössere oder die Platte gelegt wird, bleibt diese Eigenschaft erhalten. Solche Verteilungen der Scheiben auf die Pflöcke sollen «Stellungen» heissen. Durch einen legalen Zug geht eine Stellung in eine andere über, indem eine Scheibe, die auf einer grösseren (oder der Platte) liegt, auf eine grössere (oder die Platte) transferiert wird. Hieraus folgt, dass auch das Zurücknehmen eines legalen Zuges ein legaler Zug ist.

Wie viele Züge sind in einer Stellung möglich? Befinden sich alle Scheiben auf einem Pflock, so sind es deren zwei: die Scheibe 1 (in Spitzenposition) darf auf einen der beiden anderen Pflöcke transferiert werden. In jedem ande-

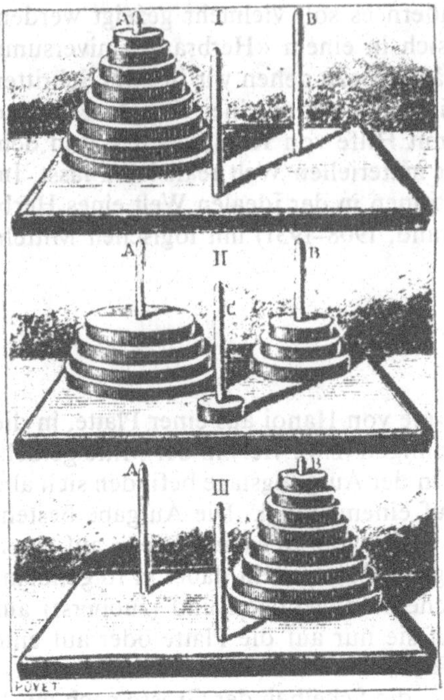

Bild 1 Türme von Hanoi nach Lucas

Fig. 1 Towers of Hanoi according to Lucas

ren Fall gibt es 3 legale Züge: Ausser der Scheibe 1 (wofür 2 Möglichkeiten bestehen) darf die zweitkleinste Scheibe in Spitzenposition auf einen anderen Pflock (wo sich nicht Scheibe 1 befindet) transferiert werden.

Wie viele Stellungen gibt es im ganzen, etwa im Fall von 4 Scheiben? Um diese Anzahl zu bestimmen, stellen wir uns vor, dass eine Stellung folgendermassen erzeugt wird (dies sind keine legalen Züge!):

Mit der grössten Scheibe beginnend, werden die 4 Scheiben der Reihe nach auf die (zunächst unbelegten) Pflöcke gelegt; jedesmal haben wir 3 Möglichkeiten der Wahl, im ganzen also $3 \cdot 3 \cdot 3 \cdot 3 = 81$ Möglichkeiten. Da auf diese Art offenbar jede Stellung genau einmal erzeugt wird, gibt es bei 4 Scheiben 81 Stellungen. (Und bei n Scheiben entsprechend deren 3^n.)

Gewisse Paare dieser 81 Stellungen besitzen die Eigenschaft, dass die eine aus der anderen durch einen legalen Zug hervorgeht. Denken wir uns die 81 Stellungen durch Punkte markiert und zwei Punkte durch eine Kante verbunden, falls sie einem solchen Paar von Stellungen zugeordnet sind, so erhalten wir einen Graphen. Wie sieht dieser Graph – er heisse G_4 – aus?

Wir fragen dazu zuerst nach den Graphen G_1 (Stellungen bei einer Scheibe) und G_2 (2 Scheiben). Bei einer Scheibe gibt es entsprechend den 3 Pflökken drei Stellungen, und jede geht durch einen legalen Zug in jede andere über: G_1 ist ein Dreieck.

Um G_2 zu erhalten, zerlegen wir die Menge S_2 der 9 Stellungen von zwei Scheiben entsprechend der Lage der grösseren Scheiben in 3 Teilmengen S_2^a, S_2^b, S_2^c. S_2^b etwa ist die Menge der Stellungen, bei denen die grössere Scheibe auf Pflock b liegt. Je zwei Stellungen von S_2^b sind durch eine Kante verbunden – wir dürfen uns die grössere Scheibe mit der Platte verschmolzen denken und befinden uns dann im Fall von G_1. Entsprechendes gilt von S_2^a, S_2^c. Wir können uns also den Graphen G_2 aufgebaut denken aus 3 Dreiecken, entsprechend der Lage der grösseren Scheibe.

Wie steht es mit Kanten einer Stellung aus S_2^a nach aussen, d. h. nach Stellungen in S_2^b, S_2^c?

Für die Stellung, bei der sich beide Scheiben auf Pflock a befinden, gibt es keine Verbindung nach aussen: Scheibe 2 kann nicht bewegt werden. Liegt aber etwa Scheibe 1 auf Pflock b, Scheibe 2 auf a, so kann Scheibe 2 auf Pflock c transferiert werden: Diese Stellung in S_2^a ist mit einer Stellung in S_2^c verbunden. Ganz entsprechend ist die dritte Stellung in S_2^a mit einer Stellung in S_2^b verbunden. Damit ist der Graph G_2 eindeutig bestimmt: Er besteht aus 3 Dreiecken G_2^a, G_2^b, G_2^c, die noch reihum durch je eine Kante verbunden sind (Bild 2). Auf ganz analoge Weise kann nun G_3 aufgrund von G_2, G_4 aufgrund von G_3 gebildet werden; man hat nur zu beachten, dass an die Stelle der Dreiecke G_2^a über S_2^a etc. Graphen des vorangehenden Typus treten.

Wir beschreiben den Übergang von G_3 nach G_4. Es sei G_4^a der Graph, welcher 4 Scheiben entspricht, bei dem Scheibe 4 sich auf Pflock a befindet. Scheibe 4 spielt dann für die Legalität von Zügen keine Rolle, d. h. G_4^a ist isomorph zu G_3 (derselbe Graph, nur über einer anderen Menge).

Entsprechendes gilt für G_4^b, G_4^c. G_4 ist also aufgebaut aus 3 Kopien von G_3. Es bleibt zu diskutieren, welche Kanten von G_4^a nach aussen führen.

In G_3 (und entsprechend in G_4^a) gibt es 3 Punkte, die nur mit zwei anderen durch eine Kante verbunden sind. Diese Punkte entsprechen den Stellungen, wo sich alle 3 kleineren Scheiben auf ein und demselben Pflock befinden; befindet sich auch die grösste Scheibe 4 auf diesem Pflock, so gibt es keine Kan-

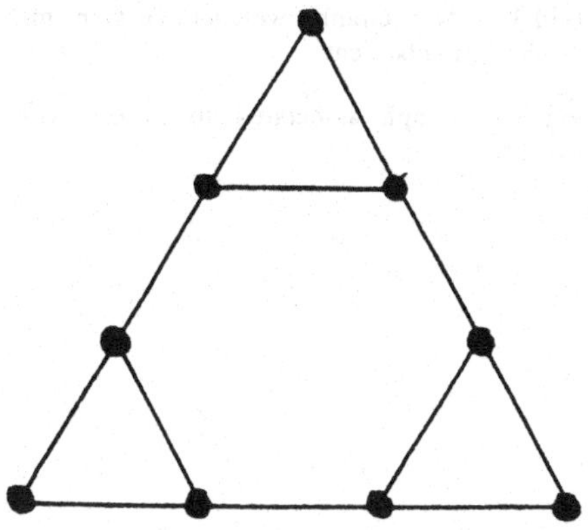

Bild 2: Der Graph, welcher Türmen mit 2 Scheiben entspricht.

Fig. 2: Graph associated to towers with 2 disks.

te nach aussen. Befinden sich aber alle kleineren Scheiben auf b, die grösste auf a, so kann diese nach c transferiert werden. Es gibt somit genau eine Kante von G_4^a nach G_4^c. Damit ist G_4 bestimmt. Wir wollen nun den Übergang noch etwas abstrakter (und damit einfacher) beschreiben. Es sei H ein Graph mit der Eigenschaft, dass alle Punkte bis auf drei mit genau drei anderen durch eine Kante verbunden sind. Die drei Ausnahmepunkte seien p, q, r; sie seien mit genau zwei anderen durch eine Kante verbunden.

Es werden nun drei isomorphe Kopien H^a, H^b, H^c von H erstellt. Der neue Graph G bestehe aus der Vereinigung der Graphen H^a, H^b, H^c, worin noch drei neue Kanten eingetragen sind. In der Vereinigung gibt es zunächst offenbar neun Ausnahmepunkte: Aus p wird p^a, p^b, p^c, aus q wird q^a, q^b, q^c, und aus r wird r^a, r^b, r^c.

Die drei neuen Kanten verbinden je

$$p^b \text{ mit } p^c,$$
$$q^a \text{ mit } q^c,$$
$$r^a \text{ mit } r^b.$$

Damit gehen auch von p^b, p^c, q^a, q^c, r^a und r^b drei Kanten aus, und neue Ausnahmepunkte sind p^a, q^b, r^c. Aufgrund dieser Konstruktion ist es nun sehr einfach, mit Hilfe eines Kopiergerätes den Graphen zu erzeugen.

Es liege eine Darstellung von H vor, und zwar seien die Ausnahmepunkte die Ecken eines gleichseitigen Dreiecks, und der Graph befinde sich innerhalb dieses Dreiecks. Es werden dann 3 Kopien von H erstellt, diese 3 Kopien entsprechend der Figur 1 auf ein Blatt geklebt und die 3 neuen Kanten eingetragen. Auch der neue Graph liegt dann auf einem gleichseitigen Dreieck, und das Verfahren kann iteriert werden. Figur 3 zeigt den so erzeugten Graphen G_4 entsprechend dem Fall von 4 Scheiben.

Durch die so beschriebene Konstruktion geht offenbar ein zusammenhängender Graph in einen ebensolchen über: Je zwei Stellungen der Hanoi-Türme können somit durch eine Folge von legalen Zügen ineinander übergeführt

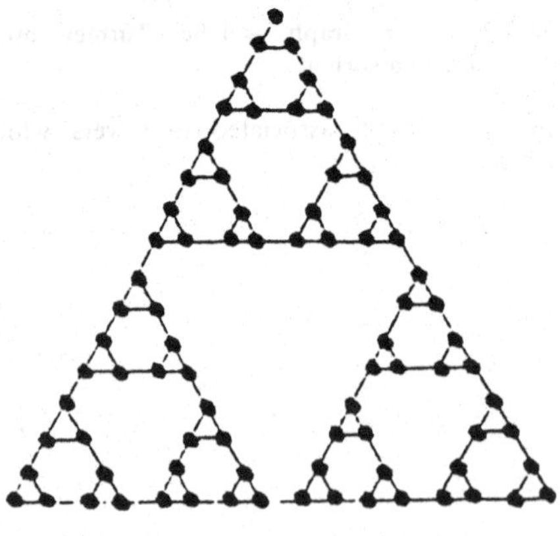

Bild 3: Der Graph, welcher Türmen mit 4 Scheiben entspricht.

Fig. 3: Graph associated to towers with 4 disks.

werden, insbesondere also eine Pyramide von einem Pflock auf einen anderen. Ebenso können viele andere Fragen leicht beantwortet werden, z. B. die Frage nach der Anzahl der benötigten Züge, nach der Eindeutigkeit des Weges bei minimaler Zugzahl, etc.

3 Die Türme von Hanoi im Herbrand-Universum

Für die Definition der Türme mit Hilfe der Logikprogrammierung verwenden wir «Listen». Alle diese Listen werden aus den Konstanten a, b, c, s aufgebaut sein. Dass wir sie Konstanten nennen, bedeutet, dass sie wie Eigennamen zu verstehen sind, allerdings nicht wie Namen von Personen der realen Welt, sondern eher wie Namen von Märchengestalten – Rumpelstilzchen existiert in seiner Geschichte und sonst nirgendwo.

Wir geben einige Beispiele von Listen: [a, b, c, a, s]. Diese Liste besteht aus vier Elementen; das Element a ist der Kopf der Liste, die Liste [b, c, a, s] der Rest. Um anzudeuten, dass [a, b, c, a, s] so aus Kopf und Rest gebildet ist, sagen wir auch

[a, b, c, a, s] ist [a | [b, c, a, s]].

Listen können demnach aufgefasst werden als Terme, gebildet mit dem zweistelligen Funktionszeichen

[X | Y];

als Argument an zweiter Stelle ist nur eine Liste zugelassen.

Um mit dieser Bildung alle Listen zu erhalten, brauchen wir als Ausgangsliste die leere Liste [ ].

Die Liste [a] ist dann die Liste

[a | [ ]].

Die Liste [[a, b] | [a, a, b]]
besteht aus 4 Elementen; das erste Element ist selbst eine Liste, sie ist also die Liste

[[a, b], a, a, b].

Als Universum (sogenanntes Herbrand-Universum), worin wir unsere Strukturen definieren, wählen wir die Konstanten a, b, c, s und alle Listen, die – in iterierten Anwendungen der Listenbildung – aus ihnen gebildet werden können. Für unsere Zwecke der Definition der Hanoi-Türme müssen wir allerdings nur Listen von Listen von Listen heranziehen.

Ein Dreieck über a, b, c können wir uns durch folgende Liste von Listen definiert denken:

[[a, b], [b, c], [c, a]].

Die Liste [a,b] steht dabei für die Kante von a nach b. Bei Listen kommt es an und für sich auf die Reihenfolge an; so ist [a,b] nicht dieselbe Liste wie [b,a]. Trotzdem können wir verabreden, dass das Vorkommen von [a, b] die Kante von a nach b anzeigen soll. Es ist ja auch die Reihenfolge der Kanten in der Liste gleichgültig. Es stellt somit

[[c,a], [b,c], [b,a]]

ebenfalls das Dreieck über a, b, c dar.

Ein wesentlicher Schritt bei der Konstruktion der Hanoi-Graphen grösserer Scheibenzahl ist der Übergang von einem Graphen zu drei isomorphen und disjunkten Kopien.

Ein solcher Übergang ist am leichtesten zu bewerkstelligen, wenn Punkte des Graphen selbst schon Listen sind.

Ist nämlich [s] ein solcher Punkt, so können wir [s] verdreifachen, indem wir a, b, c davorsetzen und zu [a,s], [b,s], [c,s] übergehen. Aus diesem Grund wollen wir den Hanoi-Graphen mit einer Scheibe als Dreieck über [a], [b], [c] darstellen. Es ist dann der Graph

[[[a], [b]], [[b], [c]], [[c], [a]]].

Wir halten das fest durch das «Axiom»

(1) hanoi ([s], [[[a], [b]], [[b], [c]], [[c], [a]]]).

Damit ist eine Beziehung zwischen [s] – eine Scheibe – und dem entsprechenden Graphen stipuliert.

Wenn nun der Graph

[[[a], [b]], [[b], [c]], [[c], [a]]]

verdreifacht werden soll mit a, b, c, so können wir dies zunächst für eine Variable X (wofür später a, b, c zu setzen sein wird) andeuten.

Das isomorphe X-Bild soll sein

[[[X,a], [X,b]], [[X,b], [X,c]], [[X,c] [X,a]]].

(Allgemein verwenden wir die Konvention: Grossbuchstaben für Variable mit möglichen Werten im Herbrand-Universum, Kleinbuchstaben für Konstante.)

Für die Definition dieser Bildung im allgemeinen Fall betrachten wir zunächst die X-Markierung einer Liste von Listen.

Eine Liste von Listen wird dabei mit X markiert, indem bei jeder Liste aus L das Element X an erste Stelle gesetzt wird.

Die s-Markierung von

[[a,b], [c,b,a], [b], [ ]]

ist also [[s,a, b] [s,c,b,a], [s,b], [s]].

Wir führen dafür ein dreistelliges Prädikat mark(, ,) ein: mark(X,L,M) soll gelten, falls M die X-markierte Liste L ist.

Offenbar ist die X-markierte leere Liste die leere Liste, also

(2) mark(X,[ ],[ ]).

Für Menschen könnten wir weiter definieren

$$\text{mark}(X,[Y_1,\ldots,Y_m],[[X \mid Y_1],\ldots,[X \mid Y_m]]).$$

Für automatisches Bearbeiten ist dies kaum hinreichend. Wir legen daher fest, wie das Markieren einer Liste zurückzuführen ist auf das Markieren einer kürzeren Liste. Die zu markierende Liste sei [Y | L], also erstens Liste Y, gefolgt von einer Liste L von Listen.

Die markierte Liste wird somit mit [X | Y] beginnen, und es wird eine Liste M folgen. Was ist M? M ist offenbar die mit X markierte Liste L. Wir halten dies fest durch

(3) mark(X,[Y | L],[[X | Y] | M]) :- mark(X, L, M).

Die Zeilen (2) und (3) bilden ein Prolog-Programm, mit dessen Hilfe Listen markiert werden. Das Zeichen «:-» steht dabei für «falls»; in der Logik ist es üblich, dies mit einer Implikation auszudrücken:

mark(X, L, M) → mark(X,[Y | L],[[X | Y] | M]).

Die Variablen «laufen» dabei über alle Terme des Herbrand-Universums.

Wie kann nun ein solches Programm, enthaltend die beiden Zeilen (2), (3), benützt werden?

Wir können Fragen an das Programm stellen, etwa in der Form

?- mark(a,[[b],[c,a]],U).

Dies ist zu interpretieren als Aufforderung, einen Term U (d. h. eine Liste) zu finden, für welchen die Gültigkeit aus (2) und (3) folgt.

Die Frage, die am leichtesten zu beantworten ist, ist dabei

?- mark(a,[ ],U).

Aus (2) folgt unmittelbar die Antwort

U = [ ].

Wie steht es mit schwierigeren Fragen?

Wir wollen ausführlich den folgenden Fall betrachten:

?- mark(a,[[b],[c,a]],U).

Die Ausführungen sind vielleicht nicht ganz leicht zu verfolgen; so tröstet sich vielleicht mancher Leser damit, dass er die Antwort

U = [[a,b],[a,c,a]]

zu geben vermag.

Wie ist es denkbar, dass aus (2), (3) sich eine Antwort ergibt? (2) hilft offenbar zunächst nicht.

Falls wir dagegen

mark(a,[[b],[c,a]],U)

als die linke Seite von (3) auffassen können, so haben wir einen ersten Schritt getan. Es sei also

mark(a,[[b],[c,a]],U) identisch
mark(X,[Y | L],[[X | Y] | M]).

Dafür muss gelten

X identisch a;
[Y | L] identisch [[b],[c,a]]
[[X | Y] | M] identisch U.

Die Identität von [Y | L] mit [[b],[c,a]] bedeutet

Y identisch [b],
L identisch [[c,a]].

Um weiterzukommen, müssen wir die rechte Seite von (3) zur Verfügung haben, d. h.

mark(X,L,M).

Aufgrund der obigen Identitäten bedeutet dies

mark(a,[[c,a]],M).

Wir stellen also an das Programm die Frage (genauer: das Programm soll sich selber die Frage stellen!)

?- mark(a,[[c,a]],M).

Zur Beantwortung dieser Frage gehen wir genau gleich vor; (2) hilft nicht, und wir setzen eine Identifikation mit der linken Seite von (3) an.

Dabei muss verhindert werden, dass eine Variablenkollision auftritt. In jeder Verwendung von (3) sollen die Variablen neu bezeichnet werden.

mark(X1,[Y1 | L1],[[X1 | Y1] | M1]) :- mark(X1,L1,M1).

Durch Identifikation der linken Seite mit mark(a,[[c,a]],M) erhalten wir

X1 identisch a;
[Y1 | L1] identisch [[c,a]]
[[X1 | Y1] | M1] identisch M.

Ferner brauchen wir mark(X1,L1,M1). Aus den Identifikationen folgt:

Y1 ist identisch [c,a], L1 ist die leere Liste,
d. h. mark(X1,L1,M1) ist mark(a,[ ],M1).

Auf die Frage

?- mark(a,[ ],M1)

erhalten wir unmittelbar aus (2) die Antwort

M1 = [ ].

[[X1 | Y1] | M1] ist also

[[a | [c, a]] | [ ]], was nichts anderes als [[a, c, a]] ist.

Damit haben wir gefunden

mark(a,[[c, a]],[[a, c, a]]),

und wir können einen weiteren Schritt zurückgehen und finden die Antwort.

U = [[a, b], [a, c, a]].

Der Lösungsweg wird somit aufgrund einer Rückwärtsanalyse gefunden. Das Axiom (3) ist von der Art, dass ihm entnommen werden kann, aufgrund welcher Kenntnis eine Antwort möglich ist. Diese Kenntnis wird als neue Frage formuliert und das Verfahren iteriert.

Natürlich können nicht alle Probleme nach einem solchen einfachen Schema angegangen werden. Es ist aber überraschend, wie vielfältig die Anwendungsmöglichkeiten sind.

Das Schema ist übrigens verallgemeinerungsfähig: Es funktioniert auch in einem Fall wie

?- A :- K1, K2.

Für die Antwort A brauchen wir K1 und K2.

Unsere nächste Definition ist von dieser Art:

Aufgrund des Prädikates mark ist es nun leicht, isomorphe Kopien von Graphen zu definieren.

Graphen sind Listen von Listen von Listen; sie werden in isomorphe Kopien transformiert, indem den innersten Listen ein neuer Kopf vorangesetzt wird; dies ist gleichbedeutend mit der Markierung der zweitinnersten Listen.

isomorph(X, L, M) bedeute:

Durch Markierung der Elemente von L entsteht aus L die Liste M. Somit

(4) isomorph(X,[ ],[ ]).

(5) isomorph(X,[Y | L],[Z | M]) :- mark(X, Y, Z), isomorph(X, L, M).

Das Komma zwischen mark(X, Y, Z) und isomorph(X, L, M) bedeutet die Konjunktion.

Das X-Bild von [Y | L] wird erhalten, indem die erste Liste Y mit X markiert wird (was Z ergibt) und der Rest in das X-Bild transformiert wird.

Mit Hilfe von «isomorph» können von einem Graphen H drei isomorphe Kopien definiert werden:

isomorph(a, H, Ha),
isomorph(b, H, Hb) und isomorph(c, H, Hc).

(Verbindungen wie Ha gelten als eine Variable; die Notation dient nur der leichteren Lesbarkeit.)

Als nächstes soll nun das Aufkleben der drei Kopien auf einem Blatt im Herbrand-Universum nachgebildet werden. Diese Operation entspricht dem Verketten von drei Listen zu einer Liste. Es werde zunächst das Verketten von zwei Listen definiert:

verkettung(L, M, N)

gelte, wenn N die Liste ist, in der zuerst die Elemente von L, dann jene von M aufgeführt sind.

(6) verkettung([ ], L, L).
(Ist die erste Liste leer, so ist das Resultat die zweite.)

(7) verkettung([X | L], M, [X | N]) :- verkettung(L, M, N).
(Wird [X | L] mit M verkettet, so ist X das erste Glied der neuen Folge; der Rest ist die Verkettung von L und M.)

Für spätere Zwecke definieren wir die Verkettung von 4 Listen A, B, C, D zu einer neuen Liste L; dazu wird A, B zu H und C, D zu I verkettet; L ist dann die Verkettung von H und I. Somit

(8) verkettung(A, B, C, D, L) :- verkettung(A, B, H),
verkettung(C, D, I),
verkettung(H, I, L).

Als nächstes sind nun noch die drei Kanten zu definieren, welche die Kopien verbinden.

Wir nehmen an, dass wir den Fall betrachten, bei dem aus dem Graphen von 3 Scheiben jener von 4 konstruiert wird. Ferner seien die 3 Punkte in H, welche nur zu zwei Kanten gehören, die Tripel [a, a, a], [b, b, b], [c, c, c].

Durch Markierung werden daraus:

[a, a, a, a], [a, b, b, b], [a, c, c, c] (in Ha),
[b, a, a, a], [b, b, b, b], [b, c, c, c] (in Hb),
[c, a, a, a], [c, b, b, b], [c, c, c, c] (in Hc).

Wir definieren nun die Kanten

[b, a, a, a] nach [c, a, a, a],
[a, b, b, b] nach [c, b, b, b],
[a, c, c, c] nach [b, c, c, c].

Von den 9 obigen Punkten erhalten nur [a, a, a, a], [b, b, b, b] und [c, c, c, c] keine neuen Kanten.

Auch beim neuen Graphen gehören genau jene Punkte nur zu zwei Kanten, die den Listen mit nur einem Element entsprechen.

Die Scheibenzahl wollen wir im Herbrand-Universum durch eine Liste aus s darstellen; [s, s, s] soll also drei Scheiben bedeuten, [s, s, s, s] deren vier.

Wir definieren ein Prädikat konstant (, ,), das uns gestattet, von [s, s, s] überzugehen zu [a, a, a] etc.

(9) konstant(X,[ ],[ ]).

(10) konstant(X,[Y | L],[X | M]) :- konstant(X, L, M).

(konstant(X, L, M) gilt, falls die Listen L, M gleich lang sind und M nur aus dem Element X besteht.)

Damit können wir nun die Listen der 3 neuen Kanten definieren, die beim Übergang des Graphs, der zur s-Liste S gehört, neu einzuführen sind:

```
(11) neu(S,K) :- konstant(a,S,A),
                 konstant(b,S,B),
                 konstant(c,S,C),
                     K = [[[b | A],[c | A]],[[a | B],[c | B]],[[a | C],[b | C]]].
```

Ist S etwa die Liste [s, s, s], so ist A die Liste [a, a, a,], und es tritt als neue Kante [[b, a, a, a], [c, a, a, a]] auf, was dasselbe ist wie [[b | A], [c | A]].

Damit können wir die Hanoi-Graphen allgemein definieren:

```
(12) hanoi([s | S],G) :- hanoi(S, H),
                         isomorph(a,H,Ha),
                         isomorph(b,H,Hb),
                         isomorph(c,H,Hc),
                         neu(S,K),
                         verkettung(Ha,Hb,Hc,K,G).
```

Das kann so gelesen werden: G ist der Graph zu [s | S], wenn folgendes gilt: H ist der Graph zu S, Ha, Hb, Hc sind die 3 entsprechenden Kopien; K ist die Liste der 3 neuen Kanten; G ist die Verkettung von Ha, Hb, Hc, K.

Die Frage

?- hanoi([s, s, s, s], U)

wird beantwortet mit der Liste U der 120 Kanten des Graphen G_4.

4 Literatur

Arnauld A., Nicole P. (1622/1981), La logique ou l'art de penser, ed. crit.

Lloyd J. W. (1987), Foundations of Logic Programming, 2nd ed., Springer-Verlag, Berlin.

Lucas E. (1883), Récréations mathématiques, vol. 3, Gauthier-Villars, Paris.

Sterling L., Shapiro E. (1986), The Art of Prolog, MIT Presss, Cambridge Mass.

Erratum zu: Eine Verschärfung des Unvollständigkeitssatzes der Zahlentheorie

E. Specker

Erratum zu: E. Specker, Ein Verschärfung des Unvollständigkeitssatzes der Zahlentheorie, DOI 10.1007/978-3-0348-9259-9_11

Der Name des Autors wurde in Kapitel 11 dieses Buches falsch erfasst. E. Specke sollte als E. Specker gelesen werden. Dies wurde korrigiert.

Die aktualisierte Online-Version des Originalkapitels finden Sie unter https://doi.org/10.1007/978-3-0348-9259-9_11.

G. Jäger et. al (Hrsg.), *Ernst Specker Selecta*,
DOI 10.1007/978-3-0348-9259-9_32

COMMENTS

[1]:

E. Specker's doctoral dissertation treats the first cohomology group of coverings and the homotopy properties of three dimensional manifolds. Let $\tilde{K}$ be the covering complex of the finite connected complex K belonging to the subgroup H of the fundamental group G of K. Then the first cohomology group B^1 of $\tilde{K}$ (finite cochains) is determined by the inclusion $H \subset G$; the same holds for the group E^1, the annihilator of the 1-cycles, and the factor group B^1/E^1. All the groups B^1, E^1 and B^1/E^1 are free abelian. The rank of E^1 determines the number of endpoints of $\tilde{K}$. Some of the applications to homotopy properties of 3-manifolds are the following: For a compact M^3 without boundary the second homotopy group is determined by the first; it is free of rank 0, 1 or infinity, depending on the number of endpoints of the universal covering. If M^3 has a boundary, but no 2-sphere in the boundary, and the fundamental group has 1 or 2 ends, then M^3 is aspherical. The conjecture about the asphericity of knots is equivalent to the conjecture that all knot groups have 1 or 2 ends. (This conjecture has been proved in C. D. Papakyriakopoulos: *On Dehn's lemma and the asphericity of knots*; Annals of Mathematics *66* (1957), pp. 1–26.)

[4]:

Endenverbände von Räumen und Gruppen was motivated by E. Specker's dissertation [1]. The space of ends of a topological space X (as introduced by H. Freudenthal) appears as the space of prime ideals of the Boolean algebra A/I (the end-lattice of X), where A is the lattice of subsets of X with relatively compact boundary and I is the ideal of subsets with relatively compact complement. A similar lattice is defined for a topological group G by taking A as the class of subsets S and G such that $S \cdot K \backslash S$ is relatively compact for every relatively compact K, and I as before. For an abstract group G with cardinality $\bar{\bar{G}} \geqslant \aleph_\alpha \geqslant \aleph_0$ an end-lattice is defined (for each $\aleph_\alpha$) as for topological groups but with "relatively compact" being replaced by "of cardinality $< \aleph_\alpha$". If $\aleph_\alpha = \aleph_0$, the end-lattice of the abstract group coincides with the end-lattice of the discrete topological group. These definitions allow one to generalize results of Freudenthal and Hopf in a purely algebraic, invariant fashion: If G is a totally discontinuous group of homeomorphisms of a space X, if $G(V) = X$ for some compact V in X, and if every relatively compact set in X is contained in a relatively compact domain, then the end-lattice of G as a topological group is canonically isomorphic to the end-lattice of X as a topological space. The end-lattice of an abstract infinite group contains 2, 4, or infinitely many elements; the number is 4 iff G contains an infinite cyclic subgroup of finite index. In [1972] and [1974] Specker's work was continued by Herbert Abels; in [1974] it is referred to as "forgotten".

H. Abels, *Enden von Räumen mit eigentlichen Transformationsgruppen*, Comment. Math. Helv. *47* (1972), 457–473.

H. Abels, *Specker-Kompaktifizierungen von lokal kompakten topologischen Gruppen*, Math. Z. *135* (1974), 325–361.

[2], [12], [22]:

In connection with the development of the theory of recursive functions and especially with regard to A. Turing's paper "On computable numbers with an application to the Entscheidungsproblem", Proc. London Math. Soc. *42* (1937) 230–265, it was natural to investigate whether the familiar theorems of classical analysis remain true if restricted to the class of computable real numbers. That the set of computable real numbers is a field was quickly recognized; see e.g. H. Hermes, "Enumerability, decidability, computability", Springer 1965, for a discussion of this point.

The main problem, however, was to know whether the fundamental theorems of classical analysis on limit formation remain true if restricted to recursive sequences of computable numbers. It is with this circle of questions that Specker's papers on recursive analysis [2], [12] are concerned. In his paper [2], **Nicht konstruktiv beweisbare Sätze der Analysis**, he introduces four kinds of constructive real numbers, namely three classes of primitive recursive real numbers $R_1 \supset R_2 \supset R_3$ and the familiar class of computable real numbers. The results obtained are all of a negative type, stating that each of these classes is not closed against some simple operations. The most important is the much quoted theorem IV, according to which there is an increasing, bounded, primitive-recursive sequence of rationals whose limit is not computable. This theorem restricts the scope of recursive analysis severely.

In his paper **Der Satz vom Maximum in der rekusiven Analysis** [12], Specker constructs a continuous function $f \geqslant 0$ on $[0, 1]$ whose values on rational arguments are described by primitive recursive functions and which does not attain its maximum at any computable real number. The proof, while elementary, is quite tricky. From recursive function theory it takes over the existence of a disjoint pair R, S of recursively enumerable but recursively inseparable sets. The difficulty of the proof then consists in the construction of a continuous function f of the above type having the property that if the maximum were attained at a computable number, then R, S would turn out to be recursively separable. A possibility to grasp how this is done is by starting with sections 6.1, 6.2 and then working through sections 2.1–5.5, 7.1. This result has achieved a similar status in recursive analysis as theorem IV in [2], i.e. it has a standing place in the field as a negative result which limits the range of recursive analysis.

While the proofs in [2], [12] are constructive, the results obtained may be looked at from a completely classical point of view, i.e. independent of intuitionistic aspects. The situation is different with Specker's third paper on recursive analysis, **The fundamental theorem of algebra in recursive analysis** [22] in which he addresses a problem which had been treated before by different authors, namely to give a constructive proof of the fundamental theorem of algebra. A classical version of this problem is to show that the field of recursive (i.e. computable) complex numbers is algebraically closed, a fact which admits different straightforward proofs which, however, suffer from the shortcoming that at quite a number of places one has to distinguish cases according to whether some recursive number α is $=0$ or $\neq 0$.

In [22] Specker describes an algorithm $\mathscr{A}$ which avoids this defect and whose action may be summarized in a somewhat imprecise and simplified way as follows: given a recursive polynomial $p(z) = \sum_0^n \alpha_k z^k$, $\alpha_n \neq 0$, $\mathscr{A}$ transforms larger and larger pieces of finitary information about $p(z)$ into a sequence of rationals $(\zeta_1^k, \ldots, \zeta_n^k)$, $(k = 1, 2, \ldots)$ converging recursively against the roots $(\zeta_1, \ldots, \zeta_n)$ of $p(z)$. The construction is not intuitionistic because it is based on the classical fundamental theorem of algebra and on a well-known topological result about the continuous invertibility of certain continuous maps. The key theorem in the paper is in fact a kind of translation of the latter result into recursive terms and has independent interest. The topological character of the construction contrasts with other approaches which are more algebraic or analytic in nature (see e.g. H. Weyl: "Randbemerkungen zum Hauptproblem der Mathematik", Math. Zeitschr. *20* (1924), 131–150).

The field of recursive analysis to which [2], [12], [22] contribute continues to attract researchers. As to the extended literature we have to content ourselves with two indications: for an early summary see D. Klaua, "Konstruktive Analysis", VEB, Deutscher Verlag der Wissenschaften 1961, for a more recent report about the state of the art see M. Pour-El and F. Richards, "Computability and noncomputability in classical analysis", Trans. AMS *275* (1983) 539–560.

[3], [18]

In [3], Ernst Specker proves the existence of what we call today "Aronszajn trees", thus answering a question raised by R. Sikorski. Both Sikorski and Specker were at the time unaware of the fact that N. Aronszajn had already solved this problem for trees of rank ω_1, published in a footnote of [K]. However, Specker solved the problem for trees of rank $\omega_{\nu+1}$ under the assumption $\aleph_\nu^{\aleph_\xi} = \aleph_\nu$ for $\xi < \nu$.

An unpublished result of Specker based on a similar construction brought about the existence of what was later called "Specker types" (see [G.S.]): An order type φ is a Specker type if $|\varphi| = \aleph_1$, $\omega_1 \not\leqslant \varphi$, $\omega_1^* \not\leqslant \varphi$, and there is no uncountable order type ψ such that $\psi \leqslant \varphi$ and $\psi \leqslant \lambda$ (λ is the order type of the reals).

In [18], Specker and Gaifman consider normal $\aleph_\alpha$ trees, i.e. Aronszajn trees of rank $\omega_{\alpha+1}$ which satisfy certain "natural" normality conditions. Kurepa asked the question, which he called "premier problème miraculeux" [K], whether for given α all normal $\aleph_\alpha$ trees are isomorphic. Gaifman and Specker prove the following theorem: If $\aleph_\alpha^{\aleph_\xi} = \aleph_\alpha$, for all $\xi < \alpha$, then there are exactly $2^{\aleph_{\alpha+1}}$ different isomorphism types of normal $\aleph_\alpha$ trees. The original proof of the authors was based on a game theoretical construction. Perhaps to the regret of some readers the published version is of a more formal nature.

Of course, Kurepa's question was inspired by the Suslin problem. It is well known that later on much work was done in this direction.

[K] G. Kurepa, *Ensembles ordonnés et ramifiés*, Publ. Math. Univ. Belgrade *4* (1935), 1–138.

[G. S.] F. Galvin and S. Shelah, *Some counter examples in the partition calculus*, J. combinatorial theory *15* (1973), 167–174.

[5]:

The paper **Additive Gruppen von Folgen ganzer Zahlen** was motivated by E. Specker's dissertation [1], but is of quite independent interest. One of the main results (Satz III) says in the simplest case that any homomorphism of additive groups from $\mathbb{Z}^{\mathbb{N}}$ to $\mathbb{Z}$ depends only on finitely many coordinates. A comparison of cardinalities immediately yields that $\mathbb{Z}^{\mathbb{N}}$ is not free abelian. (This consequence actually goes back to R. Baer (1937).) E. Specker proves corresponding results for any subgroup of $\mathbb{Z}^{\mathbb{N}}$ defined by a growth condition of rather general kind. There is precisely one exception

(Satz VI): The subgroup of bounded functions is free abelian, assuming the validity of the continuum hypothesis.

This celebrated paper of E. Specker has stimulated a flood of publications, the most spectacular being G. Nöbeling (1968), where it is shown that the continuum hypothesis in the above statement may be dispensed with, even if one replaces $\mathbb{N}$ by an arbitrary set S. (See G. M. Bergman (1972) for a short proof.) It has also induced group theoretic terminology: *Slender groups* for those torsion free abelian groups G which satisfy the above condition on homomorphisms when $\mathbb{Z}$ is replaced by G, *the Specker group* for $\mathbb{Z}^{\mathbb{N}}$, *Specker groups* for an extensive class of groups of bounded functions on S, to which the Specker–Nöbeling reasoning applies. (See e.g. P. A. Griffith 1970, L. Fuchs 1973.) As to set theoretical hypotheses, U. Felgner and K. Schulz (1984) have shown that $\mathbb{Z}^{\mathbb{N}}$ is not free abelian, if one replaces the axiom of choice by the axiom of determinacy.

R. Baer, *Abelian groups without elements of finite order*, Duke Math. J. *3* (1937), 68–122.

G. Nöbeling, *Verallgemeinerung eines Satzes von Herrn E. Specker*, Invent. Math. *6* (1968), 41–55.

G. M. Bergman, *Boolean Rings of Projection Maps*, J. London Math. Soc. (2), *4* (1972), 593–598.

Britannica, Book of the Year 1970, p. 492, Encyclopaedia Britannica, Inc.

P. A. Griffith, *Infinite Abelian Group Theory*, The University of Chicago Press, Chicago and London, 1970.

L. Fuchs, *Infinite Abelian Groups*, Vols. I and II, Academic Press, New York and London 1973.

U. Felgner, K. Schulz, *Algebraische Konsequenzen des Determiniertheits-Axioms*, Archiv der Mathematik, Vol. 42, 557–563 (1984).

[6], [13], [17]:

Simple type theory *ST* is an elegant and natural system of set theory which can be described in a very pleasant way in a language with typed variables $x^n, y^n, z^n, \ldots$ for every nonnegative integer n. Its atomic formulas are of the form $x^n = y^n$ and $x^n \in y^{n+1}$, formulas are generated from the atomic formulas by applying the logical junctors and quantification in every type. The crucial axioms are the axioms of extensionality

$$(\forall x^{n+1})(\forall y^{n+1})[(\forall z^n)(z^n \in x^{n+1} \leftrightarrow z^n \in y^{n+1}) \rightarrow x^{n+1} = y^{n+1}]$$

and axioms of comprehension

$$(\exists y^{n+1})(\forall x^n)[x^n \in y^{n+1} \leftrightarrow A(x^n)]$$

for all types and formulas $A(x^n)$. Natural models of this theory are obtained by starting from a basic set T_0 and defining T_{n+1} to be a subset of the power set of T_n. If the collections T_n possess sufficient closure conditions, then the structure $(T_0, T_1, \ldots, =, \in)$ is a model of ST.

The theory of simple types and many of its extensions play an important role in mathematics and—especially in recent years—also in computer science. A continuation of the typing process into the transfinite leads to the concept of cumulative set formation, which is the basis of many axiomatisations of set theory, cf. e.g. [Drake 74]. Alternative modifications are Gödel's T or many forms of polymorphic type theories as presented for example in [Girard, Lafont and Taylor 89].

In his papers on duality [13] and typical ambiguity [17], Ernst Specker follows a different and very original path. Let A be a formula in the language of ST and write A^+ to denote the formula obtained from A by raising the superscripts of every variable in A by 1. Then one has the following result about ST, which Specker calls a first possible meaning of typical ambiguity.

Theorem. *If A is a theorem of simple type theory, then so is A^+.*

It is easy to see that the converse of this theorem is not correct. In his paper **Typical ambiguity**, Specker therefore introduces an extension ST' of ST by adding the rule

$$\vdash A^+ \Leftrightarrow \vdash A \qquad (*)$$

so that A^+ is provable if and only if this is the case for A. The theory ST' is consistent—even a conservative extension of Hao Wang's theory of negative types [Wang 52].

The situation becomes much more involved if one considers the system ST^* which results from ST by adding the axiom

$$A \leftrightarrow A^+ \qquad (**)$$

for all formulas A, i.e. by replacing the inference rule $(*)$ by the axiom scheme $(**)$. In [17] Specker proves, among other things, the following deep theorem which is central for the model theory of ST^*:

Theorem. *If ST^* is consistent, then there exists a model $(M_0, M_1, \ldots, =, \in)$ of ST^* which admits an isomorphism mapping M_k onto M_{k+1}.*

If one considers structures of the form $(M_0, M_1, \ldots, =, \in)$ which admit an isomorphism mapping M_k onto M_{k+1} as a realisation of typical ambiguity, and if one understands the theory ST^* as the proof-theoretic approach to this concept, then this theorem clarifies the relations between model-theoretic and proof-theoretic aspects of typical ambiguity.

The theory ST^* has gained great importance also for another reason: it is an extremely natural equivalent characterisation of Quine's *New Foundations* (*NF*) introduced in [Quine 37]. With his results in [13] and [17], Specker obtains:

Theorem. *The system NF is consistent if and only if ST^* is consistent.*

In [13] Specker is interested in type theories in the context of more general considerations, which start from duality considerations in the context of projective geometry and deal with several interesting questions in connection with dual axiom systems and dual models. An important role is played by the observation that from the duality of an axiom system one cannot conclude that in a model the truth of a sentence implies that of the dual sentence. For the simple theory of types—where duality is replaced by ambiguity of types—it is shown that the existence of such models is equivalent with the consistency of *NF*.

Specker's paper **[6] The axiom of choice in Quine's new foundations for mathematical logic,** in which he proves that the axiom of choice is refutable in *NF*, plays an important part in the research on Quine's New Foundations and in mathematical logic in general.

Theorem. *The axiom of choice is refutable in New Foundations.*

Since the axiom of choice is provable for finite sets, this theorem implies the axiom of infinity for *NF*.

Theorem. *The axiom of infinity is provable in New Foundations.*

Specker had obtained this result with simpler methods in earlier work, which he never published because of his stronger results about the axiom of choice. However, it seems that the relevant part of Rosser's book [Rosser 78] is very close to Specker's first proof.

Ernst Specker's work on Quine's New Foundations has been taken up by many other researchers. Here we shall only mention Jensen's surprising result [Jensen 69] that New Foundations with urelements (*NFU*) is consistent. He shows even more: *NFU* remains consistent if one adds the axiom of choice, and the axiom of infinity is not provable in *NFU*. With Specker's result this implies that *NFU* is significantly weaker than *NF*.

Interesting fragments of New Foundations were studied by U. Oswald in his doctoral dissertation [Oswald 76]. It provides a good overview of modern research on *NF* and is very well suited as a starting point for further reading on this subject.

F. R. Drake, *Set Theory: An Introduction to Large Cardinals*, North-Holland, Amsterdam, 1974.

J.-Y. Girard, Y. Lafond and P. Taylor, *Proofs and Types*, Cambridge University Press, Cambridge, 1989.

R. B. Jensen, *On the consistency of a slight modification of Quine's New Foundations*, Synthese *19* (1969).

U. Oswald, *Fragmente von "New Foundations" und Typentheorie*, Dissertation, ETH Zürich, 1976.

W. V. Quine, *New foundations for mathematical logic*, American Mathematical Monthly, vol. 44 (1937).

J. B. Rosser, *Logic for Mathematicians*, second edition, Chelsea Publishing Company, New York, 1978.

Hao Wang, *Negative types*, Mind *61* (1952).

[7]

This paper is the printed version of Ernst Specker's inaugural lecture held in 1953 at the ETH.

Its aim is to explain to a wider public how antinomies arise in set theory and to analyze possible solutions. An original contribution in the paper is the discussion of Finsler's axiom system of set theory; this system had been a topic in Bernays' seminar.

The lecture winds up with the sentence "The most general conclusion to be drawn from these antinomies is probably the insight that mathematics cannot be isolated as completely as mathematicians might have wished".

[8, 9]

The papers [8] and [9] together constitute Ernst Specker's inaugural dissertation which was submitted to the ETH in 1951.

A. Lindenbaum and A. Tarski [L.T.] stated that the generalized continuum hypothesis implies the axiom of choice. A cardinal n is said to satisfy the continuum hypothesis, we write $H(n)$, if there is no cardinal strictly between n and 2^n. As stated in [L.T.] and proved in [S], if $H(m)$, $H(2^m)$, and $H(2^{2^m})$ hold, then 2^{2^m} is an aleph (and hence so are 2^m and m). In [8], Specker strengthens this result: If $H(m)$ and $H(2^m)$ hold, then 2^m is an aleph. The main technical point of the proof is a subtle transfinite iteration of Cantor's diagonal argument yielding the cardinal inequality $2^n \nleq n^2$ for $n \geqslant 5$. (Note that for arbitrary n, neither of $n^2 = n$ or $n^2 \leqslant 2^n$ are provable without choice.)

[9] appeared only in 1957, six years after its genesis. At first, Specker was reluctant to publish the main bulk of his inaugural dissertation as a single paper. However, as it was being cited in other publications, as for instance in [Ba], the "Zeitschrift f. math. Logik" asked to print it.

The first part contains a proof of the independence of the axiom of regularity from the other axioms of set theory. The proof is based on "Verzweigungsfiguren" (treelike objects), which also occur in the work of P. Finsler. Other proofs of the same result were given later (but published earlier) in [Be] and [Me].

The second part of [9] deals with the Fraenkel–Mostowski method of permutation models. While the papers [F] and [Mo] refer to set theory with urelements, Specker proves the independence of the axiom of choice from pure set theory minus the axiom of regularity. The group theoretical approach is elegant and highly flexible. Many subsequent results based on the Fraenkel–Mostowski method were encouraged by the Specker setting, and the Jech–Sochor embedding theorem [J. S.] made it possible to transfer these results to set theory including the axiom of regularity.

The third part of [9] deals with alternatives to the axiom of choice, elaborating on a theme of A. Church [Ch]. It is shown that the consistency of some of these alternatives entails the consistency of the existence of an inaccessible cardinal. The proof makes use of Gödel's construction. One alternative considered is the following: the continuum is a countable union of countable sets. In 1963 Feferman and Levy proved the consistency of this alternative [F.L.]. Specker shows that as a consequence the cardinals $2^{\aleph_0}$ and $\aleph_1$ are incomparable.

[L.T.] A. Lindenbaum and A. Tarski, *Communications sur les recherches de la théorie des ensembles*, Comptes rendus de la Société des Sciences et des lettres de Varsovie *19* (1926), 299–330.

[S] W. Sierpinski, *L'hypothèse généralisée du continu et l'axiome du choix*, Fund. Math. *33* (1945), 137–168.

[Ba] H. Bachmann, *Transfinite Zahlen*, Springer, 1955.

[Be] P. Bernays, *A system of axiomatic set theory—part VII*, JSL *19* (1954), 81–96.

[Me] E. Mendelson, *The independence of a weak axiom of choice*, JSL *21* (1956), 350–366.

[F] A. Fraenkel, *Der Begriff "definit" und die Unabhängigkeit des Auswahlaxioms*, Sitzungsberichte der Preussischen Akademie der Wissenschaften (1922), 253–257.

[Mo] A. Mostowski, *Ueber die Unabhängigkeit des Wohlordnungssatzes vom Ordnungsprinzip*, Fund. Math. *32* (1939), 201–252.

[J.S.] T. Jech and A. Sochor, *Applications of the Θ-model*, Bull. Acad. Polon. Sci., Sér. Math., *14* (1966), 351–355.

[Ch]. A. Church, *Alternatives to Zermelo's assumption*, Trans. Amer. Math. Soc. *29* (1927), 178–208.

[F.L.] S. Feferman and A. Levy, *Independence results in set theory by Cohen's method*, Notices AMS *10* (1963), 593.

[10], [16]

In [10], the partition relation $\omega^2 \to (\omega^2, n)^2$ for $n < \omega$ is proved. The use of measures in the given proof seems to be a novelty in the partition calculus.

In the second part examples are given to show that $\omega^2 \not\to (\omega^2, 4)^3$ and $\omega^3 \not\to (\omega^3, 3)^2$. Then, the following relation between ordinals α, β is introduced: α can be pinned to β, if there is a map $f\colon \alpha \to \beta$ such that for every subset $X \subset \alpha$ of order type α, its image $f(X)$ is of order type β. Specker observes that, if α can be pinned to β and $\alpha \to (\alpha, \varkappa)^2$, then $\beta \to (\beta, \varkappa)^2$. He proves that ω^m can be pinned to ω^3 for $3 \leqslant m < \omega$, thus obtaining $\omega^m \not\to (\omega^m, 3)^2$ for these m. The same method was taken up eighteen years later in [G.L.] to show that $\alpha \not\to (\alpha, 3)^2$ unless α is 0, 1, ω^2, or $\alpha = \omega^{\omega\beta}$ for some $\beta < \omega_1$.

[16] contains a proof of a conjecture by Knaster [K]. In [S], Sierpiński has proved that $2^{\aleph_0} = \aleph_1$ is equivalent to the possibility of decomposing the plane into two sets A and B so that every horizontal line intersects A in a denumerable set and every vertical line intersects B in a denumerable set. Let $A(y) := \{x \mid (x, y) \in A\}$. The authors show that given a wellordering of the reals of type ω_1, for any decomposition of the above kind of the plane, the induced order types of the sets $A(y)$, $y \in \mathbb{R}$, are unbounded in ω_1.

[G.L.] F. Galvin and J. Larson, *Pinning countable ordinals*, Fund. Math. *82* (1975), 357–361.

[K] B. Knaster, *Problem 155*, in: The New Scottish Book, Wrocław 1946–1958, p. 15.

[S] W. Sierpiński, *Sur l'hypothèse du continu*, Fund. Math. *5* (1929), 178–187.

[11], [15]:

Ernst Specker is directly concerned with arithmetic in two papers. His article [11] **Eine Verschärfung des Unvollständigkeitssatzes der Zahlentheorie** solves a problem posed by Mostowski [Mostowski 54], whereas the joint work with MacDowell [15] **Modelle der Arithmetik** presents a fundamental model-theoretic result.

The central result of the first of these papers is the following theorem:

Theorem. *There exists no complete consistent extension Z^* of Z such that the sentences provable in Z^* form a set which belongs to $\mathscr{K}$.*

Here Z is a system of number theory which contains first order predicate logic with the theory of (primitive-) recursive functions, and $\mathscr{K}$ is the field of sets generated by the recursively enumerable sets.

Mostowski's paper quoted above provides much background information with respect to the broader context of this result: he refers to an earlier result of Rosser's [Rosser 36], which says that it is impossible to find a consistent complete extension Z^* of Z in the collection $\Sigma_1^0 \cup \Pi_1^0$, and mentions that it is possible to find such a Z^* in the collection $\Delta_2^0 = \Sigma_2^0 \cap \Pi_2^0$; he also points out the relationship between assertions of this kind and the logical complexity of models of consistent axiom systems. As $\mathscr{K}$ is the most interesting collection of sets between $\Sigma_1^0 \cup \Pi_1^0$ and Δ_2^0, Specker succeeds in a substantial improvement of the older results.

Specker's proof proceeds in two steps. First he defines a formula $A(x)$ so that for every strictly increasing recursive function f there exists a natural number n with the following two properties:

(1) $Z \vdash A(f(0)) \vee \cdots \vee A(f(n))$

(2) $Z \vdash \neg A(f(0)) \vee \cdots \vee \neg A(f(n))$

Then he makes use of a result of Markwald's [Markwald 56] stating that for every $K \in \mathscr{K}$ the set K itself or the compliment of K contains an infinite recursive set.

Every model M of Z induces in a natural way an additive group G_M; if M is the standard model of Z, then G_M is isomorphic to the infinite cyclic group $\mathbb{Z}$ of the positive and negative integers; in general G_M is elementarily equivalent to $\mathbb{Z}$. But not every such group is a group G_M, and therefore it is interesting to ask for a simple characterisation of those groups which are of the form G_M. This question was the starting point for Specker and MacDowell in their seminal paper **Modelle der Arithmetik,** which consists of a group-theoretic and a model-theoretic part.

They achieve a series of important results which help to illuminate the problem mentioned from different perspectives and which are collected in the group-theoretic part of this article. However, in spite of the deep mathematical content of the work on group theory in this article, it is probably fair to say that it became famous especially because of a theorem contained in the model-theoretic part:

Theorem. *To every model M of Z there exists a proper elementary extension M' of the same cardinality such that all elements in $M' - M$ are greater than all elements in M.*

The proof of this theorem emanates from a method originally introduced by Skolem [Skolem 34]. In a first step, Specker and MacDowell choose an ultraproduct construction—without using this name—in order to build a model M^*; this model is then restricted to those objects which are definable in a suitable sense.

The MacDowell–Specker paper [15] was the starting point for a new development in the research on models of arithmetic in particular and on model theory in general, described for example in [Gaifman 76]. Keisler's article in the Handbook of Mathematical Logic [Keisler 77] presents a proof of the MacDowell–Specker theorem for the (significantly simpler) special case of countable models which is based on the omitting types theorem. Most recently, the MacDowell–Specker approach has been taken up in [Kossak, Nadel and Schmerl 89], a paper which studies the multiplicative semigroup of models of arithmetic.

H. Gaifman, *Models and types of Peano's arithmetic*, Annals of Mathematical Logic *9* (1976).

H. J. Keisler, *Fundamentals of model theory*, in: J. Barwise (ed.), Handbook of Mathematical Logic, North-Holland, Amsterdam, 1977.

R. Kossak, M. Nadel and J. Schmerl, *A note on the multiplicative semigroup of models of Peano arithmetic*, Journal of Symbolic Logic *54* (1989).

W. Markwald, *Ein Satz über die elementar-arithmetischen Definierbarkeitsklassen*, Archiv für mathematische Logik und Grundlagenforschung *2* (1956).

A. Mostowski, *Development and application of the "projective" classification of sets of integers*, in: Proceedings of the International Congress of Mathematicians 1954, volume III.

J. B. Rosser, *Extensions of some theorems of Gödel and Church*, Journal of Symbolic Logic *1* (1936).

Th. Skolem, *Über die Nicht-Charakterisierbarkeit der Zahlenreihe mittels endlich oder abzählbar unendlich vieler Aussagen mit ausschliesslich Zahlenvariablen*, Fundamenta Mathematica *23* (1934).

[14], [19], [20], [21]:

In chapter IV of his book "Mathematische Grundlagen der Quantenmechanik" (Springer, 1932) von Neumann proposed a solution to one of the most puzzling conceptual problems in quantum mechanics, that of hidden variables. However, the proposed solution was not universally accepted and the problem of hidden variables remains controversial up to the present day. It continues to attract the attention of mathematicians and physicists and in almost every issue of the Mathematical Reviews a number of papers are reviewed which are related to the subject in one way or the other. It is the problem of hidden variables and the structure of quantum logic, also a main theme in the above-mentioned chapter IV, with which Specker's papers [14], [19], [20], [21] are concerned.

In [14], **Die Logik der nicht gleichzeitig entscheidbaren Aussagen,** Specker uses a little story as a vehicle for the description of his ideas about nonsimultaneously decidable propositions. This story about a princess, her suitors and an oracle may also be recommended to those readers who do not intend on going into the problem of hidden variables in detail. Specker then introduces the notion of partial Boolean algebra in an informal way and discusses its bearing on the nonsimultaneously decidable propositions of quantum mechanics. The discussion is based on the paper of G. Birkhoff and von Neumann, "The logic of quantum mechanics", Annals of Math. *37* (1936) 823–843, in which quantum logic is described in terms of certain lattices. The impossibility to embed the lattice of subspaces of $\mathbf{R}^3$ into a Boolean algebra, mentioned at the end of [14], is proved in [21] (theorem 1 and subsequent remarks). The ideas described informally in [14], are considerably extended and elaborated in the three subsequent papers [19], [20], [21], written jointly with Simon Kochen.

The paper [19], **Logical structures arising in quantum theory**, is essentially purely mathematical in nature. After an introductory section in which the physical, i.e. quantum mechanical motivation for the work is explained, the authors introduce a new concept which turns out to be crucial for all later considerations, i.e. the notion of a partial algebra

$$\mathscr{A} = \langle A, \circ', +, \cdot, \cdot', 1 \rangle.$$

Here $\circ'$, is a reflexive and symmetrical relation over A and two elements $a, b \in A$ are said to be commeasurable iff $a \circ' b$. Addition $+$ and multiplication $\cdot$ are only partially defined, i.e. only for elements $a, b \in A$ such that $a \circ' b$, but if restricted to a family F of pairwise commeasurable elements they behave like an ordinary commutative addition and multiplication. Finally, $1 \in A$ is a distinguished unit element, commeasurable with all other elements, while $\cdot'$ is the unrestricted multiplication between elements from A and the reals. An important model for a partial algebra which exhibits the close connection of this concept with quantum mechanics is obtained as follows. For A we take the set of bounded hermitean operators over a complex Hilbert space H, and $a \circ' b$ is assumed to hold iff $ab = ba$; the operation $+, \cdot, \cdot'$ are then introduced in the obvious way.

With a partial algebra $\mathscr{A} = \langle A, \circ', +, \cdot, \cdot', 1 \rangle$ the authors associate a partial Boolean algebra $\mathscr{B} = \langle B, \circ', \vee, \neg, 1, 0 \rangle$ as follows: $B \subseteq A$ is the subset of idempotents, $\circ'$ is as before, $a \vee b$ is defined for commeasurable elements a, b only and is given by $a \vee b = a + b - a \cdot b$, while $\neg a = 1 - a$, $\forall a \in B$. With the partial Boolean algebras at hand, propositional formulas and corresponding semantical notions such as validity in a partial Boolean algebra are introduced. In the remaining part of the paper the authors investigate the structure of the set S of Q-valid formulas, i.e. of formulas valid in all partial Boolean algebras. The main result (Theorem, p. 187) is that the set S can be axiomatized. It has to be stressed that the proof does not formalize a known decision procedure for S; in fact the question whether S is recursive or not is open.

The paper [20], **The calculus of partial propositions** is a variant of [19] which does not necessarily presuppose a knowledge of [19]. It concentrates on partial Boolean algebras which are now treated without reference to partial algebras. Their relationship to quantum mechanics is briefly touched in the introduction. After having fixed the basic notions the authors discuss in some detail $B(E^3)$, the partial Boolean algebra of linear subspaces of the three dimensional unitary space E^3. Next they introduce concepts such as propositional formula, validity and semantical consequence with respect to a partial Boolean algebra. The main objective is again the axiomatization of the set S of Q-valid formulas. To this end a Hilbert type propositional calculus PP_1 is introduced whose structure differs considerably from the more Gentzen type system in [19] in that it is shorter and more elegant. The price which has to be paid for this gain in elegance is a considerably more involved completeness proof: only after the introduction of more than forty derived rules can one proceed to the main argument. A good way to read the proof is to start with the section following theorem 10 (p. 55) and to supply the necessary information from the list of derived rules whenever needed.

A glance at the results obtained in [19], [20] shows that the partial algebras and partial Boolean algebras have a rich mathematical structure, and that they may be investigated independently of their physical significance. Nevertheless it is one of the aims of [19], [20] to prepare the ground for the principal paper [21] on quantum logic, **The problem of hidden variables in quantum mechanics**. In [21], the ideas from [14] and the mathematical apparatus from [19], [20] are combined in order to obtain a new solution to the problem of hidden variables and new insight into the structure of quantum logic.

To start with a few words about the organization of [21] seems to be justified. Although familiarity with any of [14], [19], [20] greatly facilitates the understanding of [21] the paper is nevertheless conceived in such a way that it can be understood without any knowledge of [14], [19], [20].

The paper essentially starts with section 1 in which arguments are given in favour of a definition which determines how the existence of hidden variables for a physical system has to be understood. This definition is based on considerations from analytical mechanics and thermodynamics and is replaced by a more explicit one in the subsequent section. In section 2 partial algebras of observables, say $\mathcal{Q} = \langle A, \circ', +, \cdot, \cdot', 1 \rangle$ are introduced where typically A is a set of bounded hermitean operators on a Hilbert space H and where $a \circ' b$ iff $ab = ba$ $(a, b \in A)$. The case of unbounded operators which could also be taken into account requires some care since the sum $a + b$ of two self-adjoint operators is not necessarily self-adjoint even if $ab = ba$. For the purposes of the paper under discussion, however, it suffices to consider bounded operators. With every partial algebra $\mathcal{Q}$ the Boolean algebra of idempotents of $\mathcal{Q}$ is introduced and its properties briefly discussed. Based on chapter III of von Neumann's book, reasons are given why the propositions of the theory have to be identified with the idempotents of the partial algebra under consideration.

What comes next is absolutely crucial for the later development. The question of hidden variables is reconsidered and, based on the discussion in section 1, an algebraic condition for the existence of hidden variables is formulated (p. 66, line 16 from bottom). This condition, when restricted to the partial Boolean algebra of idempotents, assumes the following form:

(*) a necessary condition for the existence of hidden variables for a certain part of the theory, given by its partial algebra $\mathcal{Q}$ of its observables, is the existence of an embedding of the partial Boolean algebra associated with $\mathcal{Q}$, into a Boolean algebra.

The authors then give arguments in favour of condition (*), which do not depend on the discussion leading to the algebraic condition cited above. As to Specker himself, he considers the arguments put forward in [14], especially the part with theological flavour on p. 243, as entirely sufficient for a justification of (*). In any case, for a physicist or a physically inclined mathematician the considerations in section 1.2 are of great help for the understanding of condition (*).

Once one has decided to accept condition (*), the ground is laid for a very nice mathematical construction culminating in a simple quantum mechanical system which does not allow for hidden variables in the sense of condition (*). In fact, in sections 3, 4 a construction is presented which is quoted in the literature under the name "Kochen–Specker paradox" (Belinfante, F. J, (1973), "A Survey of Hidden-variables Theories", Pergamon, Oxford; I. Pitowsky, (1989), "Quantum Probability—Quantum Logic", Springer, Berlin). The construction consists of two parts: a part which belongs to elementary, three dimensional geometry and combinatorics, presented in section 3 and a more physical part, presented in section 4.

In section 3 a finite partial Boolean algebra is constructed whose elements are subspaces of the three dimensional Euclidian space E^3, which admits no homomorphism onto the two valued Boolean algebra $\mathbf{Z}_2$ and hence also no homomorphism into any Boolean algebra. The construction, which can be understood without any reference to earlier material, has independent mathematical interest and is used e.g. as a tool in R. Jost, "Measures on the finite dimensional subspaces of a Hilbert space: Remarks to a theorem by A. M. Gleason", Studies in Math. Physics, Princeton Universtiy Press, 1976.

While section 3 presents the mathematical skeleton on which physical considerations may be based, the aim of section 4 is to find a direct physical interpretation of the partial Boolean algebra $\mathscr{D}$ of section 3. To this end, the algebra of angular momentum in its three dimensional representation is considered. That is, with every unit vertor $\mathbf{a}$ in E^3 a 3×3 hermitean matrix $J_\mathbf{a}$ is associated such that $J_\mathbf{a} = -J_{-\mathbf{a}}$ and $J_\mathbf{a}^2 = J_\mathbf{a}^4$; and if $\mathbf{a}_j$, $j = 1, 2, 3$ are pairwise orthogonal then $[J_{\mathbf{a}_j}^2, J_{\mathbf{a}_k}^2] = 0$, $j \neq k$ and $\sum J_{\mathbf{a}_j}^2 = 2I$. For each of the 117 one dimensional subspaces α_j, $j \leqslant 117$ of the partial Boolean algebra $\mathscr{D}$ of theorem 1 one sets $\psi(\alpha_j) = J_{\mathbf{a}_j}^2$, where $\alpha_j = \{\lambda \mathbf{a}_j / \lambda \in \mathbf{R}\}$. If now $\mathscr{Q}$ is any partial algebra of hermitean 3×3 matrices containing all $\psi(\alpha_j)$, $j \leqslant 117$ among its members then $\mathscr{Q}$ does not allow for hidden variables, according to sections 2, 3. The authors now proceed to give a much more concrete version of this statement. They fix three pairwise orthogonal directions, say x, y, z and introduce a Hamiltonian $H = aJ_x^2 + bJ_y^2 + cJ_z^2$, where a, b, c are pairwise distinct. After discussing the relationship between H and J_x^2, J_y^2, J_z^2 the authors go on to describe an actual experiment which gives rise to the above Hamiltonian.

With respect to this experiment the impossibility of hidden variables now assumes a very concrete form which can be tested in the laboratory. In fact, as the authors put it, it is the impossibility to answer the 117 questions in the text in such a way that the laws of quantum mechanics, i.e. the algebraic relations listed above, remain respected. It is this physical realization of theorem 1 which is appealing to the physicist.

In section 6 the authors extend and elaborate on a result that has already been indicated in [14], i.e. they show that on the partial algebra H_2 of hermitean 2×2 matrices, hidden variables can indeed be introduced. To this end they have to go back to section 1 where they gave necessary and sufficient conditions for the existence of hidden variables for a set of observables. Rephrased as I, II in section 6, these conditions determine what one has to look for: a space Ω, a mapping $A \in H_2 \to f_A \in \mathbf{R}^\Omega$ and for every vector ψ in unitary space U^2 a Borel measure μ_ψ on Ω satisfying I, II. While Ω and f_A are more or less readily described in terms of Pauli's spin matrices, the construction of μ_ψ requires some care. Assuming that μ_ψ has a probability density, the construction of μ_ψ is accomplished via an abelian integral equation, leading ultimately to the desired solution f_A, μ_ψ. The authors then go on to interpret this solution in terms of classical electron theory, i.e. a classical model for electron spin is obtained. Finally, the authors compare their hidden variable construction with von Neumann's necessary condition for the existence of hidden variables. It turns out that from von Neumann's point of view H_2 does not admit hidden variables, in sharpe contrast to the authors' result.

The paper concludes with an investigation of the structure of quantum logics. Among others, a propositional formula ϕ is given which is classically a tautology, but which admits a meaningful valuation of its variables for which it is quantum mechanically false.

The paper [21], which has been discussed at some length, is the most known among [14], [19], [20], [21] and has even been termed as "classic" (I. Pitowski, p. 136, sect. 4.8). On the other hand some objections against [21] and similar papers of other authors have been raised by J. S. Bell who has some reservations against the abstract approach initiated by von Neumann (J. S. Bell, "Speakable and unspeakable in quantum mechanics", Cambridge University Press, 1987, section 4). However, according to R. Jost, these objections seem to be based on a misunderstanding, as far as [21] is concerned. For a discussion closely related to these matters we refer to the comments of R. Jost in "Some strangeness in the proportions", PS. 252–265, Einstein Centennial Symposium at Princeton, March 4–9, 1979 (Ed. Harry Woolf, Addison-Wesley 1980).

It is not possible to do justice to the enormous literature about hidden variables and quantum logic, even if only the more mathematically oriented were considered. All we can do is to point out a few monographs, two of which have already been cited above, i.e. the monographs of F. J. Belinfante and I. Pitowski. Earlier texts are provided by C. W. Mackey, "Mathematical foundations of quantum mechanics", Benjamin (1963), and V. Varadarajan, "Geometry of quantum theory", Van Nostrand (1968). For a more recent text we refer to E. Beltrametti and A. Cassinelly, "The logic of quantum mechanics", Addison-Wesley (1981).

[23]:

The aim of the paper **Length of formulas and elimination of quantifiers I** by L. Hodes and E. Specker is a comparison of the expressive power of various propositional calculi. Its considerable impact is due to the introduction of a new method for proving lower bounds on the formula size of Boolean functions in n variables over the full basis of binary operations. An older technique of wide applicability, due to E. I. Neciporuk (1966), failed to give lower bounds nonlinear in n in the most interesting case of symmetric functions. The method of Hodes and Specker (which L. Hodes (1970) attributes to E. Specker) produces such lower bounds for all but 16 of the 2^{n+1} symmetric Boolean functions of n variables (V. M. Khrapchenko (1976)). The nonlinearity of the growth of these bounds is extremely slow. An important refinement of the method is due to M. J. Fischer, A. R. Meyer, M. S. Paterson (1982), who prove lower bounds of order $n \log n$ for the formula size of most symmetric functions of n variables, including threshold functions with large threshold and the "congruent to zero modulo k" function for $k > 2$. In the case $k = 4$, their bound achieves the optimal order of magnitude. P. Pudlàk (1984) obtains lower bounds of order $n \log \log n$, again for all but 16 symmetric functions of n variables, by a combination of the method of Hodes and Specker with Ramsey theory.

E. I. Něciporuk, *A Boolean function*, Soviet Math. Dokl, 2, *4* (1966), pp. 999–1000.

L. Hodes, *The logical complexity of geometric properties in the plane*, J. Assoc. Comput. Mach., *17* (1970), pp. 339–347.

V. M. Khrapchenko, *Complexity of realisation of symmetric algebraic logic functions on finite bases*, Problemy Kibernet, *31* (1976), pp. 2231–234 (in Russian).

M. J. Fischer, A. R. Meyer, M. S. Paterson, $\Omega(n \log n)$ *Lower Bounds on Length of Boolean formulas*, SIAM J. Comput., Vol. 11, No. 3, (1982).

P. Pudlàk, *Bounds for Hodes–Specker theorem*, Springer Lecture Notes in Computer Science, *171* (1984), pp. 421–445.

[30]:

Algorithmische Kombinatorik mit Kleinrechnern is a piece of "algorithmic chamber combinatorics": Just as the player of a Bach violin partita has to cope with musical complexities on four strings, the user of a pocket calculator may have to solve complex combinatorial problems on the 8 storage locations of, say, an HP-25. The paper discusses three basic combinatorial tasks, to *recognize*, to *generate* and to *count*, in the case of partitions of a finite set. It contains a clever idea on how to compute large Bell numbers with small storage, which has been adopted and generalized by P. Henrici to become the substance of Part 4 of his book *Computational Analysis with the HP-25 Pocket Calculator*, John Wiley, New York, 1977.

[31]:

According to E. Specker, the most important implication of **Complexity of partial satisfaction** is to draw attention to the golden ratio: we should not expect to fulfill more than 61.8% of our wishes. The results of the paper have been partially extended by K. J. Lieberherr (1982) and M.-D. A. Huang, K. J. Lieberherr (1985). These authors allow as clauses of a conjunctive formula any truth function obtained from some fixed finite set by substitution of variables. It is also observed that a result of P. Erdös disproves the last conjecture on p. 420 of the original paper.

K. J. Lieberherr, *Algorithmic Extremal Problems in Combinatorial Optimization*, Journal of Algorithms *3*, 225–244 (1982).

M.-D. A. Huang, K. J. Lieberherr, *Implications of Forbidden Structures for Extremal Algorithmic Problems*, Theoretical Computer Science *40* (1985), 195–210.

[36]:

[36] is a sermon delivered at one of the weekday services of the "Zürcher Hochschulgemeinde". A list of some other pericopes on which Ernst Specker has based sermons may be of interest.

Hosea 1, 1–4 (Hosea's wife and children), Jonah 4, 5–11 (I am Jonah), Mark 11, 9–21 (The withered tree), John 8, 2–11 (What did Jesus write on the ground?).

[40]:

E. Specker's **Application of logic and combinatorics to enumeration problems** is a more detailed version of the profound paper *Recurrence relations for the number of labeled structures on a finite set* by Chr. Blatter and E. Specker [35]. It has been included here in place of the original because of its motivating sections. The main challenge of the original paper, a generalization to nonbinary predicates, is still unsettled.

[41]:

E. Specker's "Abschiedsvorlesung" **Postmoderne Mathematik: Abschied vom Paradies?** is a brilliant dialogue (between the author and a gnome) about Cantor's paradise, full of allusions to Specker's personal and mathematical environment. Its view of the present "post-modern" situation of mathematics has a prophetic quality that will perhaps become more apparent in the decades to come.

Please note: On page 164 the first line is missing. The complete sentence should read: "Und dich, sollen wir dich 'Marienkäfer' nennen, 'Hergottskälbchen' oder 'Gottesschäflein'?" Ich muss wohl laut gesprochen haben, denn vom Ofen her tönt es...

[42]:

The most recent of Ernst Specker's papers [42], published in this volume, is entitled **Die Logik oder Die Kunst des Programmierens** and deals with questions concerning logic programming. By studying the well-known puzzle "the Towers of Hanoi", several basic ideas of this kind of programming are presented and explained in a very descriptive and entertaining way.

Besides a short introduction, in which Specker bridges the gap between logic as the art of correct reasoning and logic as one of the foundations of modern programming languages, this article consists of two parts. The first is concerned with a graph-theoretic approach to "the Towers of Hanoi", which is then duplicated in the second part in the abstract Herbrand universe by purely logical means.

The possible positions of the game with n disks form the nodes of the corresponding graph G_n; two nodes are connected if the corresponding positions can be transformed into each other by a legal move. Specker now presents a recursive method for producing G_{n+1} by a suitable form of multiplying G_n. Besides being very intuitive, his approach makes it easy to answer a series of interesting problems, like questions about the number of necessary moves, etc.

In a second step this procedure is formulated in purely logical terms so that it can be represented in the ideal world of a Herbrand universe, which in this case is generated from four constants by iterated list formation. The procedural interpretation of the occurring formulas yields the desired programmes.

Besides a substantial analysis of "the Towers of Hanoi", this paper provides an in-depth illustration of several non-trivial concepts of logic programming by means of a concrete and well-known example.

This paper is typical of Ernst Specker's work in that even an experienced reader is stimulated and challenged to view apparently well-understood concepts from a new perspective.

Acknowledgements

Birkhäuser Basel thanks the original publishers of the papers of Ernst Specker for granting permission to reprint the following papers:

[1] Reprinted from Commentarii Mathematici Helvetici, vol. 23, pp. 303–333. © 1949 by Birkhäuser Verlag, Basel.
[2] Reprinted from The Journal of Symbolic Logic, vol. 14, pp. 145–158. © 1949 by Association for Symbolic Logic, Pasadena.
[3] Reprinted from Colloquium Mathematicum, vol. 2, pp. 9–12. © 1949 by PWN—Polish Scientific Publishers, Warszawa.
[4] Reprinted from Math. Annalen, vol. 122, pp. 167–174. © 1950 by Springer-Verlag, Heidelberg.
[5] Reprinted from Portugaliae Mathematica, vol. 9, pp. 131–144. © 1950 by Sociedade Portuguesa de Matematica, Lisbon.
[6] Reprinted from The Proceedings of the National Academy of Sciences, USA, vol. 39, pp. 972–975. 1953 originally published by National Academy of Sciences, Washington.
[7] Reprinted from Dialectica, vol. 8, pp. 234–244. © 1954 by Société Dialectica, Biel.
[8] Reprinted from Archiv der Mathematik, vol. 5, pp. 332–337. © 1954 by Birkhäuser Verlag, Basel.
[9] Reprinted from Zeitschrift für mathematische Logik und Grundlagen der Mathematik, vol. 3, pp. 173–210. © 1957 by VEB Deutscher Verlag der Wissenschaften, Berlin.
[10] Reprinted from Commentarii Mathematici Helvetici, vol. 31, pp. 302–314. © 1957 by Birkhäuser Verlag, Basel.
[11] Reprinted from Bulletin de l'Acadadémie Polonaise des Sciences, cl. III, vol. 5, pp. 1041–1045. © 1957 by Polska Akademia Nauk, Warszawa.
[12] Reprinted from Constructivity in Mathematics (Proceedings of 1957 colloquium held at Amsterdam), pp. 254–265. © 1957 by North-Holland Publishing Company, Amsterdam.
[13] Reprinted from Dialectica, vol. 12, pp. 451–465. © 1958 by Société Dialectica, Biel.
[14] Reprinted from Dialectica, vol. 14, pp. 239–246. © 1960 by Société Dialectica, Biel.
[15] Reprinted from Infinitistic Methods (Proceedings of the Symposium on Foundations of Mathematics), pp. 257–263. © 1961 by Pergamon Press PLC, London.

[16] Reprinted from Colloquium Mathematicum, vol. 8, pp. 19–21. © 1961 by Instytut Mathematyczny Polskiej Akademii Nauk, Warszawa.

[17] Reprinted from Logic, Methodology and Philosphy of Science (Proceedings of the 1960 International Congress, Stanford University Press), pp. 116–124. © 1962 by the Board of Trustees of the Leland Stanford Junior University.

[18] Reprinted from the Proceedings of the American Mathematical Society, vol. 15, pp. 1–7. © 1964 by the American Mathematical Society, Providence, Rhode Island.

[19] Reprinted from Studies in Logic and The Foundations of Mathematics (The Symposium on the Theory of Models) Amsterdam, pp. 177–189. © 1965 by North-Holland Publishing Company, Amsterdam.

[20] Reprinted from Studies in Logic and the Foundations of Mathematics (Logic, Methodology and Philosophy of Science, Proceedings of the 1964 International Congress), 1964, pp. 45–57. © 1965 by North-Holland Publishing Company, Amsterdam.

[21] Reprinted from Journal of Mathematics and Mechanics, vol. 17, pp. 59–88. © 1967 by Department of Mathematics, Indiana University.

[22] Reprinted from Constructive Aspects of the Fundamental Theorem of Algebra. Proceedings of the Symposium Zürich-Rüschlikon, pp. 321–329. © 1967 by John Wiley & Sons Ltd., Chichester.

[23] Reprinted from Studies in Logic and the Foundations of Mathematics (Contributions to Mathematical Logic, Proceedings of the Logic Colloquium, Hannover 1966), pp. 175–188. © 1968 by North-Holland Publishing Company, Amsterdam.

[29] Reprinted from Jahresbericht der Deutschen Mathematiker-Vereinigung, vol. 81, pp. 13–21. © 1978 by B.G. Teubner, Stuttgart.

[30] Reprinted from Elemente der Mathematik, vol. 33, pp. 25–35. © 1978 by Birkhäuser Verlag, Basel.

[31] Reprinted from the Journal of the Association for Computing Machinery, vol. 28, No. 2, 1981, pp. 411–421. © 1979 IEEE, New York.

[36] Reprinted from Reformatio 34, pp. 219–222. © 1985 by Reformatio, Bern.

[40] Reprinted from Trends in Theoretical Computer Science, pp. 143–169. © 1988 by Computer Science Press.

[41] Reprinted from Dialectica vol. 42, pp. 163–169. © 1988 by Société Dialectica, Biel.

[42] Reprinted from Vierteljahresschrift der Naturforschenden Gesellschaft in Zürich, 134/2, pp. 139–150. © 1989 by Vierteljahresschrift der Naturforschenden Gesellschaft in Zürich.

Authors of Comments

[1], [4]	Strassen
[2], [12], [22]	Scarpellini
[3], [18]	Läuchli
[5]	Strassen
[6], [13], [17]	Jäger
[7]	Läuchli
[8], [9]	Läuchli
[10], [16]	Läuchli
[11], [15]	Jäger
[14], [19], [20], [21]	Scarpellini
[23]	Strassen
[30]	Strassen
[31]	Strassen
[36]	Läuchli
[40]	Strassen
[41]	Strassen
[42]	Jäger

Printed in the United States
by Baker & Taylor Publisher Services